家庭生活

窍门与禁忌全知道

国医编委会　主编

黑龙江科学技术出版社
HEILONGJIANG SCIENCE AND TECHNOLOGY PRESS

图书在版编目（CIP）数据

家庭生活窍门与禁忌全知道 / 国医编委会主编. --
哈尔滨:黑龙江科学技术出版社, 2017.8（2024.2重印）
ISBN 978-7-5388-9215-4

Ⅰ. ①家… Ⅱ. ①国… Ⅲ. ①家庭生活－基本知识
Ⅳ. ①TS976.3

中国版本图书馆CIP数据核字(2017)第094585号

家庭生活窍门与禁忌全知道

JIATING SHENGHUO QIAOMEN YU JINJI QUAN ZHIDAO

主　　编　国医编委会
责任编辑　焦　琰　刘　杨
策划编辑　深圳市金版文化发展股份有限公司
封面设计　深圳市金版文化发展股份有限公司
出　　版　黑龙江科学技术出版社
　　　　　地址：哈尔滨市南岗区公安街70-2号　邮编：150007
　　　　　电话：（0451）53642106　传真：（0451）53642143
　　　　　网址：www.lkcbs.cn
发　　行　全国新华书店
印　　刷　小森印刷（北京）有限公司
开　　本　720 mm×1020 mm　1/16
印　　张　26
字　　数　600千字
版　　次　2017年8月第1版
印　　次　2017年8月第1次印刷　2024年2月第3次印刷
书　　号　ISBN 978-7-5388-9215-4
定　　价　98.00元

前言

随着生活水平的不断提高和物质条件的逐步改善，用科学知识丰富和指导我们的日常生活已成为人们的生活理念和迫切需求。《家庭生活窍门与禁忌全知道》就是基于此理念编写而成的。本书分为上下两篇：上篇生活窍门，集科学性、现代性、智慧性、生活性于一体，在总结他人和自身经验的基础上，把日常小事、厨房百事、日常保健、穿着打扮窍门化，让你享受生活的每一瞬间；下篇生活禁忌，以“禁”和“忌”为中心内容，列举了与我们现代生活息息相关，但并未被大家所熟知而又必须注意的细节，透彻分析其中原因，从而使你能有效地避免这些禁忌，更加健康、愉快地生活。

生活窍门是从生活实践中来的，是人们在日常生活中经过摸索或验证的宝贵技巧和经验，有着很高的实用价值，可以说集合了群众的生活智慧，可随时随地帮助你化解生活中的难题，协助你巧妙持家、智慧生活。这些窍门看似不起眼，却能轻松解决困扰你许久的麻烦。小窍门贵在巧妙、快速、简便，可以让我们少走弯路，巧妙地将繁杂琐碎的事务简单化，省时、省力、省心又省钱。生活窍门篇收录各类小窍门数千例，涉及日常生活中的衣、食、住、用等各个方面，内容极为丰富。为了便于读者随查随用，我们将其分为穿着服饰巧搭、美容塑形绝招、健康饮食窍门、居家生活妙招、常见病治疗窍门，读者在使用时可根据自己的需要在目录中进行检索，快速地找到自己所需要的信息。书中介绍的窍门简单易行，方便有效，一般人都可掌握，并不需要专门的技巧。而且，窍门中使用的材料随手可得，都是生活中常见的，找起来方便，花费也不多。掌握了这些生活小窍门，每个人都可以成为居家生活的“百事通”。

生活禁忌点明了家庭生活中易于疏忽的种种禁忌细节，并从科学和实用的角度出发，将这些难题为读者逐一破解，并为读者提供一种更加科学健康、更加精致合理的生活模式。生活禁忌篇从日常生活出发，体现“以人为本”

的原则，内容围绕居家生活、婴幼儿生活、少年儿童生活、青壮年生活、老年生活等各个方面展开，介绍了生活中大家必须注意的3000多项禁忌，涵盖了生活的方方面面。在编写的过程中，本书严格遵循以下三大原则：一是内容丰富、翔实，全书涉及人们日常生活的方方面面，上至为人处世、婚姻大事、生儿育女，下至柴、米、油、盐，日常生活中所能遇到的各类禁忌，大部分都能从本书中找到。二是实用性极强，在讲述禁忌时，编者一方面选择未被大家熟知而又必须注意的地方；另一方面注意所选内容与时代的相关性，着重选取人们当前生活中遇到的问题，指导大家巧妙地去应对。三是科学性强，对生活中的禁忌应知其然，还应知其所以然。因此在具体讲述时，对为什么可以这样做、为什么不能那样做都给出详细的解释，让读者在选择正确做法时也明白其中蕴含的科学道理。

总之，本书内容翔实，文字通俗易懂，融知识性、实用性、科学性于一体，并配以活泼有趣的插图，让读者在吸纳生活知识的同时，也获得一份愉快的心情。

目录

上篇 生活窍门

储存与保鲜……………………73

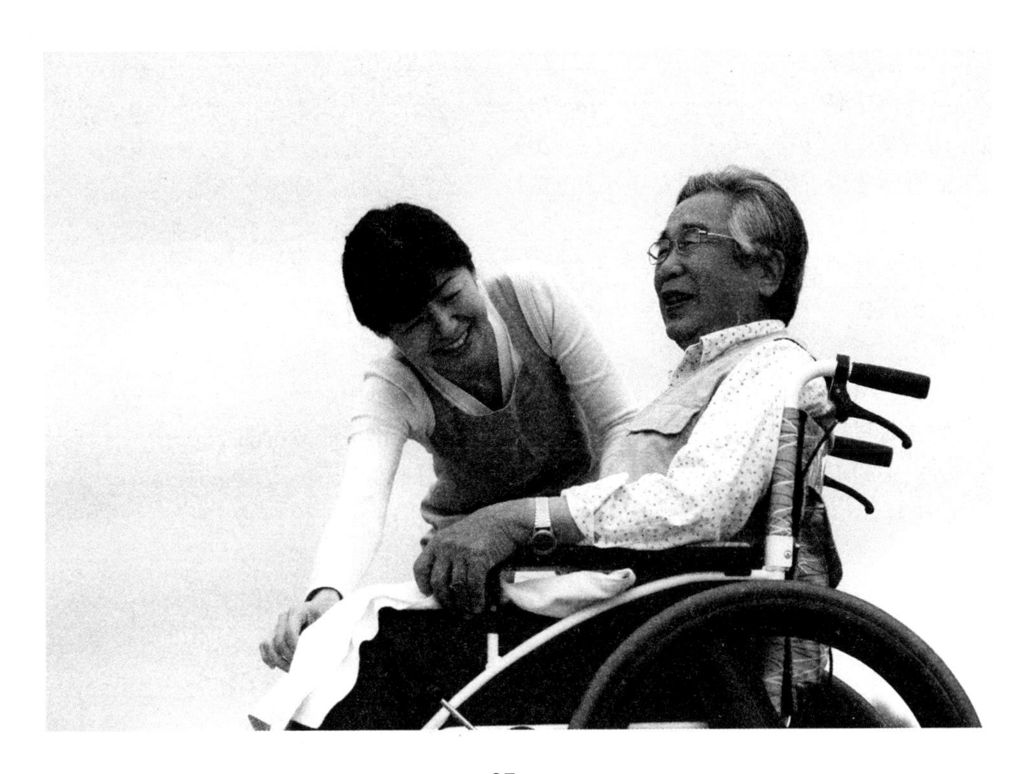

下篇 生活禁忌

婴幼儿生活

日常抚育禁忌

习性培养禁忌

少年儿童生活

日常生活禁忌

教育培养禁忌

青壮年生活………………… 310

日常生活禁忌………………………310

上篇

生活窍门

穿着服饰巧搭配

服饰选购

巧选羽绒服 >>>

一般以选含绒量多的为好。可将羽绒服放在案子上，用手拍打，蓬松度越高说明绒质越好，含绒量也越多。全棉防绒布表面有一层蜡质，耐热性强，但耐磨性差；防绒锦纶绸面料耐磨耐穿，但怕烫怕晒。选购涤棉面料的羽绒服较好。

巧识假羽绒服 >>>

用双手分别从衬里和面的同一部位，把衣内填充物向同一方向拍打。如果絮的都是羽绒就会因拍赶使一部分羽绒集中，而另一部分出现夹层。向着光线充足的地方一照，就会发现那个部位透亮。如果其中絮有腈纶棉，就不会因拍赶而出现夹层。

原毛羽绒服的鉴别 >>>

做羽绒服的羽绒必须经过水洗、消毒、去杂、筛选、配比等工艺，而原毛则是直接从鸭身上拔下来的毛绒，肮脏、保温性能差，还会危害人体健康。所以选购羽绒服时一要闻，原毛有较浓的腥气味；二要拍，原毛含尘量较高，用手拍一拍，如尘土飞扬或羽绒面料上出现尘迹，就可能是原毛制作的。

巧选羊毛衫 >>>

先看整件的颜色、光泽、款式和原料，仔细检查有否明显的云斑（即斑块）、粗细节、厚薄档、色花、色档、草屑等瑕疵及有无编结、缝纫等方面的缺陷。

品质越优，手感越好，摸起来越滑爽柔软；手感粗糙的属低劣产品。化纤衫有静电作用，易吸附灰尘，缺乏毛型感。

一般来讲，开衫的尺寸应比套衫大一号（5厘米），应以宽松和略长为宜，以防洗涤后收缩。

高档西装的选购 >>>

款式：西装纽扣种类繁多，但最普遍的是单排两粒扣，适合各种场合穿着，身体瘦高者选双搭扣更好些。选购时应多试几件，以穿着合适，不影响一般活动，能体现男子的健壮体形，并能套进一件羊毛衫为好。

面料：以毛涤面料为好。高级男西装的衣服里面都有一层黏合衬，可用手攥一下衣服再松开，如感到衣服挺而不硬、不僵，弹性大，不留褶，毛感强，说明质量好。再检查衣前襟，没有“两张皮”现象说明质量较好。

颜色：身体胖的人宜穿竖条的深冷色调西装，身高体瘦宜选浅色格子西装，也可结合肤色来选择，但颜色选择切忌太艳太单。

做工：首先要看西装左右两边，尤其是衣领口袋，是否完全对称平整；口袋、纽扣位置是否准确端正；领、袖、前襟及整体熨烫是否平整服帖；最后看针脚是否匀称，纽扣、缝线与面料色泽是否一致或协调，有无线头等。

装潢：高档男西装装潢较讲究，如带衣架、有塑料袋整装，有时还带有备用扣，商标精致并缝制了内衣口袋等。

正装衬衫的选购 >>>

颜色：中等明暗度的色调、深色调以及厚重的颜色是比较流行的颜色，白色和浅蓝色则是经典颜色。

款式：略带伸缩性的布料制成的衬衫广泛受到欢迎。

领口式样：领部扣纽扣或暗扣的衬衫是传统的式样，尖领是目前流行的样式。

纽扣：贝壳质地的纽扣在任何时候都好过塑料纽扣。在纽扣的钉法上，X形的缝线比平行的缝线更坚固。

袖口：法国式的袖口是经典款式，它使用袖扣而不是纽扣进行固定，看上去更雅致。挑选缝线较密的衬衫。做工精良的衬衫每英寸（2.54厘米）缝线至少应该有14针。

质料：斜纹织物是永恒的时尚，其他材质还包括宽幅细薄毛料、精纺布和府绸。

婴儿服装的选择 >>>

婴儿服装的选择以柔软、简单、温暖为原则。婴儿服装一般要宽大一些，领口也要大一些，袖子要长。左右衣襟要多掩上一些，以免婴儿受凉。夏天用的婴儿衣料要透气，通常选择棉布、亚麻布；冬天一般用棉绒、法兰绒。

选购儿童服装的小窍门 >>>

孩子的服装以耐穿耐洗、舒适合体为原则。质料不必太讲究。2～3岁的孩子的服装以舒适、简单为主，便于孩子的脱穿；3～4岁的孩子选择前面开口的娃娃衫为好，有助于孩子做各种复杂的动作。入学的孩子的衣服，可以选择稍微复杂一点的样式，如男孩选择运动衣、夹克衫、西装裤等；女孩选择花色淡雅的连衣裙等。

巧选保暖内衣 >>>

应选内外表层均用40支以上全棉的产品；用手轻抖不出现“沙沙”声，手感柔顺无异物感，有优良回弹性；最好选知名品牌。

巧选睡衣 >>>

棉质睡衣柔软、贴身、透气性能好；睡衣忌色彩艳丽，浅色有安眠宁神作用；要足够肥，不能过小或刚刚好，要易穿、易脱。

巧选内衣 >>>

内衣要选轻薄类织物，它直接与人体接触，对皮肤不应有不良的刺激。织物手感要柔软，织物的吸湿和放湿性能要好，还要耐摩擦、不易污染、耐洗涤、耐日晒等。因此，要选择以棉、羊毛和丝为原料的平纹或斜纹织物。其中棉织物应用最广，丝织物是较为理想的，除具有上述要求外，纤维的导热系数要小，与皮肤接触时不会产生寒冷的感觉。

内衣尺码的测量 >>>

测量胸围：先量出胸围和下胸围，如75A中的75就是指下胸围，乳房下垂者应把乳房推高至正常位置测量，下胸围的可用标号有：70厘米、75厘米、80厘米、85厘米、90厘米、95厘米、100厘米、105厘米。

确定罩杯：A，B，C，D，E，F是指罩杯大小，胸围减去下胸围就是罩杯大小，一般来说，在10厘米左右选择A罩杯，12.5厘米左右选择B罩杯，15厘米左右选择

C罩杯，17.5厘米左右选择D罩杯，20厘米左右选择E罩杯，20厘米以上选择F罩杯。

纯棉文胸好处多 >>>

文胸处是人体汗液排泄旺盛的地方，化纤文胸不吸汗不透气，特别是炎热的盛夏，汗液排不出，细菌滋生，不但体味不好，也不利于个人健康，久之，会引起痱子、瘙痒等皮肤病，而纯棉织物透气排汗，夏日穿用十分舒适。

胸部较小者如何选择内衣 >>>

胸部较小的女性如果不穿文胸导致的后果将是身材平板，穿着较紧身的文胸则会限制胸部的发育，应穿戴略大一点儿的文胸，让胸部血液流通，增大活动空间，让它朝合适的位置和空间发展。可以用功能文胸来进行弥补，还有许多健胸款式可供选择，另外还可选择定型罩杯文胸。

巧选汗衫、背心 >>>

纯棉汗衫背心，棉纱支数越高质量越好，双股线的比单股线的坚牢而耐穿。

维棉混纺背心，外观像纯棉，也能吸汗，强力比棉大，特别是耐磨度高，比较实用耐穿。

人造丝汗衫背心，轻薄光洁，吸湿性强，穿着时感觉柔软而凉快，但下水后强力几乎降低一半，洗涤时要轻搓轻拧。

锦纶长丝汗衫背心，结实耐磨，但不易吸汗，不适宜夏天穿用。

巧选皮鞋 >>>

要根据自己的脚形，如脚背瘦薄而狭长的穿单底皮鞋比较美观；脚背较高或脚掌较肥的穿有带的皮鞋比较舒适。

用手指按一按皮鞋的表面，皮面皱纹面小，放手后细纹消失，柔软、乌亮、弹性好的是好皮子，如果按后皮面出现大的皱纹，表明皮子不好。

皮装选购的窍门 >>>

确认商标、生产厂家；看是否真皮，看是什么皮；皮面、皮装正身及袖片各部位的皮面应粗细接近，颜色均匀一致，无明显伤残，无脱色、掉浆等问题；看做工、缝制是否精细。针码的大小应均匀一致，线续正直，按缝平整，领兜、拉链应对称平展；质量好的皮革服装，手感丰满、表面光滑细腻，有丝绸感。

皮革的选购 >>>

皮革的毛质要浓密而富有光泽，毛色一致且柔软无味。优质的皮革触手柔软，底毛绵密而针毛与底毛比例适中；用手把毛向上及后方刷动，如发现没有秃毛或毛皮破裂，而且毛皮柔软丰润，便是优良产品；注意每块皮革的缝合处是否平滑而坚固、不露痕迹；注意皮革服装的标签。

帽子的选购 >>>

一般说来，缝制帽针迹要整齐、清晰、不脱线、无污点；针织处要无跳针、断线、漏针等现象；草编帽的草色应均匀，帽体有弹性；麻编帽编织应整齐均匀，表面无接头，手捏陷后能迅速恢复原状。

长形脸宜戴宽边或帽檐下拉的帽子、宽型脸应戴有边帽或高顶帽；个子高者不宜戴高筒帽，个子矮者不适合戴平顶宽边帽；年长者不宜戴过分装饰的深色帽；短头发适合选择将头遮住的帽子等。

领带质量的鉴别 >>>

从大头起在33厘米以内无织造病疵和染色印花病疵的为正品。

用两手分别拉直领带两端后，看看从

大头起33厘米内有没有扭曲成油条状，不扭曲的缝制质量较好。

用手在领带中间捏一下，放开后马上复原的，说明领带的弹性较好，反之则差。

皮带的选购 >>>

皮带的长度要适中，一定要比裤子长5厘米，在系好后尾端应该介于第一和第二个裤襻之间。皮带宽窄应该保持在3厘米，太窄会使男人失去阳刚之气，太宽的皮带只适合于休闲、牛仔风格。

选购皮靴的窍门 >>>

小腿比较粗的人在挑选靴子的时候最好舍弃皮质坚挺的款式，特别是小马皮这类质料，不妨挑选伸缩性佳、可顺着腿形伸展的质料，例如小牛皮制成的柔软的美丽靴型；小腿肚比较圆的人可选择小腿的两侧加有松紧带的靴子；O形腿的人适合靴筒稍微超出小腿处的靴子，并且最好搭配过膝的护腿袜子，或者干脆用裙子将膝盖处遮住，避免暴露缺点。

羊绒制品的挑选 >>>

除外观精致外，用手握紧后放开能自然弹回原状的为优等品；注意是否经过防缩加工处理，如果已经过防缩处理，则挑选时规格尺寸不宜过大，也不宜过小（特殊时装款除外），以免穿着时影响外观造型；购买国家认定质量稳定的品牌产品，认真查看是否标有羊绒含量，据国家有关规定，挂纯山羊绒标志的产品其羊绒含量必须在95%以上，还要看是否有合格证标贴及条形码。

长筒丝袜的选择 >>>

丝袜的长度必须高于裙摆边缘，且留有较大的余地，当穿迷你裙或开叉较高的直筒裙时，则宜选配连裤袜；对于身材修长、脚部较细的女性来讲，宜选购浅色丝袜，可使腿部显得丰满些。腿部较粗壮的女性宜选用深色丝袜，产生苗条感；胖者宜选购色泽较浅的肉色丝袜。腿较短的女性最好选用深色长裙与同一颜色的袜子和高跟鞋。有静脉曲张的女性忌穿透明的丝袜，避免暴露缺陷。

巧选袜子 >>>

汗脚者宜选购既透气又吸湿的棉线袜和毛线袜，而脚干裂者则应选购吸湿性较差的丙纶袜和锦纶袜；脚短者宜选购与高跟鞋同一颜色的丝袜，在视觉上可产生修长的感觉，不宜选购大红大绿等色彩艳丽的袜子；脚粗壮者最好选购深棕色、黑色等深色的丝袜，对穿高跟鞋的女性来说，宜选购薄型丝袜来搭配，鞋跟越高，则袜子就应越薄。

假皮制品的鉴别 >>>

人造革是在布基上涂一层涂饰料，作为皮革的代用材料，从截面看能观察到布基的布丝头；合成革是用化工原料经化学处理而成，灼烧时有特殊气味而不是动物皮灼烧的焦味；再生革是将皮革的下脚料研磨成细料，加上黏合剂再压制而成，灼烧起来也有真皮的焦味，截面看也类似真皮的纤维层，但是从表面看即使压花的也不会造出真皮表面那样的毛孔。

呢绒好坏的鉴别 >>>

眼看：质地要结实，呢面无露底现象，颜色均匀，呢边整齐是好呢绒。

手摸：柔软光洁，有光滑油润的感觉；用力揉呢面，不起毛，用手握牢，轻轻放开，能迅速恢复原状，手上不沾色即为好呢绒，否则为质差者。

化纤衣料的鉴别 >>>

看布面的光泽和颜色：在光亮的地方看，涤棉光泽亮，色泽艳，人造棉光泽较柔和，维棉光泽较差，色泽不匀，反光不亮，锦纶最亮。

看手握：涤棉布挺括，平整滑爽，用手握褶皱较少。富春纺褶皱多，不易消失，维棉有粗糙感，褶皱不能全部复原，锦纶褶皱用手握后一放开就没有了。

鉴别真丝和人造丝的窍门 >>>

真丝光泽均匀柔和，如电光闪亮，人造丝有贼光无柔和光，而且像涂了一层蜡，有条状光和闪光点，用手握再放松，真丝有抓手感，人造丝没有，真丝皱褶很深，不易散开，人造丝相反。

巧辨牛、羊、猪皮 >>>

猪皮毛眼粗大稀疏，大多是3个一组呈“品”字形，表面粒纹粗糙，不太光滑。牛皮毛眼细小稠密，一般5～7个排成一行，表面粒纹细腻、光滑。有时，猪皮革的表面压上牛皮的毛眼粒纹后就难辨认了。这时可以凭借日光的斜射，仔细观察鞋的表面，看它是否有直径为1～2毫米的斑晕均布或是从其他部位观察皮革里面是否有直径2毫米左右的斑块均布，如果有，可肯定是猪皮。羊皮革表面毛孔清楚、深度较浅，毛孔呈扁圆鱼鳞状。

珍珠的鉴别 >>>

真珍珠看上去有不均匀的彩虹，假的色调单一；真珍珠摸起来有清凉感；相互摩擦，有粗糙感的是真珍珠，明显光滑感的是人造珠；将珍珠放在阴暗处，闪闪发光的是上等珍珠。此外，珍珠越大、越圆，越有价值。

购买钻饰的小窍门 >>>

问清是否天然钻石：根据1997年开始实施的国家珠宝玉石名称标准，使用生产国名或地名参与定名是不允许的，以避免引起概念的混乱。

询问品质如何，有无鉴定证书：衡量钻石品质和价值的要素有四个，即车工、净度、色泽和克拉重量。如附有国家认可的检验机构出具的鉴定证书，购买信心会更大。

询问镶嵌材料是什么：目前钻饰的镶嵌材料有18K黄金和18K铂金（商店也标为PT900，即俗称的“纯白金”），价钱不一，需问清楚。

询问有什么售后服务：一些有实力的专业珠宝店会提供一定的售后服务，如免费清洗、改指圈、退换货等。

鉴别宝石的窍门 >>>

将宝石放在衬物上让日光照射，穿透宝石的光线在衬物上呈现金星样子的为真品。若是假宝石，衬物上会呈现一块黑影。

选择戒指的小窍门 >>>

短指：避免底座厚实的扭饰型及复杂设计，建议佩戴V形等强调纵线设计的款式或有颗坠饰垂挂的设计。

粗指：稍有扭饰或起伏设计会让手指看起来较纤细，宝石较大或单一宝石的设计也有掩饰粗指的效果。

指关节粗大：适合碎钻宝石、底座厚实的戒指，宝石过大而环状部分太细的设计看起来不平衡，易滑动。

选购耳环的小窍门 >>>

圆形脸的女性应选长方形、叶形的耳环；长脸的最好选纽扣形耳环；方脸应选长圆或圆的耳环；瓜子脸应选圆形或方形的耳环。

巧选太阳镜 >>>

太阳镜能减少紫外线对眼睛的损伤，但镜片颜色过深会影响视力，镜片颜色过浅，紫外线仍可透过镜片损伤眼睛，故夏季宜选灰色或绿色镜片。

买鞋的最佳时间 >>>

下午3点为买鞋最佳时机。因为此时腿部较为胀大，以避免买太小或太紧的鞋子。

巧辨毛线质量 >>>

色泽鲜明，颜色不发花，光泽柔和，手感柔软、丰满有弹性，条干光洁，有一些毛茸，单股粗细均匀，四股平伏挺直不僵硬为好毛线。

纯羊毛的鉴别 >>>

拿一小段毛线在火焰边燃烧。纯羊毛在燃烧中冒蓝灰色烟并会起泡；离开火焰能继续燃烧。在燃烧过程中，纯羊毛有一种臭味并会形成有光泽的黑色块状，用手指一压即碎。

穿戴搭配

刚买的衣服不要马上穿 >>>

服装在加工制作过程中，常用荧光增白剂等多种化学添加剂进行处理，这些化学添加剂残留在衣服上，与皮肤接触后，会引起皮肤过敏，发痒、发红等，特别是内衣，新买的纯棉背心、汗衫、短裤一定要洗后再用开水浸泡一会儿，干了再穿。服装在市场销售过程中，要经过各种人手的摸拿和环境如灰尘的污染，并不干净。

皮肤白皙者的服饰色彩 >>>

大部分颜色都适合这类型皮肤，能令白皙的皮肤更亮丽动人，色系当中尤以黄色系与蓝色系最能突出洁白的皮肤，令整体显得明艳照人，如淡橙红、柠檬黄、苹果绿、紫红、天蓝等明亮色彩最适宜。

皮肤黝黑者的服饰色彩 >>>

皮肤黝黑者衣着主色应为白色、浅灰色、浅红色、橙色。也可穿纯黑色衣着，以浅杏、浅蓝作为辅助色。黄棕色或黄灰色会显得脸色明亮，若穿绿灰色的衣服，脸色会显得红润一些。

皮肤红润者的服饰色彩 >>>

肤色红润的女性，选择微饱和的暖色作为衣着，也可采用淡棕黄色、黑色加彩色装饰，或用珍珠色搭配健美的肤色。不要选紫罗兰色、亮黄色、浅色调的绿色、纯白色，因为这些颜色能过分突出皮肤的红色。

皮肤黑黄者的服饰色彩 >>>

皮肤黑黄的女性，选用浅色质的混合色服装，如浅杏色、浅灰色、白色等，以冲淡服装颜色与肤色对比。避免穿驼色、绿色、黑色等，因为这些色会使你显得更黑。

肤色偏红艳者的服饰色彩 >>>

肤色偏红艳的女性，选用浅绿、墨绿或桃红色的服装，也可穿浅色小花小纹的衣服，以造成一种健康、活泼的感觉。避免穿鲜绿、鲜蓝、紫色或纯红色的服装，因为这些色系会加重你的肤色。

肤色白里透红者的服饰色彩 >>>

肤色白里透红的女性，不要再用强烈的色系去破坏这种天然色彩，选择素淡的色系，能更好地衬托出天生丽质。

深褐色皮肤者的服饰色彩 >>>

深褐色皮肤的人适合茶褐色系，墨绿、枣红、咖啡色、金黄色等，令人看来更有个性，自然高雅，相反蓝色系则有些格格不入。

黄皮肤者的服饰色彩 >>>

偏黄的皮肤宜穿蓝调服装，例如酒红、紫蓝等色彩，能令面容更白皙，但强烈的黄色系如褐色、橘红等则可免则免，以免令面色显得更加暗黄无光。

小麦肤色者的服饰色彩 >>>

拥有这种肌肤色调的女性给人健康活泼的感觉，黑白这种强烈对比的搭配与她们出奇地合衬，深蓝、炭灰等沉实的色调，以及桃红、深红、翠绿这些鲜艳色彩最能突出开朗个性。

中年女性穿戴窍门 >>>

到了发福的年龄，如果没有苗条的身材，就不要穿紧身上衣、紧身羊毛衫和紧身裙。最好选用挺括面料做衣服，软质面料容易显形体。不买廉价的衣服、鞋和手提包，买一套款式大方、做工精致、面料高档的套裙或套装，与其他衣服及不同的服饰相配，可顶无数件廉价的衣服。

老年妇女穿戴窍门 >>>

老年妇女肤色差，皱纹多，头发稀疏，如果再穿灰、黑色调的衣服，越发显得老迈，所以必须刻意打扮自己，除了头洁脸净外，衣服可以红色调为好，以衬托老年妇女脸色红润，从而增加活力。

男士服装的色彩搭配 >>>

男士着装的色彩一般以咖啡色、灰色、深蓝、米黄等中性偏冷色彩较普遍，不宜过于花哨，尤其是职业男性着装。一般来说着装的整体色不宜超过3种，上装下装色彩分明的搭配方法也不佳，较理想的搭配是，上衣与下装的色彩类似。

领带与西装的搭配 >>>

选用领带时要注意同西装、衬衫的颜色相配，使领带、西装和衬衫构成立体感较强的套装。一些服饰评论家举出4种基本配色方法，按领带、衬衣、西装的顺序列为：

❶浓、中、淡：淡蓝的西装，群青色的衬衫，配上普鲁士蓝的领带，恬静高雅，表现了一个人的沉着稳健的气质。

❷淡、中、浓：以深色西装为中心，过渡到浅色的领带。

❸淡、浓、淡：以深色的衬衫为中心，与浅色领带和浅色西装相呼应。

❹浓、淡、浓：例如绀色（紫调浑蓝）西装，配上浓绀的领带，与灰色调的衬衫形成对比，华而不浮、品格高雅，是中年人的常用色。

项链的佩戴窍门 >>>

脖子较细长，可戴紧贴脖子的项链；脖子较粗，可选择戴长长的项链；脖子较长、身材较高的女士同时佩戴长短不一的几串项链，特别具有装饰性。亚洲女性特别适合佩戴珍珠项链。

上深下浅或下深上浅掩饰缺憾 >>>

上、下身比例失调的人（上身胖，下身瘦；下身胖，上身瘦），穿衣遮丑的一个原则就是：哪里胖就要努力把别人的目光从哪里转移开来。上身胖，上身就不要穿得太花，以免让其他人觉得头重脚轻。上身穿深色服装，有收缩感；下身穿浅色，有膨胀感。这样上下有平衡感。上衣一般要穿较深色的，下装可以选择醒目条纹、格子、印花图案的。咖啡色与白色相混合的条纹装、深色系列是瘦身的上佳选择。

佩戴围巾的窍门 >>>

围巾的选配是根据衣服的颜色而定。穿暗颜色的衣服，可选择色泽浓郁、色彩热烈的丝巾；穿红色的衣服、可围黑色透明的围巾，使红色不太显眼，还可以显得皮肤白净；穿藏青色的西装，可系一条纯白的丝巾，既能衬托出唇红齿白，又有一种高雅的气质；穿深色的大衣，可选择鲜艳的围巾；穿浅色大衣可选淡雅的围巾。

穿着无袖衫小窍门 >>>

胖人胳膊粗，肩宽，不能穿无袖衫，清瘦苗条者穿无袖衫也要注意得体。无袖衫的袖笼不宜开得过大，特别是露出里面的内衣或胸罩，将特别不雅。内衣搭配得淡雅，紧些的背心比胸罩好。有腋毛的最好不要穿无袖衫，否则会有失雅观。

着装苗条小窍门 >>>

上衣用浅色，裙子、裤子用深色；同色调的衣服，上衣应用料厚重；衣服格子选择竖条纹细条纹，效果较好；裙子不穿质地特硬的；鞋子选高底或较适当的；丝袜宜选和鞋子同色的，鞋越高袜子应越薄；脖子上加彩饰或戴耳环，看起来会显得更高。

腰粗者穿衣窍门 >>>

较宽大或伞状上衣可成功掩饰浑圆腰部，其中个子较高者，适合宽的上衣；个子较小者，要选刚好过腰的宽上衣。一定不要选择瘦窄的裤子或弹力裤，避免暴露缺点。长裙、肥腿裤加上半高跟或高跟鞋，可加长腿的长度，掩盖腿形的缺点。

小腹凸出者穿衣窍门 >>>

❶把上半身的浅色衣服束入下半身深色的裙或裤内，便可掩饰这个缺点，并配以宽皮带系紧，可使腰部看上去更纤细。

❷全身穿冷色，并穿细条纹的长裤分散视线，可巧妙掩饰小腹凸出的缺点，包括皮带、丝巾、鞋、袜等都采用冷色系的搭配。

❸以萝卜形长裤搭配宽松毛衣，并用配件（帽子、围巾、皮带）将重心置于上方。

臀部下垂者穿衣窍门 >>>

❶以细褶或收腰的长白衬衫盖着冷色系裙子的掩饰法最简单也最漂亮。

❷穿着摇曳生姿的及膝圆裙，避免穿窄裙、直筒裙。

❸将上衣束入有后袋的裤子，并用深色的皮带束系。

臀肥腰细者穿衣窍门 >>>

臀肥腰细者，不宜穿连衣裙，也不宜将带褶的裙子穿在衬衣外边，可穿半卡腰、流线型的服装，以及向下略带喇叭的裤子，西裤可尽量低一点，裤腿稍窄一点。

平胸女性穿衣窍门 >>>

上衣要尽量精致讲究一些，样式复杂些，可以多加一些有变化的线条和装饰，比如在胸部多加些装饰，给人造成错觉，显得胸部丰满。穿衣也宜穿短、大、厚实的外衣，颜色鲜亮些，不适合穿贴身的衣服。

O形腿人的着装窍门 >>>

可穿长裙将腰部以下完全遮盖，这样就掩盖了不太美观的腿形。若想让下半身透透气，可穿着裤管宽松、不太贴身的长裤。

骨感女性的穿衣窍门 >>>

适宜穿高领的上衣，颜色以暖色调为主。女性可以在袖口、胸部点缀花边，也可配上一条腰带。纤细的腿适合穿直纹裤子，腰间可以有口袋等装饰品，以转移视线。AB裤、硬挺的长裤搭配合身的上装也是很好的选择。太瘦的人要尽量选择棉、麻等看起来有分量的布料。搭配上以多层次为原则，例如，衬衫外面加一件背心，脖子上围条丝巾等。想穿出丰臀，可以选择松紧带设计、下身蓬松的裙装。不要穿贴身的丝质衣服和没有袖的衣服。

胖人穿衣小窍门 >>>

体形较胖的人，一般都给人脖颈粗短的感觉，因而选用低领“V”形上衣更好些。胖人的着装不宜太“花”，宜穿色泽暗淡的衣料，上身宽松款式，切忌穿紧身衣服。

身材高大女性的穿衣窍门 >>>

身材高大的女士，选择衣服不宜太长，应该穿一些不会太显露体形的衣服，而且特别场合的衣料要选配适当，松衣宽裙都较合适。

矮个女子巧穿衣 >>>

避免穿两截式服装，不妨多穿连身的小碎花洋装。如果有腰带，应选用质料轻柔的，宽而硬挺的皮质、塑胶硬带都应避免。

女孩穿短裤的小窍门 >>>

❶不要穿有明袋的短裤，会显得臀部很大。

❷不要穿翻边的短裤，它会使粗腿更显粗，短脚更显短。

❸不要穿太短的短裤，看上去不雅，且骑车、坐下不方便。

❹不要穿裤脚太窄的短裤，会有压迫感。

❺不要穿太鲜艳的并且短的短裤，不雅观又不稳重。

❻质地柔软打褶的短裤、裙裤、网球裙裤，看上去青春活泼。

❼矮个子女孩别穿过膝短裤，但也不能太短，膝上3厘米为好。

上班族如何选择皮包 >>>

❶使用公文包和手提包时，无论男女都应提在左手，以免在与人握手时，因换手而显得手忙脚乱。

❷女性上班时，用的皮包应该大一些，这样可以存放较多的必备用品，但式样必须大方，与上班形象相符合。

短腿者巧穿皮靴 >>>

裙摆和鞋筒不要结束在小腿最粗的地方，最好搭配同色的长筒靴或短靴，并且要让裙摆盖住靴子的上缘，给人以下身线条一气呵成的感觉。如果要穿短裙，最好穿长筒靴，可使腿部看上去显得修长。

腿粗者巧穿皮靴 >>>

最好避免穿露出小腿肚的短靴或直筒靴，不妨选择可修饰小腿的及膝靴，特别是那种包裹脚踝并可清楚看见脚踝形状的款式。细高跟、尖头的设计更可强化女性曲线，也是很好的选择。

女士骑车如何避免风吹裙子 >>>

可在裙子内侧膝盖下部处缀一布条，捆在膝盖上部大腿处，留出活动余地即可，布条长度不超过裙长。若在膝盖下部捆一布条，上缝一个锦纶搭扣，上扣缝在留有活动余地的裙子上更为方便。

解决拉链下滑的方法 >>>

在裤、裙拉链顶端的相应部位缝上一个风纪扣钩，用此钩便可以钩住拉链顶端的方孔，从而活动自如，不必担心。

新衬衣的处理 >>>

新买或新做的的确良衬衫，穿着前用棉花球蘸上汽油（最好是优质白汽油）在硬领头和袖口上轻轻擦拭一两遍，等汽油挥发后，再用清水冲洗干净。以后穿用该衬衣时，领口和袖口弄脏了或沾上污渍，很容易清洗干净。

防丝袜向下翻卷窍门 >>>

❶在不使用吊袜带时，只要将袜口向内平折10毫米左右，袜子就不会向下翻卷了。

❷可以在袜口别上一枚硬币，提起袜口别上两圈固定住，一天也不会脱卷，十分省心。

防丝袜下滑窍门 >>>

如果丝袜的松紧带松了，袜子不住往下滑时，可以将不穿的及膝丝袜的松紧带剪下来充当袜带用。

防丝袜勒腿窍门 >>>

将新袜子袜腰折返部分的双层连接丝线挑开成为单层，一方面加长了袜腰，另一方面也不会脱丝，这样穿起来就不会勒腿了。

巧解鞋带 >>>

沾满泥污或潮湿的鞋带结很难解开，为了保护指甲，最好还是用钩针来帮忙。

如何梳理假发 >>>

假发套在使用前应先梳理好，戴上假发套后稍稍加以梳理就可以了。梳理假发一般选用比较稀疏的梳子为好，梳理假发时要采用斜侧梳理的方法，不可进行直梳，而且动作要轻。

如何固定假发 >>>

不要使用发夹。为了防止大风把假发套刮跑，有些人喜欢用发夹夹住假发。但是，夹发不可过于用劲。否则，容易钩坏假发的网套。因此，最好不要使用发夹，可在假发上使用装饰性的发带把发套固定住。

戒指佩戴小窍门 >>>

❶如果在两只手指上戴戒指，最好选择相邻的两只手指，如中指+食指或中指+无名指。

❷如果戒指的材质属性可以和手表搭配，是最理想的了。否则最好将戴戒指的手与戴手表的手错开。

夏季穿凉爽衣裤有法 >>>

在炎热季节，临上班前可把内衣裤放进塑料袋置入冰箱，下班回家后先洗个澡，再把内衣裤从冰箱取出换上，会感到格外惬意舒服。

外出防衣裤挤皱法 >>>

准备外出时，可先备一个能放进衣裤、衣裙的大塑料袋（无漏洞），将随身携带的衣裤整齐地叠好后放入袋内，里面稍许留点空气，将袋口折好用胶带纸封住，放入皮箱内即可。由于袋内的空气起了一个缓冲的作用。一旦出现一点褶痕也不要紧，只要在褶痕处喷上一点温水，很快就能消除。

自行调节袜口松紧 >>>

市售棉线袜，常因袜口过紧，使人脚腕很不舒服。将袜口用手撑开，可看到其中有许多橡皮筋，用缝衣针鼻将橡皮筋挑起，便很容易抽出来。可以用抽出根数的多少，调节袜口的松紧程度。

化纤制品防静电妙招 >>>

洗涤锦纶、化纤衣服、窗帘或台布的时候，向漂洗的水中加些白醋，能够减少其所带的静电。

衣物清洗

衣服翻过来洗涤好 >>>

洗衣服应翻过来洗里面，这样可以保护面料光泽，同时也不起毛儿，既保护外观还延长衣服寿命。

经济实用洗衣法 >>>

用肥皂取代洗衣粉，省钱，洁衣，有意外的效果，且易漂洗。具体方法是：在洗衣机的洗衣桶内同时放入肥皂、衣物，加足水。随着洗衣机波轮的转动，衣物和肥皂不断旋转摩擦，即可渐渐去污。桶内肥皂水达到一定浓度，即可把肥皂取出。若要立即见效，一次可放进3～5块肥皂，经旋转摩擦2分钟后取出，也可视皂液浓度决定取出的时机或增加肥皂的数量。

蛋壳在洗涤中的妙用 >>>

把蛋壳捣碎装在小布袋里，放入热水中浸泡5分钟捞出，用泡蛋壳的水洗脏衣服，格外干净（一只鸡蛋壳泡的水，可洗1～2件衣服）。

洗衣不宜久泡 >>>

洗衣服不宜浸泡太久，最好以15分钟为限。因为，衣服纤维中的污垢在15分钟内便会渗到水中，如果超过了这段时间，水中的污物又会被纤维吸收，浸泡太长时间反而洗不干净了。

洗衣快干法 >>>

衣服上某个部位沾了污迹，用去污剂洗净后，用电吹风吹干，几分钟后便可穿用。

鞋子快干法 >>>

将刚刷洗完的鞋子放入洗衣机的甩干桶中，鞋面靠着机壁，两只鞋要对称放置。放好后，开启洗衣机脱水按钮，将鞋子甩几分钟，取出晾晒，既不淌水又干得快。

洗涤用品的选择 >>>

❶柔顺剂：目前，市面上的各种柔顺剂主要是起柔顺、去静电和提高舒适度的作用。冬季容易起静电，价格低廉的柔顺剂正好能派上用场。

❷羊毛专用洗液：这种清洗液专门用于羊毛制品的洗涤，它的成分温和不伤害

羊毛结构，还有柔顺羊毛的作用，但价格稍高一些。

❸特殊洗液：一般用于洗涤内衣、内裤和宝宝的衣物，洗涤效果好，质量很高。

棉织物的洗涤 >>>

棉织物的耐碱性强，不耐酸，抗高温性好，可用各种肥皂或洗涤剂洗涤。洗涤前，可在水中浸泡几分钟，但不宜过久，以免颜色受到破坏。最佳水温为40～50℃，贴身内衣不可用热水浸泡，以免使汗渍中的蛋白质凝固而附着在内衣上。漂洗时采取“少量多次”的办法，每次冲洗完后应拧干，再进行第二次冲洗。在通风阴凉处晾晒，避免在日光下暴晒。

巧洗丝织品 >>>

洗丝织品时，在水里放点醋，能保持织品原有的光泽。

麻类织物的洗涤 >>>

麻纤维刚硬，抱合力差，洗涤时不能强力揉搓，洗后不可用力拧绞，也不能用硬毛刷刷洗，以免布面起毛。有色织物不要用热水烫泡，不宜在阳光下暴晒。

亚麻织物的洗涤 >>>

水温不宜超过40℃，选用不含氯漂成分的中性或低碱性洗涤剂；洗涤时应避免用力揉搓，尤其不能用硬刷，洗涤后不可拧干，但可用脱水机甩干，用手弄平后挂晾。

巧洗毛衣 >>>

洗涤时水温切忌过高，这样会破坏毛绒松软性，最好用冷水或温水。用专门的高级毛织品洗涤剂泡成的溶液浸洗。切忌用搓板洗和用力搓，要用手轻揉，可上下提拎多次；不要使劲拧干，应用手攥，再用大毛巾包好拧去水分晾到阴凉处。

巧洗羊毛织物 >>>

羊毛不耐碱，要用中性洗涤剂洗涤，水温不应超过40℃，否则会变形；切忌用搓板搓洗，即使用洗衣机洗涤，也应该轻洗；洗涤时间也不要过长，防止缩绒；洗涤后不要拧绞，用手挤压除去水分，然后沥干；用洗衣机脱水时以半分钟为宜；在阴凉通风处晾干，不要在强日光下暴晒。

莱卡的洗涤方法 >>>

选用中性洗涤剂或专用羊毛洗涤剂，忌碱性洗涤剂；轻柔洗，不宜拧绞，阴干。高档衣服最好干洗，而西装、夹克装一定要干洗，不能用水洗。要注意防虫蛀，防霉。

巧洗轻质物品 >>>

洗锦纶袜、手帕等轻薄细长物品时，宜放入锦纶网兜内，扎紧兜口再进行洗涤。

蕾丝衣物的清洗 >>>

如果是在家清洗，只需把蕾丝放在洗衣袋中，以中性清洁剂洗涤就可以了，不可以用浓缩洗衣剂和漂白剂。较高级的蕾丝产品或较大件的蕾丝床罩等，最好送到洗衣店清洗和熨烫。

巧法减少洗衣粉泡沫 >>>

往洗涤液中加少量肥皂粉，泡沫会显著减少。若用洗衣机洗衣，可在洗衣缸里放一杯醋，洗衣粉泡沫就会消失。

干洗衣物的处理 >>>

干洗衣物取回后，不要立即穿上，

最好先将塑料套去掉，晾在通风处，让衣物上的洗涤溶剂自然挥发。等到没有异味时，再放入衣柜或穿着使用。如果长时间不穿用，务必做好防虫处理。

巧洗羽绒服 >>>

❶先把羽绒服放在清水里浸泡20分钟，挤去水分，再放到洗衣粉水（浓度不能太高，一盆清水放2~3汤匙洗衣粉就行了）里浸泡10分钟。

❷把衣服平铺在木板上，用软毛刷蘸洗衣粉溶液刷洗，先里后外，最后刷袖子。

❸刷完后，放在温水里漂洗两次，再用清水漂洗干净，挤去衣服里的水分，放在阴凉处风干。

❹风干后可用一根光滑的小木棍轻轻拍打几下，这样会使羽绒服蓬松如新。

❺如果羽绒服上有白色痕迹，可用工业酒精在痕迹处反复擦几次，再用热毛巾擦，就会消除。

洗毛巾的方法 >>>

夏季，毛巾擦汗的次数多，即使天天洗涤，也难免黏糊糊的，并有汗臭味。对这样的毛巾，可先用食盐搓洗，再用清水漂净。用优质洗涤剂溶液或洗洁精溶液，烧沸，把毛巾放入煮10分钟，效果也很好。

巧洗衬衫 >>>

衬衣领和袖口不易洗干净，洗前可在衣领、袖口处均匀地涂一些牙膏，用毛刷轻轻刷洗一会儿，再用清水漂净，即可干净。

巧洗长袖衣物 >>>

长袖衬衫和其他衣物在洗衣机内一起洗，缠在一起很麻烦，把前襟的两个扣子分别扣入两袖口上的扣眼中，就不会乱缠了。

巧洗白色袜子 >>>

白袜子若发黄了，可用洗衣粉溶液浸泡30分钟后再进行洗涤。

巧洗白背心 >>>

白背心穿久了会出现黑斑，可取鲜姜100克捣烂放锅内，加500毫升水煮沸，稍凉后倒入洗衣盆，浸泡白背心10分钟，再反复揉搓几遍，黑斑即可消除。

巧洗汗衫 >>>

先将有汗斑的衣服在3%~5%的食盐水中浸泡，再进行正常洗涤。洗涤时应用冷水，因为带色的汗衫背心在热水中容易褪色。

洗牛仔装小窍门 >>>

取1盆凉水，加1勺盐，然后将牛仔装放入盆中浸泡1小时，然后用洗衣粉按常法刷洗，既可迅速去除污垢，又可使牛仔装不易褪色。

巧洗内衣 >>>

❶内衣最好单独洗涤，能防止内外衣物交叉感染或被他色沾染。

❷要使用中性洗剂，避免将洗衣液直接倾倒在衣物上，正确方法是先用清水浸泡10分钟。柔和细致的高档面料，为了使它的色彩稳定及穿着时间有效延长，水温应控制在40℃以下。

巧洗衣领、袖口 >>>

衣领、袖口容易变脏，很难用肥皂或洗衣粉洗干净，这时可以用洗发水、剃须膏或者牙膏涂在污迹处，再用刷子刷，便很快就能洗干净。如果是机洗，可将衣物先放进溶有洗衣粉的温水中浸泡15～20分钟，再进行正常洗涤，也能洗干净。或者把衣领、袖口浸湿，抹上肥皂或洗衣粉，再放进洗衣机内，也可洗净。

巧洗毛领 >>>

用干洗剂或者羊毛专用洗涤剂清洗，清洗时要轻揉，并用清水漂净，之后要阴干，或者用吹风机吹干并用梳子理顺。

巧洗帽子 >>>

在洗帽子前先找一个和帽子同样大小的东西（如瓷盆、大玻璃瓶等）把帽子套在上面洗刷，晾晒，等快干时再用手整理一下，干了就不会变形。

巧洗胶布雨衣 >>>

先把洗衣粉溶解在温水中，再将胶布雨衣浸入其中，用软毛刷轻轻刷洗，切忌用手揉或用搓板搓，以免损伤胶层。刷洗后用清水冲净，晾干。存放时，最好在挂胶的一面撒些滑石粉。

巧洗绒布衣 >>>

绒布衣洗过几水以后就有些发硬，可以将绒布衣抖干净，放在加有氨水的水中（按每桶水加2汤匙氨水）泡20分钟取出，再用肥皂水洗后，在清水里刷洗几次，不经过拧干就晾晒。这样处理后，绒布衣在使用中就不会出现发硬现象。

巧洗宝石 >>>

可用棉棒在氧化镁和氨水混合物，或花露水、甘油中蘸湿，擦洗宝石和框架，然后用绒布擦亮即可。

巧洗钻石 >>>

先将钻石放在盛有温和清洁剂或肥皂液的小碟中约半小时，再用小软刷轻刷，用自来水冲洗后擦干即可，冲洗时将水池堵住，以防万一。

巧洗黄金饰品 >>>

把黄金饰品放入冷开水与中性洗衣粉调和水中浸泡15分钟（忌用自来水和偏碱性洗衣粉），再用软毛刷轻刷表面，最后用冷开水冲净。

银饰品的清洗 >>>

先用肥皂水洗净，用绒布擦亮，也可用热肥皂水洗涤。然后涂抹用氨水（阿莫尼亚水）和白粉（白垩）掺和的糊状混合物，干燥后，用小块绒布擦拭，直到发出光泽。

洗雨伞小窍门 >>>

先将伞上的泥污用干刷刷掉，再用软刷蘸温洗衣粉溶液洗刷。如仍不干净，可用1：1的醋水溶液洗刷。

巧刷白鞋 >>>

白色的鞋子刷洗后易留下黄斑，最后

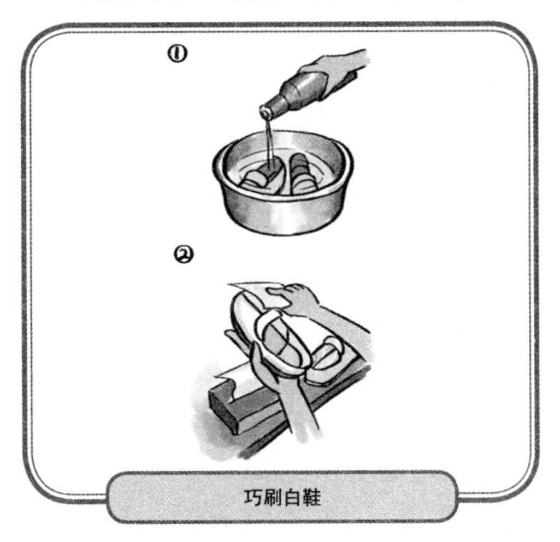

巧刷白鞋

一遍漂洗时加少量白醋（记住是白醋，重点在白），泡半小时，晾时在表面贴上白纸巾，干后就会亮白如新。

巧擦皮革制品四法 >>>

❶用喝剩的牛奶擦皮鞋或其他皮革制品，可防止皮革干裂，并使其柔软美观。

❷擦皮鞋时，往鞋油里滴几滴醋，擦出的皮鞋色鲜皮亮，而且能保持较长时间。

❸香蕉皮含有单宁等润滑物质，用它来擦拭皮鞋、皮包的油垢脏物，可以使皮面洁净如新。

❹擦皮鞋时，和少许牙膏与鞋油同时擦拭，皮鞋会光亮如新。

除污去渍

巧除咖啡渍、茶渍 >>>

衣服上洒上咖啡或茶水，如果立即脱下用热水搓洗，便可洗干净。如果污渍已干，可用甘油和蛋黄的混合溶液涂拭污渍处，待稍干后，再用清水洗涤即可。

巧除柿子渍 >>>

新渍，用葡萄酒加浓盐水一起揉搓，再用肥皂和水清洗，丝绸织物则用10%柠檬酸溶液洗涤。

巧去油渍 >>>

❶用餐时衣服被油迹所染，可用新鲜白面包轻轻摩擦，油迹即可消除。

❷丝绸饰品如果沾上油渍，可用丙酮溶液轻轻搓洗。

❸深色衣服上的油渍，用残茶叶搓洗能去污。

❹翻毛裘衣沾上油渍，可在油渍处适当撒些生面粉，再用棕刷顺着毛擦刷，直到油渍去掉。然后，用藤条之类拍打毛面，全部除去余粉，使毛绒蓬松清洁。

巧去油漆渍 >>>

衣服沾上油漆、喷漆污渍，可在刚沾上漆渍的衣服正反面涂上少许清凉油，隔几分钟，用棉花球顺衣料的经纬纹路擦几下，漆渍便消除。旧漆渍也可用此法除去，只要略微涂些清凉油，漆皮就会自行起皱，即可剥下，再将衣服洗一遍，漆渍便会荡然无存。

新渍可用松节油或香蕉水揩拭污渍处，然后用汽油擦洗即可。陈渍可将污渍处浸在10%～20%的氨水或硼砂溶液中，使油漆溶解后用毛刷擦污迹，即可除去。

巧去墨水污渍 >>>

❶如是新迹，应及时用冷水洗涤，剩下的痕迹可用米饭或米粥加一点食盐放在墨迹处搓洗，再用洗涤剂搓洗，用清水洗净。

❷如果是陈墨汁迹，可用一份酒精加两份肥皂液反复涂擦，效果也很好。

❸先用牛奶洗，再用洗洁精浸泡后搓洗，污痕可除。

❹也可用牙膏涂在污渍部分揉搓，然后用水漂洗。

❺如果是丝绸料，要将污渍面向下平铺在干净的纸上，涂上干洗剂或酒精，揉搓丝织品污迹背面，直至污迹消失，然后洗涤、漂洗。

巧去汗渍 >>>

❶将被汗液染黄的衣服放在温水里浸10分钟左右，然后在污染处用去污粉搓洗数次，就可洗净。

❷将衣服浸泡在3%的盐水里约10分

钟，再用清水漂洗后，用肥皂洗，即可除掉汗渍。

❸丝绸饰品的汗渍，可加洗涤剂漂洗，如果效果不理想，可将汗渍部分浸入稀释盐酸溶液中轻轻搓洗，最后用清水漂洗。

巧去奶渍 >>>

❶新渍立即用冷水洗，陈渍应先用洗涤剂洗后再用1：4的淡氨水洗。如果是丝绸料，则用四氯化碳揉搓污渍处，然后用热水漂洗。

❷把胡萝卜捣烂，拌上点盐，可擦掉衣服上的奶渍、血渍。

巧去鸡蛋渍 >>>

❶等到鸡蛋液干了以后，再用蛋黄和甘油的混合液擦拭，然后把衣服放在水中清洗即可。

❷用茶叶水把衣服浸泡一会儿，然后把衣服放在水中清洗。

❸用新鲜萝卜榨出来的汁搓洗衣服上的蛋渍，效果也很不错。

除番茄酱渍 >>>

将干的污渍刮去后，用温洗衣粉溶液洗净。

巧去呕吐迹 >>>

用汽油擦拭，再用5%的氨水擦拭，最后用温水清洗；或者用10%的氨水将呕吐液迹润湿，再用加有酒精的肥皂液擦拭，最后用洗涤剂洗净。

巧去血迹 >>>

如血迹未干，可立即放入清水中揉洗；如血迹已干，可用氨水擦洗，再用清水漂洗，即可除去血迹。

巧除果汁渍 >>>

❶新染上的果汁可先撒些食盐，轻轻地用水润湿，然后浸在肥皂水中洗涤。

❷在果汁渍上滴几滴食醋，用手揉搓几次，再用清水洗净。

巧去葡萄汁污渍 >>>

不慎将葡萄的汁液滴在棉质衣服上，用肥皂洗涤不但不能去掉污渍，反而会使其颜色加重，应立即用白醋浸泡污渍处数分钟，然后用清水洗净。

巧去酒迹 >>>

如果白衬衣上留下了酒迹，可用煮开的牛奶或少量西瓜汁搓洗，即可去除污迹。

除尿渍 >>>

刚污染的尿渍可用水洗除，若是陈迹，可用温热的洗衣粉（肥皂）溶液、淡氨水或硼砂溶液搓洗，再用清水漂净。

除圆珠笔油渍 >>>

将污渍用冷水浸湿后，用苯丙酮或四氯化碳轻轻擦去，再用洗涤剂洗净。不能用汽油洗。也可涂些牙膏加少量肥皂轻轻揉搓，如有残痕，再用酒精擦拭。

除蟹黄渍 >>>

可在已经煮熟的蟹中取出白鳃搓拭，再放在冷水中用肥皂洗涤。

除胶类渍 >>>

灯芯绒衣物上沾有胶类等物时，可用清水浸泡后轻轻擦拭，切忌干搓，以防拔掉绒毛。

巧去酱油、醋渍 >>>

不论是沾上酱油还是醋，趁它们尚未干时可用水清洗除去；若污渍已变十，可采用如下方法清洗：在150毫升清水中加入15克白糖，用脱脂棉蘸取擦拭污渍处，并用手用力拍击，然后用水冲洗即可去除。

除锈渍 >>>

用1%的草酸溶液擦拭衣服上的锈渍处，再用清水漂洗。

除柏油渍 >>>

可用汽油和煤油擦洗。如没有汽油或煤油，也可将花生油、机油涂在被玷污处，待柏油溶解后，就容易擦掉了。

除烟油渍 >>>

衣服上刚滴上了烟筒油，应立即用汽油搓洗，如搓洗后仍留有色斑，可用2%的草酸液擦拭，再用清水洗净。

除沥青渍 >>>

先用小刀将衣服沾有的沥青轻轻刮去，然后用四氯化碳水（药店有售）略浸一会儿，再放入热水中揉洗。还可用松节油反复涂擦多次，再浸入热的肥皂水中洗涤即可。

除青草渍 >>>

用食盐水（1升水加100克盐）浸泡，即可除掉。

除红药水渍 >>>

先用温洗衣粉溶液洗，再分别用草酸、高锰酸钾处理，最后用草酸脱色，用清水漂净。

除碘酒渍 >>>

先用亚硫酸钠溶液（温的）处理，再用清水反复漂洗。也可用酒精擦洗。

除药膏渍 >>>

先用汽油、煤油刷洗，也可用酒精或烧酒搓擦，待起污后用洗涤剂浸洗，再用清水漂净。

鱼渍、鱼味的去除 >>>

去除衣服上的鱼渍，特别是鱼鳞迹，可先用纯净的甘油将色渍湿润后，再用刷子轻轻擦拭，晾置约1刻钟后，再用25～30℃的温热水洗涤，最后喷上柠檬香精，腥气与印迹便会消失。

除口红渍 >>>

衣物沾上口红，可涂上卸妆用的卸妆膏。水洗后再用肥皂洗，污渍就会完全被清除。

巧去眉笔色渍 >>>

可用溶剂汽油将衣物上的污渍润湿，再用和有氨水的皂液洗除。最后还要用清水漂净。

巧去甲油渍 >>>

可用信纳水擦洗，当污渍基本去除后再用四氯乙烯擦洗，然后再用温洗涤液洗涤，最后用清水漂净。

巧去染发水渍 >>>

染发水也是酸性染料的一种，尤其对毛纤维的着色力很强，一旦弄到衣物上就很难去除，在白色衣物上就更为明显。可以根据织物纤维的性质，分别选用次氯酸钠或双氧水对污渍进行氧化处理。

白皮鞋去污法 >>>

可用橡皮擦，就连蹭上的黑鞋油、铁锈都可擦掉，牛皮鞋效果尤佳；亦可用白色牙膏薄薄地涂在污点上，起遮盖污点作用，然后再打白色或无色鞋油即可。使用这两种方法前，先用微湿软布将鞋上浮土擦净。

巧去绸缎的斑点 >>>

绸缎上的斑点，可用绒布或新毛巾轻轻揩去，较大斑点可将氨液喷洒于丝绸上，再用熨斗烫平，白色绸缎的霉斑，可用酒精轻轻揩擦。

巧去霉斑 >>>

❶衣服出现霉点，可用少许绿豆芽在霉点处揉搓，然后用清水漂洗，霉点即可去除。

❷新霉斑先用软刷刷干净，再用酒精洗除。陈霉斑先涂上淡氨水，放置一会儿，再涂上高锰酸钾溶液，最后用亚硫酸氢钠溶液处理和水洗。

❸皮革衣服上有霉斑时，用毛巾蘸些肥皂水揩擦，去掉污垢后立即用清水洗干净，待晾干后再涂夹克油即可。

❹白色丝绸衣服上的霉斑，可用5%的白酒擦洗，除霉效果很好。

❺丝绸衣服出现霉斑，一般可以在水中用软刷刷洗，若霉斑较重，可在霉斑的地方涂上5%淡盐水，放置3～5分钟，再用清水漂洗即可。

巧去口香糖 >>>

衣物上粘有口香糖难以除去，若将衣服放置冰箱一段时间，口香糖经冷冻变脆，用刀片就容易刮掉了。

熨烫、织补与修复

简易熨平 >>>

如果手边没有电熨斗，可以用平底搪瓷茶缸盛上开水，代替电熨斗。这种方法操作简便，也不会熨煳衣料。

巧法熨烫衣裤 >>>

熨衣裤时，如果在折线上铺一块浸泡过醋的布，然后再用熨斗烫，就会非常笔挺。此外，直接用醋弄湿衣裤的折线再烫也可以。

巧去衣服熨迹 >>>

熨烫衣服时，由于熨斗过热或过凉，往往使衣服上出现烙铁印或亮光，只要立刻向衣服上喷些雾一样的水花，将衣服叠好，10～15分钟后再打开，熨迹便可以去除了。

毛呢的熨烫 >>>

如果从正面熨烫，则要先用水喷洒一下，让毛料有一定的湿度，在熨烫时，熨斗一定要热。最好的方法是从反面垫上湿布再熨，因为毛料衣服有收缩性。

棉麻衣物的熨烫 >>>

在熨烫棉麻衣物时，熨斗的温度要偏高，而且要先熨烫衣里，熨烫时要用垫布，以防损伤衣物。亚麻织物应该在半干时熨烫，双面沿纬向横烫，以保持织物原有的光泽。

丝绸衣物的熨烫 >>>

丝绸衣物清洗干净以后，滴干水，趁

半干之际装进纸袋内放入冰箱速冻室冷冻10分钟左右，再拿出来熨烫就非常快捷容易。丝绸衣物容易熨煳，倘若在衣物背面喷些淀粉浆，则可防止把衣物烫坏。

毛衣的熨烫 >>>

熨烫毛衣最好用大功率蒸汽熨斗，若用调温熨斗必须垫湿布，不要烫得太干。熨烫毛衣的顺序是先领后袖，最后是前后身，折叠时将领子前胸折叠在外、呈长方形放置。

皮革服装的熨烫 >>>

皮革服装必须用低温熨烫。可用包装油纸作为熨垫，同时要不停地移动熨斗，使革面平整光亮。

化纤衣物的熨烫 >>>

台板必须铺垫毯子或厚布，最好趁衣料半干时熨烫。熨烫时衣料表面要垫湿布，不要使熨斗直接与衣料接触。压力不宜太大，要来回移动，否则会将反面的缝迹在衣料表面留下痕迹。

羽绒服装的熨烫 >>>

羽绒服装多为锦纶绸面，不宜用电熨斗熨烫，若出现褶皱，可用一只大号的搪瓷茶缸，盛满开水，在羽绒服上垫上一块湿布熨烫。

巧熨有褶裙 >>>

熨烫带有褶皱的裙子时，应先熨一遍褶边，然后再熨整个褶。

巧熨腈纶绒围巾 >>>

熨前将洗涤后晾九成干的围巾平铺在板上，再用湿润白纱布平贴伏于围巾之上，以避免熨烫时产生熨斗印痕和折光。熨烫温度一般调至中温略偏低，平压用力须均匀略轻微，一般普通熨斗均可使用。

巧除领带上的皱纹 >>>

打皱了的领带，不用熨斗烫也能变得既平整又漂亮，只要把领带卷在啤酒瓶上，第二天再用时，原来的皱纹就消除了。

巧熨羊毛围巾 >>>

熨斗温度调至中温状态，烫前将晾干的围巾均匀喷上水雾，再铺上浸润后挤干的白纱布片，以避免熨烫折痕。熨烫时要顺应经纬向顺序，切忌斜线走向以致围巾变形。熨烫用力程度视洗涤后变形宽窄度和围巾质地厚薄度而定。

巧去西服中的气泡 >>>

用大号针头的废旧注射器，把胶水或其他无色、无腐蚀、流动性较好的黏合剂，均匀适量注入西服的气泡处，再熨干、熨平，西服会挺括如初。

衣物香味持久的小窍门 >>>

熨衣裤时，先在垫布或吸墨纸上喷洒上一些花露水，然后再熨，会使衣服香味持久。

衣物恢复光泽的小窍门 >>>

要想使衣服熨后富有光泽，可在洗衣服时掺入少量牛奶。

腈纶衣物除褶皱法 >>>

腈纶服装有了褶皱时，可用稍热的水浸一下，然后用力拉平，皱褶便会消除。

巧补皮夹克破口 >>>

穿皮夹克稍不小心，极易被锐器刮

破，如不及时修补，破口会越来越大。可用牙签将鸡蛋清涂于破口处，对好碴口，轻轻压实，待干后打上夹克油即可。

棉织物烫黄后的处理 >>>

棉织物烫黄后，可撒些细盐，然后用手轻轻揉搓，再放在太阳底下晒一会儿，最后用清水洗，焦痕可减轻或消失。

化纤衣料烫黄后的处理 >>>

化纤衣料烫黄后，立即垫上湿毛巾再烫一下，轻者可恢复原样，烫焦严重的只能用相同颜色的布料缝补。

防毛衣缩水的小窍门 >>>

要防止毛线衣缩水，洗涤时水温不要超过30℃；用高级中性肥皂片或洗涤剂洗涤（水与洗涤剂的比例应为3：1）；过最后一遍水时加少许食醋，能有效保持毛衣的弹性和光泽。

巧补羽绒服破洞 >>>

羽绒服上有小洞，可找与羽绒服颜色相同的指甲油或无色指甲油轻轻涂上一层，洞口就会被封住，羽绒也不会钻出。

自制哺乳衫 >>>

在衣服的前胸两侧乳房的部位，各留1个10厘米左右长的开口，外面再安上1个假兜。喂奶时把假兜解开，乳头即露出衣外，喂完后送回，再把假兜扣上，和普通衬衫没有什么两样。

白色衣裤泛黄的处理 >>>

白色衣裤洗后易泛黄，可取1盆清水，滴2～3滴蓝墨水，将洗过的衣裤再浸泡15分钟，不必拧干就放在太阳下晒，这样洗过的衣服洁白干净。

旧衣拆线法 >>>

拆旧衣服时，只要先在沿缝线两面涂上蜡，拆线就非常容易，且不留线头。

巧穿针 >>>

缝补衣物穿不上针时，可将线头蘸点指甲油，稍等片刻，线就容易穿过了。这是一种在你失去耐心时最有效的办法。

防衣物褪色四法 >>>

染色衣物经过洗涤，往往会发生褪色现象，如果将衣服洗净后，再在加有2杯啤酒的清水中漂洗，褪色部位即可复色。

洗涤黑色棉布或亚麻布衣服时，在最后一道漂洗衣服的水里加些浓咖啡或浓茶，可以使有些褪色的衣服变黑如初。

凡红色或紫色棉织物，若用醋配以清水洗涤，可使其光泽如新。

新买的有色花布，第一次下水时，加盐浸泡10分钟，可以防止布料褪色。

防毛衣起球的小窍门 >>>

纤维毛衣在洗涤时翻过来洗就可避免起毛球；毛料衣裤、毛衣等穿久了会起很多小球，可用电动剃须刀像剃胡须一样将衣服剃一遍，衣服即可平整如新。

毛衣磨损的处理 >>>

毛衣袖肘部位容易磨损，可将袖子翻过来，在磨损处缝上一片旧丝袜。因丝袜质地结实、柔软，又透明而不易被看出。

巧去絮状物 >>>

衣物晾干后，有些面料的衣物爱沾絮状物，可以找一块浸水后拧干的海绵来擦拭衣物表面，可轻松除去其表面的杂物。

巧去毛呢油光 >>>

毛呢衣裤穿久了会出现油光。此时可用凡士林涂刷于油光处，再铺上吸墨纸用熨斗熨一下，即可除去油光。

如何恢复毛织物的光泽 >>>

毛线、毛衣等羊毛织物，洗的次数多了会逐渐失去原来的光泽，遇到这种情况，先把衣服在清水中漂洗几次，再在清水中加点醋（醋的多少看衣物的多少而定），使酸碱性中和，毛线、毛衣等毛织物就会恢复原有的光泽。

使松大的毛衣缩小法 >>>

毛线衣穿久了会变得宽松肥大，很不合体，且影响美观。为使其恢复原状，可用热水把毛线衣烫一下，水温最好在70～80℃。水过热，毛线衣会缩得过小。如毛衣的袖口或下摆失去了伸缩性，可将该部位浸泡在40～50℃的热水中，1～2小时捞出晾干，其伸缩性便可复原。

巧法防皮鞋磨脚 >>>

可以用一块湿海绵或湿毛巾，将磨脚的部分皮面沾湿，1小时后，皮面就软化多了，穿在脚上就不那么难受了。

皮鞋受潮的处理 >>>

皮鞋受潮后，要放在阴凉处风干；不可用火烤或放在烈日下暴晒，以免皮面产生裂纹或变形。

皮鞋发霉的处理 >>>

皮鞋放久了发霉时，可用软布蘸酒精加水（1∶1）溶液进行擦拭，然后放在通风处晾干。对发霉的皮包也可如此处理。

鞋垫如何不出鞋外 >>>

找块布剪成“半月”形给鞋垫前面缝上个“包头”，如同拖鞋一样。往鞋里垫时，穿在脚上用脚顶进去，而且脱、穿自如。

皮鞋褪色的处理 >>>

皮鞋的鞋面磨得褪色而无光泽后，可用生鸡蛋清代替水放进砚池，用墨磨成深浓色的墨汁，再用毛笔蘸上墨汁反复涂抹鞋面，褪色有裂痕的地方多抹几遍，然后把皮鞋放在阴凉通风处晾干。整修后的皮鞋涂上鞋油，揩擦，皮鞋就会重现光亮，翻旧如新，以后即使被水淋湿，墨汁也不会脱落。

保养与收藏

麻类服装的保养 >>>

亚麻西装等外衣，应该用衣架吊挂在衣柜里，以保持服装的挺括。

丝织品的保养 >>>

丝织衣物最好干洗，丝的品质不容易受干洗溶剂的影响，因此干洗是保养丝织物最安全的方法。如果可手洗，要使用中性洗涤剂，而且不要搓揉，熨烫时也要用中温，避免阳光直射，以免褪色。

巧去呢绒衣上的灰尘 >>>

将呢绒衣平铺在桌子上，把一条较厚的毛巾在温水（45℃左右）中浸透后，不要拧得太干，放在呢绒衣上，用手或细棍进行弹性拍打，使呢绒衣上的灰尘跑到热毛巾上，然后洗涤毛巾，反复几次即可除尘。如有折痕，可以顺毛熨烫。最后将干净的呢绒衣挂在通风处吹晾。

白色衣物除尘小窍门 >>>

白色的被、帐、衣服等如果尘垢较多，可用白萝卜煎汤来洗。这样能去除污垢，且洁白如初。

醋水洗涤可除异味 >>>

夏季，衣服和袜子常带有汗臭味，把洗净的衣服、袜子再放入加有少量食醋的清水中漂洗一遍，就能除衣、袜的异味。

巧除胶布雨衣异味 >>>

胶布雨衣穿久后常会出现一股难闻的异味。消除之法很简单，只要在穿用完毕后，尽量将衣服张开通风晾透即可。如果是橡胶本身发出的异味，消除该味可用双氧水（药房有售）一小瓶掺入一盆清水，将雨衣浸水湿透，然后再晾干，臭味即可消失。

巧晒衣物 >>>

衣服最好不要在阳光下暴晒，应在阴凉通风处晾至半干时，再放到较弱的太阳光下晒干，以保护衣服的色泽和穿着寿命。晾晒衣服不可拧得太干，应带水晾晒，并用手将衣服的襟、领、袖等处拉平，这样晾晒干的衣服会保持平整，不起褶皱。毛衣洗毕脱水后，可放置于网或帘子上平展整形。待稍微干燥，便挂吊在衣架上选一个通风背阴处晾干。细毛线晾晒前，可先在衣架上卷上一层毛巾或浴巾，防止变形。

西装的挂放 >>>

不能用普通衣架，必须用专挂西装的厚衣架，否则厚实的肩膀会逐渐地下垂变形。西装和大衣的衣领内侧很容易堆积灰尘，这也是衣领变色的原因。所以，应将衣领竖起用衣架挂好，并将灰尘清除后收存。

巧除西装发光 >>>

较深色的西装在穿用一段时期后，常会在肘部、膝盖、臀部等地方呈现发光现象，冬天更甚。要用一盆温水加入少量洗涤剂，将毛巾沾湿揩拭发光部位，再垫上一层布，用熨斗熨烫一下，发光现象会自然消失。

西装的保养 >>>

挂在通风处，使之阴干。用一木棒轻轻敲打，使灰尘抖落。把袋口翻过来，清除里面脏物，用刷子刷净。再用一盆温水加入少量洗涤剂，用湿毛巾由上至下慢慢擦拭；容易弄脏的部位，用温水再擦拭一遍。在主要的部位，如前胸、口袋、领子等地方，盖上一层布，用熨斗把它烫平，两肩要另外仔细地熨，否则会变形。然后挂在衣架上，放在通风处阴干。

皮包的保养 >>>

真皮包不用时，最好置于棉布袋中保存，不要用塑料袋，因为塑料袋内空气不流通，会使皮革过干而受损，包内塞上一些纸以保持皮包形状。

皮包保存不当易生霉点。对此，可用干皮子或布擦一遍，然后涂上凡士林油，待10分钟后，再用干净布擦一擦，这样可使皮制品像新的一样。

领带的保养 >>>

领带不宜多洗涤，否则会掉色；不要在阳光下暴晒，那样会褪色、发黄；领带存放处宜干燥，不要放樟脑球；不要吊挂，应当挂在衣架中，以保持平挺；收藏前应该熨烫一次，以达到防霉防蛀杀虫灭菌的作用。

手套的保养 >>>

手套容易被汗浸湿，可经常在手套里撒上滑石粉保持干燥。皮手套被汗浸湿时，可在每个指套里塞上5～8粒干黄豆，2小时后取出，黄豆可吸收手套里面的潮气。

如何提高丝袜使用寿命 >>>

把新丝袜在水中浸透后，放进电冰箱的冷冻室内，待丝袜冻结后取出，让其自然溶化晾干，这样在穿着时就不易损坏。对于已经穿用的旧丝袜，可滴几滴食醋在温水里，将洗净的丝袜浸泡片刻后再取出晒干，这样可使锦纶丝袜更坚韧而耐穿，同时还可去除袜子的异味。

纽扣的保养 >>>

衣服上的纽扣，因时间过久会暗淡无光，欲恢复光泽，只需涂上点无色指甲油，用软布擦拭，即能焕然一新。

拆纽扣时，找一把小梳子，插在纽扣下，用刀片割断纽扣的缝线，这样既不损坏衣服、纽扣，又能把断线拆净。

铂金首饰的保养 >>>

轻拿轻放，避免碰撞与摩擦，单独保存在珠宝盒或软皮口袋内；不要触摸漂白剂或其他有刺激性的化学品；做手工工作时，取下铂金首饰；定期进行专业清洗，镶嵌宝石的铂金首饰，要确保每6个月进行一次专业清洗。

珍珠的保养 >>>

❶不宜在阳光下暴晒，少与香水、油脂以及强酸强碱等化学物质接触，防止珍珠失光、褪色。佩戴时要常用洁净的软布擦抹。

❷珍珠不佩戴时，先用弱碱性的肥皂水洗涤一下，再用清水充分冲洗，然后用洁净软布将其擦净、阴干，放在丝绒盒内，置于避晒、防潮处保存。

钻石的保养 >>>

不要将钻饰堆放在一起，以免镶托间相互摩擦刮花；做粗重、剧烈活动时，先将钻饰脱下；每隔半年送珠宝店做一次专业性清洗。

黄金首饰变白的处理 >>>

将变白的首饰放在酒精灯上烧几分钟，首饰就又会恢复其闪闪金光了。

宝石戒指的擦拭 >>>

镶宝石的戒指上有了灰尘，大多积在下面。此时，可用牙签或火柴棒卷上一块棉花，在花露水、甘油或在氧化镁和氨水的混合物中蘸湿，擦洗宝石及其框架，然后用绒布擦亮戒指。切不可用锐利物清理宝石及其框架。

银饰品的擦拭 >>>

取少许牙粉，用热水拌和成糊状，涂抹饰物表面。然后擦亮，拭干即可。

如何恢复银饰品的光泽 >>>

先用洗涤剂洗净饰品表面，接着用硫代硫酸钠溶液（100毫升水加入20克硫代硫酸钠）清洗，最后再用清水洗涤。

翡翠的保养 >>>

尽量避免使它从高处坠落或撞击硬物，尤其是有少量裂纹的翡翠首饰，否则很容易破裂或损伤。切忌与酸、碱长期接触，这些化学试剂都会对翡翠首饰表面产生腐蚀作用。翡翠怕油污，所以一定要保持翡翠首饰的清洁，经常在中性洗涤剂中用软布清洗。不要将翡翠首饰长期放在箱子里，否则也会失水变干。

巧晒球鞋 >>>

洗完帆布运动鞋后，可在鞋尖部位各塞一块洗净的鹅卵石，然后再晾晒，以防鞋子变形。

巧除胶鞋异味 >>>

穿过的旧胶鞋，洗净晾干后，往胶鞋里喷洒白酒（新胶鞋可直接喷洒），直至不能吸收为止，然后晾干。这样穿就不会有脚臭味了。

皮鞋除皱法 >>>

皮鞋如出现少许皱纹或裂痕，可先涂少许鸡蛋清，然后再涂鞋油，如果是较大的皱纹，可以将石蜡嵌填在皱纹或破裂处，用熨斗熨平。

皮鞋“回春”法 >>>

皮鞋经过近半年的存放，皮革中的皮质纤维易发干发脆，膛底收缩变形。这时不要急于硬穿，要往膛底上刷一层水，隔一天鞋就会自然伸开，并恢复原样。

新皮鞋的保养 >>>

新买的皮鞋，在未穿之前，用蓖麻子油在鞋底接缝部分擦一遍，就能增加防水效果。而鞋面抹一层鸡油，可使鞋面光泽柔软。如欲保持长久的光润，可用鲜牛奶涂擦一遍。

皮靴的保养 >>>

冬天过后，把长筒皮靴除去灰尘、擦上鞋油，待充分干燥后，用硬纸卷成筒状插入靴中，以保持原来的形状。

鞋油的保存 >>>

把包装好的鞋油放在冰箱中冷藏，能避免变干变硬。

皮鞋淋雨后的处理 >>>

雨天穿过的皮鞋，往往会留下明显的湿痕，可以把蜡滴入鞋油中，然后涂上鞋油，过几分钟后，不仅很光滑，更可以防龟裂。皮鞋踩过水后，趁它潮湿时在鞋底抹一层肥皂，放在阴凉处晾干，可以避免变硬变小。要使潮湿的鞋子快点干，可以把旧报纸卷起来，塞在鞋子里。

巧除球鞋污点 >>>

白球鞋受潮后易生黄斑点或灰斑点，影响美观。要去掉这种污点，可先准备高锰酸钾和草酸少许，用毛刷把高锰酸钾溶液（高锰酸钾1份，水20份，充分溶解即成）涂在鞋面污点上，约1小时，渐成淡黄色，再用另一把毛刷把草酸溶液（草酸1份，清水10份）涂在涂过高锰酸钾的地方，约3分钟，用清水将鞋面略微浸湿一下，把草酸冲去，防止局部留下水渍，用软布擦干，污点即可消除。

毛料衣物的收藏 >>>

❶收藏前，先去污除尘，然后放在阴凉通风处晾干，有条件的最好熨烫一下，以防止蛀虫滋生繁衍。

❷各类毛料服装应在衣柜内用衣架悬挂存放，无悬挂条件的，要用布包好放在衣箱的上层。存放时，尽量反面朝外。

❸纯毛织品易被虫蛀，可把樟脑丸或卫生球用布包好，放在衣柜四周或吊挂在箱柜中，这样一般不会发生虫蛀。

❹存放在通风处，并根据季节变化和存放时间长短，适时将衣服再晾晒几次。长期密封容易造成虫蛀。

棉衣的收藏 >>>

棉衣穿过一冬后会吸收大量潮气，沾上不少灰尘污物，特别是领口、袖口极容易脏。应该用水刷洗一次，晒干熨烫后再收藏。否则，霉菌会大量繁殖，霉坏衣服。在衣箱中放置樟脑丸，并要经常翻晒。

化纤衣物的收藏 >>>

❶化纤类服装收藏前，一般只能用洗衣粉洗，决不能用肥皂。因为肥皂中的不溶性皂垢会污染化纤布。

❷合成纤维类服装不怕虫蛀，但收藏前仍须洗净晾干，以免发生霉斑。尽可能不用樟脑丸。因樟脑的主要成分是萘，其挥发物具有溶解化纤的作用，会影响化纤织物的牢度。

皮鞋的收藏 >>>

❶皮鞋收藏前，不要擦鞋油，最好是涂抹鸡油，以保持皮面不干皱。

❷存放时，为防止皮鞋变形，可在鞋内塞好软布、报纸或鞋撑。

❸要避免与酸、碱和盐类接触，以防损伤革面或变色。

❹把鞋存放于阴凉、干燥、没有灰尘的地方，最好放在鞋盒内，或者装入不漏气的塑料袋里，用绳子将袋口扎紧，上面不应重压。

麻类服装的收藏 >>>

一定要折叠平整存放，最好是按商品包装时原有的折痕折叠。长期存放时衣柜一定要干燥，防止极能吸湿的麻类服装受潮霉变。

羽绒服的收藏 >>>

羽绒服在收藏时不宜折叠或重压，只能挂藏，以免变形。带有塑料拉链的羽绒服，应将拉链拉合保存，避免拉链牙子走形。

真丝品的收藏 >>>

收藏真丝品时，衣柜内要放防虫剂，但不要直接接触衣服，不宜长期放在塑料袋中。存放时应衬上布。放在箱柜上层，以免压皱。不要用金属挂钩挂衣，防止铁锈污染。衣架挂于避光处，以免面料受灯光直接照射而泛黄。

巧除球鞋臭味 >>>

缝两个小布袋，里面装上干石粉，扎上口，脱鞋后立即将其放在鞋里，既可以吸湿，又可以去除臭味，再穿时干燥无味，比较舒适。或者将少量卫生球粉均匀地撒在鞋垫底下，可除去脚臭，一般1周左右换撒1次。

内衣的收藏 >>>

内衣收藏前，务必仔细地洗净，浅色内衣可用漂白剂予以漂白，完全晾干后再收藏，可防止内衣泛黄。

小儿衣服不宜放樟脑球 >>>

存放小儿衣服的衣柜不宜放樟脑球，因为樟脑球含有苯及苯酚类化合物，它们会对小儿的身体健康产生不良影响，因此不宜这样做。

美容塑形绝招

美白护肤

软米饭洁肤 >>>

米饭做好后，挑些比较软、温热的揉成团，放在面部轻揉，直到米饭团变得油腻污黑，然后用清水洗脸，这样可使皮肤呼吸通畅，减少皱纹。

巧用米醋护肤 >>>

每次在洗手之后先敷一层醋，保留20分钟后再洗掉，可以使手部的皮肤柔白细嫩。在洗脸水中加1汤匙醋，也有美容功效。

黄酒巧护肤 >>>

在洗脸水中倒入一些黄酒，连洗2周，肌肤会变得细腻。

干性皮肤巧去皱 >>>

用1个鸡蛋黄的1/3或全部、维生素E油5滴，混合调匀，敷面部或颈部，15～20分钟后用清水冲洗干净，此法适用于干性皮肤，可抗衰老，去除皱纹。

干性皮肤保湿急救法 >>>

先用高水分保湿面膜，或用蜜糖、杏仁油加适量面粉敷面5分钟，再涂上滋润性强的润肤乳或凡士林，可以令干燥皮肤迅速补充水分。

蒸汽去油法 >>>

用蒸汽蒸面10分钟，可起到疏通毛孔、抑制皮脂分泌之作用。每天、隔天或三五天蒸1次，要视皮肤油腻程度而定，皮肤越油蒸面次数可愈勤，皮肤油减少则可减少蒸面次数，时间也可减少到每次8分钟。蒸面后用暗疮针清洁皮肤。

自制蜂蜜保湿水 >>>

做法：将1茶匙蜂蜜、10毫升甘油、100毫升水混合，搅拌均匀即可。每天早晚洁面后，将蜂蜜保湿水倒在化妆棉上，轻轻拍打脸部，直到保湿水被肌肤完全吸收。因为蜂蜜可以维持肌肤水分和油分平衡，而保湿效果超强的甘油可以将水分和营养成分牢牢锁在肌肤里，使水分不易流失。这款保湿水适用于中性或中性偏干肤质，可以使肌肤柔软有弹性，给肌肤24小时的全面呵护。

巧法使皮肤细嫩 >>>

皮肤粗糙者可将醋与甘油以5：1比例调和涂抹面部，每日坚持，会使皮肤变细嫩。

淘米水美容 >>>

将淘米水沉淀澄清取澄清液，经常坚持用澄清液洗脸后再用清水洗1次，不仅可使面部皮肤变白变细腻，还可除去面部油脂。

草茉莉子可护肤 >>>

将草茉莉子去外皮留下白色粉心，晾

干磨碎，泡在冰糖水内，过两三天即可用来搽脸、搽手，能增白、护肤，并有一种清淡宜人香味，没有任何不良反应。

白萝卜汁洗脸美容 >>>

将白萝卜切碎捣烂取汁，加入适量清水，用来洗脸，长期坚持，可以使皮肤变得清爽润滑。

西瓜皮美容 >>>

将西瓜皮切成条束状（以有残存红瓤为佳），直接在脸部反复揉搓5分钟，然后用清水洗脸，每周2次，可保持皮肤细嫩洁白。

快速去死皮妙招 >>>

为除去面部死皮，打1只鸡蛋加1小匙细盐，用毛巾蘸之在皮肤上来回轻轻擦磨，犹如使用磨砂膏一般。找回美丽，简单而快捷。

豆浆美容 >>>

每晚睡前用温水洗净手脸，用当天不超过5小时的生鲜豆浆洗手脸约5分钟（时间长更好），自然晾干，然后用清水洗净即可，可使皮肤光亮白嫩。

黄瓜片美容 >>>

要睡觉的时候，拿小黄瓜切薄放在脸上过几分钟拿下来，由于皮肤吸收了天然瓜果中的营养成分，1个月后你的脸就会变得白嫩。

豆腐美容 >>>

每天早晨起床后，用豆腐1块，放在掌心，用以摩擦面部几分钟，坚持1个月，面部肌肤就会变得白嫩滋润。

猪蹄除皱法 >>>

取猪蹄数只，洗净，熬成膏。每晚临睡前用来擦脸，次晨洗去，坚持2周，去皱有神效。

南瓜巧护肤 >>>

南瓜性温平，能消除皱纹、滋润皮肤。将南瓜切成小块，捣烂取汁，加入少许蜂蜜和清水，调匀搽脸，约30分钟后洗净，每周3～5次。

丝瓜藤汁美容 >>>

秋季，丝瓜藤叶枯黄之前，离地面约60厘米处，将藤蔓切断，此时切口便有液汁滴出。把切口插入干净的玻璃瓶（为防止雨水或小虫进入瓶内，应把瓶口封好），这样经过一段时间就可收集到一定数量的丝瓜液，用此液搽脸（如能滴入几滴甘油、硼酸和酒精，更能增加润滑感，并有杀菌作用），对皮肤的养护效果十分显著。

巧用橘皮润肤 >>>

把少许橘皮放入脸盆或浴盆中，热水浸泡，可发出阵阵清香，用橘皮水洗脸、浴身，能润肤，治皮肤粗糙。

盐水美白法 >>>

每天早上用浓度为30%的盐水擦脸部，然后用大米汤或淘米水洗脸，再配合护肤品擦面，半个月后，皮肤可由粗糙变白嫩。

西红柿美白法 >>>

西红柿性微寒，含有大量维生素C。将西红柿捣烂取汁，加入少许白糖，涂于面部等外露部位皮肤，能使皮肤洁白、细腻。

牛奶护肤 >>>

用牛奶数滴搽脸、搽手，可使皮肤光滑柔嫩，其效果不亚于化妆品。

简易美颜操 >>>

❶闭嘴，面对镜子微笑，直到两腮的肌肉疲劳为止。这个动作能增强肌肉的弹性，保持脸形。早上起床后也应做几次。

❷把眼睛睁大，睁得越大越好，绷紧脸部所有的肌肉，然后慢慢放松。重复4次。这个动作有利于保持脸部肌肉的弹性。

❸皱起并抽动鼻子，不少于12次。这个动作能使血液畅流鼻部，保持鼻肌的韧性。

❹将注意力集中于腮部，双唇略突，使两腮塌陷。重复几次，这个动作能防止嘴角产生深皱纹。

❺鼓起两腮，默数到6。重复1次，这个动作能保持腮部不变形。

上网女性巧护肤 >>>

电脑辐射最强的部位是显示器的背面，其次是左右两侧。屏幕辐射产生静电，最易吸附灰尘，长时间面对屏幕，容易导致斑点与皱纹。因此上网前不妨涂上护肤乳液，再加一层淡粉，使之与脸部皮肤之间形成一层“隔离膜”。上网结束后，第一项任务就是洁肤，用温水加上洁面液彻底清洗面庞，将静电吸附的尘垢通通洗掉，然后涂上温和的护肤品。久之可减少伤害，润肤养颜。

巧用吹风机洁肤 >>>

洗脸时，拿起吹风机，远远地对脸部稍微吹拂，可使毛细孔张开，清洁更加彻底。

冰敷改善毛孔粗大 >>>

把冰过的化妆水用化妆棉沾湿，敷在脸上或毛孔粗大的地方，可以起到不错的收敛效果。

水果敷脸改善毛孔粗大 >>>

西瓜皮、柠檬皮等都可以用来敷脸，它们有很好的收敛柔软毛细孔、抑制油脂分泌及美白等多重功效。

柠檬汁洗脸可解决毛孔粗大 >>>

在洗脸的清水中滴入几滴柠檬汁，这样做不仅可以收敛毛孔，也能减少粉刺和面疱的产生。这种方法适合油性肌肤的人，要注意柠檬汁的浓度不可太浓，而且更不可将柠檬汁直接涂抹在脸上。

吹口哨可美容 >>>

吹口哨可“动员”脸部肌肉充分运动，因而可以减少面部皮肤皱纹，收到美容之效。吹口哨还能使脉搏减缓、血压降低。

去除抬头纹的小窍门 >>>

❶多做脸部放松运动，例如闭上眼睛静坐冥想，将注意力放在下巴上。

❷每周使用1～2次保温面膜，让肌肤提高含水度，以减轻皱纹的纹路。

夏季皮肤巧补水 >>>

外出时携带喷雾式的矿泉水，在离脸部15厘米处均匀喷洒于面部，可随时补充肌肤水分。

花粉能有效抗衰老 >>>

花粉含有200多种营养保健成分，具有抗衰老、增强体力和耐力、调节机体免疫作用等保健功能。尤其对于中年女性来说，是不良反应少、安全性高、效果显著的美容滋补品。

鸡蛋巧去皱 >>>

做菜时，将蛋壳内的软薄膜粘贴在面部皱纹处，以及脸颊、下巴部位，任其风干后再揭下来，用软海绵擦去油性皮肤的死皮；如果是干性皮肤，应涂些植物油再擦去死皮，最后洗净。

巧法去黑头 >>>

小苏打加适量的水，一般混合后的水有点儿白色就可以了。拿一片化妆棉浸湿，挤干一些，敷在鼻子上。15分钟后，拿去。用纸巾轻揉（擦或挤的动作）鼻翼两侧，慢慢黑头就出来了。清洗一下，拍上适量的收敛水。

鸡蛋橄榄油紧肤法 >>>

将鸡蛋打散，加入半个柠檬榨成的汁及一点点粗盐，充分搅拌均匀后，将橄榄油加入鸡蛋汁里，使二者混合均匀，用汁液涂面，1周做1～2次就可以让肌肤紧实。

栗子皮紧肤法 >>>

取栗子的内果皮，将其捣成粉末状，再添加一定的蜂蜜均匀搅拌，涂于面部，可以使脸部光洁、富有弹性。

香橙美肤法 >>>

将两个橙子的汁挤到温暖的浴水里，躺在浴缸内浸10分钟，能使人体皮肤吸收维生素C，促进健美。

蜜水洗浴可嫩肤 >>>

在洗温水浴时，加进1匙蜜糖，浴后会使人精神一振，皮肤光滑非常。

海盐洗浴滋养皮肤 >>>

将2茶匙海盐、1匙半香油及半匙鲜柠檬汁混合，倒进温水中搅匀洗浴，能营养皮肤。

酒浴美肤法 >>>

洗澡时，在浴水中加入一些葡萄酒，可使皮肤光滑滋润，柔嫩而富有弹性。此法还对皮肤病、关节炎有一定的疗效。

促进皮肤紧致法 >>>

沐浴时，用喷水头靠近皮肤，使水有力地喷射在身上，可使皮肤光洁、紧绷、有弹性。从不同的角度喷射，能够增加刺激，促进血液循环和新陈代谢。

颈部保湿小窍门 >>>

首先把热毛巾敷在颈部的皮肤上，使毛孔完全张开。然后把橄榄油涂抹在脖子上，10分钟后再把冰块或者冷毛巾敷于颈部，使毛孔完全闭合。坚持用这种方法护理脖颈，可以达到润肤、锁水、抗皱的功效。

颈部美白小窍门 >>>

先制作一些土豆泥，在刚刚做好的热土豆泥中加入1勺植物油，再放入1只鸡蛋清，搅拌均匀。把搅拌好的混合物趁热敷于颈部，一定要趁热敷，以不烫皮肤为准。经常用这种方法保养颈部，可使颈部的皮肤变得白嫩。

洁尔阴治紫外线过敏 >>>

紫外线过敏后，脖子、胳膊和手上会起许多小疹子，奇痒无比。每晚临睡前将患处洗净后，用一小团纱布蘸洁尔阴在患处反复擦洗，开始会有痛痒的感觉，待第二天早晨再清洗干净（不掉色）即可。

凉水冷敷缓解日晒 >>>

日晒出汗后要彻底洗净身上盐分，再用蘸有凉水的棉花，在肩部、面部或背部等发烫的部位，轻拍并冷敷约半小时，帮助收缩和保养皮肤，缓解日晒后的肌肤。

鸡蛋祛斑妙招 >>>

取新鲜鸡蛋1只，洗净揩干，加入500毫升优质醋中浸泡1个月。当蛋壳溶解于醋液中之后，取1小汤匙溶液掺入1杯开水，搅拌后服用，每天1杯。长期服用醋蛋液，能使皮肤光滑细腻，扫除面部所有黑斑。

巧除暗疮 >>>

西红柿汁加柠檬汁和酸乳酪，搅匀，用来敷脸，可治过度分泌油脂，保持皮肤干爽，消除暗疮。

巧用芦荟去青春痘 >>>

若有又红又大的带脓青春痘，可用芦荟的果冻状部分敷贴于患部，可以消肿化脓。一般较小的青春痘则可用芦荟轻轻按摩或敷面。

夏季除毛小窍门 >>>

❶由于毛发过长会不容易将其剃除干净，先将欲除毛部位的过长的毛发修剪至约0.5厘米。

❷淋浴2～3分钟让毛发软化，切忌淋浴太久，因为水分会让皮肤产生褶皱及膨胀感，在除毛时会因为不够服帖而很容易伤到肌肤。

❸顺着毛发生长的方向除毛，并将较难除毛的部位先剃除，再除较好剃的部位。

❹清洁保养。除毛后难免会有断掉的毛发沾在身上，可使用温水清洗除毛后的部位，再用毛巾擦拭干。最后再使用润肤乳液涂抹及保护除完毛的皮肤，让除毛后的肌肤更加滑顺柔亮。

柠檬汁可祛斑 >>>

柠檬中含有大量维生素C和钙、磷、铁等，常饮柠檬汁不仅可美白肌肤，还能达到祛斑的作用。方法很简单，只要将柠檬汁加糖水适量饮用即可。

食醋洗脸可祛斑 >>>

洗脸时，在水中加1～2汤匙食醋，可起到减轻色素沉着的作用。

巧用茄子皮祛斑 >>>

对于一些小斑点，可用干净的茄子皮敷脸，一段时间后，小斑点就不那么明显了。

维生素 E 祛斑 >>>

每晚睡前，洗完脸后将1粒维生素E胶丸刺破，涂抹于患部稍加按摩，轻者1～2个月，重者3～6个月可见效。或者将维生素E药片碾成粉状，再用温水调成糊状，每日抹在脸上，2周后斑可消失。

产后祛斑方 >>>

桃花（干品）1克，净猪蹄1只，粳米100克，细盐、酱油、生姜末、葱、香油、味精各适量。将桃花焙干，研成细末，备用；洗净粳米，把猪蹄皮肉与骨头分开，置铁锅中加适量清水，旺火煮沸，改文火炖至猪蹄烂熟时将骨头取出，加粳米及桃花末，文火煨粥，粥成时加盐、香油、酱油、生姜末、葱、味精，拌匀。隔日1剂，分数次温服。

牛肝粥治蝴蝶斑 >>>

牛肝500克，白菊花、白僵蚕、白芍各9克，白茯苓、茵陈各12克，生甘草3克（后6味放入纱布包内），大米100克，加水2升煮成稠粥，煎后捞出药包，500毫升汤分2日服用。吃肝喝粥，每日早晚各服1次，每个疗程10天。中间隔1周，连服3个疗程，不产生任何不良反应。

醋加面粉祛斑 >>>

用白醋调面粉，成干糊状，涂在斑点上，多用几次，斑就不明显了。

芦荟叶治雀斑 >>>

新鲜芦荟叶30～50克。将鲜芦荟叶捣烂，加清水适量煮沸，取沉淀后的澄清液涂抹患处。治疗雀斑。

酸奶面膜淡化雀斑 >>>

酸奶100克，珍珠粉10克。将以上2料放在同一容器中搅匀，当作面膜敷在脸上15分钟，用清水洗净面部。经常使用可淡化雀斑。

胡萝卜牛奶除雀斑 >>>

每晚用胡萝卜汁拌牛奶涂于面部，第二天清晨洗去。轻者半年，重者1年即愈。

搓揉法消除老年斑 >>>

老年斑刚出现时，经常用手反复搓揉，大部分斑痕可消失，有的颜色变淡。

色拉酱巧治老年斑 >>>

早起、晚饭后洗完脸，用食指蘸少量色拉酱往脸上擦，有老年斑处可多擦点。1瓶色拉酱可用1年。

巧治红鼻子 >>>

红粉5克，梅片4.3克，薄荷冰3.7克，香脂100克。将前3味药研成细末，与香脂调和，取少许抹患处，1日2～3次。1服药用不完即可好。

麻黄酒治疗酒渣鼻 >>>

生黄节、生麻黄根各80克，白酒1.5升。前2味药切碎，用水冲洗干净，放入干净铝壶中，加入白酒，加盖，用武火煮30分钟后，置于阴凉处3小时，用纱布过滤，滤液装瓶备用。早晚各服25毫升，10天为1疗程。一般服药5～8天后，患部出现黄白色分泌物，随后结痂、脱落，局部变成红色，20～30天后，皮肤逐渐变为正常，其他症状随之消失。

鲜茭白治疗酒渣鼻 >>>

鲜茭白剥去外皮，洗净捣烂，每晚涂抹鼻上薄薄一层，用纱布盖上，加胶布固定，次日晨洗去。白天则用茭白挤汁涂上，每日涂抹2～3次。同时用鲜茭白100克煎水，早晚各1次分服。按此法连续治1周，鼻子恢复正常，即可停止。如还有微红，可继续治疗，直到痊愈。

食盐治酒渣鼻 >>>

酒渣鼻患者，可常用精盐涂搽鼻赤部位，1日多次，日久好转。

手足养护

自制护手霜 >>>

要想有一双秀丽的手，可常涂调入醋汁的甘油。其方法是：1份甘油，2份水，再加5～6滴醋，搅匀，涂双手，可使双手洁白细腻。

自制护手油 >>>

取植物油（香油、色拉油均可）100毫升，加50毫升蜂蜜、2只鸡蛋清、1朵玫瑰花或几滴玫瑰油，放在砂锅中，文火加热至皮肤可接受的温度，将手浸于其中约10分钟，有很好的滋润效果。

巧用橄榄油护手 >>>

把橄榄油加热后涂满双手，然后戴上薄的棉手套，10分钟后洗净即可，双手会变得幼嫩光滑。如果有时间还可以戴上一副手套，效果会更好。

巧做滋润手膜 >>>

将5勺奶粉倒入容器中，把适量的热水倒入容器中，用勺搅匀。将双手在奶粉溶液中浸泡5分钟。把半根香蕉切碎，放入容器中用勺子捣成泥状。再把1勺橄榄油倒入容器中，用勺子搅匀制成护手膜。将护手膜均匀地涂在指甲和手部的皮肤上。香蕉和橄榄油混合而成的护手膜具有滋润和营养手部皮肤作用，尤其是对于指甲崩裂、指甲旁边长出倒刺有预防和治疗作用。10分钟后将护手膜洗掉，会感到手部皮肤变得光润细滑，指甲周围的倒刺也消失了。

柠檬水巧护手 >>>

接触洗洁精、皂液等碱性物质后，用几滴柠檬水或食醋水涂抹在手部，去除残留在肌肤表面的碱性物质，然后再抹上润手霜。

巧用维生素 E 护手 >>>

用含维生素E的营养油按摩指甲四周及指关节，可去除倒刺及软化粗皮。

手部护理小窍门 >>>

将1勺食用白醋倒入半盆温水中调和，在洗净手之后，把手浸入盆中，并加以按摩，按摩的方法随意，毕竟手部皮肤没有脸上的脆弱，注意指关节也适当按摩一下就可以了。泡到水凉，此时手变得更白更细，马上涂上手霜加以按摩，有条件的话戴上棉质手套睡一觉。每周1次即可。

敲击可促进手部血液循环 >>>

打字、弹或是用手指在桌面上轻轻敲打有助于促进双手的血液循环，同样的方法，也适用于冻疮的治疗。

秋冬用多脂香皂洗手 >>>

尽量使用多脂性香皂或是含有油性的洗手液洗手，洗后立即用毛巾擦干，涂上护手霜，可有效防止手部皮肤干裂。

巧除手上圆珠笔污渍 >>>

圆珠笔油弄到手上很难洗掉，可用酒精棉球放在手上被污染处，圆珠笔油很快就被吸附，再用清水冲洗即能洗净。

修剪指甲的小窍门 >>>

修剪指甲前要先用温水把指甲泡软，就不会使指甲裂开。

巧去指甲四周的老化角质 >>>

把适量的角质去光液涂在软皮、指甲的表面与内侧。再用棉花棒画圆似的压软皮，一边清洁指甲，一边修整指甲生长边缘的形状。

巧用化妆油护甲 >>>

在指甲上和指甲周围的皮肤上薄薄地

涂上一层化妆油，细心地按摩，最好在洗澡时或洗澡后。平时可将化妆油滴入温水中，手指在其中浸1分钟。

使软皮变软的小窍门 >>>

软皮为覆盖指甲基部，保护指甲基部未成熟部分的重要部位。软皮易干燥，会密合于指甲上，造成裂伤。所以有必要常葆软皮的柔软度，使它与指甲分开。把用指甲霜按摩的指尖，放入装有温水的碗中浸泡10分钟即可。特别是指甲四周硬的人，用洁面皂泡温水清洗，效果更佳。

巧用醋美甲 >>>

在涂指甲油前，先用棉球蘸点醋，把指甲擦洗干净。等醋完全干了以后，再涂指甲油，就不容易脱落了，可保持光亮生辉。

加钙亮油护甲 >>>

在涂指甲油之前，涂抹加钙亮油，保护指甲，以免指甲变黄变脆。

去除足部硬茧的小窍门 >>>

将足部去角质乳霜涂在双足硬茧部位用手搓揉，不久就可将硬皮磨掉。

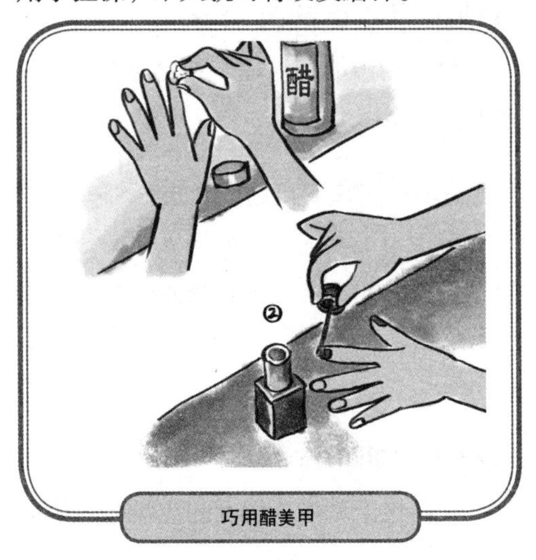

巧用醋美甲

改善脚部粗糙的小窍门 >>>

❶每天浴后先以足部磨砂膏敷在局部，再以浮石磨去脚底硬皮，双足就可恢复纤柔细嫩了。

❷先用足部护理液浸泡双足10分钟以软化脚皮，再涂上足部磨砂膏，用打圈方式按摩脚部，最后用足部浮石或锉刀去除粗糙的表皮，擦干双足后涂上润足液。

柠檬水巧去角质 >>>

将双脚浸在滴了点柠檬汁的温水中，同样可以软化顽固的老废角质，并且具有美白效果。

脚部的健美运动 >>>

❶脚背：两手抓住脚，以拇指沿着脚背的骨头顺摸，从大脚趾直到脚踝，对每一个脚趾重复同样动作。

❷脚趾：以拇指和食指一个个按摩，由趾尖到尾端。换脚。

❸脚趾之间：将食指伸进脚趾缝中，轻轻按摩1分钟。换脚。

❹脚心：从脚趾尾端到脚跟，以指压法按摩，持续1分钟。换脚。

巧用莲蓬头按摩脚部 >>>

洗澡时，用莲蓬头冲脚掌下方那块突起的肌肉的中央部位，这个部位就是所谓的“大都”穴，来一个穴位按摩，能起到放松肌肤的作用。

去脚肿小窍门 >>>

每天固定用10分钟时间，用甘菊精油由下往上、从脚尖往小腿肚按摩双脚，不舒服的肿胀感很快就会消失。

泡脚小窍门 >>>

用热水泡脚，可成功防止双脚和双腿

老化。将热水注入深及膝盖的小水桶中，水温以脚可忍受的热度为极限，每天至少泡10分钟，让额头微微出汗，然后去角质、擦乳液，以避免脚后跟过早老化，有效消除脱皮现象。如果龟裂情况严重，擦完乳液后穿上袜子睡觉，效果更好。

脚趾摩擦可护足 >>>

这是最简单而又有效的行功法，只要将脚的拇指与第二脚趾互相摩擦即可。每天早晚各1次，每次两趾摩擦200次。最初也许只能做到10～20次，如感疲乏，先休息一下，然后再继续做。坚持下去，到第五天或第七天，就能轻松自如地完成了。

双足放松小窍门 >>>

❶脱掉鞋子，卷曲脚趾夹住书本的边缘，当脚部柔韧性提高后，就能将书本翻页。这样做，可以解除疲劳，强壮脚部肌肉。

❷地板上放1只空瓶子，光脚踩在上面滚动，可以刺激血液循环并且起到按摩的作用。

❸用脚趾夹起木棍、铅笔，以此来拉伸韧带，松弛紧张的肌肉。

❹站久了，抬起脚趾，脚跟着地。重复几次，这项活动可以重新分布脚上所承受的压力。

巧除手指烟迹 >>>

抽烟的人手指上常染有烟迹。可在一杯温水中滴上几滴浓氨水，把手指插入浸一会儿，烟迹便可除去。

氯霉素滴眼液去灰指甲 >>>

每天晚上睡觉前把手（或脚）洗干净，在灰指甲上（包括缝里）滴上几滴氯霉素滴眼液。滴数日后，从指甲根部开始逐渐正常，眼药液必须滴到完全长出新指甲，最好多坚持几天巩固一下更好。

凤仙花治灰指甲 >>>

取凤仙花（俗称指甲草）数朵，加少许白醋，捣烂成泥状，敷在指甲上，1小时后洗净，经两三次治疗即可痊愈。

韭菜汁治手掌脱皮 >>>

治疗手脱皮，可取鲜韭菜1把，洗净捣烂成泥，用纱布包好，拧出其汁，加入适量的白糖，每日服1次，一般连服4次可愈。

柏树枝叶治指掌脱皮 >>>

患指掌脱皮的人，往往冬季尤重，直至皲裂流血，这时可用鲜柏树枝叶加水煮沸，浸泡患掌，坚持使用月余即可治愈。

黑芸豆治手裂脱皮 >>>

治疗手裂脱皮，可将70克纯黑芸豆煮烂，连汤带豆食用，每日2次，食用1500克为1个疗程。1个疗程后停食此方半个月，共3个疗程后即可治好。

美目护齿

常梳眉毛粗又黑 >>>

无论男女，眉毛如同头发一样需要护理。平日早晚梳头时，各梳眉毛20次，这样可促进眉部血液循环，又按摩了眼部，对视力起到了保护作用。

巧用蜂蜜祛黑眼圈 >>>

洗脸后让水分自然干，然后在眼部

周围涂上蜂蜜，先按摩几分钟，再等10分钟后用清水洗净，水不要擦去，使其自然干，涂上面霜即可。

苹果祛黑眼圈 >>>

将苹果洗净切成片，敷于眼部15分钟后洗净。

巧用酸奶祛黑眼圈 >>>

用纱布蘸些酸奶，敷在眼睛周围，每次10分钟。

冷热敷交替消“肿眼” >>>

红肿的双眼、鼓鼓的眼袋，使人看上去无精打采，这时可把冷毛巾和热毛巾交替敷在双眼上10多分钟，再用冰毛巾敷一会儿，疲倦不堪的双眼就会回复神采。

按摩法消除眼袋 >>>

以站姿或坐姿皆可，两眼直视前方。先以左手或右手的拇指与食指捏揉左右睛明穴；然后用左右手的食指沿下眼眶骨上沿眼球后下方抠摁即可，力量大小以自己感觉舒适为宜。注：睛明穴在内眼角与鼻梁骨交接的凹陷处；承泣穴在下眼眶骨上沿中间与瞳孔直对的凹陷处。

巧用黄瓜消除下眼袋 >>>

在眼袋部位敷上小黄瓜片，用来镇静肌肤以减轻下眼袋现象。

按摩法改善鱼尾纹 >>>

把适量的按摩膏放在指尖，然后在眼周做顺时针绕圈按摩，5分钟后用温水清洗，再涂上眼部收紧啫喱；用中指点一些眼霜，从眉心开始，向外沿着上下眼睑轻压，连续4～6次。手法一定要轻柔。

使用眼膜的小窍门 >>>

❶彻底清洁后再使用眼膜，保养成分更容易被吸收。

❷把眼膜放进冰箱，加倍的冰凉感受使眼睛更舒爽。

❸用后的眼膜还有剩余的精华液不要浪费，可以涂在抬头纹部位。

❹敷眼膜时，感到七八分干就最好清除掉，以免带走眼周肌肤水分。

❺大部分眼膜因含有高倍养分精华，建议不要每天敷用。

敷眼膜的最佳时间 >>>

睡觉前敷用，可更好吸收；运动后，新陈代谢旺盛时吸收加速；生理期后1周，是体内雌激素分泌旺盛的时期，此时敷眼膜效果也不错。

按摩法消除眼袋 >>>

上床后，用无名指轻按双眼下眼睑的中间部位10～12次，这样有助于眼周的淋巴循环，减少眼部积水。

巧用茶水增长睫毛 >>>

将喝剩的茶水放凉，在睡前或隔天清晨，利用棉花棒沾湿眼睫毛，可达到增长睫毛的功效。

巧用橄榄油美唇 >>>

睡前将橄榄油涂在嘴唇上吸收20分钟以上，然后擦净，坚持一段时间后，唇部就会湿润饱满。

巧用维生素润唇 >>>

出门前、涂口红前和睡觉前，使用含有维生素C，维生素D和维生素E油等，具有良好保湿修复功能的润唇膏；再用柔和的面巾纸轻压唇部，达到双倍功效。

自制奶粉唇膜 >>>

奶粉也有润唇的功效，可将2匙奶粉调成糊状，厚厚地涂在嘴唇，充当唇膜。

巧用保鲜膜润唇 >>>

在双唇上涂大量的护唇膏，再用保鲜膜将唇部密封好，接着再用温热毛巾敷在唇上，敷5分钟，也可增加润唇效果。

巧去嘴唇死皮 >>>

嘴唇上的死皮千万不能用手撕，这样有可能将唇部撕伤；可先用热毛巾敷3～5分钟，然后用柔软的刷子刷掉唇上的死皮，再涂护唇霜；唇部总发干最好不要涂口红。

蜂蜜治唇裂 >>>

将蜂蜜抹在嘴唇上，每天早、中、晚连续抹3次，2～3天后裂痕便会闭合了。

按摩法去唇纹 >>>

清洁双手和唇部后，先在嘴唇上涂一层薄薄的油脂，如橄榄油，然后用拇指和食指捏住上唇。食指不动，拇指从嘴角向中心轻轻画圈揉按，然后逐渐返回嘴边，每做5个来回为1组，每次做5组。接下来，用食指和拇指捏住下唇，拇指不动，轻动食指按摩下唇，反复做5组，可以减少嘴唇上的横向皱纹。

如果嘴角有了纵向皱纹，可以用两手中指从嘴唇中心部位向两侧嘴角轻推，让嘴唇有被拉长的感觉。先上唇，后下唇，同样以5次为1组，每次做5组。

按摩完用纸巾轻擦掉多余油脂，然后再搽一层无色润唇膏。

自制美白牙膏 >>>

取等量的食盐和小苏打，加水调成糊状，每日刷牙1次，3～4天可除牙齿表层所有色斑，使牙齿洁白。

防唇裂小窍门 >>>

❶如果发现嘴唇太干，可在嘴唇上涂些甘油，使用时必须加50%的蒸馏水或冷开水。

❷在睡前往嘴唇上抹些蜂蜜，再涂上护唇膏，也可很快恢复嘴唇的柔嫩光滑。

芹菜可美白牙齿 >>>

芹菜中的粗纤维的食物就像扫把，可以扫掉一部分牙齿上的食物残渣，美白牙齿，促进牙齿健康。

奶酪可固齿 >>>

奶酪是钙的“富矿”，可使牙齿坚固。营养学家通过研究表明，一个成年人每天吃150克奶酪，再加1个柠檬，可有效固齿。

叩齿、按摩可坚固牙齿 >>>

传统医学提倡早晚叩齿和按摩牙龈是最有效的固齿方法，每天晨起或睡下后上下牙齿轻轻对叩数十下，能促进牙体和牙周组织血液循环，同时在洗脸时，用食指上下旋转按摩牙龈，排除龈沟及牙周袋分泌物，可改善牙龈内血液循环，提高牙周组织抵抗力，从而防止牙周病。

巧用苹果汁刷牙 >>>

用苹果汁刷牙，可消除口臭，还可保持牙齿洁白，但切记刷完后要再用牙膏刷一遍牙。

巧用花生除牙垢 >>>

经常喝茶或咖啡的人，牙齿上容易遗留黄色污垢，难以清除。可把几粒生花生米放在嘴里嚼碎成糊状，不要咽下去，用此花生糊充当牙膏，像平时刷牙一样清洁牙齿，只需几次即可使牙齿洁白发亮。

巧除牙齿烟垢 >>>

刷牙时将食醋滴在牙膏上刷牙，可消除牙齿上的烟垢。

化妆技巧

选购洁肤品的小窍门 >>>

无论化妆品公司宣传得多么出神入化，洁肤品最终是会洗掉的，所谓包含了什么“神奇”成分，肯定没有想象的那么重要，但是质地和洗完后的触感却很重要。洗后面颊软扑扑的、不紧绷的洁肤品最好。含细微磨砂颗粒的也可以，但最好不要每天用。

选购化妆水的小窍门 >>>

化妆水里含酒精是很常见的，但是如果酒精含量过高，用后肌肤会缺水。如果希望借助弱酸性的化妆水来平衡肌肤，那么至少用pH值测试纸确认，pH值应该为5～6。理想的化妆水，应该包含水、水溶性滋润剂、抗氧化成分、抗敏感成分，及微量的香料。

选购精华素的小窍门 >>>

滋润型精华素的养分浓度高，但要不黏不稠，可迅速滋润肌肤，容易被吸收。购买前可以在指尖的指甲周围最干的部位搽试，看能否迅速软化滋润肌肤。

选购化妆品的小窍门 >>>

在选购化妆品时，不应只是看商标、生产厂家、使用说明书或宣传文字，而是要对化妆品的品质加以鉴定。

检验化妆品质地的方法是：用手指蘸上少许，轻轻地涂抹在手腕关节活动处（不是手背），涂抹要薄，然后将手腕活动几下。几秒钟后，如果化妆品会均匀而且紧密地附着在皮肤上，且手腕上有皱纹的部分没有淡色条纹的痕迹时，便是质地细腻的化妆品。

检验化妆品色泽的方法是：将其涂在手腕上，在光线充足的地方看颜色是否鲜明，同时还要看是否与自己的肤色相配。符合者则为较好的化妆品。

化妆品的气味要正，即指没有刺鼻的怪味。通常化妆品闻起来应有芬芳清凉的感觉，如果有刺鼻或使人发呕的感觉，或香得过分，就是味不正。

选购乳液（面霜）的小窍门 >>>

乳液和面霜最重要的是具有滋润效果，质地要薄，很容易抹匀，不管搽多少都不能感到“黏”。

化妆品保存的小窍门 >>>

❶夏天气温高，化妆品更要注意防晒，防高温。

❷很多爽肤水和香水都略含酒精成分，很容易挥发，每天用完要拧紧瓶盖，放在阴凉处。

❸保养品中油脂类的乳霜在太冷的环境里密封不好，油脂会析出。侧重保温的眼霜，如果不拧紧瓶盖，容易变稀，降低浓度，所以保养品和粉类放入冰箱时，一定要用塑料袋封，这样才能延长其使用寿命。

❹有很多冬春季节使用的化妆品都暂

时用不上了，别将它们随意堆在窗台上，冰箱的冷藏室是它们最好的藏身之处。

粉扑的选购与保养 >>>

制作粉扑的材质有很多种，目前市场上以化纤或混纺材质为多。皮肤差的人最好还是使用100%棉质粉扑，以减少对皮肤的刺激。当然，无论是哪种质地的粉扑，一旦用脏了都不利于皮肤健康，所以要常清洗。棉质粉扑在清洗后，由于附着香粉而易变硬，所以要用手揉搓使之柔软后再使用。

妆容持久的小窍门 >>>

化妆前先用一片柠檬擦脸，或者化妆完毕后从离开面部一手臂的距离往脸上喷上保湿水，妆容可以更持久，看上去更清爽。

软化干面膜的小窍门 >>>

未用完的面膜结块可以叫它软化再用。方法是：往装有干面膜的塑料容器内加入适量的白开水，用蒸馏水或纯净水更好，水量要适当，可根据留有的面膜量而定。然后盖紧容器的盖子，放入凉水锅里，将水加热到50℃时，塑料容器内的干面膜变软，便可继续使用了。

巧用化妆棉 >>>

化妆时，先把微湿的化妆棉放到冰箱里，几分钟后把冰凉的海绵拍在抹好粉底的肌肤上，你会觉得肌肤格外清爽，彩妆也显得特别清新。

巧选粉底 >>>

以下颌与颈部连接的部位肤色来搽试粉底的颜色，最好与肤色完全一致或比肤色浅一度的颜色，切勿选太白或太暗，或与自己肤色差异较大的颜色。

巧选腮红 >>>

对于肤色较白的人，可以选粉红色系列；而肤色较深的人，应选用咖啡色系列，看起来更健康。有银光的腮红可用来显示额头。

选购口红的小窍门 >>>

浅色有银光的口红有使嘴巴显大的效果。皮肤较黑的人，应避免用黄、粉红、银色、淡绿或浅灰色口红，会与肤色形成鲜明的对比度，使之显得更为黯淡，可涂暖色系较偏暗红或咖啡系列的口红，将皮肤衬托得较白且协调。而肤色较白的人则任何颜色皆可用。

巧用化妆水 >>>

睡前用最便宜的化妆棉加上化妆水完全浸湿后，敷在脸上20分钟，每周3次，皮肤会变得水亮清透。

巧选香水 >>>

将香水搽一点儿在手上，等酒精挥发后再闻，只能闻到酒精和合成香料的味儿，而闻不到正宗的香味的为劣质香水。切忌一“嗅”钟情，因为香水接触肌肤后散发的气味，只会维持10分钟左右，随后的中调和基调才是持续伴随你的香气，所以不要在10分钟内下决定。

依季节搭配香水 >>>

晴日里香水会比温度低的日子浓烈；雨天或湿气重的日子香水较收敛持久；春天宜用幽雅的香型，夏天最好用清淡兼提神的香型，冬日则可选用温馨、浓厚的香型。

香水持久留香的秘诀 >>>

❶先涂手腕再移向全身。把香水先沾在一只手腕上，然后移向另一只手腕，等手腕温热后，再从手腕移至耳后，然后搽在所有的部位上。两只手腕千万不要互相摩擦，会破坏香水分子。

❷在搽香水之前，先搽上一点儿凡士林，留香时间会长一些。

❸在丝袜上喷香水的人很少，但在穿上之前，先用喷头喷一喷，就会有出乎意料的隐约气息，而且香味可以持久。

使用粉扑的小窍门 >>>

拍香粉时同时用两个粉扑更合理些。先用一个粉扑沾上香粉，再与另一个对合按压一下，其中一个用来拍大面积的部分如前额和面颊，另一个用于拍细小不平的部位如鼻翼、眼周围以及发际周围。这种方法既可涂得均匀又节省时间。

粉底液过于稠密的处理方法 >>>

夏天里若嫌粉底液太稠密，则可在其中掺些化妆水，以造成水性化妆的清爽效果。这方法也适用于油性皮肤的人。粉底的涂法虽然见仁见智，但在达到素净肌肤的要求下，这是极好的方式。

令皮肤闪亮的小窍门 >>>

化妆品往往遮盖住皮肤上的自然光泽，使脸看上去呆滞得不自然，用一点儿收敛水即可妙手回春。在扑完妆粉之后，将一个棉球在收敛水里浸湿，取出棉球轻轻挤一挤，然后把它在脸上均匀地轻拍一遍，脸庞会立刻光彩照人。注意不要用这棉球拍鼻子，那样会使鼻子过于闪亮。

巧用粉底遮雀斑 >>>

❶用指尖把粉底霜反复扑打在生雀斑的部位上。如用此法无效，可以在定妆粉里加些香粉型粉底霜试一试。

❷使用颜色介于雀斑和肤色之间的粉底霜。用这种方法（不必反复扑打），雀斑的颜色和皮肤的颜色趋向一致，就不那么明显了。

❸用有光泽粉底霜掩盖。皮肤有了光泽，多少有点雀斑也就不必那么担心了。这是一种用光泽压过雀斑的办法。

❹用突出个性的化妆法，分散注意力。例如眼角上有雀斑，要抹颜色显眼的口红；满脸都有褐斑，则要使眼睛化妆和口红轮廓清晰充实。

巧用粉底遮青春痘 >>>

❶在布满粉刺疤痕的部位上涂敷香粉型粉底霜，不用液体型的或雪花膏型的粉底霜。只是使它们变得不明显，而不是把它们用涂料封死。

❷用收敛性粉底霜仔细修整，使毛孔收紧，然后再薄薄地涂上液体型或稍亮的粉底霜。这样，即使凹陷部位上积存着粉底霜，也不会因此而变得颜色发暗。为使整体颜色一致，可再涂些稍稍发暗的粉底霜。如果一开始就用深色的粉底霜，凹进去的地方被填死，颜色积起来，看上去发暗，反而会更显眼。

❸打消掩盖的念头，厚厚地涂上一层有光泽的粉底霜，用光泽转移人们的视线。此法适合症状轻的人使用。

❹干脆用覆盖力强的粉底霜浓妆艳抹。

掩饰黑痣的化妆技巧 >>>

通常有两种方法：一种是使用油性的质浓的粉底，一种是用比皮肤暗一级的粉底，通过这两种粉底的施用巧妙地将之掩盖。

使用油性的质浓粉底，其关键在于抹

普通粉底时先留下欲掩饰的地方不抹，然后在有黑痣的位置抹浓油粉底，并以黑痣等为中心向周围延伸，慢慢轻压，使颜色由浓转淡，但应注意一定要与先抹的普通粉底和后来涂抹的浓油粉底相融合，而不留痕迹，然后在其上扑粉，这样一来就达到了掩饰及美饰的双重效果。

使用深色粉底时，可用多抹的方法，即涂抹两次粉底。这种方法可能会使有些人担心，是否会造成比原来肌肤更黑的印象，其实基本上是不会的，这些粉底单独看起来似乎深一些，但涂抹在脸上却是近于肤色的，又给人以减少了雀斑的印象。

另外，现在还有专门掩盖瑕疵的掩盖粉底，使用起来就更方便。但在选用时要注意选择尽可能接近肌肤色的粉底，不要过白或过深，涂抹时先用手指或海绵蘸上底粉，然后轻轻扣压在脸上，这样施粉底比较自然，掩盖效果也比较理想。

掩饰皱纹的技巧 >>>

一旦产生皱纹，在化妆时就应当特别注意避免将人的注意力吸引在皱纹上，应突出局部化妆，以此来分散人的注意力。化妆开始前应特别滋润肌肤，先用护肤霜来保护皮肤，再施粉。粉底最好是乳液的，施用粉底时应在皱纹处轻轻按压，减缓皮肤的凹陷感。腮红最好用油质的，不要用粉质的，以避免粉底过多地吸收皮肤中的油脂和水分。另外，在化妆时脸上有皱纹的地方应轻妆，以免将缺点反映出来。特别是不要扑粉，因为扑粉很容易吸收皮肤中的油脂和水分，使皮肤看起来干巴巴，毫无光泽感，同时还会加深皱纹。

长时间保持腮红的小窍门 >>>

将液体腮红拍在化妆粉底上，然后再用相近颜色粉质腮红来定色。

化妆除眼袋 >>>

化妆时用暖色粉底调整脸面的肤色，使眼袋部位的肤色与脸面协调，切忌在眼袋处涂亮色，否则会使之更明显。另外，可以适当加强眼睛、眉毛和嘴唇的表现力，转移别人对眼袋的注意。

巧化妆恢复双眼生气 >>>

眼睛看上去疲劳、没有生气时，可在双眼内侧刷上一些银色的粉，会让双眼立刻充满活力。

巧化妆消除眼睛水肿 >>>

闭上眼睛用浸泡过的收敛性化妆水的面纸盖住双眼，休息10分钟后取下。如果只用冷水拍洗脸部，然后就涂上粉底或灰褐色而有掩饰效果的化妆品，那只会更显眼部的水肿。

化妆时可在上眼皮的中央涂以稍浓的眼影，周围的眼影则描淡些。眼影颜色以棕色为最佳。描眼线就沿上眉毛轮廓细细地画，并要画成自然的曲线。

肿眼泡的修饰 >>>

肿眼泡是指上眼皮的脂肪层较厚或眼皮内含水分较多，使眼球露出体表的弧度不明显，人显得水肿松懈没有精神。可以采用水平晕染，用深色眼影从睫毛根部向上晕染，逐渐淡化，眉骨部位涂亮色，肿眼泡的人尽量不使用红色系眼影。上眼线的内外眼角略宽，眼尾高于眼睛轮廓，眼睛中部的眼线要细而直，尽量减少弧度。下眼线的眼尾略粗，内眼角略细。

巧化妆消除眼角皱纹 >>>

将乳液状粉底薄涂面部，然后在小皱纹处以指尖轻敲，使粉底有附着力地填进去。减缓其凹陷程度，并可突出重点化妆。

画眼线时，上眼睑不画，下眼睑画以清晰线条但不要画全长，只在眼尾处画全长的1/3即可。眼线笔应为0.2～0.5毫米，颜色开始用棕色，以后可用黑色。

巧用眼药水除“红眼”>>>

喝酒或缺乏睡眠会使你的双眼看起来非常疲倦，布满血丝，你可以滴上一两滴具有缓和疲劳效果的眼药水，使眼部毛细血管充血、破裂的病状得到舒缓。但眼药水不是越多越好，过多反而可能出现不良的效果。

眉毛的化妆方法 >>>

❶眉毛过于平直：可将眉毛上缘剃去，使眉毛形成柔和的弧度。

❷眉毛高而粗：可剃去上缘，使眉毛与眼睛之间的距离拉近些。

❸眉毛太短：可将眉尾修得尖细而柔和，再用眉笔将眉毛画长些。

❹眉毛太长：可剃去过长的部分，眉尾不宜粗钝，最好剃去眉尾的下线，使之逐渐尖细。

❺眉毛稀疏：可利用眉笔描出短羽状的眉毛，再用眉刷轻刷，使其柔和自然，不宜将眉毛画得过于平板。

❻眉毛太弯：可剃去上缘，以减轻眉拱的弯度。

❼眉头太接近：可剃去鼻梁附近的眉毛，使眉头与眼角对齐。

❽眉头太远：可利用眉笔将眉头描长，以缩小两眉之间的距离。

拔眉小窍门 >>>

❶要有一支好用的拔眉镊，最好有扁平的镊头。

❷刚沐浴完由于毛孔敞开，此时拔眉不会太痛。

❸晚上拔眉毛较好，即使拔眉时出现红肿现象，睡过一晚上也基本消除了。

眉钳变钝的处理 >>>

如果眉钳变钝了，可以用砂纸小心地将眉钳内侧磨锋利，让它继续发挥作用。

巧夹睫毛 >>>

夹睫毛的时候从睫毛根部向尾部移动夹子，一边移动一边夹，可以夹得过一些，在涂睫毛膏的时候就可以把它弥补成最自然的状态了。

巧用眉笔 >>>

如果总觉得拿着眉笔的手不听使唤，画不出令人满意的眉毛。不妨做个新尝试：用眉笔在手臂上涂上颜色，用眉刷蘸上颜色，均匀地扫在眉毛上，会得到更为自然柔和的化妆效果。

眼睛变大化妆法 >>>

可以尝试用白色的眼线笔来描画下眼线，使一双眼睛显得更大、更具神采。

巧画眼线 >>>

❶要画好一双细致的眼线，可以先把手肘固定在桌上，然后平放一块小镜子，让双眼朝下望向镜子，就可以放心描画眼线了。

❷先用眼线笔在睫毛的眼线处点好点，然后再用很尖的刷子将这些点连接在一起。这种办法是最易于实施的将眼线化直的办法了。

巧化眼妆 >>>

许多上班族都有眼妆容易脱落的困扰，如果在上眼影粉前先上一层同色眼影霜，眼妆就能很持久且不易脱落。

误涂眼线的补救措施 >>>

可用棉花球蘸水或爽肤水，放在眼线上，待数秒钟后拿开棉花球，误涂的眼线就会消失。

如何防止睫毛膏和睫毛粘到一起 >>>

在使用睫毛膏之前，先用纸巾擦拭睫毛膏棒，擦掉引起打结的多余睫毛膏。

眼妆的卸妆方法 >>>

眼妆的卸妆方向必须依眼皮的肌理进行，采取右眼顺时针，左眼逆时针方向清洁，避免过度拉扯导致皱纹。

❶以化妆棉蘸取适量的卸妆用品，并在睫毛下垫一张面纸。

❷将蘸了卸妆用品的化妆棉，轻轻贴在睫毛处数秒，让睫毛膏充分溶解。

❸充分溶解后，将化妆棉轻轻地由上往下擦拭。

❹利用蘸了卸妆用品的棉花棒，清理睫毛间的小细缝。

❺再次拿取一片蘸了卸妆用品的干净化妆棉，仔细将细屑擦拭干净。

如何延长睫毛膏的使用期限 >>>

在每次用完睫毛膏后，用纸巾将刷子上多余的睫毛液抹掉，再插回管中拧紧。

如何保养假睫毛 >>>

假睫毛虽然纤细精美，却很脆弱，因此，使用时要特别小心。从盒子里取出时，不可用力捏着它的边硬拉，要顺着睫毛的方向，用手指轻轻地取出来；从眼睑揭下时，要捏住假睫毛的正当中“唰”的一下子拉下，动作干脆利索，切忌拉着两三根毛往下揪。用过的假睫毛要彻底清除上面的黏合胶，整整齐齐地收进盒里。

大鼻子的化妆技巧 >>>

使用接近白色的粉底，从鼻梁上往下敷，并涂抹均匀，使之看上去呈现些许朦胧，然后在鼻孔的外侧使用颜色较深的粉膏涂敷均匀，这样鼻子看上去会小很多。

塌鼻子的化妆技巧 >>>

使用较白的粉底，在鼻梁上成直线往下敷，鼻尖使用较白色的粉底涂成白色，涂的时候必须均匀，这样可使鼻子看起来高一些。

耳朵同样需装扮 >>>

在搽粉的时候，耳朵表面也应搽一点。这样能使面孔和耳朵浑然一色。不过耳朵上搽粉不宜太多，需适度，否则会弄巧成拙。

耳朵上不单要搽粉，还可抹一点红，但不可“红透耳根”，这样会给人新鲜活泼的感觉。

巧用唇线笔 >>>

在上唇线前，先将唇线笔在手背上画一下，就会好用很多。

误涂口红的补救措施 >>>

口红配得不满意时，可以把纸巾对折一两次，放在两唇间，略施压力，重复数次，再涂上新的唇膏或口红即可。

厚唇变薄化妆法 >>>

这种画法主要是在唇形外部，用脸底色或掩盖色把多余的部分盖去，涂上粉，然后用唇笔再画出小于原来嘴形的轮廓线，在轮廓线内涂满唇红，而且唇红不要深，在唇的中部还要涂些亮光唇红。如果原来的唇边不明显，还可以用底色一样的掩盖色再涂。

让嘴唇更丰满的化妆法 >>>

用唇彩笔以稍微浓重的感觉画出轮廓线，即在上下唇描绘出约超出原唇轮廓线1毫米之外的色彩。须注意若画得太大，反而会显得不自然。用刷子将唇彩涂到整个嘴唇上，其优雅的光泽能令嘴唇看上去更丰厚，使嘴角浮现出更丰盈的立体感。

有皱纹唇部的化妆窍门 >>>

上了年龄的女性，有些人嘴角四周容易出现皱纹，涂口红时颜色容易集中在纹沟中，使纹沟更加明显，因此最好用唇线笔勾画唇线，涂口红前在唇上抹少量粉。

下颌松弛的化妆窍门 >>>

线条柔和美丽而富有弹性的下颌是掩饰年龄的秘密办法之一，对修正颈部的缺点也很有帮助。沿着下巴到耳根的曲线刷上阴影粉，注意要刷在面颊以下的部位。

唇角下垂的化妆窍门 >>>

用唇笔画出微翘的唇角，但不要太夸张。如果将整个唇的唇线略为加长效果会好些。

健康饮食窍门

食物选购

巧选冬瓜 >>>

冬瓜身上是否有一层白霜是辨别质量好坏的一个标准。如冬瓜肉有纹，瓜身较轻，请勿购买——肉质有花纹，是因为瓜肉变松；瓜身很轻，说明此瓜已变质，味也苦。

巧选苦瓜 >>>

苦瓜身上一粒一粒的果瘤是判断苦瓜好坏的标准。果瘤颗粒越大越饱满，表示瓜肉越厚；颗粒越小，瓜肉相对较薄。选苦瓜除了要挑果瘤大、果形直立的，还要外观碧绿漂亮的，因为如果苦瓜出现黄化，就代表已经熟过，果肉就会柔软不够脆，也失去了应有的口感。

巧选萝卜 >>>

用手指背弹碰萝卜的腰部，声音沉重、结实的不糠心，如声音混浊则多为糠心萝卜。

巧选松菇 >>>

以片大体轻、黑褐色、身干、整齐、无泥沙、带白丝、油润、不霉、不碎的为好。

巧选香菇 >>>

❶颜色：色泽黄褐（福建香菇为黑褐色有微霜），菌伞下面的褶裥紧密细白。

❷看形状：只大均匀，菌伞肥厚粗壮，盖面平滑，质干不碎。

❸用手捏：菌柄有硬感，菌伞蓬松。

❹用鼻闻：有香气。

巧识毒蘑菇 >>>

❶看形状：毒蘑菇一般比较黏滑，菌

盖上常沾些杂物或生长一些像补丁般的斑块和肉瘤，且菌柄上常有菌环；无毒蘑菇很少有菌环。

❷观颜色：毒蘑菇多呈金黄、粉红、白、黑、绿等鲜艳色；无毒蘑菇多为咖啡色、淡紫色或灰红色。

❸闻气味：毒蘑菇有土豆或萝卜味；无毒蘑菇为苦杏或水果味。

❹看分泌物：撕断新鲜野蘑菇的菌杆，无毒的分泌物清亮如水（个别为白色），撕断不变色；有毒的分泌物稠浓，呈赤褐色，伞柄很难用手撕开，撕断后在空气中易变色。

❺蘑菇煮好后放些葱，如变成蓝色或褐色，便是毒蘑菇。

巧选竹笋 >>>

将竹笋提在手里，应是干湿适中，周身无瘪洞，无凹陷，无断裂痕迹。另外，还可以用指甲在笋肉上划一下——嫩不嫩一划便知。

巧识激素水果 >>>

凡是激素水果，均形状特大且异常，外观色泽光鲜，果肉味道反而平淡。反季节蔬菜和水果几乎都是用激素催熟的，如早上市的特大草莓、外表有方棱的大猕猴桃等，大都是喷了膨大剂；蒂是红色的荔枝和切开后瓜瓤通红瓜子却不熟、味道不甜的西瓜等，多是施用了催熟剂；还有些无籽大葡萄，是喷了雌激素。

巧识使用了“膨大剂”的猕猴桃 >>>

❶优质标准的猕猴桃一般单果重量只有80～120克，而使用“膨大剂”后的猕猴桃果个特大，单果重量可达到150克以上，有的甚至可以达到250克。

❷未使用“膨大剂”的果子切开后果芯翠绿，酸甜可口；而使用了“膨大剂”的果子切开后果芯粗，果肉熟后发黄，味变淡。

巧选西瓜 >>>

❶成熟的西瓜重量轻，托瓜的手能感到颤动震手；不成熟的西瓜重量重，没有震手感。两个差不多一样大的西瓜，重量比较轻的为熟瓜。

❷将西瓜托在手中，用手指轻轻弹拍，发出“咚、咚”的清脆声，是熟瓜；发出“突、突”声，是成熟度比较高的瓜；发出“噗、噗”声，是过熟的瓜；发出“嗒、嗒”声的是生瓜。

巧识母猪肉 >>>

母猪肉一般皮糙肉厚，肌肉纤维粗，横切面颗粒大。经产母猪皮肤较厚，皮下脂肪少，瘦肉多，骨骼硬而脆，乳腺发达，腹部肌肉结缔组织多，切割时韧性大。

巧识种猪肉 >>>

❶肉皮厚而硬，毛孔粗，皮肤与脂肪之间几乎分不清界限，尤其以肩胛骨部位最明显，去皮去骨后的脂肪又厚又硬，几乎和带皮的肉一样。

❷瘦肉颜色呈深红色，肌肉纤维粗糙，纹路清，水分少，结缔组织较大。

巧识死猪肉 >>>

死猪肉周身瘀血呈紫红色，脂肪灰红，肌肉暗红，血管中充满黑红色的凝固血液。切开后腿内部的大血管，可以挤出黑红色的血栓来；剥开板油，可见腹膜上有黑紫色的毛细血管网；切开肾包囊扒出肾脏，可以看到局部变绿，有腐败气味。

巧识病猪肉 >>>

识别瘟猪肉的方法是看肉的皮肤。如皮肤有大小不等的出血点，或有出血性斑块，即为病猪肉；如果是去皮肉，则可看脂肪和腱膜，如有出血点即可认定为病猪肉。个别肉贩常将病猪肉用清水浸泡一夜，第二天再上市销售，这种肉外表显得特别白，看不见出血点，但将肉切开，看断面上，脂肪、肌肉中依然存在明显的出血点。

巧识注水猪肉 >>>

用卫生纸紧贴在瘦肉或肥肉上，用手平压，等纸张全部浸透后取下，用火柴点燃。如果那张纸烧尽，证明猪肉没有注水；如果那张纸烧不尽，点燃时还会发出轻微的“啪啪”声，就证明猪肉是注水了。这种肉色泽变淡，呈淡灰红色，有时偏黄，并显得肿胀。

注水的冻瘦猪肉卷，透过塑料薄膜可以看到里面有灰白色半透明的冰和红色血冰；砍开后有碎冰块和冰碴溅出，肌肉解冻后还会有许多血水渗出。

巧识劣质猪肝 >>>

病死猪肝色紫红，切开后有余血外溢，少数有浓水泡，做熟后无鲜味。灌水猪肝色赭红显白，比未灌水的猪肝饱满，手指压迫处会下沉，片刻复原，切开处有水外溢，做熟后味差。

识别猪肉上的印章 >>>

❶“×”形章是“销毁”章，盖此章的肉禁止出售和食用。

❷椭圆形章是“工业油”章，此肉不能出售和食用，只能作为工业用。

❸三角形章是“高温”章，这类肉含有某种细菌、病毒，或某种寄生虫，必须在规定时间内进行高温处理。

❹长方形章是“食用油”章，盖有此章的生肉不能直接出售和食用，必须熬炼成油后才能出售。

❺圆形章是合格印章，章内标有定点屠宰厂厂名、序号和年、月、日，这是经过兽医部门检验合格的猪肉。

巧选牛羊肉 >>>

❶看色泽：新鲜肉肌肉有光泽，红色均匀，脂肪洁白；变质肉，肌肉色暗，脂肪黄绿色。

❷摸黏度：新鲜肉外表微干或有风干膜，不粘手，弹性好；变质肉，外表粘手或极度干燥，新切面发黏，指压后凹陷不能恢复，留有明显压迹。

❸闻气味：鲜肉有鲜肉味，变质肉有异味。

巧辨黄牛肉和水牛肉 >>>

❶黄牛肉：肌肉呈深红色，肉质较软。肥度在中等以上的肉，肌肉间夹杂着脂肪，形成所谓的“大理石状”。

❷水牛肉：肉色比黄牛肉暗，并带棕红色；肌肉纤维粗且松弛，脂肪为白色，肉不易煮烂。

巧识注水鸡鸭 >>>

❶注水的鸡鸭肉特别有弹性，用手一拍就会有柔韧感。

❷扳起鸡鸭的翅膀仔细查看，如果发现上边有红针点或乌黑色，那就是注水的证明。

❸用手捏摸鸡腹和两翅骨下，若不觉得肥壮，而是有滑动感，则多是用针筒注射了水。

❹有的人将水用注水器打入鸡鸭腔内膜和网状内膜里，只要用手指在上面轻轻

一抠，注过水的鸡鸭肉，网膜一破，水就会流淌出来。

❺皮下注过水的鸡鸭，高低不平，摸起来像是长有肿块。

巧选白条鸡 >>>

❶好的白条鸡颈部应有宰杀刀口，刀口处应有血液浸润；病死的白条鸡颈部没有刀口，死后补刀的鸡，刀口处无血液浸润现象。

❷好的白条鸡眼球饱满，有光泽，眼皮多为全开或半开；病死的白条鸡眼球干缩凹陷，无光泽，眼皮完全闭合。

❸好的白条鸡肛门处清洁，无坏死或病灶；病死鸡的肛门周围不洁净，常常发绿。

❹好的白条鸡的鸡爪不弯曲，病死的白条鸡的鸡爪呈团状弯曲。

巧选烧鸡 >>>

首先可以看鸡的眼睛：如果眼眶饱满，双眼微闭，眼球明亮，鸡冠湿润，血线匀细、清晰，则是好鸡。如果鸡的眼睛是全部闭着的，同时眼眶下陷，鸡冠显得十分干巴，就证明这是病死的鸡。其次挑开一点肉皮，看里面肉为红色，则是死鸡做成的烧鸡。

巧识掺淀粉香肠 >>>

将碘酒涂在白纸上，趁其未干时，将香肠的断面按在有碘酒的纸上，若掺有淀粉，按压处就会变成蓝黑色。

巧辨鸡的老嫩 >>>

❶鸡嘴：嫩鸡的嘴尖而软；老鸡的嘴尖而硬。

❷胸骨：嫩鸡的胸骨软而有弹性；老鸡的胸骨较硬而且缺少弹性。

❸鸡脸：嫩鸡的脸部滋润细腻；老鸡的脸部皮肤松弛。

❹鸡冠：嫩鸡的鸡冠较小，纹理细腻；老鸡的鸡冠较大，肉重皮厚而多皱纹，并且纹理粗糙。

巧辨活宰和死宰家禽 >>>

活宰的家禽放血尽，血液鲜红，表皮干燥紧缩，脂肪呈乳白色或淡黄色，肌肉有光泽和弹性，呈玫瑰红色。死宰的家禽放血不尽，血液呈暗红或暗紫色，皮粗糙呈暗红色，并间有青紫色死斑，脂肪呈暗红色，肌肉无弹性。

巧识受污染鱼 >>>

❶受污染的鱼形体不整齐，头大尾小，脊椎弯曲甚至畸形，还有的皮膜呈黄色，尾部呈青色。

❷受污染的鱼眼睛混浊，失去正常光泽，有的甚至向外鼓出。

❸有毒的鱼鳃不光滑，较粗糙且呈暗红色。

❹正常鱼有鱼腥味，污染了的鱼则气味异常，根据毒物的不同而呈大蒜味、氨味、煤油味、火药味等，含酚量高的鱼鳃还可能被点燃。

巧选鸡蛋 >>>

❶用手指拿稳鸡蛋在耳边轻轻摇晃，好蛋音实；贴壳蛋和臭蛋有瓦碴声；空头蛋有空洞声；裂纹蛋有“啪啪”声。

❷把蛋放在15%左右的食盐水中，沉入水底的是鲜蛋；大头朝上、小头朝下、半沉半浮的是陈蛋；臭蛋则浮于水面。

巧识散养柴鸡蛋 >>>

❶个头比一般鸡场的鸡蛋要小一些，北方的柴鸡蛋个头比南方的要略微

大一些。

❷蛋黄要比普通鸡蛋的蛋黄黄一些，肉眼可以辨别出来；但颜色也不是特别黄或者发红，如果蛋黄的颜色特别红，明显是喂了色素。

❸柴鸡蛋在打蛋的时候不太容易打散。如果是蒸蛋羹或者炒鸡蛋，颜色金黄、口感特别好。

❹柴鸡蛋蛋皮的颜色并不完全一样，有的深有的浅，不要认为柴鸡蛋的颜色都是红皮或白皮。

❺真正的散养鸡蛋，打开后会发现蛋黄上有白点，旁边有白色絮状物，这种鸡蛋是受过精的，一般在北方的农村每家农户的鸡群里都有一两只公鸡。当然并不是每个鸡蛋都有，应该说大部分都有，而养鸡场的鸡蛋大部分都是笼养，就不会有这种情况。

巧选灌肠制品 >>>

在选购灌肠制品时，外观上应注意挑选外皮完整，肠衣干燥，色泽正常，线绳扎得紧，无霉点，肠头不发黑，肠体清晰坚实，富有弹性的产品。切开的灌肠，肉馅应坚实紧密，无空洞或极少空洞。变质的灌肠，香味减退或消失，有异味，不能食用。

巧识注水鱼 >>>

首先是肚子大。如果在腹部灌水，将鱼提起就会发现鱼肛门下方两侧凸出下垂，用小手指插入肛门，旋转两下，手指抽出，水就会流出。注过水的鱼肉松且软，而正常的鱼肉有弹性。注过水的鱼发呆不喜动，活不长。

巧识毒死鱼 >>>

在农贸市场上，常见有被农药毒死的鱼类出售，购买时要特别注意。

❶鱼鳃：正常死的鲜鱼，其鳃色是鲜红或淡红的；毒死的鱼，鳃色为紫红或棕红。

❷鱼鳍：正常死的鲜鱼，其膜鳍紧贴腹部；毒死的鱼，腹鳍张开而且发硬。

❸鱼嘴：正常鱼死亡后，闭合的嘴能自然拉开；毒死的鱼，鱼嘴紧闭，不易自然拉开。

❹气味：正常死的鲜鱼，有一股鱼腥味，无其他异味；毒死的鱼，从鱼鳃中能闻到一点农药味，但不包括无味农药。

巧识变质带鱼 >>>

新鲜的带鱼银白发亮，如果失去了银白色光泽，鱼体表面附着一层黄色的物质——这是鱼不新鲜的标志。

巧辨青鱼和草鱼 >>>

❶青鱼的背部及两侧上半部呈乌黑色，腹部青灰色，各鳍均为灰黑色；草鱼呈茶黄色，腹部灰白，胸、腹鳍带灰黄色，其余各鳍颜色较淡。

❷青鱼嘴呈尖形，草鱼嘴部呈圆形。

巧辨鲢鱼和胖头鱼 >>>

鲢鱼同胖头鱼的主要区别是体色和头有明显不同。鲢鱼又叫白鲢、鲢子，体表呈银白色，头较小，头长与体长之比为1：4；胖头鱼的头明显要大得多，头长与体长之比为1：3。胖头鱼体色比鲢鱼深，杂有不规则的黄黑色斑纹，因而又叫“花鲢”“黄鲢头”。它的味道虽不及青鱼、草鱼，但比白鲢好，尤其是它的头，味道特别鲜美。

巧辨鲤鱼和鲫鱼 >>>

❶鲤鱼同鲫鱼的主要区别在于有无

"胡子"，鲤鱼的口缘两则有两对触须十分好辨认。

❷鲤鱼的背比鲫鱼"驼"一点，体呈纺锤形，青黄色；而鲫鱼是灰青色的，体态侧扁。

❸鲤鱼比鲫鱼要大，鲫鱼少见到单条超过500克的。

巧识优质鱿鱼 >>>

优质鱿鱼体形完整坚实，呈粉红色，有光泽，体表面略现白霜，肉肥厚，半透明，背部不红。劣质鱿鱼体形瘦小残缺，颜色赤黄略带黑，无光泽，表面白霜过厚，背部呈黑红色或霉红色。

巧识养殖对虾与捕捞对虾 >>>

海洋捕捞对虾与养殖对虾在同等大小和鲜度下，价格差异大，应仔细辨识。养殖虾的须子很长，而海洋捕捞对虾须短，养殖虾头部"虾柁"长，齿锐，质地较软，而海洋捕捞对虾头部"虾柁"短、齿钝，质地坚硬。

巧选海蜇 >>>

❶看颜色：优质海蜇皮呈白色或淡黄色，有光泽感，无红斑、红衣和泥沙。

❷观肉质：质量好的海蜇，皮薄、张大、色白，而且质坚韧不脆裂。

❸尝口味：将海蜇放入口中咀嚼，若能发出脆响的"咯咯"声，而且有咬劲的，则为优质海蜇；若感到无韧性，不脆响的则为劣质品。

巧看鳃丝选海蟹 >>>

新鲜海蟹鳃丝清晰，呈白色或稍带微褐色；次鲜海蟹鳃丝尚清晰，但色变暗，尚无异味；腐败海蟹鳃丝污秽模糊，呈暗褐色或暗灰色，有难闻异味。

巧识毒粉丝 >>>

❶正常粉丝的色泽略微偏黄，接近淀粉原色；那种特别白、特别亮的粉丝最好别买。

❷水煮时，有酸味或其他异味的粉丝也应引起警惕。

❸将粉丝点燃，正常粉丝燃烧时应有黑色的炭，并且粉丝有多长炭就应该有多长；而毒粉丝燃烧时没有炭残留，而且还会伴随很大的声响。

巧选贝类 >>>

无论是海水或淡水中均有贝类存在。主要品种有鲍鱼、牡蛎、贻贝、文蛤、蛏、扇贝等。活贝的壳可以自然开闭，死贝的壳不会闭合，这是识别贝类死活的主要标志。

巧辨人工饲养甲鱼和野生甲鱼 >>>

野生甲鱼的背壳呈灰黑色，有五朵深黑色的花纹，俗称五朵金花；腹部的颜色为灰色，同样有五朵金花。而人工饲养的甲鱼背壳上虽然也有花纹，但不止五朵；腹部无花纹，腹部的颜色通常为浅黄色或黑黄色。

巧选豆腐 >>>

手握1枚缝衣针，在离豆腐30厘米高处松手，让针自由下落，针能插入的则为优质豆腐。

巧识掺假干豆腐 >>>

掺假干豆腐表面粗糙，光泽差，如轻轻折叠，易裂，且折裂面呈不规则的锯齿状，仔细查看可见粗糙物，这是因为掺了豆渣或玉米粉。

巧辨劣质银耳 >>>

变质的干银耳的耳片呈焦黄色或绿褐色，没有鲜壳，朵形瘦弱不一，易碎，蒂部有黑点或橘红色斑块。腐烂部分，经水泡后，发黏并有异味。舌感刺激或有辣味，说明银耳已用硫黄熏过，虽然颜色尚好，但不能食用。

巧辨假木耳 >>>

假木耳肉厚，形态膨胀少卷曲，耳片常粘在一起，显得肥厚，边缘较为完整；用手摸，感觉分量较重，易碎，用手稍掰即碎断脱落，有潮湿感；放在口中嚼，有腥味。

真木耳朵大，卷曲紧缩，朵片较薄，无完整轮廓；表面乌黑光润，背呈灰色；手摸感觉分量轻、有韧劲、不易捏碎；干燥，无杂质，无僵块卷耳；放在嘴里尝有清香味。

巧选酸白菜 >>>

优质酸白菜颜色玉白或微黄，有质嫩感，有乳酸香味，手感脆硬。劣质酸白菜色泽灰暗或呈褐色，发臭或有其他异味，手感绵软。

巧选紫菜 >>>

将紫菜浸泡在凉水中，若紫菜呈蓝紫色，说明该紫菜在干燥、包装前已被有毒物质所污染，这种紫菜对人体有害，不能食用。

巧选虾皮 >>>

选购虾皮时，用手紧握一把虾皮，然后再将虾皮放松后，虾皮能自动散开，说明其质量是好的。这样的虾皮清洁并呈黄色，有光泽，体形完整，颈部和躯体也紧连着，虾眼齐全。

如果放松后，虾皮相互黏着不易散开，虾皮外壳污秽无光，体形多不完整，碎末多，颜色呈苍白色或暗红色，并有霉味，说明虾皮已经变质。

巧识陈大米 >>>

陈大米的色泽变暗，表面呈灰粉状或有白道沟纹，其量越多则说明大米越陈旧。同时，捧起大米闻一闻气味是否正常，如有发霉的气味说明是陈米。另外，看米粒中是否有虫蚀粒，如果有虫屎和虫尸也说明是陈大米。

巧选瓜子 >>>

❶看起来有光泽且摸时有油状物的黑瓜子，很可能表面涂有矿物油；用漂白剂漂过或硫黄熏过的白瓜子有异味。

❷优质西瓜子中间是黄色的，四周黑色，劣质西瓜子表面颜色模糊不清，一些加了滑石粉、石蜡的西瓜子表面还有白色结晶。

巧选红枣 >>>

用手捏红枣，松开时红枣能复原，手感坚实，则质量为佳。如果红枣湿软皮黏，表面返潮，极易变形，则为次品。湿度大的红枣极易生虫、霉变，不能久存。

巧识“毒大米” >>>

“毒大米”用少量热水浸泡后，手捻会有油腻感，严重者水面可浮有油斑，仔细观察会发现米粒有一点浅黄。通常这种大米的外包装上都不会写明厂址及生产日期，价格也会比正常大米低一些。

巧识用姜黄粉染色的小米 >>>

用手拈几粒小米，蘸点水在手心搓一搓，凡用姜黄粉染过色的小米颜色会由黄变灰暗，手心残留有黄色。

巧识掺入色素柠檬黄的玉米面 >>>

取少量样品加水浸泡，被色素柠檬黄染色的玉米面滤液呈黄色。

巧识掺入大米粉的糯米粉 >>>

❶色泽：糯米粉呈乳白色，缺乏光泽，大米粉色白清亮。

❷粉粒：用手指搓捻，糯米粉粉粒粗，大米粉粉粒细。

❸水试：糯米粉用水调成的面团手捏黏性大，大米粉用水调成的面团手捏黏性小。

巧识添加增白剂的面粉 >>>

从色泽上看，未添加增白剂的面粉和面制品为乳白色或微黄本色，使用增白剂的面粉及其制品呈雪白或惨白色；从气味上辨别，未添加增白剂的面粉有一股面粉固有的清香气味，而使用增白剂的面粉淡而无味，甚至带有少许化学药品味。掺有滑石粉的面粉，和面时面团松懈、软塌，难以成形，食后会胀肚。

巧辨手工拉面和机制面 >>>

❶手工拉面面条粗细不均匀；机制拉面标准划一，粗细均匀。

❷机制面熟化后在水中较短时间内会糊化，煮面的汤水表面会起泡沫；而手工拉面不易糊化，汤水表面不会有泡沫。

❸手工拉面含一定盐分，机制拉面则较淡。

❹机制面粘牙，手工拉面是不粘牙的。

巧辨植物油的优劣 >>>

取油层底部的油一两滴，涂在易燃的纸片上，点燃并听其响声。燃烧正常无响声者，是合格产品；燃烧时发出“叭叭”的爆炸声，有可能是掺水产品，不能购买。加热后拨去油沫，观察油的颜色，若油色变深，有沉淀，说明杂质较多。

巧识掺假食用油 >>>

鉴别掺入蓖麻油的食用油时，将油样静置一段时间后，油样能自动分离成两层，食用油在上，蓖麻油在下。

巧选酱油 >>>

先要看包装上有没有一个QS标志，这是酱油进入市场的准入标志。再看看酱油是酿造的还是配兑的，如果没有标明是不合格产品。最后要看标签上标明的是佐餐用的还是烹调用的，因为这两者的卫生指标是不同的，供佐餐用的酱油可以直接入口，卫生指标较好；而烹调用的不能直接入口，只能用于烹调炒菜。

巧选虾酱 >>>

优质虾酱色泽粉红，有光泽，味清香；酱体呈黏稠糊状；无杂质，卫生清洁。劣质虾酱呈土红色，无光泽，味腥臭；酱体稀薄而不黏稠；混有杂质，不卫生。

巧选香油 >>>

将油样滴于手心，用另一手掌用力摩擦，由于摩擦产热，油内芳香物质分子运动加速，香味容易扩散。如为纯正香油，则有单纯浓重的香油香味。如掺入菜籽油，则可闻到辛辣味；如掺入棉籽油，则可闻到碱味；如掺入大豆油，则可闻到豆腥味。此法简便易行，可靠性较强，适用于现场鉴别。

巧选醋 >>>

用筷子蘸一点儿醋放入口中，酸度适

中，微带甜味，入喉不刺激，口中留有较长时间醋香味的是优质醋。

巧识勾兑黄酒 >>>

倒少量的黄酒在手心感觉，干了以后，酿造黄酒非常黏手，能粘上很多纸屑，而勾兑黄酒基本上不会。

巧识劣质食盐 >>>

劣质食盐色泽灰暗，因硫酸钙或杂质过高而呈黄褐色，或因含钙、镁等元素水溶性杂质过多而有苦、涩味；结块，易反卤吸潮。人食用劣质盐后轻者引起胸闷、腹泻、脱发、皮肤痛痒，重者危及生命。

巧识假碘盐 >>>

将盐撒在水淀粉或切开的土豆上，盐变成紫色的是碘盐，颜色越深含碘量越高；如果不变色，说明不含碘。

巧识掺假味精 >>>

❶若以食盐作为掺假物，则口尝是咸味，用水浸泡后溶液的口味亦是咸的。正常味精系无色透明、针形呈小杵状结晶，掺入的食盐则系白色粉状结晶，易潮。

❷若以白糖作为掺假物，则口尝是甜味，用水浸泡溶解后的液味亦是甜的。

❸若以石膏作为掺假物，口尝是苦涩味，冷滑、黏糊之感，用水浸泡不溶解，有白色大小不等的片状结晶。

❹若以碳酸钠作为掺假物，口尝是微咸味，用水浸泡溶解后的液味亦如此。

巧识假胡椒粉 >>>

假胡椒粉可能是采用米粉、玉米粉、糖、麦皮、辣椒粉、黑炭粉、草灰等杂物，另外加少量胡椒粉，或根本不加胡椒粉制成的。其色泽淡红，粉末不均匀，香气淡薄或根本无香气，味道异常，用手指头蘸上粉末摩擦，指头马上染黑。若放入水中浸泡，液体呈淡黄或黄白色糊状，底下沉有橙黄、黑褐色等杂质颗粒。

巧选花椒 >>>

❶用手抓有糙硬、刺手的干爽感觉，轻捏易破碎，拨弄时有“沙沙”响声的为干度较好的花椒。

❷花椒是否成熟，主要看花椒顶端开裂程度，口开裂大的，成熟度高，香气浓郁，麻味足；反之，成熟度差，味自然欠佳。

❸季节不同花椒的质量也有差异，一般伏椒比秋椒质量要好。

巧识问题大料 >>>

近年来，市场上已发现以莽草充当大料的现象，莽草有毒，危害人体健康。最好取少许材料加4倍水，煮沸30分钟，过滤后加热浓缩，八角茴香溶液为棕黄色；莽草溶液为浅黄色。

巧选袋装奶粉 >>>

袋装奶粉的鉴别方法是用手去触捏，如手感松软平滑且有流动感，会发出“吱吱”声，则为合格产品；如手感凹凸不平，并有不规则大小块状物，会发出“沙沙”声，则为变质产品。

巧识问题奶粉 >>>

假奶粉是用白糖、菊花晶、炒面及少量奶粉掺和而成的，明显的标记是有结晶、无光泽或呈白色和其他不自然的颜色，奶香味弱或无奶香味，粉粒粗，甜度大，入口溶解较快，在凉开水中不需搅动就能很快化解，用热开水冲时，溶解速度快，没有天然乳汁特有的香味和滋味，有焦粉状沉淀或大量蛋白质变性凝固颗粒及脂肪上浮，有酸臭味或哈喇味，入口后对口腔黏膜有刺激感。用手捏住袋装奶粉包装来回磨搓，由于掺入白糖、葡萄糖，颗粒较粗，会发出“沙沙”声。

巧识掺糖蜂蜜 >>>

以一滴蜂蜜落在纸上，优质蜂蜜成珠形，不易散开，也不会很快渗入纸里；如果不成珠形，容易散开、渗入，说明掺有蔗糖和水。掺有糖的蜂蜜其透明度较差，不清亮，呈混浊状，花香味亦差。掺红糖的蜂蜜颜色显深；掺白糖的蜂蜜颜色浅白。

巧用黄酒识蜂蜜 >>>

将少量蜂蜜放入杯中，加适量水煮沸，待冷却后滴入几滴黄酒摇匀，如果溶液变成蓝色或红色、紫色，说明蜂蜜中掺有淀粉类物质。

巧识新鲜牛奶 >>>

❶在盛水的碗内滴几滴牛奶，如牛奶凝结沉入碗底最好，浮散的为质量欠佳的。若是瓶装牛奶，只要在牛奶上部观察到稀薄现象或瓶底有沉淀，则都不是新鲜奶。

❷把一滴牛奶滴在指甲上，呈球状停留于指甲上的是鲜奶，否则不新鲜。

❸将奶煮开后，表面结有奶皮（乳脂）的是好奶，表面为豆腐花状的是坏奶。

看色泽选茶叶 >>>

凡色泽调和一致，明亮光泽，油润鲜活的茶叶，品质一般都优良；凡色泽枯暗无光的茶叶，品质较次。红茶的光泽有乌润、褐润和灰枯的不同；绿茶的色泽分为嫩绿、翠绿、青绿、青黄等；光泽分光润和干枯的不同。红茶以乌润者为好，暗黑、青灰、枯红的质量差；绿茶以嫩绿、光润者为好，枯黄或暗黄的质量差；乌龙茶要求乌润，黄绿无光的质量差。

巧识掺假花茶 >>>

真正的花茶是由鲜花窨制而成的。窨制就是把鲜花放进经烘干冷却的茶坯中闷存一定时间，利用茶叶的吸附特性，使其充分吸收花的香味；然后再把花筛去，再烘干，即为成品。有些高级的花茶要窨制3次以上。越是高级的花茶，越看不到干花。筛出的干花已全无香气。市场上卖的假花茶，就是将这种筛出的干花掺在低级茶叶中制成的。

巧辨新茶与陈茶 >>>

❶新茶外形新鲜，条索匀称而疏松；陈茶外形灰暗，条索杂乱而干硬。

❷新茶手感干燥，若用拇指与食指一捏，或放在手心一捻，即成粉末；陈茶手感松软、潮湿，一般不易捏碎、捻碎。

❸经沸水冲泡后，新茶清香扑鼻，芽叶舒展，汤色澄清，刚冲泡时色泽碧绿，而后慢慢转为微黄，饮后舌感较醇和；陈茶香气低沉，芽叶萎缩，汤色浑暗，刚冲泡时色泽有点闷黄，即使保管较好的陈茶，开始汤色虽稍好一些，但很快就转为浑暗闷黄，饮后不仅无清香醇和之感，甚至还会伴有轻微的异味。

巧选龙井茶 >>>

龙井茶产于浙江杭州西湖区。茶叶为扁形，叶细嫩，条索整齐，宽度一致，为绿黄色，手感光滑，一芽一叶或二叶。芽长于叶，芽叶均匀成朵，不带夹蒂、碎片，小巧玲珑。龙井茶味道清香，假冒龙井茶则多是青草味，夹蒂较多，手感不光滑。

巧选碧螺春 >>>

碧螺春产于江苏吴县太湖的洞庭山碧螺峰。银芽显露，一芽一叶，茶叶总长度为1.5厘米，每500克有5.8万～7万个芽头，芽为卷曲形，叶为卷曲清绿色，叶底幼嫩，均匀明亮。假的为一芽二叶，芽叶长度不齐，呈黄色。

巧选铁观音 >>>

铁观音产于福建安溪县，叶体沉重如铁，形美如观音，多呈螺旋形，色绿，光润，绿蒂，具有天然兰花香，汤色清澈金黄，味醇厚甜美，入口微苦，立即转甜，耐冲泡，叶底开展，青绿红边，肥厚明亮，每颗茶都带茶枝。假茶叶形长而薄，条索较粗，无青翠红边，冲泡3遍后便无香味。

巧选纯果汁 >>>

❶将瓶子倒过来，对着阳光或灯光看，如果颜色特深，说明其中的色素过多，是加入了人工添加剂的伪劣品；若瓶底有杂质则说明该饮料已经变质，不能再饮用。

❷纯果汁具有水果的清香；伪劣的果汁闻起来有酸味和涩味。

❸纯果汁尝起来是新鲜水果的原味，入口酸甜适宜（橙汁入口偏酸）；劣质品往往入口不自然。

巧选黄酒 >>>

❶色：黄酒的色泽深浅不一，一般有浅黄或紫红，依酒的品种而定，以清澈透明，光泽明亮，无悬浮物或沉淀混浊为好。

❷香：以香气浓郁者为优。

❸味：入口清爽、醇厚，无辛辣、酸、涩等异味者为佳。

巧选燕窝 >>>

❶看：燕窝应该为丝状结构，由片块状结构构成的不是燕窝。

❷闻：气味特殊，有鱼腥味或油腻味道的为假货。

❸拉：取一小块燕窝以水浸泡，松软后取丝条拉扯，水浸后呈银白色，且晶莹透明，有弹性（轻拉会伸缩）的质量好。弹性差，一拉就断的为假货；用手指揉搓，没有弹力能搓成糨糊状的是假货。

巧识假人参 >>>

❶商陆根去皮加工，形似人参。主根圆柱形，多分支，长10～20厘米，有细纵纹，无环纹，断面凹凸不平，无香气，气味淡，久嚼舌麻，有毒。

❷华山参，因其形状及外表呈深棕色，常冒充红参。无纹理、须根，顶端有根茎而无“芦头”，断面黄白色，味苦。

❸板蓝根去皮加工，形似人参。主根圆锥形，黄白色，常冒充白参。鲜品断面有白色乳汁流出；干品外形扭曲皱缩，断面有放射状裂缝。味微苦，有刺激性。

❹山莴苣，外形略似人参，顶端有脱落茎痕，但不呈芦头状。

❺桔梗，表面粉白色或浅黄色，常冒充晒参。桔梗呈圆柱、长圆锥或略呈梭形，较干瘪，味先甜后略苦。

巧识假高丽参 >>>

高丽参有三个较显著的特征，即“马蹄芦”（双芦头者状如马蹄，综观两面与肩齐平）、“将军肩”（芦头至正身部分较国产红参宽）、“着黄袍”（主根的上部有细密均匀的黄色细点）。高丽参伪品不具有上述特征，芦头多系人工衔接，断面没有完整的颜色环。

巧识假西洋参 >>>

用硫黄熏制的参片颜色发白，质重而且表面有粉状感，切片内层多实心，无菊花状纹理，也没有清香味。

假西洋参常用人参（生晒参、白参）冒充进口西洋参，它主根上部环纹不明显，有不规则皱纹，质地略轻，易折，断面粉性强，多有放射性裂缝，味微苦，无西洋参的特别气味。

巧选塑料袋 >>>

❶无毒塑料袋是乳白色半透明或无色透明的，有柔韧性，手摸时有润滑感，表面似有蜡。有毒的塑料袋颜色混浊，手感发鼓。

❷用手抓住塑料袋的一端用力抖，发出清脆声者无毒，声音闷涩者有毒。

❸把塑料袋按入水底，浮出水面的是无毒的，不上浮的有毒。

巧识剩油做的水煮鱼 >>>

食用油的重复使用必然导致油体变黑变浊，在食用前仔细观察油体状态，通过其透彻程度和基本颜色判断油质优劣。可以用勺探入锅底轻微搅动，看有没有混浊体或不明沉淀物浮出，如有，则说明油存在重复使用的嫌疑。

取小块鱼肉仔细品尝，看有没有香辣味以外的轻微异味，比如微苦、微涩等。

巧选罐头 >>>

❶检查有无胖听、漏听现象。

❷检查内容物的色泽、状态、气味。变质的食品罐头内容物松散不成形，块形大小不整齐，色泽灰暗不新鲜；肉品、鱼品罐头的汤汁不凝固，肉质液化，失去弹性；水果、蔬菜罐头汤汁混浊，有大量沉淀或悬浮物，气味不正，有酸味或苦味。

❸检查瓶贴和有效期。瓶贴印刷质量差，字迹模糊不清，标注内容不全，未打生产日期钢印的则很可能是冒牌产品，质量很难保证。

巧选速冻食品 >>>

❶把大厂生产的或名牌产品作为首选产品。

❷就近到有低温冷柜的商店购买。

❸选择包装完好、标识明确、保质期长的产品。

❹注意包装内的产品是否呈自然色泽，若附有斑点或变色，即已变质。

❺注意是否有解冻现象，良好的速冻食品应坚硬。

❻每次采购都应在最后再取速冻食品，以免其离开冰柜的时间过长。

巧识防伪标志 >>>

❶温变型：防伪标志受热后，颜色会发生变化。

❷荧光型：利用专用的防伪鉴别灯一照，防伪标志就会发亮。

❸激光全息型：将图案或人物从不同角度拍照后再重叠处理，产生不同颜色的效应。

❹隐形技术型：防伪标志在太阳光或聚光电筒的照射下，能反射出一种图案。

巧知绿色食品标志 >>>

绿色食品标志是由中国绿色食品发展中心在国家工商行政管理局正式注册的证明商标，它由3部分组成，即上方的太阳、下方的叶片和中心的蓓蕾。标志为正圆形，意为保护。整个图形象征着明媚阳光照耀下的和谐生机，告诉人们绿色食品正是出自纯净良好生态环境的安全无污染食品，能给人们带来蓬勃的生命力。

绿色食品标志分为两类：A级标志，绿底白标，它表示产品的卫生符合严格的要求；B级标志，白底绿标，它不仅表示产品的卫生符合严格的要求，而且表示产品的原料即农作物在生产过程中化肥的使用有绝对限制，而且绝对不使用任何化学农药。

巧识洋食品真伪 >>>

❶查看进口食品上是否有中文标签。

❷查看所选购的进口商品上是否贴有激光防伪的“CIQ”标志。

❸可以向经销商索要查看“进口食品卫生证书”，该证书有如进口食品的“身份证”，只要货证相符，就能证明该食品是真正的“洋货”。

清洗与加工

盐水浸泡去绿叶菜残余农药 >>>

一般先用水冲洗掉绿叶菜表面污物，然后用盐水浸泡（不少于10分钟）。必要时加入果蔬清洗剂，以增加农药的溶出量。如此清洗浸泡2～3次，可清除绝大部分残留的农药。

碱水浸泡去蔬菜残余农药 >>>

在500毫升清水中加入食用碱5～10克，配制成碱水，将经初步冲洗的蔬菜放入碱水中，浸泡5～10分钟后用清水冲洗，重复洗涤3次以上效果最好。

加热烹饪法去蔬菜残余农药 >>>

氨基甲酸酯类杀虫剂随着温度的升高分解会加快，所以对一些蔬菜可通过加热来去除部分残留农药，常用于芹菜、圆白菜、青椒、豆角等。先用清水将蔬菜表面污物洗净，放入沸水中2～5分钟后捞出，然后用清水冲洗1～2遍后置于锅中烹饪成菜肴。

日照消毒可去蔬菜残余农药 >>>

阳光照射蔬菜会使蔬菜中部分残留农药被分解、破坏。据测定，蔬菜、水果在阳光下照射5分钟，有机氯、有机汞农药的残留量会减少60%。另外，方便贮藏的蔬菜，应在室温下放两天左右，残留化学农药平均消失率为5%。

巧用淘米水去蔬菜残余农药 >>>

淘米水属于酸性，有机磷农药遇酸性物质就会失去毒性。在淘米水中浸泡10分钟左右，用清水洗干净，就能使蔬菜残留的农药成分减少。

储存法去蔬菜残余农药 >>>

农药在空气中随着时间的推移，能够缓慢地分解成对人体无害的物质，所以对一些易于保管的蔬菜如冬瓜、番瓜等，可通过一定时间的存放来减少农药残留量。一般应存放10天以上。

巧洗菜花 >>>

菜花虽然营养丰富，但常有残留的农药，还容易生菜虫。所以在吃之前，可将菜花放在盐水里浸泡几分钟，菜虫就跑出来了，还可去除残留农药。

巧洗蘑菇 >>>

洗蘑菇时，在水里先放点食盐搅拌使其溶解，将蘑菇放在水里泡一会儿再洗，这样泥沙就很容易洗掉。市场上有泡在液体中的袋装蘑菇，食用前一定要多漂洗几遍，以去掉某些化学物质。最好吃鲜蘑。

巧洗香菇 >>>

先将香菇放入60℃的温水中浸泡1小时左右，然后用手朝一个方向旋转搅拌，约10分钟，被裹在里面的沙粒就随之徐徐落下沉入盆底。最后，将香菇捞出，再用清水冲洗干净挤去水分，就可以烹制食用了。

巧洗黑木耳 >>>

❶涨发木耳时，加一点醋在水中，然后轻轻搓洗，很快就能除去木耳上的沙土。

❷温水中放入泡发的黑木耳，然后加入两勺淀粉，之后进行搅拌，用这种方法可以去除黑木耳上细小的杂质和残留的沙粒。

巧洗芝麻 >>>

把芝麻放在小布袋里，将袋口对准水龙头，用手在外面搓洗，直至袋内流出来的水是清的为止，然后沥干水。冬天放到暖气上，其他三季晒干。随用随取，可免除一般淘洗时的浪费。

巧为瓜果消毒 >>>

❶个体较大，且有光滑外皮的水果，如苹果、梨等，先在清水中洗净，然后放在沸水中烫泡30秒钟再吃，就可确保安全无患了。

❷对于难洗易破的水果，如草莓、樱桃等，可先将其放在盐水中浸泡10分钟左右，取出后再用凉开水冲洗干净，就可放心吃了。

巧洗葡萄 >>>

葡萄去蒂放在水盆里，加入适量面粉，用手轻搅几下，然后将混浊的面粉水倒掉，用清水冲净即可。面粉是很好的天然吸附剂，可以吸掉蔬果表面的脏污及油脂。（面粉水也可以洗碗）

巧洗脏肉 >>>

❶猪油或是肥肉沾上了水或灰，可放在30～40℃的温水中泡10分钟，再用干净的包装纸等慢慢地擦洗，就可变干净了。

❷若用热淘米水洗两遍，再用清水洗，脏物就除净了。

❸也可拿来一团和好的面，在脏肉上来回滚动，就能很快将脏物粘下。

❹鲜肉如果有煤油味（包括柴油、机油），可以用浓红茶水泡，30分钟后冲掉，油味、异味即可去除。

食品快速解冻法 >>>

将两个铝锅洗干净，将其中一只倒置，在其上放需要解冻的食品，然后在食品上扣上另一只锅，这样就可以轻松解冻了。通常情况下，自然解冻需要1小时的食品按这种方法10分钟左右就可以完成解冻，且不会失去食品原有的美味。

猪心巧去味 >>>

买回的猪心有股异味，可在面粉中“滚”一下，放置1小时左右，再用清水洗净，这样烹炒出来的猪心味美纯正。

猪肝巧去味 >>>

猪肝常有一种特殊的异味，烹制前，先用水将肝血洗净，然后剥去薄皮放入盘中，再加放适量牛奶浸泡，异味即可消除。

巧洗猪肚 >>>

先用面粉把猪肚擦一遍，放在清水里洗去污秽黏液，然后放进开水锅中煮至白脐结皮取出，再放在冷水中，用刀刮去白脐上的秽物。外部洗净后，从肚头（肉厚部分）切开，去掉内壁的油污，再取少量的醋和食盐，擦搓肚子，以去除异味。最后，用清水冲洗至无滑腻感时，即可下锅煮至熟烂，随意烹制。

巧洗猪肺 >>>

将肺管套在水龙头上，使水灌入肺内，让肺扩张，待大小血管都充满水后，再将水倒出。如此反复多次，见肺叶变白，然后放入锅中烧开，浸出肺管中的残物，再洗一遍，另换水煮至酥烂即可。

巧洗猪腰子 >>>

将切成形的腰花放入盆内，取葱白、姜各少许，洗净用刀拍一下放入，再滴入黄酒，浸没为度。约20分钟后，用干净纱布沥去黄酒，拣去葱白、姜，即能去腰花臊味，但要将其沥干为好。夏天，可放入冰箱备用。

巧洗咸肉 >>>

用清水漂洗咸肉并不能达到退盐的目的，如果用盐水（所用盐水浓度要低于咸肉中所含盐分的浓度）漂洗几次，咸肉中所含的盐分就会逐渐溶解于盐水中，最后用淡盐水清洗一下就可以烹制了。

巧洗脏豆腐 >>>

豆腐表面玷污后，可将其放在一只塑料漏盆里，然后在自来水下轻轻冲洗，既可保持豆腐完整不碎，又能使豆腐洁净如初。

巧淘米 >>>

取大小两只盆，在大盆中放入多半盆清水，将米放入小盆，连盆浸入大盆的水中；来回摇动小盆，不时将处于悬浮状态的米和水倾入大盆中，不要倒净，小盆也不必提起；如此反复多次，小盆底部就只剩下少量米和沙粒了。如掌握得好，可将大米全部淘出，而小盆底只剩下沙粒。

淘沙子比较多的米，可取一个搪瓷钵，将米放在里面。在钵中注入清水没过米，用手轻轻将水旋转一下，使比米重的沙子沉底。然后连水倒入准备做饭的铝锅中。必须注意，每次倒出的只是装在钵中最上面的一层大米。然后再放入清水，如此重复地淘洗，最后剩下的便是沙子。采用此法能将沙子全部淘净，并省时省力。

巧去土豆皮 >>>

❶将土豆放入一个棉质布袋中扎紧口，像洗衣服一样用手揉搓，就能很简单地将土豆皮去净，最后用刀剔去有芽部分即成。

❷把土豆放在开水中煮一下，然后用手直接剥皮，就可以很快将皮去掉。

❸把新土豆放入热水中浸泡一下，再放入冷水中，这样就很容易去皮。

巧去萝卜皮 >>>

萝卜皮很硬，去除时十分麻烦。可以将整条萝卜放进水中煮一下，然后放在水龙头下，借水的冲力用手把皮去除，可不留一点残皮。

巧去芋头皮 >>>

将带皮的芋头装进小口袋里（只装半袋），用手抓住袋口，将袋子在水泥地上摔几下，再把芋头倒出，便可发现芋头皮全脱下了。

巧去西红柿皮 >>>

用开水浇在西红柿上，或者把西红柿放在开水里焯一下，西红柿的皮就会很容易被剥落。

巧去莲心皮 >>>

在锅内放适量的水，加热后放入少许食用碱，再倒入莲心，边烧边用勺子搅动，约10分钟，莲心皮皱起后，即可取出，倒入冷水内。这时只要用手轻轻搓揉，皮就可被全部去净。莲心可用牙签或细竹捅掉。

巧去蒜皮 >>>

❶将蒜用温水泡3～5分钟捞出，用手一搓，蒜皮即可脱落。

❷如需一次剥好多蒜，可将蒜摊在案板上，用刀轻轻拍打即可脱去蒜皮。

巧剥毛豆 >>>

将洗好的毛豆荚倒入锅内，放水煮开后闷一小会儿，然后立刻倒入冷水中，此时，只要用手轻轻一挤毛豆荚，毛豆就出来了，而且豆粒没有任何损伤，与生豆一样圆润。

巧切洋葱 >>>

❶切洋葱时，可将其去皮放入冰箱冷冻室存放数小时后再切，就不会刺眼，使之流泪了。

❷把刀或洋葱不断地放在冷水中浸一下，再切也不会刺痛眼睛。

❸用食盐和食油擦刀，或用胡萝卜片擦刀，都可以解决气味刺眼的问题。

❹盛一碗凉水放在旁边，即可以缓解挥发性物质对眼睛的刺激，也能使眼睛有清凉舒适的感觉。

巧除竹笋涩味 >>>

❶将竹笋连皮放入淘米水中，放一个去子的红辣椒，用温火煮好后熄火，让它自然冷却，再取出来用水冲洗，涩味就没了。

❷将新鲜笋（去壳或经刀工处理）放入沸水中焯一下，然后用清水浸漂，即可除去不良味道。

巧切黄瓜 >>>

将牙签劈成两半用水打湿，然后贴在距刀刃3厘米的刀面上，这样，切黄瓜的时候，瓜片就不会贴在刀上了。

巧切竹笋 >>>

切竹笋有讲究，靠近笋尖部的地方宜顺切，下部宜横切，这样烹制时不但易熟烂，而且更易入味。

巧除大蒜臭味 >>>

大蒜是烹调中经常使用的调料，若烦其臭味，可将丁香捣碎拌在大蒜里一起食用，臭味可除去。

巧除苦瓜苦味 >>>

❶盐渍：将切好的瓜片撒上盐腌渍一会儿，然后将水滤掉，可减轻苦味。或把苦瓜切开，用盐稍腌片刻，然后炒食，可减轻苦味，又可保持苦瓜的原味。

❷水焯：把苦瓜切成块状，先用水煮熟，然后放进冷水中浸泡，这样苦味虽能除尽，但却丢掉了苦瓜的风味。

巧除芦荟苦味 >>>

芦荟以凉拌、清炒为佳。但芦荟有苦味，烹调前应去掉绿皮，水煮3～5分钟，即可去掉苦味。

巧除菠菜涩味 >>>

菠菜中含有草酸，这不仅使菠菜带有一股涩味，还会与食物中的钙相结合，产生不溶于水的草酸钙，影响人体对钙质的吸收。只要把菠菜放入开水煮2～3分钟，既可除去涩味，又能减少草酸的破坏作用。

巧去桃子皮 >>>

将桃子浸入滚开水中1分钟左右，涝起来再浸入冷水中，冷却后取出，用手可不费劲地剥去皮。

巧去橙子皮 >>>

把橙子放在桌面上，用手掌压住慢慢地来回揉搓，用力要均匀，这样橙子就像橘子一样容易剥皮了，吃起来也既干净又方便。

巧除柿子涩味 >>>

❶将涩柿子放在陶瓷盆里，喷上白酒（两次即可），三四天后，涩味可除去。

❷将涩柿子和熟梨、熟苹果等混装在容器里，密闭，1周后涩味消除。

❸稍切开涩柿子，在切口部位加入少量葡萄酒，涩味便会消失。

巧去红枣皮 >>>

将干的红枣用清水浸泡3小时，然后放入锅中煮沸，待红枣完全泡开发胖时，将其捞起剥皮，就很容易剥掉了。

巧去栗子壳 >>>

❶熟板栗：在板栗上横着掐开一条缝，然后用手一捏，口儿就开大了；用手指把一边的壳掰去，再把果仁从另一半壳中掰出。横着掰，果仁不易掰碎。

❷生板栗：用清水洗净，用刀将板栗外壳切缝后，放入沸水中煮（或者泡）3～5分钟，然后捞出，再放入冷水中浸泡3～5分钟，这时就很容易将壳剥去了。

巧去核桃壳、皮 >>>

将核桃放在蒸锅里用大火蒸8分钟取出，放入凉开水中浸3分钟，捞出逐个破壳，就能取出完整的果仁。再把果仁放入开水中烫4分钟，只要用手轻轻一捻，皮即刻脱落。

巧切熟透的西瓜 >>>

先用筷子在西瓜底部戳一个洞（注意要缓缓插进去，否则筷子有可能折断），当筷子插进西瓜的部分有七八厘米时，左右转动几下，然后拔出筷子，西瓜底部就形成了一个小洞，而后用刀从洞口切下去，两刀就对半切出平整的西瓜了。

巧使生水果变熟 >>>

将不熟或将要熟的水果入坛或入罐，喷上白酒或是放一个湿润的酒精棉球，盖紧盖子，放于温度适宜的地方。经过2～3天，青色变成鲜艳的红色，甜味也增加，从而美味可口。

巧发海参 >>>

❶切一些葱片、姜片，和干海参一起放入保温桶里。

❷加一些冷水，没过海参，然后再缓慢加入热水（水温70℃左右就可以，也就是水烧开后稍微凉一会儿的温度）。

❸盖上桶盖，泡发24小时即可。

巧涨发蹄筋 >>>

取8～10枚干蹄筋，放入保温性能好的暖水瓶中，装入沸水后塞紧，第二天早上即成水发蹄筋，便可烹制食用。

牛肉要横切 >>>

牛肉质老（即纤维组织多）、筋多（即结缔组织多），必须横着纤维纹路切，即顶着肌肉的纹路切（又称为顶刀切）才能把筋切断，便于烹制适口菜肴。如果顺着纹路切，筋腱会保留下来，烧熟后肉质柴艮，咀嚼不烂。

切猪肉要斜刀 >>>

猪肉的肉质比较嫩，肉中筋少，横切易碎，顺切又易老，应斜着纤维纹路切，这样才能达到即不易碎，又不易老的效果。

鸡肉、兔肉要顺切 >>>

鸡肉、兔肉更细嫩，其中含筋更少，只有顺着纤维切，炒时才能使肉不散碎，整齐美观。

巧切肥肉 >>>

切肥肉时，可先将肥肉蘸一下凉水，然后放在案板上，一边切一边洒些凉水，这样切着省力，肥肉也不会滑动，且不易粘案板。

巧切肉丝 >>>

切肉丝或肉片时，为使刀工漂亮，可将整块肉包好，放冰柜冰冻半小时，待外形冻硬固定时，再取出切割，就容易多了。

巧切猪肘 >>>

猪肘的皮面含有丰富的胶质，加热后收缩性较大，而肌肉组织的收缩性则较小。如果皮面与肌肉并齐或是皮面小于肌肉，加热后皮面会收缩变小而脱落，致使肌肉裸露而散碎。因此皮面要适当地留长一点，加热后皮面收缩，恰好包裹住肌肉又不至于脱落，菜肴形体整齐美观。

巧切猪大骨 >>>

用菜刀斩大骨头既费力又容易把菜刀崩坏。可拿把锯子，在大骨的中间锯上1毫米深、2毫米宽的缺口，然后用菜刀背砍一下缺口，猪大骨就会断开，又方便、又省力、又安全。

巧切火腿 >>>

取钢锯1把，将火腿置于小木凳上，一脚踩紧火腿，一手持锯，按需要的大小段锯下，省时省力且断面平整。以此类推，鲜猪腿、咸猪腿及带骨肉、大条的鱼等，都可用锯破开，以便加工烹调。

巧切肉皮 >>>

煮肉皮冻时，肉皮要切成小块，否则煮很长时间也不易煮好。可是生肉皮很难切，可将肉皮洗净后，用开水滚一下，捞出来用绞肉机将它绞碎，这样煮起来就又快又好。

巧做肉丸 >>>

做肉丸的关键在“打”。“打”是使肉糜产生韧性的一种方法。在肉糜中加上盐、味精、葱姜末、料酒、胡椒粉、水、蛋清等调味品后，用筷子搅动，这就是“打”。越搅“打”越上劲，上了劲就产生了韧性。肉糜在“打”2～3分钟后，加适量淀粉（按50克肉10克淀粉的比例），再“打”片刻，搅拌均匀，然后做成肉丸。

巧分蛋清 >>>

❶将蛋打在漏斗里，蛋清含水分多，可顺着漏斗流出，而蛋黄仍会留在漏斗中。

❷或将蛋的大头和小头各打一个洞，大头一端略大一些，朝下，让蛋清从中流出，蛋黄仍会留在蛋壳内。待蛋清流完后，打开蛋壳便可取出被分离的蛋黄。

巧剥松花蛋 >>>

将松花蛋两头的厚泥除去，小头处只需露出一点壳，大头剥至松花蛋的最大直径处，在大头处将蛋壳也剥至最大直径，在小头处敲一小孔，然后用嘴自小头处一吹，整个松花蛋即会脱落，既不粘泥也不会碎。

巧去鱼鳞 >>>

❶将鱼装入一个较大的塑料袋里，放到案板上，用刀背反复拍打鱼体两面的鳞，然后将勺伸入袋内轻轻地刮，鱼鳞即可刮净，且不外溅。

❷取长约15厘米的小圆棒，在其一端钉上2～4个酒瓶盖，利用瓶盖端面的齿来刮鱼鳞，是一种很好的刮鳞工具。

❸按每升冷水加醋10毫升配成溶液，把活鱼浸泡2小时再杀，鱼鳞极易除去。

❹带鱼的鳞较难去除，可将其放入80℃左右的水中，烫10秒钟，立即浸入冷水中，再用刷子或布擦洗一下，鱼鳞很快会被去掉。

巧去鲤鱼的白筋 >>>

鲤鱼脊背上有两道白筋，此物奇腥无比。洗鱼时，在鲤鱼齐鳃处横切一刀，在切口的中间部位找出白筋头，用手拽住往外拉，同时，用刀轻轻拍打鱼的脊背，直至白筋全部抽出；用同样的方法再抽出鱼另一侧的筋。这样，烹制出的鲤鱼就没有腥味了。

巧为整鱼剔骨 >>>

使鱼肚朝左、背朝右躺在砧上，刀贴鱼背骨横批进去，深及鱼肚，批断脊骨与肋骨相连处（勿伤皮）；然后将鱼翻身，批开另一端脊骨与肉。把靠近头部的脊骨斩断或用手折断、拉出，在鱼尾处斩断脊骨。随后将鱼腹朝下放在墩子上，翻开鱼肉，使肋骨露出根端，将刀斜批进去，使肋骨脱离鱼肉。将两边肋骨去掉后，即成头、尾仍存，中段无骨，仍然保持鱼形完整的脱骨鱼了。

巧手收拾黄鱼 >>>

洗黄鱼的时候不一定非要剖腹，只要用两根筷子从鱼嘴插入鱼腹，夹住肠子后转搅数下，就可以从鱼嘴里抽出鱼肠等内脏。但如果鱼已不新鲜，略有臭味，还是剖腹洗净为好。

巧除贝类泥沙 >>>

将贝类放置于水盆或塑料桶内，加水养两三天，同时在水中滴入少许植物油，贝类闻到油味之后就会将壳中的泥沙吐出，这样就可轻易巧妙地将泥沙去除干净。

巧洗虾 >>>

在清洗时，可用剪刀将头的前部剪去，挤出胃中的残留物，将虾煮至半熟，剥去甲壳，此时虾的背肌很容易翻起，可把直肠去掉，再加工成各种菜肴。较大的虾，可在清洗时用刀沿背部切开，直接把直肠取出洗净，再加工成菜。

巧洗虾仁 >>>

将虾仁放入碗内，加一点精盐、食用碱粉，用手抓搓一会儿后用清水浸泡，然后再用清水洗净，这样能使炒出的虾仁透明如水晶，爽嫩可口。

巧洗螃蟹 >>>

先在装螃蟹的桶里倒入少量的白酒去腥，等螃蟹略有昏迷的时候用锅铲的背面将螃蟹抽晕，用手迅速抓住它的背部，拿刷子朝着已经成平面状的螃蟹腹部猛刷，角落不要遗漏。检查没有淤泥后丢入另一桶中，用清水冲净即可。

螃蟹钳手的处理 >>>

在清洗螃蟹时，稍不留心会被螃蟹的螯钳住手，此时可将手和蟹螯一同放入水中，蟹螯即可松开。

巧洗乌贼 >>>

乌贼体内含有许多墨汁，不易洗净，可先撕去表皮，拉掉灰骨，将乌贼放在装有水的盆中，在水中拉出内脏，再在水中挖掉乌贼的眼珠，使其流尽墨汁。然后多换几次清水将内外洗净即可。

巧切鱼肉 >>>

❶鱼肉质细，纤维短，极易破碎，切时应将鱼皮朝下，刀口斜入，最好顺着鱼刺，切起来要干净利落，这样炒熟后形状完整。

❷鱼的表皮有一层黏液，非常滑，所以切起来不太容易，若在切鱼时将手放在盐水中浸泡一会儿，切起来就不会打滑了。

巧手收拾鲈鱼 >>>

为了保证鲈鱼的肉质洁白，宰杀时应把鲈鱼的鳃夹骨斩断，倒吊放血，待血污流尽后，放在砧板上，从鱼尾部顺着脊骨逆刀而上，剖断胸骨，将鲈鱼分成软、硬两边，取出内脏，洗净血污即可。

巧手收拾青鱼 >>>

右手握刀，左手按住鱼的头部，刀从尾部向头部用力刮去鳞片，然后用右手拇指和食指将鱼鳃挖出，用剪刀从青鱼的口部至脐眼处剖开腹部，挖出内脏，用水冲洗干净，腹部的黑膜用刀刮一刮，再冲洗干净。

巧手收拾虾 >>>

剪虾，一般用拇指和食指的虎口托住虾身（虾脊向上），用剪刀先剪去须、枪，剔出虾屎，将虾身反转，用指按着虾尾，掌心托着虾身，继而由头部直剪，去清虾爪和挠足，再将虾身反转，剔出虾肠，最后，将虾的三叉尾按住，先剪底尾的1/4，再剪齐上尾，用清水洗净。

巧取虾仁 >>>

❶挤。对比较小的虾，摘去头后，用左手捏住虾的尾部，右手自尾部到背颈处挤出虾肉。

❷剥。对比较大的虾，把头尾摘掉后，从腹部开口将外壳剥开，取出虾肉。这种方法，能保持虾肉完整。

巧取蚌肉 >>>

先用左手握紧河蚌，使蚌口朝上，再用右手持小刀由河蚌的出水口处，紧贴一侧的肉壳壁刺入体内，刺进深度约为1/3，用力刮断河蚌的吸壳肌，然后抽出小刀，再用同样方法刮断另一端的吸壳肌，打开蚌壳，蚌肉即可完整无损地取出来。

巧取蟹肉 >>>

先将蟹煮熟或蒸熟，然后把蟹腿掰下，剪去两头，用细筷子将腿肉捅出。再打开蟹脐，挖出脐盖上的黄，剥下蟹盖，用竹签拨开蟹胃取出蟹黄。最后用刀把蟹身切开，再用竹签将蟹肉剔出。

巧去鱼身体黏液 >>>

许多鱼类皮层带有较多的黏液，初步加工时必须将这层黏液除去，才能烹制食用。因为这层黏液非常腥。方法是：将鱼宰杀后放入沸水中烫一下，再用清水洗净，即可去掉黏液。

巧泡鱿鱼干 >>>

每500克干鱿鱼用香油10毫升，碱少许，同时放入水中，泡至涨软为止。

巧泡海带 >>>

❶用淘米水泡发海带或干菜，易涨、易发、煮时易烂，而且味美。

❷水泡海带时，最好换1～2次水。但浸泡时间不要过长，最多不超过6小时，以免水溶性的营养物质损失过多。

巧泡干蘑菇 >>>

先将蘑菇放入70℃左右的热水中浸泡半小时，然后洗净泥沙，剪去根柄，放入凉水中浸泡数小时即可烹食。亦可泡入40℃左右的糖水（100毫升水加25克糖）中，这样浸泡的蘑菇烧菜，味道更加鲜美。

巧泡干贝 >>>

涨发前先把干贝边上的一块老肉去掉，用冷水清洗后放在容器内，加入料酒、葱、姜以及适量的水（以淹没干贝为度），上笼蒸1小时左右，用手捏得开即可，与原汤一起存放备用。

巧泡干香菇 >>>

先用冷水将香菇表面冲洗干净，带柄的香菇可将根部除去，然后“鳃页”朝下放置于温水盆中浸泡，待香菇变软、“鳃页”张开后，再用手朝一个方向轻轻旋搅，让泥沙徐徐沉入盆底。浸泡香菇的水除去泥沙后还可利用。如果在浸泡香菇的温水中加入少许白糖，烹调后的味道更鲜美。

巧泡海米 >>>

用温水将海米洗净，再用沸水浸泡3～4小时，待海米回软时，即可使用。也可用凉水洗净后，加水上屉蒸软。如夏天气温高，可将发好的海米用醋浸泡，能长时间放置。

巧泡干海蜇 >>>

❶先用冷水浸泡半小时，洗净后切成丝，用沸水烫一下，待海蜇收缩时立即取出，然后用冷开水浸泡，可达到脆嫩的效果。

❷将海蜇冷泡2小时后，洗净泥沙，切成细丝放进清水里，再放入苏打（500克海蜇放10克苏打），泡20分钟后，用清水洗净就可以拌制凉菜了。经此法处理后的海蜇，既出数，又柔韧、清脆。

巧泡墨鱼干 >>>

墨鱼干洗前应泡在溶有小苏打粉的热水里，泡透后去掉鱼骨，然后再剥皮就容易多了。

饺子不粘连小窍门 >>>

在500克面粉里掺入6个蛋清，使面里蛋白质增加，包的饺子下锅后蛋白质会很快凝固收缩，饺子起锅后收水快，不易粘连。

巧做饺子皮 >>>

把整块面擀成一张面皮，对折两次，然后用剪成半截的易拉罐一次摁下去，几个饺子皮就做出来了。注意在把面对折的时候要在夹层撒些面粉，以免粘连。

蜂蜜可替代酵母 >>>

发面时如果没有酵母，可用蜂蜜代替，每500克面粉加蜂蜜15～20克。面团揉软后，盖湿布4～6小时即可发起。蜂蜜发面蒸出的馒头松软清香，入口回甜。

巧用白酒发面 >>>

蒸馒头时，如果面团发得似开未开，而又急于做出馒头，可在面团中间扒个小坑，倒进两小杯白酒，停十几分钟面就会发开了。

巧用白糖发面 >>>

冬天室内温度低，发面需要的时间较长，如果发酵时在面里放点白糖，就可以缩短发面的时间。

巧测发面的酸碱度 >>>

❶看：切开面团来看，如剖面有分布均匀的芝麻粒大小的孔，说明碱放得合适；如出现的孔小且呈细长条形，面团颜色发黄，说明碱放多了；如出现不均匀的大孔，且面团颜色发暗，说明碱放少了。

❷闻：扒开面团嗅味，如有酸味，说明碱放少了；如有碱味，说明碱放多了；如只闻到面团的香味，说明碱放得正合适。

❸按：用手指轻轻压一下面团顶端，手指拿开后，如被压面块不能恢复原状，面团略下陷时，说明面已发好；如被压处能很快恢复原状，说明面未发好。

❹尝：将揉好碱液的面团揪下一丁点儿放入口中品尝，如有酸味说明碱放少了；如有碱涩味，说明碱放多了；如果有甜味，就是碱放得正合适。

发面碱大的处理 >>>

发酵面团对碱多了，可加入白醋与碱中和。如上屉蒸到七八分熟时，发现碱对多了，可在成品上洒些明矾水，或下屉后涂一些淡醋水。

巧法擀面条 >>>

擀面条时，如果一时找不到擀面杖，可用空玻璃瓶代替。用灌有热水的瓶子擀面条，还可以使硬面变软。

巧切面包 >>>

切面包时有时容易切碎，如果将刀先烧热后再切，面包既不会粘在一起，也不会松散易碎，不论厚薄都能切好。

巧切蛋糕 >>>

切生日蛋糕或奶油蛋糕要用钝刀，而且在切之前要把刀放在温水中蘸一下，也可以用黄油擦一下刀口，这样蛋糕就不会粘在刀上。

去味技巧

酒水浸泡去辣椒辣味 >>>

辣白菜等菜在腌渍时，若放的辣椒太多，就会很辣。此时，可把菜切段，放入50%的酒水中浸泡，这样不仅可淡化菜的辣味，还会使之更加可口。

去水果涩味 >>>

青色的水果往往有涩味，如青枣、青西红柿、青李子和不成熟的桃子等，可把青果子放在罐或缸内，喷上少许白酒，盖严实，2～3天后，果子会由青变红，涩味消失，更加甘甜。

用鲜葱去米饭煳味 >>>

趁热取半截鲜葱插入烧煳的饭里，把锅盖一会儿，能除饭的煳味。

去除豆制品豆腥味 >>>

豆腐皮、豆腐干等都是豆制品，它们

往往有一股豆腥味，影响食用。若将其浸泡在盐开水（一般500克豆腐50克盐）中一段时间，不但可除去豆腥味，还可使之色白质韧，不易破碎，延长保质期。

用花生去菜籽油异味 >>>

烧菜前，先用菜籽油炸一下花生米，这样不但可以消除菜籽油异味。而且用其拌凉菜还会有花生的香味。

用柠檬汁除油腥味 >>>

通常炸鱼剩下的油会有腥味，这时，可在油中适当加入几滴柠檬汁，便可将其腥味除去。

去酱菜咸味 >>>

若酱菜太咸，可加入适量的糖，放在罐子里密封几天，这样可去咸味添甜味。

米酒去除酸味 >>>

在做汤的时候，若太酸，可放些米酒，即能减轻其酸味。

去芥末辣味 >>>

在容器中用水把芥末和成糊状后，用锅蒸一会儿，或用火炉烤一会儿，便可使辣味减轻。

用调料去海鱼腥味 >>>

生姜、大蒜等作料也可除鱼腥，还要注意，在炖鱼时，其腥味会变为蒸汽蒸发，因此不要盖锅盖。

用盐水去河鱼土腥味 >>>

河鱼有很重的土腥味，将250克盐和250毫升水调兑成浓盐水，放入活鱼，盐水会通过鱼鳃渗入血液，约一小时后便可除土腥味。若是死鱼，则需延长浸泡时间，要在盐水中浸泡大约2小时（也可用细盐搓擦），便可除土腥味。

除泥鳅泥味 >>>

将泥鳅清洗干净后，把它们放入放盐的水中或用盐轻擦它们，泥味即可除去。

用盐除活鱼腥味 >>>

活鱼有比较重的腥味，若立刻洗刮烹饪，会减少鲜味。应在烹调前，让活鱼在食盐水中游约20分钟，使鱼身上的黏液转移到食盐水中，以减少鱼腥味。也可放1~2个辣椒在水中，同样可减少鱼腥味。

去除虾腥味的方法 >>>

柠檬去腥法：在烹制前，将虾在柠檬汁中浸泡一会儿，或在烹制过程中加入一些柠檬汁，既可除腥，又能使味道更鲜美。

肉桂去腥法：烹制前，将虾与一根肉桂同时用开水烫煮，既可除腥，又能保持虾的鲜味。

除鲤鱼的泥味 >>>

鲤鱼有泥腥味，如果不除净，烧出的鱼就会有一股怪味。在清水中放盐或用盐轻擦，即可将其泥味去除。

清水浸泡去除肉血腥味 >>>

屠宰不当的肉，由于血未放净，会有血腥味。将肉用清水浸泡到发白，即可去除血腥味。

啤酒浸泡去除冻肉异味 >>>

将冻肉放入啤酒中浸泡约10分钟后取出，以清水洗净再烹制，可除异味，增香。

用面粉去除猪心异味 >>>

在猪心表面撒上玉米面或面粉，稍待片刻，用手揉擦几次，一边撒面粉一边揉搓，再用清水洗净，这种方法也能除猪心异味。

用牛奶去除猪肝异味 >>>

洗净肝血，剥去表面薄皮，放在牛奶里浸泡三五分钟，就能去除猪肝的异味。

用牛奶去除牛肝异味 >>>

先将牛肝用湿布擦净，再切成薄片，泡在适量的牛奶中，即可除异味。

用胡椒去除猪肚异味 >>>

将十余粒胡椒包在小布袋中，和猪肚一起煮，便能除异味。

放泡菜给猪肠除臭 >>>

猪肠放入泡菜水揉搓片刻，也能够帮助除去腥臭，使其味更美。

用调料去狗肉膻味 >>>

烹烧狗肉时，放入药材，如陈皮、砂仁等，或香料，如葱、姜、蒜、酒、五香粉等。也可加入萝卜段，待其熟后扔掉萝卜，继续烹烧。

用刀割法去猪腰臊味 >>>

将新鲜的猪腰洗净，撕去表面的薄膜和腰油，然后将其切成两个半片。将半片的内层向上放在菜板上，拍打其四周，使猪腰内层中的白色部位向上突出，再用刀从右往左平割，即可除去异味。

用白酒去除羊肉膻味 >>>

红烧羊肉开锅后，加入白酒（500克羊肉，9～12毫升白酒），不仅可除膻，还能使肉的味道鲜美。

核桃去除咸腊肉异味 >>>

煮咸腊肉时，放十几个钻了小孔的核桃一同烧，咸腊肉的异味可被核桃吸收掉。

水炖去除鸡肉腥味 >>>

把切好的鸡块放在锅中，加入冷水烧沸，过一会儿捞出鸡块，倒去锅中的水，另换新水炖鸡块，并加入所需作料。这样加工，鸡肉纯香且无腥味。

烹饪技巧

巧法补救夹生米饭 >>>

❶如全部夹生，可用筷子在饭内扎些直通锅底的小孔，加适量温水重焖。

❷若是局部夹生，就在夹生处扎眼，加点水再焖一下。

❸表面夹生，可将表层翻到中间加水再焖。

❹可在饭中加两三勺米酒拌匀再蒸，也可消除夹生。

巧焖米饭不粘锅 >>>

米饭焖好后，马上把饭锅在水盆或水池中放一会儿，热锅底遇到冷水后迅速冷却，米饭就不会粘在锅上了。

巧热剩饭 >>>

热过的剩饭吃起来总有一股异味，在热剩饭时，可在蒸锅水中兑入少量盐水，即可除去剩饭的异味。

炒米饭前洒点水 >>>

冷饭在存放过程中水分容易流失，加热时先洒一点水，焖一下，让米饭中的水分饱和，炒饭时才容易吸收其他配料的味道，饭粒的口感也不至于干硬难嚼。

巧手一锅做出两样饭 >>>

先将米淘洗干净放入锅里，加适量的水，然后把米推成一面高，一面低，高处与水面持平，盖好盖加热，做熟后，低的一面水多饭软，高的一面相对水少饭硬，能同时满足两代人的不同需要。

煮汤圆不粘锅 >>>

汤圆下锅之前先在凉水里蘸一蘸，再下到锅里，这样煮出来的汤圆，一个是一个，不会粘连。

巧做饺子面 >>>

制作饺子时，在每500克面粉中打入两个鸡蛋，加适量水，将面粉和鸡蛋调匀和好，待5分钟后再制作，饺子煮出后既美观好看，又不破肚，也不粘连。

巧煮饺子 >>>

❶煮饺子时要添足水，待水开后加入一棵大葱或少量的食盐，溶解后再下饺子，能增加面筋的韧性，饺子不会粘皮、粘底，饺子的色泽会变白，汤清饺香。

❷饺子煮熟以后，先用笊篱把饺子捞出，随即放入温开水中浸涮一下，然后再装盘，饺子就不会互相粘在一起了。

巧煮面条 >>>

❶煮面条时加1小汤匙食油，面条不会粘连，面汤也不会起泡沫、溢出锅外。

❷煮面条时，在锅中加少许食盐，煮出的面条不易烂糊。

❸煮挂面时，不要等水沸后下面，当锅底有小气泡往上冒时就下，下后搅动几下，盖锅煮沸，沸后加适量冷水，再盖锅煮沸就变熟了。这样煮面，热量慢慢向面条内部渗透，面柔而汤清。

蒸馒头碱大的处理 >>>

蒸馒头碱放多了起黄，如在原蒸锅水里加醋2~3汤匙，再蒸10~15分钟，馒头可变白。

巧炸馒头片 >>>

炸馒头片时，先将馒头片在冷水（或冷盐水）里稍浸一下，然后再入锅炸，这样炸好的馒头片焦黄酥脆，既好吃又省油。

炸春卷不煳锅 >>>

炸春卷，如果汤汁流出，就会煳锅底，并使油变黑，成品色、味均受影响。可在拌馅时适量加些淀粉或面粉，馅内菜汁就不容易流出来了。

油锅巧防溅 >>>

炒菜时，在油里先略撒点盐，既可防止倒入蔬菜时热油四溅，又能破坏油中残存的黄曲霉毒素。

油炸巧防溢 >>>

油炸东西的时候，有时被炸的食物含有水分，会使油的体积很快增大，甚至从锅里溢出来。遇到这种情况，只要拿几粒花椒投入油里，胀起来的油就会很快地消下去。

热油巧消沫 >>>

油脂在炼制过程中，不可避免地混入一些蛋白质、色素和磷脂等。当食用油加热时，这些物质就会产生泡沫。如果在热油泛沫时，用手指轻弹一点水进去，一阵轻微爆锅后，油沫就没了。要注意切勿多弹或带水进锅，以防热油爆溅，烫伤皮肤。

巧用花生油 >>>

用花生油炒菜，在油加热后，先放盐，在油中爆约30秒，可除去花生油中可能存有的黄曲霉毒素。

巧让酸奶盖子不沾酸奶 >>>

把酸奶放入电冰箱内冷冻30分钟后取出，盖子上就不会沾有酸奶。如果是大盒酸奶，要把时间增加到35分钟。如果放入冰箱的时间为20分钟，打开酸奶时，盖子上还会沾有酸奶。如果时间是40分钟，酸奶内部就会结冰。

手撕莴苣味道好 >>>

莴苣最好不要用菜刀切，用手撕比较好吃。因为用菜刀切会分断细胞膜，咬起来口感就没那么好，而用手撕就不会破坏细胞膜。再者，细胞中所含的各种维生素，可能会从菜刀切断的地方流失掉。

烧茄子巧省油 >>>

❶烧茄子时，先将切好的茄块放在太阳光下晒一会（大约至茄块有些发蔫），过油时就容易上色而且省油。

❷烧茄子时把加工好的茄子（片或块），先用盐腌一下，当茄子渗出水分时，把它挤掉，然后再加油烹调，味道好还可以省油。

巧热袋装牛奶 >>>

❶先将水烧开，然后把火关掉，将袋装牛奶放入锅中，几分钟后将牛奶取出。千万不要把袋装牛奶放入水中再点火加热，因为其包装材料在120℃时会产生化学反应，形成一种危害人体健康的有毒物质。

❷袋装牛奶在冬季或冰箱放置后，其油脂会凝结附着在袋壁上，不易刮下，可在煮之前将其放暖气片上或火炉旁预热片刻，油脂即溶。

炒青菜巧放盐 >>>

在炒黄瓜、莴笋等青菜时，洗净切好后，撒少许盐拌和，腌渍几分钟，控去水分后再炒，能保持脆嫩清鲜。

巧炒土豆丝 >>>

将切好的土豆丝先在清水中泡洗一下，将淀粉洗掉一些，这样炒出的土豆丝脆滑爽口。

巧煮土豆 >>>

❶为使土豆熟得快一些，可往煮土豆的水里加进1汤匙人造黄油。

❷为使土豆味更鲜，可往汤里加进少许茴香。

❸为使带皮的土豆煮熟后不开裂、不发黑，可往水里加点醋。

洋葱不炒焦的小窍门 >>>

炒洋葱时，加少许葡萄酒，洋葱不易炒焦。

糖拌西红柿加盐味道好 >>>

糖拌西红柿时，放少许盐会更甜，因为盐能改变其酸糖比。

炒菜时适当加醋好 >>>

醋对于蔬菜中的维生素C有保护作用，而且加醋后，菜味更鲜美可口。

巧炸干果 >>>

先将干果用清水泡软或放入滚水中焯透，晾干。然后用冻油、文武火炸，这样炸出的干果较为酥脆。

花生米酥脆法 >>>

❶炒时用冷锅冷油，将油和花生米同时入锅，逐渐升温，炸出的花生米内外受热均匀，酥脆一致，色泽美观，香味可口。

❷炒好盛入盘中后，趁热洒上少许白酒，并搅拌均匀，同时可听到花生米“啪啪”的爆裂声，稍凉后立刻撒上少许食盐。经过这样处理的花生米，放上几天几夜再吃都酥脆如初。

巧煮花生米 >>>

关火后不要立即揭开锅盖捞花生米，而应让花生米有一个入味的过程，约半个小时后吃味道才好。

巧炒肉片肉末 >>>

烧菜时经常会用到肉片和肉末，为了使肉质嫩滑，许多家庭在腌肉时加嫩肉粉，其实这样也解决不了根本问题。正确的办法是切好肉片后搁在碗里，加些生抽，用筷子拌匀即可，也可加少许生粉（不要太多，否则会把水分吸干），保持肉片的湿度。

巧炒猪肉 >>>

❶将切好的猪肉片放在漏勺里，在开水中晃动几下，待肉刚变色时就起水，沥去水分，再下炒锅，这样只需3～4分钟就能熟，并且鲜嫩可口。

❷猪肉丝切好后放在小苏打溶液里浸一下再炒，会特别疏松可口。

做肉馅“三肥七瘦” >>>

配制肉馅时，肥瘦肉的搭配比例非常重要。如果瘦肉过多，烹制出的菜肴成品就会出现干、老、柴、硬等现象，滋味欠美，质感不佳，达不到外酥、内软的效果。如果肥肉过多，菜肴的油腻就会过大，加热时脂肪容易溶化，菜肴会松散变形，外表失去光滑。实践表明，按三肥七瘦的比例配制最合适。

腌肉放白糖 >>>

腌肉时，除加入盐和其他调味料外，应加入白糖。在腌渍过程中，因糖液具有抗氧化性，可防肉质褪色。因此，白糖也能起到保色和助色的作用。糖溶液有一定的渗透压，与盐配合得好，可阻止微生物发育，增加腌肉的防腐性。

巧炒牛肉 >>>

炒牛肉片之前，先用啤酒将面粉调稀淋在牛肉片上，拌匀后腌30分钟。啤酒中的酶能使一些蛋白质分解，可增加牛肉的鲜嫩程度。

巧用啤酒焖牛肉 >>>

用啤酒代水焖烧牛肉，能使牛肉肉质鲜嫩，异香扑鼻。

炖牛肉快烂法 >>>

❶要把牛肉炖烂，可往锅里加几片山楂、橘皮或一小撮茶叶，然后用文火慢慢炖煮，这样牛肉易酥烂且味美。

❷头天晚上将牛肉涂上一层芥末，第二天洗净后加少许醋和料酒再炖，可使牛肉易熟快烂。

❸煮牛肉时，加入一小布袋茶叶同牛肉一起煮，牛肉会熟得快，味道也更清香。

巧炒腰花 >>>

腰花要是炒不好，不但色泽难看，而且影响口感和食欲。腰花洗净切好后，加少许白醋，用水浸泡10分钟，就会发大，去尽血水，炒熟后口感爽脆、鲜香。

巧炒猪肝 >>>

炒猪肝前，可用点白醋渍一下，再用清水冲洗干净，这样炒熟的猪肝口感滑嫩。

巧炸猪排 >>>

在有筋的地方割2～3个切口，炸出的猪排不会收缩。

巧法烤肉不焦 >>>

用烤箱烤肉，如在烤箱下格放只盛上水的器皿，可使烤肉不焦不硬。因为器皿中的水受热变成水蒸汽，可防止水分散失过多而使烤肉焦煳。

煮排骨放醋有利吸收 >>>

煮排骨时放点醋，可使排骨中的钙、磷、铁等矿物质溶解出来，利于吸收，营养价值更高。此外，醋还可以防止食物中的维生素被破坏。

煮猪肚后放盐 >>>

煮猪肚时，千万不能先放盐，等煮熟后要吃时再放盐，否则猪肚会缩得像牛筋一样硬。

巧炖羊肉 >>>

❶往水里放些食碱，羊肉就易熟。

❷煮羊肉时在锅内放些猪肉或鲜橘皮，能使味道更加鲜美。

巧炖老鸭 >>>

❶把鸭子尾端两侧的臊豆去掉，味道会更美。

❷可取猪胰1块，切碎与老鸭同煮，鸭肉易烂，且汤鲜味美。

❸炖老鸭时加几片火腿肉或腊肉，能增加鸭肉的鲜香味。

❹将老鸭肉用凉水加少量食醋浸泡2小时，再用小火炖，肉易烂，且能返嫩。

巧炖老鸡 >>>

❶在锅内加20～30颗黄豆同炖，鸡肉熟得快且味道鲜。

❷放3～4枚山楂或凤仙花子，鸡肉易烂。

❸在炖鸡块时放入2个咸梅干，食用时鸡骨和鸡肉就会迅速分离。

❹把鸡先用凉水或少许食醋泡2小时，再用微火炖，肉就变得香嫩可口。

巧辨鸡肉的生熟 >>>

❶在保持一定水温的情况下，在经过预定的烹煮时间后，见鸡浮起，说明鸡肉已熟。

❷将鸡捞出，用手捏一下鸡腿，如果肉已变硬，有轻微离骨感，说明熟了。

❸用牙签刺一下鸡腿，没有血水流出即熟。

巧用骨头汤煮鸡蛋 >>>

煮骨头汤的时候，把几个鸡蛋洗干净放在里面，等汤熟了，把鸡蛋壳敲破。这样煮出的鸡蛋不但味道好，还吸收了大量的钙在里面。

巧煎鸡蛋 >>>

❶煎蛋时，在平底锅里放足油，油微热时将蛋下锅，鸡蛋慢慢变熟，外观美，

不粘锅。

❷煎蛋时，在热油中撒点面粉，蛋会煎得黄亮好看，油也不易溅出锅外。

❸煎蛋时，在蛋黄即将凝固之际浇一点儿冷开水，会使蛋又黄又嫩。

❹若想把蛋皮煎得既薄又有韧性，可用小火煎。

炒鸡蛋巧放葱花 >>>

不要把葱花直接放入蛋液中入油锅翻炒，这样不是蛋熟葱不熟，就是葱熟蛋已过火变老，色泽不好，味道也欠佳。可先将葱花放油锅内煸炒之后，再往锅内倒入已调好味的蛋液，翻炒几下，即可出锅。

炒鸡蛋放白酒味道佳 >>>

炒鸡蛋时，如果在下锅之前往搅拌好的鸡蛋液中滴几滴白酒，炒出的蛋会松软、光亮。

巧去蛋壳 >>>

❶将生鸡蛋轻轻磕出一个小坑或者用针扎一个小孔，然后放入水中煮，蛋壳容易去掉。

❷如果鸡蛋破口较大，可用一张柔韧的纸片粘在破口处，再放入盐水里煮，可防蛋清外流。

巧煮鸡蛋不破 >>>

❶将鸡蛋放入冷水中浸湿，再放进热水里煮，蛋壳不会破裂也容易剥下。

❷煮蛋时放入少许食盐，不仅能防止磕破的蛋不会流出蛋清，而且煮熟后很容易剥壳。

巧煮有裂缝的咸鸭蛋 >>>

将有裂缝的咸鸭蛋放入冰箱的冷藏室中凉透，取出后直接放入热水中煮，热水的温度以手指伸入感到热但又不烫人为宜，这样煮熟的咸鸭蛋外表光滑完整，不进水不跑味。

巧煮咸蛋 >>>

将咸鸡蛋蛋壳的一头敲破，用筷子在蛋白和蛋黄上戳几个洞，倒入少量米醋，再将味精用温水调和后注入蛋中，破口用面糊好，煮熟后鲜嫩可口，味似蟹肉。

巧蒸鸡蛋羹 >>>

❶蒸鸡蛋羹最好用放气法，即锅盖不要盖严，留一点儿空隙，边蒸边跑气。蒸蛋时间以熟而嫩时出锅为宜。

❷鸡蛋羹易粘碗，洗碗比较麻烦。如果在蒸时先在碗内抹些熟油，然后再将鸡蛋磕进碗内打匀，加水，蒸出来的鸡蛋羹就不会粘碗了。

煎鱼不粘锅 >>>

❶煎鱼之前，将锅洗净、擦干，然后把锅置于火上加热，放油。待油很热时转一下锅，使锅内四周均匀地布上油，然后把鱼放入锅内，鱼皮煎至金黄色时翻动一下，再煎另一面。注意油一定要热，否则，鱼皮就容易粘在锅上。

❷把锅洗净擦干后烧热，用鲜姜在锅底涂上一层姜汁，而后再放油，油热时，再放鱼煎，这种方法不会粘锅。

❸打两个蛋清搅匀，把鱼放到里边蘸一下，使鱼裹上一层蛋糊，而后放入热油中煎，这样煎出的鱼也不会粘锅。

❹用油煎鱼时，向锅内喷上小半杯葡萄酒，能防止鱼皮粘锅。

巧烧冻鱼 >>>

冻过的鱼，味道总比不上鲜鱼，若在烧制时倒点牛奶，小火慢炖，会使味道接近鲜鱼；也可将冻鱼放在少许盐水中解冻，冻鱼肉中的蛋白质遇盐会慢慢凝固，防止其进一步从细胞中溢出。

巧煮鱼 >>>

煮鱼时要沸水下锅，这是因为鲜鱼质地细嫩，沸水下锅能使鱼体表面骤受高温，体表蛋白质变性凝固，从而保持鱼体形状完整。同时，还能使鲜鱼所含的营养素和鲜美滋味不至于大量外溢，其损失可减少到最低程度。

巧蒸鱼 >>>

❶蒸鱼时要先将锅内水烧开后再放鱼，因为鱼在突遇高温时，外部组织凝固，可锁住内部鲜汁和营养。

❷蒸前在鱼身上放一块鸡油或者猪油，可使鱼肉更加嫩滑。没有鸡油和猪油，可放生油。

❸判断鱼是否蒸熟可看鱼眼，新鲜的鱼蒸熟后眼睛向外凸出。

水果炖鱼味鲜美 >>>

烧鱼炖肉时，加入适量的新鲜水果，如鸭梨、苹果等，可使成菜有一种水果香味，风味独特。方法是：将水果洗净，削皮去核，切成小块，装入纱布袋内，扎住袋口（也可直接放入锅中），待鱼肉即将熟时放入，与鱼肉一起炖煮，肉煮熟后，取出水果袋即可。

巧炒鲜虾 >>>

炒鲜虾之前，可先将虾用浸泡桂皮的沸水冲烫一下，然后再炒，味道更鲜美。

巧制鱼丸 >>>

制作鱼丸时在加入猪油前，将猪油与食盐用力搅拌，至发白后再加入鱼茸中，则猪油易均匀地分散在鱼茸中而不是成大小不一的颗粒状，使成品鱼丸更为洁白、光亮，口感更细嫩，且鱼丸中“蜂窝”的现象会大大减少。

剩鱼巧回锅 >>>

鱼类菜肴放凉以后，就会出现腥味，这是因为残留在鱼肉中的三甲氨作祟的缘故。但是回锅加热，也会有一股异味，如果在回锅时再加入少许料酒或食醋等调料，仍可使之恢复鲜美味。

巧斟啤酒 >>>

啤酒开瓶后，往往刚斟上半杯，杯内就溢满了泡沫。如果让啤酒沿着杯子的边缘慢慢地斟入，就不会有泡沫出现了。

蒸蟹不掉脚 >>>

蒸螃蟹容易掉脚。如用细针在蟹嘴上斜刺进 1 厘米，这样蒸蟹，脚就不掉了。

泡蘑菇水的妙用 >>>

水泡蘑菇的过程中，蘑菇体内会浸出大量游离氨基酸和芳香物质，如将这种水倒掉，会造成浪费。如将蘑菇水澄清后，用来烹菜或制汤，不仅鲜美可口，还可增加营养。

储存与保鲜

大米巧防虫 >>>

❶按120∶1的比例取花椒、大料，包成若干纱布包，混放在米缸内，加盖密封，可以防虫。

❷取大蒜、姜片许多，混放在米缸内。

❸将大米打成塑料小包，放冰柜中冷冻，取出后决不生虫；米多时轮流冷冻。

大米巧防潮 >>>

用500克干海带与15千克大米共同储存，可以防潮，海带拿出仍可食用。

大米生虫的处理 >>>

大米生虫后，人们常常喜欢把大米置于阳光下暴晒，这样做非但达不到杀死米虫的目的，反而会适得其反，因为两三天后，大米中的米虫定会有增无减，而且暴晒后的大米因丧失水分而影响口味。正确的做法是将生虫大米放在阴凉通风处，让虫子慢慢爬出，然后再筛一筛。

米与水果不宜一起存放 >>>

米易发热，水果受热则容易蒸发水分而干枯，而米亦会吸收水分后发生霉变或生虫。

巧存剩米饭 >>>

将其放入高压锅中加热，上气、加阀后用旺火烧5分钟；或放入一般蒸锅中，上气后8分钟再关火，千万别再开盖，以免空气中的微生物落入。这样处理过的米饭，既可在室温下安全存放24小时以上，又不会变得干硬粗糙，再吃时其风味虽不及新鲜时，但基本上不会损害营养价值。

巧存面粉 >>>

口袋要清洁，盛面粉后要放在阴凉、通风、干燥处，减温散热，避免发霉。如生虫，可用鲜树叶放于表层，密封4天杀虫。

巧存馒头、包子 >>>

将新制成的馒头或包子趁热放入冰箱迅速冷却。没有条件的家庭，可放置在橱柜里或阴凉处，也可放在蒸笼里密封贮藏，或放在食品篓中，上蒙一块湿润的盖布，用油纸包裹起来。这些办法只能减缓面食品变硬的速度，只要时间不是过长，都能收到一定的效果。

巧存面包 >>>

❶先将隔夜面包放在蒸屉里，然后往锅内倒小半锅温开水，再放点醋，把面包稍蒸即可。

❷把面包用原来的包装蜡纸包好，再用几张浸湿冷水的纸包在包装纸外层，放进一个塑料袋里，将袋口扎牢。这种方法适宜外出旅游时面包保鲜用。

❸在装有面包的塑料袋中放一根鲜芹菜，可以使面包保持新鲜滋味。

分类存放汤圆 >>>

速冻汤圆买回家后，应做到分类存放：甜汤圆放入冰箱的速冻层内；叉烧、腊味等肉类的咸汤圆最好放入冷藏层内，以免低温破坏馅料的肉质纤维结构。

巧存蔬菜 >>>

从营养价值看，垂直放的蔬菜所保存的叶绿素含量比水平放的蔬菜要多，且时间越长，差异越大。叶绿素中造血的成分对人体有很高的营养价值，因此蔬菜购买回来应将其竖放。

巧存西红柿 >>>

西红柿大量上市时，质好价廉，选些半红或青熟的放进食品袋，然后扎紧袋口，放在阴凉通风处，每隔1天打开袋口1次，并倒掉袋内的水珠，5分钟后再扎紧口袋。待西红柿熟红后即可取出食用。需注意的是，西红柿全部转红后，就不要再扎袋口。此法可贮存1个月。

盐水浸泡鲜蘑菇 >>>

将鲜蘑菇根部的杂物除净，放入淡盐水中浸泡10～15分钟，捞出后沥干，装入塑料袋中，可保鲜3～5天。

巧存香菇 >>>

将香菇放在阳光下暴晒，晒至下午干燥时，将香菇装入塑料袋内，喷几口白酒或酒精，扎紧袋口，不使其露气，这种保管法可以保证香菇几年不生虫，可随时食用。

存冬瓜不要去白霜 >>>

冬瓜的外皮有一层白霜，它不但能防止外界微生物的侵害，而且能减少瓜肉内水分的蒸发。所以在存放冬瓜时，不要碰掉冬瓜皮上的白霜。另外，着地的一面最好垫干草或木板。冬瓜切开以后，剖切面上便会出现星星点点的黏液，取一张白纸或保鲜膜贴上，再用手抹平贴紧，存放3～5天仍会保持新鲜。

存萝卜切头去尾 >>>

贮存萝卜，一定得切头去尾。切头不让萝卜发芽，免得吸取内部的水分；去根免得萝卜长须根，避免耗费养分。

巧存黄瓜 >>>

将黄瓜洗净后，浸泡在盛有稀释食盐水的容器中，黄瓜周围便会附着许多细小的气泡，它可继续维持黄瓜的新陈代谢活动，使其保持新鲜不变质。此外，盐水还能使黄瓜不失水分，并可防止微生物的繁殖，在18～25℃的常温下，可保鲜20天左右。

黄瓜与西红柿不宜一起存放 >>>

黄瓜忌乙烯，而西红柿含有乙烯，会使黄瓜变质腐烂。

巧用丝袜存洋葱 >>>

将洋葱装进丝袜中，装一只打一个结，装好一串后，将其吊在阴凉通风的地方，就可以保存很长时间，拿出来仍然很新鲜。可以随吃随取。

巧存韭菜 >>>

将韭菜用小绳捆起来，根朝下，放在水盆内，能在两三天内不发干、不腐烂。

巧存芹菜 >>>

将新鲜、整齐的芹菜捆好，用保鲜袋或保鲜膜将茎叶部分包严，然后将芹菜根部朝下竖直放入清水盆中，1周内不黄不蔫。

保存茄子不能去皮 >>>

茄子表面有一层蜡质，对自身起保护作用。如果这层蜡质被碰破或被洗刷掉，茄子很快就会发霉腐烂。所以保管茄子最重要的是不要碰破它的表皮，轻拿轻放，不要用水洗和让它被雨淋，要放在阴凉通风处。

巧存青椒 >>>

取1只竹筐，筐底及四围用牛皮纸垫好，将青椒放满后包严实，放在气温较低的屋子或阴凉通风处，隔10天翻动一次，可保鲜2个月不坏。

巧存莴苣 >>>

新鲜的莴苣吃不了就放在冰箱里。但因莴苣是时鲜菜，没多久，就发蔫并容易生“锈”。如果在需存放的莴苣下面垫一块毛巾，莴苣就不会生“锈”了。

巧存鲜藕 >>>

用清水把沾在藕上的泥洗净，根据藕的多少选择适当的盆或木桶，把藕放进去后，加满清水，把藕浸没在水中，每隔1～2天换1次凉水，冬季要保持水不结冰，可以保持鲜藕1～2个月不变质、不霉烂。

巧存竹笋 >>>

笋因为有壳保护，比较容易储存。但如果将整块笋煮熟后冷冻，放置时间可更长些。

巧用苹果存土豆 >>>

把需要储存的土豆放入纸箱内，同时放入几个青苹果，盖好放在阴凉处，可使土豆新鲜、不烂。

巧存豆角 >>>

将豆角用开水煮一下，捞出凉凉，装在小塑料袋内放入冰箱冷冻室冷冻，随吃随取。此法保鲜持久，长达数月。

巧存豆腐 >>>

将食盐化水煮沸，冷却后将豆腐浸入，以全部浸没为准。这样豆腐即使在夏天也能保存较长时间。但注意，烹食时不要再加盐或少加盐。

巧存水果 >>>

❶不管是什么水果，只要水果新鲜，就可以用淀粉、蛋清、动物油混合液体喷洒水果，干后在水果表面形成一层薄膜，对水果有保鲜作用，水果能贮藏半年不坏不腐。

❷把新鲜水果放在低浓度的小苏打溶液中浸泡2分钟。保存时间会更长。

巧用纸箱存苹果 >>>

要求箱子清洁无味，箱底和四周放两层纸。将包好的苹果，每5～10个装一小塑料袋。早晨低温时，将装满袋的苹果，两袋口对口挤放在箱内，逐层将箱装满，上面先盖2～3层软纸，再覆上一层塑料布，然后封盖。放在阴凉处，一般可储存半年以上。

巧防苹果变色 >>>

将柠檬汁滴到苹果切片上，可防止苹果氧化变色。

巧用苹果存香蕉 >>>

把香蕉放进塑料袋里，再放一个苹果，然后尽量排出袋子里的空气，扎紧袋口，放在家里不靠近暖气的地方。这样可以保存1个星期。

巧存柑橘 >>>

把柑橘放在小苏打水里浸泡1分钟，捞出沥干，装进塑料袋里把口扎紧，放进冰箱，可保持柑橘1～2个月新鲜好吃。

巧存荔枝 >>>

荔枝的保鲜期很短，可将荔枝放在密封的容器里，由于其吸氧呼出二氧化碳作用，使容器形成一个低氧、高二氧化碳的环境，采取此法存放荔枝，在1～5℃的低温条件下，可存放30～40天，常温下可存放6～7天，而且风味不变。

巧用醋保存鲜肉 >>>

用浸过醋的湿布将鲜肉包起来，可保鲜一昼夜。

巧用料酒保存猪肉 >>>

将肉切成肉片，放入塑料盒里，喷上

一层料酒，盖上盖，放入冰箱的冷藏室，可贮藏1天不变味。

茶水浸泡猪肉可保鲜 >>>

用茶叶加水泡成茶汁，把鲜肉浸泡在茶汁中，过些时候取出冷藏。经过这样处理的鲜肉，可以减少70%～80%的过氧化合物。因为茶叶中含有鞣酸的黄酮类物质，能减少肉类的过氧化物产生，从而达到保鲜效果。

巧存鲜肝 >>>

在鲜肝的表面，均匀地涂一层油，放入冰箱保存，再次食用时，仍可保持原来的鲜嫩。

巧存腊肉 >>>

存放腊肉时，应先将腊肉晒干或烤干，放在小口坛子里，上面撒少量食盐，再用塑料薄膜把坛口扎紧。随用随取，取后封严。这样保存的腊肉到来年秋天也不会变质变味。

夏季巧存火腿 >>>

夏天可用食油在火腿两面擦抹1遍，置于罐内，上盖咸干菜可保存较长时间。

巧用面粉保存火腿 >>>

将火腿挂在通风的阴凉干燥处，避免阳光直射，并可用植物油80%、面粉20%调成糊状，涂抹在火腿表面。

巧用白酒存香肠 >>>

储藏前，在香肠上涂一层白酒，然后将香肠放入密封性能良好的容器内，将盖子盖严，置于阴凉干燥通风处。

葡萄酒保存火腿 >>>

做菜时如果火腿用不完，可在开口处涂些葡萄酒，包好后放入冰箱里能久放，且可保持原有的口味。

巧存熏肠 >>>

高温季节存放熏肠，可在肠表面划几道刀痕，放在金属盘上，放冷冻室冻硬后放入塑料袋中，挤出袋中空气，扎紧袋口，置冷藏室上层贮放。

速烫法存鸡蛋 >>>

将鲜蛋洗净，在沸水中迅速浸烫半分钟，晾干后，密封保存。由于蛋的外层蛋白质受热凝固，形成一层保护膜，因此可保存数月不坏。

巧防酸菜长毛 >>>

在腌酸菜的缸里少倒入一点儿白酒，或把腌酸菜的汤煮一下，凉凉再倒入酸菜中，都可以避免酸菜长毛。

巧用熟油存肉馅 >>>

肉馅如一时不用，可将其盛在碗里，将表面抹平，再浇一层熟食油，可以隔绝空气，存放不易变质。

巧用葡萄酒保存剩菜 >>>

炒菜时加点葡萄酒，菜不易变馊。

巧用葡萄酒保存禽肉 >>>

在鸡、鸭肉上浇些葡萄酒，再置于密闭的容器中进行冷冻，可防止变色，且味道鲜美。

鸡蛋竖放可保鲜 >>>

刚下的鸡蛋，蛋白很浓稠，能够有效地固定蛋黄的位置。但随着存放时间的推延，尤其是外界温度比较高的时候，在蛋白酶的作用下，蛋白中的黏液素就会脱水，慢慢变稀，失去固定蛋黄的作用。这时，如果把鲜蛋横放，蛋黄就会上浮，靠近蛋壳，变成贴壳蛋。如果把蛋的大头向上，即使蛋黄上浮，也不会贴近蛋壳。

鲜蛋与姜葱不宜一起存放 >>>

蛋壳上有许多小气孔，生姜、洋葱的强烈气味会钻入气孔内，加速鲜蛋的变质，时间稍长，蛋就会发臭。

松花蛋不宜入冰箱 >>>

松花蛋若经冷冻，水分会逐渐结冰。待拿出来吃时，冰逐渐溶化，其胶状体会变成蜂窝状，改变了松花蛋原有的风味，降低了食用价值。

巧存鲜虾 >>>

冷冻新鲜的河虾或海虾，可先用水将其洗净后，放入金属盒中，注入冷水，将虾浸没，再放入冷冻室内冻结。待冻结后将金属盒取出，在外面稍放一会儿，倒出冻结的虾块，再用保鲜袋或塑料食品袋密封包装，放入冷冻室内储藏。

蛋黄蛋清的保鲜 >>>

❶蛋黄的保鲜：蛋黄从蛋白中分离出来后，浸在麻油里，可保鲜2～3天。

❷蛋清的保鲜：把蛋清盛在碗里，浇上冷开水，可保留数天不坏。要使蛋清变稠，可在蛋清里放一些糖，或滴上几滴柠檬汁，或放上少许盐均可。

巧存鲜鱼 >>>

❶在活鱼的嘴里灌几滴白酒，或用细绳将鱼唇和肛门缚成“弓形”，可使鱼多活一些时间。

❷用浸湿的纸贴在鱼眼睛上，可使鱼多活3～5小时。因鱼眼内神经后面有一条死亡线，鱼离开水后，这条死亡线就会断开，继而死亡。

❸将鱼放入隔日的自来水中，并保证每天换一次水，这样鱼能存活1个月左右。

鲜鱼保鲜法 >>>

❶将鲜鱼放入88℃的水中浸泡2秒钟，体表变白后即放入冰箱；或将鱼切好经热水消毒杀菌后装塑料袋在3~4℃保存。

❷活鱼剖杀后，不要刮鳞，不要用水洗，用布去血污后，放在凉盐水中泡4小时后，取出晒干，再涂上点油，挂在阴凉处，可存放多日，味道如初。

❸将鱼剖开，取掉内脏，洗净后，放在盛有盐水的塑料袋中冷冻，鱼肚中再放几粒花椒，鱼不发干，味道鲜美。

巧存虾仁 >>>

虾仁是去掉了头和壳的鲜虾肉。鲜虾仁入冰箱贮藏前，要先用水焯或油炸至断生，可使红色固定，鲜味恒长。如需要剥仁备用，可在虾仁中加适量清水，再入冰箱冻存。这样即使存放时间稍长一些，也不会影响鲜虾的质、味、量，更不会出现难看的颜色。

巧存活甲鱼 >>>

夏天甲鱼易被蚊子叮咬而死亡，但如果将甲鱼养在冰箱冷藏的果盘盒内，既可防止蚊子叮咬，又可延长甲鱼的存活时间。

巧存海参 >>>

将海参晒得干透，装入双层食品塑料袋中，加几头蒜，然后扎紧袋口，悬挂在高处，不会变质生虫。

巧存海蜇 >>>

海蜇买回来后，不要沾淡水，用盐把它一层一层地腌存在口部较小的坛（或罐）子里，坛口部也要放一层盐，然后密封。此法能使海蜇保存几年不变质。但需要注意的是，腌泡海蜇的器皿，一定要清洗干净，并且不能与其他海产品混合腌泡，否则容易腐烂。

巧存虾米 >>>

❶淡质虾米可摊在太阳光下，待其干后，装入瓶内，保存起来。

❷咸质虾米，切忌在阳光下晾晒，只能将其摊在阴凉处风干，再装进瓶中。

❸无论是保存淡质虾米，还是保存咸质虾米，都可将瓶中放入适量大蒜，以避免虫蛀。

巧存活蟹 >>>

买来的活蟹如想暂放几天再吃，可用大口瓮、坛等器皿，底部铺一层泥，稍放些水，将蟹放入其中，然后移放到阴凉处。如器皿浅，上面要加透气的盖压住，以防爬出。

巧使活蟹变肥 >>>

如买来的蟹较瘦，想把它养肥一点儿再吃，或暂时储存着怕瘦下去，可用糙米加入两个打碎壳的鸡蛋，再撒上两把黑芝麻，放到缸里。这样养3天左右取出。由于螃蟹吸收了米、蛋中的营养，蟹肚即壮实丰满，重量明显增加，吃起来肥鲜香美。但是，不能放得太多，以防蟹吃得太多而胀死。

巧存泥鳅 >>>

把活泥鳅用清水洗一下，捞出后放进一个塑料袋里，袋内装适量的水，将袋口用细绳扎紧，放进冰箱的冷冻室里冷冻，泥鳅就会进入冬眠状态。需要烹制时，取出泥鳅，放进一盆干净的冷水里，待冰块溶化后，泥鳅很快就会复活。

巧存蛏、蛤 >>>

要使蛏、蛤等数天不死，在需要烹调时保持新鲜味美，可在养殖蛏、蛤的清水中加入食盐，盐量要达到近似海水的咸度，蛏、蛤在这种近似海水的淡水中，可存活数天。

巧存活蚶 >>>

蚶是一种水生软体动物，离水后不久就会死掉。如果保持蚶外壳的泥质，并将其装入蒲包，在蒲包中放一些小冰块，可使蚶半月不死。

面包与饼干不宜一起存放 >>>

饼干干燥，也无水分，而面包的水分较多，两者放在一起，饼干会变软而失去香脆，面包则会变硬难吃。

巧用冰糖存月饼 >>>

将月饼用筷子挟到容器中，将一些冰糖也放入容器中，盖好盖子，将容器放在低温、阴凉处就可以了。

巧用面包存糕点 >>>

在贮藏糕点的密封容器里加一片新鲜面包，当面包发硬时，再及时更换一片新鲜的，这样糕点就能较长时间保鲜。

巧让隔夜蛋糕恢复新鲜 >>>

在装面包或汉堡的牛皮纸袋里加入一些水，然后把隔夜蛋糕放到纸袋里，把袋口卷起来，放到微波炉加热1分钟，蛋糕便恢复新鲜时的松软了。

巧用苹果和白酒存点心 >>>

准备一个大口的容器，一个削了皮的苹果和一小杯白酒。首先在容器底部摆放一些点心，然后把削好的苹果放在中间，再在苹果周围和上面摆放点心，最后在点心的最上面放一小杯白酒；然后把容器的盖子盖好，就可以随吃随拿了。用这种方法保存点心，可以使点心保持半年不坏，而且还特别松软。

饼干受潮的处理 >>>

饼干密封后放在冰箱中储存，可保酥脆。受潮软化的饼干放入冰箱冷藏几天，即可恢复原状。

巧用微波炉加热潮饼干 >>>

把受潮的饼干装到盘子里，然后放到微波炉内加热，不过要注意用中火加热1分钟左右，然后取出。如果饼干已经酥脆，便可不必加热；如果还没有，那就需要再以30秒的时间，继续加热。使用微波炉的方法很简便，但是一不小心饼干就会变煳。

巧存食盐 >>>

❶炒热储存法：夏天，食盐会因吸收了空气中的水分而返潮，若将食盐放到锅里炒热，使食盐中吸收潮气的氯化镁分解成氧化镁，食盐就不会返潮了。

❷加玉米面储存法：在食盐中放些玉米面粉，食盐就能保持干燥，不易回潮，也不影响食用。

巧存酱油、醋 >>>

❶购买前，先把容器中残留的酱油、醋倒掉，然后用水洗刷干净，再用开水烫一下。

❷酱油、醋买回后，最好先烧开一下，待凉后再装瓶，并且要将瓶盖盖严。

❸在瓶中倒点儿生油或香油，把酱油、醋和空气隔开。在酱油、醋中放几瓣大蒜或倒入几滴白酒，均可防止发霉。

❹醋最好用玻璃、陶瓷器皿贮藏，凡是带酸性的食物都不要用金属容器贮藏。

❺醋里滴几滴白酒，再略加点盐，醋就会更加香气浓郁，且长久不坏。

巧存料酒 >>>

料酒存放久了，会产生酸味。如果在料酒里放几颗黑枣或红枣（500毫升料酒放5～10颗），就能使料酒保持较长时间不变酸，而且使酒味更醇。

巧存香油 >>>

把香油装进一小口玻璃瓶内，每500毫升油加入精盐1克，将瓶口塞紧后摇动一会儿，使食盐溶化，放在暗处3日左右，再将沉淀后的香油倒入洗净的棕色玻璃瓶中，拧紧瓶盖，置于避光处保存，随吃随取。要注意的是，装油的瓶子切勿用橡皮等有异味的瓶塞。

巧用维生素 E 保存植物油 >>>

在植物油中加维生素E，每升油中加1粒维生素E胶丸，可长时间贮藏。

巧用生盐保存植物油 >>>

将生盐炒热去水，凉后将少量（按1：40之比）倒入油里，可保持油的色、香、味两三年不变质。

巧法保存花生油 >>>

将花生油（或豆油）入锅加热，放入少许花椒、茴香，待油冷后倒进搪瓷或陶瓷容器中存放，不但久不变质，做菜用此油，味道也特别香。

巧存猪油 >>>

❶猪油热天易变坏，炼油时可放少许茴香，盛油时放一片萝卜或几颗黄豆，油中加一点儿白糖、食盐或豆油，可久存无怪味。

❷在刚炼好的猪油中加入几粒花椒，搅拌并密封，可使猪油长时间不变味。

巧存老汤 >>>

❶保存老汤时，一定要先除去汤中的杂质，等汤凉透后再放进冰箱里。

❷盛汤的容器最好是大搪瓷杯，一是占空间小，二是保证汤汁不与容器发生化学反应。

❸容器要有盖，外面再套上塑料袋，即使放在冷藏室内，5天之后也不会变质。

❹如果较长时间不用老汤，则可将老汤放在冰箱的冷冻室里，3周之内不会变质。

巧选容器保存食用油 >>>

用不同的容器存放，食用油的保质期也不相同。用金属容器存放最安全，既不进氧，也不进光，油难以被氧化，一般采用金属桶装油可保存2年。而玻璃瓶、塑料桶在这些方面都有欠缺，尤其是用塑料桶装，非常容易被氧化。采用玻璃瓶可保存1～2年，塑料桶仅可保存半年至1年。

巧存番茄酱 >>>

把番茄酱罐头开个口，先入锅蒸一下再吃，吃剩下的番茄酱可在较长时间内不变质。

牛奶不宜冰冻 >>>

牛奶的冰点低于水，平均为零下0.55℃。牛奶结冰后，牛奶中的脂肪和蛋白质分离，干酪素呈微粒状态分散于牛奶中。再加热溶化的冰冻牛奶，味道明显淡薄，液体呈水样，营养价值降低。所以，把牛奶放到冷藏室即可。

牛奶的保存时间 >>>

牛奶在0℃下可保存48小时；在0～10℃可保存24小时；在30℃左右可保存3小时。温度越高，保存时间越短。夏季牛奶不可久放，否则会变质。

牛奶忌放入暖瓶 >>>

保温瓶中的温度适宜细菌繁殖。细菌在牛奶中约20分钟繁殖1次，隔3～4小时，保温瓶中的牛奶就会变质。

剩牛奶的处理 >>>

牛奶倒进杯子、茶壶等容器中，如没有喝完，应盖好盖子放回冰箱，切不可倒回原来的瓶子。

巧用保鲜纸储存冰淇淋 >>>

把保鲜纸盖在吃剩的冰淇淋上，放回冰箱内，可防止结霜，保持其味道。

存蜂蜜忌用金属容器 >>>

贮藏蜂蜜使用金属容器会破坏蜂蜜的营养成分，甚至会使人中毒。因为蜂蜜有酸性，会和金属发生化学反应而使金属析出，与蜂蜜结合成异物，破坏蜂蜜的营养价值。人吃了这种蜂蜜还会发生轻微中毒。因此，储存蜂蜜最好是用玻璃或陶瓷容器。

巧法熔解蜂蜜 >>>

蜂蜜存放日久，会沉淀在瓶底，食用时很不方便。这时可将蜂蜜罐放入加有冷水的锅中，徐徐加热，当水温升到70～80℃时，沉淀物即溶化，且不会再沉淀。

巧解白糖板结 >>>

❶可取一个不大的青苹果，切成几块放在糖罐内盖好，过1～2天后，板结的白糖便自然松散了，这时可将苹果取出。

❷在白糖上面敷上一块湿布，使表面重新受潮，使之散开。

❸将白糖块放入盘中，用微波炉加热5分钟。根据白糖量的不同，加热时间不同，所以在加热时应在微波炉旁观察。因为如果加热时间过长，白糖将会溶化。

巧除糖罐内蚂蚁 >>>

蚂蚁喜甜食，常窜入糖罐中为害，预防的方法是，在糖罐周围放几块旧橡皮或橡皮筋即可。对已经成群入罐的蚂蚁，可在糖罐内插一只竹筷，蚂蚁即会成群结队爬上来。

巧存罐头 >>>

罐头一经打开，食品就不要继续放在罐头盒里了。因为在空气的作用下，罐头盒的金属发生氧化，会破坏食品中的维生素C。所以，打开的罐头一时吃不完，要取出放在搪瓷、陶瓷或塑料食品容器中，但也忌久放。

啤酒忌震荡 >>>

啤酒震荡后，会降低二氧化碳在啤酒中的溶解度。所以，不要来回摇晃。

巧存葡萄酒 >>>

葡萄酒保存方法正确可维持其美味芳香，先将酒存在具有隔热、隔光效果的纸箱内，再置于阴凉通风且温度变化不大的地方，可存半年。

真空法保存碳酸饮料 >>>

将装有剩余饮料的瓶子放在腋下，用力将里面的空气慢慢导出，在瓶子里制造出一个相对的真空空间。也可以用其他方法将瓶压扁，这样做虽然使饮料瓶子不好看，但是饮料保存1周到10天还是可以喝的。

巧用鸡蛋存米酒 >>>

把一个洗干净的鲜鸡蛋放在未煮的米酒中，2小时后蛋壳颜色变深，时间越长，蛋壳颜色则愈深，这样，米酒保鲜时间就越长。米酒用完了，鸡蛋仍可食用。

巧存药酒 >>>

❶家庭配置好的药酒应该及时装进细口颈的玻璃瓶内，或其他有盖的玻璃容器里，并将口密封。

❷家庭自制的药酒要贴上标签，并写明药酒的名称、作用、配置时间和用量等内容，以免时间长了发生混乱，造成不必要的麻烦。

❸夏季储存药酒时要避免阳光的直射，以免药酒的有效成分被破坏，功效降低。

剩咖啡巧做冰块 >>>

喝剩下的咖啡，可以倒在制冰盒中，放在冰箱的冷冻室，做成小冰块，在喝咖啡时当冰块用。这种冰块溶化后不会冲淡咖啡的味道。

巧用生石灰存茶叶 >>>

选用干燥、封闭的陶瓷坛，放置在干燥、阴凉处，将茶叶用薄牛皮纸包好，扎紧，分层环排于坛内四周，再把装有生石灰的小布袋放于茶包中间，装满后密封坛口，灰袋最好每隔1～2个月换一次，这样可使茶叶久存而不变质。

巧用暖水瓶储存茶叶 >>>

将茶叶装进新买回的暖水瓶中，然后用白蜡封口并裹以胶布。此法最适用于家庭保管茶叶。

冷藏法储存茶叶 >>>

将含水量在6%以下的新茶装进铁或木质的茶罐，罐口用胶布密封好，把它放在电冰箱内，长期冷藏，温度保持在5℃，效果较好。

另外，茶叶要放在较高的通风处，阳光不要直射茶罐。买茶叶的量以1个月能喝完最好。

茶叶生霉的处理 >>>

如果保存不当，茶叶生霉，切忌在阳光下晒，放在锅中干焙10分钟左右，味道便可恢复，但锅内要清洁，火不宜太大。

巧存人参、洋参 >>>

用食品塑料袋或纸袋包好，放入盛有石灰的箱内或者放在炒黄的大米罐内，这样可以保持参体干燥，质地坚实，煎汤时汁水充足，味道醇正清香，研磨成粉末也很容易。但人参不能放入冰箱，参体从冰箱取出后吸附空气中的水分，会发软，易生虫、发霉。

红糖忌久存 >>>

红糖中糖蜜的含量较高，水分和杂质也较多，在存放中极易受乳酸菌的侵害。特别是糖受潮或放在潮湿的地方，乳酸菌繁殖迅速，使红糖中的蔗糖成分逐渐分解成葡萄糖及乳糖，然后转化为乳酸及其他有机物质，使红糖营养价值降低，甜味也会下降，甚至带有酸味。一般来讲，红糖在干燥通风的地方放1～2个月是可以的，时间再长，质量就要受损。

熟银耳忌久存 >>>

有些人为了做菜方便快捷，习惯先将银耳煮熟放置起来，这种做法不科学，会使银耳营养受损，伤害人体健康。银耳中含有较多的硝酸盐类，煮熟的银耳放置时间过长，在细菌的分解作用下，硝酸盐就会还原成亚硝酸盐，亚硝酸盐会导致人体血液中的血红蛋白丧失携带氧气的能力，破坏人体的造血功能。

巧装饭盒 >>>

带盒饭想装两个菜的时候，在装好一个菜后，剪下一块保鲜膜铺到饭盒上，然后再把另外一个菜装在保鲜膜内，拧好，这样两个菜便轻松地分离了，如果你想饭后来点水果，也可以用保鲜膜包好，放到饭盒内，而且不会串味。

饮食宜忌与食品安全

喝绿豆汤也要讲方法 >>>

一般人认为，夏天胃口不好是因为上火，因此常喝绿豆汤可以解暑。但甜腻腻的绿豆汤喝得太多会发胖。如果饭后要喝一碗绿豆汤，那么饭量应减少1/4；并且绿豆汤中要少放糖，可以加入少许低脂牛奶或水果，这样既有营养，又不容易发胖。

包饺子不用生豆油 >>>

豆油在加工中残留极少量的苯和多环芳烃等有害物质。一些家庭包饺子习惯用生豆油调馅，人吃后对神经和造血系统有害，会出现头痛、眩晕、眼球震颤、睡眠不安、食欲不振及贫血等慢性中毒症状。因此，调馅时，一定要把豆油烧开，使其所含的有害物质自然挥发掉，然后再拌入馅中。

进餐的正确顺序 >>>

正确的进餐顺序是：先喝汤，然后蔬菜、饭、肉按序摄入，半小时后再食用水果最佳，而不是饭后立即吃水果。

萝卜分段吃有营养 >>>

从萝卜的顶部至3～5厘米处为第一段，此段维生素C含量最多，但质地有些硬，宜于切丝、条，快速烹调，也可切丝煮汤，用于配羊肉做馅，味道极佳；萝卜中段，含糖量较多，质地较脆嫩，可切丁做沙拉，可切丝用糖、醋拌凉菜，炒煮也很可口；萝卜从中段到尾段，有较多的淀粉酶和芥子油一类的物质，有些辛辣味，可帮助消化，增进食欲，可用来腌拌；若削皮生吃，是糖尿病患者用以代替水果的上选；做菜可炖块、炒丝、做汤。

凉拌菜可预防感染疾病 >>>

春季为流行病高发期，家里可多做些提高人体免疫力的凉拌菜：海带丝、芦笋丝、萝卜丝、鱼腥草、枸杞菜等，适当多吃，可预防感染疾病。

蔬菜做馅不要挤汁 >>>

菜汁中含大量维生素C和其他营养物质，挤去不仅丢失了营养还使味道失鲜。可把洗净晾干的菜切碎，浇上食油轻轻拌和，把水分先锁住。再倒入已加过调料的肉馅拌匀。这样再加盐，馅内也不会泛水了。

馒头的营养比面包高 >>>

面包是用烘炉烤出来的，色香味都比较好。然而这种烘烤的办法，会使面粉中的赖氨酸在高温中发生分解，产生棕色的物质。而用蒸汽蒸出来的馒头，则无此反应，蛋白质的含量会高一些。所以，从营养价值来看，吃蒸馒头比吃用烘炉烤出的面包好。

香椿水焯有益健康 >>>

将洗净的香椿用开水焯一下，不仅香椿原本含有的亚硝酸盐含量会大大降低，有益身体健康，而且浓香四溢、颜色鲜艳。拌豆腐、炒鸡蛋会更有特色。

洋葱搭配牛排有助消化 >>>

享用高脂肪食物时，最好能搭配洋葱，洋葱所含的化合物有助于抵消高脂肪食物引起的血液凝块。牛排与洋葱就是不错的搭配。

白萝卜宜生食 >>>

白萝卜煮熟后其有效成分会被破坏，生吃细嚼才能使萝卜细胞中的有效成分释放出来。要注意吃后半个小时内不能进饮食，以防其有效成分被其他食物稀释。用量是每日或隔日吃100～150克。

金针菜不宜鲜食 >>>

鲜金针菜中含有秋水仙碱素，炒食后能在体内被氧化，产生一种剧毒物质，轻则出现喉干、恶心、呕吐或腹胀、腹泻等，严重时还会出现血尿、血便等。因此，应以蒸煮晒干后存放，而后食用为好。

大蒜不可长期食用 >>>

大蒜具有使肠道变硬的作用，这往往是造成便秘的原因。还会杀死大肠内大量的肠内正常菌群，由此引起许多皮肤病。

蔬菜久存易生毒 >>>

将蔬菜存放数日后再食用是非常危险的，危险来自于蔬菜含有的硝酸盐。硝酸盐本身无毒，然而在储藏一段时间之后，由于酶和细菌的作用，硝酸盐被还原成亚硝酸盐，这是一种有毒物质。亚硝酸盐在人体内与蛋白质结合，可生成致癌的亚硝酸胺类物质。所以，新鲜蔬菜在冰箱内储存不应超过3天。

四季豆必须完全炒熟 >>>

四季豆（菜豆）中含有胰蛋白酶抑制剂、血球凝集素和皂素等成分，若食用未加工熟的菜豆会引起恶心、呕吐、腹痛、头晕等中毒反应，严重者会出现心慌、腹泻、血尿、肢体麻木等现象。

巧除西红柿碱 >>>

烧煮西红柿时稍加些醋，能破坏其中的有害物质西红柿碱。

空腹不宜吃西红柿 >>>

西红柿含有大量的果胶、柿胶酚、可溶性收敛剂等成分，容易与胃酸发生化学反应，凝结成不易溶解的块状物。这些硬块可将胃的出口——幽门堵塞，使胃里的压力升高，造成胃扩张而使人感到胃胀痛。

空腹不宜吃橘子 >>>

橘子内含有大量糖分及有机酸。空腹吃下肚，会使胃酸增加，使脾胃不适，嗝酸，使胃肠功能紊乱。

空腹不宜吃柿子 >>>

柿子含有柿胶酚、果胶、鞣酸和鞣红素等物质，具有很强的收敛作用。在胃空时遇到较强的胃酸，容易和胃酸结合凝成难以溶解的硬块。小硬块可以随粪便排泄，若结成大的硬块，就易引起“胃柿结石症”，中医称为“柿石症”。

荔枝不宜多吃 >>>

荔枝性温热，每次不宜多吃，吃后最好饮用盐水或绿豆茶消暑降火。吃完荔枝后，把荔枝蒂部凹进果肉的白色蒂状部分吃掉，大概吃3粒，就可以有效地防止上火。

肉类解冻后不宜再存放 >>>

鸡鸭鱼肉在冷冻的时候，由于水分结晶的作用，其组织细胞已经受到破坏，一旦解冻，被破坏的组织细胞中会渗出大量的蛋白质，形成细菌繁殖的温床。冷冻一天后化解的鱼在30℃的温度下腐败的速度比未经冷冻的新鲜鱼要快1倍。

肉类焖吃营养高 >>>

肉类食物在烹调过程中，某些营养物质会遭到破坏。不同的烹调方法，其营养损失的程度也有所不同。如：蛋白质，在炸的过程中损失可达8%，煮和焖则损耗较少。B族维生素在炸的过程中损失45%，煮为42%，焖为30%。由此可见，肉类在烹调过程中，焖损失营养最少。另外，如果把肉剁成肉泥与面粉等做成丸子或肉饼，其营养损失要比直接炸和煮减少一半。

吃肝脏有讲究 >>>

肝是动物体内最大的毒物中转站和解毒器官，所以鲜肝买回后，应把肝放在自来水龙头下冲洗10分钟，然后放在水中浸泡30分钟再下锅。烹调时间也不能太短，至少应该在急火中炒5分钟以上，使肝完全变成灰褐色，看不到血丝才好。

腌渍食品加维生素C可防癌 >>>

食品在腌渍的过程中，会产生对人体有害的亚硝酸盐，食后容易诱发消化系统的癌症。如在腌渍时，按每1000克食品加入400毫克维生素C和50毫克苯甲酸，就可以阻断有害物质的形成，其阻断率可达85%，而且腌渍品不长霉、不酸败、无异味。

鸡蛋煮吃营养高 >>>

蒸、煮、炒的鸡蛋比煎或炸的营养价值高。利用蒸、煮、炒来烹制的蛋类菜肴，因加热温度较低，时间短，其蛋白质、脂肪、无机盐等营养成分基本没有损失，维生素的损失也很少。

蛋类不宜食用过量 >>>

蛋类属高蛋白食品，食用过多，会导致氮等代谢产物增多，同时也增加肾脏负担。一般来说，孩子和老人每天吃1个鸡蛋，青少年及成人每天吃2个鸡蛋比较适宜。对肾病、肝炎等疾病患者则应遵医嘱。

煮鸡蛋时间不要过长 >>>

一般以8～10分钟为宜。鸡蛋煮得时间过长，蛋黄表面会形成灰绿色的硫化亚铁层，这种物质很难被人体吸收，降低了鸡蛋的营养价值。而且鸡蛋久煮会使蛋白质老化，变硬变韧，不易吸收，也影响食欲和口感。

煮鸡蛋忌用冷水浸泡剥壳 >>>

新鲜鸡蛋外表有一层保护膜，使蛋内水分不易挥发，并防止微生物侵入，鸡蛋煮熟后壳上的保护膜被破坏，蛋内气腔的气体逸出，此时若将鸡蛋置于冷水内会使气腔内温度骤降并呈负压，冷水和微生物可通过蛋壳和壳内双层膜上的气孔进入蛋内，贮藏时容易腐败变质。

鸡蛋不宜与糖同煮 >>>

鸡蛋与糖同煮，会因高温作用生成一种叫糖基赖氨酸的物质，破坏了鸡蛋中对人体有益的氨基酸成分，而且这种物质有凝血作用，进入人体后会造成危害。如需在煮鸡蛋中加糖，应该等鸡蛋煮熟稍凉后再加，不仅不会破坏口味，更有利于健康。

蒸鸡蛋羹忌提前加入调料 >>>

鸡蛋羹若在蒸制前加入调料，会使蛋白质变性，营养受损，蒸出的蛋羹也不鲜嫩。调味的方法应是：蒸熟后用刀将蛋羹划几刀，再加入少许熟酱油或盐水以及葱花、香油等。这样的蛋羹味美、质嫩、营养不受损。

蒸鸡蛋羹时间忌过长 >>>

蛋液含蛋白质丰富，加热到85℃左右，就会逐渐凝固成块。蒸制时间过长，会使蛋羹变硬，蛋白质受损；蒸汽太大会使蛋羹出现蜂窝，鲜味降低。

吃生鸡蛋害处多 >>>

生鸡蛋不仅不卫生，容易引起细菌感染，而且也没有营养。生鸡蛋蛋清中含抗生物素蛋白和抗胰蛋白酶，前者可影响人体对食物生物素的吸收，导致食欲不振、全身无力、肌肉疼痛等“生物素缺乏症”；而后者可妨碍人体对蛋白质的消化吸收。鸡蛋煮熟之后，这两种有害物质被破坏，使蛋白质的致密结构变得松散，易于人体消化吸收。

大豆不宜生食、干炒 >>>

生大豆含有一种胰蛋白酶抑制物，它可以抑制小肠胰蛋白酶的活力，阻碍大豆蛋白质的消化吸收和利用。生食、干炒大豆都没有把这种物质破坏，从而降低人体对蛋白质的吸收。

虾皮可补钙 >>>

虾皮具有特殊的营养价值。它含钙质极高，每100克的虾皮含钙达1克，有些虾皮甚至高达2克，这是其他任何食物所无法相比的。钙是构成骨骼的主要原料，参与凝血过程，维持神经肌肉的兴奋性，调节心脏的活动。人的一生都需要钙，尤其是儿童、孕妇、哺乳妇女和老年人更为需要。

火锅涮肉时间别太短 >>>

涮肉时间短的最大危害是不能完全杀死肉片中的细菌和寄生虫虫卵。一般来讲，薄肉片在沸腾的锅中烫1分钟左右，肉的颜色由鲜红变为灰白才可以吃；其他肉片要涮多长时间，需根据原料的大小而定，一个重要的原则就是，一定要让食物熟透。因此，火锅中汤的温度要高，最好使它一直处于沸腾状态。

吃火锅后不宜饮茶 >>>

在吃过羊肉火锅后，不宜马上饮茶，以防茶中鞣酸与肉中的蛋白质结合，影响营养物质的吸收及发生便秘。

百叶太白不要吃 >>>

据有关部门检查发现，有些饭店中的百叶、黄喉、玉兰片等火锅用料看起来很白，是因为使用了国家禁用的工业碱、双氧水、福尔马林等有毒物质发泡而成的。双氧水能腐蚀胃肠，导致溃疡；福尔马林则可能致癌。所以，涮肉时一定要注意辨别用料的质量。

不要空腹喝牛奶 >>>

空腹饮牛奶会使肠蠕动增加，牛奶在胃内停留时间缩短，营养素不能被充分吸收利用，有的人还可能因空腹饮牛奶出现腹痛、腹泻等症状。因此，喝牛奶最好与馒头、面包、玉米粥、豆类等同食，以延长其在消化系统内停留的时间。

牛奶的绝配是蜂蜜 >>>

蜂蜜是人体最佳的糖源，它主要含有天然的单糖——果糖和葡萄糖，这些单糖有较高的热能，并可直接被人体吸收。牛奶的营养价值较高，但热能低，单饮牛奶不足以维持人体正常的生命活动。所以可以用蜂蜜代替白糖做乳品的添加剂。

冰冻牛奶不要吃 >>>

炎热的夏季，人们喜欢吃冷冻食品，有的人还喜欢吃自己加工的冷冻奶制食品。其实，牛奶冰冻吃是不科学的。因为牛奶冷冻后，牛奶中的脂肪、蛋白质分离，味道明显变淡，营养成分也不易被吸收。

牛奶的口味并非越香浓越好 >>>

牛奶的香味取决于牛奶中的乳脂肪含量和新鲜度。乳脂肪含量高，牛奶新鲜不受细菌污染，牛奶的香味就纯正。天然牛奶香味并不会很浓郁，过分的香浓往往是一些厂家为了迎合消费者的口味而配制的。

奶油皮营养高 >>>

煮牛奶时常见表面上产生一层奶油皮，不少人将这层皮丢掉了，这是非常可惜的，实际上这层奶皮的营养价值更高。例如其维生素A含量十分丰富，对眼睛发育和抵抗致病菌很有益处。

牛奶加热后再加糖 >>>

牛奶含赖氨酸物质，它易与糖在高温下产生有毒的果糖基赖氨酸，对人体健康有害。故牛奶烧沸后，应移离火源，放至不烫手时再放入糖。

酸奶忌加热 >>>

酸奶中存在的乳酸菌系活的细菌，加热会使其中活的乳酸菌被杀死，从而失去保健作用。

巧克力不宜与牛奶同食 >>>

牛奶含有丰富蛋白质和钙，而巧克力含有草酸，两者同食会结合成不溶性草酸钙，极大影响钙的吸收，甚至会出现头发干枯和腹泻、生长缓慢等现象。

煮生豆浆的学问 >>>

生豆浆加热到80～90℃的时候，会出现大量的白色泡沫，很多人误以为此时豆浆已经煮熟，但实际上这是一种“假沸”现象，此时的温度不能破坏豆浆中的皂苷物质。正确的煮豆浆的方法应该是，在出现“假沸”现象后继续加热3～5分钟，使泡沫完全消失。

豆浆不宜反复煮 >>>

有些人为了保险起见，将豆浆反复煮好几遍，这样虽然去除了豆浆中的有害物质，同时也造成了营养物质流失，因此，煮豆浆要恰到好处，控制好加热时间，千万不能反复煮。

鸡蛋不宜与豆浆同食 >>>

鸡蛋中的鸡蛋清会与豆浆里的胰蛋白酶结合，产生不被人体所能吸收的物质而失去营养价值。

红糖不宜与豆浆同食 >>>

红糖里含有的有机酸能够和豆浆中的蛋白质结合，产生变性沉淀物，影响人体对营养物质的吸收。

未煮透的豆浆不能喝 >>>

豆浆里含有脆蛋白酶抑制物，如煮得不透，人喝了会发生恶心、呕吐、腹泻等症状。

保温瓶不能盛放豆浆 >>>

豆浆中有溶解保温瓶中水垢的物质，使有害物质溶于浆中，而且时间长了造成细菌繁殖，使豆浆变质，对人体不利。

煮开水的学问 >>>

自来水刚煮沸就关火对健康不利，煮沸3～5分钟再熄火，烧出来的开水亚硝酸盐和氯化物等有毒物质含量都处于最低值，最适合饮用。

泡茶的适宜水温 >>>

水烧开后要凉一凉，不要马上泡茶，以70～80℃为宜；水温太高时茶叶中的维生素C和维生素P就会被破坏，还会分解出过多的鞣酸和芳香物质，因而造成茶汤偏于苦涩，大大减低茶的滋养保健效果。茶叶更不能煮着喝。

街头“现炒茶”别忙喝 >>>

现炒茶火气大，且未经氧化，易刺激胃、肠黏膜，饮用后易引发胃痛、胃胀，建议现炒茶存放10天以后再喝。

食用含钙食物后不宜喝茶 >>>

茶中含有草酸，草酸易与钙结合形成结石，因此食用含钙食物如豆腐、虾皮后尤其不宜马上喝茶。

白酒宜烫热饮用 >>>

白酒中的醛对人体损害较大，只要把酒烫热一些，就可使大部分醛挥发掉，这样对人身体的危害就会少一些。

喝汤要吃“渣” >>>

实验表明，将鱼、鸡、牛肉等不同的含高蛋白质的食品煮6小时后，看上去汤已很浓，但蛋白质的溶出率只有6%～15%，还有85%以上的蛋白质仍留在“渣”中。因此，除了吃流食的人以外，应提倡将汤与“渣”一起吃下去。

饭前宜喝汤 >>>

饭后喝下的汤会把原来已被消化液混合得很好的食糜稀释，影响食物的消化吸收。正确的吃法是饭前先喝几口汤，将口腔、食管先润滑一下，以减少干硬食品对消化道黏膜的不良刺激，并促进消化腺分泌。

骨头汤忌久煮 >>>

煮的时间过长会破坏骨头中的蛋白质，增加汤内的脂肪，对人体健康不利。正确的方法是：用压力锅熬至骨头酥软即可，这样时间不太长，汤中的维生素等营养成分也不会损失很多，骨髓中所含的钙、磷等微量元素也容易被人体吸收。

汤泡米饭害处多 >>>

人体在消化食物时，需咀嚼较长时间，唾液分泌量也较多，这样有利于润滑和吞咽食物；汤与饭混在一起吃，食物在口腔中没有被嚼烂，就与汤一道进了胃里。这不仅使人“食不知味”，而且舌头上的味觉神经没有得到充分刺激，胃和胰脏产生的消化液不多，并且还被汤冲淡，吃下去的食物不能得到很好的消化吸收，时间长了，便会导致胃病。

吃螃蟹“四除” >>>

蟹体内常污染有沙门氏菌，未经彻底加热杀菌，食后可引起以急性胃肠炎为主要症状的食物中毒，甚至会危及人的生命。因此，吃螃蟹必须注意卫生，讲究吃的方法，必须做到四除：一除蟹鳃，蟹鳃俗称蟹棉絮，在蟹体两侧，形如眉毛，呈条状排列。二除蟹胃，蟹胃也叫蟹和尚，位于蟹谷前半部，紧连蟹黄，形如三角形小包。三除蟹心，蟹心位于蟹黄或蟹油中间，紧连蟹胃，呈六角形，不易辨别。四除蟹肠，蟹肠位于蟹脐中间，呈条状。这四样东西多沾有大量细菌、病毒、污物，必须剔除。

死蟹不能吃 >>>

螃蟹死后，其肉会迅速腐败变质，吃了会中毒。另外，螃蟹性咸寒，又是食腐动物，所以吃时必须蘸姜末、醋来祛寒杀菌，不宜单独食用。

海螺要去头 >>>

海螺的脑神经分泌的物质会引起食物中毒。海螺引起的食物中毒潜伏期短（1～2小时），症状为恶心、呕吐、头晕，所以在烹制前要把海螺的头部去掉。

巧除食物中的致癌物 >>>

❶腌菜用水煮、日照、热水洗涤等方法，可去除内含的亚硝酸盐等致癌物。千万注意，腌菜用的陈汤不可重复使用。

❷虾皮、虾米最好用水煮后再烹调，或在日光下暴晒3～6小时，以去掉内含的亚硝基化合物。

❸香肠、咸肉等肉制品中含少量亚硝基化合物，不要用油煎。

❹咸鱼在食用前最好用水煮或日光照射一下，以去除体表的亚硝基化合物（但对鱼体深部的致癌物破坏不大）。

食物中的不安全部分 >>>

❶畜“三腺”：猪、牛、羊等动物体内的甲状腺、肾上腺、病变淋巴结是三种“生理性有害器官”。

❷羊“悬筋”：又称“蹄白珠”，一般为圆珠形、串粒状，是羊蹄内发生病变的一种组织。

❸禽“尖翅”：鸡、鸭、鹅等禽类屁股上端长尾羽的部位，学名“腔上囊”，是淋巴结体集中的地方，因淋巴结中的巨噬细胞可吞食病菌和病毒，即使是致癌物质也能吞食，但不能分解，故禽“尖翅”是个藏污纳垢的“仓库”。

❹兔“臭腺”：位于外生殖器背面两侧皮下的白鼠鼷腺、紧挨着白鼠鼷腺的褐色鼠鼷腺和位于直肠两侧壁上的直肠腺，味极腥臭，食用时若不除去，则会使兔肉难以下咽。

❺鱼“黑衣”：鱼体腹腔两侧有一层黑色膜衣，是腥臭味、泥土味最浓的部位，含有大量的类脂质、溶菌酶等物质。

鲜鱼冷冻前要除鳃去内脏 >>>

将鲜鱼冻进冰箱前，一定要把鱼鳃和鱼内脏去除，同时洗净并装袋。这是因为鱼鳃极易沾染外界的细菌，内脏也留有很多污物，鱼死后这些部位的细菌会迅速繁殖，逐渐遍及全身，加速鱼体的腐烂变质。同时，鱼的胆囊也极易因冷冻而破裂，从而导致肉质发苦。所以冷冻鲜鱼前一定要去鳃、去内脏。

居家生活妙招

装修布置

巧选装修时间 >>>

选好装修时间，避开装修旺季，可以节省资金。通常刚买房的上班族喜欢赶在“五一”“十一”“春节”这样的长假期间装修，而这期间家装市场的价格会上浮较大。

巧选装修公司 >>>

选择装修公司，千万不要找“马路游击队”；但也不要找大的装修公司，费用会比较高；新开张的装修公司装修质量和管理容易出问题。可以找一些名气不大但同事、朋友以前做过的口碑不错的装修公司。

巧除手上的油漆 >>>

刷油漆前，先在双手上抹层面霜，刷过油漆后把奶油涂于沾有油漆的皮肤上，用干布擦拭，再用香皂清洗，就能把附着于皮肤上的油漆除掉。

春季装修选材料要防水 >>>

选材时，选用含水率低的材料。运送材料时，要尽量选晴好天气。如下雨天确实需要运送材料，应用塑料膜保护好，千万不能淋湿材料，更不能将材料放在厨、卫、阳台等易潮的地方。石膏板不能直接放在地上。木线应放置在钉在墙上的三脚架上。如材料已经受潮，切忌晒干后再用。胶黏材料白乳液也要用含水率低的。

冬季装修注意事项 >>>

木材要注意避免变形；木工制品要及时封油，以防收缩；施工过程要注意保暖；木地板要留出2毫米左右的伸缩缝儿。

雨季装修选材小窍门 >>>

在选购木龙骨一类的材料时，最好选择加工结束时间长一些的，而且没有放在露天存放的，这样的龙骨比起刚刚加工完的，含水率相对会低一些；而对于人造板材一类的木材制品，最好选购生产日期尽可能接近购买日期的，因为这样的制品在厂里基本上都经过了干燥处理。而存放时间长的板材则会吸收一定数量的水分。

此外，在运输过程中，要防止雨淋或受潮；饰面板及清油门套线等进工地后要先封油；木制品、石膏线、油漆在留缝时应适当多留一些。

雨季装修应通风 >>>

在潮湿的季节，空气流通比较缓慢，很多有害物质会存留在室内或者装饰装修材料里面。所以，在这个季节为了把有害物质释放得多一些，需要增加室内外的通风，同时要保持室内尽可能的干燥。

雨季装修巧上泥子 >>>

墙壁、天花板上面的墙泥子雨季很难干燥，而泥子不干透会直接影响到以后涂料的涂饰，而最常见的问题就是墙壁会“起鼓”。所以，如果在雨季施工，刮泥子不要放在工程接近尾声的时候再进行，最好时间间隔长一些，或者是在晴朗的日子施工。

巧算刷墙涂料用量 >>>

一般涂料刷两遍即可。故粉刷前购买涂料可用以下简便公式计算：涂刷房间的总面积（平方米）除以4，再加上被刷墙面涂刷高度（米），然后除以0.4，得数便是所需涂料的数量（千克）。如涂刷的厨房是8平方米，刷墙高度为1.6米，按上述公式算出，需购买6千克涂料，就足够涂刷两遍了。

增强涂料附着力的妙方 >>>

用石灰水涂饰墙面，为了增强附着力，可在拌匀的石灰水中加入0.3%～0.5%的食盐或明矾。应注意在涂刷涂料过程中，不宜刷得过厚，以防止起壳脱落。

蓝墨水在粉墙中可增白 >>>

往粉墙的石灰水里掺点儿蓝墨水，干后墙壁异常洁白。

刷墙小窍门 >>>

❶被刷墙面要充分干燥。一般新建房屋最好过一个夏天再涂刷。

❷被刷墙面除清洁外，还要将墙面上所有的空隙和不平的地方用泥子嵌平，待干燥后用砂皮纸磨平。

❸涂刷时应轻刷、快刷，不得重叠刷，刷纹要上下垂直。

油漆防干法 >>>

要使桶里剩下的油漆不干涸，可在漆面上盖一层厚纸，厚纸上倒薄薄的一层机油即可。

防止油漆进指甲缝的方法 >>>

做油漆活时，先往指甲上刮些肥皂，油漆就不会嵌进指甲缝里，指甲若粘上油漆也容易洗掉。

购买建材小窍门 >>>

在大建材城记住自己看中的品牌，再多去一些小的建材市场跑跑，在那里也能找到看中的东西，而且价格便宜。

防止墙面泛黄小窍门 >>>

要防止墙面泛黄，下面两方法不妨一试：一是将墙面先刷一遍，然后刷地板，等地板干透后，再在原先的墙面上刷一层，确保墙壁雪白。另一种方法是先将地板漆完，完全干透后再刷墙面。要注意的是，刷完墙面和地板后，一定要通风透气，让各类化学成分尽可能地挥发，以免发生化学反应。

计算墙纸的方法 >>>

墙纸宽幅各异，各家墙的窗、门亦不同，买墙纸要做到不多不少，可用（L/M+1）×（H+h）+C/M的公式计算。L是扣去窗、门后四壁的长度；M是墙纸的宽幅；加1作拼接的余量；H是所贴墙纸的高度；h是墙纸上两个相邻图案的距离，作纵向拼接余量；C是窗、门上下所需墙纸面积。计算时应以米为单位，面积以平方米表示。计算时整除不尽时，小数点后的数只入不舍。

巧除墙纸气泡 >>>

墙纸干后有气泡，用刀在泡中心划“十”字，再粘好，可消除气泡。

低矮空间天花板巧装饰 >>>

可采用石膏饰的造型，图案也应以精细小巧为好，同时注意以几组相同的图案来分割整个天花板，以消除整体图案过大而造成的压抑感。天花板上可喷涂淡蓝、淡红、淡绿等颜色，在交错变幻中给人一种蓝天、白云、彩霞、绿树的联想，而不是具体物像。天花板的灯饰以吸顶灯、射灯为首选，安装在非中央的位置，以2～4个对称的形式为好，这样可扩展空间，且灯光不宜太亮。暗一点儿，更有高度感。

切、钻瓷砖妙法 >>>

若要切割瓷砖或在瓷砖上打洞，可先将瓷砖浸泡在水中30～60分钟，或更长时间，让其“喝”饱水。然后在瓷砖反面用笔画出所需要的形状，再用尖头钢丝钳，一小块、一小块地将不需要的部分扳下，直至成型，边缘用油石磨光即可。若是打洞，可用钻头或剪刀从反面钻。

瓷砖用量的计算方法 >>>

❶装修面积÷每块瓷砖面积×[1+3%（损耗量）]=装修时所需瓷砖块数。

❷装修时所需瓷砖平方数+5%下脚料+5%余数=装修时所需要瓷砖量。

巧选瓷砖型号 >>>

一般20m²以上的房间选用600mm×600mm的地砖，20m²以下、10m²以上的房间可用500mm×500mm的地砖，而10m²以下的房间可选用传统的200mm×200mm、300mm×300mm的地砖。

巧粘地砖 >>>

将水泥地坪清扫干净，浇水湿润，去除灰尘。在地坪上按地砖大小弹出格子标志线，作为粘贴的依据。将地砖浸水后晾干。先在水泥地坪上涂一层“107”建筑胶水，然后将400号以上的水泥浆用铲刀或铁皮在晾干的地砖背面刮满。按地坪上的格子标志线用力将刮满水泥浆的地砖贴住，用铲刀柄敲击，使之贴紧。每当一排贴满，即用长尺按标志线校正，务使砖面平整，纵横缝线平直。同时用干布将砖面擦净。然后将干白水泥与颜料粉调成与地砖釉面颜色相似的粉，将所有缝隙全部嵌实，深浅一致。最后用干布或回丝纱将表面擦干净，阴干即可。

厨房装修五忌 >>>

❶忌材料不耐水。厨房是个潮湿易积水的场所，所以地面、操作台面的材料应不漏水、不渗水，墙面、顶棚材料应耐水、可用水擦洗。

❷忌材料不耐火。火是厨房里必不可少的能源，所以厨房里使用的表面装饰必须注意防火要求，尤其是炉灶周围更要注意材料的阻燃性能。

❸忌餐具暴露在外。厨房里锅碗瓢盆、瓶瓶罐罐等物品既多又杂，如果袒露在外，易沾油污，又难清洗。

❹忌夹缝多。厨房是个容易藏污纳垢的地方，应尽量使其没有夹缝。例如，吊柜与天花板之间的夹缝就应尽量避免，因天花板容易凝聚水蒸汽或油渍，柜顶又易积尘垢，它们之间的夹缝日后就会成为日常保洁的难点。水池下边管道缝隙也不易保洁，应用门封上，里边还可利用起来放垃圾桶或其他杂物。

❺忌使用马赛克铺地。马赛克耐水防滑，但是马赛克块面积较小，缝隙多，易藏污垢，又不易清洁，使用久了还容易产生局部块面脱落，难以修补，因此厨房里最好不要使用。

扩大空间小窍门 >>>

❶镜子：在家中狭小的墙面上贴上整面的镜子，可以制造延伸空间的假象；或者在小的空间里，贴上几片拼贴

的小镜子。

❷镂空：对于楼中楼的房屋，采用镂空的楼梯，以制造空间的穿透感，让楼上楼下串联起来又不感到压抑。

❸采光：利用自然光或灯光，可以将家中的空间拓宽。如大片的落地窗，引进自然光线，让空间扩大不少。

❹屏风：利用屏风做活动间隔以替代墙面，是活化空间、减少视觉阻碍的好方法。

客厅装饰小窍门 >>>

❶轻家具重装饰。客厅中的家具通常会占很大的预算，可以用些简简单单的家具，然后靠饰物美化客厅。

❷轻墙面重细节。让墙回归它本身演变的颜色，靠墙面的配饰完全可以达到蓬荜生辉的效果。

卧室装饰小窍门 >>>

❶轻床屉重床垫。床屉只要牢固耐用就可以了，颜色款式不必张扬，但一定要力所能及地买一个好的床垫，它可使主人的身心得到充分的休息，每日精神百倍。

❷轻家具重布艺。更多的家具和装饰会使人烦躁，而卧室的布艺会使家变得温馨，卧室的窗帘、床单、抱枕，甚至脚踏、坐凳，如果色彩协调统一，会使人心旷神怡。

厨房装饰小窍门 >>>

❶轻餐桌重餐具。餐桌是用于支撑的，而不是直接使用的物品，不用花费太多心思，而餐具和桌布要仔细挑选、精心搭配，桌布和餐巾要搭配协调。

❷轻橱柜重电器。橱柜中实用的工具是电器和灶具，电器的合理配置，工具使用得应手，繁重的烹饪劳动都会变得简单、轻松而愉快。

厨房最好不做敞开式 >>>

中国饮食以烹调为主，油烟味比较大，厨房敞开后，很容易使油烟飘入客厅及室内，腐蚀家中的彩电、冰箱等电器，形成导致肺癌的污染源，即使用排风扇强制排风，也容易留下隐患。如将厨房装修成敞开式，不仅易使室内空气受污染，而且还需要拆除墙体，麻烦很多。

厨房家具的最佳高度 >>>

❶桌子。应以身体直立、两手掌平放于桌面不必弯腰或弯曲肘关节为佳，一般为75～80厘米高。

❷座椅。椅面距地面高度应低于小腿长度1厘米左右，一般为42～45厘米高。

❸水池。一般池口应略高于桌面5厘米左右。

❹水龙头。一般应距地面90厘米左右。

❺燃气灶。燃气灶面距地面约80厘米左右。

❻照明。白炽灯的灯泡离桌面距离：60瓦为1米；40瓦为0.5米；15瓦为0.3米。日光灯距桌面：40瓦为1.5米；30瓦为1.4米；20瓦为1.1米。

卫浴间装饰小窍门 >>>

❶重收纳柜轻挂钩。为了整齐陈列卫浴用品，尽可能地选择收纳柜，会让空间更加清爽整洁，还能保证用品的洁净，而用各式挂钩会使空间显得凌乱。

❷重龙头轻脸盆。洗脸盆和龙头相比，功能简单也不具手感，不必下太多功夫，而使用优质的水龙头是一种享受，也能经得起时间的考验，不易损坏。同样，洁具的选择要多关注它的质量，而

在款式和花色上省些力气，因为洁具在卫生间中所占的比例较小，只要墙面、地面做得出色，洁具就会淹没在瓷砖的图案和颜色中。

装修卫生间门框的小窍门 >>>

卫生间的门经常处在有水或潮湿的环境中，其门框下方不知不觉会腐朽。因此可在门框下方嵌上不锈钢片，可防腐朽。如果门框已经损坏，可将下方损坏的部位取下，做一番妥善修理，然后在门框四周嵌上不锈钢片，则可减缓或防止门框腐朽。

卫生间安装镜子的小窍门 >>>

为了贮藏一些卫生用品，卫生间常常做壁柜。如果在柜橱门面上安装镜面，不仅使卫生间的空间更宽敞、明亮，而且豪华美观，费用也不贵。更可以与梳妆台结合起来，作为梳妆镜使用。

巧装莲蓬头 >>>

人们习惯于晚上洗头洗澡，睡一觉后常把头发弄得很乱，于是在早晨洗头的人，尤其是女士，渐渐多起来。因为每次洗头而动用淋浴设备较麻烦，可在洗脸盆上装上莲蓬头。

合理利用洗脸盆周围空间 >>>

洗脸盆的周围钉上10厘米的搁板，则使用较方便。洗脸盆边上放许多清洁卫生用品会显得杂乱无章，而且容易碰倒，因此，不妨在洗脸盆周围钉上10厘米的搁板，只要能放得下化妆瓶、刷子、洗漱杯等便可以了。搁板高度以不妨碍使用水龙头为宜，搁板材料可用木板、塑胶板等。

巧用浴缸周围的墙壁 >>>

在浴缸周围的墙壁上打一个7~8厘米深的凹洞，再铺上与墙壁相同的瓷砖，此洞可用来放洗浴用品。这样扩大了使用空间，使用起来也方便自如。

利用冲水槽上方空间 >>>

抽水马桶的冲水槽上方是如厕时达不到的地方，可以利用此空间做一吊柜，柜内可放置卫生纸、手巾、洗洁剂、女性卫生用品等，也可将下部做成开放式，放些绿色植物装饰。

巧粘玻璃拉手 >>>

先将要粘拉手的玻璃用食醋擦洗干净，再将玻璃拉手用食醋洗净、晾干。然后用鸡蛋清分别涂在玻璃和拉手上，压紧晾干后，简便的玻璃拉手就很坚固耐用了。

自制毛玻璃 >>>

取半盆清水，将数张铁砂布（砂布号数可按毛玻璃粗细要求而定）放水中浸几分钟，然后揉搓，洗下砂布上的砂粒，轻轻倒去清水。将砂粒置于待磨的玻璃上，取另一块待磨玻璃压在上面，再用手压住做环形研磨。数分钟后，便能得到两块磨好的毛玻璃。

陶瓷片、鹅卵石片可划玻璃 >>>

划割玻璃时若无金刚钻玻璃刀，可找一块碎陶瓷片，或把鹅卵石敲碎，利用它的尖角，用尺子比着在玻璃上用力划出痕迹后，用力就能将玻璃掰开。这是因为陶瓷和鹅卵石的硬度都比玻璃大。

巧用胶带纸钉钉 >>>

在房间内的墙上钉钉子，墙壁表面有

时会出现裂痕，如能利用胶带纸，先粘在要钉钉的墙壁上，再钉钉子，钉好后撕下胶带纸。这样，墙壁上就不会留下裂痕，这种方法也适用于已经使用很久的油漆墙壁上，可预防在钉钉子时，因震动而使油漆脱落。

墙上钉子松动后的处理 >>>

墙上的钉子松动后，可以用稠糨糊或胶水浸透棉花绕在钉子上，再将钉子插入原洞，压紧，钉子就牢固了。

旋螺丝钉省力法 >>>

钉旋螺丝钉之前，将螺丝钉头在肥皂上点一下，便可以很容易地将其旋进木头中。

家具钉钉防裂法 >>>

在木制家具上钉钉子，要避开木料端头是直线木纹的部位，以免木料劈裂。

关门太紧的处理 >>>

地板不平，影响门的开关时，可在地板上粘砂纸，将门来回推动几次，门被打磨后，开关便会自如。

门自动开的处理 >>>

当人们搬进新居时，会遇到有的门关上之后又自动开启。这是因为门在上合页时安得太紧，而门和门框之间的间隙又大，所以会自动打开。对此，可用羊角锤头垫在门和合页之间，然后轻轻关门，这么一别，合页拴会略微弯一些，门和门框就贴上了。但在“别”的时候，用力不要过猛，要轻轻地做，一次不行，两次。这样，就能解决其轻微的毛病。

巧法揭胶纸、胶带 >>>

贴在墙上的胶纸或胶带，如果硬是去揭，会使其损坏，可用蒸汽熨斗熨一下，就能很容易地揭去了。

装饰贴面鼓泡消除法 >>>

处理时，可先用锋利刀片在“泡”的中部顺木纹方向割一刀。然后用注射器将胶水注入缝中，用手指轻轻地按压“泡”的上部，将溢出的胶水用湿布揩净。再用一个底面平滑并大于鼓泡面积的重物压在上面。为防止加压后有少量胶水溢出而粘坏鼓泡周边表面，可在“泡”上覆盖塑料薄膜隔开。这样，装饰贴面就平整了。

低矮房间的布置 >>>

低矮房间内可置放一个曲格式的“博物架”，在其大小不同的格子中放些微型山水盆景、微型花草，以反衬出居室的“宏大”。同时，低矮居室中忌挂大画、大字，摆大型工艺品。反衬对比法最适用于面积较大的房间，如客厅，在沙发的一侧，竖起一架高度接近房顶的艺术“屏风”，隔离出小空间，相对便有了高度空间感，同时还有了谈话的“私密性”气氛，可谓一举两得。此外，屏风的“超高”，还有一种“喧宾夺主”的吸引视觉效果，让人忘了房间的“低”。

巧招补救背阴客厅 >>>

补充人工光源；厅内色调应统一，忌沉闷；选白榉、枫木饰面亚光漆家具并合理摆放；地面砖宜亮色，如浅米黄色光面地砖。

餐厅色彩布置小窍门 >>>

餐厅色彩宜以明朗轻快的色调为主，最适合用的是橙色及相同色相的姐妹色。

这种色彩有刺激食欲的功效。整体色彩搭配时，还应注意地面色调宜深，墙面可用中间色调，天花板色调则宜浅，以增加稳重感。在不同的时间、季节及心理状态下，人们对色彩的感受会有所变化，这时，可利用灯光来调节室内色彩气氛，以达到利于饮食的目的。家具颜色较深时，可通过明快清新的淡色或蓝白、绿白、红白相间的台布来衬托。桌面配以绒白餐具，可更具魅力。

巧搬衣柜 >>>

在搬家或布置室内家具时，衣柜、书柜等大件家具搬运挪动比较困难。如果用一根粗绳兜住柜或橱的底部，人不仅能站着搬运，而且能较方便地将其摆放在墙角处，搬起来也较安全。

巧用磁带装扮家具 >>>

由于磁带上涂有的磁粉材料不同，它的外表颜色也不同。利用磁带本身的颜色，给浅色的组合家具当套色或装饰组合家具表面，具有线条直、立体感强，并有一定亮度等优点。

粘贴方法有两种：一是在油刷组合家具的最后一遍油漆快干时，将磁带拉直粘贴即可；二是待组合家具油漆干后，用白乳胶涂于磁带背面，然后拉直贴于组合家具上，多余的白乳胶用布蘸水擦干净即可。

以手为尺 >>>

布置房间和外出采购时，常会因尺寸拿不准而犹豫不决。在平时，最好记住自己手掌张开时拇指和小指两顶端之间的最大长度，以便在必要时，权且以手当尺。

室内家具搬动妙法 >>>

居室搞卫生或调整室内布局需要搬抬家具时，先用淡洗衣粉水浸湿的墩布拖一遍地，水分稍多些，拖不到的地方泼洒一点水。这样，一般家具，如床、沙发等，只要稍加用力即可推动。

防止木地板发声的小窍门 >>>

为了不让木制地板在人走动时发出“咯吱”声，可在地板缝里嵌点儿肥皂。

巧用墙壁隔音 >>>

墙壁不宜过于光滑。如果墙壁过于光滑，声音就会在接触光滑的墙壁时产生回声，从而增加噪声的音量。因此，可选用壁纸等吸音效果较好的装饰材料。另外，还可利用文化石等装修材料，将墙壁表面弄得粗糙一些。

巧用木质家具隔音 >>>

木质家具有纤维多孔性的特征，能吸收噪音。同时，也应多购置家具，家具过少会使声音在室内共鸣回旋，增加噪音。

巧用装饰品隔音 >>>

布艺装饰品有不错的吸音效果，悬垂与平铺的织物，其吸音作用和效果是一样的，如窗帘、地毯等，其中以窗帘的隔音作用最为明显。既能吸音，又有很好的装饰效果，是不错的选择。

巧法美化壁角 >>>

❶在客厅的壁角，可自制一个落地衣架、顶部镶嵌一些动物或抽象艺术头像，既实用又美观，还颇具艺术性。

❷过道的转角或壁角，可以暗装一些鞋箱或储藏柜，将家中一些物品放在隐蔽处，使用十分方便。

巧法美化阳台 >>>

在阳台一侧设计成“立体式”花架，摆放几盆耐光照的花卉，在另一个侧墙上，沿墙安放一个“嵌入式”的书架，摆放一个小书桌，台面隐蔽在内，再配上一个转椅，在柔和的灯光下看书阅读，别有一番情趣。

家具陈列设计法 >>>

先丈量出居室面积，再按比例缩小，画在纸上。然后将家具按同比例缩小，画在硬纸片上，再一一剪下。最后将剪下的家具纸片在居室图上反复摆放，选择最佳位置，一次性摆妥，既省时又省力。

巧放婴儿床 >>>

❶婴儿床可以紧挨着墙放，但如果离开墙放置的话，距离要超过50厘米，这样可以防止孩子跌落时夹在床和墙壁之间发生窒息事故。

❷婴儿床下最好能铺上比床的面积更大的绒毯或地毡，这样孩子跌落时，就不会碰伤头部。

❸不要把婴儿床放置在阳光直晒的位置，孩子需要阳光，但过度暴露在阳光下会使孩子的眼睛和皮肤受伤。

❹不要把孩子的床放置在能接触到绳索的地方，比如百叶窗，或有穗子的窗帘下，这样是为了防止孩子玩耍绳子或窗帘时发生缠绕的危险。

家具“对比”布置 >>>

如何摆放好必不可少的家具，又做到不物满为患，这是小居室装饰布置的一个难点问题。解决这一矛盾的方法是将柜橱等靠在一面墙或者远离窗户的屋角，适当集中，相对空出另一面的空间，如靠一面放置从地面至屋顶的整体衣柜、组合柜或书柜等，而另一面空间则放小巧的桌、椅、床等，从而对比出空间的宽阔来。

小居室巧配书架 >>>

❶多层滚轮式书架：如果常用的书刊数量不多，可制作一个方形带滚轮的多层小书架。可根据需要在房间内自由移动，不常用的书就用箱子或袋子装起来，放在不显眼的地方。

❷床头式书架：将靠墙的床头上方改作书架，并装上带罩的灯，这样既可以放置常用书籍，又便于睡前阅读，比较适合厅房一体的家庭。

❸屏风式书架：对于厅房一体户，还可以利用书架代替屏风将居室一分为二，外为厅，里为房。书架上再巧妙地摆些小盆景、艺术品之类，便有较好的美感效果。

电视机摆放的最佳位置 >>>

安放彩电应该把荧光屏的方向朝南或朝北。因为彩电显像色彩好坏与地球磁场影响有关，只有放在朝南或朝北方向时，显像管内电子束的扫描方向才与地球磁场方向相一致，收看的效果才最佳。同时应注意不要经常改变方向，因为每调换一次方向会使机内的自动消磁电路长时间不能稳定，反而会造成色彩反复无常。

放置电冰箱小窍门 >>>

放置电冰箱的室内环境应通风良好、干燥、灰尘少，顶部离天花板在50厘米以上，左右两侧离其他物件20厘米以上，使冰箱门能做90° 以上的转动。放置电冰箱的地面要牢固，电冰箱要放平稳。

巧法避免沙发碰损墙壁 >>>

沙发一般都靠墙放置，容易使墙壁留

下一条条伤痕。只要在沙发椅的后脚上加一条长方形的木棒，抵住墙脚，可使椅背不能靠上墙壁。

家居“治乱”>>>

❶家具、墙体、摆设颜色不宜杂，厅、房的家具颜色不宜反差过大，每一单间最好是式样归一、颜色一样。

❷窗帘最好与家具或沙发套及床罩是同一色系的，百叶窗的颜色最好与墙体颜色一致或是同色系的。

❸家居布置不宜过分奢侈、不实用，居家过日子应讲求实用、经济、美观，尽量避免那些中看不中用的东西。

居室卫生

巧除室内异味 >>>

室内通风不畅时，经常有碳酸怪味，可在灯泡上滴几滴香水或花露水，待遇热后慢慢散发出香味，室内就清香扑鼻了。

活性炭巧除室内甲醛味 >>>

购买800克颗粒状活性炭，将活性炭分成8份，放入盘中，每个房间放2~3盘，72小时可基本除尽室内异味。

巧用红茶除室内甲醛味 >>>

用300克红茶在两只脸盆中泡热茶，放入室内，并开窗透气，48小时内室内甲醛含量将剧降，刺激性气味基本消除。

食醋可除室内油漆味 >>>

在室内放一碗醋，2～3天后，房内油漆味便可消失。

巧用干草除室内油漆味 >>>

在室内放一桶热水，并在热水中放一把干草，一夜之后，油漆味就可消除。

巧用洋葱除室内油漆味 >>>

将洋葱切成碎块，泡入一个大水盆内，放在室内几天，也可消除油漆味。

食醋可除室内烟味 >>>

用食醋将毛巾浸湿，稍稍一拧，在居室中轻轻甩动，可去除室内烟味。如果用喷雾器来喷洒稀释后的醋溶液，效果会更好。

家养吊兰除甲醛 >>>

吊兰在众多能够吸收有毒物质的植物中，功效位居第一。一般而言，一盆吊兰能够吸收一立方米空气中96%的一氧化碳和86%的甲醛，还能分解由复印机等排放的苯，这是其他植物所不能替代的。特别是吊兰在微弱的光线下，也能进行光合作用，吸收有毒气体。吊兰喜阴，更适合室内放置。

巧用柠檬除烟味 >>>

将含果肉的柠檬切成块放入锅里，加少许水煮成柠檬汁，然后装入喷雾器，喷洒在屋子里，就能达到除味效果。

巧除厨房异味 >>>

❶在锅内适当放些食醋，加热蒸发，厨房异味即可消除。

❷在炉灶旁烤些湿橘皮，效果也很好。

巧用食醋除厕所臭味 >>>

室内厕所即使冲洗得再干净，也常会留下一股臭味，只要在厕所内放置一小杯香醋，臭味便会消失。其有效期为6~7天，可每周换1次。

燃废茶叶除厕所臭味 >>>

将晒干的残茶叶，在卫生间燃烧熏烟，能除去污秽处的恶臭。

巧用可乐清洁马桶 >>>

喝剩的可乐倒掉十分可惜，可将之倒入马桶中，浸泡10分钟左右，污垢一般能被清除，若清除不彻底，可进一步用刷子刷除。

塑料袋除下水道异味 >>>

一般楼房住户，厨房、卫生间都有下水道，每到夏季，会泛发出难闻的气味。为此，可找一个细长的塑料口袋，上口套在下水管上扎紧，下底用剪刀剪几个小口，然后把它放进下水管道里，上面再用一块塑料布蒙上，最后盖上铁栅栏即可。这样便能保证厨房或卫生间的空气清新。

巧用丝袜除下水道异味 >>>

把丝袜套在排水孔，减少毛发阻塞排水孔的机会，水管自然可以保持洁净，排水孔发出的臭味就可去除。

巧除衣柜霉味 >>>

抽屉、壁橱、衣箱里有霉味时，在里面放块肥皂，即可去除；衣橱里可喷些普通香水，去除霉味。

巧用洋葱擦玻璃 >>>

将洋葱一切两半，用切面来擦玻璃表面。趁葱汁还未干时，迅速用干布擦拭，玻璃就会非常亮。

牙膏可使玻璃变亮 >>>

玻璃日久发黑，可用细布蘸牙膏擦拭，会光亮如新。

巧用蛋壳擦玻璃 >>>

鲜蛋壳用水洗刷后，可得一种蛋白与水的混合溶液，用它擦拭玻璃或家具，会增加光泽。

巧除玻璃油迹 >>>

窗上玻璃有陈迹或沾有油迹时，把湿布滴上少许煤油或白酒，轻轻擦拭，玻璃很快就会光洁明亮。

巧除玻璃上的油漆 >>>

玻璃上沾了油漆，可用绒布蘸少许食醋将它拭净。

巧用软布擦镜子 >>>

小镜子或大橱镜、梳妆台镜等镜面有了污垢，可用软布（或纱布）蘸上煤油或蜡擦拭，切不可用湿布擦拭，否则镜面会模糊不清，玻璃易腐蚀。

巧用牛奶擦镜子 >>>

用蘸牛奶的抹布擦拭镜子、镜框，可使其清晰、光亮。

巧用橘皮擦地板 >>>

鲜橘皮和水按1：20的比例，熬成橘皮汁，待冷却后擦拭家具或地板，可使其光洁；若将它涂在草席上，不但能使草席光滑，而且还能防霉。

巧去木地板污垢 >>>

地板上有了污垢，可用加了少量乙醇的弱碱性洗涤液混合拭除。因为加了乙醇，除污力会增强。胶木地板也可用此法去除污垢。由于乙醇可使木地板变色，应该先用抹布蘸少量混合液涂于污垢处，用湿抹布拭净。若木地板没有变色，便可放心使用。

巧用漂白水消毒地板 >>>

用漂白水消毒地板，能杀死多种细菌，消毒功效颇为显著。使用时，漂白水跟清水的比例应为1：49，因其味道较浓烈，而如果稀释分量控制不当的话，其中所含的毒性可能会对抵抗力较弱的小孩造成伤害，而且会损害地板，导致褪色。

地砖的清洁与保养 >>>

日常清洁，可先用普通的墩布像擦水泥地面一样混擦，再用干布将水擦干。一般每隔3～6个月上一次上光剂。

巧除地砖斑痕 >>>

如因灼烧使地砖表面产生斑痕时，可用细砂纸轻轻打磨，然后涂擦封底剂和上光剂，即可恢复原状。

巧除家具表面油污 >>>

家具漆膜被油类玷污，可泡一壶浓茶，待茶水温凉时，用软布蘸些茶水擦洗漆面，反复擦洗几次即可。

巧除墙面蜡笔污渍 >>>

墙上被孩子涂上蜡笔渍后十分不雅，可用布（绒布最佳）遮住污渍处，用熨斗熨烫一下即可，蜡笔油遇热就会溶化，此时迅速用布将污垢擦净。

巧除水泥地上的墨迹 >>>

将50毫升食醋倒在水泥地上的墨迹处，过20分钟后，用湿布擦洗，地就会光洁如新。

毛头刷除藤制家具灰尘 >>>

藤制家具用久了会积污聚尘，可用毛头柔和的刷子自网眼里由内向外拂去灰尘。若污迹严重，可用家用洗涤剂洗去，最后再干擦一遍即可。

塑料地板去污法 >>>

塑料地板上若出现了墨水、汤汁、油腻等污迹，一般可用稀肥皂水擦拭，如不易擦净，也可用少量汽油轻轻擦拭，直至污迹清除。

绒面沙发除尘法 >>>

把沙发搬到室外，用一根木棍轻轻敲打，把落在沙发上的尘土打出，让风吹走。也可在室内进行。其方法是：把毛巾或沙发巾浸湿后拧干，铺在沙发上，再用木棍轻轻抽打，尘土就会吸附在湿毛巾或沙发巾上。一次不行，可洗净毛巾或沙发巾，重复抽打即可。

除床上浮灰法 >>>

床上常落有浮灰，用笤帚扫会使其四处飞扬，而后又落于室内，且对人有害。可将旧腈纶衣物洗净晾干，要除尘时拿它在床上依次向一个方向迅速抹擦，由于产生强烈静电，将浮尘吸附其上，用水洗净晾干复用。如用两三块布擦两三次，如同干洗一次，效果极佳。

自制房屋吸湿剂 >>>

用锅把砂糖炒一炒，再装入纸袋，放在潮湿处即成。

巧除家电缝隙的灰尘 >>>

家用电器的缝隙里常常会积藏很多灰尘，且用布不宜擦净，可将废旧的毛笔用来清除缝隙里的灰尘，非常方便。或者用一只打气筒来吹尘，既方便安全，又可清除死角的灰尘。

巧除钟内灰尘 >>>

清除座钟或挂钟内的尘埃，可用一团棉花浸上煤油放在钟里面，将钟门关紧，几天后棉球上就会沾满灰尘，钟内的零件即可干净。

自制加湿器 >>>

冬季暖气取暖使室内干燥，可在洗涤灵瓶子的中部用小铁钉烫个孔，装满水盖好，下垫旧口罩或软布放在暖气上，每个暖气放1～3个就可改善室内小气候。在瓶内放些醋还可预防感冒。

地面返潮缓解法 >>>

没有地下室的一楼房间以及平房，夏季地面返潮厉害。可关闭门窗，拉上窗帘，地上铺满报纸，经两三个小时后，地下的潮气就会返上来。这时把报纸收走，打开门窗通气，干燥空气进来，潮气吹走，房间里就会舒服多了。

居室美化

浴室和卧室的美化 >>>

可以运用清新自然的暖颜色。如：浅棕色、蛋黄色、原实木色或淡绿色，让卧室充满休闲之气。在室中也可点缀少许花瓣，摆上些许鹅卵石或贝壳，给卧室带来清爽气息。

另外，还可用大色块来装饰浴室，就是用黑、红、白大色块分割。墙壁用白色瓷砖，白色的洗脸池、浴池和黑色的天棚、红色的浴帘、毛巾架相映衬，给人一种不拥挤的视觉感受。柔和的灯光经过洗脸镜的散射，让浴室充满了温馨和舒适。

厨房和餐厅的美化 >>>

厨房和餐厅是一家人一起享受快乐用餐时光的场所，也是忙碌的家庭成员彼此交流的中心。在这样的情形下，厨房的装饰一般可采用绿色，把大自然的色彩带到家里。木原色本身就具有自然的质感，绿色植物能让厨房充满活力，在墙上或其他地方使用绿色来装饰，能展现其特有的清新。

客厅的美化 >>>

好些客厅在屋顶上有显露的“过梁”，让人产生沉重感，很生硬。要是用装饰材料把“过梁”装扮成曲面状或曲线，将使天花板变得轻巧。假若居室客厅门太多，则可把不常去的房间门藏起来，例如做个可拉动的滑轨，用假的书柜来遮掩，不露出破绽，让人无法察觉。假若居室房间窗子太少或太小，则可在墙上适当开个假窗，让人感觉视野开阔。

阳台变花园 >>>

绿色植物应成为装扮阳台的首选，根据阳台的面积的大小，找些需要的材料，做个能移动的、很方便的精致的花架，从而便于花木全面吸收阳光。选择的花木等种类不要太多，宜选性相近的花木，这样照料容易，且事半功倍。还可在阳台上栽种相思草或吊兰，最好是在阳台空间设置一个悬挂的钩环栽种它们，以供观赏，且具有立体感，阳台像花园一样，效果好。

客厅角落装饰 >>>

在客厅角落可设置别致的精品台，

在其上可摆些手工艺品或鲜花，其造型应当大方、简单，用木质配上适当的金属作为材料最好。也可直接去家具店采购自己喜爱的金属架，用它来装饰角落，也可在墙角的上方挂个花篮，再放些气味芬芳、色彩亮丽的绢花或干花。角柜放在角落上下两头，玻璃隔层板设置在中间，可采用扇形隔板。间距任选，把工艺品放置在层板上。然后，把射灯装在处理好的角落上方，使角落繁花似锦，充满生机。

茶几配置 >>>

居室茶几，根据其形式及功能，大致有两种：中心式和角隅式。所以茶几配置应讲究下列几点：

❶依居室空间面积来选择茶几类型。其品种繁多，有长方形、正方形茶几；也有选材独特、造型美观的玻璃茶几；还有组合型茶几，由大小不一、外形各异的茶几组合。把茶几的功能和居室面积及空间合理配置起来，在居室空间布局上很重要。

❷茶几的风格要与居室装饰风格配套。茶几看上去小，但作用很大，它能以流畅、简洁的线条衬托出传统家具浑厚质朴的意韵。也能点缀出现代家具的大气与明快，给居室锦上添花。

❸茶几的色彩和材料要配上居室的色彩及居室家具的色调。茶几色彩的选择应与居室中所有陈设的东西的色彩相协调，让它们产生互补效应，从而使居室充满勃勃生机。

室内布艺配套 >>>

居室窗帘，适合“三位一体”的配套，就是床罩、布艺沙发、窗帘三者的配套。它们全是大色块，若搭配恰当则为居室增色，若不当则影响整体环境。假若窗帘布是6种颜色的，则枕套、床罩、靠垫、沙发套等都应该取窗帘布的主色调，作为基本格调。可选其中的两三种颜色，讲究神韵相通，不求花型一致。

搭配家居藤铁艺 >>>

经过染色等特殊处理的藤铁组合很流行，比如：蓝色、绿色、白色等，让人觉得既沉稳又活泼。要摆设好藤铁家具，就要掌握好居室环境和色彩之间的关系。如居室色调是深色，则应配深褐色或咖啡色的藤铁家具，坐垫和桌布的色彩，应该从色系相近又不太深的色彩中挑选。如居家空间是浅色的，那藤铁制品就应选中性或另外颜色的，再配上明亮色泽的布或坐垫。

给窗帘增情调 >>>

在窗帘内侧可以稍加点缀，如粘上彩色小纽扣、卡通形象、五彩斑斓的电光纸片等，再配以一些得体的小朵绢花、花边、小彩灯、个人生活照等，便能锦上添花，为窗帘增添浪漫迷人的情调，使室内更加光彩照人。

用彩色射灯 >>>

如果把颜色不同的一些射灯装在博物柜里，工艺品将更富有吸引力。特别是在晚上，和朋友一起欣赏之际，把射灯打开，工艺品将魅力四射。在墙上的饰品、艺术挂画等，同样可用射灯照耀，使其观赏性更强，充分显现出它们的美。

用水晶灯饰 >>>

选购水晶灯饰，需讲究如下几点：

❶居室结构。楼房高矮、房间间距、顶梁的设计、室内的装饰等，在装置、选择灯饰时，都是应考虑的因素。

❷灯光效应。只有光源清晰，水晶

灯饰才有效果，因此要配上光线明亮的灯泡，普通型的就可以，而不要配上彩色或磨砂灯泡。这样，色彩绚烂的水晶灯效果就出来了。同时，为了不同场合的需求，也可装个调校器，来调节明暗度。

❸吊灯垂饰品质的选择。水晶灯饰自身的设计很重要，但其能否艳丽动人、能否安全适用且完美无缺，都与其垂饰有很大关系。一般人都没有标准去识别其优劣，一不小心就会以假当真。

❹照明面积。水晶灯能对室内照明起很大作用。常理下，衡量水晶灯的照明面积，可按其灯泡瓦数或直径去衡量。一般说来，直径是40厘米的水晶灯，照明面积在50～70平方米，相应地，灯泡为60～100瓦。

用油画装饰房间 >>>

❶统一风格。油画装饰，要与居室房间风格统一。富丽堂皇的房间适用于写实、古典风格和油画。明亮简洁的房间宜挂抽象派、现代派的油画。

❷色彩协调。房间色彩应与油画色彩相对比，使其能相互衬托，又协调一致。如所配的房间是温馨淡雅，则油画格调应色彩柔和。如所配房间色块鲜明、亮丽，则油画格调应色彩对比强烈。

❸品位适宜。油画作者和房间主人的艺术品位要达成共识。作品观赏性强，回味无穷。

选择墙面小挂饰的技巧 >>>

墙面挂饰一般包括字画、挂历、镜框等装饰品。它们能在美化环境的同时陶冶人们的艺术情操。挂饰的选配因地、因人而异。地理因素包括：房间格局、墙壁富余面积；个人因素包括：经济条件、文化素养、职业习惯、个人爱好等。

一般来说，面积较小的房间，宜以低明度、冷色调的画面相配，从而产生深远感；房间面积较大的，宜选配高明度、暖色调的画面，从而产生近在咫尺的感觉。

房间若朝南，光线充足的话，宜选配冷色调的饰画；反之，朝北的房间，其装饰画应以暖色调为主，而且画幅应该挂于右侧墙面，使画面与窗外光线相互呼应，以达到和谐统一，增添真实感。

用照片装饰房间 >>>

❶悬挂：居室面积小，可把照片挂得高于常人平视线，应当配镜框悬挂。居室面积大，适宜把照片前倾式县挂。

❷隐藏：尽量隐藏挂钩和挂绳。无法藏的话，则可考虑用专用画镜钩，把它挂在居室画镜线上。

❸镜框：选好位置，先在墙上钉好钉子，并且还要在镜框背面的中心位置钉个钉子，可用螺丝圈，另外还要在其上系根带子。然后，捏住绳中心把它挂上去，并用绳围绕钉一圈。这样，因镜框自身的重力加上墙面的支托，镜框就被自然而平稳地固定于墙上。

用挂毯装饰房间 >>>

❶选择：用挂毯来装饰房间，应按房间的风格选取相配的画面，假若房间布局突出了时代气息，那就应选现代画派的挂毯画面与之相协调。假使房间布局“古色古香”，那就要选有中国民俗特色和民族色彩浓厚的挂毯画面，以显其相互衬托，和谐一致。

❷协调：挂毯的尺寸、颜色应与房间的面积、色调相配套。要使挂毯画面更美丽、清新，可用壁灯来装饰，但装在其上方的壁灯，形状、颜色应与挂毯画面相协调。

选用工艺品 >>>

居室桌柜、几架的台面上宜陈列一些工艺品，这对居室环境能起到点缀、美化作用。

工艺品的选用应与居室的整体气氛相协调。要考虑居室内的条件，比如布置色彩基调、风格等。若为中式房间，宜摆放中国传统工艺品；西式房间摆放的工艺品则宜具有现代特色。

选购工艺品应该少而精，宜小不宜大，还要注意材质、造型、釉彩和制作工艺等。

工艺品的摆放位置也有讲究。床头柜上最好能摆放一只插几枝香味塑料花的花瓶，收音机上方可以摆放一个动物造型的装饰品。

选用纺织品 >>>

首先，纺织类装饰品应该与家具使用同一色调，同时与室内其他陈设和谐统一。也可以根据使用性质的不同进行分类，比如椅套、沙发套、台布可为一类；电视机、音箱等为一类；床罩、枕套等为一类。每类纺织品均应选用一种主要色调，否则，颜色过多将导致居室内凌乱不堪。

需要注意的是，台布的花纹图案以素雅自然的淡色调为最佳，不可过多、过碎，其面积尺寸要和所盖的家具大小相符。

电视罩、电扇罩等，主要功用是防尘、防晒，因此应选择那种质地比较厚实的面料，如平绒、灯芯绒、纤维布等。

床单、枕套等，虽是实用物品，但是若选择得当，也能美化房间。

在选用纺织装饰品时，应考虑到其用途，以及地面、墙壁、家具的色彩、格局等多方面的需要。

卧室绿化 >>>

雅致、俊逸、幽香、小巧是绿化卧室的要点。在卧室中适合摆放的有：树桩盆景、山水盆景，同时还有梅、竹、柏、松、棕竹、文竹、佛手等，尤以兰花、水仙等植物最为合适。

书房绿化 >>>

书房的特点是素雅、清静，其绿化要突出这些特点。案桌上可以选择一些水仙、仙客来及君子兰、蟹爪兰、文竹等植物摆放；佛手、石榴等果子类植物，可摆放在书柜上；桌子旁边则可以放些中等或者低矮的常绿花木。

客厅绿化 >>>

客厅绿化要突出欢快、热烈的氛围。宜首选大型或中型的常绿花木，并且配以花、果等观赏植物，比如：松、柏、竹、棕竹、龟背竹、腊梅、梅花、蒲葵、山茶等，但有刺植物不宜放在客厅。

用盆景装扮客厅 >>>

盆景有“无声诗、立体画”之喻。宽敞是客厅的特点，装饰时宜选长条形盆景，以便显出气势磅礴、气度不凡的特色。但假若客厅面积小，则适宜摆放小巧精致的盆景，可以选幽深椭圆形的或者重叠的山水盆景，使到访的宾客有一种别致的纵深感，感觉房中有房、景中有景。另外还可以做个古色古香的架子跟盆景配套，也可在墙上贴些与室内山水相协调的意境高远的书法作品，或在墙上挂些风光亮丽的摄影画，体现出既文雅又缤纷亮丽的特色，这些装饰都是合适的。

营造花草满室的自然空间 >>>

盆景、盆花的规格应该和居室的面

积以及家具的数量、色彩统一协调。同一房间内的盆景、盆花应该在大小、式样、种类等各方面相互搭配。居室面积不太大时，若以盆景点缀室内环境，尽可能充分利用室内的空间，这样既能美化环境，又不会过多占用有限的空间。

不同房间选不同花草 >>>

客厅：宜选择那些花繁色艳、姿态万千的花卉；观叶植物宜放于墙角；一些观花、观果类植物宜放于朝阳或者光线明亮的地方。

书房：为幽雅清静之地，书架、茶几、书桌案头上，宜以1～2盆清新的兰草或飘逸的文竹作为点缀。

卧室：恬静舒适，宜摆放茉莉、含笑、米兰以及四季桂花等花卉。这样，芬芳的花香，能使人们心情舒畅，改善睡眠。比较理想的室内植物还有仙人掌。夜间它能够吸收二氧化碳，放出氧气，既为室内增添清新幽雅之感，又能增加空气中的氧气含量和负离子浓度。

阳台：宜摆放榕树、月季、石榴、菊花等具有喜光、耐干、耐热等特性的花草。

居室用花瓶 >>>

❶选择：花瓶的选择，应据房间风格和家具风格来定，面积窄的厅就不适合大的花瓶，否则会让人感觉更拥挤。

❷布置：找个恰当的位置放置小巧花瓶，能起到美化、点缀居室的效果。而宽大的居室则可配高大的落地花瓶，或者配彩绘玻璃花瓶，这些都能为居室锦上添花，让人感觉宁静、祥和。

❸色彩：花瓶的色彩选择要根据居室的地板、墙壁、吊顶、家具以及其他摆设的色彩来定。冷色调的房间就要配暖色调的花瓶，以增强温暖、活泼的氛围。暖色调的房间就要配冷色调的花瓶，让人有安详、宁静之感。

能为新房除异味的植物 >>>

❶吊兰。吊兰能有效地吸附有毒气体，一盆吊兰等于一个空气净化器，就算没装修的房间，放盆吊兰也有利于人体健康。

❷芦荟。芦荟有吸收异味的作用，且能美化居室，作用时间长久。

❸仙人掌。一般植物在白天，都是吸收二氧化碳，释放氧气，到了晚上则相反。但是芦荟、虎皮兰、景天、仙人掌、吊兰等植物则不同，它们整天都是吸收二氧化碳，释放氧气，且成活率高。

❹平安树。平安树，又称“肉桂”，它能放出清新气体，使人精神愉悦。在购买时，要注意盆土，如果土和根是紧凑结合的，那就是盆栽的，相反，就是地栽的。要选盆栽的购买，因其已被本地化，成活率高。

新居有刺鼻味道，想要快速除去它，可让灯光照射植物。植物在光的照射下，生命力旺盛，光合作用加强，放出的氧气更多，比无光照射时放出的氧气要多几倍。

对环境有害的植物 >>>

❶夹竹桃内含多种强心液，且全株有毒，如若中毒，有腹泻、恶心、呕吐等现象，能致命。

❷水仙花，其鳞茎有毒，内含石蒜碱。中毒后有腹痛、呕吐等现象。

❸一品红的白色乳状汁液是有毒的。人体与之接触，会发生皮肤红肿，不小心吞食有腹痛、呕吐现象。

❹万年青，含有草酸及天门冬毒，假

使误食，会导致咽喉、口腔、食管、胃肠黏膜等灼伤，甚至使声带受损。

不适合卧室摆放的花木 >>>

❶百合花、兰花。这些花香气太浓，能刺激人的神经兴奋，从而导致失眠。

❷月季花。其发出的浓郁香味，让人有憋气、胸闷不适、呼吸困难等感觉。

❸松柏类花木。其散发的香味能刺激人的肠胃，不但影响食欲，而且使孕妇有恶心、呕吐、心烦意乱感。

❹洋绣球花。其能散发微粒，一旦人体与之接触，可能导致皮肤过敏。

❺夜来香。在晚上，夜来香散发的微粒能刺激人的嗅觉，久闻将使心脏病或高血压患者有郁闷不适、头晕目眩的感觉。

❻郁金香。其花朵里含有毒碱，长久接触，将会导致毛发脱落。

❼夹竹桃。夹竹桃能分泌出乳白色的液体，接触时间过长能使人中毒，引起智力下降、精神不振的症状。

辨耗氧性花草 >>>

夜来香、丁香等花草，在呼吸时能消耗大量氧气，影响儿童和老年人的身体健康。夜来香在晚间光合作用停止时，还将排出大量废气，使心脏病或高血压患者感到不适。

让室内飘香的办法 >>>

❶将不同品种的花瓣晒干后放在一起，随便放在餐厅或居室，都能让房间香味无穷。

❷把不同品种的花瓣晒干后装在袋里，放些许在衣柜里，柜里的衣物也将具有股股幽香。

❸如果喜欢生活气息更浓的香味，可首选薄荷、荷兰，把它们放在篮里，置于合适场所，令人感受到无边旷野的情趣。

❹把装有桂皮、丁香、咖喱粉等的香包放在有衣物的木箱里，那种味觉将美妙无穷。

物品使用

牙膏巧做涂改液 >>>

写钢笔字时，如写了错别字，抹点儿牙膏，一擦就净。

巧用肥皂 >>>

❶液化气减压阀口，有时皮管很难塞进去，如在阀口涂点儿肥皂，皮管就很容易塞进去了。

❷油漆厨房门窗时，可先在把手和开关插销上涂点儿肥皂，这样粘上油漆后就容易清洗掉了。

肥皂头的妙用 >>>

❶将肥皂头化在热水里，待水冷却后可倒入洗衣机内代替洗衣粉，效果颇佳。

❷用细布或纱布缝制一个大小适当的小口袋，装进肥皂头，用橡皮筋系住，使用时，用手搓几下布袋就行了。

❸将肥皂头用水浸软，放在掌心、两手合上，用力挤压成团，稍晾即可使用。

使软化肥皂变硬的妙方 >>>

因受潮而软化的肥皂，放在冰箱中，就可恢复坚硬。

肥皂可润滑抽屉 >>>

在夏季，空气中水分多，家具的门、写字台的抽屉，往往紧得拉不动。可在家具的门边上、抽屉边上涂一些肥皂，推拉起来非常容易。

蜡烛头可润滑铁窗 >>>

如房间里安装的是铁窗，可将蜡烛头或肥皂头涂在铁窗轨道上充当润滑剂，可使铁窗开关自如。

巧拧瓶子盖 >>>

❶瓶子上的塑料瓶盖有时因拧得太紧而打不开，此时可将整个瓶子放入冰箱中（冬季可放在室外）冷冻一会儿，然后再拧，很容易就能拧开。

❷一般装酱油、醋的瓶盖，如果是铁制的，容易生锈。盖子锈了或旋得太紧而打不开时，可在火上烘一下，再用布将瓶盖包紧，一旋就开。

轻启玻璃罐头 >>>

取宽3厘米、厚1厘米、长约16厘米的木板条一根，2厘米长的圆钉一颗。将钉子钉在木条一端靠里0.5厘米处中央，钉头对准罐头铁盖周围凹缝处，木条顶住罐头瓶颈，往下轻压，如此多压几个地方，整个铁盖就会松动，打开就不难了。

巧开葡萄酒软木塞 >>>

将酒瓶握在手中，用瓶底轻撞墙壁，木塞会慢慢向外顶，当顶出近一半时停住，待瓶中气泡消失后，木塞一拔即起。

盐水可除毛巾异味 >>>

❶洗脸的毛巾用久了，常有怪味、发黏，如果用盐水来搓洗，再用清水冲净，可清除异味，而且还能延长毛巾的使用寿命。

❷有些人习惯把肥皂打在毛巾上洗脸，毛巾表面非常粗糙，在上面打肥皂会使过多的皂液质沾在毛巾上，使毛巾产生一种难闻的气味，既造成浪费，又会缩短毛巾的使用时间。

巧用碱水软化毛巾 >>>

毛巾用久了会发硬，可以把毛巾浸入2%～3%的食用碱水溶液内，用搪瓷脸盆放在小火上煮15分钟，然后取出用清水洗净，毛巾就变得白而柔软了。

开锁断钥匙的处理 >>>

如果在开锁时因用力过猛而使钥匙折断在锁孔中，先不用慌张，可将折断的匙柄插入锁孔，使之与断在锁孔内的另一端断面完全吻合，然后用力往里推，再轻轻转动匙柄，锁便可打开。

巧用玻璃瓶制漏斗 >>>

可将弃之不用的玻璃瓶（如啤酒瓶），做一个实用的小漏斗。做法是拿一根棉纱带，放进汽油、煤油或酒精里浸透，把它紧围在瓶体粗处，然后点燃棉纱，待棉纱燃完，立即将瓶子投入凉水中，玻璃瓶就成了两段，破口平齐，用连通瓶口那段做漏斗。

叠紧的玻璃杯分离法 >>>

玻璃杯因重叠放置而分不开时，可将外杯泡在温水里，里杯装上冷水，即可分开。

烧开水水壶把不烫手 >>>

烧开水，水壶把往往放倒靠在水壶上，水开时，壶把很烫，不小心就可能烫伤。可将小铝片（或铁丝）用万能胶水粘在壶把侧方向做一小卡子，烧水时壶把靠在上面成直立状即可，把就不烫了。

巧除塑料容器怪味 >>>

塑料容器，尤其是未用过的塑料容器，有一种怪味。遇到这种情况，可用肥皂水加洗涤剂浸泡1～2小时后清洗，然后再用温开水冲洗几遍，怪味即可消除。

巧用透明胶带 >>>

透明胶带纸很薄，颜色浅。每次使用时常常很难找到胶带的起头处。在每次使用后，就在胶带纸的起头处粘上一块儿纸（1厘米即可），或将胶带纸对粘一小截儿，胶带的起头处就不会粘上。

巧磨指甲刀 >>>

将一废钢锯条掰出一个新断口，把用钝的指甲刀两刃合拢，然后用锯条锋利的断口处在指甲刀两刃口上来回反复刮10下，指甲刀就会锋利如新了。

钝刀片变锋利法 >>>

在刮脸前，把钝刀片放进50℃以上的热水里烫一下，然后再用，就会和新的一样锋利。

钝剪刀快磨法 >>>

用钝了的剪刀来剪标号较高的细砂纸，随着剪砂纸次数的增多，钝剪刀会慢慢变得锋利。一般剪20多下就可以了。

拉链发涩的处理 >>>

❶拉链发涩，可涂点儿蜡，或者用铅笔在滞涩的拉链上涂画，轻轻拉几下即可。

❷带拉链的衣服每次洗过后，若在拉链上涂点凡士林，拉链不易卡住，并能延长拉链的使用寿命。

调节剪刀松紧法 >>>

剪刀松了，找一铁块垫在剪刀铆钉处，用锤子轻轻砸一下铆钉，即可调紧，如果还嫌松，可多砸几下；如果剪刀紧了，可找一个内孔比剪刀上铆钉稍大一些的螺母，垫在剪刀铆钉处，用锤子敲一下铆钉，剪刀即可变松。

蛋清可黏合玻璃 >>>

玻璃制品断裂后，可用蛋清涂满两个断面，合缝后擦去四周溢出的蛋清，半小时后就可完全黏合，再放置一两天就可以用了，即使受到较大外力的作用，黏合处也不会断裂。此法也可用来黏合断裂的小瓷器。

洗浴时巧用镜子 >>>

洗浴时，浴室中的镜子时常被蒸汽熏得模糊不清。可将肥皂涂抹镜面，再用干布擦拭，镜面上即形成一层皂液膜，可防止镜面模糊。如使用收敛性的化妆水或洗洁精，亦可收到相同的效果。

不戴花镜怎样看清小字 >>>

老年人外出时若忘了带老花镜，而又特别需要看清小字，如药品说明书等，可以用曲别针在一张纸片上戳个小圆孔，然后把眼睛对准小孔，从小孔中看便可以看清。

破旧袜子的妙用 >>>

将破旧纱袜套在手上，用来擦拭灯泡、凸凹花瓶、贝雕工艺品等物体，既方便，效果又好。

防眼镜生“雾” >>>

冬季，眼镜片遇到热气时容易生“雾”，使人看不清东西，可用风干的肥皂涂擦镜片两面，然后抹匀擦亮即可。

旧伞衣的利用 >>>

无修理价值的旧锦纶伞，其伞衣大都很牢固。因而可将伞衣拆下，改成花色各异的大小号锦纶手提袋。先将旧伞衣顺缝合处拆成小块（共8片）洗净、晒干、烫平。然后用其中6片颠倒拼接成长方形，2片做提带或背带。拼接时，可根据个人爱好和伞衣图案，制成各种各样的提式锦纶袋。最后，装上提带或背带即成。

巧用保温瓶 >>>

许多人在向保温瓶里倒开水时，往往会倒得水溢出来，然后再塞上塞子，以为这样更有利于保温。其实不然。要使保温瓶保温效果更好，必须注意在热水和瓶塞之间保持适当的空间。因为水的传热系数是空气的4倍，热水瓶中水装得过满，热量就以水为媒介传到瓶外。若瓶内保留适当的空气，热量散发就慢些。

手机上的照片备份妙方 >>>

将图像从手机邮箱发送到电脑邮箱，然后在电脑中接收该邮件并保存，此法基本上对所有的手机都适用。

巧用手机#键 >>>

在待机状态下输入一个位置号，如12，再按下#键，存在电话簿12号的用户名就出现在屏幕上了，按下通话则拨叫该用户。

输入网址的捷径 >>>

网址的形式是www.xxx.com，只需输入xxx，然后按Ctrl+Enter键就可以了。

巧用电脑窗口键 >>>

❶“窗口键+d”显示桌面。

❷“窗口键+e”打开资源管理器。

❸“窗口键+r”运行命令。

❹“窗口键+f”搜索命令。

电池没电应急法 >>>

电池没电时，将电池（2个）取出来，使正负极相反放在手掌上，用两手摩擦10～15秒，单个电池也一样能行。

电池使用可排顺序 >>>

笔式手电筒、照相机和半导体收音机上不能使用的5号电池，改用作电子石英钟或电子门铃的电源，至少可再用几周到几个月。

巧用电源插座 >>>

家用电源插座一般都标明电流和电压，由此可算出该电源插座的功率＝电流×电压。如电器使用的最大功率超过电源插座的功率，就会使插座因电流过大而发热烧坏。如同时使用有3对以上插孔的插座，应先算一下这些电器的功率总和是否超过插座的功率。

夏日巧用灯 >>>

盛夏用白炽灯不如用节能灯，节能灯可节电75%，8瓦节能灯亮度与40瓦白炽灯相当，而后者还会将80%电能转化为热能，耗电又生热。

盐水可使竹衣架耐用 >>>

竹衣架买回后，可用浓盐水擦衣架（一般以3匙盐冲小半碗水为宜），再放于室内2～3天，然后用清水洗净竹上盐花即可。这样处理过的竹晒衣架不会开裂和虫蛀。

自制简易针线轴 >>>

将2～3个用过的135胶卷内轴用胶粘

接起来，便是一个美观实用的针线轴。

吸盘挂钩巧吸牢 >>>

日常生活中，吸盘式挂钩常常贴不紧，可将残留在蛋壳上的蛋液均匀涂在吸盘上再贴，会牢固得多。

防雨伞上翻的小窍门 >>>

把雨伞打开，在雨伞铁支条的圆托上，按支条数拴上较结实的小细绳，细绳的另一头分别系在铁支条的端部小眼里。这样，无论风怎样刮，雨伞也不会上翻了，并且丝毫不影响它的收放及外观。

凉席使用前的处理 >>>

新买凉席及每年首次使用凉席前，要用热开水反复擦洗凉席，再放到阳光下暴晒数小时，这样能将肉眼不易见到的螨虫、细菌及其虫卵杀死。秋季存放凉席前也以此法进行，再内放防蛀、防霉用品以抑制螨虫的生长。

自制水果盘 >>>

废旧的塑料唱片，可在炉上烤软，用手轻轻地捏成荷叶状，这样就成了一个别致的水果盘。也可以随心所欲地捏成各种样式，或用来盛装物品，或作摆设装饰，都别具特色。

巧手做花瓶 >>>

用废旧挂历或稍硬的纸做室内壁花花瓶，颜色可多种多样，任意选择自己喜爱的花色，把它折成约25厘米长、15厘米宽，再卷成圆筒，上大下小。然后用小夹子夹住折缝的地方，挂在室内墙上，最好是在墙角，再插上自己喜欢的花。如果怕花瓶晃动，底下可用图钉按住。

这种花瓶制作起来十分简单方便，也很美观大方，尤其是在卧室和客厅，显得十分别致，而且可以随时更换。

自织小地毯 >>>

把废旧毛线用粗棒针织成20针宽的长条，然后用缝毛衣用的针将织好的长条缝成像洗衣机出水管那样粗的线管，边缝合边把碎布头塞入线管，最后将这样的毛线管按所需要的形状盘起来，用针缝好，就成为小地毯了。

电热毯再使用小窍门 >>>

上一年使用的电热毯，其毯内皮线可能老化、电热丝变脆，使用前不要急于把叠着的电热毯打开，避免折断皮线和电热丝。正确的使用方法：把电热毯通电热一下再打开铺在床上。

提高煤气利用率的妙方 >>>

在平底饭锅外面加一个与锅壁保持5毫米空隙的金属圈（金属圈的直径比锅壶最大直径略大1厘米），金属圈的高度为3～5厘米。煮饭时，饭锅放在金属圈内，这样就能迫使煤气燃烧时的高温气体除对锅底加热外，还能沿锅壁上升，使热量得到充分利用。

巧烧水节省煤气 >>>

烧开水时，火焰要大一点儿，有些人以为把火焰调得较小省气，其实不然。因为这样烧水，向周围散失的热量就多，烧水时间长，反而要多用气。

巧为冰箱除霜 >>>

使用冰箱前，按冷冻室的尺寸剪一块塑料薄膜（稍厚一点的，以免撕破），贴在冷冻室内壁上，贴时不必涂黏合剂，冰箱内的水汽即可将塑料膜粘住。除霜时，将食物取出，把塑料膜揭下来轻轻抖动，冰霜即可脱落。然后重新粘贴，继续使用。

电冰箱每次化霜需要较长时间。若打开电冰箱冷冻室的门，用电吹风向里面吹热风，则可缩短化霜时间。

冰箱停电的对策 >>>

电冰箱正常供电使用时，可在冷冻室里多制些冰块，装入塑料袋中储存。一旦停电，及时将袋装冰块移到冷藏室的上方，并尽量减少开门取物的次数。当来电时，再及时将冰块移回冷冻室，使压缩机尽快启动制冷。

电冰箱各间室的使用 >>>

❶冷冻室内温度约-18℃，存放新鲜的或已冻结的肉类、鱼类、家禽类，也可存放已烹调好的食品，存放期3个月。

❷冷藏室温度约为5℃，可冷藏生熟食品，存放期限为1星期，水果、蔬菜应存放在果菜盒内（温度8℃），并用保鲜纸包装好。

❸位于冷藏室上部的冰温保鲜室，温度约0℃，可存放鲜肉、鱼、贝类、乳制品等食品，既能保鲜又不会冻结，可随时取用，存放期为3天左右。

冬季巧为冰箱节电 >>>

准备饭盒两只，晚上睡前装3/4的水，盖上盖放到屋外窗台上，第二天早上即结成冰。将其放入冰箱冷藏室，利用冰化成水时吸热原理保持冷藏低温，减少电动机起动次数。两只饭盒可每天轮流使用。

食物化冻小窍门 >>>

鲜鱼、鸡、肉类等一般存放在冷冻室，如第二天准备食用，可在头天晚上将其转入冷藏室，一来可慢慢化冻，二可减少冰箱起动次数。

加长洗衣机排水管 >>>

若洗衣机的排水管太短，使用不便时，找一个废旧而不破漏的自行车内胎，在气门处剪断，去掉气门。这样，自行车内胎就变成了管子，把它套在洗衣机排水管上即可。

如何减小洗衣机噪声 >>>

用汽车的废内胎，剪4块400毫米×150毫米大小的胶皮，擦干净表面，涂上万能胶，把洗衣机放平后，将胶皮贴在底部的四角，用沙袋或其他有平面的重物压住，过24小时，胶皮粘牢后即可使用洗衣机。如用泡沫塑料代替胶皮，效果更好。

电饭锅省电法 >>>

❶做饭前先把米在水中浸泡一会儿，这样做出的米饭既好吃，又省电。

❷最好用热水做饭。这样不但可保持米饭的营养，也能达到节电目的。

❸电饭锅通电后用毛巾或特制的棉布套盖住锅盖，不让其热量散发掉，在米饭开锅将要溢出时，关闭电源，过5~10分钟后再接通电源，直到自动关闭，然后继续让饭在锅内闷10分钟左右再揭盖。这样做不仅省电，还可以避免米汤溢出，弄脏锅身。

固定电话减噪小窍门 >>>

固定电话机的铃声叫起来很刺耳，如果能在电话机的下面垫上一块泡沫塑料，就可让铃声听起来不那么吵。

电视节能 >>>

收看电视时，电视机亮度不宜开得很亮。如51厘米彩电最亮时功耗为90瓦左右，最暗时功耗只有50瓦左右。所以调整适合亮度不仅可节电，还可以延长显像管寿命，保护视力，可谓一举三得。开启电视时，音量不要过大，因为每增加1瓦音频功率，就要增加4～5瓦电功耗。

热水器使用诀窍 >>>

使用热水器时，电源插头要尽可能插紧。如果是第一次使用电热水器，必须先注满水，然后再通电。节水阀芯片一般是铜制的，易磨损，拧动时不要用力过猛。在不用电热水器时，应注意通风，保持电热水器干燥。严格按照使用说明书的要求操作，对未成年人、外来亲朋使用热水器，应特别注意安全指导。每半年或一年要请专业人员对热水器做一次全面的维修保养。

器物清洗与除垢

巧除纱窗油渍 >>>

❶厨房的纱窗因油烟熏附，不易清洗。可将纱窗卸下，在炉子上方（煤气或煤炉）均匀加热，然后将纱窗平放地上冷却后，用扫帚将两面的脏物扫掉，纱窗就洁净如初了。

❷将100克面粉加水打成稀面糊，趁热刷在纱窗的两面并抹匀，过10分钟后用刷子反复刷几次，再用水冲洗，油腻即除。

巧用碱水洗纱窗 >>>

把纱窗放在碱水中，用不易起毛的毛巾反复擦洗，然后把碱水倒掉，用干净的热水把纱窗冲洗一遍，这样纱窗就可干净如初。

巧用手套清洗百叶窗 >>>

先戴上橡皮手套，外面再戴棉纱手套，接着将手浸入家庭用清洁剂的稀释溶液中，再把双手拧干。将手指插入全开的百叶窗叶片中，夹紧手指用力滑动，这样一来，便能轻易清除叶片上的污垢了。

去除床垫污渍小窍门 >>>

❶万一茶或咖啡等其他饮料打翻在床，应立刻用毛巾或卫生纸以重压方式用力吸干，再用吹风机吹干。

❷当床垫不小心沾染污垢时，可用肥皂及清水清洗，切勿使用强酸、强碱性的清洁剂，以免造成床垫的褪色及受损。

剩茶水可清洁家具 >>>

用一块软布蘸残茶水擦洗家具，可使之光洁。

巧洗椅垫 >>>

海绵椅垫用久了会吸收灰尘而变硬，清洗时将整个垫子放入水中挤压，把脏物挤出，洗净后不可晒太阳，要放在阴凉处风干，才能恢复柔软。

家庭洗涤地毯 >>>

取300克面粉，精盐和石膏粉各50克，用水调和成糊，再加少许白酒，在炉上加温调和，冷却成干状后，撒在地毯脏处，再用毛刷或绒布擦拭，直到干糊成粉状，地毯见净，然后用吸尘器除去粉渣，地毯就干净了。

酒精清洗毛绒沙发 >>>

毛绒布料的沙发可用毛刷蘸少许稀释的酒精扫刷一遍，再用电吹风吹干。如遇上果汁污渍，用一茶匙苏打粉与清水调匀，再用布蘸其擦抹，污渍便会减退。

锡箔纸除茶迹 >>>

在贴防火板的茶具桌上泡茶后，日久会在茶具桌上留下片片污迹。对此，可在茶具桌上洒点水，用香烟盒里的锡箔纸来回擦拭，再用水洗刷，就能把茶迹洗掉。用此法洗擦茶具（茶杯、茶壶、茶盘）也有同效。

巧用茶袋清洗塑料制品 >>>

把喝剩下的茶袋晾干，在用过的油里浸泡后，在塑料制品的污垢上擦拭，不但可以去除表面平滑的塑料器皿上的污垢，也能清除表面凹凸容器上的污垢。然后用一块比较柔软的布，倒上少量的洗涤剂擦拭，就可以清洗干净，并且没有油的味道。这个方法对于清洗浴池和洗脸池也非常适用。

巧洗装牛奶的餐具 >>>

装过牛奶、面糊、鸡蛋的餐具，应该先用冷水浸泡，再用热水洗涤。如先用热水，残留的食物就会黏附在餐具上，难以洗净。

巧洗糖汁锅 >>>

刷洗熬制糖汁的锅，用肥皂水边煮边洗，很易洗净。

巧洗瓦罐砂锅 >>>

瓦罐、砂锅结了污垢，可用淘米水浸泡烧热，用刷子刷净，再用清水冲洗即可。

巧除电饭锅底焦 >>>

在锅中加一点儿清水，水刚浸过焦面少许即可，然后插上电源煮几分钟，水沸后待焦饭发泡，停电洗刷便很容易洗干净。

苹果皮可使铝锅光亮 >>>

铝锅用的时间长了，锅内会变黑。将新鲜的苹果皮放入锅中，加水适量，煮沸15分钟，然后用清水冲洗，“黑锅”会变得光亮如新。

白萝卜擦料理台 >>>

切开的白萝卜搭配清洁剂擦洗厨房台面，将会产生意想不到的清洁效果，也可以用切片的小黄瓜和胡萝卜代替。不过，白萝卜的效果最佳。

巧用保鲜膜清洁墙面 >>>

在厨房临近灶上的墙面上张贴保鲜膜。由于保鲜膜容易附着的特点，加上呈透明状，肉眼不易察觉，数星期后待保鲜膜上沾满油污，只需轻轻将保鲜膜撕下，重新再铺上一层即可，丝毫不费力。

瓷砖去污妙招 >>>

❶白瓷砖有了黄渍，用布蘸盐，每天擦2次，连擦两三天，再用湿布擦几次，即可洁白如初。

❷厨房灶面瓷砖上的污物，抹布往往擦不掉，肥皂水也洗不干净。这时，可用一把鸡毛蘸温水擦拭，一擦就干净，效果颇佳。

巧去铝制品污渍 >>>

铝锅、铝壶用久后，外壳有一层黑烟灰，去污粉、洗涤剂都对它无能为力。如果用少许食醋或墨鱼骨头研成粉末，然后用布蘸着来回擦拭，烟灰很容易就被擦掉了。

巧去锅底外部煤烟污物 >>>

在使用之前，在锅底外部涂上一层肥皂，用后再加以清洗，则会收到良好效果。

巧用废报纸除油污 >>>

容器上的油污，可先用废报纸擦拭，再用碱水刷洗，最后用清水冲净。

巧用菜叶除油污 >>>

漆器有了油污时，可用青菜叶擦洗掉。

巧用鲜梨皮除焦油污 >>>

炒菜锅用久了，会积聚烧焦了的油垢，用碱或洗涤剂亦难以洗刷干净。可把新鲜梨皮放在锅里用水煮，烧焦的油垢很易脱落。

巧用白酒除餐桌油污 >>>

吃完饭后，餐桌上总免不了沾有油迹，用热抹布也难以拭净。如用少许白酒倒在桌上，用干净的抹布来回擦几遍，油污即可除尽。

食醋除排气扇油污 >>>

厨房里的排气扇被油烟熏脏后，既影响美观，又不易清洗。若用抹布蘸食醋擦拭，油污就容易被擦掉。

小苏打可洗塑料油壶 >>>

用水稀释小苏打粉，灌入油壶（罐）内摇晃，或用毛刷清洗，再用少量食用碱水灌入摇晃，然后用热食盐水冲洗。

巧用碎蛋壳除油垢 >>>

将蛋壳碾碎，装入空油瓶中，加水摇晃，可速去油瓶内油垢。

巧法避免热水器水垢 >>>

使用热水器时，最好把温度调节在50～60℃，这样能防止热水器水垢的生成；当水温超过85℃时，水垢的生成会加剧。

食醋除厨房灯泡油污 >>>

厨房里的灯泡，很容易被油熏积垢，影响照明度。用抹布蘸温热醋进行擦拭，可使灯泡透亮如新。

饮水机加柠檬巧去渣 >>>

饮水机用久了，里面有一层白色的渣，取一新鲜柠檬，切半，去子，放进饮水机内煮2~3小时，可去除白渣。

巧除碗碟积垢 >>>

先用食盐、残茶或食醋擦拭，再用清水冲净即可。

巧除淋浴喷头水垢 >>>

把喷头卸下来，取一个大一些的碗或杯子，倒入米醋，把喷头（喷水孔朝下）泡在醋里，数小时后取出，用清水冲净即可。

巧除热水瓶水垢 >>>

热水瓶用久了，瓶胆里会产生一层水垢。可往瓶胆中倒点热醋，盖紧盖，轻轻摇晃后放置半个钟头，再用清水洗净，水垢即除。

巧除电熨斗底部污垢 >>>

将熨斗加热后，在熨斗底部涂以少量白蜡，然后放在粗布或粗手纸上一擦，污垢即可清除。也可将电熨斗通电数分钟后拔下电源插头，用干布或棉花蘸少量松节油或肥皂水用力擦拭，反复几次，污垢即可除去。

巧除地毯污渍 >>>

家中的小块地毯如果脏了，可用热面

包渣擦拭，然后将其挂在阴凉处，24小时后，污迹即可除净。

巧除地毯口香糖渣 >>>

地毯上一旦附着口香糖渣，切不可用湿抹布擦，更不能用热抹布擦。要用冰块冷却，然后再轻轻刮下来。

凉席除垢法 >>>

凉席最好每周清除皮屑一次。在地上铺设清洁报纸一张，卷起凉席用棒轻轻拍打，并轻轻往地上按几下，将凉席上的头发、皮屑拍下，随后再用水擦洗。

食醋可除锈 >>>

铜制品如有锈斑，用醋擦洗立即洁净。铝制品有锈，可浸泡在醋水里（醋和水的比例按锈的程度定，锈越重或部位越大，醋的用量要随之加大），然后取出清洗，就会光洁如新。

塑料花的洗涤 >>>

在洗衣桶内加适量清水，花过脏时再加些洗涤剂。操作时采用双向水流，用手握紧塑料花柄，把花浸入洗衣桶内（不要松手），洗涤1～2分钟后取出，抖去花瓣上的水珠，塑料花又会恢复原来鲜艳夺目的色彩。

盐水洗藤竹器 >>>

藤器或竹制品用久了会积垢，可用食盐水擦洗，既去污，又能使其柔松有韧性。

巧用淘米水除锈 >>>

铁锅铲、菜刀、铁勺等炊具，在用过之后，浸入比较浓的淘米水中，既能防锈又可除去锈迹。

巧用葱头除锈 >>>

用切开的葱头擦拭生锈的刀，手到锈除。

巧用蜡油防锈 >>>

搪瓷器皿的漆剥落了，容易生锈。在剥落处涂上一层蜡油，能起到一定的防锈作用。

橘子皮可除冰箱异味 >>>

吃完橘子后，把橘皮洗净擦干，分散放入冰箱内，3天后，打开冰箱，清香扑鼻，异味全无。

巧用柠檬除冰箱异味 >>>

将柠檬切成小片，放置在冰箱的各层，可除去异味。

巧用茶叶除冰箱异味 >>>

把50克花茶装在纱布袋中，放入冰箱，可除去异味。一个月后，将茶叶取出放在阳光下暴晒，可反复使用多次，效果很好。

巧用黄酒除冰箱异味 >>>

取黄酒一碗放在冰箱的底层（防止流出），一般3天就可除净异味。

芥末除瓶子异味 >>>

把芥末面加适量水稀释，倒入瓶中，用长柄毛刷在瓶中上下提拉刷洗，再用清水冲净即可。若能把芥末溶液倒在瓶中浸泡几小时再刷洗，效果更好。

醋除漆味 >>>

新购的上漆的食品容器，有一种难闻的气味。用浸有醋的布巾擦洗，即可消除漆味。

铁锅巧除味 >>>

❶新铁锅有一股怪味，在使用前，用火烧空锅，然后加入热水和菜屑等物煮15分钟，怪味即除。

❷如果铁锅里有腥味，先用废茶叶擦洗，再用清水冲净，腥味即除。

❸炒过菜的锅，烧开水时会有油渍味，若在开水锅内放一双没有油漆的筷子，油渍味即可消除。

巧除微波炉异味 >>>

首先盛半碗清水，再在清水中加入少许食醋，接着将碗放入微波炉中，用高火煮至沸腾。然后不要急于取出，利用开水的雾气熏蒸微波炉，等到碗中的水冷却后将它取出，然后拔掉插销，用湿毛巾擦抹炉腔四壁，就可以清除掉微波炉内的异味了。

巧除箱子异味 >>>

箱子里有了异味，可用干净抹布蘸醋擦拭，箱子干后，异味即除。

妙招防止垃圾发臭 >>>

天一热了垃圾就容易有味，有时隔一夜就臭了。用茶叶渣撒在垃圾上能防止鱼虾、动物内脏等发臭；在垃圾上撒洗衣粉可以防止生出小虫子；在垃圾桶底部垫报纸，垃圾袋破漏时，报纸可以吸干水分防止发臭。

修补与养护

巧用废塑料修补搪瓷器皿 >>>

对于有漏孔的搪瓷器皿，可先将漏孔处扩成绿豆或黄豆粒大小的孔洞，再从废塑料瓶上剪下长约2厘米，粗与漏孔等同的塑料棒（亦可用塑料布卷成棒），然后把它插入漏孔，两面各露出约1厘米，最后再用蜡烛或打火机烧化塑料棒的两端，使其收缩成“蘑菇顶”，稍等片刻，再用光滑木棍将两边的“蘑菇顶”向中心压一压即可。等塑料完全冷却后，就会把漏孔补得滴水不漏。同时，两边的“蘑菇顶”还有保护漏孔边缘不再受磨损的作用。

防玻璃杯破裂 >>>

冬季往玻璃杯里倒开水时，为防止杯子突然破裂，可先取一把金属勺放在杯中，然后再倒开水。这样杯子就不会破裂了。

治“长流水”小窍门 >>>

到五金商店买个合适的密封圈，用扳手拧下阀盖，取出阀盖下端活瓣上磨损的密封圈，换上新的，然后复位，旋紧阀盖即可。如果手头有青霉素药瓶之类的橡皮瓶盖，亦可代替密封圈，只是耐用性差些。

防止门自锁的方法 >>>

生活中常常会发生这样的事情：门被随手带上或被风吹而锁上了，而钥匙却在屋里。如果将门锁做些小小改动，就可解除后顾之忧。做法是：在锁舌倒角的斜面上用锉刀锉成一个“平台”。这样，门就不能自动锁上了，外出时必须用钥匙才能将门锁上。

排除水龙头喘振 >>>

拧下水龙头整体的上半部，取出旋塞压板，将橡胶垫取下，按压板直径用自行车内胎剪一个比其略大出1.5毫米的阻振片，再将其装在压板与橡胶垫之间，按逆次序装好即可。

巧用铅块治水管漏水 >>>

取一点儿铅块或铅丝放在水管漏水的砂眼处，用小锤把铅块或铅丝砸进管缝或砂眼里，砸实，使其和水管表面持平。

刀把松动的处理 >>>

将烧化的松香滴入松动的刀柄把中，冷却后，松动的刀把就紧固了。

陶器修补小窍门 >>>

用100毫升牛奶，一面搅拌，一面慢慢地加些醋，使之变稠，然后用1只鸡蛋的1/2蛋清，加水，再加适量生石灰粉，一起搅拌成膏，用它黏合陶器碎片，用绳子扎紧，待稍干，再放在炉子上烘烤一会，冷却后就牢固了。若修补面不大，配料可酌情减少。

指甲油防金属拉手生锈 >>>

家具上的金属拉手，刚安时光洁照人，但时间长了就会锈迹斑斑，影响美观。如果定期在新拉手上除一层无色指甲油，可保持其长期不锈。

巧法延长日光灯寿命 >>>

日光灯管使用数月后会两端发黑，照明度降低。这时把灯管取下，颠倒一下两端接触极，日光灯管的寿命就可延长一倍，还可提高照明度。同时，应尽量减少日光灯的开关次数，因为每开关一次，对灯管的影响相当于点亮3～6小时。

巧防钟表遭电池腐蚀 >>>

为防止钟表电池用久渗出腐蚀性液体而损坏电路，在更换新电池的时候，可用一点儿凡士林或润滑油脂涂在电池的两端，这样可抑制腐蚀液溢出。

电视机防尘小窍门 >>>

❶打开电视之后不要扫地或做其他让尘土飞扬的工作。

❷做一个既通气又防尘，也能防止阳光直接照射荧光屏的深色布罩，在节目收看完且关机断电半小时后，将电视机罩上。

❸定期对电视机进行除尘去灰的保养，可以用软布蘸酒精由内而外打圈擦拭荧光屏去尘。

延长电视机寿命小窍门 >>>

❶亮度和对比度旋钮不要长期放在最亮和最暗两个极端点，否则会降低显像管使用年限。

❷音量不要开得过大，有条件最好外接扬声器。音量太大，不仅功耗大，而且机壳和机内组件受震强烈，时间长了可能发生故障。

❸不宜频繁开关，因为开机瞬间的冲击电流将加速显像管老化；但也不能不关电视机开关，而只关遥控器或者通过拔电源插头来关电视机，这样对电视机也有损害。

❹冬季注意骤冷骤热。比如，要把电视搬到室外，最好罩上布罩放进箱里。搬进室内时，不要马上开箱启罩，应等电视机的温度与室内温度相近时，再取出，以防温度的骤变而使电视机内外蒙上一层水汽，损坏电子组件绝缘。

拉链修复法 >>>

拉链用久了，两侧的铁边易脱落，可将一枚钉书钉的一头向内折，使之与针杆平行，而把另一头折直。根据拉链铁边脱落的长度，把钉书钉多余部分从伸直的一头截掉。截好后的钉书钉，安放在原铁边的位置上，折回的那一头放在下面，与拉链的底边平齐，另一头至齿同一点。然后用缝衣针以锁扣眼的针法密密实实地来回缝两遍，将钉书钉严严实实地包在里面，但缝时要注意，宽度要与原来铁边相等；底边缝严，缝平整，再用蜡抹一下。这样效果如同原来的铁边一样，拉链开拉自如。

红木家具的养护 >>>

红木家具宜阴湿，忌干燥，不宜暴晒，切忌空调对着家具吹；每3个月用少许蜡擦一次；用轻度肥皂水清除表面的油垢，忌用汽油、煤油。

家具漆面擦伤的处理 >>>

家具漆面擦伤，但未伤及漆膜下的木质，可用软布蘸少许溶化的蜡液，覆盖伤痕。待蜡质变硬后，再涂一层，如此反复涂几次，即可将漆膜伤痕掩盖。

家具表面焦痕的处理 >>>

灼烧而未烧焦膜下的木质，只留下焦痕，可用一小块细纹硬布，包一根筷子头，轻轻擦抹灼烧的痕迹，然后，涂上一层薄蜡液即可。

巧除家具表面烫痕 >>>

家具放置盛有热水、热汤的茶杯或汤盘，有时会出现白色的圆疤。一般只要及时擦抹就会除去。但若烫痕过深，可用碘酒、酒精、花露水、煤油、茶水擦拭，或在烫痕上涂上凡士林，过两天后，用软布擦抹，可将烫痕除去。

巧除家具表面水印 >>>

家具漆膜泛起“水印”时，可将水渍印痕上盖上块干净湿布，然后小心地用熨斗压熨湿布。这样，聚集在水印里的水会被蒸发出来，水印也就消失了。

家具蜡痕消除法 >>>

蜡油滴在家具漆面上，千万不要用利刃或指甲刮剔，应等到白天光线良好时，双手紧握一塑料薄片，向前倾斜，将蜡油从前向后慢慢刮除，然后用细布擦净。

白色家具变黄的处理 >>>

漂亮而洁白的家具一旦泛黄，便显得难看。如果用牙膏来擦拭，便可改观。但是要注意，操作时不要用力太大，否则，会损伤漆膜而适得其反。

巧防新木器脱漆 >>>

在刚漆过油漆的家具上，用茶叶水或淘米水轻轻擦拭一遍，家具会变得更光亮，且不易脱漆。

巧为旧家具脱漆 >>>

一般油漆家具使用 5 年左右需重新油饰一次。在对旧家具的漆膜进行处理时，可买一袋洗照片的显影粉，按说明配成液体后，再适量多加一些水，涂在家具上，旧漆很快变软，用布擦净，再用清水冲洗即可。

桐木家具碰伤的处理 >>>

桐木家具质地较软，碰撞后易留下凹痕。处理办法：可先用湿毛巾放在凹陷部，再用熨斗加热熨压，即可使其恢复原状。如果凹陷较深，则必须黏合充填物。

巧法修复地毯凹痕 >>>

地毯因家具等的重压，会形成凹痕，可将浸过热水的毛巾拧干，敷在凹痕处7~8分钟，移去毛巾，用吹风机和细毛刷边吹边刷，即可使其恢复原状。

地毯巧防潮 >>>

地毯最怕潮湿。塑胶及木质地面不易受潮，地毯可直接铺在上面，如果是水泥地板，铺设前可先糊上一层柔软的纸，再把地毯铺上，这样就能起到防潮作用，防止发霉，以延长其使用寿命。

床垫保养小窍门 >>>

❶使用时去掉塑料包装袋，以保持环境通风干爽，避免床垫受潮。切勿让床垫暴晒过久，使面料褪色。

❷定期翻转。新床垫在购买使用的第一年，2～3个月正反、左右或头脚翻转一次，使床垫的弹簧受力平均，之后约半年翻转一次即可。

❸用品质较佳的床单，不只吸汗，还能保持布面干净。

❹定期以吸尘器清理床垫，但不可用水或清洁剂直接洗涤。同时避免洗完澡后或流汗时立即躺卧其上，更不要在床上使用电器或吸烟。

❺不要经常坐在床的边缘，因为床垫的4个角最为脆弱，长期在床的边缘坐卧，易使护边弹簧损坏。不要在床上跳跃。

电脑软盘防霉法 >>>

霉菌对计算机软盘危害很大，会使电脑的软驱磁头污染。可以将半个卫生球压成粉末，倒入纸套内，封口后和其他软盘放在一起，可防止软盘生长霉菌。

巧治马桶水箱漏水 >>>

抽水马桶水箱漏水往往让很多人伤透脑筋，其实解决这个问题并不困难。马桶水箱漏水主要原因是封盖泄水口的半球形橡胶盖较轻，水箱泄水后因重力不够，落下时不能盖严泄水口而漏水。只要在连接橡胶盖的连杆上捆绑少许重物，如大螺母、牙膏皮等，注意捆绑物要尽量靠近橡胶盖，这样橡胶盖就比较容易盖严泄水口，漏水问题就解决了。

巧晒被子 >>>

❶晒被子时间不宜太长。一般来说，冬天棉被在阳光下晒3~4个小时，合成棉的被子晒1~2个小时就可以了。

❷不宜暴晒。以化纤面料为被里、被面的棉被不宜暴晒，以防温度过高烤坏化学纤维；羽绒被的吸湿性能和排湿性能都十分好，也无须暴晒。在阳光充足时，可以盖上一块布，这样既可达到晒被子的目的，又可以保护被面不受损。另外，注意不宜频繁晾晒被子。

❸切忌拍打。棉花的纤维粗而短，易脱落，用棍子拍打棉被会使棉纤维断裂成灰尘状而跑出来。合成棉被的合成纤维一般细而长，一经拍打较容易变形。一般只需在收被子时，用扫帚将表面尘土扫一下就可以了。

巧存照片底片 >>>

❶底片要夹在柔软光滑的白纸中间，以防止沾上灰尘或其他杂物。

❷整卷底片要剪开分张保存，以免互相摩擦，出现划伤。

❸切忌日晒、受潮。最好将底片装入底片册的小口袋中，用时再取出。

❹取看底片，手应拿底片的边缘空白处，切不可触摸画面中间，以免留下

指印。

巧除照片底片指纹印 >>>

底片上有指纹印，轻微的可放在清水中泡洗，重的可用干净的软布，蘸上四氯化碳擦洗。

巧除照片底片尘土 >>>

底片若沾上尘土或粘上纸片，可把底片浸入在清水中，待底片潮湿发软时，洗去底片上的杂物，取出晾干。

巧除照片底片擦伤 >>>

底片上有轻微擦伤，可将底片放入10%的醋酸溶液中浸透，取出晾干即可。

巧法防照片底片变色 >>>

底片发黄、变色，把底片放入25%的柠檬酸、硫脲的混合溶液中漂洗3～5分钟，取出即可复原。

巧妙保养新手表 >>>

新买的镀金手表，在佩戴前，先将表壳用软布拭净，再均匀地涂上一层无色指甲油，晾干后再戴，不但能使手表光泽持久，不被磨损，还能增加其外表光度。

巧用牙膏修护表蒙 >>>

表蒙上如果划出了很多道纹，可在表蒙上滴几滴清水，再挤一点儿牙膏擦涂，就可将划纹擦净。

巧使手表消磁 >>>

手表受磁，会影响走时准确。消除方法很简单，只要找一个未受磁的铁环，将表放在环中，慢慢穿来穿去，几分钟后，手表就会退磁复原。

巧用硅胶消除手表积水 >>>

手表内不小心进水，可用一种叫硅胶的颗粒状物质与手表一起放入密闭的容器内，数小时后取出，表中的积水即可消失。硅胶可反复使用。

巧用电灯消除手表积水 >>>

手表被水浸湿后，可用几层卫生纸或易吸潮的绒布将表严密包紧，放在40瓦的电灯泡附近约15厘米处，烘烤约30分钟，表内水汽即可消除。

如何保养手机电池 >>>

❶为了延长电池的使用寿命，其充电时间不可超过必要的充电期（一般为5～7小时）。

❷电池的触点不要与金属或带油污配件接触。

❸电池切勿浸在水中，注意防潮，切勿放在低温的冰箱里或高温的炉子旁。

❹对于有记忆效应的电池，每次应把电量使用完毕再充电，否则，电池会出现记忆效应，大大减少电池寿命。

水湿书的处理 >>>

一本好书不小心被水弄湿了，如果晒干，干后的书会又皱又黄。其实，只要把书抚平，放入冰箱冷冻室内，过两天取出，书干了，又很平整。

巧除书籍霉斑 >>>

可用棉球蘸明矾溶液擦洗，或者用棉花蘸上氨水轻轻擦拭，最后用吸水纸吸干水分。

巧除书籍苍蝇便迹 >>>

用棉花蘸上醋液或酒精擦拭，直至擦净为止。

巧铺塑料棋盘 >>>

现在的棋盘多为塑料薄膜制成，长期折叠后不易铺开。有的棋子很轻，很难站稳。其实，只要用湿布擦一下桌子，就可将塑料薄膜棋盘平展地贴在桌面上。

巧用口香糖“洗”图章 >>>

图章用久了会积很多油渍，影响盖印效果，可将充分咀嚼后准备扔掉的口香糖放在图章上用手捏住，利用其黏性将图章字缝中的油渍粘掉，使图章完好如新。

巧法分离粘连邮票 >>>

带有背胶的邮票，有时会互相粘连在一起，要使它们分开而又不损伤背胶，可把邮票放在热水瓶口，利用热气使邮票卷曲或自动分开。

冬季巧防自行车慢撒气 >>>

冬季车胎常常跑气，其原因大多是气门芯受冻丧失弹性所致。用呢料头缝制一个气门套套在上面，可防止气门芯被冻。

新菜板防裂小窍门 >>>

按1500毫升水放50克食盐的比例配成盐水，将新菜板浸入其中，一周左右取出。这样处理过的菜板不易开裂。

延长高压锅圈寿命小窍门 >>>

高压锅胶圈用过一段时间后就失去了原有的弹性而起不到密封作用。可用一段与高压锅圈周长相等的做衣服用的圆松紧带，夹在高压锅圈的缝中，其效果不亚于新高压锅圈。

煤气灶具漏气检测法 >>>

将通往灶具的煤气开关关死，经过一小时左右，只开灶具开关，同时点燃炉灶，如能烧起一股火苗，则说明灶具不漏气；如点不出火，说明灶具有漏气处。

冰箱封条的修理 >>>

冰箱门上的磁性密封条与箱体之间会出现缝隙，致使冷气外漏，降低制冷效果，增加耗电量。可把一个开着的手电筒放入冰箱，关上箱门仔细观察箱门四周的密封圈有没有漏光处。如果有，把漏光处的磁性密封圈扒开，取一些干净棉花填入密封圈的漏光部位，棉花数量视漏光情况而定，以关严为宜。最后，再用手电筒检验一遍，若还有漏光处，可反复“对症下药”，直到没有漏光为止。

电池保存小窍门 >>>

❶在电池的负极上涂一层薄薄的蜡烛油，然后搁置在干燥通风处，则可有效地防止漏电。

❷把干电池放在电冰箱里保存，可延长其使用寿命。

❸手电筒不用时，可将后一节电池反转过来放入手电筒内，以减慢电池自然放电，延长电池使用时间，同时还可避免因遗忘致使电池放电完毕，电池变软，锈蚀手电筒内壁。

巧除印章印泥渣 >>>

印章用久后，就会被印泥渣子糊住，使用时章迹就很难辨认清楚。可以取一根蜡烛点着，使溶化了的蜡水滴入印章表面，待蜡水凝固，取下蜡块，反复两次即可。

微型电池巧充电 >>>

电子表和计算器里的氧化银电池将用完时，可以充电。充电1次可使用半年左右，一个电池一般可充电3次。充电电源是用两节（或一节，视微型电池的电压而

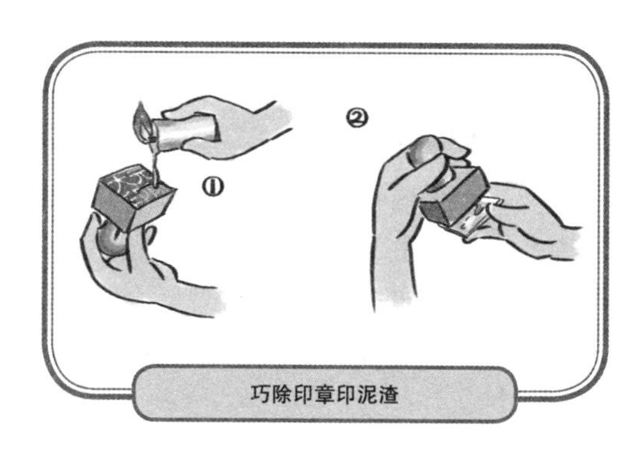

巧除印章印泥渣

定）新的一号电池，一根1厘米长的细铜丝，把微型电池的正极放在一号电池的正极铜帽上，将微型电池的负极用铜线接到一号电池的负极，待微型电池发热、烫手时就充好电了。

灭蟑除虫

巧用黄瓜驱蟑螂 >>>

把黄瓜切成小片，放在蟑螂出没处，蟑螂会避而远之。

巧用橘皮驱蟑螂 >>>

把吃剩的橘子皮放在蟑螂经常出没的地方，特别是暖气片、碗柜及厨房内的死角，可有效去除蟑螂，橘皮放干了也没关系。

巧用洋葱驱蟑螂 >>>

在室内放一盘切好的洋葱片，蟑螂闻其味便会立即逃走，同时还可延缓室内其他食物变质。

巧用盖帘除蟑螂 >>>

把同样大小的盖帘两个（盛饺子用的）合在一起，晚上放到厨房里，平放菜板上或用绳吊在墙壁上。次日早晨用双手捏紧盖帘，对准预先备好的热水盆，将盖帘打开把蟑螂倒入盆内烫死。每次可捕数十只，连续数天后，蟑螂就渐渐无踪迹了。如果盖帘夹层内涂些诱饵，效果会更好。

巧用抽油烟机废油灭蟑螂 >>>

抽油烟机内的废油黏度极大，可做诱饵，粘住蟑螂。方法是：找来一塑料盒，装满取下来的废油，放在蟑螂出没的地方，不久即可发现里面有不少死蟑螂。

桐油捕蟑螂 >>>

取100～150克桐油，加温熬成黏性胶体，涂在一块15厘米见方的木板或纸板周围，中间放上带油腻、带香味的食物做诱饵。在蟑螂觅食时，只要爬到有桐油的地方，就可被粘住。

巧用胶带灭蟑螂 >>>

买一卷封纸箱用的黄色宽胶带，剪成一条一条的，长度自定，有黏性的一侧在上，平放在蟑螂经常出没的地方。第二天便会发现很多自投罗网的蟑螂。没有多久蟑螂就可消灭干净。

巧用灭蝇纸除蟑螂 >>>

用市场上出售的灭蝇纸，将纸面部撕掉，将带有黏性的灭蝇纸挂放在蟑螂出没的地方即可。当粘上蟑螂后，不要管它，这时蟑螂是跑不了的，待纸上都是蟑螂后，将纸取下用火点燃，这种方法既安全又卫生。

硼酸灭蟑螂 >>>

把一茶匙硼酸放在一杯热水中溶化，再用一个煮熟的土豆与硼酸水捣成泥状，加点糖，置于蟑螂出没的地方。蟑螂吃后，硼酸的结晶体可使其内脏硬化，几小时后便死亡。

冬日巧灭蟑螂 >>>

蟑螂喜热怕冷，在冬天的夜晚，可将碗柜搬离暖气管，然后大开窗户，闭紧厨房门，让冷空气对整个厨房进行冷冻，连着冷冻2～3天，蟑螂几乎全被冻死。

果酱瓶灭蟑螂 >>>

买一瓶收口矮的什锦果酱，吃完果酱后，将瓶子稍微冲一下，瓶中放1/3的水后，把瓶盖轻轻放在瓶口上，不要拧紧，然后把它放在蟑螂经常出没的地方。晚上陆续会有蟑螂爬到瓶里偷吃果酱，结果统统被淹死在里面。

蛋壳灭蚁 >>>

将蛋壳烧焦研成粉末，撒在墙角或蚁穴处，可杀死蚂蚁。

香烟丝驱蚁 >>>

买一盒最便宜的香烟，将烟丝泡的水（泡两天即可）或香烟丝洒在蚂蚁出没的地方（如蚂蚁洞口或门口、窗台），连洒几天蚂蚁就不会再来了。但这种方法只是使蚂蚁不再来，并不能杀死蚂蚁。

节省蚊香法 >>>

用一只铁夹子将不准备点燃的部位夹住，人入睡以后，蚊香自然熄灭。这样，一盘蚊香可分3～4次使用。

巧用醪糟灭蚁 >>>

将没吃完的醪糟连瓶放在厨房、卫生间、卧室等地，第二天便会发现瓶内满是死蚂蚁，连续几次，可根除蚂蚁。

常见病治疗窍门

感冒、头痛

冷水擦背防感冒 >>>

当身体内部有发冷的感觉时，这就是感冒的前兆。所以，在感到身体不舒服时，就要采取预防措施。早上起床后，用干布蘸冷水，摩擦背部上方20～30次，直到背部发热为止。

洗脸防感冒 >>>

每天早晨洗脸时，将冷水轻轻吸入鼻腔进行清洗，既刺激鼻腔，又打扫了卫生。鼻腔经过这样的每日一练，渐渐习惯了低温，再有冷空气入侵，也就见怪不怪，不会动不动就感冒了。

冰糖蛋汤防感冒 >>>

下面的方法对预防感冒很管用：冰糖放在杯底，加进1只新鲜鸡蛋，然后注入滚烫的开水，用盖子盖好，半分钟后，掀起盖子，以汤匙搅拌，趁热喝下即可。此方还有增强体力、治疗咳嗽的作用。

葱姜蒜治感冒初发 >>>

感冒初发的时候，身体尚未发汗。而在中医的诊断上，发汗与否非常关键。若已发汗，表明已是里证，而不发汗则表明仍是表证，病毒尚未侵入内脏，此时可用葱、姜、蒜来治疗：

❶温一点大蒜液汁来喝，或是将切碎的大蒜和切碎的姜泡热开水或拌面吃，出汗后即愈。

❷葱白6根切片，放入研钵捣碎；老姜30克切片。葱、姜和豆豉12克一起入锅，加一杯水熬至只剩半杯的浓度，沥出残渣，趁热喝下，多穿衣服或闷在棉被中，使身体出汗即愈。

酒煮鸡蛋治感冒 >>>

如果得了感冒，可将100毫升的黄酒放入锅中煮，使酒精蒸发掉一部分后，打入一个鸡蛋搅拌，再加入蜂蜜或砂糖适量，也可加入少许开水冲淡酒味。喝过蛋酒，好好睡一觉，隔天就没事了。医学证明，鸡蛋含有免疫物质，而酒精则具有轻微的麻痹解热作用。

一贴灵治风寒感冒 >>>

得了风寒感冒，一般会有畏寒发热、全身酸痛、头晕乏力等症状。这时可去中药店买麻黄、香薷各15克，板蓝根、蒲公英各10克，桔梗12克。将上药共研为细粉，成人一般用量约3.5克，儿童用量约1克。将药粉倒入肚脐中心，然后用一般胶布贴敷固定，勿令药粉撒漏。贴上1小时后，患者一般会感到全身舒适，诸症减轻，体温下降，全身无不适感，之后可再用1剂以巩固疗效。

药水擦身治感冒 >>>

柴胡、荆芥、紫苏、薄荷各30克（4岁以下幼儿各20克）。上药用热开水1000～1500毫升冲开后浸泡20分钟（或煎煮5分钟），去渣取药液。关闭门窗，用毛巾蘸药液（保持一定温度，以患者能耐受为宜）反复擦洗全身，每次10～15分钟。洗毕擦干身子，穿上衣裤，保温休息。每隔4～5小时擦洗一次。

葱蒜粥治感冒头痛 >>>

得了感冒的人，用大蒜3个、葱白10根切碎，加入煮熟的粥中，再熬一次，趁热吃完，多穿衣服或盖上棉被，保持身体的温暖。这种方法用来治疗初期的感冒，尤其是有头痛症状的感冒，特别有效。

用葱治感冒鼻塞 >>>

感冒时，如因鼻塞而感到呼吸困难，可用葱来治疗。

❶把生葱的葱白部分切断，将切口处放在鼻孔前用力呼吸，数分钟后，鼻塞的现象自会消失。如果鼻塞的症状太严重时，可将生葱的葱白部分，垂直方向切开，取出葱白内带有刺激性黏液的薄膜，贴在鼻孔下，5～10分钟后，呼吸就会畅通，这时再取下即可。

❷取葱白适量并捣碎过滤取汁，加生理盐水配成40%溶液，装瓶备用。用时每日滴鼻3～5次，每次2～3滴，病愈停药，对感冒鼻塞不通有良好效果。

治风寒感冒家用便方 >>>

葱白15克切碎、老姜15克切片，加茶叶10克，放一杯半的水同入锅，煮好，沥去残渣，将汤汁倒入杯中，趁热服用，并注意不要受风寒。材料中的茶叶对治疗头痛很有效用，很多感冒药中含有茶叶的成分。

吃辣面治感冒鼻塞 >>>

感冒初起时可吃汤面作为发散剂，面要煮得烂熟，汤要多，再加大葱一根煮熟，放入红辣油1汤匙，这样能发散风寒，吃完面后能使鼻塞畅通。

喝陈皮汤治感冒、关节痛 >>>

中老年人得了感冒后，往往会出现关节疼痛的症状，即使感冒已愈，关节痛的症状却不一定会随之消失，有时反而会恶化，甚至连下床走路都会感到十分吃力。用陈皮（干燥的橘子皮）20克，以200毫升的水煎至剩2/3的量时，趁热服下，对治疗关节痛很有效果。因为关节之所以会痛，是由于身体长期过度疲劳所致，而陈皮恰好具有消除体内疲劳的功效。

紫苏黑枣汤治感冒、关节痛 >>>

紫苏叶10克与黑枣10颗入锅慢火熬汤。此汤有枣子甘味，药味轻，喝一大碗后，盖被小睡，待出汗后，骨痛、肌肉痛即能减轻。骨痛较甚者，除用紫苏叶之外，紫苏梗也可同时用，不必弃去。凡是骨痛、肌肉痛，皆应吃发汗散表的食物，紫苏叶能疏解寒气，黑枣具有散骨节寒气的功能，可减轻患者的痛苦。

芥菜豆腐汤治感冒 >>>

日久不愈的感冒会有口干舌苦、食欲不振、咳嗽、生痰的症状。这时可用芥菜500克切成适当长度、豆腐半块切为3～4块、老姜10克切片、咸橄榄4个与一杯半的水，共放入锅内煮，煮好后，残渣沥出，趁热喝下，多穿衣服或盖上棉被休息，身体出汗即愈。

紫苏山楂汤治感冒、关节痛 >>>

取紫苏叶6克、山楂10克、冰糖90克，共煮5～6汤碗，尽量多饮，饮后入睡，隔天即愈，屡试屡验。此药酸甜可口，常人亦可饮之。

葱豉黄酒汤治感冒 >>>

取葱30克、淡豆豉15克、黄酒50克，先将豆豉放入砂锅内，加水一小碗，煎煮10分钟，再把洗净切段的葱（带须）放入，继续煎煮5分钟，然后加入黄酒，立即出锅，趁热顿服即可。

姜丝红糖水治感冒 >>>

风寒初起伴头痛、耳痛、无汗，口不渴，可用老生姜10克，洗净切丝，放入大茶杯内，冲入开水，盖上盖，泡5分钟，然后放入红糖15克，搅拌均匀后趁热服下。服后盖被卧床，出微汗即可。每天1次，连服2～3天。

如果感冒是因淋雨而起，伴有寒冷腹痛的症状时，可将生姜30克切细，加红糖、葱白，以开水冲泡，或煮一沸，乘热饮后，盖被卧床，出汗即愈。

银花山楂饮治感冒 >>>

取银花30克、山楂10克放入锅内，加清水适量，用旺火烧沸3分钟后，将药汁滗入盆内，再加清水煎熬3分钟，滗出药汁。将两次药汁一起放入锅内，烧沸后，加蜂蜜250克，搅匀代茶饮。

“神仙粥”治感冒 >>>

先将糯米50克洗净后与生姜3克入砂锅内煮二沸，再放进葱白5根。待粥将成时，加入米醋10毫升，稍煮即可。此方治感冒一定要趁热服用，最好服后盖被静卧，避免风寒，以微微汗出为佳。本方又名“神仙粥”，有辛温解表、宣肺散寒之功效，适用于风寒感冒兼见胃寒呕吐而不思饮食者。

敷贴法治风寒感冒 >>>

❶将胡椒15克、丁香9克研成末，入葱白适量捣如膏状，取适量敷于大椎穴（在背部，第七颈椎棘突下凹陷中），胶布固定；另取药膏涂于双劳宫穴（位于掌心，握拳时中指尖下即是）；合掌放于两大腿内侧，夹定，屈膝侧卧，盖被取汗，早晚各1次，每次45～60分钟，连用2～3日或病愈为止。

❷取白芥子100克、鸡蛋清适量。将白芥子粉碎为末过筛，取鸡蛋1～2只，用蛋清和药末混合调如糊状，贴敷于神阙（位于脐部）、涌泉（位于足心）、大椎穴上，盖以纱布，胶布固定。令患者覆被睡卧，出微汗即愈。

涂擦太阳穴治风寒感冒 >>>

感冒初起、症状不太严重时，取白芷末6克、姜汁适量，以姜汁调匀白芷末，涂擦太阳穴，每日数次，每次20分钟，有发散解表之功效。

薄荷粥治风热感冒 >>>

准备薄荷鲜品30克或干品10克，加水稍煎取汁，去渣后约留汁150毫升。用粳米30克加井水300毫升左右，煮成稀粥。加入薄荷汁75毫升，再稍煮热。加入冰糖少许，调化即可食用。每日早晚食用2次，温热食最好。薄荷粥凉性，脾胃虚寒者少食。

药膏贴脐治风寒感冒 >>>

因受风寒而引起感冒，可用下列二方治疗：

❶取薄荷、大蒜、生姜各等份。将上药共捣烂如膏，取适量敷于肚脐，外盖纱布，胶布固定，1天换药1次。敷药后可吃热粥，粥助药力，出微汗则疗效更佳。

❷先将紫苏叶2克研为细末，再与适量葱白、生姜共捣为泥，制饼敷于脐上，外用胶布固定。每天热敷2次，每次20分钟，有发散风寒之功效。

擦拭法治感冒 >>>

准备生姜、大葱头各30克，食盐6克，白酒1盅。将前3种药物合在一起捣烂成糊状，再加入白酒调匀，用纱布包起来，擦拭病人的前胸、后背、手心、脚心、腋窝等处。擦完药后，病人应卧床休息，盖被发汗。

葱头汤治风寒感冒 >>>

用葱头3个煎汤，临睡时热葱烫脚，再趁热服葱头汤。服后盖被，汗出则愈。

豆腐汤防治感冒 >>>

在流行性感冒多发季节，喝豆腐汤是预防和治疗感冒的好办法。先将豆腐250克切成小块，放入锅中略煎，后入淡豆豉12克，加水1碗煎取大半碗，再入葱白15克和调料适量，煎滚后趁热内服，盖被取汗，每天1剂，连服4～5天即可。

复方紫苏汁治感冒 >>>

取鲜紫苏叶50克、香菜30克、胡萝卜150克、苹果150克、洋芹100克。诸味切碎，放入果汁机内，酌加蜂蜜及冷开水制汁，滤去残渣即成。每次服1杯，每日3次。本方有疏风散寒、利尿健身之功效，除可治感冒外，高血压及其他疾病患者都可饮用，以强身抗病。

香菜黄豆汤治感冒 >>>

香菜、黄豆做汤，有疏风祛寒之功效，做法是：将黄豆10克洗净打碎，加水适量，煎煮15分钟后，再加入新鲜香菜30克同煮10分钟，1次或分次服完。服时可加入食盐少许调味，每天1剂。

香糖米汤治小儿感冒 >>>

治小儿风寒感冒，可先将米汤半碗蒸（或炖）沸，放入切碎的香菜30克及饴糖（麦芽糖）15克，待糖溶化后服下。如用炖法，放糖后必须不断搅拌，以免饴糖沉入杯底焦而不溶，无饴糖可用红糖代。

葱乳饮治乳儿风寒感冒 >>>

将葱白5根洗净剖开，放入杯内，加入母乳50毫升，加盖隔水蒸至葱白变黄，去掉葱白，倒入奶瓶喂服，每天2～3次，连服2～3天。可疏散乳儿风寒。

白芥子治小儿感冒 >>>

取白芥子9克、鸡蛋清适量。白芥子研末，用蛋清将白芥子末调成糊状，敷足心的涌泉穴，有清热解表的功效，主治小儿高热不退、感冒。

搓摩脖子治头痛 >>>

如果犯了头痛病，可于每天早上起床后，先用右手在脖子后来回搓摩10～20次，然后再用左手搓摩10～20次，接下来用左右手同时在两个耳朵后上下搓摩10～20次。方法虽然简单，但效果确实不错。

猪苦胆绿豆治头痛 >>>

治疗由高血压引发的头痛，可用新鲜的猪苦胆两个，每个装绿豆25克，焙干（用瓦片在火上焙干或微波炉烤干均可），研成细末，早晚温开水冲服，每次10克。3天为1疗程，一般2～3疗程即可。

韭菜根治头痛 >>>

失眠引起慢性头痛时，可备鲜韭菜根（地下部分）150克、白糖50克。将韭菜根放砂锅微火熬煮，水宜多放，汁要少剩（约盛1玻璃杯），出汁前5分钟将白糖放入锅内。每晚睡觉前半小时温服，每天1次，次日另换新韭菜根，连服3～5次。此偏方既可治头痛，又可起到安眠的作用。

吃洋葱治头痛、偏头痛 >>>

头痛、偏头痛往往由脑血管硬化引起，应该每天多吃些洋葱，如果坚持下去，头痛病就会在不知不觉中康复。

梳摩头部可治偏头痛 >>>

得了偏头痛，如果吃药打针没有明显效果，不妨试试梳摩疗法。患者可用双手10个指头尖放在头部最痛的地方，像梳头那样进行轻度的快速梳摩，每次梳摩约100个来回，每天早、中、晚饭前各做1次，通过梳摩，可将头部痛点化为痛面，疼痛即可缓解。

咳嗽、哮喘、气管炎

葱姜萝卜治咳嗽 >>>

老姜10克切片，葱白6根剁碎，两者和切成5厘米宽度的萝卜片适量，放入锅中，与两杯水同煮，熬至只剩一杯水时即可，此法对咳嗽及喉咙生痰最有效，尤其是萝卜具有良好的镇咳作用。

香油拌鸡蛋治咳嗽 >>>

因感冒而咳嗽，可取香油50克，加热之后打入鲜鸡蛋1个，再冲进沸水拌匀，趁热吃下，早晚各吃1次，一日后咳嗽即停。

车前草汤治感冒咳嗽 >>>

感冒咳嗽不太严重时，可用车前草10～20克，以300毫升水煎至半量，空腹时分3次饮下，就能有良好的止咳效果。

大葱治感冒咳嗽 >>>

感冒大多会伴有咳嗽，应及时医治，有以下二方：

❶大葱切碎，倒入生鸭蛋或鸡蛋一个调好，以开水注入碗中至八成满为止，趁热喝下，然后上床盖被，一觉而愈。

❷喉咙疼痛难忍时，可将葱洗净，放铁丝网架上烤至柔软，取出放入盘中以酒浸泡，微温后敷在喉咙上，以干净的布裹住，就可以见效。

大蒜治久咳不愈 >>>

用生大蒜1瓣（小者2瓣），剥去皮，切成细末，用匙送至咽部，以唾液搅和咽下（忌用开水送服），日服2～3次，喉部奇痒即能消除。

鱼腥草拌莴笋治咳嗽 >>>

买鲜鱼腥草100克、莴笋500克，另准备生姜6克，葱、蒜、酱油、醋、味精、香油各适量。鱼腥草洗净，用沸水略焯后捞出。鲜莴笋去皮切丝，用盐腌渍后沥水待用。姜、葱、蒜切末。上述数味放入盘内，加入酱油、味精、香油、醋拌匀后食用，能有效止咳。

枇杷叶治咳嗽 >>>

取鲜枇杷叶5片，去掉背面绒毛切成小段，用10克红糖炒热后加入清水1500毫升，再将10片紫苏叶、15片薄荷叶加进去，煮沸后饮用，每次1碗，一天至少喝4碗，两天后咳嗽可止。

柠檬叶猪肺汤治咳嗽 >>>

有些咳嗽患者本身有阳虚症状，这时可准备柠檬叶15克，猪肺500克，葱、姜、食盐、味精各适量。将猪肺洗净切块，加适量水煮沸，再加入柠檬叶、葱、姜等煨汤，分顿食用。这种汤有温阳补虚、化痰止咳的功效，适用于阳虚咳嗽。

松子胡桃仁治干咳 >>>

购去皮松子和胡桃仁各500克，蜂蜜1瓶。每次用松子25克、核桃仁50克，二者混合，用铜钵将其磨为泥状（也可用菜刀先将其剁碎，再用不锈钢勺将其压为泥状），然后加入蜂蜜调成膏状即可食用，食后可喝温开水润喉，适用于咽痒咳嗽不止又咳不出痰者。

自制八宝羹治咳嗽 >>>

咳嗽大多由肺燥引起，而食用自制的八宝羹可养阴润肺，化痰止咳。八宝羹的材料是：米仁、山药、百合、鲜藕、松仁、大枣、麦冬、石斛各30克。做法是：

将麦冬、石斛加水500毫升煎汁去渣，加入其他材料共煮熟。熟后加入白糖适量，分顿服用。

陈皮萝卜治咳嗽 >>>

取陈皮10克、白萝卜半个，加入一碗半的水后放进小锅内熬，熬至能盛一碗为止。再加进红糖适量，分成3份，每日吃3次，每次1份。连吃3天，咳嗽可好。

蒜泥贴脚心治咳嗽 >>>

大蒜适量捣泥，敷双足涌泉穴，以伤湿止痛膏固定，次晨去除，连敷4～5次。该法对治疗咳嗽有很好的效果。

心里美萝卜治咳嗽 >>>

将心里美水萝卜1个洗净，切成片，放在火炉上或烤箱里烤至黄焦，不要烤煳了。每天晚上临睡时吃，吃上两三天，即可见效。

橘皮香菜根治咳嗽 >>>

因感冒而引起咳嗽，可用橘皮和香菜根熬水，每天3次，连喝两天即可见效。

水果治咳嗽 >>>

❶选好梨1个，削去外皮，挖去子，放川贝粉3克，再嵌入冰糖，放入大碗中，入锅隔水慢炖1个小时左右，直到冰糖溶化，再取出食用，每天吃1次，只需月余，即可收效。

❷与梨同样具有止咳效果的水果，是凤梨和柠檬。取凤梨罐头一罐，混合1个柠檬绞成的汁，在饭前服下，连喝几次，就可见效。

柿子治咳嗽 >>>

咳嗽会耗费体力，喝柿子汤会帮助身体恢复健康。方法是：柿子3个加一杯水煮，煮好后加入少许蜂蜜，再煮一次，煮好后趁热服用。同时，也可用柿子蒂、冰糖各15克，梅仁10克及两杯的水，放入锅中熬至一杯水的浓度，取出分2次食用，每天1剂。

红白萝卜治咳嗽 >>>

患感冒、咳嗽痰多时，可用白萝卜150克、红萝卜50克加水煮烂，加适当的冰糖，萝卜和汤同吃，治咳嗽有良效。

白萝卜治咳嗽黄痰 >>>

感冒引发的咳嗽，有时会伴有黄痰，此时可买1个白萝卜，切为半截，用小刀挖空其心，里面放冰糖及橘饼，置于碗中，放入蒸笼，待十几分钟后，即有蜜汁流出，吃时连汁带肉，功效特佳，对老年人多痰咳嗽、小孩子百日咳也很有效。

萝卜子桃仁治咳嗽 >>>

取萝卜子10克、桃仁30克、冰糖适量，全部放入锅中，用水煮，饮用煮好的汁液，桃仁也可食用。萝卜的种子在中医里称莱菔子，它有下气平喘的功能，且能润肺，对病情较重的咳嗽及气喘颇具功效。桃仁、冰糖的润肺止咳功效也很好的。

蜂蜜香油治咳嗽 >>>

咳嗽不止的时候，可用蜂蜜、香油各1大匙，以铜锅煮开即溶，温时服下。如果没有蜂蜜，以滚水冲鸡蛋，喝下也有效，要放香油，但不必放盐。这个方子老少咸宜，治咳嗽很有效。

干杏仁治咳嗽 >>>

经常在晚上咳嗽的人，可买几袋脱苦干杏仁，每天吃一小把，咳嗽即可明显见轻。连续吃几个晚上，即可止咳。

百合杏仁粥治干咳 >>>

鲜百合（干品亦可）60克，杏仁（去皮尖）10克，大米60克，白糖适量。先将大米加水适量煮数沸，再入百合、杏仁同煮，粥成后加入白糖即得。可作正餐食之，每日1剂。本方能润肺止咳，用于肺燥干咳者效果尤好。

梨杏饮治肺热咳嗽 >>>

治疗肺热咳嗽、咽痛喉哑，可先将雪梨1个去核切成块，加水适量，与杏仁10克（去皮尖）同煮，待梨熟时加入适量冰糖即成。每日1～2剂，不拘时饮汤食渣。该方简便易得，味美可口，能清热润燥，化痰止咳。

蜂蜜木瓜治咳嗽 >>>

以成熟的木瓜1个去皮及子，放入锅里，加入适量的蜂蜜与水，蒸熟后食用。木瓜味酸，有收敛肺部的功能。脱水的木瓜就是中药的一种。蜂蜜有润肺的功能。因此，食用此方对咳嗽的治疗有很大的帮助。

烤梨治咳嗽 >>>

将梨泡湿，用纸包好，放入稻草的火堆中烤，烤至果皮变色为止，烤好后将梨压碎了吃。梨有润肺功能，治疗咳嗽效果很好。

猪粉肠治干咳 >>>

如果只是干咳，喉间痒麻麻的，有时咳至声音嘶哑，这时可买猪粉肠洗净，锅底铺上一层薄而均匀的盐，将粉肠置其上，盖好，以慢火熏熟食用，具有奇效。若是咳嗽带痰时，将猪粉肠、冰糖少许、橘饼2个共放入大碗中加水慢蒸，待粉肠熟透，即可食用，第二天干咳即好。

油炸绿豆治咳嗽 >>>

治疗咳嗽，可取一长把铁勺倒上50克香油，坐火上烧热，起烟后放入七八粒绿豆，再用筷子不停地搅动，直到绿豆挂上黄色为止，等不烫了以后服用。服用时，要先嚼碎绿豆再与烧过的油一同吃下。

桃仁杏仁治咳嗽 >>>

用桃仁、甜杏仁、蜂蜜各15克，放进蒸锅中蒸煮，食用前加入少量老姜绞汁，即能对咳嗽的治疗发挥很大的效用。桃仁能促进血液的循环，而杏仁有去痰作用。另外要注意，杏仁分苦杏仁与甜杏仁两种，一般中药用的是苦杏仁，但如果是长期治疗，选甜杏仁较为适宜。

丝瓜花蜜饮治咳嗽 >>>

治疗肺热咳嗽，可取丝瓜花12克放茶杯内，用沸水冲泡，加盖，15分钟后再加入蜂蜜20克，搅匀，去渣，趁热饮服，每日2～3剂。一般3天内可止咳。

莲藕止咳法 >>>

买小而嫩的莲藕500克，洗干净，用刀刮去上面的杂色点，以刮板刮刨成丝。用纱布包住，用力挤渣，500克的莲藕约可出250毫升汁。先以半碗水及1汤匙冰糖煮沸，待冰糖溶化，将藕汁倒入冰糖水中，一边倒一边搅匀，趁热喝下，一次即可见效。

治咳嗽验方一则 >>>

有的患者咳嗽痰多，整晚无法入眠，脸面水肿，这时以蚌粉置新瓦上焙久，拌以青黛少许，用淡盐汤滴香油数点调服，颇有神效。

姜末荷包蛋治久咳不愈 >>>

治疗因风寒引起的气管炎，可取生姜1小块、鸡蛋1个、香油少许。将生姜切碎，姜末撒入蛋中，卧荷包蛋熟后趁热吃下，每日两次，数日后咳嗽即愈。此方疗效颇佳，久咳不愈且肺部无异常者可尝试。

炖香蕉能止咳 >>>

治疗日久不愈的咳嗽，可备香蕉2只、冰糖30克。将香蕉剥皮，切成1厘米见方的小块，冰糖捣碎，加入半碗冷开水，入锅用水炖约10分钟，冰糖溶化后，即可食用。经过这样处理过的香蕉非常难吃，食后舌头会发麻，但若每晚服用1次，只需一星期咳嗽即可痊愈。

麦芽糖治咳嗽 >>>

买1500克麦芽糖，装在玻璃瓶中，病重时，每15～20分钟抓一撮拇指大小的麦芽糖吃下，随着病症的减轻，逐渐延长到30～60分钟吃一次，也就是感到喉咙痒想咳时就吃，如此最慢2个星期即可治好。发病期间，避免吃辛辣的东西。

常服百合汁可止咳 >>>

备野百合60克，甘蔗汁、萝卜汁各半杯。将百合煮烂后和入两汁，于临睡前服下，每日1次，常常服用效果好，对于虚弱的患者，于病后容易得气管炎或肺结核，吃了更为有效。

小枣蜂蜜润肠止咳 >>>

500克小枣洗净放入砂锅内，加清水750毫升烧开后，转入小火熬煮八成熟时加蜂蜜75克，再煮熟后凉凉，放入冰箱内，加上保鲜纸，随食随取，有润肠、止咳的食疗作用。

加糖蛋清治咳嗽 >>>

有的患者常常咳嗽很厉害，咳得咽喉发痛。取几个新鲜的鸡蛋，只用蛋清，充分搅拌，加上适量白糖再搅拌，到成为泡沫状止，每半小时服用1匙，较严重的，可每隔1刻钟服1次，效果奇佳。

白糖拌鸡蛋治咳嗽 >>>

治疗慢性支气管炎引起的咳嗽不止，可取鲜鸡蛋1只，磕在小碗内，不要搅乱蛋黄、蛋白，加入适量白糖和1匙植物油，放锅中隔水蒸煮，在晚上临睡前趁热1次吃完。一般2～3次即可止咳。咳嗽顽固的可多吃几次。

蒸柚子治咳嗽气喘 >>>

老年人咳嗽气喘，取柚子1个去皮，削去内层白髓，切碎，放于盖碗中，加适量麦芽糖或是蜂蜜，隔水蒸至烂熟，每天早晚1匙，用少许热黄酒服下，止咳定喘的效果颇佳。

自制止咳秋梨膏 >>>

将梨洗净，切碎捣烂取汁液，小火熬至浓稠，加入蜂蜜搅匀熬开，放凉后即是秋梨膏，可常服，有润肺止咳的功效。

猪肺治咳嗽 >>>

用猪肺1个、萝卜1块、杏仁8克加水煮熟食用，可治疗因肺部衰弱引起的咳嗽。这里用猪肺来恢复肺部的功能，与中医上“同物同治”的说法相符，这是长年经验累积的结果。如果因肺部衰弱而常患感冒，则可安排在日常三餐中服用，可以使肺恢复原有功能。

麦竹汁治咳嗽 >>>

治疗咳嗽，可选择较新鲜的麦竹，将两节之间30厘米的部分砍下，一头用火烤，另一头就会流出澄清的水来，以杯子接住此水，每天早、晚及饭前饮用，大有助益。

茄子治咳嗽 >>>

将茄子磨成汁，喝下一杯，或取茄子蒂晒干后，熬成汤汁饮服。此法对因咳嗽而无法入睡，或痰里杂有血液的情况，最为有效。

烤柑橘能止咳 >>>

将未完全熟透的柑橘去蒂，以筷子戳1个洞，塞入食盐约10克，放于炉下慢烤，塞盐的洞口避免沾到灰。烤熟时，塞盐的洞口果汁会沸滚，约5分钟后，取出剥皮食之，能止咳。咳嗽较严重者，可于果汁沸滚后先取出，加入一些贝母粉再烤熟，效果更佳。

烤红皮甘蔗能止咳 >>>

取红皮甘蔗数节，长约17厘米，放在木炭火上或炉灶里烤熟后食用，可祛痰止咳。

深呼吸止咳法 >>>

患支气管炎的人，夜间睡下总是咳嗽不止，彻夜难眠。这时用力做缓慢而深长的呼吸，很快就能止住咳嗽，安然入眠。如果中间醒来，继续用深呼吸法，仍能止咳入眠。

治小儿咳嗽一方 >>>

有的小孩春夏季常轻咳不愈，治疗时可用百合10克、鸭梨半个、川贝1克煮水，每日1剂，分两次服，见效很快。

哮喘发作期治疗方 >>>

冬瓜子15克，白果仁12克，麻黄2克，白糖或蜂蜜适量。麻黄、冬瓜子用纱布包，与去壳白果同煮沸后用文火煮30分钟，加白糖或蜂蜜，连汤服食。本方具有清肺平喘之功效，适用于哮喘发作期。

仙人掌治哮喘 >>>

仙人掌适量，去刺及皮后，上锅蒸熟，加白糖适量后服用，对哮喘病疗效甚佳。如一时不能根治，可多服几次。

炖紫皮蒜治哮喘 >>>

紫皮蒜500克去皮洗净，和200克冰糖同放入无油、干净的砂锅中，加清水到略高于蒜表面，水煮沸后用微火将蒜炖成粥状，凉后早晚各服1汤匙，坚持服用到哮喘病愈。

简单方法缓解哮喘 >>>

哮喘发作时，可让患者安静、缓慢地从床上坐起或坐在椅子上，然后喝水，以喝热开水为宜，水温以不烫口为限，喝至周身发热后，哮喘可很快缓解。

萝卜荸荠猪肺汤治哮喘 >>>

白萝卜150克，荸荠50克，猪肺75克。白萝卜切块，荸荠、猪肺切片。3味加水及作料共煮熟食用，可治疗痰热引起的哮喘症。

治哮喘家常粥 >>>

芡实100克，核桃肉20克，大枣20颗。将芡实、核桃肉打碎，大枣泡后去核，同入砂锅内，加水500毫升煮20分钟成粥。每日早晚服食。本方补肾纳气，敛肺止喘，主治肺肾两虚型哮喘。

葡萄泡蜂蜜治哮喘 >>>

治疗哮喘，可备葡萄、蜂蜜各500克，将葡萄泡在蜂蜜里，装瓶泡2～4天后即可食用，每天3次，每次3～4小匙。

治冬季哮喘一方 >>>

治疗冬季哮喘，可备蜂蜜、黄瓜子、猪板油、冰糖各200克。将黄瓜子用瓦盆焙干研成细末去皮，与蜂蜜、猪板油、冰糖放在一起用锅蒸1小时，捞出板油肉筋，装在瓶罐中。在数九第一天开始每天早晚各服1汤匙，温水冲服。

腌鸭梨治老年性哮喘 >>>

准备鸭梨5千克、大粒盐2.5千克。将鸭梨洗净擦干，在干净的容器中撒上一层大粒盐，然后码上一层梨，再重复撒盐放梨，直到码完为止。从农历冬至腌到大寒即可食用。用此法腌渍的鸭梨香甜爽口，对老年性哮喘疗效很好。

栗子炖肉治哮喘 >>>

治疗肾虚引起的哮喘，可准备栗子60克、五花肉适量、生姜3片。以上各料分别切丁，共炖食，常吃有效。

小冬瓜治小儿哮喘 >>>

小冬瓜（未脱花蒂的）1个，冰糖适量。将冬瓜洗净，刷去毛刺，切去冬瓜的上端当盖，挖出瓜瓤不用。在瓜中填入适量冰糖，盖上瓜盖，放锅内蒸。取瓜内糖水饮服，每日2次。本方利水平喘，可辅治小儿哮喘症。

蒸南瓜治小儿寒性哮喘 >>>

南瓜1只（500克左右），蜂蜜60毫升，冰糖30克。先在瓜顶上开口，挖去部分瓜瓤，纳入蜂蜜、冰糖盖好，放在盘中蒸1小时即可。每日早晚各服适量，连服5～7天。

生姜黑烧治气管炎 >>>

急性的支气管炎会引起激烈的咳嗽，缓解咳嗽最好的特效药是黑烧生姜。做法是：把生姜放入平底锅里，盖上锅盖，用弱火烧，一会儿就冒出白烟，约4小时后变成青烟，这时就可熄火，待锅冷却后，打开盖子于睡前取2～3克的生姜，用开水冲服。一般到了次日早晨醒来，咳嗽就会痊愈。

丝瓜叶汁治气管炎 >>>

将丝瓜叶榨汁，即成丝瓜水，每次服50～60毫升，一日2～3次。本方对气管炎引起的吐脓痰、咳喘、咯血颇有疗效，也可治疗肺痈。

治慢性气管炎一法 >>>

治疗慢性支气管炎，可用桂圆肉、红枣、冰糖、山楂同煮成糊状，其中以红枣为主，桂圆肉一个冬天500克就够了，冰糖、山楂适量即可。这种糊一次可多煮些，放在冰箱冷藏室保存。每年从冬至开始，共服用81天，有明显效果。

南瓜汁治支气管炎 >>>

秋季南瓜败蓬，即不再生南瓜时，离根2尺（约66厘米）剪断，把南瓜蓬茎插入干净的玻璃瓶中，任茎中汁液流入瓶内，从傍晚到第二天早晨可收取自然汁一大瓶，隔水蒸过，每服30～50毫升，每日2次。此方治疗慢性支气管炎有良效。

百合粥治支气管炎 >>>

先用水将粳米50克煮成粥，将熟前放入百合50克，续煮至熟即可。加冰糖适量，晨起做早餐食之。如无鲜百合可用干百合或百合粉，与米同煮做粥亦可。用于肺气虚弱型慢性支气管炎。

五味子泡蛋治支气管炎 >>>

有一些慢性支气管炎患者，一到冬季就病情加重，这与肾虚有关。治疗方法是：冬至前后，将五味子250克煮取汁液，待冷却后放入10个鸡蛋，浸泡6～7天，每天吃1个，沸水冲服。

萝卜糖水治急性支气管炎 >>>

将萝卜（红皮辣萝卜更好）洗净，不去皮，切成薄片，放于碗中，上面放麦芽糖2～3匙，搁置一夜，即有溶成的萝卜糖水，取之频频饮服，有止咳化痰之效，适用于急性支气管炎。

猪肺治慢性支气管炎 >>>

买猪肺1个（勿水洗）约1200克，将盐铺在铁锅底部，微温火煎一个多小时，至熟为止。欲食时将猪肺切薄片，沾锅底之盐为三餐佐膳，1日吃不完，煎热再吃，但不可超过3天。

海带治老年慢性支气管炎 >>>

将海带浸洗后，切寸段，再连续用开水泡3次，每次半分钟。滗出水，以绵白糖拌食，早晚各1小碗，连服1周即有明显效果。此法对于一般老年慢性支气管炎有显著效果。

茄干茶治慢性支气管炎 >>>

当秋季慢性支气管炎发作、痰稠带血的时候，可在茄子茎叶枯萎时（9～10月间），连根拔出，取根及粗茎，晒干，切碎，装瓶备用。用时取茄干10～20克，同绿茶1克一起冲泡，10分钟后饮用，有很好的疗效。

冬季控制气管炎发作一法 >>>

备沙参50～100克、老母鸡1只。将老母鸡褪毛，去掉内脏后，把沙参装入鸡肚内缝上后煮熟，煮时不放调料。腊月数九天，每9天服1剂。用此方可控制气管炎在冬季发作。

食南瓜治支气管炎 >>>

治疗支气管炎，可选大黄南瓜1个，清水洗净，在把处挖一方口，装白糖500克，上锅蒸1小时，取出食用，每天3次食完为止，食用期间不可吃咸食。

腹泻、消化不良

平胃散鼻嗅法治腹泻 >>>

买平胃散2包，用布包起，放在枕边嗅其气，每次30～50分钟，也可用布包好平胃散1包放脐上用热水袋熨之，每次30～50分钟，一般听到肠鸣，患者觉肚中发热再熨15～20分钟。每日2～3次。主治寒湿、虚寒泄泻。

生熟麦水治急性肠炎腹泻 >>>

得了急性肠炎，会有腹痛、腹泻等症状，可将小麦300克放入铁锅中摊匀不翻动，用文火烫小麦至下半部分变成黑色，加水800毫升煎沸，再将红糖50克放入碗内，把煎沸之生熟麦水倒入碗内搅匀，温服1剂，即可消腹痛、止腹泻。

核桃肉治久泻 >>>

患慢性腹泻伴神疲乏力时，可每天取核桃肉20克，分2次嚼服。每次10克，连服2个月。此方在临床上治疗慢性腹泻多例，收效令人满意。

豌豆治腹泻 >>>

将豌豆煮成豌豆泥食用，能促进肠的消化作用，对治疗腹泻有一定的帮助。因为豌豆含有豆沙质，故古代的《千金翼方》说豌豆能治泻痢。

醋拌浓茶治腹泻 >>>

泡浓茶1杯，将茶叶沥出，加入少许醋调拌，即可饮用。古代就流传以茶止泻的说法，近来更发现茶有收敛肠、胃的功能，可以治疗肠、胃的发炎。醋本身是酸性的，酸能收敛肠、胃的肠滑泻痢，所以醋是很好的止泻剂。

辣椒治腹泻 >>>

用辣椒或辣油佐膳，可治好久泻，辣椒虽然辛辣，但正好借助其辛辣的功力，敛肠止泻。另外，辣椒含有多种维生素，营养价值高，辣椒温中、散寒、除湿、治肠胃薄弱。故除了有止泻的功能外，它也有健胃的功能。

焦锅巴可治腹泻 >>>

服下烧至焦黑的锅巴1碗，肚子会有舒适感，再服一次，可治腹泻，这是多年传下的古方。如果将已蒸熟的馒头放在炭火上烤焦变黑，将烤焦的部分全吃掉，其效果是相同的。

焦米汤治风寒腹泻 >>>

将米1小杯（不必洗）倒进炒菜锅里（锅需洗净），不必放油，不停地翻炒，像炒花生仁一样，直到米粒变为焦黑为止，随即加水1碗及红糖少许，煮开后，将米汤盛起，趁热喝下（米粒不要吃）。这种汤甜甜的，且有焦米香，一喝此汤，肚子格外温暖舒服，腹泻也不药而愈。

大蒜治腹泻 >>>

❶取大蒜10个洗净，捣烂如泥，和米醋250毫升，徐徐咽下，每次约5瓣，每日3次。本方有消炎止泻之功效，主治急性胃肠炎之腹泻。

❷大蒜2个放火上烤，烤至表皮变黑时取下，放入适量的水煮，患者食其汁液即可。

青梅治腹泻 >>>

❶夏日痧气引起腹痛、呕吐、泻痢时，饮用适量青梅酒或吃酒浸的青梅1个，即可止呕、止痛、止泻。此法对食物中毒性的胃肠病同样有效。青梅酒的制法是以未熟的青梅若干，放置瓶中，用高粱酒浸泡，以浸没青梅高出3～6厘米为度，密封1个月后即可饮用。此酒越陈越好。青梅酒还可代替十滴水，作为外用药水。

❷4月中旬采下青梅1.5～2.0千克，洗净去核，捣烂榨汁，贮于陶瓷锅中，置炭火上蒸发水分，使之浓缩如饴糖状，待冷却凝成胶状时装瓶。每日3～5克，溶于温水中，加白糖调味。饭前饮服，每日3次。小儿酌减。本方收敛止泻，适用于急性胃肠炎的辅助治疗。

苦参子治腹泻 >>>

溽暑煎熬下，引发肚子绞痛泄泻，肛门紧痛，便如浆水带赤色时，用苦参子6克，水2碗煎成1碗的量温服，如不怕苦味，将研末直接以温开水送下亦可，一连服用3次，马上见效。苦参子在一般中药铺有售，味辛，性寒，有去湿杀虫之功，又能疗一切风热，为治腹泻良药。

风干鸡治腹泻 >>>

民间治腹泻有很多食疗方，风干鸡是比较有效的一种。备母鸡1只（1.5千克左右），葱节、姜片各60克，山柰、白芷各3克，丁香2克，盐6克，料酒适量。从鸡的肛门上部剖一横口，挖去内脏，将膛洗净，用盐将鸡里外抹匀，把丁香、山柰、白芷及葱、姜各30克塞进膛内，把料酒6克撒在鸡身上，放入盒中，放冰箱内（1昼夜）。次日将鸡挂在通风的地方晾两天，然后用冷水洗净，把膛内的原料拣去不要。把鸡放在大盘里，下葱、姜各30克，料酒6毫升，隔水蒸烂为止。蒸烂后，拣去葱、姜，趁热将鸡骨剔净，把净肉放入原汤内浸泡，存入冰箱。吃时皮朝上切块即可。

吃鸡蛋治腹泻 >>>

❶将鸡蛋打碎搅匀，加15毫升白酒，沸水冲服。

❷将鸡蛋用醋煮熟，食之。

❸将鸡蛋用艾叶包好，放火中烧熟，去壳食蛋。

以上方均有补中止泄之功效，适用于脾虚腹泻。

海棠花栗子粥治腹泻 >>>

取秋海棠花50克，去梗柄，洗净；栗子肉100克去内皮洗净，切成碎米粒；粳米150克洗净；冰糖70克打碎；粳米、栗子碎粒放入锅内，加入清水适量，用旺火烧沸，转用慢火煮至米熟烂。加入冰糖、秋海棠花，再用小火熬煮片刻，即可食用。每日服食1～2次。本方健脾养胃、活血止血，适用于泄泻乏力、吐血、便血等症。

白醋治腹泻 >>>

胃酸太少、消化不良引起腹泻的患者，以白醋调冷开水各半服下，如无不良反应，第2天可再饮1次，最严重的腹泻，只要服3次即会恢复正常，但对胃酸过多患者则不适用。

酱油煮茶叶治消化不良 >>>

消化不良引起腹痛泄泻时，可先取茶叶9克，加水1杯煮开，然后加酱油30毫升，再次煮开，口服，1日3次，有消积止泻之功。

蜜橘干治消化不良 >>>

取蜜橘1只挖孔，塞入绿茶10克，晒干。成人每次1只，小儿酌减。吃这种蜜橘，治疗消化不良有效。

日饮定量啤酒治消化不良 >>>

患有习惯性消化不良的人，喝啤酒是很好的治疗方式。一般在饭后30分钟及临睡前饮用，量不要超过300毫升。30天即有明显效果。

生姜治消化不良 >>>

❶取适量米酒加热，注入生姜汁10毫升服用。主治消化不良引起的厌食恶心。

❷干姜60克、饴糖适量共研成细末，每次服4.5克，温开水送服。主治酒食停滞。

❸干姜、吴茱萸各30克共研成细末，每次6克，温开水送下。主治伤食吐酸水。

双手运动促进消化 >>>

平坐或盘坐，以一手叉腰，一手向上托起，移至双眉时翻手，掌心向上，托过头顶，伸直手臂。同时，两目向上注视手背，先左后右，两手交替进行各5次。此法能调理脾胃，帮助消化。

焦锅巴末治消化不良 >>>

用焦锅巴炒成炭，研为细末，每次服3～6克，温水送服，可改善消化不良症状。

治消化不良二方 >>>

❶因胃弱引起消化不良，可以香菜子、陈皮各6克，茅术10克水煎服用。

❷将干果切成小粒，炒至半焦，加适量白糖，开水冲泡，以之代茶饮，有开胃助消化的功能。

吃红薯粉治消化不良 >>>

将红薯粉加红糖与水拌和，倒入锅中，以中火煮，不时搅动，待全部开透，即成半透明之浓糊状，此时倒少许酒进锅，继续翻动数下，盛起即可食用。此物可当药食，也可当点心，一次见效，因易调易服，价廉味美，平常可自己做来吃。

处理积食一法 >>>

如一时疏忽，吃多了东西，引起积食难化，即以饭团一小块，约鸡蛋般大，放在火里，将它烧成灰（必须彻底完全成灰，不可稍留焦物，取出时也不能有其他附着物），尽管让它冷却，再放进锅里煮成药汤，每次1小碗，可煎2～3次。这是在民间广为人知的验方，治消化不良效果不错！

吃萝卜缓解胃酸过多 >>>

年糕属于酸性食品，吃太多会导致胃酸过多，胃口会难受两三天。此时将萝卜连皮一起擦成泥，擦好后，连萝卜带汁吃下。在擦萝卜泥时，不可太快速，慢慢地擦，才会减轻辣味，否则辣味太重，对胃肠不利。不宜放入醋或酱酒，这样虽能减少辣味，但消化力也会相对减低。

吃过多粽子积食的处理 >>>

粽子吃多了，会有饱胀感，此时将吃过粽子留下来的干粽叶烧成灰，研成末，以温水送下，胀感即可马上消除。

喝咖啡也能治消化不良 >>>

消化不良引起的胃痛，以开水冲泡3克的咖啡粉饮用。咖啡粉用来治胃痛，是一种新发现。它有排除食积的作用，所以消化不良需要灌肠时，服用咖啡粉，可帮助多余食物的排除。

治宿食不消二方 >>>

❶食用荤腥鱼肉，宿食不消，引起心腹冷痛、呕吐泄泻时，以白胡椒、吴茱萸、橘皮（陈皮）等份，共研成细末，以温开水送服，每次6克，每天1～2次。

❷以白胡椒、生姜和紫苏各3克，以水煎服，效果是一样的。

胃痛、呃逆（打嗝）

生姜治胃寒痛 >>>

❶买上好的老姜，用小火（电炉或炭火较好，勿用煤气炉）烤干，切成细块，每天早晨空腹拌饭吃，怕辣的人，可用香油炸至有点焦黄（不能太焦，否则味苦又无效），和饭一起炒一下，趁热吃，一般需要连用2个月才有效果。

❷取老生姜500克（越肥大越好）不用水洗，放入灶心去煨，用烧过的木炭，或木柴之红火炭埋住，次晨将姜取出，姜已煨熟，刮除外面焦皮，也不必水洗，再把姜切成薄片，如姜中心未熟透，把生的部分去掉，然后拿60克的冰糖研碎成粉，

与姜片混合，盛于干净的瓶中，加盖盖好。约过1周，冰糖溶化而被姜吸收，取姜嚼食，吞入胃中，每日2～4次。

归参敷贴方治胃痛、胃溃疡 >>>

胃痛老犯时，可用当归30克、丹参20克、乳香15克、没药15克，另备姜汁适量。将上药前4味粉碎为末后，加姜汁调成糊状。取药糊分别涂敷于上脘、中脘、足三里穴，每日3～5次。

蒸猪肚治胃溃疡 >>>

猪肚1个洗净，老姜切成硬币厚的宽度5片，放入猪肚中，入蒸锅中蒸烂，连汤吃下，可分2次食用。猪肚能健胃，《本草纲目》上说它能补虚损，做治胃之用。

柚子蒸鸡治胃痛 >>>

寒冷时腹痛、胃痛，可取柚子1个（留在树上，用纸包好，经霜后采下）切碎，童子鸡1只（去内脏），放于锅中，加入黄酒、红糖各适量，蒸至烂熟，1～2日吃完。柚子属于柑橘类，它与陈皮有相同的功能，能排除淤积在器官中的滞留物，特别适用于有消化不良症状的胃寒症患者。

巧用荔枝治胃痛 >>>

荔枝也可治胃寒，食荔枝干少许，可治胃寒引起的疼痛，因它有暖胃之功用，但不能多吃，只要感到胃部恢复正常，就可停食。荔枝性热，如食用太多，会使人发热烦渴，甚至牙龈发肿、鼻孔流血。如果吃太多，引起头昏、胃不舒服时，可用荔枝的外壳煮汤，饮用后，即可消除这种情形。对于妇女经期腹部寒冷、隐隐作痛时，可吃荔枝干5～6个，便能渐渐回暖，如痛势严重，用荔脯10枚、生姜1片、红糖少许，煮成糖水喝，也能止痛。

青木瓜汁治胃痛 >>>

青木瓜汁是公认的治胃痛良药。将长到拳头大的青木瓜用水洗净，切开取出子，放进榨汁机，用细布过滤其渣，1碗可分3次喝，虽然难喝，但已有多人试过，有胃病因而断根的，不妨一试。

花生油治胃痛 >>>

花生油是日常调味品，它是将花生去皮后，以冷压的方式榨出来的淡黄色液体，有调节胃功能的作用。每天早晨，服用2大匙的花生油，对胃病的康复大有裨益。

鱼鳔猪肉汤治胃痛 >>>

以鱼鳔30克、猪瘦肉60克、冰糖15克，放适量水煮，熟后食用。鱼鳔脱水称为鱼肚，鱼肚有青花鱼的小鱼肚和鲨鱼的大鱼肚两种，均有补精益气的功能，可以补充消耗过多的体力；猪肉能补充营养，冰糖也有调理肠胃的功能。

烤黄雌鸡治胃痛 >>>

脾胃虚弱而有下痢的患者，可买黄雌鸡1只，掏净内脏，以盐、酱、醋、茴香、小椒等拌匀，刷于鸡上，用炭火炙烤，空腹食用，可治心胃刺痛。

南瓜蒂汤治打嗝 >>>

在寒冷天气里，有的人会因胃寒而导致打嗝不止。治疗时可取南瓜蒂4个用水煎服，连服3～5次，即可有效止嗝。

韭菜子治打嗝 >>>

韭菜子适量，研成末，日服3次，每

次9克，温开水送服，连服可愈。本方主治脾肾虚弱之呃逆。

绿豆粉茶治打嗝 >>>

打嗝伴烦渴不安等，可取茶叶、绿豆粉等份，白糖少许。将绿豆粉、茶叶用沸水冲泡，加糖调匀后顿服，很快可止嗝。

拔罐法治打嗝 >>>

拔罐是治疗呃逆不止的常用方法。取大小适宜的玻璃火罐，用酒精棉球点燃后投入罐内，不等烧完即迅速将罐倒扣在膻中穴上，罐即吸着皮肤。留罐20～30分钟。中途火罐如有松动脱落，要重新吸拔。

姜汁蜂蜜治打嗝 >>>

因胃中寒冷导致的呃逆，可取生姜汁60克，白蜂蜜30克调匀，加温水服下，一般1次即止，不愈再服1次。

治顽固性呃逆方 >>>

取柿蒂6个、生姜2片、大茴香2个，用开水泡茶频频饮下，对呃逆有良效。

失眠、盗汗

阿胶鸡蛋汤治失眠 >>>

先将米酒500毫升用小火煮沸，加入阿胶40克，溶化后再下4只蛋黄及盐，搅匀，再煮数沸，待凉入净容器内。每日早晚各1次，每次随量饮服，治失眠有良效。

吃大蒜可治失眠 >>>

大蒜有治疗失眠的作用。患者可于每天晚饭后或临睡前，生吃两瓣大蒜。如果不习惯生吃大蒜，可把蒜切成小碎块，用水冲服。

按摩耳部治失眠 >>>

晚上失眠时，索性起来靠在床上，用双手搓两耳的内外和耳垂，一会儿就打哈欠并有睡意了，但不要就此停手，要继续搓十几分钟，等睡意浓时再睡下去，会睡得很香。

五味子蜜丸治失眠 >>>

习惯性失眠的人，可用五味子250克，水煎去渣浓缩，加蜂蜜适量做丸，贮入瓶中。每服20毫升，每日2～3次。

枸杞蜂蜜治失眠 >>>

治疗失眠，可取饱满新鲜的枸杞，洗净后浸泡于蜂蜜中，1周后每天早、中、晚各服1次，每次服枸杞15粒左右，并同时服用蜂蜜。蜂蜜用槐花蜜最佳。新鲜枸杞也可选质量上乘的干品替代，但要在蜂蜜中多泡几天。

按摩胸腹可安眠 >>>

治疗失眠有一个简单方法：每晚睡觉时躺平仰卧，用手按摩胸部，左右手轮换进行，由胸部向下推至腹部。每次坚持做3～5分钟，即可睡着。本方舒肝顺气，能提高消化系统的功能。

猪心治失眠 >>>

患有失眠症的人，可试用的食疗法：猪心1个，用清水洗净血污，再把洗净的柏子仁10克放入猪心内，放入瓷碗中，加少量水，上锅隔水蒸至肉熟。加食盐调味，日分2次吃完。本方安神养心，有助于恢复正常的睡眠。

桂圆泡酒治失眠、健忘 >>>

用桂圆肉200克、高度白酒400毫升，装瓶内密封，每日振动1次，半月后饮用。每日2次，每次10～20毫升。对失眠、健忘有一定疗效。

醋蛋液治失眠 >>>

患有多年失眠症的人，可将1只红皮鸡蛋洗净，用米醋150～180毫升泡在广口瓶里，置于20～25℃处。48小时后搅碎鸡蛋，再泡36小时即可饮服。

灵芝酒治失眠 >>>

治疗因神经官能症引起的失眠，可备灵芝25克、白酒500毫升。灵芝用水洗净，放进白酒瓶内，盖封严；酒逐渐变成红颜色，1周就可饮用，每晚吃饭时或睡觉前根据自己的酒量，多则喝20毫升左右，酒量小的也可少喝一点。

鲜果皮有安眠作用 >>>

将鲜橘皮或梨皮、香蕉皮50～100克，放入一个不封口的小袋内。晚上睡前把它放在枕边。上床睡觉时，闻到一股果皮散发的芳香，即可安然入睡。

酸枣仁熬粥治失眠 >>>

经常失眠、心情烦躁的人，可用酸枣仁15克与大米50克共熬成粥，每晚于临睡前食下。这种粥有养心安神、健脑镇静的作用，对失眠有一定的疗效。

大枣葱白汤治失眠 >>>

先将大枣20颗用1大碗清水煮20分钟，加3根大葱白，再煮10分钟，凉凉后吃枣喝汤，每晚睡觉前1小时吃，催眠效果很好。大枣也可用黑枣代替。

莲子心治失眠 >>>

将莲子心30个水煎，食前加盐少许，每晚睡前服。本方有养心安神的功效，失眠患者常服，病症定能减轻。

蚕蛹泡酒治失眠 >>>

蚕蛹100克，米酒500毫升。将蚕蛹在酒中浸泡1月后饮用，每次饮2匙，每日2次。

药粉贴脚心治失眠 >>>

买吴茱萸适量，每次取9克研成细末，米醋调成糊，敷于两足涌泉穴，盖以纱布，胶布固定，每次敷贴1次，治失眠很有效。

摩擦脚心治失眠 >>>

晚上躺在床上失眠时，可将一只脚的脚心放在另一只脚的拇指上，做来回摩擦的动作，直到脚心发热，再换另一只脚。这样交替进行，大脑注意力就集中在脚部，时间久了，就有了睡意。

默数入睡法 >>>

失眠不寐时，可仰卧床上，头、躯体自然放平，两手心相合，五指交叉，握置于丹田上，先用左手拇指轻轻按摩右手，默数1～120；再换手用右手拇指轻轻按摩左手，默数1～120。如此往复2～3遍，便可入睡。

干姜粉治失眠 >>>

将干姜30克研为细末，贮罐备用。每晚服3克，米汤送下，然后令患者盖被至出微汗，以加强疗效。

按摩穴位治失眠 >>>

有的人晚上入眠快，但半夜容易醒，

然后就失眠了，这时可用穴位按摩法重新入睡。所选穴位是：百会、太阳、风池、翳风、合谷、神门、内外关、足三里、三阴交、涌泉。按摩次数以失眠程度为准，失眠轻者少按摩几次，失眠重者多按摩几次。按摩后立即选一种舒适的睡姿，10分钟左右可入睡。如果仍不能入睡，可继续按摩一次。

花生叶治失眠 >>>

治疗神经衰弱、经常性失眠，可将花生叶50克放到锅里，以水浸没，上火煎，水开后微火再煎10分钟，然后将煎得的水倒入小茶杯中饮服。每天早晚各服1杯，一般连服3日，即可见效。

柿叶楂核汤治失眠 >>>

在经常失眠的人中，青少年学生为数不少，有的甚至每晚需服安眠药才能入睡，但久服安眠药对智力发育不利。因此，建议使用下方：备柿叶、山楂核各30克，先将柿叶切成条状，晒干；再将山楂核炒焦，捣裂。每晚1剂，水煎服。7天为1疗程。一般1疗程即可见效。

摇晃促进入眠 >>>

每晚临睡之前，在床上坐定，呈闭目养神之式，然后开始左右摇晃头颈和躯体。每次坚持做摇晃动作10分钟。可感到心情怡静，头脑轻松，大有入眠之意。

红枣煎汤治失眠 >>>

取红枣120克，连核捣碎，煎汤饮之，煎时以红糖12克入汤。如兼有盗汗症，则加黄芪10克，与红糖同入汤煎饮，效果更佳。

西洋参治失眠 >>>

每天晨起空腹，以6克西洋参用开水泡在碗里，约密盖半小时后饮用。晚上临睡前，用早上泡剩的渣再泡饮1次，不但夜晚容易入眠，而且次晨醒来时头脑清爽，精神百倍。本方还可兼治便秘。

核桃仁粥治失眠 >>>

每次取核桃仁50克，碾碎；另取大米若干，洗净加水适量，用小火煮成核桃仁粥。吃这种粥，治失眠效果不错。但要注意核桃仁不宜多吃。

百合酸枣仁治失眠 >>>

有的失眠症因虚烦所引起，这时可用新鲜百合300克，清水泡24小时，取出洗净，然后将酸枣仁10克煎水去渣，加入百合，煮熟食用，治失眠疗效很好。

红果核红枣治失眠 >>>

适量红果核（中药店有售），洗净晾干，捣成碎末。每剂40克，加撕碎的红枣7个，放少许白糖，加水400毫升，用砂锅温火煎20分钟，倒出的汤汁可分3份服用。每晚睡觉前半小时温服，可治失眠。

麦枣甘草汤治失眠 >>>

取小麦60克、红枣10枚、甘草30克，与4杯水一起放入锅中，煮至剩1杯水，沥去残渣，喝其汁液，分2次食用，早、晚各1次。小麦、红枣、甘草都是家常食材，也是中医治疗精神状态异常的药剂。失眠所引起的情绪异常、打呵欠等，可用此三种药材来治疗。

老年人失眠简单治 >>>

老年人大多喜欢早睡早起，但对于失眠的人来说，不妨把睡眠时间拖后一些，可以看看书或电视，直到凌晨一两点才睡，这样上床很快就能睡着，睡眠质量很高。起床时间应比平常稍晚一些。

静坐治失眠 >>>

因工作疲劳而导致失眠的人，可于睡前睡后各静坐半小时，坚持几天就可见效。

百合蜂蜜治失眠 >>>

取生百合6～9克、蜂蜜1～2匙，拌和蒸熟，临睡前适量食用，对睡眠不宁、惊悸易醒的失眠患者有所助益，但要注意：服用此方，睡前不可吃得太饱。

小麦治盗汗 >>>

❶将浮小麦用大小火炒为末，每服7.5克，米汤送服，1日3服，也可煎汤代茶。治虚汗、盗汗有效。

❷小麦1撮、白术25克共煮干，去小麦研末，每服3克，以黄芪汤送服，此方可治愈老少虚汗。

❸对于热病的虚汗，用黑豆10克、浮小麦10克水煎服，也有良效。

胡萝卜百合汤治盗汗 >>>

胡萝卜100克，百合10克，大枣2颗。将胡萝卜洗净切块，与大枣、百合共放砂锅中水煮，熟后，饮汤食胡萝卜、百合、大枣。主治乏力盗汗病症，也适用于久咳痰少、咽干口燥的调治。

羊脂治盗汗 >>>

老是汗出不止的人，可买羊脂（或牛脂）适量，再准备一些黄酒，将羊脂用温酒化服，经常饮用，必有效果。

紫米、麸皮治盗汗 >>>

紫米10克，小麦麸皮10克，共炒后研成细末，用米汤冲服。或用熟猪肉蘸食，每日1次，连服3次。可治盗汗、虚汗不止。

牡蛎蚬肉汤治阴虚盗汗 >>>

用干牡蛎60克、蚬肉60克、韭菜根30克全部入锅，加水煮，熟后食用。盗汗的原因是阴虚，即身体阴气不足的结果。无论是生牡蛎还是干牡蛎，均有“滋阴”作用。蚬能增强牡蛎的作用，也是有名的治疗药，韭菜根则能帮助体力的恢复。

泌尿系统疾病及胆结石

荠菜鸡蛋汤治急性肾炎 >>>

急性肾炎的食疗，可买鲜荠菜100克，洗净放入瓦锅中，加水3大碗，煎至1碗水时，放入鸡蛋1只（去壳拌匀），煮熟，加盐少许，饮汤，吃菜和蛋。每日1～2次，连服1个月为1疗程。

玉米须茶治急性肾炎 >>>

取玉米须30～60克、松萝茶（其他绿茶亦可）5克，同置杯中以沸水浸泡15分钟，即可饮用，或加水煎沸10分钟也可。每日1剂，分2次饮服。

贴脚心治急性肾炎 >>>

治疗急性肾炎，可取大蒜2～3头、蓖麻子70粒，合捣成末，敷于脚心，以纱布固定，每12小时换药1次，连用1周可见效。

治肾炎水肿一法 >>>

备葫芦壳50克、冬瓜皮30克、大枣10颗，加水400毫升煎至150毫升，去渣饮用。每天1剂，服至水肿消退为度。

治慢性肾炎古方二则 >>>

《本草纲目》中载有二方，可治慢性肾炎。

❶备猪肾2个（去膜切片），大米50克，葱、生姜、五香粉、盐等调料适量。猪肾与大米合煮做粥，将熟时入葱、姜等调料，晨起做早餐食之。

❷黑豆100克浸泡2小时，猪瘦肉500克切丁，二者同放锅中炖2小时，汤成后以少量的低钠盐调味，饮汤，吃黑豆和猪瘦肉。一天内分2次食用，每次间隔12小时，连服15～20天。适用于面色苍白、头昏耳鸣、疲劳无力的慢性肾炎患者。

蚕豆糖浆治慢性肾炎 >>>

治慢性肾炎，可用带壳陈蚕豆（数年者最好）120克、红糖90克，同放砂锅中，加清水5茶杯，以文火熬至1茶杯，分数次服用。一般在早上空腹时服用，分5天饮完。

治慢性肾炎一方 >>>

取炙龟板、薏仁各15克，生黄芪10克。先煎龟板1小时，再加入黄芪、薏仁，煎浓去渣，每日2次分服，连服1～2个月。本方对慢性肾炎有良效。

柿叶泡茶治肾炎 >>>

9～10月采柿叶4千克，切碎，蒸30分钟，烘干后备用，每次使用时取绿茶2克、柿叶10克，加开水400～500毫升，浸泡5分钟，分3次，饭后温服，日服1剂。本方对急、慢性肾炎均有良效。

鳖肉治肾炎 >>>

治疗肾炎，可采用如下食疗方：取鳖肉500克、大蒜100克，共入锅内，炖至鳖肉烂熟，加调料适量，食肉饮汤，早晚各1次。

黄精粥治慢性肾炎 >>>

治慢性肾炎，可先将黄精30克洗净切碎，与大米50克同煮做粥，分2次量，晨起作早餐食之。该方见于清代医书《饮食辨录》。

鲤鱼治肾炎水肿 >>>

鲤鱼剖腹留鳞，去肠杂、鳃，洗净，将大蒜瓣填入鱼腹中，用纸将鱼包严，以棉线扎紧，外面糊上一层和匀的黄泥，将其置于烧柴禾的炉灶火灰中煨熟。剥去封泥，揭纸，淡食鱼肉。1日吃完。此方对慢性肾炎水肿不退者有效，可常食用。

西瓜方缓解肾炎不适 >>>

肾盂肾炎患者在盛夏季节，往往有多汗、小便短赤的症状，此时可每日饮西瓜汁，或用西瓜皮50～100克煎饮代茶，或配冬瓜皮30克同煎汤，均有治疗作用。

巧用蝼蛄治肾盂肾炎 >>>

捉蝼蛄2～3只，用黄土泥封，微火烧煅，去黄土泥，研末冲酒服。或取蝼蛄7只，瓦上焙干研成末，黄酒冲服。对肾盂肾炎均有较好的疗效。

酒煮山药治肾盂肾炎 >>>

古代养生著作《寿亲养老新书》中载有一方，可治肾盂肾炎。做法是：取生山药500克刮去皮，以刀切碎，研得细烂；将适量水、酒煮沸后下入山药泥，不得搅，待熟后适当加盐、葱白，并再适当加酒，顿服之。

苦瓜代茶治肾盂肾炎 >>>

治疗肾盂肾炎，可取鲜苦瓜1只，把上端切开，去瓤，装入绿茶，阴干后，将外部洗净擦干，连同茶叶切碎，和匀，每取10克，放入保温杯中，以沸水冲泡，盖严温浸半小时，经常饮用。

鲜拌莴苣治肾盂肾炎 >>>

取鲜莴苣250克，去皮洗净，切丝，放适量食盐、黄酒调拌，佐餐食用。用于肾盂肾炎引起的小便不利、尿血及目痛。使用本方要注意：凡体寒脾虚者不宜多食。

治肾盂肾炎一方 >>>

治疗肾盂肾炎，可把白茅根、干西瓜皮、芦根、鲜丝瓜秧各等份，熬水当茶饮，1天数次，1周即可见效。

小叶石苇治肾盂肾炎 >>>

治疗肾盂肾炎，可每日将小叶石苇25～50克放入砂锅，加适量水煎服。

贴脐治肾炎水肿 >>>

生姜、青葱、大蒜各适量，共捣如泥，烘热敷脐上，外以纱布覆盖，胶布固定。每天换药3～4次，10天为1疗程。主治急、慢性肾炎水肿。

白瓜子辅治前列腺肥大 >>>

前列腺肥大症患者，会有尿频、排尿困难等现象，除常规治疗外，还可常吃些白瓜子（即南瓜子）用来辅助治疗。

绿豆车前子治前列腺炎 >>>

治疗慢性前列腺炎，可取绿豆50克、车前子25克（用细纱布包好），同置于锅中加5倍的水烧开，而后改用小火煮到豆烂，再将车前子去掉，把绿豆吃下，一次吃完，每天早晚各吃1次。坚持一段时间，前列腺炎可大为减轻。

猕猴桃汁治前列腺炎 >>>

买新鲜猕猴桃50克，将猕猴桃捣烂加温开水250毫升，调匀后饮服，能治前列腺炎和小便涩痛。

马齿苋治前列腺炎 >>>

治疗前列腺炎，可选新鲜马齿苋500克左右，洗净、捣烂，用纱布分批包好，挤出汁来，加上少许白糖和白开水一起喝。每天早、晚空腹喝2次，坚持一段时间就有效果。

治中老年尿频一方 >>>

中老年尿频患者，可坚持每天用枸杞、葡萄干各20粒，大枣、桂圆、核桃仁各2个，干杏1个，泡开水喝，控制尿频效果不错。本方对中老年腿脚水肿亦有良效。

西瓜蒸蒜可治尿频 >>>

夏季买几个小西瓜，在瓜蒂上方切口，挖出少量瓜瓤后将剥好的蒜瓣放入，与瓜瓤搅拌在一起，然后把原来切下瓜蒂的部分盖上，放盆碗内加水煮20分钟左右，连蒜带瓜瓤一起服下，治疗泌尿系统感染引起的尿频疗效独特。

按摩治前列腺肥大 >>>

治疗前列腺肥大、尿频，可采取按摩法。方法是：稍用力按摩左右脚跟上面的内侧，这是前列腺的反射区。一天按摩2

次，每次6～8分钟，很快见效。

草莓治尿频 >>>

治疗尿频，可用草莓熬汤加白糖饮食。据文献报道：草莓味酸甜，能清凉解热，生津止渴。对尿频、糖尿病、腹泻等症有疗效。

拍打后腰可治尿频 >>>

每天晚上睡觉前，用左右手掌拍打左右侧后腰部，有节奏地拍打150～200下，长期坚持即可治愈尿频。

栗子煮粥治尿频 >>>

用栗子、大米煮粥，佐以生姜、红糖、大枣食用，能治尿频、脾胃虚弱等症。

紫米糍粑治夜尿频数 >>>

紫米糍粑50克，生大油50克。用大油将糍粑煎至软熟，温黄酒或温米汤送服，待肚中无饱感时入睡，当夜即止。

丝瓜水治尿频 >>>

出现尿频或尿痛时，可用嫩丝瓜放砂锅中水煮，煮熟后加白糖。将丝瓜和水一同服下，连续服用1周，病症就可减轻甚至消失。若症状较重，可多服几日。

核桃仁治尿频 >>>

治疗因糖尿病而引起的尿频，可用核桃3～5个，取仁，加盐适量炒熟，嚼细后用白酒或黄酒送服。每日起床后和晚睡前各1次。数日即可见效。

盐水助尿通 >>>

患有前列腺增生的人，不但尿频、尿急，往往还有尿不通的症状。碰到这种情况，可以喝1小碗盐开水，过半小时尿就通了。

捏指关节可通尿 >>>

患有老年性前列腺肥大症者，发作时常有小便不畅，甚至闭尿的情况出现。每逢这种情况发生，可立即用左手捏右手小拇指关节，用右手捏左手小拇指关节，不但可使小便通畅，而且长期坚持还能减少残留尿。

治尿滞不畅妙法 >>>

老年人患前列腺肥大者，常有尿滞不畅之苦。除了从根本上治疗前列腺疾患外，也可用一辅助排尿法：小便时打开自来水管发出滴水声，很快就可以把尿导引出来。一般而言，自来水管下端接一盆水或水桶，滴水声会更清脆，从而增强导尿效果。

田螺治小便不通 >>>

将田螺连壳捣烂，拌食盐涂于肚脐上；或摊在纸上，将纸贴于脚心，立即可以达到通尿的目的。注意尿通后立即除去脚底的纸，否则直尿不止。

车前草治老年人零撒尿 >>>

一些老年人会有零撒尿的现象，治疗时可将车前草除草根，洗净，煮水当茶饮，每天3~4次。1个月内可见效。

治老年遗尿一法 >>>

老年遗尿患者，可于每天早晨睡醒后，先排完尿，然后平躺在床上，按下述步骤练习：

第一步：将左手放在肚子上，右手扶在左手上，以逆时针揉肚子，手向上移时提肛、提臀。向下推时放松，转50圈。

第二步：用右手顺时针揉肚子，左手扶在右手上转50圈，也是手向上时提肛、提臀，手向下放松。

第三步：右手在下、左手在上，从上往下推肚子，双手先由腹部上端往下推，双手往上时提肛、提臀，连做50下。

根据上法每日做3次，必可见效。

猪膀胱煮饭治遗尿 >>>

治疗遗尿，可将猪膀胱用温水洗净，装进适量大米，用白线封好口，放锅内煮熟或蒸熟。不要加任何作料，也不要就菜，1次将猪膀胱及米饭吃下。每天1次，一般吃3～4次即可治愈。

鲜蒿子治急性膀胱炎 >>>

急性膀胱炎发病急，疼痛难忍，治疗后又多易复发。现介绍一简便易行的方法，即取新鲜蒿子（杂草丛生处有）洗净，煮水，然后坐盆熏洗，能很快控制病情，数次后即可治愈。

泌尿系感染食疗方 >>>

治疗泌尿系感染，可用大枣、红糖、赤小豆、核桃仁、花生米各150克（赤小豆、花生米先用温水泡2小时），加适量水，用锅煮30分钟成豆沙状，装盆盖好。每天早、晚空腹各服1～2匙。一般5剂即可奏效。

鸡蛋治肾结石 >>>

备川芎3克、大黄3克、鸡蛋1个，将川芎、大黄研成细末，再将鸡蛋一头打开小口，将蛋清倾出少许，然后装入药末，用湿纸将口封固，置炭火上炙熟。去壳，研为细末。按上述剂量配制，每个鸡蛋为1剂，温黄酒或白开水送下，每早晚空腹各服1次，每次服1个，服药后盖被，以微出汗为宜。

胡桃酥治肾结石 >>>

备胡桃仁250克、香油150毫升、冰糖250克。胡桃仁入香油中炸酥，加冰糖，研成糊状。每次吃1匙，每日4次，连续服完为1疗程，可用1～3个疗程。这里介绍的胡桃酥有补益脾肾的功效，用于尿路结石、小便不利而脾肾虚弱者。若结石久停不排，应分析病情，在医生指导下使用。

蚯蚓治肾结石 >>>

古验方：取大条金颈蚯蚓4条，在新瓦上焙干研成末，和冰糖冲开水炖服。大条金颈蚯蚓在中医里被称为“地龙”，是一味常用中药，可治疗包括肾结石在内的多种疾病。

薏米治肾结石 >>>

❶薏米60克洗净，装入纱布袋内，扎紧口，放入装满500毫升白酒的罐中。盖好盖，浸泡7天即成，可根据自己的酒量饮用。本方有利于肾结石的排除，但兼有肝病者不宜。

❷取薏米茎、叶、根适量（鲜草约250克，干草减半），水煎去渣，每日2～3次分服，对肾结石颇有疗效。

鲜葫芦治尿路结石 >>>

备鲜葫芦、蜂蜜适量。将鲜葫芦捣烂绞汁，调入蜂蜜适量。每次半杯，每日2次，连服数周。鲜葫芦性平味甘淡，有利尿通淋的功效，在中医里常用于尿路结石的辅助治疗。

金钱草粥治结石 >>>

金钱草60克、海金砂30克（包）水煎，去渣留汁，加入粳米50克兑水煮粥。粥成加适量白糖，可当点心服食。每日1次。本方清热利水通淋，用于治疗石淋、沙淋（包括肾结石、输尿管结石、膀胱结石等），也可用于胆道结石和黄疸型肝炎。

化石草治肾结石 >>>

化石草鲜品1束（干品15克），加冰糖30克（干品则加红糖30克）水煎，5剂为1疗程。化石草性微寒，味甘微苦，能清热去湿、消炎解毒，因为常用来治疗各种结石，所以被称作化石草。化石草药性较强，孕妇及膀胱无力者，务须小心使用。

荸荠治肾结石 >>>

得了肾结石，被中医诊为酸性者，可将生荸荠的皮削掉，每天生吃500克左右，对结石的排除大有裨益。

猪腰治肾结石 >>>

取猪腰1个，切开一小口，去白心，洗净后，用芒硝6克，研成末填入其中，再放于碗中，置外锅，隔水蒸服，一般服数次即可见效，也有常吃而痊愈的。

葱煨猪蹄治胆、肾结石 >>>

取生葱250克，连根带须洗净，用猪蹄一段煨汤，熟烂后将汤喝下，葱与猪蹄吃或不吃均可。轻症者在服用本方之后，小便即可畅通。重症者可持续服用到痊愈为止。

治尿道结石方 >>>

取芥菜1千克、马蹄菜500克、冬瓜皮60克，切块共放入锅中，加适量水煮，煮好后沥出残渣，喝其汁液。芥菜有疏通尿道的作用，马蹄菜可消积，除去体内的硬块，而冬瓜皮是上二味的辅助剂，能帮助结石顺利排出。治疗尿道结石，应常用本方。

向日葵治尿道结石 >>>

患了尿道结石，可取向日葵茎连白髓15～30克，水煎2～3沸（不要多煎），每日2次分服，数剂即可见效。此方也可用于其他泌尿系感染的辅助治疗。

绿茶末治胆结石 >>>

取龙井等上好绿茶适量，晒干，磨成粉末，越细越好，用沸透的开水冲茶叶末，趁热连同茶叶末一起服下。每天晨起空腹时服一次，睡前服一次，其他时间随时可服。茶叶含有大量维生素C，且有清胆汁混浊和除血液中废物的作用。制茶叶末时，可用多种茶叶混合在一起。

玉米须治胆结石 >>>

玉米须（中药店有售）每天30克，以5大碗水煮沸20分钟，当茶饮用，结石症可减轻甚至痊愈。据《古今中药集成》记载，玉米须为“最佳之利胆剂，促胆汁分泌，缓冲胆中之沉渣，减低其黏稠性及胆红质的含量”。

高血压、高脂血症、贫血

按摩缓解高血压症状 >>>

❶头顶部要用五指指端操作，以百会穴（近于头顶正中部）为主，同时点叩头痛处或不适处。也可以用食指、中指及无名指指端捏住膝后脚窝内大筋，强力揉捻2～3分钟。还可以摩擦脚心。

❷先搓热两手掌，擦面数次，然后按摩前额，用五指和掌心稍用力推按前额中央至两侧太阳穴部，再向后至枕部，接着沿颈后向下推按，最后按压两肩背部，按

摩3～5分钟。

洋葱治高血压二方 >>>

❶洋葱半个切成块，加适量水放榨汁机里榨汁，1次服下，经常服用，可治高血压，保护心脏。

❷将洋葱50克捣烂，在100毫升葡萄酒中浸泡1天，饮酒食洋葱。每天分成3～4次服用。治疗高血压。

高血压患者宜常吃西红柿 >>>

对高血压患者来说，西红柿是极好的食疗水果，可于每日晨起空腹食用鲜西红柿1～2个。15天为一疗程，会有明显效果。

治疗高血压一方 >>>

精选山里红1.5千克、生地50克、白糖适量。山里红洗净去子，放不锈钢锅内煮烂，放入白糖，煮熟凉后放冰箱储藏。每天不计时食用，就像吃零食。

萝卜荸荠汁降血压 >>>

治疗原发性高血压，可准备白萝卜750克、荸荠500克、蜂蜜50毫升。前2味切碎捣烂，置消毒纱布中挤汁，去渣，加入蜂蜜，1日内分2～3次服完。

花生壳治高血压 >>>

将平日吃花生时所剩下的花生壳洗净，放入茶杯一半，把烧开的水倒满茶杯饮用，既可降血压又可调整血中胆固醇含量，对高血压患者有效。

香菇炒芹菜可降血压 >>>

香菇3～6只，芹菜段50克，植物油少许。每天取香菇3～6只，与芹菜段同下油锅炒至熟，长期食用，对高血压有一定疗效。

刺儿菜治高血压 >>>

将农田里（秋后时期最好）采来的刺儿菜200～300克洗净（干刺儿菜约10克），加水500毫升左右，用温火约熬30分钟（干菜时间要长些），待熬好的水温凉至40℃左右时一次服下，把菜同时吃掉更好。每天服1~2次，1周可见效。常喝此药，即可稳定血压。

银耳羹治高血压、眼底出血 >>>

干银耳5克用清水浸泡一夜，于饭锅上蒸1～2小时，加入适量的冰糖，于睡前服下。主治高血压引起的眼底出血。

天地龙骨茶降血压 >>>

治疗高血压，可用天麻40克、地龙30克、龙骨100克捣碎如茶状，小火煎沸10分钟，离火，去渣代茶，分2日口服。上述3药中药店均有售。

山楂代茶饮可降血压 >>>

山楂10克置于大茶杯中，用滚水冲泡，代茶饮用，每天1次，多服即可。山楂可降低血脂（胆固醇），对高血压引起的血管硬化有治疗作用。

喝莲心茶降血压 >>>

治疗高血压，可取莲心干品3克、绿茶1克，一起放入茶杯内，用沸水冲泡大半杯，立即加盖，5分钟后可饮，饭后饮服。头遍泡莲心茶，饮之将尽，略留余汁，再泡再饮，至味淡为止。

臭蒿子治高血压 >>>

秋季时取野生黄蒿子（俗名臭蒿子）1把，放在脸盆中用开水冲泡，待稍凉后，洗头10分钟（每晚1次），水凉后再加热，洗脚10分钟。每天坚持洗头洗脚，不要间断。本方能有效降血压。但要注意，黄蒿子不是熏蚊子的绿色蒿子，不可混同。

敷贴法降血压 >>>

取糯米5克，胡椒1.5克，桃仁、杏仁、山栀各3克，鸡蛋清适量。上述诸药共研为细末，鸡蛋清调成糊状，临睡前敷于两脚心涌泉穴，次日洗掉，晚上再敷。主治高血压轻症。

明矾枕头降血压 >>>

取明矾3.0～3.5千克，捣碎成花生米大小的块粒，装进枕芯中，常用此当枕头，可降低血压。

猪胆、绿豆治高血压 >>>

猪胆1个，绿豆适量。将绿豆粒装入猪胆内，装满为止，放置3个月后再用。每天1次，顿服7粒。服绿豆粒后，血压下降，继续服用白糖加醋，至痊愈为止。

香蕉皮水泡脚治高血压 >>>

初期高血压患者，若发现血压升高时，可取香蕉皮3个，煮水泡脚20～30分钟，水凉再加热水，连续3天，血压可降至正常。

小苏打洗脚治高血压 >>>

治疗高血压，可以采用小苏打洗脚的方式。先把水烧开，放入两三勺小苏打，等水温适宜时开始洗，每次20～30分钟即可，长期坚持必可奏效。

芥末水洗脚可降压 >>>

将芥末面250克平分成3份，每次取一份放在洗脚盆里，加半盆水搅匀煮开；稍放一会儿，免得烫伤脚。用芥末水洗脚，每天早晚各1次，一般3天后血压就会下降了，再用药物巩固一段时间，效果更好。

小苏打洗脚治高血压 >>>

治疗高血压，可以采用小苏打洗脚的方式。先把水烧开，放入两三勺小苏打，等水温适宜时开始洗，每次20～30分钟即可，长期坚持必可奏效。

大蒜降血压 >>>

❶每天早晨空腹食用糖醋大蒜1～2头，连带喝些糖醋汁，连吃10～15天。该法能使血压比较持久地下降，对于哮喘和顽固咳喘也很有效。

❷大蒜30克入沸水中煮片刻后捞出，大米100克加入水中煮粥，粥将熟时加入大蒜，再煮片刻后调味，趁热服。本方春季使用效果最佳。

巧用食醋降血压 >>>

❶醋大半瓶，黄豆适量。黄豆炒熟，装入瓶中占1/3，倒入醋，盖上盖子，1周即成。每日1匙，腹泻减量。

❷冰糖500克，放入醋100毫升溶化，每次10毫升，每日3次，饭后服。需要注意，患有溃疡病、胃酸过多者不宜用本方。

荸荠芹菜汁降血压 >>>

治疗原发性高血压，可取荸荠十几个，带根芹菜的下半部分十几棵，洗净后放入电饭煲中或瓦罐中煎煮，取荸荠芹菜汁，每天服1小碗，降血压效果显著。如果无荸荠，也可用大枣代替，只是疗效略差。

赤豆丝瓜饮降血压 >>>

治疗高血压，可取赤小豆30克、丝瓜络20克放入砂锅中，加水适量，煎30～40分钟，滤汁分早晚2次空腹服。

羊油炒麻豆腐降血压 >>>

用150克羊油炒500克麻豆腐。不吃羊油可用其他食用油炒，但麻豆腐必须是以绿豆为原料加工制成的。炒麻豆腐时可放盐适量及葱花、鲜姜等调料。每当血压不稳定或升高时可如法炮制，疗效显著。

海带拌芹菜治高血压 >>>

海带50克，鲜芹菜30克，香油、醋、盐、味精各适量。鲜芹菜洗净切段，海带洗净切丝，然后分别在沸水中焯一下捞起，放在一起倒上调料拌和食用。常服能防治早期高血压。脾胃虚寒者慎食。

茭白、芹菜降血压 >>>

茭白、芹菜各20克，水煮喝汤，每日2～3次，长期服用，可治疗高血压。

芦笋茶治高血压 >>>

取鲜芦笋100克洗净，切碎，与绿茶3克同入砂锅，加水500毫升，煮沸10分钟后，去渣留汁。代茶，频频饮用，当日服完。本方清肝降压、平肝明目，适用于临界高血压，对兼有眼结膜充血者尤为适宜。

治高血压一方 >>>

鲜藕1250克，切成条或片状；生芝麻500克，压碎后，放入藕条（片）中；加冰糖500克，上锅蒸熟，分成5份，凉后食用，每天1份。一般服用1服（5份）即愈。

芦荟叶治高血压 >>>

治疗高血压，可取芦荟鲜叶1～3厘米长，去刺生食。每日3次，饭前30分钟服用。使用时需要注意的是，不可突然停止正在服用的降压药。应随着病情的好转，待血管逐步恢复弹性，血压稳定后再慢慢减少降压药的用量。

苹果治高血压 >>>

❶苹果皮50克，绿茶1克，蜂蜜25毫升。苹果皮洗净，加清水至450毫升，煮沸5分钟，加入蜂蜜、绿茶即可。分3次温服，每日服1剂。

❷苹果2个。将苹果洗净，榨汁服，每次100克，每日3次，10天为1疗程。

玉米穗治疗老年性高血压方 >>>

治疗老年性高血压，可从自然成熟的老玉米穗上采“干胡子毛”（即雌花的细丝状干花柱）50克，煮水喝，连用2剂，即有降压的作用，可缓解头晕、头痛等症状。

热姜水泡脚降血压 >>>

血压升高时，可用热姜水浸泡双脚15分钟左右。这样可反射性引起外周血管扩张，使血压下降。

治高脂血症一方 >>>

胡萝卜120克，绿豆100克，大藕3节。绿豆用水泡半日；胡萝卜捣泥，2味加适量白糖调匀待用。在靠近藕节的一端用刀切下，将调匀的绿豆胡萝卜泥塞入藕洞内，塞满塞实为止。再将切下的部分盖好，用竹签插牢，上锅蒸熟，当点心吃。经常食用可降低血脂，软化血管。

自制药酒降血脂 >>>

取山楂片300克，大枣、红糖各30

克，米酒1升。将山楂片、大枣、红糖入酒中浸10天，每天摇动1次，以利药味浸出。每晚睡前取30～60克饮服。实热便秘者忌用。

海带绿豆治高脂血症 >>>

海带150克，绿豆100克，红糖80克。将海带发好后洗净，切成条状，绿豆淘洗干净，共入锅内，加水炖煮，至豆烂为止。用红糖调服，每日2次，连续服用一段时间，必见效果。

高脂血症食疗方 >>>

黑芝麻60克，桑葚40克，大米30克，白糖10克。将黑芝麻、桑葚、大米分别洗净后同放入瓷罐中捣烂。砂锅中先放清水1升，煮沸后入白糖，水再沸后，徐徐将捣烂的碎末加入沸汤中，不断搅动，煮至粥成糊样即可。可常服之。

大枣熬粥治贫血 >>>

大枣15颗洗净，与大米50克同置锅内，加水400毫升，煮至大米开花，表面有粥油即成。每日早晚温热服。适用于贫血、营养不良等症。患有实热症者忌食。

治贫血一方 >>>

治疗贫血，可用花生红衣30克、大枣10颗、蜂蜜15毫升，水煎服。每日1剂，连服20天为1疗程。

香菇蒸鸡治贫血 >>>

水发香菇50克，大枣10克，鸡肉150克。以上各料加盐隔水蒸熟，每天吃1次。可治疗贫血引起的体质虚弱、四肢无力等症状。

藕粉糯米饼可补血 >>>

糯米250克，藕粉、白糖各100克。以上各料加水适量，揉成面团，放于蒸锅中蒸熟。分餐随量煮吃或煎食均可，连续食用5～10天。本方有补虚、养胃之功用，适用于贫血患者。

吃猪血可防治贫血 >>>

每次取猪血100克，醋30毫升，植物油、盐各适量。炒锅下植物油，加醋将猪血炒熟，加盐调味，1次吃完，每日1次，对防治贫血有良效。

葡萄蜂蜜治贫血 >>>

治疗贫血，可备葡萄250克、蜂蜜2.5升。将葡萄洗净，装入净纱布包，挤汁于碗中，再将蜂蜜放锅内沸滚2～3分钟，二者相合，每次服15～30毫升，每日2次。

龙眼小米粥治贫血 >>>

龙眼肉30克，小米50～100克，红糖适量。将小米与龙眼肉同煮成粥。待粥熟，调入红糖。空腹食，每日2次。这道粥品有补血养心、安神益智之功效，对贫血患者极为有益。

糖尿病

洋葱治糖尿病 >>>

❶洋葱150克切成片，按常法煮汤，加少许盐食用，每日1剂，宜常服。

❷洋葱500克洗净，切成2～6瓣，放泡菜坛内淹浸2～4日（夏季1～2日），待其味酸甜而略带辛辣时，佐餐食用。

❸将拳头大的洋葱1个平分成8份，

浸入500~750毫升红葡萄酒中，8天后饮用。每餐前空腹吃洋葱1份，喝酒60~100毫升。可长期服用。

蚕蛹治糖尿病 >>>

蚕蛹20枚洗净，用植物油翻炒至熟，也可将蚕蛹加水煎煮至熟。炒的可直接食用，煮的可饮用药汁。每日1次，可连用数日。本方可调节糖代谢，主治糖尿病并发高血压。

银耳菠菜汤治糖尿病 >>>

水发银耳50克，菠菜（留根）30克，味精、盐少许。将菠菜洗净，银耳泡发煮烂，放入菠菜、盐、味精煮成汤。适用于脾胃阴虚为主的糖尿病。

山药黄连治糖尿病 >>>

取山药30克、黄连10克。水煎，共2次，将2次煎液混匀，分早晚2次服用，每日1剂，10剂为1疗程。主治糖尿病口渴、尿多、易饥。

红薯藤、冬瓜皮治糖尿病 >>>

治疗糖尿病，可备干红薯藤30克、干冬瓜皮12克。同入砂锅，水煎服。可经常服用。

鸡蛋、醋、蜜治糖尿病 >>>

生鸡蛋5个（打散），醋400毫升，蜂蜜250毫升。生鸡蛋与醋150毫升混合，泡约36小时，再用醋、蜜各250毫升与之混合，和匀后服，早晚各服15毫升。

西瓜皮汁治糖尿病 >>>

将吃西瓜剩下的西瓜皮削去红肉和外层绿皮，剩白肉部分，用适量清水煮，煮到白肉部分烂后捞掉，取其汁液，口渴时喝，不渴也可以喝，自西瓜上市一直喝到西瓜淡季为止，会有很大功效。对于胃冷的人来说，西瓜皮水若喝多了，胃会有不舒服的感觉，则可用玉米须来代替西瓜皮。

猪脾治糖尿病 >>>

❶山药120克切片，猪脾100克切成小块。先将山药炖熟，然后猪脾放入片刻，熟后趁热吃，猪脾和汤须吃完，山药可以不吃，若要吃则须细嚼，方可咽下，此方每天早晨吃1次。主治亢进性糖尿病。

❷薏米30克，猪脾1个。猪脾、薏米水煎，连药带汤全服，每日1次，10次即可见效。

❸枸杞15克，蚕茧10克，猪脾1个。加水适量，将上物煮熟后服食。每天1剂，常食。适用于糖尿病伴小便频多、头晕腰酸者。

枸杞蒸蛋治糖尿病 >>>

鸡蛋2只，枸杞10克，味精、盐少许。把蛋打入碗内，放入洗净的枸杞和适量的水及味精、盐少许，用力搅匀，隔水蒸熟。本方补肾滋阴、益肝明目，适用于肾阴虚为主的糖尿病。

冬瓜皮、西瓜皮治糖尿病 >>>

冬瓜皮、西瓜皮各15克，天花粉10克。上药同入砂锅，加水适量，文火煎煮取汁去渣，口服，每日2~3次。本方清热养阴润燥，主治口渴多饮、尿液混浊之糖尿病。

蔗鸡饮治糖尿病 >>>

治疗糖尿病，可取蔗鸡90克洗净，置陶罐中，加清水2.5升，以文火煎至500毫升，去渣，汤汁贮于保温瓶中备用。每日1剂，不拘时温服。注：蔗鸡为禾本科植物甘蔗节上所茁出之嫩芽，其功效专治消渴病，一般中药店即有售。

鲫鱼治糖尿病 >>>

❶活鲫鱼500克，绿茶10克。将鱼去内脏洗净，再把绿茶塞入鱼腹内，置盘中上锅清蒸，不加盐。每日1次。

❷鲫鱼胆3个，干生姜末50克。把姜末放入碗中，刺破鱼胆，将胆汁与姜末调匀，做成如梧桐子大小的药丸。每次服5～6丸，每日1次，米饭送下。

降糖饮配方 >>>

白芍、山药、甘草各等份。上药研成末，每次用3克，开水送服，每天早、午、晚饭前各吃1次，一般1周就可见效。主治上消型糖尿病，适用于口渴而饮水不止的糖尿病患者。

南瓜汤辅治糖尿病 >>>

患了糖尿病的人，往往口渴多饮、形体消瘦、大便燥结，治疗可用南瓜100克，煮汤服食，每天早晚餐各用1次，连服1个月。病情稳定后可间歇食用。

茅根饮治糖尿病 >>>

生白茅根60～90克，水煎当茶饮，1日内服完。连服十几日即可见效。本方消胃泻火、养阴润燥，主治糖尿病。

糖尿病患者宜常吃苦瓜 >>>

鲜苦瓜60克。将苦瓜剖开去子，洗净切丝，加油、盐炒，当菜吃，每日2次，可经常食用。这道菜有清热生津的作用，主治口干烦渴、小便频数之糖尿病。

田螺汤治糖尿病 >>>

治疗糖尿病，可买田螺10～20个，放清水中3～5天，使其吐去泥沙，取出田螺肉，加黄酒半小杯拌和，用清水炖熟，食肉、饮汤，每日1次。

乌龟玉米汤辅治糖尿病 >>>

取鲜玉米须60～120克（干品减半），乌龟1～2只。用开水烫乌龟，使其排尿干净，去内脏、头、爪，洗净后将龟甲肉与玉米须一起放入瓦锅内，加清水适量，慢火熬，饮汤吃龟肉。主治口渴多饮、形体消瘦之糖尿病。

芡实老鸭汤辅治糖尿病 >>>

取老鸭1只、芡实100～200克。将老鸭去毛和肠脏，洗净，将芡实放入鸭腹中，置瓦锅内，加清水适量，文火煮2小时左右，加食盐少许，调味服食。本汤对糖尿病有辅助疗效。

猪脊汤治糖尿病 >>>

挑选猪脊骨若干、大枣150克、莲子（去心）90克、木香5克、甘草10克，先把猪脊骨洗净剁碎，把木香、甘草用布包扎，同放锅中，加入适量水，用小火炖煮4个小时服食即可。以喝汤为主，可食大枣及莲子。适用于糖尿病有“三多”症状者。

便秘及肛周疾病

按摩腹部通便 >>>

❶用按摩腹部方法可解除或缓解便秘症状。方法是：用右手从心窝顺摩而下，摩至脐下，上下反复按摩40～50次，按摩时要闭目养神，放松肌肉，切忌过于用

力，如按摩时腹中作响，且有温热感，说明已发生良好作用。另在按摩时，适量喝一点儿优质蜂蜜水更好。

❷在步行时捶打腹部，以不痛为限度，以30分钟大约捶打1000次为宜，每日1次。

❸大便之时将双手交叉压于肚脐部，顺时针方向揉，然后逆时针揉，交替进行；或做腹部一松一缩的动作亦可。

葱头拌香油治便秘 >>>

将紫洋葱头洗净切丝，生拌香油，视个人情况每日2～3次，与餐共食。对治疗顽固性便秘有良效。

吃猕猴桃治便秘 >>>

患便秘的人不妨趁猕猴桃上市的时候，每天坚持吃，效果很好。此法既保养身体又治病。

治习惯性便秘一方 >>>

取草决明100克，微火炒一下，注意别炒煳。每日取5克，放入杯内用开水冲泡，加适量白糖，泡开后饮用，喝完可再续冲2～3杯，连服7～10天即可治愈习惯性便秘。注意：因草决明有降压明目作用，血压低的人不宜饮用。

煮黄豆治便秘 >>>

取黄豆200克，温水泡涨后放铁锅内加适量清水煮，快煮熟时加少许盐，豆熟水干后捞至碗中，趁热吃。一般每天吃50克左右，三四天即可见效。

葡萄干能通便 >>>

如果老年人患便秘，可于每天晚饭后食用20～30粒葡萄干，10天左右见效。经常食用便秘可除。

指压法防治便秘 >>>

在便前或如厕时，用双手的食指按压迎香穴（鼻翼两侧的凹陷处），按压5～10分钟，以局部出现触痛感即可。

冬瓜瓤治便秘 >>>

取冬瓜瓤500克，水煎汁300毫升，一日内分数次服下，有润肠通便之功用。

炒葵花子可治便秘 >>>

治疗便秘，可每天吃些炒葵花子，以100～150克为宜，最好不间断。同时还要养成定时大便的习惯，尽可能少吃或不吃抗菌消炎药。

菠菜面条治便秘 >>>

取菠菜择洗干净，放在清水中煮烂，做成菠菜汁，凉温后，倒入面粉中和好制成面团，再擀成薄片叠起来切成条，煮熟后即可捞出，浇上自己喜爱的卤汁食用。经常食用可防治便秘。

洋葱拌香油治老年便秘 >>>

治疗老年便秘，可买回洋葱若干，洗净后切成细丝，500克细丝拌进75克香油，再腌半个小时，一日三餐当咸菜吃，1次吃150克，常吃可防治便秘。

芹菜炒鸡蛋治老年便秘 >>>

取芹菜150克，和鸡蛋1只炒熟，每天早上空腹吃，治疗老年便秘有特效。

黑豆治便秘 >>>

治疗便秘，可将黑豆用清水洗净，晾干备用。每天清晨空腹服49粒，此方效果不错，而且无痛苦、无不良反应。

炒红薯叶治便秘 >>>

治疗便秘，可取鲜红薯叶500克，花生油适量，加盐适量炒熟后当菜吃，每日1次以上。

生土豆汁治便秘 >>>

取当年生新鲜土豆1个，擦丝，用干净白纱布包住挤出汁，加凉开水及蜂蜜少许，兑成半玻璃杯左右，清晨空腹饮用，对治疗习惯性、老年性便秘有显著疗效。

空腹喝紫菜汤可治便秘 >>>

每日早起空腹喝1～2碗紫菜汤，对治疗便秘有显著疗效，但注意要喝热紫菜汤，喝时加少许醋则疗效更好。

空腹吃梨可缓解便秘 >>>

每天早晨起床后空腹吃梨2个，连服2周以上，可有效缓解便秘。

防因便秘导致脑血管破裂法 >>>

便秘是老年人的常见病、多发病。因为便秘，排便时用力过猛，易导致脑血管破裂，脑出血可危及生命。今有一方简便易行，即在排便用力时，以双掌紧捂两耳，可保无虞。

自制苹果醋治便秘 >>>

取苹果1000克，洗净晾干后切成小块；冰糖400克加水以小火煮化；酒曲1个碾碎；将苹果、冰糖水、酒曲混合后装入干净的小缸内密封；2周后，每天打开搅拌10分钟，使空气进入，这样做2周后，苹果醋就做成了。常喝苹果醋不但能根除便秘，还能促进皮肤的新陈代谢。

番泻叶治便秘 >>>

将番泻叶20～30克用水煎服，每日1剂代茶饮可治便秘。老年、体弱、产后不宜服。

郁李仁治便秘 >>>

治疗便秘，可用郁李仁20克，打碎，水煎去渣，加白糖适量，1次顿服，每天1剂。

蒲公英汤治小儿热性便秘 >>>

治疗小儿热性便秘，可取蒲公英60～90克，加适量水煎至50～100毫升，每日1剂，1次服完，年龄小服药困难者可分次服。每当犯病，服1～2剂即可。

水菖蒲根治痔疮 >>>

取水菖蒲根200克（鲜者加倍），加水2升，煎沸后10分钟去渣（药渣可保留作第2次用，1剂药可连用2次），取药液先熏后坐浴10～20分钟。坐浴时取1小块药棉，来回擦洗肛门，洗完后药液可保留，下次煮开消毒后可重复使用。每天2次，连洗1～3天。此方一直用于痔疮的临床治疗，效果很好。

无花果治痔疮 >>>

治疗痔疮，可采用无花果叶适量，用水熬汤半小时后熏洗，一般洗2次即可见效。若用无花果茎、果熬汤熏洗，效果更好。

蒲公英汤治痔疮 >>>

取鲜蒲公英全草100～200克（干品50～100克），水煎服，每天1剂。痔疮出血则炒至微黄后使用。对内痔嵌顿及炎性外痔配合水煎熏洗。一般1天后可止血，渗出物大为减少，2～4剂即可消肿止痛。

花椒治痔疮 >>>

花椒1把装入小布袋中，扎口，用开水沏于盆中，患者先是用热气熏洗患处，待水温降到不烫，再行坐浴。全过程约20分钟，每天早晚各1次。

枸杞根枝治痔疮 >>>

取枸杞根枝适量，将上面的泥洗净，将根枝断成小节（鲜、干根枝都可以），放入砂锅煮20分钟即可。先熏患处，等水温能洗时泡洗患处5～10分钟。用过的水可留下次加热再用。一般连洗1周即愈。

河蚌水治痔疮 >>>

以活河蚌1个，掺入黄连粉约0.3克，加冰片少许，待流出蚌水时，用碗承接，以鸡毛扫涂患部，一日数次，治疗痔疮有奇效。

蜂蜜香蕉治痔疮 >>>

痔疮便血患者可于每日清晨，空腹吃下抹上蜂蜜的香蕉2～3根，香蕉越熟越好，蜂蜜则愈纯越佳，重症患者服用40～50日，轻症患者服用30日，一般就可见效。

皮炎平治痔疮 >>>

患有外痔的人，若涂抹痔疮膏不见效，可试用皮炎平药膏，往往会有意想不到的效果。有人涂抹两三次即告愈。

龟肉治痔疮 >>>

凡患痔疮与痔漏的人，常用龟肉加葱、酱煮食，有滋阴清热、消炎止血的功效。但要注意，煮龟肉时不要用醋。

姜水洗肛门治外痔 >>>

治疗痔疮，可取适量鲜姜或老姜，切成1毫米左右的薄片，放在容器内加水烧开，待水不烫手时洗痛处，泡洗最佳。每次洗3～5分钟即可，每日洗3～5次。

气熏法治痔疮 >>>

将鲜胡桃叶100克盛于瓦罐内，加清水100毫升，用纸封闭罐口，煮沸20分钟，将药罐放在提桶内，撕开药罐口上封纸。立即坐在提桶上，利用蒸汽对准患处熏30分钟，然后将药液带渣倒在盆内，待水温冷却至50℃左右，坐浴30分钟，并用药渣擦洗患部，每日3次，连用5日。

马齿苋治肛周脓肿 >>>

治疗肛周脓肿，可将采来的鲜马齿苋洗净，去根，把茎叶一齐捣烂，午睡和晚间休息时敷贴在肛周患处，无须胶布固定，之后和晨起用温凉的开水洗净，保持清洁卫生。第二天即可见效，连用7天。再将其余的马齿苋放在沸水锅里煮一下，做成凉拌菜食用，效果更好。

田螺敷贴治脱肛 >>>

患了脱肛，可取田螺数只用米酒适量拌匀，以芭蕉叶包住，埋于热火灰下，待热，敷肚脐、背部、尾骨。最好是在睡前使用。

五倍子治脱肛 >>>

脱肛患者往往面色萎黄，口唇淡白而干燥起皮，渴欲饮水而饮则不多，舌尖略红、苔根淡黄微腻。此时，取五倍子适量，研末，直接外敷在脱出的肛门黏膜上，然后再行回纳，一般即告成功。此方治疗脱肛，确有良效。

柳枝治肛周湿疹 >>>

得了肛周湿疹的人，如果出现便

后如针刺般疼痛，可取新鲜柳枝（梗）300～400克，剪成短节，与苦参20克同放锅内，加水一起煎熬，洗浴患处。日洗3次，煎好的药水下次加热后仍可继续使用。洗浴2～3次即愈。

各种外伤

鱼肉贴敷治刀伤 >>>

皮肤若不慎被刀划伤会导致发炎溃烂。可用活鲫鱼1条洗净捣烂，放入少许冰片和五味子，搅拌后贴敷伤口。数天内就可痊愈。此法治刀斧伤、经久不愈的伤口效果很好。

巧止鼻血 >>>

❶鼻子流血时，将自己双手的中指互勾，一般一会儿就能止血。幼儿不会中指互勾，大人用中指勾住幼儿的左右中指，同样可止血。

❷出鼻血者在颈后、鼻翼两侧冰敷，可止血。

巧用白糖止血 >>>

身上有伤口流血时，可立即在伤口上撒些白糖，因为白糖能减少伤口局部的水分，抑制细菌的繁殖，有助于伤口收敛愈合。

巧用生姜止血 >>>

如果切菜时不小心弄伤了手，把生姜捣烂敷在伤口流血处，范围以敷满伤口为宜，止血效果很好。

赤小豆治血肿及扭伤 >>>

如果摔伤、碰伤引起血肿，尚未破溃时，可用适量赤小豆磨成粉，凉水调成糊，于当日涂敷受伤部位，厚约0.5厘米，外用纱布包扎，24小时后解除，涂数次即可见效，此外本方还可治疗小关节扭伤。

香油治磕碰伤 >>>

当摔倒或因其他原因，身体某部位被磕碰时，马上用小磨香油涂抹患处，并轻轻揉一揉，如此处理过后，患处既不会起肿块，也不会出现青斑。

用韭菜治外伤瘀血 >>>

身体磕碰或跌伤时皮肤往往会出现红肿、黑紫，经久不散，此时可用韭菜100～150克，洗净捣碎，用纱布包好，搽抹伤痛部位，即可消肿，红肿、黑紫部位的颜色也会变浅。每天搽2～3次，一般数天即可痊愈。

柿子蒂助伤口愈合 >>>

治疗外伤或手术遗留伤口时，可将吃剩下的柿子蒂用旧房瓦焙干，研成粉末待用。把伤口洗净消毒，然后把研好的柿子蒂粉末涂在伤口上。一般治疗数次，即可使伤口愈合。

柳絮可促进伤口愈合 >>>

每年柳絮飘飞之时，拣一些干净的储存起来备用。受了一般外伤，如手指划破等，可敷上柳絮毛，可立即止血、镇痛，一般一天多伤口便愈合了。

蜂蜜可治外伤 >>>

皮肤肌肉发生小面积的外伤时可用蜂蜜医治。具体用法：取市售蜂蜜，以棉棒蘸取适量直接涂于伤口上，稍大面积的伤口，涂抹后用无菌纱布包扎，每日涂2～3次，一般伤口3～5天即愈。另外，用蜂蜜外涂，还可以治疗因感冒发热引起的口角单纯疱疹、水火烫伤等。据《本草纲目》载：蜂蜜有清热、补中、解毒、润燥，止肌肉、疮疖之痛等功效。

土豆治打针引起的臀部肿块 >>>

有的小孩打完针后臀部容易起肿块，这时可将新鲜土豆切开，从中削取0.5～1.0厘米厚的一片，大小比肿块略大些，将它盖在肿块上，用胶布固定好，一天后取下，肿块可消失。

土豆生姜治各种红肿、疮块 >>>

用土豆2份、老姜1份洗净，捣烂如泥，用量以能盖住患处为准。如捣后过干可加冷水或蜂蜜，过湿可加面粉，以糨糊状为宜，摊于塑料薄膜上，每晚贴于患处，用布带缠紧，早上揭去。如有痛感，可涂上少许香油再贴药。用此法外敷，适用于腮腺炎、乳腺炎、急性关节炎红肿、睾丸炎等炎症、红肿。打针后的肌肉硬结也能消除。

治闪腰一法 >>>

不小心闪了腰以后，可用橘子皮、茴香秆各50克，加2碗水，煮到剩1碗水时，把汤倒进碗里，加适量红糖，晚上睡觉前趁热服下，每天1次。一般连服三四天就好了。注：如没有茴香秆，可用茴香代替。

槐树枝治外伤感染 >>>

取一些槐树枝烧成灰，研成粉末，用香油拌好，再把一节约14厘米长的粗葱白切成两半，用砂锅将一些醋烧开，然后用葱白蘸着烧开的醋洗抹患处，以感觉不很烫为度，洗的时间越长越好。洗完后再抹上香油拌的槐树枝灰末。每天2次，几天后药干了即好，如不好可以再用。

槐子治开水烫伤 >>>

若不慎被开水烫伤，可去中药店买100克槐子，炒焦碾碎过筛成细面，放在热花生油内，拌成厚粥状，敷在烫伤处，用严格消毒过的纱布包好。本方可促进伤势复原，而且不落疤痕。

大白菜治烫伤 >>>

烫伤以后可立即将大白菜捣碎，敷患处，立时便不觉疼痛。大白菜上面会冒热气，待不冒了就又感觉疼痛，马上换敷新捣碎的大白菜，如此数次，伤处就一点也不痛了。此时用纱布包好，不久就可痊愈。

小白菜叶治水火烫伤 >>>

小白菜去掉菜帮，用水洗净，在阳光下晒干。然后用擀面杖将其碾碎，越细越好。用香油将其调成糊状，稀稠程度以不流动为宜，装瓶待用。遇有水火烫伤时，不论是否起泡或感染溃烂，用油膏均匀地涂于伤处（不要用纱布或纸张敷盖）。每日换药1次，数日即可痊愈，此方除愈合快外，还可减少疼痛。

黑豆汁治小儿烫伤 >>>

小儿不慎烫伤后，可用黑豆25克加水煮浓汁，涂擦伤处，疗效很好。

紫草治烫伤 >>>

把碾碎的紫草（中药店有售）粉装入干净的器皿中或玻璃瓶中，倒入香油，使香油漫过紫草粉，放在笼屉上，上锅蒸1小时，进行消毒，并使紫草和香油充分融合。把消毒好的紫草油放凉，用油涂于烫伤处，用消毒纱布敷盖好。要保持烫伤处经常湿润，不等药油干，就再涂药油，直到伤处痊愈。涂药油的小刷子或药棉也要消毒，经常保持伤处的清洁，避免感染。

枣树皮治烫伤 >>>

枣树皮适量（新、老树皮都可），用开水洗净，烤干（不要烤焦），碾成粉末后加香油拌稀，抹于烫伤处。几次擦抹后即可结痂，不留伤痕。

鸡蛋油治烫伤 >>>

取煮熟的鸡蛋黄2个，用筷子搅碎，放入铁锅内，用文火熬，等蛋黄发糊的时候用小勺挤油。油放入小瓶里待用。每天抹2次，3天以后即可痊愈。注意熬油时火不要太旺，要及时挤油，不然蛋黄就焦了。

大葱叶治烫伤 >>>

遇到开水、火或油的烫伤，即掐一段绿色的葱叶，劈开成片状，将有黏液的一面贴在烫伤处，烫伤面积大的可多贴几片，并轻轻包扎，既可止痛，又防止起水泡，1～2天即可痊愈。

浸鲜葵花治烫伤 >>>

用干净的玻璃罐头瓶盛放小半瓶生菜籽油，将鲜葵花洗净擦干，放入瓶中油浸，像腌咸菜一样压实，装满为止，如油不足可再加点，拧紧瓶盖放在阴凉处，存放2个月即可使用。存放时间越长越好。使用时，一般需再加点生菜籽油，油量以能调成糊状为度。将糊状物擦在伤处，每天两三次，轻者3~5天，重者1周可见效，不留伤痕。

地榆绿豆治烧伤、烫伤 >>>

治疗轻度烧伤、烫伤，可取地榆（中药店有售）、绿豆各25克，香油100毫升。将地榆、绿豆研为细末加入香油调匀，熬成膏状备用，盛药容器应消毒。用时可用消毒棉签蘸药涂抹患处。

虎杖根治开水烫伤 >>>

若不慎被开水烫伤，出现水泡，可取虎杖根（中药店有售）50克，用擀面杖细细捣碎研成末，先用香油薄薄涂于伤处，后用虎杖粉均匀撒于患处，用卫生纱布包扎。伤口敷药后不得沾水。半日后疼痛减轻，次日水泡消失。每日换药1次，数日即可痊愈，而且皮肤无损。

巧用生姜汁治烫伤 >>>

烫伤后可将生姜捣烂，取其汁液，然后用药棉蘸上姜汁擦患处，此法可使起泡者消炎除泡，破皮者促进结痂。

绿豆治烧伤 >>>

取生绿豆100克研成末，用白酒或75%的酒精调成糊状，30分钟后加冰片15克，再调匀后敷于烧伤处。用此方法，痛苦小，结痂快，愈后不留疤痕。

巧治烫伤三法 >>>

❶如果只烫坏表皮，看上去发红，不起疱，但相当痛，应立即在干净的凉水里浸泡，不仅止痛，还能消肿。

❷可以涂抹一些紫药水、动植物油或者牙膏，不必包扎，都有止血止痛的效果。

❸若烫坏了真皮层，起了水疱，不要把泡弄破，可用酒精轻轻涂擦水疱周围的皮肤，再用涂有凡士林的纱布轻轻包扎。

巧用土豆治烫伤 >>>

将干净的土豆皮削下后，敷在烫伤处，并用消毒纱布固定，一般烫伤后3～4天即可痊愈，且不留疤痕。

巧用鸡蛋治烫伤 >>>

❶将蛋壳碾成末外敷，有止痛消炎的功效。

❷用鸡蛋清、熟蜂蜜或香油，混合调匀涂敷在受伤处，有消炎止痛作用。

❸揭下蛋壳的里面一层薄薄的蛋膜，敷在烫伤的伤口上，经过10天左右，伤口就会愈合了。蛋膜还有止痛的功效。

巧治擦伤 >>>

皮肤小面积擦伤会导致局部肿胀，这时可在伤口处涂些牙膏，不仅具有止痛、止血、减轻肿胀的功效，还有防止伤口化脓的作用。

巧治戳伤 >>>

戳伤时不可热敷，在伤部冰敷可减轻血管出血，防止血肿形成。用冷湿布或者冰块冷却患处，用厚纸做夹板固定受伤手指，再用绷带包扎好。普通扭伤或脱位，可自行将患处整复好，恢复原状。

豆腐白糖治烫伤 >>>

烫伤以后，可将新鲜豆腐一块、白糖50克拌在一起调匀，敷于创面，干了即换，连换4~5次。上方配制时，如加入大黄末3～5克，其疗效更佳。

韭菜敷贴治踝关节扭伤 >>>

将新鲜韭菜250克切碎，放盐末3克拌匀，用小木槌将韭菜捣成菜泥，外敷于软组织损伤表面，以清洁纱布包住并固定，再将酒30克分次倒于纱布上，保持纱布湿润为度。敷3～4小时后去掉韭菜泥和纱布，第2日再敷1次。主治足踝部软组织损伤。

熏蒸法治踝关节扭伤 >>>

取松木锯末500克、陈醋500毫升。上述药物加水400毫升煮沸后，将患足置于药盆上，距20厘米左右，再覆盖上宽大毛巾，进行蒸熏20～40分钟，每日1～2次，5～7次为1疗程。主治气滞型踝关节扭伤。熏蒸时，注意保持温度，不要太低。

酢浆草糊剂治踝关节扭伤 >>>

踝关节扭伤后，一般会导致局部肿痛、皮下瘀血、踝关节活动受阻，治疗时可将鲜酢浆草适量用清水洗净，加少许食盐，捣成稀糊，直接敷于扭伤处，用纱布或绷带包扎即可。每天换药1次。关节扭伤轻症患者，只需用此方治疗3天，肿胀即可消退。

自制药液治关节肿胀 >>>

若不慎发生手脚挫伤，常关节处肿胀难忍。治疗时可取花椒、香菜和葱白各1把、盐2匙置盆中，加适量水，煮开后先用热气熏伤处，再用毛巾蘸药液热敷（勿烫），最后可将伤处浸在药液中。1天几次，一般1~2天即肿消痛止。药液可反复使用，但每次要加热。

治踝关节扭伤一方 >>>

若踝关节不慎扭伤，可用铁树的叶子熬水，然后卧1个鸡蛋，不放盐和任何作料，待煮熟后吃鸡蛋，喝水。这个方法对接骨大有好处。

八角枫叶糊剂治踝关节扭伤 >>>

将八角枫叶适量研成细末，与醋调和成糊饼状，外敷于患处，绷带外固定，每天换药1次。效果显著。

白芷散治关节积水 >>>

将白芷适量研成细末，黄酒调敷于局部，每天换药1次。此方治疗关节积水有良效，一般7～10天关节积水即可吸收。

韭菜治关节肿痛 >>>

治疗关节肿痛，可取鲜韭菜数根，放手掌搓出汁，擦患部，间隔1小时擦1次，连续10天即愈。擦时必须循序渐进，不可操之过急。

土鳖泡酒治闪腰岔气 >>>

治疗闪腰岔气，可用如下偏方：取土鳖虫7个、白酒30毫升。先将土鳖虫用瓦片焙干后，浸泡于白酒中，等24小时后去渣取酒，每天3次，1天服完。重者4～5次即痊愈。

关节炎、风湿症、腰腿痛

药粥治关节炎 >>>

备糯米50克、米醋15毫升、姜5克、连须葱7茎。先用糯米洗净后与姜入砂锅内煮一二沸。再放葱白，待粥熟后加入米醋调匀，空腹趁热顿服。服后若不出汗宜即盖被静卧，以微微出汗为佳。本粥有祛风散寒之功效，但需要注意的是：凡风热及关节红肿者禁用。

羊肉串治关节炎 >>>

将嫩羊肉250克切成桂圆大小的块，串在10个烤签子上，另备人参、杜仲、桂心、甘草各15克，研为细末，掺入细精盐少许。将羊肉串放在炭火上，烤熟撒上药末即可酌量食用。这样处理过的羊肉串更具补气养血、强肾壮骨之功效，可辅助治疗类风湿性关节炎。

姜糖膏治关节炎 >>>

取鲜生姜1千克捣烂如泥，红糖500克用水溶化，与姜泥调匀，用小火熬成膏，每天早、中、晚各服1汤匙。本方可温阳散寒、活血止痛，主治下部受寒，两腿疼痛之关节炎。

五加皮鸡汤治风湿 >>>

五加皮60克，老母鸡1只。将老母鸡去头、足及内脏，洗净，二者加水炖熟。吃鸡饮汤。待症状减轻，隔3～5天再服1剂。这种鸡汤有温阳通络补虚之功效，主治日久不愈之风湿症。

炖牛肉治关节炎 >>>

取无筋膜的嫩牛肉250克，切大块，与薏仁、白鲜皮各100克共炖，不加盐，肉烂即可。食肉饮汤，每日3次。这道菜有祛湿益气、健脾消肿之功效，辅助治疗关节炎肿痛。

花椒水缓解关节炎疼痛 >>>

取花椒60克，入锅加水600毫升，煎至200毫升，用干净布盖上，放屋外高处露一夜，次晨取回，冷服，盖被发汗。本方温阳散寒、通络止痛，可缓解关节炎疼痛。

芝麻叶治关节炎肿痛 >>>

取新鲜芝麻叶100克，洗净切碎，水煎服，每日2次。冬季无叶，可用芝麻秆水煎服。本方补血通络散寒，主治风寒引起的关节炎肿痛。

药酒治关节炎 >>>

❶白桑葚500克，白酒1升。将桑葚放入酒中浸1周，滤渣，每日早晚各服15毫升。本方滋阴补血、活血止痛，主治风湿性关节炎。

❷丝瓜络150克，白酒500毫升。将丝瓜络入白酒中浸泡7天，去渣饮酒，每次1盅，日服2次。本方活血通络止痛，主治关节炎疼痛。

墨鱼干治风湿性关节炎 >>>

取墨鱼干（带骨）2只、陈酒250毫升，共炖熟，食鱼喝汤，每日2次，连食数日。本方主治风湿性关节炎，对心脏病、肝脏病及肾炎也有疗效。

狗骨粉治风湿性关节炎 >>>

取狗四肢骨若干，剔去筋肉，砸碎，装入罐中密封后置入烤箱（以120℃为宜），烤酥，取出研为细末，装瓶备用。每服12克，睡前黄酒送服。主治风湿性关节炎。

山楂树根治风湿性关节炎 >>>

取山楂树根30～60克，入锅加水适量，煎煮30～40分钟，滤汁饮汤。每日1次。本方活血通络，主治风湿性关节炎。

葱、醋热敷治疗关节炎 >>>

得了急性关节炎，患部肿痛难忍，这时可将醋500毫升煎至250毫升，再加入洗净切细的葱白30克，煮沸2～3遍，过滤后用布包好，趁热敷于患部关节，每日2次，有止痛促康复之功用。

治关节肿痛一方 >>>

备红辣椒皮500克、嫩松树叶与嫩松枝各250克，分别焙干、研成末。3味拌匀，加黄酒适量，炼成药丸，如梧桐子大小，饭后服，每次服3克，每日2～3次。主治关节肿痛、肌肉瘦削、四肢不遂等。

桑葚治关节炎 >>>

患者关节疼痛、肢体麻痹之时，可取黑桑葚50克洗净，入砂锅，加水适量，文火煎煮服用，或将桑葚熬制成膏，每次服1汤匙，开水和少许黄酒送服，每日1～2次。

鲜桃叶治关节炎 >>>

备鲜桃叶适量、白酒250毫升。白酒烧热，桃叶用手稍揉，蘸酒洗患处，每晚睡前1次。治疗风湿性关节炎有良效。

生姜缓解关节炎疼痛 >>>

❶先用生姜适量（切片）蘸香油反复擦抹痛处，然后将生姜在炭火中煨热，捣烂敷于痛处，盖以纱布，包扎固定。

❷姜用擦菜板擦成细碎片，放入小布袋中，在盆中注满热水，将小布袋在水中来回摇荡，姜汁就会渗透出来，再以毛巾浸入水中，拧干，贴于疼痛的部位，凉了就换，如此反复数次，即可缓解关节疼痛。

柳芽泡茶预防关节炎复发 >>>

备柳芽（清明前嫩芽尚未飞花者，若无，可用嫩叶、嫩枝代之）2克、绿茶2克，用开水冲泡，代茶饮，可预防关节炎复发。

陈醋熏法治疗关节炎 >>>

得了关节炎，除了吃药、食疗以外，还可试试下面的方法：备陈醋300毫升、新砖数块。将砖烧红后放入陈醋中吸透，趁热放在关节下烟熏（先以纱布1块浸热醋后裹于关节），以能耐受为度，并以被子包住，防止热、醋走失，砖冷即止，隔日1次。

黄豆治风湿性关节炎 >>>

黄豆含维生素A和B族维生素特多，除治疗脚气肿胀之症外，民间也常用于治疗风湿。方法是用黄豆和鸭睾丸（或羊睾丸）一同熬汤，豆熟后吃豆喝汤。医学界认为，风湿症或许是性腺缺乏某种物质造成，所以在发病后，不妨试试这个疗法。

酒烧鸡蛋治关节炎 >>>

将3个鸡蛋洗净，放入干净的小锅内，倒入高度的白酒，以白酒刚好没过鸡蛋为度。先把锅底稍加热一会儿，关火，再把锅内白酒点燃，火自行熄灭后，待鸡蛋和残酒冷却至温热时，将鸡蛋去壳连同残酒一起吃下，然后上床捂上被子睡觉，让身上出一场透汗，每星期做一次。提示：点燃白酒时一定不要离开，注意防火。

换季时缓解关节疼痛二方 >>>

❶晒干的桑根与艾叶各10克（鲜品桑根40克，艾草60克），以500毫升的水煎至剩300毫升为止，分为3等份，每餐后服1次。持续服用，1个月就会减轻痛楚。

❷桑根、决明子、薏米各20克，用700毫升的水煎至500毫升即可，分为3次，1天内喝完，约10天即可收效。

桑根与艾叶都是止神经痛的特效药。慢性风湿性关节炎患者，上述2法最具特效。

敷贴法治关节炎 >>>

患有慢性风湿性关节炎，可取壳仓中稻草（越陈越好），烧成灰，浇水，借其热气，盖关节上，约1周，即可行动自如。或者将柳树皮捣碎，涂在干净布上，敷痛处，也可达到止痛的效果。

童子鸡治风湿症 >>>

小红公鸡（童子鸡）1只去肠杂，洗净，将木香、木瓜、当归、红花、甘草各3克以纱布包好，纳入鸡腹，将鸡头提起，从切口处灌入黄酒1／3瓶，再予缝合（提起鸡头，是恐黄酒自鸡头流出）。将鸡放瓦盆或陶器罐，加盖，锅中放水，隔水蒸1小时左右，以鸡烂为度。先吃鸡，再喝汤，1次服完，盖被发汗，以感觉脚心发汗为止，起而拭汗，更衣，再休息。此时绝对不能见风。风湿症轻者1剂，重者2剂即可治好。

酒炖鲤鱼治风湿 >>>

北杜仲15克，当归、龟板各12克，蜜黄芪10克，枸杞、五加皮各6克，上药与米酒1瓶，置酒缸中浸泡7天备用。另买鲤鱼1尾（约1.5千克重），养于清水中，约1小时换水1次，经6～7次换水，使其肚中粪污排泄净尽，再趁其活着时入蒸罐（不可去鳞或剖腹），将泡好的酒浸入，密封放锅中隔水炖烂。把炖好的鲤鱼盛碗中，用筷子轻轻刮去鱼鳞，连汤喝下。此方不但可去风湿，对平日精力衰退、腰酸骨痛及病后失调，也非常有效。

乌鸡汤治关节炎 >>>

得了关节炎会反复发作，天气不好则疼痛加剧。此时可备雌乌鸡1只，麻黄、牛蒡子各12克。先将乌鸡捏死或吊死，勿见铁器，去毛及内脏，洗净，放入砂锅内，加水淹没鸡为度。用纱布将麻黄、牛蒡子包裹，同时放入锅内炖煮，可加少量食盐调味，勿加别的调味品，以肉熟烂为度，取出麻黄、牛蒡子，食肉喝汤，早晚各服1次。

桑树根蒸猪蹄治关节炎 >>>

猪蹄1只（约600克重）切成小块，和米酒一并入大碗中，放进桑树根（又名桑白皮，用鲜品更佳）适量，隔水蒸至两物熟烂为止，趁热分早、晚2次喝，最好连肉吃下，连吃3只，即可见效。

辣椒、陈皮治老年性关节炎 >>>

老年人膝、肘关节或腿痛是常见病，治疗时可取小尖红辣椒10克、陈皮（橘皮）10克，用白酒500毫升浸泡7天，过滤后，每天服2～3次，每次2毫升，可有效缓解或制止疼痛。不能饮酒者，用此药涂于疼痛处来回擦，而后用麝香止痛膏贴于患处，也有效果。

芝麻叶汤治关节炎 >>>

取鲜芝麻叶200克放砂锅内，注入清水，待煎至水剩1碗时，趁热喝下，每天1次，此法可治关节炎。

治关节炎一方 >>>

用嫩苍耳子适量，将其捣烂成泥状，敷于患处，再用纱布或布条扎紧，敷40分钟即可。如病情重也可敷长些时间。用此方拔的水泡越大，效果越好。

粗沙子渗醋治关节炎 >>>

患有关节炎，可用粗沙渗醋的土方医治。方法是：取粗沙若干，淘净沥干后装入布袋里，用时以醋渗透，再放到蒸锅上蒸烫，取下敷于患处。每晚1次，每次约半小时，坚持半年见效。

药水熏蒸治膝关节痛 >>>

膝关节发炎疼痛者，可用核桃树枝切成10厘米长，入锅煮1小时，倒入盆中。盆上盖盖，中间挖一孔，让蒸汽从孔中蒸其痛处，每晚睡前进行，时间长短不限，水凉为止。连用数周即可治愈。

宣木瓜治关节不利 >>>

宣木瓜煮水或浸酒饮服，能化湿行筋，治脚气湿痹、腰膝坠重、四肢关节不利。木瓜有两种，一种叫宣木瓜，另一种叫番木瓜。宣木瓜是硬且坚的果实，有一种强烈的气味，略带酸味，不能作为水果进食，可作治理风湿的药品，《本草纲目》（别录）中提到“木瓜主治湿病”可见其效用。

妙法治疗肩周炎 >>>

取一只白色无毒的塑料薄膜袋，剪成比患部面积稍大些的圆，然后将水烧开，待水温降至30～40℃时，滴少许白酒于温水中，再将塑膜置于温水中浸泡1～2分钟，然后将其贴于患处，蘸些许温水于塑膜上，快速穿上内衣。因塑膜有渗入酒精成分的水汽及排出汗液的吸附力，一般不易脱落。塑膜1天换1次，白天夜间都坚持按以上方法贴敷。坚持一段时间即有效果。

治骨结核、腰椎结核一方 >>>

寻找一种北京叫牛角弯、山东叫大葛娄的多年生蔓生草本植物，取其根50克，放砂锅内用文火煎4小时后过滤，余渣再煎服1次，用白酒或黄酒早晚2次送服。服用2周后，瘘口大量流脓，要坚持继续服，直至瘘管自愈，3个月为1疗程，可连续服两三个疗程。外敷消炎生肌药痊愈更快。

麦麸加醋治腰腿痛 >>>

老年人腰腿常痛，可用麦麸加醋热敷治疗。做法是：在1.5千克麦麸之中加入500毫升陈醋，一起拌匀，炒热，趁热装入布袋中，扎紧袋口后立即热敷患处，凉后再炒热再敷，每3小时敷1次，每次敷30分钟，效果明显。

芥菜治腿痛 >>>

老年人容易犯腿痛病，一活动骨节就会发出响声。治疗时可将芥菜研碎后贴于患处，必有效果。

倒行治腰腿痛 >>>

老年人练倒行可解除腰腿背部疾患。方法是：找一平坦地，双手叉腰，腰背挺直，两眼直视正前方，向后退着走，速度可适当加快。若在练倒行时，再加做几下腰部运动就更好。

转体治腰痛 >>>

腰痛是老年人的常见病，今有一法可治：闲坐时，两腿保持20～30厘米的距离，以腰椎为中心，体稍左倾，转动36次，再体稍右倾，也转动36次，然后坐正，身体小范围的前倾后仰72次，整个活动，形成1个周期，用5～6分钟即可完毕。每天早晚各1次，不过要注意身体左右倾转动时，向下以不低于腰带为度。坚持就会有效。

治膝盖痛一法 >>>

治疗膝盖痛，可取花椒100克压碎，鲜姜10片、葱白6段切碎，混合在一起，装入包布内，将药袋放膝痛处，药袋上放一热水袋，盖上被子，热敷30～40分钟，早晚各1次。也可以膝痛处在上，药袋在下。每袋用7天为1疗程。

喝骨头汤预防腿脚抽筋 >>>

有些人腿脚经常抽筋，可能是由于缺钙引起，常喝点儿骨头汤，就能治好腿脚抽筋的毛病。

熏洗治老寒腿 >>>

取生姜200克、醋250毫升，加水1升，煮开后熏洗患处，每天2次，用后的姜醋不要倒掉，第二天用时再加些生姜、醋、水，用过六七次再换新的，直至治愈。

热姜水治腰肩疼痛 >>>

先在热姜水里加少许盐和醋，然后用毛巾浸泡再拧干，敷在患处，反复数次，此法能使肌肉由紧张变松弛、舒筋活血，缓解疼痛。

红果加红糖治腿痛 >>>

治疗腿部酸痛无力，可用500克红果（去核）加500克红糖，加水熬煮成糊状，趁热服用，以出汗为宜，并用棉被盖上双腿。这样连服3～5次即见成效。如果效果不显，可多服几次。

自制药酒治腿酸痛 >>>

治疗风寒性腿脚痛，可取1瓶白酒、1瓶蜂蜜、1把姜末，将酒与蜂蜜按1：1的比例混合在一起，将姜末泡入其中。10天后就可以服用，喝1小酒杯即可，同时吃一点儿姜末。

热药酒治老寒腿 >>>

治疗老寒腿，可将红花、透骨草各50克放入瓦盆内倒2碗水，文火煎半小时后加入白酒50毫升，略放一会儿。患者坐在床上，就热将瓦盆放在双腿膝盖下，用棉被蒙在双腿上盖严，以热药酒气熏腿，注意别烫着。最好在秋冬，每晚临睡前熏1次，持之以恒，定能有效。

火酒治疗腰腿痛 >>>

由于环境潮湿导致腰腿痛，可用火酒法治疗：取白酒约40毫升，倒入碗内点燃，用手快速蘸取冒着蓝火苗的火酒搓患部。操作时动作一定要快，并迅速将火苗搓灭。每天1次，7～10天即可治愈。

手脚干裂、麻木

大枣外用治手脚裂 >>>

取红枣数颗，去掉皮核，洗净后加水煮成糊状，像抹脸油一样，涂抹于裂口处，轻的一般2～3次即愈。

橘皮治手足干裂 >>>

手足干裂的时候，可取橘子皮2～3个或更多，放入锅或盆里加水煎2～5分钟后，先洗手再泡脚，至水不热为止，每天最少要洗1次，连洗多天，就有明显的效果。

麦秸根治手脚干裂 >>>

取麦秸切成约10厘米长的小段，清晨取1把，用清水浸泡1天，晚上在火上煮约10分钟后浸泡手或脚，3天换1次水和麦秸，1周见效。

抹芥末治脚裂口 >>>

治疗脚裂口，可用40℃左右的温水洗脚，泡10分钟左右，然后擦干；用温水调好芥末，成糨糊状，不要太稀，用手抹在患处；穿上袜子以保清洁；第二天再用温水洗脚，再抹，一般2～3次即愈。

洗面奶治手脚干裂 >>>

秋冬时节，许多老年人手足皮肤干燥皲裂，十分难受。可于每天早晨穿袜子前，用洗面奶少许擦双足，并用手轻轻揉搓，待稍干后穿上鞋袜，晚上睡觉前用温水洗脚，长期坚持必有效果。

“双甘液”治脚皲裂 >>>

治疗脚皲裂，可备甘草100克、甘油半瓶、酒精半瓶。将甘草装空瓶中，然后将酒精倒入甘草瓶中浸没甘草，用盖封好。1周之后，用纱布过滤液体，再将等量的甘油倒在同一个瓶中混合后即可使用。每天晚上用温热水洗脚泡20分钟，擦干后用药棉花蘸“双甘液”擦在皲裂处，早晨起床后再擦一遍，3～4天即可痊愈。

冬季常喝果汁防治手脚干裂 >>>

冬季手脚干裂的人，如果每天喝1杯果汁，并坚持一段时间，就会有明显的好转。冬季手脚干裂，既是由气候寒冷干燥造成，又和冬季新鲜蔬果摄取量相对减少有重要关系。

蔬菜水治脚干裂 >>>

将菜帮、菜叶及水果皮加水煮沸，凉到适温后洗脚，每次洗30分钟左右，每天1次，1个月左右，患脚即光滑无痛。

食醋治手脚裂 >>>

手脚容易干裂的人，可取500毫升食醋，放在铁锅里煮，开锅后5分钟，把醋倒在盆里，待温后把手脚泡在醋里10分钟，每天泡2～3次，7天为1疗程。一般2个疗程即可治愈。

苹果皮治脚跟干裂 >>>

将削苹果剩下的果皮搓擦足跟患病

处，一般只需搓擦3~5次，足跟干裂处就愈合光滑了。

治脚跟干裂一法 >>>

脚跟干裂疼痛难忍时，可用热水泡一下脚，然后拿酒精消毒过的刀片，将脚跟的硬皮和干皮一层层削掉，一直到露出软皮部分为止，将凡士林油纱布裹在脚跟上，再用绷带固定好。隔3天换2次油纱布，一般1周后就可治愈。

黄蜡油治手脚裂 >>>

治疗手脚裂，可备香油100毫升、黄蜡（中药店可买到）20～30克，用火将香油热熬，放黄蜡，待黄蜡溶化即成。先用温热水泡洗手（脚）部10～15分钟，待手（脚）泡透擦干，擦蜡油于患处，用火烤干，当时就有舒适感。每日2次，一般1周即愈。

治脚跟干裂一方 >>>

脚跟干裂的人，可取用过的干净塑料袋，对角剪开，取带底部的一半（呈三角形的一个兜儿）。晚上洗完脚或第二天早晨，将塑料兜儿套在脚后跟处，穿上袜子，一天下来，脚后跟湿润润的，一点儿干裂都没有，每隔2～3天（视干裂程度）套1次即可，效果极佳。

创可贴防治冬季手脚干裂 >>>

冬季手脚容易干裂的人，先用温水将脚洗净擦干，然后用“创可贴”止血膏对准裂口贴上，数天后即可见效。裂口和疼痛会逐渐消失，随之恢复正常。待皲裂再次发生时，继续以此法治之。

牛奶治脚跟干裂 >>>

治疗脚跟干裂，可用鲜牛奶在洗过的脚跟处擦抹，数次即可见效。不但能促进裂口愈合，脚跟皮肤也会变得柔软光滑。

橘子皮治手脚干裂 >>>

将新鲜的橘子皮汁，涂擦在手脚裂口处，可使裂口处的硬皮渐渐变软，裂口愈合，另外，还可将晾干的橘子皮泡水洗手洗脚，也可收到同样的效果。但要经常使用，最好连续2周。

香蕉治皮肤皲裂 >>>

❶选熟透的、皮发黑的香蕉1个，放火炉旁烤热、涂于患处，并摩擦一会儿，可以促使皲裂的皮肤很快愈合。

❷用香蕉皮内皮擦患处，坚持3～5天，每天擦1～2次，也可见效。

软柿子治手皲裂 >>>

先用温水洗手，然后把软柿子水挤在手上，来回反复用力搓一搓，连续几个晚上就能见效。

巧去脚后跟干裂现象 >>>

涂抹少许凡士林在肌肤干裂处，裹上保鲜膜，经过一个晚上，脚后跟就会变得细嫩而光滑。

用蜂蜜巧治手皲裂 >>>

治疗手皲裂，可于每日早饭后，将双手洗净擦干，将蜂蜜涂于手心、手背、指甲缝，并用小毛巾揉搓5～10分钟，至双手暖呼呼的。晚间睡觉前洗完手，再用上述办法双手涂蜂蜜揉搓。

凤仙花根茎治脚跟痛 >>>

治疗脚跟痛，可找约30厘米高的指甲草（又名凤仙花）五六棵，取根茎洗去泥土，放入盆里，加上可没过脚的水煮开后，添1小勺盐，稍微搅一搅。开始水太烫，可先用棉垫盖上盆，脚伸进去熏一熏痛处，稍后就要反复洗泡，直至水凉为止。第二天加点水煮开继续洗。每天1次，数次即可见效。

治脚跟痛一方 >>>

去中药店购买针麻20克、湖脑50克，将两者捣碎合拌一起，分5份装入缝制好的小布袋里，每次1袋垫在脚跟痛点上，1周换1次，用3~5次即可治愈。

新鲜苍耳治脚跟痛 >>>

治疗足后跟干裂疼痛，可将鲜苍耳叶数片垫于袜内足跟处，24小时更换新叶1次，通常7次即可痊愈。

治脚趾关节骨质增生 >>>

脚趾关节长出大圆包，疼痛难忍，一般是骨质增生的表现。治疗时可用醋2大碗（以没过脚面为度），将50克干黄花菜放醋里，用慢火煎至黄花菜胀开，用来烫脚，两三次即可痊愈。

捏手指法治手麻 >>>

有的人一遇急事就会手麻，此时可用拇指和食指，用力抻拉犯麻的手指，后用食指托着那个犯麻的指甲；再用拇指的指甲用力捏那个犯麻的手指肚顶部；如整手麻就按五指顺序以上述方法捏，然后再用食指和拇指用力抻每个被捏过的手指，这个过程多捏几次，就有效果。

手脚麻木食疗方 >>>

栗肉100克，猪瘦肉50克，大枣5颗，盐少许。以上各料同煮，连服1周可见效。此方也可治病后虚弱、手足酸软麻木。

点刺放血治手脚麻木 >>>

治疗手脚麻木，可采用指（趾）端点刺放血的办法，能很快解除病痛。操作办法：先将趾端和三棱针用酒精棉球消毒（缝衣针、注射针头也可）。对准麻木的趾（指）端刺后挤压出少许鲜血。注意起针出血后仍要消毒，不可人为感染。若不愈，隔5天再针刺直至痊愈。

掐人中穴治手脚抽筋 >>>

如果手或者脚抽筋了，可立即用拇指和食指掐住上嘴唇以上的人中穴，持续用力掐20 ~ 30秒钟后，抽筋的肌肉即可松弛，疼痛也随之消除，用此法对付手指或脚抽筋，有效率可达95%以上。

汗脚、脚气

“硝矾散”治汗脚 >>>

白矾25克，芒硝25克，萹蓄根30克（中药店均有售）。制法：将白矾打碎与芒硝、萹蓄根混合，水煎2次，煎出液约有2升，放盆内备用。洗脚时，把脚浸泡在药液内，每日3次，每次不得少于30分钟，临睡前洗脚最好。每服药可使用2天，洗时再将药液温热，6天为1疗程。

治汗脚一法 >>>

治疗汗脚，可取0.5毫克乌洛托品（西药）2 ~ 4片，压成细粉，待脚洗净擦干后，用手将药粉揉搓在脚掌趾内，每日1次，连用4 ~ 8天，可保脚干燥50天。

无花果叶治脚气 >>>

取无花果叶数片，加水煮10分钟左

右，待水温合适时泡洗患足10分钟，每日2次，一般3~5天即愈。

冬瓜皮治脚气 >>>

脚气病重时会导致溃烂流水，这时可买1个冬瓜，削下瓜皮熬水洗脚，方便又便宜，治疗效果不错。

吃栗子鸡治脚气 >>>

得脚气的人很多是由于脾肾不足，吃栗子鸡能健脾补肾，对脚气病大有裨益。栗子鸡的做法很简单：备栗子250克，母鸡1只，料酒、酱油少许。将栗子去壳，一切为二，母鸡洗净切成块，加料酒、酱油煨蒸至熟烂即可。

嫩柳叶治脚气 >>>

采一把嫩柳叶，加水煎，而后洗脚，数次即可见效。如果仅是脚趾缝溃烂，可将嫩柳叶搓成小丸状，夹在趾缝，晚上夹入（可穿上袜子），第二天即见效。

白茅根治脚气 >>>

采集白茅之根，水洗去细沙，于日光下晒干，切细，用10～15克煎汁，将此汁代茶饮用，对治脚气很有效。

巧用白糖治脚气 >>>

脚用温水浸泡后洗净，取少许白糖在患脚气部位用手反复揉搓，搓后洗净（不洗也可以）。每隔两三天洗1次，3次后一般轻微脚气患者可痊愈，此法尤其对趾间脚气疗效显著。

小枣煮海蜇头治脚气 >>>

备小红枣500克、黄酒250毫升、海蜇头500克。用砂锅文火将小红枣、海蜇头煮熟，随意吃并饮黄酒。本菜是治疗脚气的佳品，但在食用时要忌荤腥油腻之物。

花生治脚气 >>>

花生是脚气病的克星。脚气症初起，用花生连衣熬成浓汤饮服，每次120克，每天4次，连服3天，对单纯性的脚气病有治疗良效。如系慢性脚气病，宜每天用花生150克煮汤，持久饮服。

白皮松树树皮治脚气 >>>

把白皮松树的树皮剥下烧成灰，用香油调成糊，涂抹在患处。每天1～2次，注意不能洗脚，要连续抹。一般用此方2周就能痊愈。

烫脚可治脚气 >>>

治疗脚气，有一个非常简单的方法，即每晚睡前用热水烫脚，每次烫10多分钟，如水温下降，中间可再加热水。烫完脚后打上肥皂，用拇指擦脚趾缝30～50次。

蒜头炖龟治脚气 >>>

用龟1只洗净切块，将蒜头5个略微捣烂，放入锅中，清炖龟，吃龟饮汤，每天1次，4～5天可消肿胀，治疗脚气病有效，对老年人更为适宜。

花椒盐水治脚气 >>>

花椒10克、盐20克，加入水中稍煮，待温度不致烫脚了，即可泡洗，每晚泡洗20分钟，连续泡洗1周即可痊愈。用过的花椒盐水，第二天经加温，可连续使用。已溃疡感染者慎用。

治脚气一方 >>>

有些脚气病患者，足背水肿，延至脚

踝，连小腿部分也微胀不适，如用手指按之有凹坑，很久才会回复原状。此时可用花生米、赤小豆、大蒜头（去皮）各120克，煮服数次即愈。不可加盐，否则无效。

高锰酸钾水治脚气 >>>

用半盆温水放入2粒（小米粒大小）高锰酸钾，水成粉红色，双脚浸泡3~5分钟即可。每月泡1次，可治脚气并防复发。

啤酒泡脚可治脚气 >>>

患脚气久治不愈的人，可试着用啤酒治疗。方法是：把瓶装啤酒倒入盆中，不加水，双脚清洗后放入啤酒中浸泡20分钟再冲净。每周泡1～2次，即可见效。

芦荟治脚气 >>>

治疗脚气病，可于每晚洗完脚后，揉搓芦荟叶叶汁往脚上挤抹，自然风干，没味，也无疼痛感觉，每次1只脚用1叶，一般3~5次即可见效。

夏蜜柑治脚气 >>>

每日饭后吃夏蜜柑，能帮助消脚气所致的肿胀。食用时为减少酸味，可略加些盐，但不可用砂糖。

治脚气一方 >>>

准备市场上常见的“紫罗兰”擦脸油（增白的，4～5元）1瓶，用醋根据情况调匀（陈醋效果最佳），一般调匀至颜色暗淡为宜，涂抹到患处。该处方适于治疗有异味、奇痒、一挠就破呈溃疡状或脚上有网状小眼等症状的脚气病。

预防脚气冲心一方 >>>

取干姜、木香各4克，陈酒4毫升，李子2克。加水400毫升，煎至半量，此煮汁为1日量，分3次饮服，可预防脚气冲心症。

吃鲫鱼治脚气 >>>

鲫鱼1尾清理干净，和大蒜60克、赤小豆60克、陈皮3克、老姜30克共放入锅中，加适量的水煮，熟后食用。脚气病与脾、胃有连带关系，所以恢复脾、胃的正常功能即能消除脚气水肿。赤小豆和鲫鱼都有消除水肿的功能；陈皮、老姜也各具辅助作用，能使小豆与鲫鱼充分发挥它们的功能。

老盐汤治脚气 >>>

腌水芥（疙瘩头）的老盐汤，取少许，可踮起脚跟，浸泡十趾，每晚泡1次，每次浸泡15分钟左右，稍停片刻再用清水冲洗干净。已溃疡者慎用。

醋蒜治脚气 >>>

取鲜大蒜3头去皮捣碎，再放入500毫升老醋中泡40小时。将患脚泡进溶液，1天泡3~4次，每次半小时，一般24小时见效。

煮黄豆水治脚气 >>>

用150克黄豆打碎煮水，加水1000毫升左右，用小火约煮20分钟，待水温能洗脚时用来泡脚，可多泡会儿。治脚气病效果极佳，脚不脱皮，而且皮肤滋润。一般连洗3~4天即可见效。

黄精食醋治脚气 >>>

黄精250克、食醋2升，都倒在搪瓷盆内，泡3天3夜（不加热、不加水）后，把患脚伸进盆里泡。第一次泡3小时，第二次泡2个小时，第三次泡1个小时。泡3个晚上即有效果。

姜水洗脚除脚臭 >>>

❶热水中放适量盐和数片姜，加热数分钟，不烫时洗脚，并搓洗数分钟，不仅除脚臭，还能使脚感到轻松，可消除疲劳。

❷将脚浸于热姜水中，浸泡时加点盐和醋，浸约15分钟左右，抹干，加点爽身粉，脚臭便可消除。

土霉素去脚臭 >>>

将土霉素研成末，涂在脚趾缝里，每次用量1～2片，能保证半月左右不再有臭味。

皮炎、湿疹、荨麻疹

红皮蒜治皮炎 >>>

治神经性皮炎，可取红皮蒜适量，去皮捣烂如泥状，敷患处约5毫米厚，盖以纱布，胶布固定，每天换药1次，7天为1疗程。

猪蹄甲治皮炎 >>>

新鲜猪蹄甲焙干，研细末，每次15～30克，以黄酒60～90毫升冲服，服后盖被至病灶发汗。每周1～2次，10次为1疗程。主治神经性皮炎。

治皮炎一方 >>>

陈茶叶（1年以上）、陈艾叶各25克，老姜（捣碎）50克，紫皮大蒜2头（捣碎）。上药水煎，加食盐少许，分2次外洗。主治神经性皮炎。

醋蛋液治皮炎 >>>

备新鲜鸡蛋3～5个、浓醋适量。将鸡蛋放入大口瓶内，泡入浓醋，以浸没鸡蛋为度，密封瓶口，静置10～14天后，打开取出蛋，并将蛋清、蛋黄搅和，涂患处皮肤上，经3～5分钟，稍干再涂1次，每日2次。如涂药期间皮肤发生刺激现象时，应减少涂药次数。

水浸松树皮治皮炎 >>>

治疗皮炎，可取水浸松树皮适量（最好用浸在水中的年久的松树桩皮），研极细末，调醋搽患处。

丝瓜叶治皮炎 >>>

将鲜丝瓜叶适量搓碎，在患处摩擦，以患处发红为止。每天1次，3次为1疗程。

食醋糊剂治皮炎 >>>

取食醋500毫升（瓶装山西老陈醋最佳）放入铁锅内煮沸浓缩成50毫升，装入干净大口瓶内。将苦参20克、花椒15克洗净，放入瓶内，浸泡1周后可用（浸泡时间越长越好）。温开水清洗患部，用消毒棉签蘸食醋糊剂涂擦患病部位，每天早晚各1次。

海带水洗浴治皮炎 >>>

治疗神经性皮炎，可取海带50～100克，先洗去盐和杂质，用温开水泡3小时，捞去海带，加温水洗浴，数次即可见效。

姜汁治皮炎 >>>

鲜姜250克捣碎，挤取全汁盛杯内，再用质量浓度10%的盐水1升洗净患处，擦干，用棉签蘸姜汁反复涂搽，至姜汁用完为止。每周1次。头部有感染时可用复方新诺明1克，每天2次，连服5天，待炎症消失后再用上方；涂姜汁后患处有时剧痛，一般不用服止痛药物，3天后疼痛可消失。此方治疗头部脂溢性皮炎疗效显著，连用2～3次即愈。

陈醋木鳖子治皮炎 >>>

将木鳖子（去外壳）30克研成细末，放250毫升陈醋内浸泡7天，每天摇动1次。用小棉签或毛刷浸蘸药液涂擦受损之皮肤，每天2次，7天为一疗程。此方治疗神经性皮炎有良效。

小苏打洗浴治皮炎 >>>

用小苏打溶于热水中洗浴，全身浴用小苏打250～500克，局部浴用50～100克。主治神经性皮炎。

韭菜糯米浆治皮炎 >>>

取韭菜、糯米各等份，混合捣碎，局部外敷，以敷料包扎，每天1次。此方治疗接触性皮炎疗效甚佳，一般3～5天即可痊愈。

自制明矾皮炎茶 >>>

治疗皮炎，可备茶叶、明矾各60克，用500毫升水浸泡30分钟，然后煎煮30分钟即可。外用，每次用此茶水浸泡患处10分钟，不用布擦，使其自然干燥。

桑葚百合汤治湿疹 >>>

治疗湿疹，可用桑葚、百合各30克，红枣10颗，青果9克。上药共同煎服。每天1剂，连续服用10～15剂，必有效用。

绿豆香油膏治湿疹 >>>

治疗湿疹，可取适量绿豆粉炒呈黄色，凉凉，用适量香油调匀涂患处，每天1次。

双甘煎汤治湿疹 >>>

取甘蔗皮、甘草各适量，煎汤洗患处，每天2次。此方治疗湿疹有效。

松叶泡酒治湿疹 >>>

治疗湿疹，可取松叶200克细切，以酒1000毫升煮取200克，日夜服尽，处温室中，汗出即愈。

干荷叶、茶叶外敷治湿疹 >>>

干荷叶不拘量，茶叶适量。将荷叶焙干研成极细末，或烧灰，用茶叶煎成浓汁，调荷叶末或灰成糊状。外用，每日1～2次，涂敷患处。本方是治湿疹的著名古方，见于《本草纲目》。

核桃仁粉治湿疹 >>>

治疗湿疹，可取适量核桃仁捣碎，炒至呈黄色出油为度，研成粉状，敷于患处，每天2次。

海带绿豆汤治湿疹 >>>

治疗急性湿疹，可将海带30克、鱼腥草15克洗净，同绿豆20克煮熟。喝汤，吃海带和绿豆。每天1剂，连服6～7天。

茅根薏米粥治湿疹 >>>

鲜白茅根30克先煮，20分钟后，去渣留汁，加入薏米300克煮成粥。本方有清热凉血、除湿利尿的作用，适用于湿疹的治疗。

牡蛎烧慈姑治湿疹 >>>

取牡蛎肉100克（切片）、鲜慈姑200克（切片）、调料适量。将牡蛎肉煸炒至半熟，加入鲜慈姑后同煸，放入调料，加清汤，武火烧开，文火焖透，烧至汤汁稠浓即可，有清热凉血、除湿解毒之功效。

玉米须莲子羹治湿疹 >>>

莲子50克（去心），玉米须10克，冰糖15克。先煮玉米须20分钟后捞出，放入莲子、冰糖后，微火炖成羹即可。本方有清热利尿、除湿健脾之功效，适于治湿疹。

清蒸鲫鱼治湿疹 >>>

治疗湿疹，可备鲫鱼1条（约重300克）、陈皮10克（切丝）、姜、清汤、调料适量。将陈皮、姜放入鲫鱼肚内，加调料、清汤，同蒸至熟烂即可。这道食疗方有健脾除湿、滋阴润燥之功效，湿疹患者不妨常吃。

山药茯苓膏治湿疹 >>>

治疗湿疹，可备生山药200克（去皮）、茯苓100克、红枣100克、蜂蜜30毫升。先将生山药蒸熟，捣烂。红枣煮熟，去皮核留肉。茯苓研成细粉，与枣肉、山药拌匀，上锅同蒸成糕，熟后淋上蜂蜜即可。

冬瓜莲子羹治湿疹 >>>

冬瓜、莲子都有健脾除湿、清热利尿之功效，可用于治湿疹的食疗。做法是：取冬瓜300克去皮、瓤，莲子200克去皮、心，另备调料适量。先将莲子泡软，与冬瓜同煮成羹。待熟后加调料。每日1剂，连服1周。

蜂蜜治湿疹 >>>

适量的蜂蜜放入一小杯水中溶化，用它来涂抹患部，每天2～3次，如果患处是在大腿、手臂等衣服隐蔽处，则可在涂抹后施以包扎，约2天，即可止痒，1周后即可痊愈。蜂蜜在民间被广泛利用，有不少人用它来医治外伤及皮肤炎，且可防止伤口化脓。

土豆泥治湿疹 >>>

将土豆洗净，切细，捣烂如泥，敷于患处，用纱布包扎，每天换药4～6次，如此过2天，患部即呈明显好转，3天后，即可大致消退。

嫩柳叶治湿疹 >>>

将新鲜嫩柳叶3～5千克装入布袋，用木棒捶击，压榨，取其清汁备用。使用前加热至45～60℃为宜，并加入体积浓度75%的酒精适量，将患处浸熏洗，每晚1次，每次约1小时。对于严重湿疹，白天可在鞋内放一层鲜柳叶，行走时能踩碎柳叶，其汁自出，与脚掌充分接触，可达到治疗目的。此方治疗足部湿疹有奇效。

川椒冰片油治阴囊湿疹 >>>

将鸡蛋数只煮熟，取蛋黄放在铁勺内搅碎，用文火熬炼即得蛋黄油。取上油40毫升，兑入川椒粉1.5克，五倍子粉3克、冰片粉2克，摇匀后备用。主治男性阴囊湿疹，一般1周内见效。急性湿疹渗出多时，本方不宜使用。

治阴囊湿疹一方 >>>

取黄花蒿100克，紫苏、艾叶各50克，冰片10克。前3味药加水适量，煎取药液约100毫升，再加入研细的冰片粉，混匀备用。用时取纱布或药棉蘸药液湿敷患处30分钟，若洗浴30分钟则效果更好。另外，每天以此药外搽患处4～6次。治疗期间忌饮酒及辛辣鱼腥。此法治疗阴囊湿疹效果不错。

芋头炖猪排治荨麻疹 >>>

治疗荨麻疹，可准备芋头茎（干茎）

30～60克，猪排骨适量。将芋头茎洗净，加适量猪排骨同炖熟食。每天1次。

韭菜涂擦治荨麻疹 >>>

荨麻疹俗称“风疹块”，是一种过敏性的皮肤疾患。治疗时可采鲜韭菜1把，将韭菜放火上烤热，涂擦患部，每日数次，必可见效。

鲜木瓜生姜治荨麻疹 >>>

鲜木瓜60克，生姜10克，米醋100毫升。将上药共入砂锅煎煮，醋干时，取出木瓜、生姜，分早晚2次服完。每日1剂，至愈为止。

火罐法治荨麻疹 >>>

患者取仰卧位，准备玻璃罐头瓶1个，大于脐眼的塑料瓶盖1个，酒精棉球若干。治疗时用一枚大头针扎入塑料盖，将酒精棉球插到大头针尖上并点燃，立即将玻璃瓶罩在肚脐上面，待吸力不紧后取下，连续拔3次。每日治疗1次，3天为1疗程，主治急、慢性荨麻疹。

浮萍涂擦治荨麻疹 >>>

将鲜浮萍60克洗净捣烂，以250克醇酒浸泡于净器之中，经5日后开封，去渣备用。用时取适量涂擦患处，见效很快。

葱白汤治荨麻疹 >>>

准备葱白35条。取其中15条水煎热服，另20条水煎局部温洗。一般用药后瘙痒即明显好转。风团基本消失后，可再服1～2剂以巩固疗效。

野兔肉治荨麻疹 >>>

取野兔肉适量，切成块，加茶油炒熟，加调味品后食用，每次250克，15天服1次，共食3次。此方治疗慢性荨麻疹有良效。

艾叶酒治荨麻疹 >>>

治疗荨麻疹，可备生艾叶10克、白酒100毫升，共煎至药酒剩50毫升左右，顿服，每天1次，连服3天。此方治疗荨麻疹效果显著。

蝉蜕糯米酒治荨麻疹 >>>

将蝉蜕15克焙酥或晒干研细，糯米60克炒至焦黄。将炒糯米装入瓷缸内，加水150毫升，用文火煮15分钟，再加入蝉蜕末和黄酒60毫升，用武火煎1～2分钟即可。每晚临睡前1次顿服，服后盖被取微汗效果更佳。此剂量为一般成人用量，可随年龄及体质情况酌情增减。蝉蜕生用效果最佳。无黄酒时用醪糟代替亦可。

梅干防治荨麻疹 >>>

经常身患荨麻疹的人，最好能每天吃2～3个梅干，就可以预防荨麻疹的发生，就算长出来也不会太严重。梅干是最具代表性的碱性食品，对荨麻疹颇具疗效。

巧用洋葱治荨麻疹 >>>

一旦吃错东西而长出荨麻疹，应急的方法是把洋葱对切成半，把切口按在患部，慢慢地擦，如果1次不能止痒，则可多擦几次，洋葱成分中的硫化丙烯能够止痒，且黏膜有保护皮肤的作用。

治荨麻疹一方 >>>

如果荨麻疹已有逐渐蔓延的趋势时，可把10克的当药（龙胆科）和同量的青蒿放入水中煎10分钟，分成3～4次于1天服完。第一天可减轻热与痒的感觉，到第三天就会完全好。如果单独以当药或青蒿煎汤服用也可以，但分量要增加到20克。青蒿能促进内脏的解毒作用，当药则是健胃整肠药，药虽苦，但能将酸性化的体质改变为碱性的，效果不错。

癣、斑、冻疮、蚊虫叮咬

大蒜韭菜泥治牛皮癣 >>>

治疗牛皮癣，可将韭菜与去皮的大蒜各50克共捣如泥，放火上烘热，涂擦患处，每日1～2次，连用数日即见效。

鸡蛋治牛皮癣二方 >>>

❶将鸡蛋2枚浸泡于米醋中7日，密封勿漏气。取出后用鸡蛋擦涂患处，经1～3分钟再涂1次。每日涂2～3次，不可间断，以愈为度。

❷将鸡蛋5个去清留黄，硫黄、花椒各50克混放入鸡蛋内，焙干后同蛋一同研末，去渣，加香油适量调成糊状，外贴患部。

老茶树根巧治牛皮癣 >>>

将老茶树根30～60克切片，加水煎浓。每日2～3次空腹服，治疗牛皮癣有良效。

治牛皮癣一方 >>>

用泡过的茶叶捣烂敷患处，使角质层软化，再用小刀削去角质层，用芦荟和甘草（研末）调醋外搽；或大蒜、韭菜合捣烂敷患处。

紫皮蒜治花斑癣 >>>

治疗花斑癣，可用紫皮蒜2头，捣烂涂擦患处，以局部发热伴轻微刺激痛为度，使用2次就有效果。

土茯苓治牛皮癣 >>>

土茯苓60克研成粗末，水煎，分早晚2次服。每日1剂，15天为1疗程。本方清热利湿、解毒消炎，主治牛皮癣。

芦笋治皮肤疥癣 >>>

芦笋15克洗净，切片，加水煎汤服或煎水熏洗，或捣烂涂敷患处，治疗各种皮肤疥癣均有效果。

治牛皮癣一法 >>>

治疗牛皮癣，可取露蜂房一个，明矾、冰片各适量。将蜂房各孔内杂物剔除干净，明矾粉填满各孔，文火待明矾干燥为度，研细末入冰片适量装瓶备用。患处用肥皂水洗净，将药粉用香油调好敷患处，每日1次。

药粥治牛皮癣 >>>

薏米30克，车前子15克（布包），蚕沙9克（布包），白糖适量。把车前子与蚕沙加水煎成3碗，再加入薏米煮成稀粥，用白糖调服。每天1剂，连服8～10剂。本方清热凉血活血，主治牛皮癣属血热型者。

白及、五倍子治牛皮癣 >>>

将白及30克、五倍子60克分别捣细研末，先将五倍子粉与老陈醋适量混匀呈稀汤状，置锅内文火熬，待稍稠后入白及粉，调成糊状备用。用时将药糊涂敷患处。本方主治牛皮癣，但切记有皮损者不可用。

荸荠治牛皮癣 >>>

治疗牛皮癣，可取鲜荸荠10枚去皮，切片浸适量陈醋中，与醋一起放锅内文火煎10余分钟，待醋干后，将荸荠捣成泥状备用。用时取少许涂患处，用纱布摩擦，当局部发红时再敷药泥，贴以净纸，包扎好。每天1次，至愈为止。

简易灸法治牛皮癣 >>>

取大蒜4头捣烂如泥状，敷患处，点燃艾条隔蒜灸之，以痛为度，主治牛皮癣。

醋熬花椒治癣 >>>

将1把花椒放在醋中熬半小时，放凉后将花椒水装入瓶中，用一小毛笔刷花椒水于患处，每天坚持早、午、晚刷涂患处，可治癣。

治牛皮癣简法 >>>

治牛皮癣，可采几条鲜榆树枝，挤压出汁液抹在患处。每天1次，连抹10天即可见效。要注意此汁液只能用1次。

芦荟叶治脚癣 >>>

治疗脚癣，可取鲜芦荟叶适量以冷开水洗净，压取汁液，涂搽或调水浸泡患处。每日2～3次，每次15分钟。

三七治脚癣 >>>

得了脚癣或脚痒难忍的时候，摘1把带叶、茎、花的三七，用凉水洗净后，捣烂成糊状，稍放点盐，涂敷患处，每次约20分钟，每天3次，连续3天，患脚就不痒了。

西红柿治脚癣 >>>

治疗脚癣，可取西红柿叶20克、西红柿汁10毫升，将西红柿叶洗净，捣汁，与西红柿汁混合均匀，涂患处，每日4～5次。

醋水浸泡治手癣 >>>

用醋120毫升对水100毫升，浸泡患处，每天1次，可治手癣。

韭菜汤水治手癣、脚癣 >>>

买1把韭菜，洗净切细，放入盆中捣碎成糊状，然后倒入开水冲泡，待水温降至温热，将手、脚放入浸泡，搓洗患处，约30分钟。一般泡2次即可见效。

治白癜风一方 >>>

备补骨脂200克，骨碎补100克，花椒、黑芝麻、石榴皮各50克。上药装入瓶内，加体积浓度75%酒精500毫升，浸泡7天。用此液外擦皮损处，每天2～3次。每次擦药后在阳光下照射局部10～20分钟，30天为1疗程。一般用药10～30天，皮损处表面微红微痒，30天以上皮肤由红变成微黑，有明显痒感，表皮部分脱落，留有少量色素沉着，6个月以后色素慢慢消退。

生姜治白癜风 >>>

取生姜1块，切1片擦患处，姜汁擦干后再切去1片，擦至皮肤灼热为度，每日3～4次。

巧用苦瓜治汗斑 >>>

治疗汗斑，可取苦瓜2条、密陀僧10克。将密陀僧研细末、苦瓜的心和子去尽。取密陀僧末灌入苦瓜内，放火上烧熟，切片，擦患处，每天1～2次。此方治疗汗斑，一般擦5～6次即愈。

陀硫粉治汗斑 >>>

密陀僧50克，硫黄40克，轻粉10

克。上药共研成细末，过120目筛，装瓶备用。先用食醋擦洗患处，再取鲜生姜1块，切成斜面，以斜面蘸药末，用劲在患处擦至有灼热感为度，每天2次。擦药后患处渐转变为褐色，继而脱屑痊愈，不损害皮肤，亦无不良反应。复发时再按此方治疗有效。

乌贼桃仁治黄褐斑 >>>

乌贼1只，桃仁6克。先将乌贼去骨皮洗净，与桃仁同煮，鱼熟后去汤，只食鱼肉。可作早餐食之。本方可美肤乌发，除斑消皱，适用于黄褐斑及皱纹皮肤者。

芦荟绿豆外用治黄褐斑 >>>

芦荟300克，绿豆150克，分别研成末。每日1次，取适量粉末以鸡蛋清调成糊状（夏季用西瓜汁调），覆盖于面部或患处。每日1次，1个月为1疗程。

橘皮生姜治冻疮 >>>

治疗冻疮，可取鲜橘皮3～4个、生姜30克。上药加水约2升，煎煮30分钟，连渣取出待温度能耐受时浸泡并用药渣敷患处，每晚1次，每次30分钟，如果冻疮发生在耳轮或鼻尖时，可用毛巾浸药热敷患处。

蒜泥防冻疮 >>>

暑伏时，取大蒜适量去皮捣烂如泥状，敷在上年生过冻疮之处，盖以纱布，胶布固定，过24小时洗去，隔3～4日后再敷1次，可以有效预防冻疮。

蜂蜜凡士林治冻疮 >>>

熟蜂蜜、凡士林等量调和成软膏，薄涂于无菌纱布上，敷盖于疮面，每次敷2～3层，敷盖前先将疮面清洗干净，敷药后用纱布包扎固定，主治冻疮。未溃者可不必包扎。

云南白药治冻疮 >>>

患了冻疮，可取云南白药适量，用白酒调成糊状外敷于冻伤部位。破溃者可用干粉直接外敷，消毒纱布包扎。一般用药2～3次即可。

辣椒酒治冻疮 >>>

冻疮初起，局部红肿发痒之时，可取辣椒6克，用白酒30毫升浸10天，去渣，频搽患处，每日3～5次。

巧用生姜治冻疮 >>>

用生姜1块在热灰中煨热，切开搽患处。适用于冻疮未溃者。

河蚌壳治冻疮 >>>

将冻疮溃烂面洗净后，取河蚌壳适量，煅后研末敷患处，经常使用。此方曾临床治疗冻疮溃烂患者多例，均在用药1周内痊愈，比一般的冻疮膏效果更好。

山楂细辛膏治冻疮 >>>

取成熟的北山楂若干枚（根据冻疮面积大小而定），将灰火烧焦存炭捣如泥状；细辛2克研成细末，和于山楂泥中，摊布于敷料上，贴于患处，每天换药1次，一般4～5次即可痊愈。

治冻疮药洗方 >>>

取茄梗、辣椒梗、荆芥各60～80克。上药加水2～3千克，煮沸后热洗患处，每天1次。此方治疗冻疮，一般3～4天痊愈。

预防冻疮一法 >>>

入冬前将紫皮大蒜捣烂，擦在常患

冻疮处，每日1次，连擦5～7天，可预防冻疮发生。若有皮肤起泡的情况，可暂停用。

浸冷水可治冻疮 >>>

寒冷季节，有时会冻得脚趾和手指都呈紫色，奇痒无比，脚部会呈一块块的青紫，像瘀血一般，温度越高越痒，连药物都无效。这时将患处浸在冷水中约30分钟，就不再痒了，每天1次，不出1周即可痊愈。

山药治冻疮初起 >>>

冻疮初起，可将鲜山药捣烂，涂敷于患部，干即更换，数次即消。或加蓖麻子仁数粒一同捣烂，外敷更好。

防冻疮一方 >>>

冻疮初起未溃时，用白萝卜1个，生姜、桂枝各15克，白附子1.5克一同煎水，分成两等份，每天早、晚各洗1次。趁热洗过后，不至于疼痛和发痒，连洗2天，即可痊愈。

大油蛋清治冻疮 >>>

以大油1份和蛋清2份的量混合，轻轻地抹擦患部，每晚睡前1次，3次就可痊愈。大油和蛋清只要擦上皮肤10～20分钟后，就会自结干壳，不必顾虑会弄脏衣服，且涂抹很简便。

紫草根治冻疮 >>>

紫草根15克切薄片，先将橄榄油90毫升加热至沸，再将切片之紫草根投入油内，随即离火，趁热过滤去渣，将滤油装入瓶内，待冷却后外用，涂于溃疡面，一日1～3次。

凡士林治冻疮 >>>

用凡士林治冻疮，如较轻涂2～3次即愈，重者则应在涂凡士林后尚须点燃蜡烛，晃动烤熔，使凡士林透于肌里，必能止痛，伤口合起而愈，光润如常。

猪蹄甲治冻疮 >>>

将猪蹄甲烧成灰，患部洗净擦干后，搽上猪蹄甲灰，每天洗换1次。如果溃烂的范围过大，1～2天都未结疤，则至中药铺购冰片3克，同猪蹄甲灰一起擦，即可见效。治疗期间，要用棉花保温，冻疮结疤后，须让它自然脱落，结疤后如附近发痒，可用治疗冻疮初起的方法擦洗。

纳凉避蚊一法 >>>

炎热的夏季，大家都喜欢在外面纳凉，但可恶的蚊子使人无法安宁。现介绍一避蚊妙法：用2个八角茴香泡半盆温水来洗澡，蚊子便不敢近身。

苦瓜止痒法 >>>

将苦瓜捣烂取汁，外搽皮肤，可祛湿杀虫，治癣除痒。

蚊虫叮咬后用大蒜止痒 >>>

用切成片的大蒜在被蚊虫叮咬处反复擦1分钟，有明显的止痛、去痒、消炎作用，即使被咬处已成大包或发炎溃烂，均可用大蒜擦，一般12小时后即可消炎去肿，溃烂的伤口24小时后可痊愈。但皮肤过敏者应慎用。

洗衣粉止痒法 >>>

被蚊子叮咬后不仅红肿起包且刺痒难忍，可用清水冲洗被咬处，不要擦干，然后用一个湿手指头蘸一点儿洗衣粉涂于被咬处，可立即止痒且红肿很快消失，待红肿消失后可用清水将洗衣粉冲掉。

眼药水止痒法 >>>

被蚊虫叮咬后，可立即涂搽1～2滴氯霉素眼药水，即可止痛止痒。由于氯霉素眼药水有消炎作用，蚊虫叮咬后已被抠破有轻度感染发炎者，涂搽后还可消炎。

葱叶止痒止痛 >>>

遭蚊虫叮咬后，将鲜大葱叶剥开，用葱叶内侧擦拭被毒虫咬过的红肿痒处，反复擦几遍后就可止痒，红肿也很快消失。

瓜皮止痒消肿 >>>

被蚊子叮咬后，可用西瓜皮反复涂抹1分钟，再用清水洗净，几分钟就能止痒，并很快消肿。

母乳消肿法 >>>

婴儿被蚊子叮咬处常常肿起红斑，经日不消。可用母乳点患处，每日3～4次，3日见效，皮肤可恢复原状，且不留斑痕。

五官疾病

川椒拌面治口腔溃疡 >>>

口腔溃疡若因脾胃虚寒所引起，可先将挂面100克煮熟，川椒5克用温火煸干，研成细末。植物油烧热，加入川椒末和少许酱油，拌面食用。本方温中健脾，治疗口腔溃疡有良效。

莲心治口腔溃疡 >>>

每天取20粒莲子心，用开水泡，像喝茶水一样直到无苦味为止，治疗口腔溃疡有良效。

口腔溃疡速治一法 >>>

取维生素C药片适量，取一纸对折，把药夹其中，用硬物在外挤压碾碎，把药面涂在口腔溃疡患处，一两次即见效。

橘叶薄荷茶治口腔溃疡 >>>

橘叶、薄荷各30克洗净切碎，代茶饮。宜温凉后饮用，避免热饮刺激口腔溃疡而引发疼痛。橘叶味苦性平，功能舒肝行气；薄荷辛散，理气解郁，因含挥发油，能使口腔黏膜血管收缩，感觉麻木，故可止口腔溃疡疼痛。

荸荠煮水治口腔溃疡 >>>

将20多个洗净的大荸荠削皮，然后放到干净的搪瓷锅里捣碎，加冰糖和水煮熟，晚上睡前饮用，冷热均可，治口腔溃疡效果极佳。

嚼茶叶治口腔溃疡 >>>

治疗口腔溃疡突发而疼痛时，可立即嚼花茶一小撮，半小时后吐掉，就能止痛。

枸杞沏水喝治口腔溃疡 >>>

治疗口腔溃疡，可每天用枸杞10～20粒沏水喝，早、中、晚各1杯，最后连枸杞一起吃了。1周内即可见效。

苹果片擦拭治口腔溃疡 >>>

生了口腔溃疡，可把削了皮的苹果切成小片，用苹果片在有口腔溃疡的地方来回轻轻擦，擦拭后很舒服。一般每天擦3～4次，一两天就见效。

治口舌溃疡一法 >>>

治疗口舌溃疡，可用吴茱萸10克研成

细末，取鸡蛋清调和，敷贴双足心，每天换药1次，连用3～5天。本方若以米醋调敷，则可以治小儿支气管炎。

绿豆蛋花治慢性口腔溃疡 >>>

将一小撮绿豆洗净熬水，水量约1碗，上火煮5分钟，以水呈绿色为准，趁热倒入装有一只已搅化鸡蛋的碗内冲之，立即饮用。症状较重时，可早晚各1次，鸡蛋搅化均匀成蛋花更佳。

腌苦瓜治口腔溃疡 >>>

取2～3个苦瓜，洗净去瓤、子，切成薄片，放少许食盐腌渍10分钟以上，将腌渍的苦瓜挤去水分后，放味精、香油搅拌，就饭一起吃。吃数次即可治愈。

生食青椒治口腔溃疡 >>>

挑选个大、肉厚、色泽深绿的青椒，洗净蘸酱或凉拌，每餐吃2～3个，连续吃3天以上，治口腔溃疡有效。

芦荟胶治慢性口腔溃疡 >>>

治疗慢性口腔溃疡，可用芦荟胶外擦，一般连用3～4次，症状即可完全消失。

葱白皮治口腔溃疡 >>>

从葱白外用刀子削下一层薄皮，有汁液的一面向里，贴于患处，每天2～3次，3～4天后即愈。

明矾治口腔溃疡 >>>

将25克明矾放在勺里，在文火上加热，待明矾干燥成块后，取出研成细面，涂于溃疡患处，每天4～5次。一般1周内即可痊愈。

牙膏交替使用防治口腔溃疡 >>>

防治口腔溃疡，可备用两种牙膏，早上用一种，晚上用另一种，而且刷牙最好是在饭后立即进行。此法能将口腔溃疡的发病率降到最低程度。

热姜水治口腔溃疡 >>>

治疗口腔溃疡，可用热姜水代茶漱口，每日2～3次。一般用过6～9次后，溃疡面即可收敛。

蜂蜜治疗口腔溃疡 >>>

治疗口腔溃疡，可用不锈钢勺取蜂蜜少量，直接置于患处，让蜂蜜在口腔中存留时间长些最好，然后用白开水漱口咽下。每天2～3次，2天即愈。

核桃壳煮水治口腔溃疡 >>>

治疗口腔溃疡，可取核桃8～10枚，砸开后去肉，取核桃壳，用水煮开20分钟，以此水代茶饮，当天可见效，疼痛减轻，溃疡面缩小，连服3天可基本痊愈。

女贞子叶汁治口腔溃疡 >>>

从女贞子树上采摘较嫩叶片，洗净捣碎取汁，用药棉蘸汁敷在口腔溃疡部位，每敷5～10分钟，每天2次，此汁使溃疡部位有清凉麻醉感觉，敷后口腔内呈黑色。每次敷后吐出药棉，并以水漱口，不要将叶汁吞入腹内。

口香糖治口腔溃疡 >>>

把口香糖咀嚼到没有甜味，再用舌头卷贴在创面，对口腔溃疡有不错的疗效。

蒲公英叶治口腔炎 >>>

取蒲公英鲜叶几片，洗净，有空就放在嘴里咀嚼，剩下的渣或吞或吐。连嚼几个月无妨，可有效治疗口腔炎、口臭。蒲公英鲜叶越嫩、汁越多越好。

漱口法治口腔炎 >>>

黄连15克、明矾10克（用纱布包好），放入砂锅内加3杯水文火煎熬，剩水1杯时滤去药渣，放冷。用药汁频频漱口，如扁桃体或喉头发炎要仰漱，使药汁作用于患处，连漱30剂即可见效。

治口苦二方 >>>

❶口苦初起时，用山榄15～20粒，刀背拍扁；胡萝卜4枚，刀切成片，加紫苏叶6克，以水熬成汤，趁热进食，每天饮3～4次，口苦即可解除。

❷口苦兼有饮食失常、肠中滞积时，可再加上山楂12克、麦芽12克、炒鸡内金10克，方有效用。

荸荠通草茶治口苦 >>>

如果口苦不退引起发热，为防热退后引发黄疸，宜清解湿热，饮食力求清淡。用荸荠10个、车前子15克，加通草6克同煎，以此煎汁泡茶饮服。每天最少3～4次。

鲫鱼治口腔炎 >>>

治疗口腔炎，可取小活鲫鱼1条，洗净后放器皿中，加白糖适量，鱼身渗出黏液后，用黏液涂患处，一日多次，效果极佳。

蒸馏水治烂嘴角 >>>

治疗烂嘴角，可用做饭、做菜开锅后，刚揭锅的锅盖上或笼屉上附着的蒸馏水，趁热蘸了擦于患处（须防烫伤），每日擦数次，几日后即可脱痂痊愈。

荠菜治口角炎 >>>

患口角炎可用荠菜疗法，每天吃1次，2天后炎症自然消失。荠菜是一种鲜甜的野菜，可做汤或炒食。将它洗净用开水烫一下，挤水后放冰箱冰室内储存，随用随取。

治口舌生疮一方 >>>

将西瓜红瓤吃完，将青瓤部分切成小薄片含在口中，最好贴在生疮部位，如此含3～5片症状即可减轻，照此法，轻者2～3次即可痊愈，重者晚间临睡前加用淡盐水漱口，效果更好。

香蜜蛋花汤治咽炎 >>>

犯了咽喉炎，可备蜂蜜20毫升、鸡蛋1个、香油数滴。将鸡蛋打入碗内，搅匀，以极沸水冲熟，滴入香油及蜂蜜，调匀顿服。每日2次，早晚空腹服食。使用本方忌烟酒及辛辣。

糖腌海带治咽炎 >>>

治疗慢性咽炎，可将水发海带500克洗净，切丝，放锅内加水煮熟，捞出，拌入白糖250克，腌渍1天后食用，每服50克，每日2次。本方有软坚散结、清利咽喉之功效。

鸡蛋治失声 >>>

❶每天早晨用鲜鸡蛋1个，微微加热，挖2个小孔，放在唇边吮吸至净尽，味道清润可口，连吃10余天，可使喉部润

泽，发音清亮。

❷砂糖或冰糖适量做成甜汤，煮沸后，冲泡生鸡蛋1～2只食用，每天傍晚服用1次。

❸取2只鸡蛋，将其蛋白放入碗中，像做蛋糕一样，打至起泡为止，再用滚水冲茶（乌龙茶最佳，红茶亦可）1杯，加入些许冰糖，待溶解后，倒入蛋白内，趁热喝下，蛋白的泡沫会浮在上面，若将蛋白的泡沫大口吞咽，效果更好。

嚼芝麻叶治咽炎 >>>

鲜芝麻叶6片洗净，嚼烂慢慢吞咽。每日3次，连服3天有效。本方滋阴生津、润咽消炎，主治急、慢性咽炎。

治咽炎贴方 >>>

治疗慢性咽炎，可取吴茱萸60克研末，分成4份，每次1份，以盐水调敷于足部涌泉穴，每天1次。

盐腌藕节治咽炎 >>>

将生藕1节去皮洗净，放入食盐里贮存2周以上备用。用时取出藕节，以开水冲洗后放入口中含服。每天2次，每次1枚。此方治疗急性咽炎效果绝佳，一般含1～4枚即可痊愈。

罗汉果巧治咽炎 >>>

罗汉果250克洗净，打碎，加水适量煎煮。每30分钟取煎液1次，加水再煎，共煎3次，最后去渣，合并煎液，再继续以小火煎煮浓缩到稍稠黏将要干锅时，停火，待冷后，拌入干燥白糖100克把药液吸净，混匀，晒干，压碎，装瓶备用。每次10克，以沸水冲化饮用，次数不限，治疗咽喉炎有良效。

治声音沙哑一方 >>>

抽烟过多、饮酒过量、油炸食物吃多了，往往会使身体干燥、发热、喉咙沙哑，讲不出话来，这时可取陈年茶叶、竹叶各3克，咸橄榄5个，乌梅2个，加1杯水放进锅中，煮好后沥去残渣，在汁液中加少许砂糖，调拌后即可食用。

香菜冰糖茶治声音沙哑 >>>

备香菜1束、冰糖2小块、茶叶1大匙、盐适量。一起放进大茶碗中，用滚开水冲入，随即从火炉中挟起一块烧红的木炭，投入大碗内，用盖子将碗盖好，待5分钟后，即可倒出饮用，轻者1次，重者2～3次即愈。该方对于风寒侵袭引起的喉咙沙哑、失音者，效果极佳。

治慢性咽炎一方 >>>

治疗慢性咽炎，可取黄花菜（金针菜）干品30克、石斛20克、麦冬15克，开水冲泡代茶饮，每日1剂。

防治嗓子嘶哑三法 >>>

❶将萝卜和姜捣烂取汁，每次喝少许，嘶哑的嗓子可逐渐恢复。

❷将雪梨捣烂取汁，慢慢含咽，可治突然失音。

❸香油能增加声带弹性，以讲、唱为职业者，常喝少量香油能使嗓音圆润清亮，但注意不可过量。

热姜水治咽喉肿痛 >>>

用热姜水代茶漱口，早晚各1次。如

喉咙痛痒，可在热姜水内加少许食盐饮用，每日2～3次，一般9次左右便可化解炎症、消除痛痒。

巧用葱白治鼻炎 >>>

取葱白10根，捣烂绞汁，涂鼻唇间；或用开水冲后，趁温熏口鼻。有通鼻利窍之功效，对鼻炎颇有助益。

吸玉米须烟治鼻炎 >>>

玉米须（干）6克，当归尾3克。玉米须晒干切细丝。当归尾焙干切碎，混合装入烟斗，点燃吸烟，让烟从鼻腔出。每日5～7次，每次1～2烟斗。本方有活血通窍之功效，主治鼻炎。

姜枣糖水治急性鼻炎 >>>

取生姜、红枣各9克，红糖72克。前2味煮沸加红糖，当茶饮。主治急性鼻炎、鼻寒、流清涕。

辛夷花治急性鼻炎 >>>

取辛夷花30克，研末，瓶贮备用。用时取药适量吹鼻。每日3～5次，3日为1疗程。主治急性鼻炎。

桃叶塞鼻治鼻炎 >>>

准备桃树嫩叶1～2片。将嫩叶片揉成棉球状，塞入患鼻10～20分钟，待鼻内分泌大量清涕不能忍受时，弃掉塞药，每日4次，可连用1周。主治萎缩性鼻炎。

巧用蜂蜜治鼻炎 >>>

准备蜂蜜适量。先用温水洗去鼻腔内的结痂和分泌物，充分暴露鼻黏膜后，再用棉签蘸无腐败变质的蜂蜜涂鼻腔患处，每日早晚各涂药1次。至鼻腔无痛痒、无分泌物、无结痂，嗅觉恢复为止。这个方法有润燥消炎之功效，主治萎缩性鼻炎。

大蒜汁治鼻炎 >>>

大蒜适量捣取汁，以生理盐水配成40%的大蒜液，用时以棉卷蘸取涂布鼻腔，每日3次。主治萎缩性鼻炎。

香油巧治慢性鼻炎 >>>

治疗慢性鼻炎，可将香油置锅内以文火慢慢煮炼，待其沸腾时保持15分钟，至冷后迅速装入消毒瓶中。初次每侧鼻内滴2～3滴，习惯后渐增至5～6滴。每日3次。滴药后宜稍等几分钟让药液流遍鼻黏膜。一般治疗2周后显效。

味精止牙痛 >>>

用筷子头蘸上一点儿味精放在疼痛的牙齿上，疼痛会得到缓解。一次不要用太多。

冰块可缓解牙痛 >>>

可取冰块置于合谷穴上，即人们俗称的虎口处。左侧牙痛，冰右侧合谷穴；右侧牙痛冰左侧，一般冰5～7分钟，牙痛即可以止住。止痛时间可以维持2小时左右。一般冰一侧穴位即可以止痛，如冰冻两侧，止痛效果更佳，维持止痛的时间会更长些。

五倍子漱口治虫牙痛 >>>

俗话说“牙痛不是病，痛起来真要命”，牙痛多由虫牙引起，治疗时可用五倍子15克，煎浓汁含漱口，每天数次，一般2天内牙痛即消。

牙痛急救五法 >>>

❶用花椒1枚，噙于龋齿处，疼痛即

可缓解。

❷将丁香花（中药店有售）1朵，用牙咬碎，填入龋齿空隙，几小时牙痛即消，并能够在较长的时间内不再发生牙痛。

❸用水摩擦合谷穴（手背虎口附近）或用手指按摩压迫，均可减轻牙痛。

❹用盐水或酒漱口几遍，也可减轻或止牙痛。

❺牙若是遇热而痛，多为积脓引起，可用冰袋敷颊部，疼痛也可缓解。

黄髓丸治牙痛 >>>

牙痛若因胃热及虚火引起，可用大黄60克研极细末，后取新鲜猪脊髓（或猪骨髓）适量（以能把大黄粉全部调成面团状为度），同杵为丸如梧桐子大，烘干或晒干备用。根据不同体质条件，每次用量由3克递增至6克口服。使用此方，一般1～3天痊愈或显效。

酒煮鸡蛋治牙周炎 >>>

治疗牙周炎，可将白酒100毫升倒入瓷碗，用火点燃，鸡蛋1个打入白酒，不搅动，不加调料，待火熄蛋熟，冷后1次服下，每日2次，1～3次即可。

五谷虫治牙周炎 >>>

将五谷虫20个以油炙脆，与冰片0.3克共研细末，装瓶备用。温水漱口，药棉拭干，将药末撒于齿龈腐烂处，每天5～6次。此方治疗牙周炎（牙瘠），一般1～2天可愈合。

含话梅核可预防牙周炎 >>>

吃完话梅，将核多在口中含一会儿，使之在口中上下翻滚，再用舌头将核推至外唇里，用唇挤压，这时会有牙龈被按摩的感觉。不断地用舌头挪动话梅核，不断地挤压，使牙龈普遍得到按摩，这对预防牙周炎，坚固牙齿大有益处。同时这种口腔运动产生许多口水，对消化系统也颇有好处。

月黄雄黄治牙周炎 >>>

治疗牙周炎，可选用老月黄（即藤黄）10克、雄黄5克共研成细末，装瓶备用。在患处擦少许即可，应注意勿口服。月黄有“止血化毒，箍毒杀虫，治虫牙龋齿”的功用。雄黄也有燥湿杀虫的作用。

热姜水治牙周炎 >>>

犯了牙周炎，可先用热姜水清洗牙石，然后代茶饮，每日1～2次，一般6次左右即可消炎。

嚼食茶叶治牙龈出血 >>>

每餐后半小时嚼食茶叶2～3克，不但可治牙龈出血，而且还可消除口腔异味。嚼的时候要细细嚼，让茶叶在口中磨嚼成细粉末，再含化用唾液服下。

治牙龈炎食疗法 >>>

每天早上用小火煮适量绿豆，煮熟后加一些小米，炖至极烂，加白糖少许，早晚各服2碗。中午，准备100克猪肉、500克苦瓜，切片，先炒肉片至熟，再放入苦瓜片炖半小时，加盐少许，出锅即可。如此吃1周即可见效。

两根汤治红眼病 >>>

得了红眼病，症状为结膜充血、两目涩痛，治疗时可用板蓝根、白茅根各60克，水煎分早晚饭后服，每天1剂。小儿则少量频服。此方治疗红眼病，一般3剂痊愈，重者6剂便可。使用本方时忌食辛辣。

敷贴法治结膜炎 >>>

取生地15克、红花10克、当归尾8克，将上药捣烂敷患眼，每天敷1次。此方外敷治疗眼结膜炎，效果显著。

清热桑花饮治结膜炎 >>>

治急性结膜炎，可取桑叶30克，野菊花、金银花各10克。上药置砂锅内，加水500毫升浸泡10分钟左右，文火煎沸15分钟即可。先用热气熏患眼10分钟，过滤药液，用消毒纱布蘸药液反复洗患眼5分钟，每天3次。一般3天即可痊愈。

小指运动可治眼病 >>>

人的身体有12条经络，有6条是通过手。坚持手指运动，就会对这些经络的穴位有按摩刺激作用，每天坚持早晚各做一遍小指向内折弯、再向后扳的屈伸运动，每遍进行50次，并在小指外侧的基部用拇指和食指揉搓50～100次。这种方法治疗眼病功效良好。

蒜味熏眼治眼病 >>>

将大蒜捣烂装入小瓶中，以瓶口对着患眼，让大蒜气味熏蒸眼部，每日数次。此方对“结膜炎”有奇效。

菖蒲甘草汤治中耳炎 >>>

耳鸣伴头晕目眩、腰膝酸软等症，属肾精亏损所致，可取石菖蒲60克、生甘草10克，水煎分2次服，每天1剂。病久者同时服六味地黄丸或汤剂。此方治疗耳鸣效果显著。

蒲公英汁治中耳炎 >>>

治疗化脓性中耳炎，可采鲜蒲公英全草，用清水洗净晾干，剪成碎片，捣成糊状，用双层消毒纱布包住，用力拧挤取汁，干净器皿盛接。每天早、中、晚用滴管吸取药汁滴入耳孔。滴药前，先将耳道脓血消除干净。

滴耳油治中耳炎 >>>

核桃仁10个去壳，取仁研烂，用布包裹，用力挤压取核桃油约10毫升。将冰片2克研末兑入油中调匀即成滴耳油。治疗时患者侧卧，患耳朝上，先用双氧水清洗外耳道3次，擦干耳道后滴入滴耳油5～7滴，用干棉球堵住耳道口。每天1次，7天为1疗程。治愈后要用3%双氧水清洗耳道，以免结痂阻塞耳道，影响听力。此方治疗慢性化脓性中耳炎疗效显著。

田螺黏液治中耳炎 >>>

将田螺洗净外壳，放置冷水中让其吐出污泥。放置时间越长，吐纳就越彻底。用时先用棉签蘸生理盐水或双氧水反复拭干耳内脓液，然后侧卧，使患耳朝上；将田螺剪开尾部（螺尖）呈漏斗状，对准患耳的外耳道，用物刺激田螺盖，使田螺体收缩，释出清凉黏液滴入患耳，滴完后患者应继续侧卧片刻。每天1次。此方治疗中耳炎，轻者1次即愈，重者3～5次可愈。

男科疾病

鸡肝粥治遗精 >>>

备雄鸡肝1只，菟丝子15克，粟米100克，葱白、椒盐少许。将鸡肝切细，菟丝子研末，与粟米同煮粥，将熟时加葱、椒盐调和，再煮一二沸即可食用。该方录于古医书《太平圣惠方》中，经长期临床实践证明，该方治疗男子遗精颇具效验。

韭菜子治遗精 >>>

韭菜子性温，味辛、甘，具有滋补肝肾、助阳固精之功效，在中医里常用于治疗男子遗精。以下是两副民间验方：

❶韭菜子5～10克，粳米60克，盐适量。将韭菜子研成细末，与粳米一起煮粥。待粥沸后，加入韭菜子末及食盐，续煮为稀粥，空腹食用。

❷韭菜子10克水煎，用黄酒适量送服，每日2次。

酒炒螺蛳治遗精 >>>

准备螺蛳500克并洗净，置铁锅中炒热，加适量白酒和水，煮至汤将尽时起锅食用。用针挑螺蛳肉蘸调料吃。这道菜为佐餐佳品，可以经常食用。螺蛳性寒，味甘咸，有清热利尿止遗之功效，适用于湿热引起的遗精、小便白浊不利之症。

山药茯苓包子治遗精 >>>

山药粉、茯苓粉各100克，白糖300克，面粉200克，九制陈皮、大油适量，发酵后做包子皮的软面。将山药粉、茯苓粉放碗内，加水浸泡成糊，蒸半小时，调入面粉、白糖、九制陈皮、大油，和匀成馅。取发酵后的软面，擀成包子皮，裹馅成包。蒸熟即可，随意食用，有固肾止遗之功效。

山药核桃饼治遗精 >>>

生山药500克，核桃仁100克，面粉150克，蜜糖（即蜂蜜1汤匙、白糖100克、大油少许，加热而成）。生山药洗净，蒸熟去皮，放盆中加入面粉、核桃仁（碾碎），揉成面团，擀成饼状，在蒸锅上蒸20分钟，出锅后在饼上浇一层蜜糖即成。每日1次，每次适量，当早点或夜宵食用。用于肾阴亏虚导致的男子遗精。

核桃衣治遗精 >>>

核桃衣15克加水1小碗，文火煎至半小碗，临睡前1次服下。核桃衣性温味甘，有固肾涩精之功，民间常用此药治疗肾气不固的遗精、滑精。

山药酒治遗精 >>>

山药60克研成末，加水适量煮糊，煮熟后调入米酒1～2汤匙，温服。主治肾虚遗精，小便频数清长。

蝎子末治遗精 >>>

全蝎2只焙黄研末，用黄酒送服，汗出而愈，主治遗精白浊。蝎子是我国传统的名贵药材，具有抗癌、解毒、止痛等功效，对于男子遗精也有不错疗效。

药敷肚脐治遗精 >>>

五倍子10克、白芷5克共烘脆研为极细粉末，用醋及水各等份调成面团状，临睡前敷于肚脐（神阙穴）上，外用消毒纱布盖上，橡皮膏固定，每天换药1次。此方治疗遗精，一般连敷3～5天即可收到明显效果，且无不良反应。

淡菜治梦遗 >>>

凡梦遗患者，用淡菜泡酒，空腹代点心食之，或与鸡蛋一同炖食，有补肾固精的作用。淡菜为海产贝类的一种，壳呈三角形，肉呈红紫色，味道鲜美。

猪肾核桃仁治遗精 >>>

治疗肾虚引起的遗精，可用猪肾2个、桃仁30克，加适量水入锅中煮烂后即可食用。这种食物对于遗精所引起的头晕、耳鸣、腰痛、倦怠、消瘦等都有很好的治疗效果。根据中医“同物同治”的原理，吃猪肾对肾虚大有裨益。只要使肾的功能恢复正常，包括遗精在内的各种症状自然消失。

蚕茧治遗精 >>>

将蚕茧10个放入火中烤，待表皮呈黑色后，泡开水饮用。利用蚕脱壳后的茧，来治疗体内排泄过多的各症状，是中医常用的处方。蚕茧除了有治疗遗精的功能外，对血便、血尿、子宫出血、糖尿病及皮肤病的治疗，都有很大的帮助。

金樱子膏治遗精 >>>

遗精早泄患者，可取金樱子1.5千克，捣碎，加水煎煮3次，去渣，过滤后再浓煎，加蜂蜜使之成膏状，每日临睡前服1匙，可用开水冲服。

治遗精、早泄一方 >>>

治疗遗精、早泄，可用草莓30克（干品15克）、芡实15克、覆盆子10克、韭菜子（炒）10克，水煎服。本方还可治疗尿频及小儿遗尿等症。

黄花鱼海参治阳痿、早泄 >>>

海参50克泡发，与净黄花鱼1尾同煮，加盐少许后服食。适用于体虚纳呆、阳痿早泄等症。

白果鸡蛋治阳痿 >>>

生白果仁2枚，鸡蛋1只。将生白果仁研碎，把鸡蛋打一小孔，将碎白果仁塞入，用纸糊封，然后上蒸笼蒸熟，每日早晚各吃1个鸡蛋，可连续食用至愈。本品清心泻火，滋肾养阴，主治阴虚火旺型阳痿。

苦瓜子治阳痿、早泄 >>>

苦瓜子、黄酒适量。苦瓜子炒熟，研成细末，每次服10克，黄酒送服，每日2～3次，10天为1疗程。

韭菜治阳痿、早泄方 >>>

❶韭菜30～60克洗净切细；粳米60克先煮为粥，待粥沸后，加入韭菜细末、盐，同煮成稀粥，每日1次。阴虚内热、身有疮疡及患有眼疾的人忌用。炎夏季节亦不宜食用。

❷韭菜150克，鲜虾仁150克，鸡蛋1个，白酒50毫升。韭菜炒虾仁，鸡蛋作佐餐，喝白酒，每天1次，10天为1疗程。

❸韭菜子、覆盆子各150克，黄酒1500毫升。将上2味炒熟、研细、混匀，浸黄酒中7天，每日喝药酒2次，每次100毫升。

牛睾丸治阳痿、早泄 >>>

牛睾丸2个，鸡蛋2个，白糖、盐、豉油、胡椒粉各适量。将牛睾丸捣烂，鸡蛋去壳，6物共拌均匀，锅内放少许食油烧热煎，可佐餐食。本方补气益中，主治中气不足导致的阳痿、早泄。

蚕蛹核桃治阳痿、滑精 >>>

治疗肾虚引起的阳痿、滑精等症，可取蚕蛹50克（略炒）、核桃肉100克。隔水蒸，去蚕蛹。分数次服。

栗子梅花粥治阳痿 >>>

栗子10个去壳与粳米50克兑水，文火煮成粥，然后将梅花3克放入，再煮两三沸，加适量白糖搅匀即可。空腹温热服。用于抑郁伤肝、劳伤心脾的阳痿不举。

治阳痿、早泄食疗方 >>>

❶黄芪羊肉粥：羊肉100克，黄芪30克，粳米150克。黄芪加水，文火煎20分钟去渣留汁，加入洗净的粳米，添水煮粥。至煮半熟时，再加入洗净切末的羊肉，搅匀，煮烂熟即可随意食用。1～2天内服完。用于阳痿、早泄及身体虚弱畏寒者。暑热天不宜食用；发热、牙痛、便秘及痰火内盛者忌食。

❷黑豆狗肉汤：黑豆50克，狗肉500克。狗肉切成块，黑豆先用水浸泡，然后共放锅内加水炖烂，吃肉喝汤，每日2次，10天为1疗程。本方具有温肾扶阳之功效，主治肾阳衰弱型阳痿、滑精、早泄等。

妇科疾病

小腹贴墙缓解痛经 >>>

站在离墙或树0.5米的地方，面对着墙，两手在胸前互抱，抬起来和肩平。先让小肚子尽量去贴墙或树，然后再离开，如此反复做30下。

黄芪乌骨鸡治痛经 >>>

乌骨鸡（1.0～1.5千克）去皮及肠杂，洗净；黄芪100克洗净，切段，置鸡腹中。将鸡放入砂锅内，加水1升，煮沸后，改用文火，待鸡烂熟后，调味服食。每料为5天量。月经前3天服用。

川芎煮鸡蛋治痛经 >>>

治疗痛经，可用鸡蛋2个、川芎9克、黄酒适量，加水300毫升同煮，鸡蛋煮熟后取出去壳，复置汤药内，再用文火煮5分钟，酌加黄酒适量，吃蛋饮汤，日服1剂，5剂为1疗程，每于行经前3天温服。

双椒治痛经法 >>>

用花椒10克、胡椒3克共研成细粉，用白酒调成糊状，敷于脐眼，外用伤湿止痛膏封闭，每日1次，此法最适宜于寒凝气滞之痛经。

姜枣花椒汤治痛经 >>>

取干姜、红枣各30克洗净，干姜切片，红枣去核，加水400毫升，煮沸，然后投入花椒9克，改用文火煎汤，每日1剂，分2次温服。5剂为1疗程。临经前3天始服。

叉腰摆腿缓解痛经 >>>

两手叉腰，一腿站稳，另一只腿前后摆动20下左右，两腿交替进行，先幅度小再幅度大，先慢后快。

三花茶治痛经 >>>

取玫瑰花、月季花各9克（鲜品均用18克），红花3克，上3味制粗末，以沸水冲泡闷10分钟即可。每日1剂，不拘时温服，连服数天，在行经前几天服为宜。

山楂酒治痛经 >>>

干山楂200克洗净去核，放入500毫升的酒瓶中，加入60度白酒300毫升，密封瓶口。每日摇动1次，1周后便可饮用。饮后可再加白酒浸泡。本方适用于瘀血性痛经。

韭菜月季花治痛经 >>>

鲜韭菜30克，月季花3～5朵，红糖10

克，黄酒10毫升。将韭菜和月季花洗净压汁，加入红糖，兑入黄酒冲服。服后俯卧半小时。本方理气活血止痛，适用于气滞血瘀之痛经，效果较好。

黄芪膏治痛经 >>>

黄芪、鲜茅根各12克，山药10克，粉甘草6克，蜂蜜20克。将黄芪、茅根煎十余沸，去渣澄汁2杯。甘草、山药研末同煎，并用筷子搅动，勿令药末沉锅底。煮沸黄芪膏即成，调入蜂蜜，令微沸。分3次服下，可治痛经。本方有健脾益肾、补气养血之功效。

桑葚子治痛经 >>>

取新鲜熟透的桑葚子2.5千克，玉竹、黄精各50克，天花粉、淀粉各100克，熟地50克。将熟地、玉竹、黄精先用水浸泡，文火煎取浓汁500毫升。入桑葚汁，再入天花粉，文火收膏。每次服30毫升，每日3次。本方补益肝肾，用于肝肾虚损之痛经，长期服用，有改善阴虚体质的治本作用。

煮鸭蛋治痛经 >>>

青壳鸭蛋3个（去壳），酒半碗，生姜25克。鸭蛋与姜、酒共煮熟，以白糖调服。主治来经时小腹或胃部疼痛，不思饮食。

莲花茶治痛经 >>>

每年7月间采开放的莲花或含苞未放的大花蕾，阴干，和绿茶3克共研细末，白开水冲泡，代茶饮，每日1次。主治瘀血腹痛、月经过多等症。

贴关节镇痛膏治痛经 >>>

治疗各种痛经，可于行经前3天，剪取大小适中的痛舒宁（关节镇痛膏）小块，贴关元、中极、三阴交、肾俞、次髎穴，2天换1次。经净停贴，连续3个月。

乳香没药治痛经 >>>

乳香、没药各15克。将上两药混合碾为细末，备用。于经前取药5克，调黄酒制成药饼如五分硬币稍厚大，贴在患者脐孔上，外用胶布固定。每天换药1次，连用3～5天。主治妇女痛经。经前后和来潮时痛均可治。

猪肤汤治经期鼻出血 >>>

新鲜猪皮（去净毛）250克，糯米粉30克，蜂蜜60克。先将猪皮洗净加水约3升，文火煎取1升，去渣，加糯米粉、蜂蜜稍熬至糊状，放冷，装瓶备用。每于经前1周早晚各空腹温开水送服3匙。忌食辛辣刺激之物。此方治疗经期鼻出血收效显著。

耳窍塞药治痛经 >>>

❶痛经轻者，可备75%酒精50毫升，用消毒棉球蘸后塞耳孔中，5～30分钟内见效。

❷痛经重者，可将大蒜适量捣汁状，用消毒棉球蘸汁后塞耳孔中。1次见效。

樱桃叶糖浆治痛经 >>>

以樱桃叶（鲜、干品均可）30克、红糖20克水煎，取液汁300～500毫升，加入红糖溶化，1次顿服。经前服2次，经后服1次。此方治疗痛经有良效。

参樱当归汤治闭经 >>>

参樱根15～30克，当归5克，瘦猪肉适量。上药与瘦猪肉加水适量煮，去药渣，临睡前服1次。经未潮，次日晚再服1次。此方治疗闭经有效。

治不孕症一方 >>>

备茶树根、小茴香和凌霄花各15克。于月经来时，将前2味药同适量黄酒隔水炖3小时，去渣加红糖服。月经完后的第二天，将凌霄花炖老母鸡，加少许米酒和食盐拌食，每月1次，连服3个月，治疗女子痛经不孕有良效。

狗头骨治不孕症 >>>

全狗头骨1个，黄酒、红糖各适量。将狗头骨砸成碎块，焙干或用沙炒干焦，研成细末备用。月经过去后3～7天开始服药。每晚睡时服狗头散10克，黄酒、红糖为引，连服4天为1个疗程。服药期间正常行房，忌食生冷食物。服1个疗程未成孕者，下次月经过后再服。连用3个疗程而无效者，改用其他方法治疗。此方适用于宫寒、子宫发育欠佳不能受孕者。

参乌汤治不孕 >>>

乌梅、党参各30克，远志、五味子各9克。上药水煎服，每天1剂。主治肾气不足所导致的不孕。

川芎煎剂治子宫出血 >>>

川芎24～28克，白酒30毫升。川芎、酒置容器内，再加水250毫升浸泡1小时后，用文火炖煎，分2次服。不饮酒者可单加水炖服。此方治疗功能性子宫出血有良效。

党参汤治子宫出血 >>>

治疗功能性子宫出血，可取党参30～60克水煎，每天1剂，早晚各服药1次。月经期或行经第一天开始，连续服药5天，必有显效。

旱莲牡蛎汤治子宫出血 >>>

对于子宫出血偏阴虚者，可备旱莲草30克，牡蛎20克，阿胶、大黄炭各15克，卷柏炭12克，川芎、甘草各6克。上药水煎服，每天1剂。

治带下病一方 >>>

取鲜鸡冠花、鲜藕汁、白糖粉各500克，将鸡冠花洗净，加水适量煎煮，每20分钟取煎液1次，加水再煎，共煎3次，合并煎液，再继续以文火煎煮浓缩，将要干锅时，加入鲜藕汁，再加热至黏稠，停火，待温，拌入干燥的白糖粉把煎液吸净，混匀，晒干，压碎，装瓶备用。每次10克以沸水冲化，顿服，每日3次。

核桃皮煎剂治子宫脱垂 >>>

治疗子宫脱垂，可取生核桃皮50克，加水煎成2升，早晚用药液温洗患部1次，每次20分钟，7天为1疗程。

芦荟叶治乳腺炎 >>>

鲜芦荟叶适量洗净捣碎，敷在患处，外面用纱布盖住，用胶带贴牢，次日再换一次，2～3日后，症状可完全消失。

小儿常见病

听婴儿哭声辨病 >>>

❶啼哭声忽缓忽急、时发时止，多是患腹泻；哭声嘶哑，多是脾胃不佳，消化不良；啼哭声时断时续、细弱无力，多是腹泻脱水。

❷夜间啼哭，伴有睡眠不安、易惊、多汗等症，是因钙磷代谢失调引起

的佝偻病。

❸哺乳时身贴母亲怀中发出啼哭，伴有用手抓耳动作，多患中耳炎、外耳疖肿等病。

❹喂奶进食即哭，多患口腔疾病。

❺哭声突然发作，声音尖锐洪亮，多为疼痛疾病。如果是肠绞痛，伴有烦躁不安、翻身，哭后入睡；如果是急腹症肠套叠，则伴有面色苍白、出冷汗，苹果酱样稀便。

❻啼哭声无力，伴呼吸急促，口唇发绀、呛奶、呕吐，多为肺炎及心力衰竭。

❼啼哭声调高，伴尖叫声、发热、呕吐、抽搐等症状，多为脑及神经系统疾病。

白菜冰糖饮治百日咳 >>>

取大白菜根2个、冰糖30克，水煎服，每日3次。适用于百日咳的初咳期。

金橘干炖鸭喉治百日咳 >>>

杀鸭时取下鸭喉（气管）1条，洗干净备用，另备金橘干5个、生姜5片。将金橘干与鸭喉一同放锅内，加水煎，煮沸后喝汤吃果，每日3次。治疗小儿百日咳有良效。

胆汁绿豆粉治百日咳 >>>

治疗小儿百日咳，可取鲜猪胆汁250克加热，浓缩成膏状，加绿豆粉50克搅匀，烘干，粉碎成面粉口服，每次3克，每日2次。

童便鸡蛋清治百日咳 >>>

鸡蛋清1个，童便（小儿哺乳期小便）60毫升。将鸡蛋清与童便搅匀，以极沸清水冲熟，顿服。每日早、晚各1次。治疗小儿百日咳效果极佳。

花生红花茶治百日咳 >>>

备花生、西瓜子（去壳）各15克，红花1.5克，冰糖30克。将西瓜子捣碎，连同红花、花生米、冰糖放入锅内，加水烧开煮半小时，取汁做茶饮，另取花生米食之。

川贝鸡蛋治百日咳 >>>

取鸡蛋1个打一小孔，再将川贝6克研粉后倒入小孔内，外用湿纸封闭，蒸熟食用。每日1个。本方润肺止咳，治疗百日咳有良效。

鸡苦胆治百日咳 >>>

治疗小儿百日咳，可将鸡苦胆汁适量加入白糖，再以开水送服。1岁以下小儿，3日服1个鸡胆汁；2岁以下2日服1只；2岁以上每日1只。

核桃炖梨治百日咳 >>>

核桃仁30克，冰糖30克，梨100克。3物共捣烂，入砂锅，加水适量，文火煎煮取汁。每次服1汤匙，日服3次，治百日咳有效。

鸡胆百合散治百日咳 >>>

鸡胆1个焙干，与百合10克共研细末。1岁以内分3天服；1～2岁分2天服；3～6岁1天服完；7～10岁以上药量加倍。此方治疗百日咳，一般用药4～10天即愈。

鸡蛋蘸蝎末治百日咳 >>>

将全蝎1只炒焦研末，再将去壳熟鸡蛋1个蘸全蝎末食之，每天2次。3岁以下酌减，5岁以上酌增。此方治疗百日咳效果很好，一般4～7天即愈。

车前草治百日咳 >>>

把10克车前草的种子放入1碗水中，煎至70%的浓度时，再分1～3次空腹饮用，幼儿只能服此量的1/10，3岁以上服用1/5。车前草含有的成分，是治百日咳的良药，如果咳嗽伴有痰的话，可在上方中加上2～3克的黄檗粉末。

板栗叶玉米穗治百日咳 >>>

在锅中放入板栗叶15克、玉米穗30克，加3杯水，慢火熬至剩1杯，沥去残渣，于汁液中加冰糖少许调服，1天内分3次喝完。

红枣侧柏叶治百日咳 >>>

以红枣10克、侧柏叶15克加水煮好，残渣沥去，即可服用。百日咳严重时，会发生痉挛的现象，甜味的食物能缓解肌肉的紧张，红枣即是这一类的食品。侧柏叶则有很强的镇咳止痰的作用。

柚子皮治小儿肺炎 >>>

买1个柚子，吃完留皮，晾干，撕成不大不小的几块，放进锅里加水一起煮，连开几次后，把煮好的汤倒进碗里，给患儿喝下去，连着喝几次有良效。

黄花菜汤治小儿口腔溃疡 >>>

先用黄花菜50克煎汤半杯，再加蜂蜜50克调匀，缓缓服用，每天分3次服完，连服4～6剂，治小儿口腔溃疡有良效。

敷贴法治小儿口腔溃疡 >>>

莱菔子、白芥子、地肤子各10克，食醋适量。前3味以文火用砂锅炒至微黄，研成细末，调醋成膏状，涂于2厘米见方的纱布或白布上，膏厚2毫米、1厘米见方，贴于患儿足心稍前涌泉穴处，胶布固定，每日1次，连用3～5天。主治小儿鹅口疮。

地龙白糖浸液治口腔溃疡 >>>

将地龙（大蚯蚓）10～15条用清水洗净后置于杯中（不要弄断），撒上白糖50克，用镊子轻轻搅拌，使其与白糖溶化在一起呈黄色黏液，盛于消毒瓶内备用。用棉签蘸此液涂在疮面上，3～5分钟后用盐水棉签擦掉即可，每天3～4次，夜晚疼痛时可再外涂1次。此方治疗小儿鹅口疮，一般3～5天可治愈。

药贴涌泉穴治婴儿鹅口疮 >>>

婴儿鹅口疮是初生小儿易患的一种口腔炎，其症状是口腔黏膜、舌上出现外形不规则的白色斑块，高出黏膜面，影响婴儿吮乳。治疗时可用吴茱萸15克碾为细末，与醋调成糊状。取药糊涂于双脚涌泉穴，固定，每日1换，痊愈为止。此疗法简单、实用，无痛苦，很适合于婴儿。

荞麦面鸡蛋清治麻疹 >>>

治疗小儿麻疹，可用鸡蛋清、荞麦面、香油各适量，调匀如面团之状，搓搽患儿胸、背、四肢等处。

萝卜荸荠饮治麻疹 >>>

将萝卜250克、荸荠150克洗净切片，加4茶杯水，煎成2茶杯，去渣。加入切碎的香菜50克，趁热喝1杯，半小时后再温服1杯。本方清热解毒，助小儿麻疹透发。

老丝瓜治麻疹 >>>

用尾部近根的老丝瓜1个（长10～13厘米），悬挂通风处阴干，研为细末备用。每次服6克，开水送服，每日

3次。主治小儿麻疹。服用本方时不宜食酸涩之品。

樱桃核助麻疹透发 >>>

在麻疹将发未发时，以樱桃核10～15克，用水煎服，或是以等量的樱桃核和香菜子加黄酒和水合煎，趁温喷抹胸颈间，这时要注意室内温度，防止着凉，喷几次就可使麻疹透发，如果麻疹已透发者请勿使用此法。

黄花鱼汤助麻疹透发 >>>

小儿发热数日，麻疹不易透发，可用黄花鱼略加香菜熬汤喝。民间认为黄花鱼是一种发食，可助小儿麻疹透发。

鲫鱼豆腐汤治麻疹 >>>

用鲫鱼2条、豆腐250克加水煮熟，喝其汁液。鲫鱼能治疗发疹，对皮肤上的疮、溃烂等的治疗效果也很好，豆腐亦有治疗发疹与清热的作用。

山椒治小儿蛔虫 >>>

有些小孩会突然感到肚子疼痛，大多数是因体内有蛔虫寄生，这时可用山椒种子作为驱虫剂，每次服食10粒，晚餐禁食，第二天早晨，蛔虫就随大便出来了。如果这方法还治不好的话，可以将30～40克的山椒树皮放入水中，煎至剩下一半的量，空腹趁热饮用，驱虫效果更好。

热姜水治蛲虫病 >>>

每天睡眠前，先用热姜水清洗肛门周围，然后再饮用热姜水1～2杯，持续约7天即可治愈。

白益枣汤治小儿流涎 >>>

白术、益智仁各15克，大枣20克（此为5岁用量，可视年龄大小增减）。每天1剂，水煎，分3次服。此方治疗小儿流涎症有良效。

蝼蛄蛋治小儿疳积 >>>

先将1只鸡蛋戳一小孔（约蚕豆大），再将蝼蛄（活者为佳）放入蛋内用纸封固，或用胶布贴封，然后将蛋煨熟，每天吃1个，1次吃完。此方治疗小儿疳积有良效，轻者吃3个，重者间隔1周后再吃3个即可生效。

摄涎汤治小儿流涎 >>>

益智仁、鸡内金各10克，白术6克，水煎服，每天1剂，分3次服。一般以此方治疗数剂后，流涎即可减少或停止。

天南星治小儿流涎 >>>

治疗小儿流涎，可用天南星研成细末，以食醋调成糊，涂敷两足心，用纱布固定。每日1次，过夜即洗去，连敷数日。此方也可治口腔炎。

鹌鹑蛋治小儿遗尿 >>>

治疗小儿遗尿，可于每天早晨空腹吃1个蒸熟的鹌鹑蛋，连吃2周即可见效。蒸鹌鹑蛋时一次可多蒸几个，每天吃时用开水泡热即可。

黑胡椒粉治小儿遗尿 >>>

若孩子尿床频繁，可在每天晚上睡觉前，把黑胡椒粉放在孩子肚脐窝里，填满为宜，然后用伤湿止痛膏盖住，防止黑胡椒粉漏掉，24小时后去掉，7次为1个疗程。

大黄甘草散治小儿夜啼 >>>

大黄、甘草以4：1配制，研为末备

用。每天服3次，每次0.6克。并以适量蜂蜜调服。此方治疗小儿夜啼属胃肠积滞者有效。

灯芯草搽剂治小儿夜啼 >>>

将灯芯草适量蘸香油烧成灰，每晚睡前将灰搽于小儿两眉毛上。此方治疗小儿夜啼效果不错。一般连搽1～2晚见效，3～5晚即愈。

乌鸡蛋治小儿疝气 >>>

将乌鸡蛋1个用食醋搅拌匀后，把一块生铁烧红，用它把蛋醋液烫熟，趁热吃后盖被休息，最好出点汗。每天晚上吃1个，7天为1疗程，1个疗程即可见效。

荔枝冰糖治小儿疝气 >>>

每天用干荔枝（鲜荔枝也行）5～6个去壳，用水煮20分钟，加冰糖适量再煮10分钟（可以连煮3次）。每天当水饮用，3～4个疗程可治愈。

侧柏叶糊剂治小儿腮腺炎 >>>

鲜侧柏叶250克，鸡蛋清1个。侧柏叶捣烂如泥，加入鸡蛋清调匀摊于纱布上，贴于患儿肿胀部位，每天更换1～2次。此方可治疗小儿腮腺炎，患儿多在1～2天内消肿退热。

梧桐花汁治小儿腮腺炎 >>>

有的腮腺炎患儿，两耳下红肿疼痛，张口咀嚼困难，伴头痛、恶寒等症，可采鲜梧桐花20朵，捣烂外敷患处，药干后再换，1天数次。此方用于治疗小儿腮腺炎，患儿一般会在36小时内退热消肿。

维生素 E 胶丸治婴儿脸部裂纹 >>>

每天晚睡前用刀切开一粒维生素E胶丸，均匀地涂抹在患处，半个月左右，孩子脸上的裂纹便可消失。

解除婴儿打嗝法 >>>

先将婴儿抱起，用一只手的食指尖在婴儿的嘴边或耳边轻轻地搔痒，一般至婴儿发出哭声，打嗝的现象就会自然消除了。

日常保健

盐水浴可提神 >>>

夏日精神不足时，可在温水中加些盐洗澡，精神就会振作起来。

抗瞌睡穴位按揉法 >>>

❶欲睡时，反复按揉中冲穴（中指尖正中），双手交替按揉，当穴位出现痛感时，便可逐渐清醒。

❷昏昏欲睡时，用中指或铅笔末端扣打左右眉毛中间处，连扣2～3分钟，既可缓解瞌睡，又可消除眼部疲劳。

食醋可帮助睡眠 >>>

睡前，将1汤匙食醋倒入1杯冷开水中，搅匀喝下，即可迅速入眠，且睡得很香。

巧用薄荷缓解午困 >>>

午间休息时如果不能打盹，可抹点薄荷膏或嚼嚼口香糖。薄荷膏的味道能使人恢复精神。嚼口香糖也有同样的作用。

巧用牛奶安眠 >>>

在睡前饮1杯牛奶或糖水，有较好的

催眠作用。

小米粥可助睡眠 >>>

用小米加水煮成粥，临睡前食用，小米粥使人迅速发困，酣然入睡。

左手握拳可催眠 >>>

躺在床上，左手置身旁，左手四指微屈，慢慢抓拳，慢慢松开，一抓一放，连续进行，幅度为2厘米，10～20秒钟1次。思想要完全集中在左手的动作上，一般15分钟内就可入睡。

茶叶枕的妙用 >>>

将泡用过的茶叶晒干，装在枕头里，睡起来柔软清香，可去头火。

上软下硬两个枕头睡眠好 >>>

枕头用2个为好，每对高度不超过8厘米，以上软下硬为宜。上边的软枕便于调整位置，以达睡眠舒适。下边硬枕主要用于支撑高度。使用这样的枕头，睡眠舒适，解除疲劳快。

防止侧卧垫枕滑落法 >>>

病人侧卧时，背后需垫枕头，但此枕头常易滑落，患者无法保持舒适的位置。如果将枕头裹在横置的床单里，再将床单两头对齐双层垫于病人身下，拉紧折在褥下，这样就比较稳妥了。

酒后喝点蜂蜜水 >>>

一旦喝酒过量，可在酒后饮几杯优质蜂蜜水，不仅会使头痛头晕感觉逐渐消失，而且能使人很快入睡，第二天早晨起床后也不会头痛。

豆制品可解酒 >>>

吃些豆腐或其他豆制品，不仅对身体有很大好处，而且是解酒佳品。

巧用橘皮解酒 >>>

鲜橘皮煮水，再加少许细盐，可起醒酒作用。

吃水果可解酒 >>>

西瓜、西红柿、苹果、梨等水果，可以冲淡血液中的酒精浓度，加速排泄，醉酒后食用不但可解酒，还可解口渴。

热姜水代茶喝可醒酒 >>>

用热姜水代茶饮用，可加速血液流通，消化体内酒精。还可在热姜水里加适量蜜糖，让身体直接吸收，以缓解或消除酒醉。

简易解酒菜 >>>

将白菜心和萝卜切成细丝，加醋、糖拌匀，清凉解酒。

巧服中药不苦口 >>>

❶药煎好后，应注意把汤药凉至低于体温时再服用。因人的舌头味感同汤药的温度有一定的关系。当汤药在37℃时，味道最苦。高于或低于这一温度，苦味就会减弱。因此，服药时应等药的温度降至37℃以下。

❷如果发现病人因厌恶药味而不愿坚持服药时，可让患者在服药前几分钟口中含些冰块，这样可使味蕾麻痹，服药较易。

巧法防口臭 >>>

用舌头在口腔里、牙齿外，左右、上下来回转动，待唾液增多时漱口10余下，分一口或几口咽下。这种方法可以使口腔内多生津液，以帮助消化并清洁口腔，防止口臭。

巧用茶叶去口臭 >>>

吃了大蒜后，嘴里总有一股异味，这时只要嚼一点儿而茶叶（或吃几颗红枣），嘴里的大蒜气味就可消除。喝上1杯浓茶亦有同样效果。

巧用牛奶除口臭 >>>

吃大蒜后喝1杯牛奶，臭味即可消除。

巧用盐水除口臭 >>>

用盐水漱口，或在口中含盐水片刻，能把引起口臭的细菌杀灭。

薄荷甘草茶治口臭 >>>

为消除口臭，可先备薄荷15克、甘草3克、绿茶1克。锅中加水1升煮沸，投入配方诸药，5分钟即可，少量多次温饮，饮完后，加开水1升、蜂蜜25毫升，再如前法饮，每日1剂。

巧洗脸改善眼部循环 >>>

洗脸时，顺便用手掌将温水捧起，轻轻地泼在紧闭的双眼上，做20次；然后用冷水重复以上做法20次，可改善眼部循环。

冬天盖被子如何防肩膀漏风 >>>

可在被头上缝一条30厘米来宽的棉布，问题便得到很好的解决，因为不管你怎样翻身，棉布自然下垂总使您盖得很好。装被罩的被子可选比被子长的被罩，也会收到很好的效果。

常看电视应补充维生素A >>>

看电视过久会消耗很多视网膜中的圆柱细胞中的视紫质，如不适当补充，久之会造成维生素A供给不足，人的视力、视野就会逐渐减退缩小。因此，经常看电视应多吃些富含维生素A的食物。

减少电脑伤害策略 >>>

❶连续工作1小时后应休息10分钟左右。
❷室内光线要适宜，且保持通风干爽。
❸注意正确的操作姿势。
❹保持皮肤清洁。

看电视要注意脸部卫生 >>>

❶保持室内的清洁卫生，打开电视机以后，不要扫地或干其他使尘土飞扬的事情。

❷看电视时，不要离电视屏幕太近，最好在2米以外。

❸每次看电视的时间不要过长，一般不要超过3小时。

❹看完电视后，要用温水把脸洗干净，并涂上一些护肤霜保护皮肤。

看完电视不宜立即睡觉 >>>

看电视时，人们静坐在一个位置不动，特别是老年人由于血液循环较差，长时间看电视会使下肢静脉受到压迫，血液循环不畅，严重时可出现类似坐骨神经痛的症状，如下肢麻木、酸胀、疼痛、水肿，甚至出现小腿肌肉强直性痉挛等。因此，看完电视后，应走一走再上床，这样有利于血液循环，防止下肢静脉受压。

另外，有些人看完电视，特别是观看完一些容易使人心情激动的电视时，如果倒头便睡，电视中各种情节还留在脑海中继续活动，兴奋没有平息下来，长此以往，会引起神经衰弱。

巧抱婴儿 >>>

对于两三个月的婴儿，应该尽可能怀

抱在母亲身体的左边。因为把宝宝抱在母体的左边可以让孩子感觉到母亲心脏跳动的声音。这种微微的跳动，就如同婴儿在胎内感受妈妈的心跳声音一样。因此，这样的氛围容易使婴儿安静，不哭闹，不烦躁，表现出温和、宁静和愉悦的心情。

防吐奶三法 >>>

❶在给宝宝喂完奶后，妈妈轻轻将宝宝抱起；让宝宝的身体尽量竖直些，小头伏在妈妈的肩膀上，妈妈一只手托好宝宝的小屁股，另一只手轻轻拍打或抚摩宝宝的背部，等到听到有气体从宝宝嘴里排出的声音即可。

❷宝宝坐在妈妈的腿上，妈妈用一只手撑住宝宝的胸脯，但一定要给宝宝的头稍稍向前倾，注意不要往后仰。

❸妈妈坐下，让宝宝的头和肚子贴在妈妈的腿上，然后用一只手扶好宝宝，另一只手轻轻地拍她的背。

婴儿巧睡三法 >>>

❶睡在用羊毛织成的睡垫上，要比睡在普通纯棉物制成的垫子上成长得快些。

❷刚刚生下来的婴儿，头骨还是软的，要注意婴儿的睡姿。否则，头形偏了，以后就不能矫正了。婴儿躺着时，喜朝着有门窗的方向。所以每间隔一段时间，就应调换一下睡觉时头脚的方位，即让婴儿头部时常进行左右换向。

❸如果婴儿喜欢平躺着睡觉，可以做一个凹型枕头，头枕部就不会睡扁了。

婴儿止哭法 >>>

如果婴儿半夜醒来哭叫不停，可给孩子洗洗脸，孩子清醒了，便会停止啼哭，然后再喂点水，或是抱起来边亲吻边摇动，即可使婴儿慢慢入睡。

婴儿不宜多食炼乳 >>>

家长把炼乳作为有营养价值的代乳品来喂养婴儿的做法很不科学。由于炼乳太甜，必须加5～8倍的水来稀释，以使糖的浓度下降；炼乳中蛋白质和脂肪含量高，作为婴儿主食会造成婴儿营养不良，还会使婴儿患多种脂溶性维生素缺乏症。

哺母乳的婴儿不必喂水 >>>

6个月以内的婴儿，在母乳量足够的情况下，热量和水分已能充分满足婴儿的需求，故不必另喂水。否则，会增加婴儿心脏和消化道的负担，影响食欲和消化功能。但腹泻、服用磺胺药或盛夏出汗多时，必须另外喂水。

如何提高小儿饮流质的兴趣 >>>

小儿因恐惧心理，常常拒服某些流质。如遇上这种情况，最好准备一支装饰有各种动物或花草、五颜六色的吸管，以此来提高孩子的兴趣，流质也就不知不觉地饮完了。

晒晒孩子骨头硬 >>>

晒太阳是预防和治疗佝偻病最经济、最简便、最有效的方法。一般来说，孩子满月后，每天就应安排一定的时间抱孩子到室外晒太阳。晒太阳要尽量让阳光晒到孩子的头部、面部、手足、臀部等部位的皮肤上。夏天阳光强，宜在清晨或傍晚或树荫下接受阳光的照射。冬季晒太阳要避免受凉，选择风和日丽的天气，最好在上午10点钟以后进行，并要穿好衣服，露出小脸和小手就可以了。冬季也可打开门窗在室内晒太阳，但隔着玻璃晒太阳是无效的，因为玻璃将紫外线挡住使其不能通过。晒太阳的时间从每天5～10分钟开始，逐渐延长，到每天1小时左右。若孩子生病中断了晒太阳，可待愈后再晒。

怎样使儿童乐意服药 >>>

给小孩喂药是家长头疼的事。如果撕一小块果丹皮把药片包住，捏紧。再放在孩子嘴里，用水冲服，孩子就乐意服用。此法适用于3岁以上的儿童。

两岁内幼儿莫驱虫 >>>

由于大多数驱虫药服用后，需经肝脏分解代谢或经肾脏排泄，而2岁以内宝宝的肝、肾等器官发育尚不完善，有的药物会伤害娇嫩的肝、肾脏，因此驱虫药多标明婴儿禁用或慎服字样。

巧治孩子厌食 >>>

孩子越不愿吃，桌上的饭菜就越丰盛，这是普遍规律。家长的目的是诱发孩子的食欲，但往往适得其反，饭菜越丰盛，他越不肯吃，形成恶性循环。如果把饭菜减少到不抢着吃就要挨饿的程度，看看孩子还吃不吃？

红葡萄酒可降低女性脑卒中概率 >>>

一项新的研究表明，女性每天喝半杯酒，特别是红葡萄酒可使患脑卒中的危险率降低60%。

使用卫生巾前要洗手 >>>

如果使用卫生巾前不洗手，那么在进行卫生巾拆封、打开、抚平、粘贴的过程中，会把大量的病菌带到卫生巾上。

卫生巾要勤换 >>>

普通卫生巾连续使用2小时后，表层细菌总数可达10^7个/厘米^2，卫生巾在此期间的二次污染会严重侵害女性健康。所以，不要一味追求大吸收量，懒于更换的做法是非常错误的。

妊娠呕吐时间 >>>

停经1～3个月间会出现呕吐，3个月后就会自然消失。

预产期计算法 >>>

末次月经的月数加9个月（或减3个月），日期加7天。比如，末次月经是1月5日，则应在10（1+9）月12日左右分娩；如果末次月经是6月20日，就该在来年3（6–3）月27日左右分娩。

孕妇看电视要注意 >>>

电视会产生少量的X线，为了使小宝宝们在母亲腹中长得更好，怀孕妇女在看电视时应注意以下几点：

❶与电视机保持一定的距离，最好在2米以上。

❷时间不宜过长，以防止因视疲劳而引起其他方面不适，如恶心、呕吐、头晕等症。

❸经常改变体位和姿势，否则，坐的时间长了，引起下腹部血液循环障碍，会影响胎儿发育。

❹可多吃一些富含维生素A、类胡萝卜素和维生素B_2的食物，如动物内脏、牛奶、蛋类及各种绿叶蔬菜。

蜂王浆可调节内分泌 >>>

蜂王浆中不仅含有丰富的营养素，还有多种活性酶类、有机酸和激素样成分等，具有延缓衰老、调节内分泌的作用，可提高食欲、增强组织再生能力和机体抵抗力。蜂王浆中所含的激素样物质对于调节中年女性的内分泌及抵抗衰老具有重要作用。

脚心测男性健康 >>>

脚心有涌泉穴，点燃艾灸条，接近到距涌泉穴半厘米处，如是健康的正常人，10～30秒就会感到热。若感觉到热的时间过长，或左右脚感觉不同的人，可能是交感神经已失去平衡、内脏疲劳或有某种疾病，应该彻底做健康检查。每月至少要用此法做一次健康检查，一有异样，即应前往医院做全身检查。

从嘴唇看男性健康 >>>

嘴唇是内脏的信号灯，从嘴唇的颜色，即可知此人的健康状态、体质。嘴唇苍白的男人必是贫血；呈紫色者是肺病，黑色的人肝脏患疾；发热的人嘴唇是红色。例如，从镜子看到嘴唇微红而粗糙，且身体酸麻，就要多喝一些蜂蜜，并吃萝卜泥，不久之后热会退去，粗糙情形也会好转。如因贫血而嘴唇发白，应吃一段时间的猪肝，之后必会红润起来。总之，嘴唇是健康的标志。

男子小便精力检查法 >>>

喝完啤酒就想上厕所的人，是肾脏健康的证明。喝完啤酒，20岁的人在15分钟后、30岁的人在20分钟后、40岁的人在30分钟以内上厕所，就是健康身体。总之，肾脏越强，上厕所时间也越早。

老年人夜间口渴怎么办？ >>>

老年人容易夜间口渴，喝凉茶或其他饮料，容易引起失眠和腹痛。可以适量喝些温开水，并用凉茶漱口，效果最好。漱后会很快觉得口腔清爽，即可安眠。

老年人穿双丝袜睡眠可保暖 >>>

常有人冬天睡觉脚冷，老年人尤其是这样。可以穿一双干净、稍觉宽松的短筒丝袜睡觉，一会儿脚就温热起来。注意不要穿长筒袜和线袜，可常备一双专用睡袜。睡时双脚不要收缩，要自然伸出，待脚感到太热时，双脚交互一捋便脱下了。

萝卜加白糖可戒烟 >>>

把白萝卜洗净切成丝，挤掉汁液后，加入适量的白糖。每天早晨吃一小盘这种糖萝卜丝，就会感到抽的烟一点味道都没有。时间一长便可戒烟。

口含话梅可戒烟 >>>

每当想抽烟时就口含一颗话梅。话梅很顶劲儿，一颗能含老半天，且效力持久，而抽烟时嘴里觉得不对味儿，就不大想抽烟了。

老年人晨练前要进食 >>>

对于老年人来说，空腹晨练实在是一种潜在的危险。在经过一夜的睡眠之后，不进食就进行1～2小时的锻炼，腹中已空，热量不足，再加上体力的消耗，会使大脑供血不足，让人产生不舒服的感觉。最常见的症状就是头晕，严重的会感到心慌、腿软、站立不稳，心脏原本有毛病的老年人会发生突然摔倒甚至猝死的意外事故。

每日搓八个部位可防衰老 >>>

❶手：双手先对搓手背50下，然后再对搓手掌50下，可以延缓双手的衰老。

❷搓额：左右轮流上下搓额头50下，可以清醒大脑，延缓皱纹的产生。

❸搓鼻：用双手食指搓鼻梁的两侧，可使鼻腔畅通，起到防治感冒和鼻炎的作用。

❹搓耳：用手掌来回搓耳朵50下，通过刺激耳朵上的穴位来促进全身的健康，

并可以增强听力。

❺搓肋：先左手后右手在两肋中间“胸腺”穴位轮流各搓50下，能起到安抚心脏的作用。

❻搓腹：先左手后右手地轮流搓腹部各50下，可促进消化、防止积食和便秘。

❼搓腰：左右手掌在腰部搓50下，可补肾壮腰和加固元气，还可以防治腰酸。

❽搓足：先用左手搓右足底50下，再用右手搓左足底50下，可以促进血液的循环，激发和增强内分泌系统功能，加强人体的免疫和抗病的能力，并可增加足部的抗寒性。

晒太阳可降血压 >>>

自“雨水”后，气温逐渐回升，春日暖阳普照大地，在户外晒10分钟的太阳，血压可下降。因为太阳光的紫外线照射可使机体产生一种营养素——维生素D_3，而维生素D_3与钙相互影响可控制动脉血压，所以适当晒太阳能使血压下降。

做个圈圈来健身 >>>

买两个压力锅密封圈，把旧绒裤剪成布条，将两圈捏紧包严，再用花色鲜艳的结实布条将圈包严密缝。此圈适合老年人互相扔接，可近可远，能活动眼、手、肩、腰等。

搓衣板可代“健身踏板” >>>

足部按摩对人体有益，可找来搓衣板平放在地上，穿着袜子将双脚踏上去即可。中老年人一边看电视，一边踩踏、搓动双脚，便可以进行自我保健。

手“弹弦子”可保健 >>>

双手每天坚持做“弹弦子”颤动锻炼，要快速进行，可促进上肢血液循环，增强手、臂的活动功能，对局部麻木、手臂痛和肩周炎等不适之症，都可起到良好的辅助治疗作用。

明目保健法 >>>

❶起床后，双手互相摩擦，待手搓热后用一手掌敷双眼，反复3次。然后用食指和中指轻轻按压眼球或按压眼球四周。

❷身体直立，两脚分开与肩宽，头稍稍向后仰。头保持不动，瞪大双眼，尽量使眼球不停转动。先从右向左转10次，再从反方向转10次，稍事休息，再重复3遍。

❸身体下蹲，双手抓住双脚五趾，稍微用力地往上扳，同时尽量朝下低头。

❹坐在椅子上，腰背挺直，用鼻子深吸气，然后用手捏住鼻孔，紧闭双眼，用口慢慢吐气。

❺小指先向内弯曲，再向后扳，反复进行30～50次，并在小指外侧的基部用拇指和食指揉捏50～100次。每天早晚各做一次。这种方法不但能够明目养脑，对白内障和其他眼病者也有一定疗效。

上述方法可以单独做，也可任选几种合做，长时间坚持能够起到明目的作用。

主妇简易解乏四法 >>>

❶梳理一下头发，洗个脸，重新化一下妆，用不了20分钟，就可收到调节紧张情绪的效果。

❷做10分钟轻松的散步，舒展一下身体。

❸躺下来，全身放松，什么事也不要想，休息静养10分钟，可使精神得到恢复。

❹打开窗子，做1分钟的深呼吸，疲乏感会立即减轻。

以脚代手巧健身 >>>

沐浴时不妨抬起一只脚，以足代手开关水龙头，这可使许多关节得到活动，脚趾灵活。

牙线护牙效果好 >>>

每天晚上睡觉前，坚持用牙线清理一下牙齿，可使患牙龈病的概率降低85%。

叩齿运动保护牙齿 >>>

叩齿是一种古老的保健方法，能促使血脉畅通，又可以保护牙齿。叩齿的方法是：口唇微闭，先叩臼齿50下，再叩门齿50下，然后再错牙叩齿50下。

按摩牙龈巧防病 >>>

食指放在牙龈上，做局部小圆旋转的移动按摩动作，使每个牙齿所属的牙龈区都受到按摩。每日3次，最好在饭后进行，每次上下按摩牙龈10～15次，按摩后漱口。

放松双肩法 >>>

工作一阵儿后，记得用力耸双肩，尽量贴近双耳，夹紧两臂，然后放松，重复10次。这一动作通过使颈、背发力，刺激血液循环从而达到放松颈背的效果，以免落下腰酸背痛的毛病。

全身摇摆可缓解腰痛 >>>

身体直立，轻闭双目，双臂自然下垂或向上举起，双肩放松，使全身瘫软般地左右摇摆，每次3～5分钟。这种方法可以消除周身疲劳并减轻腰背疼痛，也可以坐着做。

骑自行车恢复体力法 >>>

下班骑车时，全身肌肉放松，内脏放松，思想放松，什么也不想，抬头平视前方，在惯性的基础上小腿稍稍给力，使自行车匀速前行，保持20分钟左右即可。到家后会感到体力恢复，精神饱满。

梳头可益智 >>>

每天早晨起来，什么事也不干先梳头，由左至右向后梳，梳时用一点力，使头皮有微痛感，反复来回梳，要快些梳头皮就会有热感，大约2分钟满头皮都有热感后，就停梳，再用双手拍头，拍1～2分钟，要用一点力拍，头顶多拍几下，过20分钟再吃早饭。梳2～3个月后要停一段时间再梳。血压高的和血压低的人不要用此法，晚上不要梳。

手指运动防老年痴呆 >>>

手和大脑关系密切，老年人经常活动手指关节刺激手掌有助于预防老年痴呆症的发生。

❶将小指向内弯曲，再向后拔，反复做屈伸运动10次。

❷用拇指及食指抓住小指基部正中，揉捏刺激10次。

❸将小指按压在桌面上，用手或其他物反复刺激。

❹双手十指交叉，用力相握，然后突然猛力拉开。

❺刺激手掌中央（手心），每次捏掐20次。

❻经常揉擦中指尖端，每次3分钟。

每天可在上述方法中选择2～3种交替使用，要尽量利用各种机会活动手指。

眼睛疲劳消除法 >>>

❶用双手中指按住上眼睑向上轻提，连做3次，再用中指按住下眼窝向下按3次。

❷用双手中指从左右外眼角向太阳穴按

去，经太阳穴再向耳边按去，反复3～4次。

❸轻闭双目，用中指轻轻揉按10秒即可。

家庭安全与急救

生石灰入眼的处理 >>>

若是生石灰溅入眼睛，不能用手揉，也不能直接用水冲洗。因为生石灰遇水会生成碱性的熟石灰，产生大量热量，反而会伤眼睛。正确的方法是，用棉签或干净的手绢一角将生石灰拨出，然后再用清水反复冲洗伤眼，至少15分钟，冲洗后勿忘去医院检查和接受治疗。

维生素 C 可软化鱼刺 >>>

细小鱼刺卡喉，可取维生素C一片，含服，数分钟后，鱼刺就会软化清除。

巧除软刺 >>>

仙人掌之类的植物软刺扎进皮肤时，可用伤湿止痛膏贴在扎刺的部位，在灯泡下烘烤一会儿，然后快速将其揭去，刺就会被拔出。

巧除肉中刺 >>>

木刺、铁屑、玻璃屑等刺入皮肤难以拔出，可取蓖麻子或油菜籽适量，捣烂如泥，包敷患处，24小时后，异物就会退出皮肤表面，很容易拔出来。

巧去鼻子内异物 >>>

若一侧的鼻孔内塞入异物，可用一张纸条，刺激另一个鼻孔，人就会打喷嚏，鼻子里的异物自然会被喷出来。

解食物中毒五法 >>>

❶食蟹中毒，可用生藕捣烂，绞汁饮用，或将生姜捣烂用水冲服。

❷食咸菜中毒，饮豆浆可解。

❸食鲜鱼和巴豆引起中毒，可用黑豆煮汁，食用即解。

❹食河豚中毒，可用大黑豆煮汁饮用，或将生橄榄20枚捣汁饮用。

❺误食碱性毒物，大量饮醋能够急救。

巧排耳道进水 >>>

❶重力法：如果左耳进水，就把头歪向左边，用力拉住耳朵，把外耳道拎直，然后右腿提起，左脚在地上跳，水会因重力原因流出来。

❷负压法：如果左耳进水，可用左手心用力压在耳朵上，然后猛力抬起，使耳道外暂时形成负压，耳道里的水就会流出来。

❸吸引法：用脱脂棉或吸水性强的纸，做成棉棍或纸捻，轻轻地伸入耳道把水吸出来。

昆虫入耳的急救 >>>

❶安慰伤者并让其坐下。

❷用手电筒照着耳道吸引昆虫爬出来。

❸如未成功，小心地用食油或大约37℃的温水灌入伤者耳中，令昆虫有机会浮出来。如果无效，应寻求医疗援助。

巧治落枕 >>>

取米醋300～500毫升，准备一块棉纱布（或纯棉毛巾）浸入米醋中，然后平敷在颈部肌肉疼痛处，上面用一个70～80℃的热水袋热敷，保持局部温热20～30分钟。热水的温度以局部皮肤感觉不烫为度，必要时可及时更换热水袋中的热水。热敷的同时，也可以配合活动颈部，一般治疗1～2次，疼痛即可缓解。

心绞痛病人的急救 >>>

❶让患者保持最舒适坐姿，头部垫起。
❷如随身携带药品则给患者用药。
❸松开紧身的衣服使其呼吸通畅。
❹安慰患者。

老年人噎食的急救 >>>

意识尚清醒的病人可采用立位或坐位，抢救者站在病人背后，双臂环抱病人，一手握拳，使拇指掌关节突出点顶住病人腹部正中线脐上部位，另一只手的手掌压在拳头上，连续快速向内、向上推压冲击6～10次（注意不要伤其肋骨）。昏迷倒地的病人采用仰卧位，抢救者骑跨在病人髋部，按上法推压冲击脐上部位。这样冲击上腹部，等于突然增大了腹内压力，可以抬高膈肌，使气道瞬间压力迅速加大，肺内空气被迫排出，使阻塞气管的食物（或其他异物）上移并被驱出。

游泳时腿部抽筋自救 >>>

若在浅水区发生抽筋，可马上站立并用力伸蹬，或用手把足拇指往上掰，并按摩小腿可缓解。如在深水区，可采取仰泳姿势，把抽筋的腿伸直不动，待稍有缓解时，用手和另一条腿游向岸边，再按上述方法处理即可。

火灾中的求生小窍门 >>>

❶如在火焰中，头部最好用湿棉被（不用化纤的）包住，露出眼，以便逃生。

❷身上的衣服被烧着时，用水冲、湿被捂住，或就地打滚，以达到灭身上之火的目的。绝对不能带火逃跑，这样会使火越着越大，增加伤害。

❸遇有浓烟滚滚时，把毛巾打湿紧按住嘴和鼻子上，防烟呛和窒息。

❹浓烟常在离地面30多厘米处四散。逃生时身体要低于此高度，最好爬出浓烟区。

❺逃出时即使忘了带出东西，切忌再不要进入火区。

❻家门口平时不要堆积过多的东西，以便逃路通畅。老人小孩应睡在容易出入的房间。

下篇

生活禁忌

居家生活

衣物服饰禁忌

不宜在灯光下挑选衣服 >>>

光中含有橙、红、黄、青、绿、紫、蓝七种色光。在自然光下，红色的衣服，只能把红和接近红色的光反射出来，而吸收其他颜色的光线；蓝色的衣服，只能反射出蓝色光和部分紫、绿色光；黑色衣服几乎吸收所有颜色的光。一般电灯光，只含有红色光和较多的黄色光，红、黄两色比较鲜明，而绿、蓝等色显得暗淡。因此，在灯光下挑选衣服，颜色很容易产生偏差。所以，最好在自然光线下挑选衣服。

新内衣不宜立买立穿 >>>

有的人将买回的新内衣，直接就穿在身上，这样做是不对的。

服装厂在加工内衣过程中，常用甲醛树脂、荧光增白剂、离子树脂等多种化学添加剂进行处理，以达到防缩、增白、平滑、挺括、美观的目的。如不清洗就穿在身上，残留在衣服上的化学添加剂与人体皮肤接触后，就会使皮肤发痒、发红或引起皮疹等变态反应。因此，新内衣一定要先洗涤后再穿。

严冬穿衣不宜过多 >>>

严冬时节人体调节体温的能力有一定限度，所以必须借助人工措施来适应外界环境的温度变化。穿衣服就是适应外界环境温度的简便方法。但如果穿衣过多过厚，则由于热量大，会使皮肤血管扩张，流向皮肤的血液增多，从而增加了散热作用。这样，反而降低了机体对外界温度变化的适应能力。因此，严冬穿衣忌过多。

冬天不宜戴口罩 >>>

冬天气温低，有人习惯戴口罩防寒，其实这是不科学的。因为人的鼻黏膜里有许多海绵状血管网，血液循环十分旺盛，就如同装在屋子里的暖气一样，对吸进的冷空气起到加温作用。再加上鼻腔是一个弯弯曲曲的管道，使鼻黏膜面积增大了许多，更增强了加温作用。同时，整个呼吸道还包括气管、咽喉、支气管。这些器官的表面也都覆盖着一层黏膜，黏膜下同样分布着丰富的微血管。因此，当冷空气经鼻腔吸入肺部时，一般已接近体温了。人体的这种生理功能，可以通过耐寒锻炼不断增强。如果冬天经常戴口罩，反而会使鼻黏膜变得越来越“娇气”，因此更容易得感冒。所以冬天不宜戴口罩。

有些人不宜穿羽绒服 >>>

羽绒服以它保暖性好、轻便、美观、结实的特点，赢得了广大群众的喜爱。但是患有过敏性鼻炎、喘息性支气管炎、过敏性哮喘病及过敏体质的人穿羽绒服却会影响健康，引发甚至加重原有的疾病。

因为羽绒服是由家禽的羽毛加工而成。对于有些过敏性体质的人，这些羽毛的细小纤维和人体皮肤接触或吸入人的呼吸道后，可作为一种过敏性抗原，使人体细胞产生抗原反应，使毛细血管扩张，管壁渗透性增加，血清蛋白与水分渗出或大量进入皮内组织，这时身体便出现皮疹、瘙痒等症状，这些物质还能使支气管平滑肌痉挛、黏膜充血水肿、腺体分泌增加、支气管管腔狭窄，使人出现鼻咽痒、眼痒、流鼻涕、咳嗽胸闷、气喘等症状。所以，羽绒服不是人人都宜穿，有些人应忍痛割爱。

皮鞋不宜过瘦 >>>

目前有些青年人非常喜欢穿过瘦或“火箭”式皮鞋，这和古代女子裹足有些大同小异。裹足和穿瘦小的鞋子都会使足部受到挤压，血液循环受阻，不仅疼痛难忍，同时也易造成趾、足背部缺血坏死。尖头皮鞋还会引起足拇指外翻、趾关节突起、鸡眼甚至是足趾变形等脚病，严重危害身体健康。扁平足患者更忌穿。尤其是冬天，如果穿鞋过紧，足汗不易散失，再加上足部皮肤受压迫、血液循环不畅，局部的抗寒能力下降，很容易发生冻伤。在夏秋季节，因气温高，过多的足汗留在鞋里，会出现脚臭，以致发生或加重脚癣。因此穿皮鞋忌过瘦过小。

牛仔裤不宜久穿 >>>

牛仔裤已经成为现代人们的主要服装之一，其样式新颖、款式众多、耐脏耐磨，博得广大群众的欢迎。但是牛仔裤的特点是一紧二厚，不论男女老少，都不宜久穿，尤其是那种过紧过小的牛仔裤。

女性外生殖器的特点是，皮肤娇嫩，黏膜丰富，有不少褶皱，还经常受到大小便、白带、月经的刺激与污染。加上由阴道分泌的酸性分泌物，在过紧过厚的牛仔裤包围下，透气性差，不利于湿气的蒸发，妨碍排汗降温，给细菌带来良好的繁殖条件，从而引起外阴瘙痒、外阴静脉曲张、湿疹、皮炎、腹股沟癣等疾病。

牛仔裤对男性也同样不利。男性的睾丸是产生精子的场所，平时温度较低。如果牛仔裤长时间紧包会阴部，会使局部温度升高，将会影响睾丸的正常生理功能，甚至造成不育。

穿运动鞋时间不宜太久 >>>

运动鞋和旅行鞋都是专门用于旅行和运动的鞋，穿着应有时间性。这主要因为，穿这种鞋时间过长，脚部容易多汗。鞋内汗水和湿热刺激脚掌的皮肤，使脚发红或脱皮等。由于鞋内湿度和温度提高使脚底韧带变松拉长，使脚变宽，久而久之发展下去脚易变为平足。

靴子不宜过紧 >>>

靴腰过紧易得“皮靴病”。由于皮靴偏小穿着不适、靴腰过紧、靴跟过高等原因，会使足背和踝关节处的血管、神经受到长时间的挤压，造成足部、踝部和小腿处的部分组织血液循环不良。同时，由于高筒皮靴透气性差，行走后足部分泌的汗水无法及时挥发，会给厌氧菌、真菌造成良好的生长和繁殖环境，易患足癣、甲癣。所以，穿着高筒皮靴的靴腰不宜过紧，要适时地脱掉皮靴或用热水洗脚，以改善足部的血液循环，消除足部疲劳。

胖人穿衣五忌 >>>

❶忌面料太厚或是太薄：太厚有扩张感，显得人更胖；太薄又易显露出肥胖体型。最好选柔软而挺括的面料。

❷忌穿衣色彩黯淡无光，可穿深色衣服，深色衣服有收缩感，显得人瘦。

❸忌穿大花纹、横条纹、大方格子衣料，以避免体型横宽的视错觉。

❹忌穿款式花色繁多、条纹重叠的衣服，应简洁、朴实。

❺忌穿关门式领型或窄小的领口和领型，以免脸形显得更大。最好用宽而敞的开门式领型，但是也忌太宽，否则会衬得胸部过宽。

衣服不可久泡 >>>

洗衣服先用水泡，有利于去污和清洗，但如果用水浸泡时间过长，会适得其反。这是因为衣服纤维中的污秽在15分钟内便会渗透到水中。如果时间过长，水中的污秽又会被纤维吸收，反而洗不干净了。因此，洗衣服忌久泡，一般以不超过15分钟为准。

内、外衣不可一起洗 >>>

许多人洗衣服时不分内衣、外衣。往往"一锅烩"，这样做很不卫生。

我们生活的环境里充满了大量灰尘，有生产性灰尘，如纺织厂的纤维绒毛、化工厂的原料微粒等。这些灰尘粘在皮肤上容易发生变态反应，导致各种皮疹；还有一些生活性灰尘，如马路尘土、烟囱黑烟、汽车废气，这些尘埃附着有很多致病微生物，包括癣、疥等皮肤病的菌丝孢子、疥虫等。洗衣服时内外衣混在一起，会导致这些微生物粘在内衣上，一旦漂洗不净，很容易使人患各种皮肤病。因此，洗衣服一定要"内外有别"。

汗衣用热水洗会变色 >>>

人们在劳动、运动或天气炎热时，非常容易出汗。浸了汗液的衣服，如果用热水或开水泡洗，不仅会使衣服变色发黄，而且污垢难以清除。

这是因为汗液中除含有水和盐分之外，还含有蛋白质等有机物质。蛋白质遇热会固结在衣服上，晒太阳或被空气中的氧气氧化，就会变成黄色的污垢而难以清洗。因此，汗衣忌用热水洗涤，而冷水却能使汗衣上的蛋白质溶化，有利于去污。

内衣裤不能翻过来晒 >>>

在大自然中，有许多对人体有害的物质，如烟气、粉尘、硫化物、微生物、致病菌等。它们是随着空气流动而四处飘浮的。当翻晒内衣、内裤时，这些有害物质便会黏附在内衣贴身的一面，穿到身上后，容易引起过敏发痒，甚至诱发各种皮肤炎症，对于女性还可引起妇科疾病。因此，贴身穿的衣裤忌翻晒，而且在收衣服时还应抖一抖上面的灰尘和飞虫。

各种衣物的存储禁忌 >>>

❶棉织品：棉织品的吸湿性强、怕酸不怕碱。收藏之前一定要洗净晒干，并放些樟脑丸，以防霉变、虫蛀而损坏衣服。

❷丝织品：丝绸服装比较"娇气"，不宜长期挂放，因自重的关系会越拉越长，使服装变形。存放时应衬上布，放在箱柜上层，以免压皱。另外柞丝绸衣服也不可与真丝衣服存放在一起，因柞丝绸用硫黄蒸过，放在一起会使真丝绸变色。存放白色丝绸的箱柜也不宜使用樟脑丸，否则会使服装变黄。

❸毛织品：此类衣服抵抗霉变能力较好，但容易虫蛀。收藏前，要将衣服上的灰尘掸掉，再把衣服洗净晾干后，用罩布遮起来。并在箱柜内放少许樟脑丸。

❹化纤织品：此类衣服收藏前，一般只能用洗衣粉洗，而不能用肥皂洗，因为肥皂中的不溶性皂垢会污染化纤布。另外，不可放卫生球，因为卫生球的主要成分萘和化纤品会发生化学反应，从而降低纤维品质。

❺粘胶织品：深浅不同的粘胶织品服装要分开存放，以免使浅色服装受染。此类衣服在洗净、晾干后，可放些樟脑丸。

厨房里的禁忌

吃茄子不要去皮 >>>

有些人用茄子烹调菜肴时，会把茄子的皮层削去，这种吃法不科学。因为这样做丧失了茄子的宝贵营养物质——维生素P。

维生素P的主要成分是黄酮、芸香素、橙皮素。它可以降低人体毛细血管的脆性和通透性，增加毛细血管壁细胞的黏合、修补能力，使其保持正常的弹性，提高微细血管对疾病的抵抗力，并能降低血中所含的胆固醇等。

在各种茄子中，以紫色茄子含的维生素P最多，茄子最宝贵的部位，也即维生素P最集中的地方，即在紫色表皮的肉质处，因此食用茄子应该连皮吃。

莴苣不要用刀切 >>>

莴苣最好不要用菜刀切，用手撕比较好吃。因为用菜刀切会切断细胞膜，咬起来口感就没那么好。而用手撕就不会破坏细胞膜。再者，细胞中所含的各种维生素，可能会从菜刀切断的地方失掉。而且，切口处容易变成褐色。总之，鲜艳的翠绿色也是莴苣引人产生食欲的关键。无论是莴苣或生菜用手撕的味道都会格外鲜美。

芋头、山药和魔芋不要直接剥洗 >>>

芋头、山药和魔芋的黏液中含有一种复杂的化合物，遇热能被分解。这种物质对机体有治疗作用，但对皮肤有较强的刺激作用，所以剥洗芋头、山药和魔芋时最好戴上手套。如果皮肤沾上黏液就会发痒，在火上烤一烤就可以缓解。

海带长时间浸泡会大量损失营养 >>>

从商店买回的干海带，人们在食用前都要浸泡清洗。但如果用水浸泡时间过长，或过分地敲打、抖动，会使海带失去应有的营养价值。

因为海带是含碘量较高的食品，另外还含有贵重的营养品——甘露醇。碘和甘露醇都附在海带的表面，极易溶于水而造成损失。因此，海带忌长时间浸泡。海带泡发后即可切丝炒菜或烧汤。

热水发木耳出量少 >>>

木耳为干菜制品，它营养丰富，食用方便，耐储存，是居家必备的食品之一。

怎样泡发木耳好呢？一般家庭大多是用热水泡发，觉得发得快，便于急等使用，但是这种方法并不好。因为木耳是一种菌类植物，生长时含有大量的水分，干燥后变成革质。在泡发时，用凉水浸泡，是一种渐渐的浸透作用，可使木耳恢复到生长期的半透明状，所以应用凉水泡发木耳，每500克干木耳可发出3.5～4.5千克，吃起来脆嫩爽口，也便于存放，而热水泡发木耳，每500克干木耳只能发出2.5～3.5千克，口感绵软发黏，且不易保存。

发绿豆芽不要超过6厘米长 >>>

绿豆芽不仅保持了绿豆原有的营养成分，而且甘平无毒，可解酒毒、热毒。但绿豆芽不应发得太长，否则绿豆中所含的蛋白质、淀粉及脂类物质就会消耗太多。当绿豆芽超过10厘米长时，绿豆中的营养物质将损失20%。所以说绿豆芽以粗壮为宜，一般不应超过6厘米。

炒鸡蛋不能放味精 >>>

不是所有菜放味精都好，炒鸡蛋就不宜放味精。如果在炒鸡蛋时加味精，不但不能增加鲜味，还会破坏鸡蛋的营养成分。

鸡蛋含有大量谷氨酸，加盐（氯化钠）炒制后钠，这两种成分会合成一种新物质——谷氨酸钠。这种物质有纯正的鲜味和营养价值，而味精的主要成分就是谷氨酸钠。如果炒鸡蛋再放入味精，不仅不会增加鲜味，还会破坏鸡蛋的自然鲜味，同时也会使鸡蛋本身的谷氨酸钠被排斥，导致营养成分的流失。

肉不可用水浸泡 >>>

很多人喜欢把刚买的新鲜肉用水浸泡来清洗，或者把冻肉用水浸泡来解冻，这样做是不对的。用水泡肉，不管是新鲜肉还是冻肉，都会使肉中的营养物质溶解到水里，从而降低了肉的营养价值，影响了鲜味。所以，肉可以用冷水快速冲洗干净，但不可久泡。冻肉则可放在15～20℃的地方，使其自然解冻。

饺子馅不能放生油 >>>

豆油在加工中残留极少量的苯和多环芳烃等有害物质。一些家庭包饺子习惯用生豆油和馅，人吃后对神经和造血系统有害，会出现头痛、眩晕、眼球震颤、睡眠不安、食欲不振及贫血等慢性中毒症状。因此，调馅时，一定要把豆油烧开，使其所含的有害物质自然挥发掉，然后再拌入馅中。

淘米次数不能太多 >>>

米面中的水溶性维生素和无机盐等营养素在烹调加工中易遭受损失。通常一般家庭淘米要2～3遍，甚至更多，经测定，这样维生素B_1会损失29%～60%，维生素B_2和烟酸可损失24%左右，无机盐约损失70%，蛋白质损失16%，若反复搓洗则情况更为严重。所以淘米次数不宜过多。

使用不锈钢炊具烹饪不能加料酒 >>>

不锈钢炊具在高温烹炒时，如果加入酒类调料，酒中的乙醇可使不锈钢中的铬、镍游离溶解。铬与糖代谢、脂肪代谢密切相关，在胰岛素存在的条件下会使更多的葡萄糖转变为脂肪，造成机体代谢紊乱。大量的铬盐还会对肝肾功能造成损害，争夺血液中的氧气，导致组织低氧，造成血管、神经系统的损害。镍盐对神经系统先兴奋后抑制麻痹，镍过量有致癌作用，长期积累容易导致肺癌。

铝锅使用禁忌 >>>

❶新铝锅应先煮米或肉类食物，忌先煮水，以免锅内变黑。

❷铝炊食具分为熟铝、生铝和合金铝3类。目前炒菜普遍使用的生铝铲属硬性磨损炊具，它会将铝屑过多地通过食物带入人体，造成严重的危害。所以，应避免使用生铝炊具。

❸忌将饭菜放在铝锅、铝饭盒内过夜。铝的抗腐蚀性较差，碱、酸、盐都能与铝起化学反应，人吃了以后会对身体有害。

❹铝炊具表面污垢可用洗涤剂擦干净，忌用刀刮或用炉灰、沙子硬擦。因为铝在空气中极容易被氧化而生成氧化铝，它附着在铝的表面，保护铝不致继续被氧化。如果被硬刮掉、擦掉，表面的氧化铝就会继续被氧化，反复如此，就会影响铝锅的使用寿命。

❺铝器不宜与酸性食物接触：用铝器加热或存储酸性食物和饮料，或者用铝锅炒菜时加醋都会释出更多的铝离子。食用铝过量，会干扰磷的代谢，阻止磷的吸收，进而产生脱钙、骨骼软化等骨骼病变，对中枢神经系统也有毒害作用，会引起记忆力衰退、老年性痴呆等症。

❻铝器不宜与碱性食物接触：铝在碱性溶液中反应生成铝酸盐，铝酸盐溶解后释放出铝离子，随食物进入人体，会造成危害。

❼铝器不宜用来打鸡蛋：烹调鸡蛋如在铝制品内搅打，会使蛋白变灰色，蛋黄变绿色。所以，搅拌鸡蛋，应用陶瓷或搪瓷器皿为宜。

不能用不粘锅做肉类食物 >>>

不粘锅的出现给我们的日常生活带来了许多方便，但不粘锅却不能用来烹饪肉类食物。这是因为，不粘锅涂层的主要成分是聚四氟乙烯，它有一个先天缺陷，就是结合强度不高，不能完全覆盖在不粘锅表面，致使部分金属层裸露在外。而肉类等酸性物质会腐蚀金属，裸露部分一旦被腐蚀就会膨胀，从而导致涂层脱落，被人误食会危害健康。

同时，它也不能制作蛋类、白糖、大米等酸性食物。像西红柿、柠檬、草莓、山楂、菠萝等酸味食物，也不宜使用不粘锅。

此外，使用不粘锅时温度不宜过高，尤其忌干烧，否则涂层会释放出有害物质；最好使用竹木制锅铲进行翻炒，不要用铁铲，以免刮伤锅体，破坏涂层。

高压锅使用禁忌 >>>

❶忌过满，锅内至少要留1/5的空间。

❷忌马虎，必须要认真检查排气孔是否畅通，安全塞座下孔洞是否被残留的饭粒或食物碎渣堵塞，以及两只手柄是否完全重合。否则，会使锅内食物喷出来伤人。

❸忌在限压阀上放压东西，因为这会阻塞锅内气体的正常放出，导致爆炸事故。

❹忌在离开炉火后马上取下限压阀，开盖应在自然冷却后再开盖，或用冷水直接淋在锅盖上，待锅内气压降低时，将限压阀取下，放尽气后再开盖，否则，锅内气体会喷伤人。

❺忌用其他不同熔点的金属代替安全阀熔片。

❻不要随便扩大阀座导气孔的直径，因限压阀是压力锅防爆的关键元件，压力锅的压力是由限压阀限制在安全值之内的。

“活鱼活吃”并不好 >>>

人们通常认为“活鱼活吃”营养价值高，其实，这是一种误解。刚死的鱼，肌肉组织中的蛋白质没有分解产生氨基酸（氨基酸是鲜味中的主要成分），吃起来不仅会感到肉质发硬，也不利于人体消化吸收。可以先把鱼冷冻一段时间，使鱼处在高度僵硬状态，鱼中丰富的蛋白质在蛋白酶的作用下，才会逐渐分解成人体容易吸收的各种氨基酸。这时，不管用什么方法烹饪，味道都会非常鲜美。

豆腐不可单独烹制 >>>

豆腐虽含有丰富的蛋白质，但却缺少一种人体必需的氨基酸——蛋氨酸。如果单独烧菜，则蛋白质利用率很低，如果把它和其他的肉类、蛋类食物搭配一起合用成菜，就可大大提高豆腐中蛋白质营养的利用率。

鱼肉不要用油炸 >>>

烹调方法与DHA的吸收有关系。很多鱼类无论煎、煮、烤、干制或生吃，鱼肉中的DHA含量都不会发生变化，都可以被人体吸收，只是油炸的鱼肉DHA的比例会降低。因此，为了更有效地利用鱼肉中的DHA，烹调时应尽量少用油炸。

吃油的禁忌 >>>

❶植物油不要过量：植物油是不饱和脂肪，如果吃得过多，容易在人体内形成过氧化脂。这种物质积存在体内，能引起脑血栓和心肌梗死等疾病，甚至可能诱发癌症。每人每天食用8毫升植物油就够了。

❷橄榄油不宜过量：橄榄油一加热就会膨胀，所以烹制同一个菜，需要的量就比其他的油少。

❸蚝油不宜加热过度：蚝油不宜加热过度，否则易造成鲜味降低，营养成分散失。

❹动物油脂不宜凉拌、煎炸：动物油脂不宜用于凉拌和炸食，也不宜用大火煎熬后食用，更不宜食用反复煎炸食物的油脂。用动物油脂调味的食物要趁热食用，放凉后会有一种油腥气，影响人的食欲。

盐的使用方法 >>>

❶盐投放时间不宜一成不变。用豆油、菜籽油做菜，为减少蔬菜中维生素的损失，一般应炒过菜后放盐；用花生油做菜，应先放盐炸锅，这样可以大大减少黄曲霉菌毒素；用猪油做菜，可先放一半盐，以去除荤油中有机氯的残留量，做菜中间再加入另一半盐，以尽量减少盐对营养素的破坏。

❷鸡鱼菜肴不宜多加盐。制作鸡、鱼一类的菜肴应少加盐，因为它们富含具有鲜味的谷氨酸钠，本身就会有些咸味。

❸做肉不宜过早放盐。盐的主要成分是氯化钠，而氯化钠容易使肉中的蛋白质发生凝固，使肉块缩小，肉质变硬，不易烧烂。

做菜时调料不要乱放 >>>

葱、姜、蒜、椒，人称调味的“四君子”，它们不仅能够调味，而且能杀菌去寒，对人体健康大有裨益。但在烹调中如何投放才能更提味、更有效，却是一门高深的学问。

❶肉食重点多放椒：烧肉时宜多放一些花椒，牛肉、羊肉、狗肉更应多放。花椒有助暖作用，还能够去毒。

❷鱼类重点多放姜：鱼腥味大，性寒，食之不当会产生呕吐症状。生姜既可缓和鱼的寒性，又可解腥味。做鱼时多放姜，可以帮助消化。

❸贝类重点多放葱：大葱不仅仅能够缓解贝类（如螺、蚌、蟹等）的寒性，而且还能够抵抗过敏。不少人食用贝类后会产生过敏性咳嗽、腹痛等症，烹调时应多放一些大葱，避免变态反应。

❹禽肉重点多放蒜：蒜能够提味，烹调鸡、鸭、鹅肉的时候宜多放蒜，这样使肉更香更好吃，也不会因为消化不良而泻肚子。

不能放醋的饮食 >>>

❶炒胡萝卜不宜放醋：胡萝卜含有大量胡萝卜素，摄入人体消化器官后，就可以变成维生素A。但是用醋来炒胡萝卜，就会使胡萝卜素被破坏。

❷炖羊肉不宜放醋：醋性酸温，有消肿活血、杀菌等作用，与寒性食物配合较好，而与羊肉这类温热食物相配则不宜。二者搭配会削弱食疗作用。

❸做海参不宜放醋：放醋后口感、味

道均较差。

❹做糖醋类菜肴不宜早放醋：最好在即将起锅时再放醋，这样能充分保持醋味；若放得过早，醋就会在烹调过程中蒸发掉而使醋味大减。

煮鸡蛋的禁忌 >>>

❶鸡蛋不宜用茶叶煮：不知从何时起，“茶叶蛋”开始风靡大街小巷，然而大家可能还不知道，鸡蛋并不宜用茶叶煮。因为茶叶中除含有生物碱外，还有多种酸化物质，这些化合物与鸡蛋中的铁元素结合，对胃有刺激作用，不利于消化吸收。

❷鸡蛋不宜与糖同煮：因为这样会因高温作用生成一种叫糖基赖氨酸的物质，破坏了鸡蛋中对人体有益的氨基酸成分，而且这种物质有凝血作用，进入人体后会造成危害。如需在煮鸡蛋中加糖，应该等鸡蛋煮熟稍凉后再加，不仅不会破坏口味，也更有利于健康。

❸煮鸡蛋不宜用急火：因为蛋黄凝固的温度比蛋清高。急火煮蛋，会使蛋清先凝固并且变硬，影响蛋黄凝固，使煮出来的鸡蛋清熟黄不熟。

❹煮鸡蛋时间不宜过长：鸡蛋煮的时间过长，蛋黄表面就会变成灰绿色。这是因为蛋黄中的亚铁离子与蛋白中的硫离子化合为难溶的硫化亚铁所造成的。这种硫化亚铁不容易被人体吸收利用，因而降低了鸡蛋的营养价值。而且鸡蛋久煮会使蛋白质老化，变硬变韧，不易吸收，也影响食欲和口感。因此，煮鸡蛋的时间忌过长，一般以8～10分钟为宜。

❺鸡蛋煮熟后不宜用冷水浸泡来剥壳：鸡蛋煮熟后壳上原本由角粉质、蛋壳、蛋膜等组成的保护膜被破坏，熟蛋中的溶菌酶不活跃，而蛋壳气孔在加热时扩大，当烫手的热蛋投入冷水后，蛋在冷缩过程中会产生气潭，真空的气潭势必将含菌的冷水吸入，细菌作怪，熟蛋容易变质。因此，熟蛋忌用冷水冷却，冷却后更忌保存。

蒸鸡蛋羹禁忌 >>>

❶忌加生水：因自来水中有空气，水被烧沸后，空气排出，蛋羹会出现小蜂窝，影响质量，缺乏嫩感，营养成分也会受损。

❷忌加热开水：开水会先将蛋液烫热，再去蒸，营养受损，甚至蒸不出蛋羹。最好是用凉开水蒸鸡蛋羹，不仅使营养免遭损失，还会使蛋羹软嫩，表面光滑，口感鲜美。

❸忌猛搅蛋液：在蒸制前猛搅或长时间搅动蛋液会使蛋液起泡，蒸时蛋液不会融为一体。最好是打好蛋液，加入凉开水后再轻微打散搅和即可。搅拌时，应使空气均匀混入。

❹忌蒸前加入调料：否则会使蛋白质变性，营养受损，蒸出的蛋羹也不鲜嫩。调味的方法应是：蒸熟后用刀将蛋羹划几刀，再按照个人口味加入少许熟酱油、醋或盐水及葱花、香油等。这样蛋羹味美、质嫩、营养不受损。

❺忌蒸制时间过长，蒸汽忌太大：由于蛋液含蛋白质丰富，加热到85℃左右，就会逐渐凝固成块。蒸制时间过长，会使蛋羹变硬，蛋白质受损；蒸汽太大会使蛋羹出现蜂窝，鲜味降低。

❻忌盖严实：蒸鸡蛋羹最好用放气法，即锅盖不要盖严，留一点空隙，边蒸边跑气。蒸蛋时间以熟而嫩时出锅为宜。

胡椒使用禁忌 >>>

❶胡椒不宜多吃：胡椒性热，古人

认为过食会损肺、发疮、齿痛、目昏、破血、堕胎等，因此不应食用过量。

❷与肉食同煮的时间不宜太长：因胡椒含胡椒辣碱、胡椒脂碱、挥发油和脂肪油，烹饪太久会使辣味和香味挥发掉。另外要掌握调味浓度，保持热度，可使香辣味更加浓郁。

蒸馒头不可用开水 >>>

家庭蒸馒头一般都用开水蒸，其实这样并不好，因为生馒头突然放入开水的蒸笼里，急剧受热，馒头里外受热不匀，容易夹生，蒸的时间也就不得不延长。如果锅里放入凉水就上笼，温度上升缓慢，馒头受热均匀，即使馒头发酵差点，也能在温度上升缓慢中弥补不足，蒸出来的馒头又大又甜，还比较省火。

豆浆不能反复煮 >>>

有些人为了保险起见，将豆浆反复煮好几遍，这样虽然去除了豆浆中的有害物质，同时也造成了营养物质流失，因此，煮豆浆要恰到好处，控制好加热时间，千万不能反复煮。此外，煮豆浆时还应注意下列问题：

❶要一次性煮透：饮未煮熟的豆浆会发生恶心、呕吐等中毒症状。豆浆煮沸后要再煮几分钟，当豆浆加热到80℃左右时皂毒素受热膨胀，会形成假沸产生泡沫上浮，只有加热到90℃以上才能破坏皂毒素。

❷不宜加红糖：红糖含有多种有机酸，能与豆浆中的蛋白酶结合，使蛋白酶变性沉淀，不易吸收。白糖则无此现象。但是白糖须在豆浆煮熟离火后再加。

煮牛奶的禁忌 >>>

❶煮牛奶的时间不可太长：人们通常会把牛奶加热后再食用，认为这样既美味又健康。其实，牛奶可煮，但时间不可太长。这是因为牛奶富含蛋白质，蛋白质在加热情况下发生较大变化。在60℃时蛋白质微粒由溶液变为凝胶状；达到100℃时乳糖开始分解成乳酸，使牛奶变酸，营养价值下降。

❷不宜扔掉奶皮：煮牛奶时常见表面上产生一层奶油皮，不少人将这层皮丢掉了，这是非常可惜的，实际上这层奶皮的营养价值更高。例如其维生素A含量十分丰富，对眼睛发育和抵抗致病菌很有益处。

❸不宜边煮边加糖，应加热后再加糖：牛奶含赖氨酸物质，它易与糖在高温下产生果糖基赖氨酸，对人体健康有害。

蜂蜜等饮品不要用沸水冲 >>>

❶在冲饮品时，人们经常会使用沸水，认为沸水既健康又容易使饮品充分溶解。然而，蜂蜜等饮品根本不宜用沸水冲。这是因为蜂蜜含75%左右的葡萄糖和果糖、20%左右的水分，以及少量的蛋白质、矿物质、芳香物质和维生素等，用热水冲服会破坏蜂蜜中的酶和营养成分。另外，热水会改变蜂蜜香甜的味道，使其产生酸味。

❷奶粉：有些人喜欢用滚沸的开水冲调奶粉，认为这样奶粉溶化得快而充分，其实这是不对的。因为过高的水温会使奶粉中的大量蛋白质变性，另外一些热敏性维生素也会遭到很大程度的破坏，降低其营养价值，而且长期摄入变性蛋白质还会引发多种疾病，影响身体健康。

❸人参蜜、麦乳精、乳晶、多维葡萄糖等饮料：这些一般都是选用蜂蜜优质原料精制而成的，营养十分丰富。饮用这类营养补品时，不要用滚开的水冲调，更不

要放在锅里煮沸，营养饮料中有不少营养素会在高温条件下分解变质，有些营养成分在60～80℃时就会变质。使用变质的饮料很难获取全面的营养。冲调饮料最好是用40～50℃的温开水。

饭盒里忌放匙和筷子 >>>

目前，许多人上班带着饭菜，而且习惯于把羹匙或筷子也放在饭盒里，这样虽然方便一些，但却忽视了卫生问题。因为匙把儿或筷子手握的部位带有大量的细菌，在清洗餐具时并没有将细菌完全清除或杀灭。如果将匙子、筷子放在饭盒里，便会直接与饭菜接触，不可避免地饭菜将被细菌污染，食用时直接进入人体，造成危害。因此，应将羹匙或筷子另用干净的纸包起来，以防病从口入。

不要用化纤布做厨房抹布 >>>

化纤布上黏附许多细小的化学纤维，用它当抹布洗餐具，会使这些纤毛黏在餐具表面，然后随食物进入人体，滞留在胃肠，容易诱发胃肠疾患。所以，厨房抹布宜选用纱布或本色毛巾，并经常消毒灭菌，以保证对人体无害。

蔬菜清洗干净后存放会造成营养成分流失 >>>

有的人存放青菜前先用水洗一洗，认为一是干净，二是让菜吸收水分保持鲜嫩。这是不对的，这样不利于保护青菜的营养成分。其实青菜吸收水分靠根部而不在茎叶，青菜水洗之后，茎叶细胞外的渗透压和细胞呼吸均发生改变，造成茎叶细胞死亡溃烂，大量营养成分丧失。此外，蔬菜存放时还应注意下列问题：

❶忌马上放入冰箱：刚买的水果和非叶类蔬菜，不宜立即放入冰箱冷藏，因为低温会抑制果菜酵素活动，无法分解残毒，因此食用蔬菜前应先放一两天，使残毒有时间被分解掉。

❷忌久存不吃：有的人习惯一次买很多的菜，放起来吃几天。这是省事之举，但对蔬菜营养的保护非常不利。蔬菜存放时间过久，会干枯腐烂或变质，对菜的营养成分损害很大，甚至产生毒素损害人体健康。

红薯存放禁忌 >>>

❶忌潮湿：许多人喜欢吃红薯，但红薯受潮之后，可千万别吃。因为潮湿会使红薯表皮呈现褐色或黑色斑点，同时薯心会变硬发苦，最终导致腐烂。受到黑斑侵蚀的红薯，不但营养成分损失殆尽，而且食后易出现胃部不适、恶心呕吐、腹痛腹泻等症状，严重时还会引发高热、头痛、气喘、呕血、神志不清、抽搐昏迷，甚至死亡。因此，红薯一定要保存在通风好，比较干燥的地方，切勿使之受潮。

❷忌与土豆一起存放：土豆和红薯不能存放在一起，否则不是红薯僵心，就是土豆发芽不能食用，这主要是由于两者的最佳存储温度差异造成的。

❸忌久存：贮藏时间过长的红薯，稍有不当就会变质，造成营养成分的损失。

❹忌光照：红薯放置在阳光下，会流失大量的营养素，同时会因晒干、风干而变得难以食用。

蔬菜保存禁忌 >>>

下面让我们一起来了解一下一些蔬菜的存放禁忌：

❶白萝卜、胡萝卜不宜完整保存：白萝卜、胡萝卜一定得切头去尾。切头不让萝卜发芽，免得吸取白萝卜、胡萝卜内部的水分；去根免得白萝卜、胡萝

卜长须根，这同样会耗费白萝卜、胡萝卜的养分。

❷茄子忌洗：茄子表面有一层蜡质，保护细嫩致密的肉质，茄子经水洗后表皮受损，蜡质被破坏，不利于保护茄肉，也会使微生物侵入茄子内部，引起茄子腐烂变质，使茄子的营养价值受损。如果洗后存放时间稍长，茄子就不能吃了。

❸冬瓜忌碰掉白霜：冬瓜的外皮有一层白霜，它不但能防止外界微生物的侵害，而且能减少瓜肉内水分的蒸发。所以在存放冬瓜时，应把它放在阴凉、干燥的地方，不要碰掉冬瓜皮上的白霜。另外，着地的一面最好垫干草或木板。

❹竹笋忌去壳：去掉外壳再保存，容易使竹笋流失营养和水分。

储存鸡蛋不能洗 >>>

有些人在储存鸡蛋之前，习惯把鸡蛋冲洗一下，使之看上去更干净些，但这种做法极不科学。鸡蛋壳外面有一层“白霜”，起到封闭蛋壳上气孔的作用，既能防止细菌进入鸡蛋内，又能防止蛋内水分蒸发，保持蛋液的鲜嫩。用水将鸡蛋冲洗后，“白霜”就会脱落，细菌侵入，水分蒸发，易使鸡蛋变质。因此，鸡蛋在存放之前，切勿冲洗。此外，鸡蛋的存放还须注意以下几点：

❶忌直接放入冰箱：这样做很不卫生，因为，鸡蛋壳上有枯草杆菌、假芽孢菌、大肠杆菌等细菌，这些细菌在低温下可生长繁殖，而冰箱贮藏室温度常为4℃左右，不能抑制微生物的生长繁殖，这不仅不利于鸡蛋的贮存，也会对冰箱中的其他食物造成污染。正确的方法是把鲜鸡蛋装入干燥洁净的食品袋内，然后放入冰箱蛋架上存放。

❷忌横放：刚生下来的鸡蛋，蛋白很浓稠，能够有效地固定蛋黄的位置。但随着存放时间的推延，尤其是外界温度比较高的时候，在蛋白酶的作用下，蛋白中的黏液素就会脱水，慢慢变稀，失去固定蛋黄的作用。这时，如果把鲜蛋横放，蛋黄就会上浮，靠近蛋壳，变成贴壳蛋。如果把蛋的大头向上，即使蛋黄上浮，也不会贴近蛋壳。所以，鸡蛋应竖放为宜。

❸忌周围有强烈气味（如葱、姜、蒜等）。蛋类都具有多孔状的蛋壳，而且蛋中有一种能吸收异味能力的胶体状的化学成分，所以如果把新鲜的蛋类放置于有强烈异味或不卫生的环境中，或者与有强烈异味的原料混放，鸡蛋就会变味或串味，影响固有滋味。

❹忌堆放：在没有条件冷藏鸡蛋的时候，要尽量用干净的纸或布做成鸡蛋形状的空穴，使每个鸡蛋有独立的存放空间，并且避免直接暴露在空气里。这样可以减少细菌和微生物侵入的机会，能够延长鸡蛋的保存时间。

饮用久存啤酒易引起腹泻 >>>

一般市售的啤酒保存期为2个月，优质的可保存4个月，散装的为3天左右。久贮的啤酒中多酸性物质，极易与蛋白质化合或氧化聚合而使酒液混浊，饮后极易引起腹泻、中毒。因此，啤酒不宜久存。除此之外，啤酒在存放时还要注意以下问题：

❶忌光照：鲜啤酒中存有活的酵母菌，在气温较高的情况下，极易酸败变质，所以，啤酒切忌放在阳光直射或温度较高的地方。宜存放在15℃以下（最佳温度为0℃左右）的通风、遮光处。

❷忌用暖水瓶存放：盛开水的瓶胆里往往结着一层灰黄色的水垢，它易被啤酒所溶解，饮后危害健康。

❸切忌啤酒时冷时热：一会儿放在冰箱里，一会儿又拿出来，这样反复会引起蛋白质呈雾状沉淀。

❹忌震荡：震荡后，会降低二氧化碳在啤酒中的溶解度。所以，不要来回倾倒。

茶叶受潮后晾晒易走味 >>>

夏季茶叶容易受潮，若把受潮的茶叶放到太阳下晒就会走味。可用铁锅慢火炒至水汽消失，晾干后密封保存，可保持其原味。此外，茶叶的存放还应注意以下两点：

❶忌与食糖、糖果一起存放：茶叶易吸潮，而食糖、糖果恰恰富含水分。这两类物品存放在一起，会使茶叶因受潮而发霉或变味。

❷忌与香烟等有特殊气味的食物一起存放：茶叶对气味的吸附作用特别强，如与香烟混放在一起，会把香烟的辛辣味吸收，导致沏出的茶味道不正。

不宜混放的食物 >>>

❶生、熟食物：生鱼、生肉或蔬菜上，往往粘有病菌、寄生虫卵和其他肉眼看不见的脏东西。所以不要让熟食物接触到生食物，要注意防止污染，预防疾病。只做到生熟食物分开还不行，还要把盛放生、熟食物的器具分开。切食物的刀和板也要生熟分开，各备一套。如果只有一套器具，也要生熟有别，可以把盛过或切过生食物的器具，及时用开水浇烫或用热碱水刷洗干净，然后再用来盛装熟食物，就可以达到生、熟食物分开的目的了。

❷黄瓜与西红柿：将黄瓜与西红柿一起存放，黄瓜很快就会生斑变质，这是因为西红柿在存放过程中会释放出无色、无味的气体乙烯，加速黄瓜的成熟过程。

❸生菜与水果：生菜对水果散发出的乙烯极为敏感，储藏时应远离苹果、梨和香蕉，以免诱发赤褐斑点。

❹香蕉与梨：将香蕉与梨存放在一起，第二天香蕉就会变软，并出现腐烂的斑点。原因是梨在存放过程中会释放出香蕉极其敏感的气体乙烯，无色、无味的乙烯会加速香蕉的成熟过程，使其快速变质。

❺热带水果与温带水果：存放水果时应对热带水果和温带水果加以区别。温带水果如苹果、梨等可放在冰箱中保存，荔枝、杧果等热带水果由于容易发生冻伤，不宜放入冰箱，最好是放在稍低于水果生长温度的阴凉处储存。

食物存放有禁忌 >>>

❶不要用旧报纸包装食物：旧报纸上的油墨字含有多氯联苯，是一种毒性很大的物质，不能被水解，也不能被氧化，一旦进入人体，极易被吸收并贮存起来，很难排出体外。如果人体内贮存的多氯联苯达到0.5～2.0克，就会引起中毒，轻者眼皮发肿、手掌出汗，重者恶心呕吐、肝功能异常，甚至死亡。因此，千万别用废旧报纸包装食物。

❷忌用编织带做成的器具存放食物：这类器具的编织带是用对人体有害的聚乙烯树脂等化学原料合成的。人们如长期进食用这种材料做的篮子、“手提包”存（盛）放过的食物，往往会影响健康。

❸忌用透明玻璃瓶存放食用油：由于光线透过透明玻璃瓶易使油脂氧化，因此贮存在透明玻璃瓶里的食用油容易变质。因此，宜用有色玻璃瓶贮存食用油。

饭菜在铝锅中不能放太久 >>>

铝在人体内积累过多，会引起动脉

硬化、骨质疏松、痴呆等病症。因此，应注意不要用饭铲刮铝锅，同时不宜用铝锅久存饭菜和长期盛放含盐食物。同时，也不要把面粉存放于铝制品中。铝制品内存放面粉时间一长，表面就会产生白色的斑点。斑点脱落后会形成麻坑，严重的还会穿孔。这是因为面粉的主要成分是淀粉和蛋白质。淀粉是糖类，发酵后会产生有机酸，面粉吸收空气中的水分又会产生碳酸气。铝制品在有机酸、水、碳酸气的侵蚀下，使铝表层的保护膜——氧化铝被破坏掉而使铝生锈腐蚀。

酸性食物不要存放在瓷器中 >>>

陶瓷器皿的彩釉大多是以铅化物作为原料，如果酸性食物长时间与彩釉器皿接触，可溶解释放出其中的铅，从而污染食物。长期食用这样的食物会引起慢性铅中毒。儿童对铅特别敏感，要特别留心。同时，酸性食物对搪瓷容器也有腐蚀作用，所以酸性食物在搪瓷容器内也不宜存放过久。此外，我们也不要用搪瓷、白釉器皿存放碱性溶液：搪瓷、白釉器皿的主要制作原料是二氧化锡，二氧化锡的耐酸性强，但易溶于碱性溶液，生成锡酸盐。锡酸盐水解易释放出锡离子，容易被人体吸收。锡能蓄积于人体中，过量会导致人体慢性中毒。

醋不要存放在铁制容器中 >>>

醋是酸性物质，铁与醋结合会发生化学反应，生成有害物质，破坏食醋的营养成分。人体摄入了这种变质的醋，会引起恶心呕吐、腹痛腹泻。因此，贮存食醋最好选用玻璃器皿。此外，在使用金属容器存放食物时，还应注意以下几点：

❶忌用锡壶装酒：锡壶是由铅锡合金制成的，如果经常用锡壶盛酒饮酌，就容易发生铅中毒（如恶心、呕吐、头晕、腹痛、腹泻等）。因此，盛酒不要用锡壶，而应该用玻璃瓶或瓷壶。

❷忌用白铁桶存放酸性食物：白铁桶就是镀锌的铁皮桶。锌是一种白色柔软而有光泽的金属，它易溶于酸性溶液。如在白铁桶或其他镀锌器皿内配制或贮存酸性食物、饮料，锌即以有毒的有机酸盐的形式溶入食物中，人食后有中毒的危险。

❸忌用金属容器存放食盐：盐的化学成分为氯化钠，若选用铁、铜等金属容器存放，易发生化学反应，使金属容器被腐蚀，盐分质量受影响。

❹忌用金属容器存放蜂蜜：蜂蜜有酸性，会和金属发生化学反应而使金属析出，与蜂蜜结合成异物，破坏蜂蜜的营养价值。人吃了这种蜂蜜还会发生轻微中毒。因此，贮存蜂蜜最好是用玻璃和陶瓷容器，并密封冷藏。瓶装蜂蜜的保质期一般为2年左右。蜂乳应在冰箱中冷冻保存。

不要用塑料制品存放牛奶 >>>

牛奶是颇受大众欢迎的一种营养品，但牛奶的存放一定要小心，千万不要把它存放在塑料制品中，那样会破坏牛奶的营养成分，降低营养价值，产生一定的异味。除了牛奶之外，下列食物也不要用塑料制品存放：

❶酒：聚氯乙烯中的氯乙烯单体能够溶入食物中，如果用聚氯乙烯制品盛放酒，酒中的氯乙烯单体含量可达10～20毫克/千克。氯乙烯有致癌作用，可引起肝脏血管肉瘤。

❷酸性溶液：酚醛塑料在制造过程中如果化学反应不完全，会有大量的游离甲醛存在。此种酚醛塑料遇到酸性溶液（比如醋）就可能分解释放出甲醛和酚。甲醛

会导致肝脏出现灶性肝细胞坏死和淋巴细胞浸润。

❸油脂：生活中常用的塑料有聚乙烯、聚丙烯、聚苯乙烯、聚氯乙烯、尿醛和酚醛塑料等，有的毒性较低，有的本身无毒，有的在包装盛放食物时有一定的禁忌。聚乙烯塑料本身毒性低，加之化学稳定性高，在食物卫生学上属于最安全的塑料。但聚乙烯塑料中的聚乙烯单体易溶于油脂，用低密度聚乙烯制成的容器盛放油脂，会使油脂有蜡味。

哪些食品应避光、避热保存 >>>

❶食用油忌放灶台：食用油在阳光、氧气、水分等的作用下会分解成甘油二酯、甘油一酯及相关的脂肪酸，这个过程被称为"油脂的酸败"。譬如，长期把油瓶放在灶台旁，烟熏火燎的高温环境会加速食用油的酸败进程，使油脂的品质下降。故应把油瓶放在避光、避热的条件下保存。

❷芦笋：芦笋应低温避光保存，且不宜存放1周以上。

❸香椿：香椿应防水、忌晒，置阴凉通风处，可短贮1～2天。

❹韭菜：韭菜易腐烂，不耐贮存，忌风吹、日晒、雨淋，可摊开放置于阴凉湿润处，或在3～4℃的低温下短储。

❺香菇：光线中的红外线会使香菇升温，紫外线则会引发光化作用，从而加速香菇变质。因此，必须避免在强光下贮存香菇，同时也要避免用透光材料包装。

❻奶油：奶油属于乳脂肪的加工制品，其中所含的乳脂肪高达80%，其余多为糖分。脂肪受到光线照射很容易发生酸败，而与空气相接触则易被氧化而变质。因此，奶油存放既忌光照，又忌与空气接触。

❼橄榄油：橄榄油保存时忌与空气接触，忌高温和光照，且不宜久存。橄榄油最好装入密封玻璃瓶中，置于阴凉干燥处保存，可保存6个月左右。

❽腌腊制品：这是因为日光中的红外线会使腌腊渍食物（如火腿、香肠、腊肉）脱水、干燥、质地变硬。同时，还会引起变色、变味，降低食物的营养价值。此外，日光中的紫外线也会使腌腊制品氧化酸败，产生异味。因此，腌腊制品应保存在阴凉干燥的地方。

❾葡萄酒：葡萄酒保存的最佳温度是13℃，湿度在60%～70%之间最合适。应注意避光、防止震动，更不要经常搬动。酒瓶摆放时要横放，或者瓶口向上倾斜15°，不宜倒置。

饮食营养禁忌

进食方法的禁忌 >>>

❶忌空腹时间太久：因为人在空腹时胆汁分泌减少，胆汁中的胆酸含量也相对减少，而胆固醇含量不变。如时间过久，胆固醇将会出现饱和状态，并在胆囊中沉积，从而导致胆固醇结石形成。

❷忌吃得太快：进食速度过快，食物未得到充分咀嚼，不利于口中食物和唾液淀粉酶的初步消化，加重肠胃负担；咀嚼时间过短，迷走神经仍在过度兴奋之中，长此以往，容易因食欲亢进而肥胖。

❸忌吃得过饱：吃得太饱，会增加肠胃负担，引起消化系统障碍，导致肠胃疾病。每餐以八分饱为好。

❹忌烫食：烫的食物能使口腔黏膜充血，损伤黏膜造成溃疡，直接破坏了黏膜

保护口腔的功能，易造成牙龈溃烂和过敏性牙病。

❺忌偏食：人对营养的需要是多方面的，长期食用品种单一的食品，会造成不同程度的营养缺乏症。

❻忌分神：吃饭时不要看报、看书、看电视或是高声谈笑。否则，消化器官获得的血液会相对减少，从而影响食物的消化和营养的吸收。

❼忌蹲着吃饭：蹲着吃饭，胃肠便会严重受到挤压，影响消化，同时腹部动脉受压时，胃部毛细血管便得不到足够新鲜的血液的补充，因而会导致消化功能的减退。

❽忌饭前大量喝水或边吃饭边喝水：这样会增加胃的负担，冲淡胃液，影响消化。

❾忌情绪不良时吃饭：人在生气、发火时，会反射性地抑制唾液、胃液等消化腺的分泌，食欲会大大降低，并为胃肠道和其他器官患病制造了条件。

❿忌睡前进食：睡前如果进食，食物便会停滞在胃中，促使大脑的兴奋性提高，入睡困难。即便是入睡了，也容易生磨牙、梦语、遗尿和噩梦等现象。

饭后不要松腰带 >>>

饭后将腰带放松，会使餐后的腹腔内压下降，控制消化器官的韧带的负荷量就要增加，此时容易发生肠扭转，引起肠梗阻，还容易引起胃下垂，出现上腹不适等消化系统疾病。此外，饭后还应注意下列几个问题：

❶忌饭后吸烟：因为饭后人体功能代谢旺盛，许多脏器处于吸收物质的最佳状态，易吸收更多的毒性物质。饭后吸1支烟，比平时吸10支烟所吸入的毒物还多。

❷忌饭后马上吃水果：水果中含有大量的单糖类物质，很容易被小肠所吸收，但若被饭菜堵在胃中，就会因腐败而造成胀气，使胃部不适，所以，吃水果应在饭前1小时或饭后2小时为宜。

❸忌饭后立即吃甜食：在进食1小时后，食物由人体分泌的淀粉酶等酶类水解成单糖吸收进血液供机体利用，此时血液中葡萄糖值达到最高值。吃饱饭后再吃甜食，会使本来就较高的血糖浓度不断增加，最终会超过机体调节能力极限，从而导致尿糖。久而久之，会引起高血糖症和激素调节紊乱。

❹忌饭后立即喝茶：因为茶叶中含有大量的单宁酸，这种物质进入胃肠道后，能使食物中的蛋白质变成阻碍消化的凝固物质。

❺忌饭后剔牙：人们习惯于饭后剔牙，这种做法容易剔伤牙床，从而引起牙龈出血、肿胀、疼痛等炎症反应，久而久之，可使牙缝增大，牙龈萎缩、牙根裸露和牙齿过早脱落。

❻忌饭后立即看电视：饭后立即长时间地坐在沙发上看电视，对于身体健康十分有害。应进行一下简单的活动，这样既有助于消化，也可以防止身体发胖。

❼忌饭后马上洗澡：饭后洗澡，四肢体表的血流量会增加，胃肠道的血流量相应减少，从而使胃肠的消化功能减弱。

❽忌饭后“百步走”：人们常说：饭后百步走，活到九十九。其实这种说法并不科学。人饱餐后，为了保证食物的消化吸收，腹部血管扩张充血。“百步走”会因运动量增加，而影响消化道对营养物质的吸收。所以，饭后不宜运动、干活，应隔1个小时为好。

❾忌饭后立即睡觉：饱饭后立即上床睡觉，就会使刚刚进入腹内的饭菜滞留在肠胃中，不能很好地消化，久而久之会诱发胃病、肠炎等疾病。

晚餐的禁忌 >>>

❶晚餐忌吃糖分较高的食品：这是因为晚餐前或睡觉前吃含糖分比较多的食物，在不活动的情况下，会使血液中的中性脂肪浓度增加。糖是合成脂肪的原料，同时还刺激胰岛分泌胰岛素，胰岛素分泌的增多，更加促进了脂肪的合成，结果导致动脉硬化，从而出现高血压和心脑血管等疾病。

❷忌暴饮暴食：晚餐如果吃得过饱，躺卧睡眠时，充盈的胃和十二指肠就会压迫胆管口，使胰液、胆汁排出受阻，胰液倒流，胰酶原进入间质被组织液激活，结果产生自身消化，出现出血性坏死型胰腺炎和严重休克而危及生命。因此，晚餐忌暴饮暴食。

❸忌吃荤：晚餐吃过多的油和肉会增加胃肠的负担，使血流量增多，加之人在睡觉时血液速度减慢，血脂就会沉积在血管壁上，而促进动脉粥状硬化。患有高血压、心脑血管疾病和肥胖症的人晚餐时更要注意，应以清素食物为主。

长期以大米和白面为主食不利于健康 >>>

人们的主食大米和白面，虽然能给身体提供主要的营养和热能，但是比较单调，人的生命活动中还需要脂肪、蛋白质、维生素和多种微量元素等。精米、白面中的大部分维生素、无机盐与微量元素等都已大量损失，长期以此为主食，很容易导致营养不良，甚至患因维生素B_1缺乏引起的脚气病、多发性神经炎、全身水肿等。因此，不论大人还是小孩，都必须多吃杂粮、蔬菜、水果、肉、蛋等。总之是主食越杂越好，食谱越广越好。

多吃少餐易患心血管疾病 >>>

有人调查了1400位60～64岁的老人，发现每日吃两顿饭者有1/3患心脑血管疾病，每日吃5顿饭者（总热量相等）只有1/5患病。另有一份报告指出，每日就餐次数在3次或3次以下的人群，肥胖患者占57.2%，胆固醇增高者占51.2%，而每日就餐次数在5次或5次以上的人群中，肥胖病患者仅占28.8%，胆固醇偏高者占17.9%。专家们分析认为，空腹时间越长，造成体内脂肪积聚的可能性就增大。

无病进补会伤身 >>>

无病进补，既增加开支又会伤害身体，如服用鱼肝油过量可引起中毒，长期服用葡萄糖会引起发胖。此外，进补还须注意下列两个问题：

❶忌慕名进补：有人认为价格越高的药物越能补益身体。人参大补，是补药中的圣药。其实滥用人参会导致过度兴奋、烦躁激动、血压升高及鼻孔流血等疾患，不是人人都适宜的，应在医生指导下服用。

❷忌虚实不分：中医的治疗原则是“虚者补之”。虚则补，不虚则正常饮食就可以了，同时应当分清补品的性能和适用范围，是否适合自己。

早晨空腹喝牛奶会犯困 >>>

早晨空腹喝牛奶容易使人发困，这是因为牛奶中含有一种能使人体产生疲乏感觉的色氨酸物质，具有镇静作用，早晨空腹喝牛奶势必使人精神不振，睡意绵绵，影响上午的工作。另外，早上空腹喝牛奶，胃蠕动排气较快，牛奶还未得到充分消化，就被送进了肠子。如果能将牛奶改在晚上喝，或者是喝牛奶前吃些面包等食品，营养的吸收就充分得多。除此之外，喝牛奶时还要注意以下几点：

❶忌吃冰冻牛奶：炎热的夏季，人们

喜欢吃冷冻食物，有的人还喜欢吃自己加工的冷冻奶制食物。其实，牛奶冰冻吃是不科学的。因为牛奶冷冻后，牛奶中的脂肪、蛋白质分离，味道明显变淡，营养成分也不易被吸收。

❷牛奶里不宜冲红糖：红糖中的非糖物质及有机酸（如草酸、苹果酸）较多，牛奶中的蛋白质遇酸易发生凝聚或沉淀，使营养价值大大降低。

❸喝牛奶后忌马上饮果汁露、橘子汁等酸性食物：因为牛奶中的某些蛋白质，遇到这些弱酸性食物会形成凝块，不利于消化吸收。

❹喝牛奶时不能吃巧克力：牛奶含有丰富蛋白质和钙，而巧克力含有草酸，两者同食会结合成不溶性草酸钙，极大影响钙的吸收，甚至会出现头发干枯和腹泻、生长缓慢等现象。

❺喝牛奶时不要喝酒：牛奶甘，性微寒，能补虚润肠，清热解毒；白酒味甘辛，性大热，能散冷气，通血脉，除风下气。二者性味功能皆相反，故不能同食。

❻忌用牛奶服药：牛奶中的钙、磷、铁容易和药品中的有机物质发生化学反应，生成难溶而稳定的物质，使牛奶和药中的有效成分遭到破坏，从而降低药效。

❼铅作业者忌喝牛奶：因为牛奶中的钙可以促使铅在机体内吸收及积蓄，从而引起人的铅中毒现象。

❽服用补血药后，暂时不要喝牛奶：牛奶中含钙、磷酸盐，可与补血药中的铁元素发生反应，使铁发生沉淀，影响补血药的效用。

喝水的禁忌 >>>

❶忌大汗时饮用冷水：因为人在出汗时，毛孔开放，这有利于体温散发，如果骤然饮用大量冷水，会引起出汗中止，妨碍体温散发，容易引起感冒或其他疾病。出汗过多时，饮水中可适当加些盐，以维持机体电解质的平衡。

❷忌到口渴时再喝水：口渴说明体内水分已经失衡，脑细胞脱水已经到了一定的程度。体内水分减少，血液黏稠度增大，容易导致血栓形成，诱发脑血管及心血管疾病，还会影响肾脏代谢的功能。所以，饮水同吃饭一样，应该每日喝3~4次，每日8杯左右。最好定时定量，不要不渴时不喝，渴急了猛饮一通。

❸忌喝野外生水：特别是农村、野外的天然水源，如江、湖、河、泉、井的水，因为多方面的污染，如粪尿、鸟兽排泄物、工业废水、生活废水、雨水冲刷、尘土等，含有大量的致病微生物、大肠杆菌等，饮用后会威胁人体健康。

❹忌喝自来水：自来水中的“杀菌剂”——氯气会放出活性氯，它与水中的污染物发生化学作用生成一种氯化物，这种氯化物可诱发膀胱癌和直肠癌。所以，粗劣处理的或氯气味大的自来水忌饮用。

❺忌反复煮沸：因为水反复煮开后，其中的亚硝酸盐含量会很高，亚硝酸盐是一种致癌物质。

❻忌过量饮水：劳动或剧烈运动之后，可适量补充水分，但是不宜暴饮，以防血容量骤增，加重心脏负担。胃内如果饮用的水量过多，重量过大，还容易得胃下垂。心脏病患者暴饮，会因心脏负担过重而诱发心力衰竭。

❼忌饭前大量饮水：饭前大量饮水会冲淡胃液，影响对食物的消化吸收。此外，胃酸本身有杀菌作用，饭前饮水过多还会破坏胃酸的杀菌能力。

酸奶喝太多会影响食欲 >>>

过量饮用酸奶会使胃酸浓度过高，影

响食欲与消化功能，不利于身体健康。此外，喝酸奶时还要注意以下4个问题：

❶忌加热：因为酸奶中存在的乳酸菌系活的细菌，加热会使其中活的乳酸菌被杀死，从而失去保健作用。

❷忌早晨空腹喝酸奶：早上空腹饮用酸奶，胃酸浓度增高，活的乳酸菌极易被杀死，会导致酸奶保健作用降低。

❸忌送服药物：不要用酸奶代替水服药，特别是不能用酸奶送服氯霉素、红霉素、磺胺等抗生素及治疗腹泻的一些药物，否则不仅会降低药效，还可能发生不良反应，危害健康。

❹忌同食黄豆：酸奶含有丰富的钙质，黄豆中的某些化学成分会影响人体对钙的消化与吸收。

酒后饮茶伤肾 >>>

酒后饮茶伤肾，对心脏不利。所以，不能用喝茶来解酒。此外，饮茶还要注意以下几个问题：

❶忌过量饮茶：茶叶中含有一种微量元素氟。氟这种元素虽然是人体必需的微量元素之一，但生理需要量为每天1.0～1.5毫克。然而，茶叶含氟量比其他食品的含量高10倍，甚至数百倍。摄氟量超过安全数字的规定范围，会引起蓄积中毒。

❷忌空腹饮茶：空腹饮茶，茶性入肺腑，伤脾胃。饭前空腹饮茶，茶水冲淡唾液、胃液，使人吃饭无味、消化器官吸收蛋白质的功能下降。

❸忌饭后饮茶：茶里所含鞣酸，与食物蛋白质合成鞣酸蛋白而凝固沉淀，影响人体对蛋白质的消化吸收。

❹忌睡前饮茶：茶叶中所含茶碱等成分，有强心、兴奋神经、促进心脏功能亢进的作用，睡前饮茶会引起失眠。

❺忌饮冷茶：冷茶寒滞、聚痰。

❻忌喝浓茶：因为茶越浓，茶碱和鞣酸的含量就越高。过量的茶碱会过度地兴奋脊髓反射中枢，而影响肾脏正常功能，并影响睡眠。过量的鞣酸会与胃中残留的蛋白质结合，影响吸收。老年人喝浓茶，过多的鞣酸对肠道的收敛性更大，容易引起便秘。

❼忌喝隔夜茶：茶水存放时间过长，维生素慢慢消失，茶叶中的茶多酚类、类脂芳香物质氧化分解，茶汤变色发馊，产生有害身体健康的物质。另外，剩茶里的蛋白质、糖类等是细菌、霉菌繁殖的养料，隔夜茶容易滋生菌类危害身体。

❽忌茶里加白糖：饮茶的目的是借助茶叶的苦味刺激消化腺，促使消化液分泌，增强消化功能，清热解毒，加白糖会抑制这种功效。

❾忌嚼食茶叶：茶叶在炒制过程中，会产生少量的致癌物质——苯并芘。苯并芘很难溶解在水中，而且茶叶中的含量极少，所以喝茶并没有什么危险。但是喝茶时，尤其是茶叶没有泡开，浮在水面上时，就把茶叶嚼咽下去，这时的茶叶就有可能超过苯并芘的安全量（1.5毫克），有致癌的危险。所以喝茶时，不要嚼咽茶叶。

沸水泡茶会降低茶的保健效果 >>>

水烧开后要凉一凉，不要马上泡茶，以70～80℃为宜；水温太高时茶叶中的维生素C和维生素P就会被破坏，还会分解出过多的鞣酸和芳香物质，因而造成茶汤偏于苦涩，大大减低茶的滋养保健效果。茶叶更不能煮着喝。此外，在泡茶时还要注意以下几点：

❶忌用旧水泡茶：泡茶的水应该现喝现烧，因为其中溶解的氧气可以增进茶汤

的风味。放得过久的水，溶氧都被驱出，就会使沏出的茶汤味变淡。

❷忌浸泡时间过久：浸渍时间一般为3～5分钟即可，这时茶汤清香柔和。浸渍过久会因茶多酚溶出过多而苦涩。浸渍结束时可用细滤网滤去茶叶，或取出茶袋。

❸忌冲泡次数多：茶中有害微量元素会在最后泡出，对人体有害。据有关试验测定，头道茶汤含有水浸出物总量的50%，二道茶汤含有可浸出物的30%，三道茶汤中为10%，而四道茶汤只含1%～3%，再继续冲泡，有害物质就开始浸出。

❹忌用金属器皿泡茶：茶多酚与金属反应可产生金属味。如欲变换口味，还可略加些薄荷、果汁、蜂蜜等。加数滴牛奶可减少茶汤的涩味。

❺忌用保温杯泡茶：用保温杯沏茶，使茶叶长时间浸泡在高温、恒温的水中，就如同用文火煎煮一般。这样茶中的维生素就会被大量地破坏，茶叶苦涩，有害物质增多。

食醋的禁忌 >>>

近年，食醋保健成为一种时尚悄然在家庭中流行，醋饮品堂而皇之地登上了餐桌。不少家庭还常在室内烧醋熏，洗手洗脚时也加适量的醋，也能起到消毒抑菌、增强人体免疫功能的作用。但醋未必对每一个人都有保健作用，同时更不能忽视醋的不良反应。

❶对醋过敏者应忌用：因食醋会导致身体出现过敏而发生皮疹、瘙痒、水肿、哮喘等症状。

❷低血压患者慎食醋：患低血压的患者食醋会导致血压降低而出现头痛头昏、全身疲软等不良反应。

❸不能大量饮用：喝醋的好处在于帮助消化，喜欢吃肉的人可在每餐之后饮用一杯水果醋，吃素或平时消化功能就很好的人，则没有太大必要。从量上说，每天最好不要超过20毫升浓醋汁。

❹正在服用某些西药者不宜吃醋：因为醋酸能改变人体内局部环境的酸碱度，从而使某些药物不能发挥作用。如磺胺类药物、碳酸氢钠、氧化镁、胃舒平、庆大霉素、卡那霉素、链霉素、红霉素等。

❺服“解表发汗”的中药时不宜吃醋：因醋有收敛之性，当复方银翘片之类的解表发汗中药与之配合时，醋会促进人体汗孔的收缩，还会破坏中药中的生物碱等有效成分，从而干扰中药的发汗解表作用。

❻胃溃疡和胃酸过多患者不宜食醋：因为醋不仅会腐蚀胃肠黏膜而加重溃疡病的发展，而且醋本身有丰富的有机酸，能使消化器官分泌大量消化液，从而加大胃酸的消化作用，使溃疡加重。

❼老年人在骨折治疗和康复期间应避免吃醋：醋由于能软化骨骼和脱钙，破坏钙元素在人体内的动态平衡，会促发和加重骨质疏松症，使受伤肢体酸软、疼痛加剧，骨折迟迟不能愈合。

吃鱼的禁忌 >>>

❶吃鱼时最好不要喝茶：鱼肉、海味等属于高蛋白食物，不能与茶搭配，因为茶叶中的大量鞣酸与蛋白质结合，会生成具有收敛性的蛋白质，使肠蠕动减慢，延长粪便在肠道内滞留的时间。既容易形成便秘，又增加有毒和致癌物质被人体吸收的可能性。

❷煎焦了的鱼不能吃：鱼煎焦后会产生较多的苯并芘，它是一种强致癌物质，其毒性超过黄曲霉素。另外，鱼肉中的蛋白质含量丰富，如果鱼肉烧焦了，高分子

蛋白质就会裂变成低分子的氨基酸，并可形成致突变化学物质。

❸咸鱼最好少吃：咸鱼与鼻咽癌的发生有一定的关系，这一点早已被科学家们认定。研究表明，幼儿吃咸鱼比成年人吃咸鱼更具有致癌性。咸鱼之所以会引起鼻咽癌，是因为鱼在腌渍过程中部分蛋白质会分解出胺。动物实验也表明，大白鼠吃咸鱼会出现癌变，而不吃咸鱼的对照组则不发生癌变。

❹痛风患者不宜吃鱼：鱼类中含有嘌呤类物质，如有痛风，则是由于体内的嘌呤代谢发生紊乱而引起的。主要表现为血液中的尿酸含量过高，可使人的关节、结缔组织和肾脏等部位发生一系列症状，故患痛风症的人吃鱼会使症状加重。

❺某些病的患者不宜食鱼：出血性疾病患者、肝硬化患者、结核病患者都不宜吃鱼。

饭后立即吃水果会引起便秘 >>>

饭后立即吃水果会造成胀气和便秘。因此，吃水果宜在饭后2小时或饭前1小时。此外，在吃水果时还要注意以下几个问题：

❶忌不卫生：食用开始腐烂的水果以及无防尘、防蝇设备又没彻底洗净消毒的果品，如草莓、桑葚、剖开的西瓜等，容易发生痢疾、伤寒、急性胃肠炎等消化道传染病。

❷忌不消毒：吃水果前，最好将水果消毒好，在盐水、0.1%的高锰酸钾或0.2%的漂白粉溶液中浸泡5～10分钟，再用清水冲净即可。或在开水中烫半分钟左右用以杀菌。有的水果可先在冷水中冲洗一下再剥去皮吃，这样不仅能将皮上附着的细菌去掉，而且还能避免将果皮上残存的农药吃下去。

❸忌用酒精消毒：酒精虽能杀死水果表层细菌，但会引起水果色、香、味的改变，酒精和水果中的酸作用，会降低水果的营养价值。

❹忌不削皮：一些人认为，果皮中维生素含量比果肉高，因而食用水果时连皮一起吃。殊不知，水果发生病虫害时，往往用农药喷杀，农药会浸透并残留在果皮蜡质中，因而果皮中的农药残留量比果肉中高得多。

❺忌用菜刀削水果：因为菜刀常接触生肉、生鱼、生蔬菜，用这样的菜刀削水果会把寄生虫或寄生虫卵带到水果上。

❻忌吃水果不漱口：有些水果含有多种发酵糖类物质，对牙齿有较强的腐蚀性，食用后若不漱口，口腔中的水果残渣易造成龋齿。

❼忌食水果过多：把水果当饭吃，其实是不科学的。尽管水果营养丰富，但营养并不全面，尤其是蛋白质及脂肪相对较少，多吃会造成人体缺乏蛋白质等物质，营养失衡，甚至引发疾病。

吃海鲜时不要喝啤酒 >>>

食用海鲜时切勿饮用大量啤酒，因为海鲜是一种含有嘌呤和苷酸两种成分的食物，而啤酒中则富含分解这两种成分的重要催化剂维生素B_1，吃海鲜的时候喝啤酒容易导致血尿酸浓度急剧升高，诱发痛风，以至于出现痛风性肾病、痛风性关节炎等病症。此外，在食用海鲜时，还要注意下列几点：

❶海鲜忌与含鞣酸多的水果同食：一般水产品除含钙、铁、磷、碘等矿物质外，还都含有丰富的蛋白质，而山楂、石榴等水果都含有鞣酸，蛋白质与鞣酸结合，生成鞣酸蛋白，刺激肠胃，有一定收敛作用，会导致便秘，还可引起呕吐、腹

痛等症状。

❷海鲜忌与含草酸多的蔬菜同食：如洋葱、菠菜、竹笋等，所含的草酸会分解、破坏海鲜中的蛋白质，使蛋白质发生沉淀，凝固成不易消化的物质。而且草酸和水产品中的钙还会结合成一种不溶性的复合物，刺激胃肠黏膜，损害黏膜上皮细胞，影响人体的消化吸收功能，还可能沉积在泌尿道，形成草酸钙结石。如果在烧菜前先把富含草酸的食材焯烫一下，草酸就会减少一大部分，这时再来烧菜就无妨了。

❸海鲜不能和维生素C同食：因为甲壳类动物和软体动物如虾、贝壳等都具有极强的富集污染能力，吸收水中砷等毒性物质之后以五价砷的形式贮存在体内。五价砷对人体毒性较小，但它可以被维生素C还原成有毒的三价砷，即砒霜，对人体危害极大。

❹忌与牛羊油同食，不仅味道不佳，还有可能对健康不利。

❺大多数水产品都不宜与甘草同食，同食可能会引起中毒。

喝啤酒时吃腌熏食物易致癌 >>>

喝啤酒时不要吃腌熏食物。腌熏食物中多含有机氨，有的在加工或烹调过程中产生了多环芳烃类，如苯并芘、氨甲基衍生物等，常饮啤酒的人，血铅含量往往增高。铅与上述物质结合，有致癌或诱发消化道疾病的可能。此外，喝啤酒时还要注意下列几个问题：

❶忌大量喝啤酒：大量饮用啤酒，许多液体进入体内，给心血管和肾脏带来不利的影响，出现心脏加快，心律不齐，动脉压升高，面部血管扩张并呈现水肿。严重时可导致颅内出血、下肢瘫痪和语言障碍，成为终身残疾。因此，忌大量喝啤酒。

❷贮存啤酒温度不宜过低：存放在冰箱里的啤酒应控制在5~10℃，因为啤酒所含二氧化碳的溶解度是随温度高低变化的，啤酒各种成分在这一温度区间协调平衡，能形成最佳口味。温度过低的啤酒不仅不好喝，而且会使酒液中的蛋白质发生分解、游离，营养成分受到破坏。另外，啤酒不应直接加热，饮用时可将酒瓶放进30℃左右的温水中浴热即可。

❸喝啤酒时忌兑入碳酸饮料：啤酒也含有少量的二氧化碳，兑入碳酸饮料后，过量的二氧化碳会更加促进胃肠黏膜对酒精的吸收。所以，喝啤酒不宜兑入碳酸饮料。

❹啤酒忌与烈性酒同饮：否则会导致酒精大量快速吸收。啤酒与白酒同饮会强烈刺激心脏、肝脏、肠胃。

❺吃海鲜时忌大量喝啤酒：否则易引发关节炎、痛风。

运动后喝冷饮危害心脏 >>>

人在剧烈运动后，胃肠道和周身的皮肤血管处于扩张状态。冷饮会使胃肠黏膜突然遇冷而受到损害，甚至引起胃肠不适或绞痛，而皮肤的血管骤然收缩会使大量血液流回心脏，从而加重心脏负担，危害心脏健康。同时还会造成汗腺排泄孔突然关闭，使汗液潴留于汗腺中。因此，人在剧烈运动之后，切勿喝冷饮。此外，喝冷饮时还须注意以下几点：

❶忌食用过多冷饮：吃冷饮过多，会冲淡胃液，影响消化，并刺激肠道，使蠕动亢进，缩短食物在小肠内停留的时间，影响人体对食物中营养成分的吸收。特别是患有急慢性肠胃道疾病者，更应少吃或不吃。

❷忌吃不新鲜的冷饮：由于大肠

杆菌、伤寒杆菌和化脓性葡萄球菌均能在-170℃的低温下生存。因此，吃了不洁的冷饮，就会危害身体健康。购买时注意一般的果汁类饮料应没有沉淀；瓶装饮料应该不漏气，开瓶后应有香味。鲜乳为乳白色，乳汁均匀，无沉淀、凝块、杂质，有乳香味。罐头类饮料的铁筒表面不得生锈、漏气或漏液，盖子不应鼓胀，如果敲击罐头时呈鼓音，说明已有细菌繁殖，也不能食用。

❸冷饮、热饮忌交替喝：如果将冷饮料与热饮料，一冷一热，先后或交替来饮用，都是不应该的。这是因为牙齿受到冷、热交错的刺激，易患牙病。如果原有牙病者，还可能引起症状发作。另外，冷、热的刺激，使胃肠黏膜血管发生收缩和扩张的急剧改变，这都可导致腹痛、腹泻，甚至发生溃疡。

❹忌用饮料代替水：各种果汁、汽水或其他冲制饮料都含有较多的糖分以及大量的电解质。这些物质不能像白开水那样很快离开胃，如果长期作用会对胃产生不良刺激。不仅直接影响消化和食欲，而且还会增加肾脏过滤的负担，影响肾功能。过多的糖分摄入还会增加人体的热量，从而引起肥胖。

七种鸡蛋不能吃 >>>

❶生鸡蛋：生鸡蛋不仅不卫生，容易引起细菌感染，而且也没有营养。生鸡蛋蛋清中含抗生物素蛋白和抗胰蛋白酶，前者可影响人体对食物营养的吸收，导致食欲不振、全身无力、肌肉疼痛等“营养缺乏症”。而后者可妨碍人体对蛋白质的消化吸收。鸡蛋煮熟之后，这两种有害物质被破坏，易于人体消化吸收。

❷裂纹蛋：鸡蛋在运输、储存及包装等过程中，由于震动、挤压等原因，会使有的鸡蛋出现裂缝、裂纹，很易被细菌侵入，若放置时间较长就不宜食用。

❸黏壳蛋：这种蛋因储存时间过长，蛋黄膜由韧变弱，蛋黄紧贴于蛋壳，若局部呈红色还可以吃，但蛋膜紧贴蛋壳不动的，贴皮外呈深黑色，且有异味者，就不宜再食。

❹臭鸡蛋：由于细菌侵入鸡蛋内大量繁殖，产生变质，蛋壳乌灰色，甚至使蛋壳因受内部硫化氢气体膨胀而破裂，而蛋内的混合物呈灰绿色或暗黄色，并带有恶臭味，则此蛋不能食用，否则会引起细菌性食物中毒。

❺散黄蛋：因运输等激烈振荡，蛋黄膜破裂，造成机械性散黄；或者存放时间过长，被细菌或霉菌经蛋壳气孔侵入蛋体内，而破坏了蛋白质结构造成散黄，蛋液稀且混浊。若散黄不严重，无异味，经煎煮等高温处理后仍可食用，但如细菌在蛋体内繁殖，蛋白质已变性，有臭味，就不能吃了。

❻死胎蛋（毛蛋）：鸡蛋在孵化过程中因受到细菌或寄生虫污染，加上温度、湿度条件不好等原因，导致胚胎停止发育的蛋称死胎蛋。这种蛋所含营养已发生变化，如死亡较久，蛋白质被分解会产生多种有毒物质。所以，不要吃街头的烧烤毛蛋。

❼发霉蛋：有的鸡蛋遭到雨淋或受潮，会把蛋壳表面的保护膜洗掉，使细菌侵入蛋内而发霉变质，致使蛋壳上有黑斑点并发霉，这种蛋不宜选购食用。

此外，还有泻黄蛋、血筋蛋等一般也不应采购食用。

外皮鲜艳的水果不可连皮食用 >>>

凡是外皮鲜艳的水果都应该削皮后食用，因为它们的果皮含有丰富的“炎黄酮”。这种化学物质进入人体，经肠道细菌分解成为二羟苯甲酸等，对甲状腺有很强的抑制功能，到一定程度会引起甲状腺水肿。此外，下列两种果皮也不可食用：

❶荸荠皮：荸荠生于肥沃水泽，其皮能聚集有害或有毒生物排泄物和化学物质，因此一定要去皮后煮熟再吃。

❷柿子皮：柿子成熟后，单宁酸便存在于柿子皮中，这种物质在胃酸作用下，与蛋白质发生作用生成沉淀物——“柿石”，将引起各种疾病。

生吃花生易引起寄生虫病 >>>

花生最好不要生吃，这是因为花生含脂肪较多，消化吸收比较缓慢，大量生吃可以引起消化不良。同时，花生在泥里生长，常被寄生虫卵污染，生吃容易引起寄生虫病。此外，下列几种食物也不宜生吃：

❶生棉籽油：棉籽油是一种较好的食用油，色、香、味都不错，是广大群众，尤其是产棉区群众常年食用的油。但生棉籽油，即粗制的棉籽油中含有一种有毒的物质——棉酚。如果食用过多或长期食用会引起中毒，使人发生瘫痪或死亡，还可能引起不育症。

❷胡萝卜：胡萝卜的营养价值很高，其中胡萝卜素的含量在蔬菜中名列前茅。但胡萝卜素属于脂溶性物质，只有溶解在油脂中时，才能在人体肝脏转变成维生素A，为人体所吸收。如生食胡萝卜，就会有90%的胡萝卜素成为人体的“过客”而被排泄掉，起不到营养作用。

❸白果：白果含有氢氰酸，过量食用可能出现中毒症状，故不可多食。白果应熟食，不宜生吃。

❹生豆类：比如生大豆等，其中含有一种胰蛋白酶抑制物，它可以抑制小肠胰蛋白酶的活力，阻碍人体对蛋白质的消化吸收和利用。

❺魔芋：生魔芋有毒，必须煮3小时以上方可食用，否则会中毒。

❻芋头：芋头烹调的时候一定要烹熟煮透，否则其中的黏液会刺激咽喉。而且芋头含有较多的淀粉，一次吃得过多会导致腹胀。

❼蛇血、蛇胆：生饮蛇血、生吞蛇胆是非常不卫生的，有一定的危险性，可引起急性胃肠炎和一些寄生虫病。

❽贝类：贝类中的泥肠不宜食用。不要食用未熟透的贝类，以免传染上肝炎等疾病。

❾小龙虾：又叫螯虾，是肺吸虫的中间宿主，肺吸虫的幼虫——尾蚴能够在螯虾体内形成囊蚴。如果食用生的或半生不熟的螯虾，囊蚴会在人体内变成幼虫，如果最后在肺脏中发育成成虫，便使人患上类似肺结核病状的肺吸虫病。当虫体进入脑部便成为脑型肺吸虫病。

❿生鱼：人如果吃生鱼易得肝吸虫病。肝吸虫卵在河塘的螺蛳体内发育成尾蚴。尾蚴遇到鱼就会直接钻入鱼体内寄生下来。人如果吃生鱼，鱼体中的肝吸虫囊蚴就会钻入人体肝脏的毛细血管里，发育成为成虫，危害健康。

空腹吃香蕉易诱发心血管疾病 >>>

香蕉含有大量的镁元素，若空腹大量吃香蕉，会使血液中含镁量骤然升高，造成人体血液内镁与钙的比例失调，对心血管产生抑制作用，不利健康。此外，下列几种食物也不宜空腹吃：

❶西红柿：西红柿中含有大量的果胶及柿胶酚等可溶性收敛剂成分，这些物质会与胃酸发生作用，形成难溶解的“结石”，从而引发胃部的多种不适症状。因

此，最好是在饭后再食用西红柿。

❷橙子、橘子：饭前或空腹时不宜食用，否则橙子、橘子所含的有机酸会刺激胃黏膜，对胃不利。

❸柿子：柿子含有较多的柿胶酚、单宁酸和胶质等物质。这些物质遇到胃酸会迅速形成不溶解的沉淀物。如果空腹吃柿子，胃酸浓度高，沉淀物也容易凝成大块，不易消化，从而引起腹内不舒服，严重者还可形成“结石”。

❹荔枝：忌空腹吃荔枝，饭后半小时食用为佳。

❺榧子：食用榧子会有饱腹感，所以饭前不宜多吃，以免影响正常进餐，尤其儿童更应注意。

❻山楂：山楂的酸味具有行气消食作用，但若空腹食用，不仅耗气，而且会增加饥饿感并加重胃病。

❼红薯：红薯中含有单宁和胶质，会刺激胃壁分泌更多的胃酸，引起烧心等不适感。

❽酸奶：空腹不宜喝酸奶，在饭后2小时内饮用，效果最佳。

❾牛奶、豆浆：它们都含有大量的蛋白质，空腹饮用，蛋白质将被迫转化为热能消耗掉，起不到营养滋补作用。正确的饮用方法是与点心、面饼等含面粉的食物同食，或餐后2小时再喝，或睡前喝。

❿大蒜：由于大蒜含有辛辣的蒜素，空腹吃蒜，会对胃黏膜、肠壁造成刺激，引起胃肠痉挛、胃绞痛并影响胃、肠消化功能。

⓫冷冻品：许多人喜欢在运动后或空腹时，大量饮用各种冷冻饮料，这样会强烈刺激胃肠道，刺激心脏，使这些器官发生突发性的挛缩现象，久而久之可导致内分泌失调、女性月经紊乱等病症发生。

⓬糖：糖是一种极易消化吸收的食品，空腹大量吃糖，人体短时间内不能分泌足够的胰岛素来维持血糖的正常值，使血液中的血糖骤然升高容易导致眼疾。而且糖属酸性食品，空腹吃糖还会破坏机体内的酸碱平衡和各种微生物的平衡，对健康不利。

⓭白酒：空腹饮酒会刺激胃黏膜，久之易引起胃炎、胃溃疡等疾病。另外，人空腹时，本身血糖就低，此时饮酒，人体很快出现低血糖，脑组织会因缺乏葡萄糖的供应而发生功能性障碍，出现头晕、心悸、出冷汗及饥饿感，严重者会发生低血糖昏迷。

⓮茶：空腹饮茶能稀释胃液，降低消化功能，还会引起“茶醉”，表现为心慌、头晕、头痛、乏力、站立不稳等。

含毒素食品的食用禁忌 >>>

❶鲜木耳：其中含有一种叫卟啉的光感物质，食用后经太阳照射可引起皮肤瘙痒、水肿，严重的可致皮肤坏死。干木耳是经暴晒处理的成品，在暴晒过程中会分解大部分卟啉，而在食用前，干木耳又经水浸泡，其中含有的剩余毒素会溶于水，因而水发的干木耳无毒。

❷野生仙人掌：其中含有一定量的毒素和麻醉剂，不但没有食疗功效，反而会导致神经麻痹。

❸鲜金针菜：其中含有秋水仙碱素，炒食后能在体内被氧化，产生一种剧毒物质，轻则出现喉干、恶心、呕吐或腹胀、腹泻等，严重时还会出现血尿、血便等。因此，应食用蒸煮晒干后存放的干品。

❹青色西红柿和发芽、带皮、发青土豆及红薯：这些食物中含有毒素，食用后会引起中毒、恶心、腹泻等反应。因此西红柿一定要吃成熟的，土豆食用时一定要去皮，而发芽土豆和红薯就不要吃。

❺生竹笋：食用后可能会产生喉道收紧、恶心、呕吐、头痛等症状，严重者甚至死亡。食用时应将竹笋切成薄片，彻底煮熟。

❻鲜蚕豆：有的人体内缺少某种酶，食用鲜蚕豆后会引起过敏性溶血综合征，即全身乏力、贫血、黄疸、肝肿大、呕吐、发热等，若不及时抢救，会因极度贫血死亡。

❼未煮熟的豆角：未煮熟的豆角含有两种有毒的物质——皂素和植物凝血素。这两种有毒物质须经100℃高温加热后，才能逐渐被破坏。

❽木瓜：木瓜中的番木瓜碱对人体有小毒（中医将药物毒性分为大毒、常毒、小毒、微毒四级），每次食量不宜过多，过敏体质者慎食。

❾杏：杏虽好吃，但不可食之过多。因为其中苦杏仁苷的代谢产物会导致组织细胞窒息，严重者会抑制中枢，导致呼吸麻痹，甚至死亡。未成熟的杏更不可生吃。但是，加工成的杏脯、杏干，其有害的物质已经挥发或溶解掉，可以放心食用。

❿果仁：许多果仁，如杏仁、桃仁、枇杷仁、扁桃仁、樱桃仁、李子仁、亚麻仁等，均含有致毒物质——苦杏仁苷，因而不宜食用。

⓫老鸡头：由于老龄鸡长时间啄食，有毒物质会随食物进入体内，经过体内化合反应，产生剧毒素，虽然其中绝大多数毒物会排出体外，但仍有部分毒物随血液循环，滞留在脑组织细胞内。人若食用，必然是极其有害的。

⓬鱼胆：用鱼胆作“清凉品”用，是很危险的！因为鱼胆汁中的“胆汁毒素”既耐热，又不会被酒精所破坏，不论生吞鱼胆还是熟食，亦或是用酒送服，都可发生中毒。鱼胆中毒的主要表现为恶心、腹痛、呕吐、肝区疼痛、腹胀、厌食、厌油，严重的人甚至可出现昏迷、血压下降、心律失常、出血，甚至死亡。

⓭死鳝鱼：黄鳝鱼不但味美，而且营养价值高，但只能食用鲜活黄鳝鱼，而且要以现宰、现烹调为佳。因为鳝鱼死后，体内的蛋白质分解很快，细菌容易乘虚而入摄取其中的养分，并将蛋白质中的组氨酸转化为有毒物质组氨。食用组氨100毫克便可引起中毒。

⓮河豚：河豚毒素是一种强烈的神经毒剂，它能引起神经传导障碍从而导致神经末梢和神经中枢的麻痹，河豚毒性相当稳定，一般烧鱼和普通高温都不能将其破坏，食用会中毒，而且没有特效解救方法，因此忌吃河豚。

⓯鲜海蜇：海蜇属于一种腔肠动物门的水母生物。鲜海蜇含水量高达96%。另外，还含有五羟色胺、组织胺等各种毒胺及毒肽蛋白。在食用以后容易引起腹痛、呕吐等中毒症状。因此，鲜海蜇忌直接食用。如果食用必须经盐、白矾反复浸渍处理，脱去水和毒性黏蛋白后食用。

⓰小白虾：当虾离开海水后就迅速死亡，死后肠内的细菌很快侵入虾肉内，感染整个虾体，所以小白虾容易腐烂变质。在食用小白虾时应注意：一要将小白虾煮熟、煮透，切勿生吃。二要随做随吃，不宜多做存放，隔夜或是隔餐食用时，吃前一定要回锅加热。另外，致病嗜盐酸菌怕酸，吃时最好拌些醋。

⓱蚕蛹：有些蚕蛹患有“微粒子”病，人食用这种患了病的蚕蛹会很快中毒。此外蚕蛹处理不当，放置过久，还会使蚕蛹含毒，变质发黑。人吃后会出现眩晕、呕吐、眼斜视等症状，严重者还会发生昏迷。

⑱皮蛋：皮蛋含铅元素，经常食用会引起铅中毒，导致失眠、贫血、好动、智力减退、缺钙。应尽量选择无铅或铅含量低的皮蛋。

⑲膨听罐头：指玻璃罐头的铁盖或铁皮向外鼓胀隆起的罐头。“膨听罐头”说明罐头中的食品已经变质。如果食用，会引起食物中毒。

⑳剩米饭：蜡样芽孢杆菌中有的菌株能产生肠毒素，肠毒素可分为耐热和不耐热两种。耐热肠毒素常在米饭类食品中形成，能引起呕吐型胃肠炎。不耐热肠毒素在各种食品中都可产生，可引起腹痛型肠炎。所以，米饭不宜做多，最好当天就吃完，不要过夜。

最不应该吃的十种垃圾食品 >>>

❶油炸食品（炸串、方便面、美式快餐）：①导致心血管疾病的元凶（油炸淀粉）；②含致癌物质；③破坏维生素，使蛋白质变性。

❷腌渍类食品（泡菜、腌肉等）：①导致高血压，肾负担过重，导致鼻咽癌；②影响黏膜系统（对肠胃有害）；③易得溃疡和发炎。

❸加工类食品（肉干、肉松、熏肉、虾酱、咸蛋、咸菜、火腿等）：①含致癌物质；②含大量防腐剂（加重肝脏的负担）。

❹饼干类食品（不含低温烘烤和全麦饼干）：①食用香精和色素过多（对肝脏功能造成负担）；②严重破坏维生素；③热量过多、营养成分低。

❺汽水可乐类食品：①含磷酸、碳酸，会带走体内大量的钙；②含糖量过高，喝后有饱胀感，影响正餐。

❻方便类食品（方便面和膨化食品）：①盐分过高，含防腐剂、香精（损肝）；②只有热量，没有营养。

❼罐头类食品（包括鱼肉和水果）：①破坏维生素，使蛋白质变性；②热量过多，营养成分低。

❽话梅蜜饯类食品（果脯）：①含三大致癌物质之一亚酸盐（防腐和显色作用）；②盐分过高，含有防腐剂、香精（损肝）。

❾冷冻甜品类食品（冰激凌、冰棒和各种雪糕）：①含奶油极易引起肥胖；②含糖量过高影响正餐。

❿烧烤类食品（烧烤、肉串）：①含大量苯并（a）芘（三大致癌物质之首）；②导致蛋白质炭化变性（加重肾脏、肝脏负担）。

不宜混食的食品 >>>

❶有碍钙吸收的食物：钙是构成骨骼和牙齿的主要成分。钙多含于牛奶、虾皮中，与含丰富维生素的食物，如黄豆、菠菜、苋菜、韭菜混合食用，就会影响钙的吸收。

❷有碍铜吸收的食物：铜是制造红细胞的重要物质之一，又为钙、铁、脂肪代谢所必需。铜多在动物肝脏、菠菜、鱼类等食物中含有量丰富，如果把它们和含锌量较高的食物（瘦肉等）混合食用，则该类食物析出的铜会大量减少。另外与西红柿、大豆、柑类混食后，食物中的维生素C也会对铜的析放量产生抑制作用。

❸有碍铁吸收的食物：铁是细胞的组成部分，构成血红蛋白携氧的血红素，帮助身体将氧运送到细胞内，严重缺铁会引起贫血。铁在黑木耳、海藻类、动物肝脏中含量比较多，进食这类食物同时饮用含有单宁酸的咖啡、茶、红酒等，就会降低人体对铁的吸收。

❹有碍锌吸收的食物：锌是多种蛋

白质和酶的重要组成部分，对身体生长和创口愈合很重要。锌多含于瘦肉、鱼、牡蛎、谷类食物中，与高纤维质的食物同时进食，就会降低人体对锌的吸收能力。

❺有碍维生素的吸收的酒：酒精具有干扰身体多种维生素吸收的特点，故饮酒时，食物中维生素D、维生素B_1、维生素B_{12}等的吸收就会受到影响。

高脂血症患者食用花生会使血脂升高 >>>

花生含有大量脂肪，高脂血症患者食用花生后，会使血液中的血脂水平升高，而血脂升高往往又是动脉硬化、高血压、冠心病等疾病的重要致病原因之一。除了花生之外，下列食物高血脂患者也不要吃：

❶肉类：胆固醇偏高的高脂血症患者，应限制摄入胆固醇、饱和脂肪酸含量高的食物。食物胆固醇主要来源于肉类，动物肝脏、脑等。

❷脂肪：因为过多的脂肪进入人体后会导致血脂升高和肥胖，加重高脂血症。

❸鹌鹑蛋：据营养学家测定，在各种食物中，鹌鹑蛋含胆固醇的比例最高，每百克鹌鹑蛋中就含有3640毫克胆固醇。鹌鹑蛋对于高脂血症患者来说简直就是“毒药”，其胆固醇含量是肉类的10多倍。

❹螃蟹：因为螃蟹含胆固醇特别高（每100克蟹肉中含胆固醇235毫克，每100克蟹黄中含胆固醇460毫克）。

❺乳品：全脂牛奶及奶油制品中含有大量的饱和脂肪酸。饱和脂肪酸能促进人体对食物中的胆固醇的吸收，不利于高脂血症的防治。所以应控制全脂牛奶及奶油制品的摄取量。

❻无鳞鱼：食用乌贼鱼、鳗鱼等无鳞鱼不仅不利于血脂的控制，还会加重病情。所以，高脂血症患者除了忌食肥肉、动物脂肪及内脏外，还要注意忌食无鳞鱼。

❼甜食：高脂血症患者对糖类，特别是对单糖如葡萄糖、果糖和双糖如蔗糖敏感，很容易吸收到肝脏中转变成脂肪，所以高脂血症患者应少吃糖类和甜食，特别是精制甜点等。

❽油脂：一般而言绝大部分植物油脂是健康油脂，但大部分植物油中不饱和脂肪酸含量较高，当植物油经过长时间加热时，其不饱和脂肪会因高热的影响，起化学反应变成对人体有害的饱和脂肪，加重高脂血症患者的病情。

❾酒：据研究资料显示，酒会影响脂质代谢。长期大量饮酒，可以影响血脂代谢，从而导致高脂血症。对高脂血症患者而言，应限酒或戒酒。

高胆固醇血症患者切勿喝鸡汤 >>>

高胆固醇血症患者多喝鸡汤，会促使血胆固醇进一步升高。血胆固醇过高，会在血管内膜沉积，引起冠状动脉粥样硬化等疾病。此外，高胆固醇患者也不宜食用下列食物：

❶肥肉：高胆固醇血症患者应限制脂肪（尤其是动物性脂肪）的摄入量，应忌食肥肉，即便是瘦肉也要严格限制摄入量。

❷香肠：为了保持口味，香肠中含有大量脂肪。因此，高胆固醇血症患者不宜食用香肠。

❸火腿：火腿含盐量高，属高钠食物，对人体健康不利。另外，高钠饮食还会造成钙的丢失。火腿含丰富的蛋白质和适度的脂肪，高胆固醇血症患者不宜食用。

❹动物血：动物血不宜食用过多，以免增加体内的胆固醇。

❺肝脏：动物肝脏中胆固醇含量高，高胆固醇血症患者应尽量少食。

❻蛋黄：对已患高胆固醇血症者，尤其是重度患者，应尽量少吃鸡蛋、鹌鹑蛋，或可采取吃蛋白而不吃蛋黄的方式，因为蛋黄中胆固醇含量比蛋白高3倍，每百克可达1400毫克。

❼鱿鱼：鱿鱼含胆固醇较多，故高胆固醇血症患者慎食，最好忌食。

❽蟹黄：海鲜俗称发物，蛋白质含量高，有的脂肪和胆固醇含量特别高，倘若吃得过多就会增加胃肠负担，诱发各种疾病。螃蟹一直是高胆固醇血症患者慎食的食物，尤以蟹黄的胆固醇含量为高，不可食用。

❾鱼子：鱼子是胆固醇含量较高的食物之一，高胆固醇血症患者忌食。

胃病患者切勿吃萝卜 >>>

萝卜为寒凉蔬菜，阴盛、偏寒体质者、脾胃虚寒者等不宜多食。胃及十二指肠溃疡、慢性胃炎患者忌食萝卜。除了萝卜之外，下列食物胃病患者也不宜吃：

❶红肉：牛肉、羊肉、鹿肉等红肉，多食、久食对于胃肠疾病不利。

❷糯米：糯米黏性大，口感滑腻，老人、儿童、患病者等胃肠消化功能弱者不宜食用。

❸红薯：红薯在胃中产生酸，所以胃溃疡及胃酸过多的患者不宜食用。

❹油炸食物：胃病患者少吃油炸食物，因为这类食物不容易消化，会加重消化道负担，多吃会引起消化不良，还会使血脂增高，对健康不利。

❺辛辣食物：辣椒、大蒜、葱、花椒、洋葱等辛辣食物切忌食用，尤其是重度胃病患者更要注意，这些食物对消化道黏膜具有极强的刺激作用，容易引起腹泻或消化道炎症，加重病情。

❻热烫食物：开水、热茶、滚汤等如果在其温度过高的时候食用，可能会烫伤口腔，还可能因急于吞咽而烫伤胃黏膜，因此，平时进食的温度应以“不烫不凉”为宜。火锅应少吃，吃的时候也要注意食物的温度，烫熟的食物稍微凉一凉再吃好。

❼生冷食物：胃病患者不宜吃生冷食物，生冷食物对消化道黏膜具有较强的刺激作用，容易引起腹泻或消化道炎症。

❽腌渍食物：这些食物中含有较多的盐分及某些可致癌物，不宜多吃。

❾剩饭：最近的研究发现，剩饭重新加热以后再吃难以消化，长期食用还可能引起胃病。

❿鸡汤：因为鸡汤能促使胃酸的分泌，使病情加重。

⓫牛奶：有些胃病是由于胃酸过多引起的，牛奶不易消化，还会产生过多的酸，从而使病情加重。

⓬豆浆：急性胃炎和慢性浅表性胃炎患者不宜食用豆制品，以免刺激胃酸分泌过多加重病情，或者引起胃肠胀气。

⓭刺激性饮料：任何慢性胃炎不论发作或是非发作时都应忌饮浓茶，当然其中也包括烈酒、啤酒、浓咖啡，因为这些刺激性饮料不仅不能缓解胃痛，反而刺激胃黏膜使疼痛加剧。

肝炎患者吃葵花子易引起肝硬化 >>>

葵花子中含有油脂很多，且大都是不饱和脂肪酸，如亚油酸等。若食用过量，可使体内与脂肪代谢密切相关的胆碱大量消耗，致使脂肪代谢障碍而在肝内堆积，影响肝细胞的功能，造成肝内结缔组织增生，严重的还可形成肝硬化。除了葵花子之外，肝炎患者不宜吃的食物还有：

❶酒：酒精进入人体，对肝功能有抑制和毒害作用。患有肝炎病的人，不节制地饮酒等于慢性自杀。

❷高脂肪食物：当胆管系统存在炎症等病理改变现象时，胆汁的排放会大大受阻，而胆汁的主要成分——胆盐排出量相应要减少，于是削弱了消化脂肪的能力。为了减轻对胆管系统病理改变的刺激，防止病情加重，应适当控制动物脂肪，尽可能少吃或不吃油炸食物、含油脂多的食品。

❸羊肉：羊肉甘温大热，过多食用会加重病情。另外，较高的蛋白质和脂肪大量摄入后，因肝脏有病不能全部有效地完成氧化、分解、吸收等代谢功能，会加重肝脏负担，导致发病。

❹甲鱼：肝炎患者由于胃黏膜水肿、小肠绒毛变粗变短、胆汁分泌失常等原因，其消化吸收功能大大减弱。甲鱼含有极丰富的蛋白质，肝炎患者食后难以吸收，使食物在肠道中腐败，造成腹胀、恶心呕吐、消化不良等现象；严重时，因肝细胞大量坏死，血清胆红素剧增，体内有毒的血氨难以排出，会使病情迅速恶化，诱发肝性脑病，甚至死亡。

❺蛋黄：蛋黄含营养成分较多。蛋黄中含有大量的脂肪和胆固醇，而脂肪和胆固醇都需在肝脏内进行代谢，致使肝脏的负担加重，极不利于肝脏功能的康复。因此，肝炎患者忌吃蛋黄。但蛋清中含有胆碱、蛋氨酸等具有阻止脂肪在肝脏内堆积、贮存的作用，有利于肝功能的恢复。肝炎患者食用蛋清为宜。

❻生姜：主要成分是姜辣素、挥发油、树脂和淀粉。变质的生姜内还含有黄樟素。姜辣素和黄樟素能使肝炎患者的肝细胞发生坏死、变性及炎症浸润、间质组织增生，从而使肝功能失常。

❼大蒜：大蒜的某些成分对胃、肠有刺激作用，抑制肠道消化液的分泌，影响食欲和食物的消化，可加重肝炎患者厌食、厌油腻和恶心等诸多症状。研究表明，大蒜的挥发成分，可使血液中的红细胞和血红蛋白等降低，并有可能引起贫血及胃肠道缺血和消化液分泌减少。这些均不利于肝炎的治疗。

❽糖：肝脏是各种营养物质代谢的场所，其中糖的代谢占重要地位。当肝脏受损时，许多酶类活动失常，糖代谢发生紊乱，糖耐量也降低，若吃过多的糖就会使血糖升高，易患糖尿病。

肝硬化患者食皮蛋易引起脑水肿>>>

肝硬化患者肝功特别差，饮食高蛋白会造成氨中毒和肝昏迷。吃皮蛋会增加蛋白质的摄入。皮蛋是碱性的，且含有较多的氨。在肠道里，能使NH_4变为NH_3而被人体吸收，从而诱发肝昏迷。肝昏迷可以引起脑水肿，甚至死亡。因此，肝硬化患者忌吃皮蛋。此外，肝硬化患者也不宜吃下列食物：

❶硬食：患肝硬化时，肝脏的阻力非常大，流入肝脏的门静脉血流压力会不断增高，会导致食管下段和胃底部的静脉曲张。这些曲张的静脉仅由一层黏膜所支持、包绕，如遇粗糙、坚硬的食物摩擦，便会使曲张静脉破裂从而引起出血，如果抢救不及时，还会因失血性休克而导致死亡。因此，肝硬化患者忌吃硬食。

❷沙丁鱼：肝硬化患者如果吃青花鱼、沙丁鱼、秋刀鱼和金枪鱼等，可诱发出血。这些鱼的鱼脂中含有一种物质叫二十碳五烯酸，它是一种不饱和的有机酸，其代谢产物——前列环素具有抑制血小板聚集的作用，而肝硬化患者凝血因子生成障碍，血小板数低，如果进食含二十

碳五烯酸较多的鱼，就容易引起出血，而且很难止住。因此，肝硬化患者忌食沙丁鱼等鱼类。

胆结石患者吃苹果易诱发胆绞痛 >>>

胆结石患者食用过酸食物，如杨梅、山楂、醋、苹果等，可以诱发胆绞痛。因为酸性食物，经胃进入十二指肠后，直接刺激十二指肠分泌激胆素，从而引起胆囊收缩。因此，胆结石患者忌食用过酸食物。另外，饮酒、吸烟、喝浓茶和咖啡，都可刺激胆囊收缩，产生胆绞痛。此外，胆石症、胆囊炎患者也尽量不要吃以下几种食物：

❶高脂食物：高脂食物能够引起胆囊收缩，从而使胆囊结石发生嵌顿，阻塞胆囊管或胆总管，引起胆囊肿大或黄疸。因此，胆结石患者忌吃高脂食物，如鱼子、蛋黄以及动物肝、脑、肾等也要严格加以控制。但适量摄取蛋白质，如豆制品、瘦肉以及维生素较多的瓜果、蔬菜等，还是有好处的。

❷油腻食物：油腻食物经过胃和小肠时，能反射性地引起胆汁分泌和加强胆囊收缩，使胆汁直接进入肠道，从而帮助脂肪的消化和吸收。胆囊炎和胆结石经常是同时存在。炎症和结石的存在，会造成胆囊、胆管的水肿和胆汁滞留。因此，胆囊炎患者如果吃了油腻食物就无法消化，使病情加重。

❸牛奶：消化牛奶中的脂肪需要胆汁和胰脂酶的参与，饮用牛奶将加重胆囊和胰腺的负担，进而加重病情。

肾炎患者喝豆浆会加重肾脏负担 >>>

肾炎患者需要低蛋白饮食，而豆浆及其他豆制品富含蛋白质，其代谢产物会增加肾脏负担，因此不宜食用。此外，对下列几种食物肾炎患者也最好“敬而远之”：

❶无盐食物：提起肾炎病人的饮食，有许多人就会想到要忌盐，其实，肾炎患者忌盐应根据病情来决定。因为，许多肾炎患者由于较长时间连续服用利尿药，肾小管对钠的重吸收功能逐渐下降，使钠从尿中大量丢失，此时，如果再一味强调严格限盐，往往容易使患者发生低钠血症及脱水症，出现面容消瘦、头晕、倦怠乏力、皮肤弹性减退等症状。另外，还会发生食欲不振、腹胀、呕吐、恶心等消化系统症状。轻度水肿和慢性肾功能不全、氮质血症、高血压者，应该低盐饮食，每天3克为佳，水肿消退后，则应渐渐恢复正常含盐饮食，每天8克即足够了。

❷鸡蛋：肾炎患者肾功能和新陈代谢逐渐减退，尿量减少，体内代谢产物不能全部由肾排出体外。此时如果食用鸡蛋，必然增加蛋的代谢产物——尿素。尿素的增多，使肾炎病情加重，甚至出现尿毒症。因此，肾炎患者忌吃鸡蛋，也忌食用其他含蛋白质较多的食物。

❸鸡汤：鸡汤中有一种水溶性矿物质，肾功能较差的人吃了这种物质，会使病情加重。

❹糖：肾炎患者的血管系统功能本来就受损，加上糖有促使血管内脂代谢紊乱的作用，所以吃糖多会引起动脉血管损害，加重肾动脉负担，影响疾病痊愈。

❺冷饮：含有香精、色素、香料等成分的冷饮，会加重肾小球过滤、排毒的负担，同时可使水肿症状更加严重。

支气管哮喘患者食海鲜会使哮喘病发作 >>>

支气管哮喘病多数由过敏因素而诱发，有些过敏体质者，常因吃了鱼、虾、蟹、蛋、牛奶之类的食品诱发哮喘。因此支气管哮喘病患者平时应少吃或不吃鱼虾海鲜、生冷、炙烩、辛辣、咸酸、甘肥等食物，如油菜花、黄花菜、虾皮、海米、带鱼、螃蟹等，宜食清淡、易消化且含纤维素丰富的食物，少吃鸡蛋、肥肉等容易生痰的食物。切不可暴饮暴食而损伤脾胃，脾虚则运化不健，停湿生痰，痰阻气道则对呼吸不利，经常偏食辛热肥甘或酸咸食物，久之可酿成痰热上犯于肺，亦能发生本病。此外，支气管哮喘患者还应注意以下两点：

❶忌盐：高钠盐饮食能增加支气管的反应性，支气管哮喘的发病率随经济繁荣而增加，西方国家的发病率高于第三世界，从发展中国家到发达国家的移民也有所增加，提示与环境因素有关。因此已患支气管哮喘的患者，切忌吃得过咸，对食醋等酸性食物也应少吃。

❷忌烟酒：支气管哮喘病患者应戒烟酒，因为吸烟会引起支气管壁痉挛、分泌物增加、黏膜上皮损害、鳞状上皮化生、织毛脱落、腺体肥大增生。烟雾中含有醛类、氮氧化物等毒素，刺激呼吸道黏膜产生炎症，易引起咳嗽、多痰，诱发和加重哮喘，所以要绝对戒烟；酒也宜忌之。

吃水果要有选择 >>>

人生病后，有选择地吃些水果有利于身体恢复健康，但应注意不同的病症食用不同的水果，有些患者是应忌食某些水果的。

❶冠心病患者不要多吃水果。因为水果中有葡萄糖、果精、蔗糖等，冠心病患者如果食用过多，会引起血脂增高和肥胖，促进冠心病和高血压病情加重。

❷心肌梗死患者不宜吃苹果、柿子、莲子等。因为这些水果中含有辣酸，易引起便秘，便秘可引起病情加重。适当吃些香蕉、柑橘有利于通便。

❸心力衰竭和水肿严重的患者不宜食用含水量较多的水果。食用大量西瓜或饮用过多的椰子汁等，都会使心力衰竭和水肿加重。

❹胃酸过多的患者不宜食用杨梅、李子、山楂和梨等酸度较高的水果。

❺腹泻的患者不宜食用香蕉、梨、蓝莓等。因为这些水果都有轻泻作用，腹泻时勿食。可适当地吃些苹果，因其有固涩作用。

❻肾炎患者不宜吃香蕉。香蕉中有较多的钠盐，它会使患者血中的钠含量猛增而引起钠潴留，加重水肿，增加心脏和肾脏的负担，使病情恶化。此外，有的肾炎患者还有腹泻，而香蕉又有滑肠的作用，吃了香蕉更会加重腹泻。

❼心力衰竭、肾炎患者忌西瓜。心力衰竭或肾炎患者不宜多吃西瓜，以免加重心脏和肾脏的负担，使病情加重。口腔溃疡和感冒初期患者不宜多吃西瓜。

❽过敏体质慎吃杧果：过敏体质者吃完后要及时清洗掉残留在口唇周围皮肤上的杧果汁肉，以免发生变态反应。即使本身没有过敏史者，一口气吃数个杧果也会即时有失声之感，可马上用淡盐水漱口化解。

家居生活禁忌

厨房地面铺马赛克不利于清洁 >>>

马赛克规格较小，缝隙多，不易清洁，且用旧了还容易脱落。因此，厨房地面最好不要铺马赛克。此外，在对厨房进行设计和装修时还要注意以下几点：

❶忌材料不防水：厨房是潮湿易积水的地方，所有表面装饰材料都应防水耐擦洗。

❷忌材料易燃：厨房里尤其是炉灶周围要注意材料的阻燃性。

❸忌餐具暴露在外：厨房家具尽量采用封闭式，将各种用具物品分类储藏于柜内，既卫生又整齐。

❹忌夹缝多：厨房是个容易藏污纳垢的地方，如吊柜与天花板之间尽量不要有夹缝，以免日后成为保洁的难点。

画不能乱挂 >>>

画不能乱挂，画和墙的色调要协调。黑白分明的画不宜挂在白色的墙壁上，因为强烈的刺激会使人容易疲劳。浅色的画宜挂在颜色不太深的墙上，而深色的画则宜挂在颜色不太淡的墙壁上。同时，所挂的画不宜太高或是太低。每幅画虽大小不同，但是下方应取在同一水平线上，以免参差不齐。如果是没有玻璃镶嵌的油画，可以垂直（或略斜）悬挂；要是有玻璃镜框的，俯斜的角度要低些，这样可以避免玻璃的反光。

在进行居室墙壁的装饰时，除了要注意上述问题外，还要注意以下3点：

❶如墙上需要悬挂照片，应选用不小于4厘米的照片，小的照片太零乱。

❷墙上的装饰应与房间相协调，如客厅宜挂风景和名画、书房宜挂书画、餐厅宜挂静物画、卧室宜挂结婚照和孩子的照片等。

❸墙上的装饰切忌太多。否则，雅致的房间，也显得俗不可耐。而且，不宜随大流。有时自己动手做一些装饰物，会收到意想不到的效果。

窗帘的颜色不宜太鲜艳 >>>

窗帘的颜色不宜太鲜艳，否则就会使窗帘显得很扎眼，使人感觉不舒服。巧妙地运用色彩可以改变屋中的气氛。一般来说，深暗的色调会使人感到空间缩小，而明亮的浅色则会使矮小的房间显得宽大舒展。色彩搭配得当，会创造出安定舒适的环境；色调如不和谐，人就会紧张烦躁；颜色太杂，也会给人带来混乱之感。除此之外，窗帘的选用还须注意以下几点：

❶窗帘应与房间相配：如卧室的窗帘宜选用暖色，书房的窗帘不宜太花哨，餐厅的窗帘宜选用黄色系列，儿童房间应选用活泼的图案。

❷窗帘应与室内的其他陈设相协调：尤其要注意与床罩、地毯、沙发套等面积较大的布质物品的协调关系，最好能在颜色和图案上安排一些共同点，使其产生内在的和谐，增强室内的整体凝聚感。

❸窗帘的选料不必追求名贵，而应与房内陈设的档次相配：布料的质地对室内布置的风格和气氛有着重要的影响，如薄透的布料使人觉得凉爽，粗实的布料则使居室产生温暖感。另外窗帘也应随季节而更换。夏季不宜用太厚的布料，冬季也不宜选用太轻飘的布料。

清洁家具的禁忌 >>>

❶藤编家具不可用普通洗涤剂刷洗：藤编家具用普通洗涤剂刷洗，会损伤藤条，最好使用盐水擦洗，不仅能够去污，还可使藤条柔软富有弹性。藤椅上的灰尘，可用毛头软的刷子自网眼里由内向外拂去灰尘。如果污迹太重，可用洗涤剂抹去，最后再干擦一遍。若是白色的藤椅，最后还可抹上一点醋，使之与洗涤剂中和，以防变色。用刷子蘸上小苏打水刷洗藤椅，也可以除掉污垢。

❷复合地板忌用水拖洗：用水清洁刷洗复合地板会使清洁剂及水分和胶质起化学作用，造成地板面脱胶或跷起现象。如碰到水泼洒在复合地板上，应尽快将其擦干。

❸真皮沙发忌用热水擦拭：真皮沙发切忌用热水擦拭，否则会因温度过高而使皮质变形。可用湿布轻抹，如沾上油渍，可用稀释肥皂水轻擦。

❹忌清洁房间时行走路线杂乱：具体方针是由上至下，由里而外，将清洁用具放在一只桶里面，让它随时跟随着你，以顺时针方向打扫房间。将所需的清洁用具集中存放，并保持已打扫过的房间干净整洁。

蛋壳、残茶忌放花盆里 >>>

许多人认为，把蛋壳扣在花盆里或将残茶倒在花盆里，会增加花卉养分，促进盆花快速生长和开花。其实，效果恰恰相反。

蛋壳扣在花盆里，壳内残存的蛋清会渗入盆土表层，随之发酵产生热量，直接烧坏花卉根部，导致花枯萎。另外，蛋清发酵后，蛋壳温度变高，产生臭碱、咖啡因和其他生物碱，对土壤里的有机养分具有破坏性。

残茶覆盖于盆面，如时间长了就会发生霉变腐烂。使盆土长期处于潮湿状态，产生有害气体，危害花的根部，并能诱发病虫害。

花卉不能放在暖气上取暖 >>>

冬季天气寒冷，有时室内温度不高，有的人就将盆栽花卉放在暖气上。这样做是不对的。

热空气由于较轻会自下而上地运动。暖气上方的空气加热后自然向上升起，其温度常常会达到40℃以上。在这样的温度条件下，花卉的蒸腾作用变快，呼吸作用加强，部分酶就会失活，蛋白质合成也会受阻。显然，这时花卉的正常生理功能将受到不良影响。用不了多久，放在暖气上的盆栽花卉便会叶片脱落，枝条枯萎，最后植株皆亡。因此，在冬季里最好不要将盆栽花卉放在暖气上方。倒是可以把它们摆在暖气附近，温度趋于恒定的地方。

新买的金鱼忌立即放入缸内 >>>

买来金鱼在塑料袋内，经一路颠簸，如果连水带鱼立即一起倒入缸内，因水温不同、环境突变，金鱼容易发生不适甚至死亡，况且塑料袋内的水还可能带有病菌。因此新买金鱼应和袋中的水暂时先倒入空盆放置30分钟，再将缸中水逐渐少量兑入盆内，三四天后再捞出入缸。

挑金鱼有学问 >>>

金鱼确实是一种活的艺术品，一直为人们所喜爱。但要记住在挑选金鱼时应全面衡量优劣，忌单纯注重颜色的好看与否。

金鱼的品种很多，形态奇特。色彩鲜艳者固然可给人以美的享受，但一条上好的金鱼还必须具备体肥膘足，头部端正，眼睛圆大，四个尾瓣完好无损又不变形，背鳍不断，头背部光洁等条件。因此，挑选金鱼时要仔细观察，在注重色彩的同时，还要注意其他方面的优点。当然，不同的品种又各有其特点，也要根据具体情况挑选。

金鱼忌喂料过多 >>>

人们喂养金鱼的投料量要适当，忌过多。一般喂料可在换水之后投放，每天一次即可，以恰好吃完为止。如果过多，容易使金鱼由于吃得过饱而死亡。同时，吃不完的饲料在鱼缸内会使水变质，从而影响金鱼的呼吸及健康。

室内养鸟易使人患病 >>>

天气寒冷时，养鸟人会心疼鸟儿，把它挂在室内饲养，这样做其实很不利于人体健康。

因为，鸟的羽毛是一种较强的过敏源，与鸟生活在一起的人很容易出现流鼻涕、打喷嚏、鼻痒等过敏症状，有的还出现全身瘙痒、风疹、胸闷等症状。而鸟粪中带有毛霉菌、黄曲霉菌、烟色曲霉菌等。鸟粪被鸟踏碎以后，病毒与病菌便飞扬在空气中，这对室内人的身体健康很不利。若其长期被人体吸入，会诱发呼吸道黏膜充血、咳嗽、痰多、发热等症状，严重者还会出现肺炎与休克。

收看电视的禁忌 >>>

❶忌边看电视边吃饭：边看电视边吃饭会影响消化吸收，时间久了会导致消化不良、胃炎，甚至胃溃疡。最好在饭后半小时再看电视。

❷忌躺着看电视：尤其是儿童，以免引起斜视或肢体畸形。

❸忌正对着电视看：观看电视的座位，最好偏离屏幕正中线，成30° 左右角度，以免荧光屏强光刺激眼睛，引起眼睛疲劳。

❹忌关着门窗看电视：电视机显像管工作时，可产生一种致癌的物质。如果是长期紧闭门户看电视，空气不能对流，有毒物质便不能驱散，就会直接危害人体健康。

❺忌音量过大：有条件最好外接扬声器。音量太大，不仅消功耗，而且机壳和机内组件受震强烈，时间长了可能发生故障。

❻忌屏幕太亮：亮度变化对电源电压的稳定性影响非常大。不论电源电压是否变化，机内的电压永远是恒定的。保持恒定的电压，会促使耗电量的增加，使机器发热，电视机使用寿命会不断缩短。

❼忌频繁开关：电视机每开一次，显像管灯丝便会受大电流冲击一次，从而加速了阴极的老化，影响阴极发射电子的能力，甚至缩短使用寿命。在短时间内反复开关，显像管灯丝会因反复受冲击而被破坏。

❽忌时间太长：看电视时间不要超过3个小时。而且最好每隔1小时适当休息一下，避免眼睫状肌疲劳而导致近视。

❾看完电视不宜马上睡觉：首先应清洁皮肤；其次应该起来走动片刻，消除因看电视时久坐不动、血液循环不畅而引起的下肢麻木、酸胀、疼痛、水肿、小腿肌肉强直性痉挛等症状；而且刚看完电视，心情难以平静，也应该稍微活动片刻再睡。

❿忌雷雨天看电视：使用室外天线的电视机，在雷电交加时，最好停止收看，并将天线插头拔出，否则，一旦雷电沿着天线进入室内，将出现数万伏的高压齐放电现象，轻则烧坏电视机，重则造成严重的人身事故。平时最好养成看完电视后即拔掉电源插头的习惯。

减少“空调病”的方法 >>>

预防和减少“空调病”的方法是：

❶室内要多利用自然风降温，最好使用负离子发生器。

❷装有空调器的房间，在不是太热或太冷的天气里，最好忌使用。使用时间忌过长，更忌通宵开着空调睡觉。

❸使用空调时，室内温度不要调得过低或过高，以免与外界气温相差过大，使人易得感冒或患支气管炎。

❹使用空调的房间要保持清洁卫生，以减少疾病的污染源。

❺房间不要关闭过严，要定期打开窗户通风对流，以调节室内空气。

睡觉时吹电扇易感冒 >>>

睡眠时不宜吹电扇：人入睡后，人体的血液循环减慢，抵抗力减弱，开着电风扇吹风，极易受凉而引起感冒。如果天气实在太热，可以在入眠前用低速风吹一会，时间不要超过1小时，另外还应注意将电扇远离床铺，高于或低于床沿水平的位置，用慢速和摇头轻吹。此外，在使用电风扇时还要注意以下几个问题：

❶吹风不宜过大：现代科学认为，室内的风速最好控制在0.2～0.5米／秒，最大不宜超过3米／秒，因此，电扇吹风不要太大，尤其是在通风较好的房间和在有过堂风的地方。

❷时间不宜过长：人如果长时间吹电扇会导致猝死。因为长时间吹电扇，人体血液会发生变化，血细胞积压增加，血小板总数、血黏度都会有增加，血压升高，胆固醇的某些组成物也明显增加，这些变化能促使血中血栓快速形成，这对原来并无明显症状但已潜伏着心血管疾病的人，则容易突发心肌梗死或者脑血栓，导致猝死。因此，使用时间不要超过1小时。

❸不宜对人直吹：直吹，风邪易侵入体内。适当的距离应是使人感到微风阵阵为好，宜吹吹停停，宜用摆头电扇。吹一段时间后，应调换一下电风扇的位置，或人体变换一下方位，以免一次受凉过久。

❹出汗较多时不要立即吹风：因为此时全身表皮血管扩张，突然遭到凉风吹拂，往往会引起血管收缩，排汗立即停止，从而造成体内产热和散热失去平衡，多余的热量反而排泄不出去。另外，凉风吹袭后，局部防御功能下降，病毒细菌侵入，可产生上呼吸道传染，肌肉、关节疼痛，有的甚至腹痛、腹泻。

❺身体虚弱的人如感冒、久病未愈、关节炎患者尽可能不用电扇。

❻如患“风扇病”即出现上述症状几小时后仍不能自行消失时，应立即去医院就诊。

热饭菜放进冰箱易腐烂 >>>

假如把尚热的饭菜放进冰箱，虽然其表面上有冷水蒸汽，但这也恰恰起了“帘子”的作用，使其中的热量难以散发出来，饭菜也就容易变馊、腐烂。此外，用冰箱存放食物时还应注意下列几个问题：

❶生熟食物应该分开存放，以防止交叉污染：熟食最好也用食品袋套好后，再放入冰箱内。

❷存放较久的食物要冻透：如鱼、虾和肉等装袋后，应放进制冰室速冻，并要冻透。

❸在食物入冰箱前，应将其洗净、滤干：这样可以防止已变质的食物进入箱内，减少细菌再次污染的机会。

❹中层不可塞得太满：冰箱中层要留有一定的空隙，冰箱里最难冷的位置不是下层，而是中层，如果中层被瓷盘或是密封容器堵塞得没有间隔，冷气就不能向下流通，这样下层的食物也容易变质、变坏。

❺忌存放食物过多：电冰箱存放食品必须有一定的空隙，以保持箱内空气的流通，以防止箱内温度不匀。如果存放食品过多，特别是肉类，容易发生外冷里热，造成食品内部的细菌生长繁殖，甚至可发生腐败变质。

❻取出的食物要及时加工处理，以免细菌大量繁殖造成腐败。

❼尽量减少和缩短开门的次数与时间：夏季如果一次开门时间持续15秒钟，冰箱内的温度可升到18℃，恢复原状则需要10分钟。温度的升降是使食物腐烂变质的主要原因。因此忌频繁开关冰箱，使食物忽冷忽热。

❽冷藏室内存放食物忌时间过长：由于电冰箱是“冷藏”，只能保持箱内温度在4℃左右，而不是降到0℃以下，因而用电冰箱保存食品必须要有一定的时间性，不能过久保存。据实验证明，水果和蔬菜在冷藏室的存放时间则应短些，一般肉类在冷冻室内存放以10～20天为宜。

❾清洗冰箱时，可用湿布擦净，切记要切断电源。

使用微波炉的禁忌 >>>

❶忌通电空烧：否则由于微波无物吸收，会损害磁控管。

❷忌用金属器皿：盛放食物的器皿，必须是非金属材料，如玻璃、陶瓷、耐高温塑料等。如果用金属器皿盛放食物，通电后金属器皿会反射微波，干扰炉内正常工作，产生高频短波，损坏微波炉。

❸忌有磁性的东西靠近炉子：因为磁性材料会干扰微波磁场的均匀性，使磁控管的工作效率下降。

❹忌开关门用力过度：开关炉门要轻，避免用力过度损坏密封装置，造成微波泄露或缩短炉门使用寿命。

❺忌在微波炉工作时去查看磁控管、波导及其他电路部分。

❻忌用门控制开关失灵的微波炉：门控开关失灵的微波炉会产生能量泄漏，因此不能再使用。

❼冷冻食物不能用微波炉直接加热：冷冻食物要先解冻，然后再加热、烹调，避免出现烹调后食物内外熟度不同的现象。还要注意食物大小、厚薄不要过分悬殊。

电磁炉不要靠近电视机使用 >>>

使用电磁炉时，因有电磁波干扰，在直径3米范围内最好不要开收音机和电视机。使用完毕后，要及时切断电源。此外，在使用电磁炉时，还要注意以下几点：

❶不要靠近其他热源和潮湿的地方，以免影响绝缘性能和正常工作。

❷不要用铁钉、铁丝等异物伸入吸气口和排气口，电磁炉与墙壁等物体之间的距离要大于10厘米，以免影响排气口散热。

❸电磁炉的加热板要防止尖硬物体的碰撞。万一加热板面受损，要立刻断电，防止水从裂纹渗入炉内，引起短路或触电事故。

❹使用中性洗涤剂擦拭电磁炉炉体，一般用肥皂水或洗洁精，切忌用酸碱等腐蚀性液体，以免使外观变色变质，影响外观和内部电路装置，缩短使用寿命。

❺加热后忌触摸，高频电流容易从感应加热线圈直接传送到烹调锅，一旦人体触及，便会有“麻电”的感觉。

电饭锅最怕煮过酸的食物 >>>

不要用电饭锅煮太酸或是太咸的食物。因为电饭锅内胆是铝制品，用它煮太酸或是太咸的食物会使内胆受到侵蚀而易损坏。另外煮饭、炖肉时应有人看守，以防粥水外溢流入电器内而损坏电器元件。此外，使用电饭锅时还要注意以下几个问题：

❶忌将电饭锅的电源插头接在灯头或台灯的分电插座上：因为一般的台灯电线较细，载流量小，并且容易老化，或易遇热溶化。而电饭锅的功率较大，电流也大，会使

灯线发热，造成触电、起火等事故。

❷忌磕碰：电饭锅内胆受碰后易变形。内胆变形后底部与电热板就不能很好地吻合，煮饭时受热不均，易煮出夹生饭来。所以在使用时应轻拿轻放。

❸忌用水冲洗锅体：使用后如用水冲洗，可使电热元件的绝缘性能下降，从而产生漏电现象，以致发生危险。

❹忌用粗糙物品清洗内锅：电饭锅的内锅在每次使用后都应该清洗干净，如遇食物粘在内壁，忌用金属工具铲刮，忌用砂布等粗糙之物清理，免得使电饭锅的内壁出现划痕。

电热水器用普通插座有危险 >>>

电热水器使用普通插座有危险：因电热水器耗用的功率和电流较大，一定要从总开关拉专用电线连接，切忌用普通插座和万能插头连接。此外，在使用电热水器时还应注意以下几点：

❶必须严格按技术要求安装使用，进出口水切忌接反，即热式电热水器在安装完毕后必须拧开进出口水管，有水流出后，方可接通电源使用。贮水式电热水器要先注满冷水，然后才可以通电使用。

❷为了节约用电，热水器不宜断断续续使用，而应集中在一段时间之内。不用热水时要及时关闭开关断电。

❸电热丝裸露的即热式热水器，水在经过电热丝加热的同时带上了电，洗澡时，人的皮肤潮湿容易触电。因此在安装即热式电热水器时，进水口和出水口千万不要忘记接地。

❹电热水器的接地线线径切忌过小，接地电阻切忌过大。一般线径不小于3～5毫米，电阻不大于0～1欧姆为宜。同时，接地固定要采用带防腐蚀层的铜螺丝钉。

洗衣机用水过少会磨损衣物 >>>

在使用洗衣机时，应恰当地掌握用水量。用水过多易外溢，影响机器的安全和使用寿命；用水过少影响洗涤效果，增加被洗物的磨损。因此，洗衣机用水不可过量或过少。此外，在使用洗衣机时还要注意以下几点：

❶忌不平稳：洗衣机使用时如果安放不平稳，会使全机震动过大，从而造成内部元件损坏，不仅缩短洗衣机的使用寿命，而且还易引起事故。

❷忌泥沙、硬物：沙土钻入轴封会磨损轴和轴封，造成漏水；硬物能损伤或卡住皮轮造成过载而烧坏电机。

❸忌超定量：超定量会引起过载，烧坏电机。

❹忌水温过高：因为这样做不仅会把衣物纤维烫变性，还会使塑料箱体或部件变形和造成波轮轴密封不良；放水时要先加冷水后加热水，一般以5～40℃为宜，不要超过60℃。

❺忌用塑料薄膜等不透气的物品罩住机身，也不要放在潮湿阴暗的地方，否则内部电动机和电气控制部分会生锈。

电子按摩器的使用禁区 >>>

电子按摩器通过高频机械振动对人体进行刺激性按摩，促进受激部位的血液循环，加速该部位组织的新陈代谢，并调节中枢神经系统，从而达到健身的效果。

电子按摩器也不是在任何情况下都可以使用。

❶在空腹、饱食、醉酒和剧烈运动后严禁使用电子按摩器。因为这时按摩，可使血液流速进一步加快，胃部平滑肌蠕动增强，易造成恶心、呕吐、胸闷、气促等不适。

❷如果罹患疖痈或肿瘤，也不宜使用

电子按摩器按摩。因为体表的刺激，会使毛细血管扩张，局部血流量增加，易导致病变部位扩散而加重病情。

❸若有骨折和关节脱位，早期不能使用电子按摩器，因为当骨折或关节部位受损后，由于肌张力的作用会造成骨移位，若过早进行电子按摩，则会使骨移位加剧，反而不利于康复。

❹皮肤病、传染病、淋巴结炎、血液病患者更要慎用电子按摩器，患高血压、贫血病的患者，应特别注意不要在颈侧动脉处按摩，以免血流加速，发生意外事故。

温度太低时不要使用笔记本电脑 >>>

低温会伤害笔记本的TFT屏幕，一般TFT屏幕的最佳使用温度为10～40℃，超过了这个温度范围，TFT屏幕就会变得颜色异常，老化加快，甚至出现坏点，重则造成TFT屏幕永久性损坏。而且，低温也会损坏电脑的电池，温度越低，电池容量就越少。所以，冬天最好给笔记本买个棉质内包，从户外带回室内，要先预热一下再使用。此外，在使用笔记本电脑时还应注意以下几点：

❶忌摔：笔记本电脑的第一大戒就是摔，笔记本电脑一般都装在便携包中，放置时一定要把包放在稳妥的地方，小心磕碰。

❷怕脏：一方面，笔记本电脑经常会被带到不同的环境中去使用，比台式机更容易被弄脏；另一方面，由于笔记本电脑非常精密，因此比台式机更不耐脏，所以需要精心呵护。

❸禁拆：如果是台式机，即使你不懂电脑，拆开了可能也不会产生严重后果，而笔记本电脑则不同了，拧下个螺钉都可能带来麻烦，而且自行拆卸过的电脑，厂家还未必接受保修。所以平时有硬件方面的问题，最好还是去找厂家处理。

❹少用光驱：光驱是目前电脑中最易衰老的部件，笔记本电脑光驱大多也不例外。笔记本电脑的光驱多是专用产品，损坏后更换是比较麻烦的，因此要倍加爱惜，尽量少用笔记本电脑看VCD或听音乐。

❺慎装软件：笔记本电脑上的软件不要装得太杂，系统太杂了免不了要引起一些冲突或这样那样的问题、隐患。另外，笔记本电脑更应该谨防病毒，不要随意使用别人的软盘或光盘。

❻保存驱动程序：笔记本电脑的硬件驱动都有一些非常具有针对性的驱动程序，因此要做好备份和注意保存。如果是公用微机，交接时更应注意，笔记本电脑的驱动丢失后要找齐可是比较麻烦的。

❼注意使用环境：笔记本电脑上面有电路和元器件，注意不要在过强的磁场附近使用，当然在乘飞机时也不能用。不要将笔记本电脑长期摆放在阳光直射的窗户下，经常处于阳光直射下容易加速外壳的老化。

❽散热的问题：散热问题可能是笔记本电脑设计中的难题之一。由于空间和能源的限制，在笔记本电脑中你不可能安装像台式机中使用的那种大风扇，大部分的热量都要靠机壳底板来散发。因此，使用时要注意给你的机器的散热位置保持良好的通风条件，不要阻挡住散热孔，而如果机器是通过底板散热的话，就不要把机器长期摆放在热的不良导体上使用。

几种不宜放在一起的物品 >>>

❶水果不要与纯碱接触，否则极易发热烂掉。

❷玻璃与纯碱接触，表面不要多久就

会受蚀发花。

❸锦纶衣物与樟脑放在一起，纤维坚固度会大大降低。

❹橡胶制品，与油类接触便会失去弹性。

❺棉花与酸类物品同放，纤维易变脆易折断。

❻水泥一旦碰上食糖，就会失去凝固作用。

生活习惯禁忌

笑的作用不容忽视 >>>

笑是非常有益的一种活动。一次普通的笑，能使人体的膈、胸、腹、心脏、肺乃至肝脏都得到有益的锻炼。另外笑还可以排除呼吸系统中的异物，加速血液循环和调节心律。放声大笑，特别是捧腹大笑，可使你面部、胳膊和腿的肌肉放松，从而解除烦恼。所以说笑是一种天然的镇静剂，它可减轻头痛和背痛等疾病。没有笑，人就容易患病，因此不要忽视笑的作用。

剧烈运动后马上休息易使人晕倒 >>>

因为从事剧烈运动时，心跳加快，肌肉、毛细血管出现扩张，血液流动也相应加快。另外，肌肉节律性地收缩会挤压小静脉，促使血液很快地流回心脏。如果这时突然停下来静止不动，肌肉的节律性收缩就要突然停止，原先流进肌肉的大量血液，不能通过肌肉收缩流回心脏，以致大部分血液在肌肉中积存，从而造成血压降低，致使供给脑部的血液也相应减少，出现暂时性脑缺血，此时人会感到心慌气短、头晕眼花、面色苍白，甚至晕倒。因此，剧烈运动后忌立即休息。

剧烈运动后立即用热水淋浴会危及生命 >>>

在剧烈运动后，如果立即进行热水淋浴，同冷水浴一样，也是有一定危险的。因为人在剧烈运动时，心率加快，肌肉内的血流量增加。此时如果一旦停止运动，增加的心率和血流量还要维持一段时间才能恢复正常。人停止运动以后，如果马上进行热水淋浴，就会增加皮肤内的血液流量。血液过多地流进肌肉和皮肤，结果会导致心脏和大脑的供血不足，从而出现头昏眼花的问题。年老体弱者、潜在性心脏病患者、肥胖超重者、高血压动脉硬化患者，都具有更大的危险。因此，剧烈运动后忌立即热水淋浴。

跑步锻炼的禁忌 >>>

❶早晨起床后不要立即就跑：应先进行一些简单的热身运动，将全身的关节活动开，特别是腿部和脚部，以免跑步时扭伤。

❷早晨跑步不宜过早，尤其是冬季：过早外出跑步，夜间空气中的许多有害物质尚未散去，对身体健康不利。

❸不要在大雾中进行跑步锻炼：雾中含有许多有害物质，如酸、碱、盐、胺、苯、酶等，同时还带有一些灰尘、病源微生物及寄生虫卵，人在雾中跑步，容易引起鼻炎、喉炎、气管炎等一些过敏性疾病。而且由于雾中氧气稀薄，会导致机体供氧量不足，因而出现胸闷、乏力等不良反应。

❹跑步时不要穿着太多：因为跑起来之后，很快就会热起来。如果穿得太多就会出现多汗的现象，反倒容易着凉。宜穿

一些疏松透气、宽大的运动衣。

❺跑步时忌穿皮鞋或是拖鞋：鞋不合适会造成关节的扭伤和跌倒。

❻跑步时忌脚跟着地：用脚跟着地，会使身体各部位，包括脑和内脏器官产生很大的震动，容易影响这些部位的正常功能。而且长期脚跟着地，还会造成膝关节的损伤。

夏季锻炼的禁忌 >>>

❶夏季锻炼后不要大量喝水：大量饮水首先稀释了胃液，降低了胃酸浓度，不利于消化；其次给心脏带来严重的负担。另外大量出汗使体内的盐分减少，只大量饮水而不补充盐，常会引起嗜睡、头痛、恶心、软弱无力和抽筋等症状。

❷忌在强光下进行体育锻炼：夏天12～15时阳光中的紫外线格外强烈，日光中的红外线会直接透过皮肤、毛发、头骨射到脑和脑膜细胞，从而引起类似中暑的症状。因此，夏天进行体力活动要注意中暑的防护。

❸忌锻炼后立即洗澡或是吹电风扇：锻炼后，全身各组织器官新陈代谢加强，皮肤中的毛细血管大量扩张以利于散热，如果此时马上洗澡或是吹电风扇，毛细血管和张开的汗腺会收缩和关闭，使人感到热不可耐，并易患伤风感冒。

❹忌锻炼后大量吃冷饮：由于肌肉的剧烈活动，会迫使机体内血液的重新分配，大量的血液将流向运动着的肌肉和体表，从而使消化道暂时处于贫血状态。冰冻饮料温度太低，进入胃内以后，对于已处于贫血状态的胃产生强烈的刺激，容易损伤其功能。轻者引起呕吐、腹泻、腹痛等急性胃肠炎，重者为以后患慢性胃炎、胃溃疡疾病埋下了祸根。

冬季晨练不利于健康 >>>

“不畏寒冷，练就一身铁筋骨”是说冬季锻炼的好处。然而，从养生学角度说，冬季早晨却不宜锻炼。

因为地面空气的洁净程度，随着季节和时间的变化有着明显的差异。一年之中，夏秋两季，地表空气较为洁净，冬季最差。冬季还有空气质量最差的高峰时间，一个在上午8时以前，另一个在17：00～20：00时，造成这个差异的主要原因是，冬季清晨气温低，地表温度又低于空间温度，而空中还有一个“逆温差”，使接近于地面的污浊空气不易稀释扩散；冬季，清晨雾也较多，许多有害的污染物会附着雾气飘于低空。加之冬季黏附尘埃的绿色植物极少，从而造成冬季清晨空气的洁净程度最差。如果冬季过早起床锻炼，空气中的污染物通过呼吸大量进入人体，而人体冬季的代谢能力也差，抗病能力下降，不利于人体健康。当太阳从东方升起时，地面温度逐渐升高，覆盖了地面上空的“逆温层”逐渐上升，地表污浊空气也就随之上升而扩散，此时锻炼才无碍于健康。

清晨不要在花木丛中做深呼吸 >>>

清晨，人们总喜欢到树林、花草丛中做深呼吸，以为这些地方的空气好，但实际上，恰恰相反。我们知道，绿色植物的代谢过程包括光合作用过程和呼吸作用过程，光合作用仅在白天有太阳时进行，植物叶绿素吸收太阳辐射，能将二氧化碳和水转化为有机物质，同时放出氧气；呼吸作用则昼夜进行，植物吸收氧气分解体内有机物质获得能量，同时放出二氧化碳。清晨，光照较弱，加上温度低，光合作用十分微弱，植物尚不能释放出氧气，又由于整个夜间积累效应，树林或花草丛中二氧化碳的浓度较大，在这种环境中做深呼吸就会吸入大量二氧化碳，对身体产生不良影响。

同时，清晨做深呼吸不宜过度。持久过度的深呼吸，可能引起呼吸暂停现象，反而有害健康。人体血液中需要含有一定量的二氧化碳，以反射性地引起呼吸中枢的兴奋，维持正常的呼吸功能，如过度深呼吸1~2分钟，容易使二氧化碳一时排出过多，当动脉血液中二氧化碳分压由正常的5.3千帕降到2.0千帕以下时，就可引起呼吸减弱，甚至暂停。所以做深呼吸应缓慢均匀，适可而止，做到呼终而吸，吸终而呼，不要过度。

空腹游泳易发生意外 >>>

游泳要消耗大量的热量和体力，人饥饿时血糖浓度本来就已降低了，空腹游泳会导致体内血糖更加降低，而出现头晕、目眩、肢体乏力等低血糖症，容易发生意外。此外，喜好游泳的朋友还须注意以下几点：

❶忌饭后立即游泳：这样会使本应该流向肠胃的血液流向四肢，引起不消化，导致肠胃疾病。

❷忌酒后游泳：酒能使毛细血管扩张，饮酒后游泳，凉水一激，容易引起胃病或是肌肉痉挛，发生意外。另外，酒精还能麻痹神经，万一遇险时不能及时做出快速的反应，就容易发生危险。

❸忌剧烈运动后游泳：剧烈运动和劳动后，身体疲劳，大汗淋漓，身体功能反应迟缓，下水后容易产生因运作不协调而引起呛水现象，还会使张开的汗腺孔和毛细血管急剧收缩，出现肌肉痉挛。

❹忌没做准备活动就游泳：游泳前的准备活动一定要充分，必须将腰背、四肢、头颈、关节充分活动开，否则易引起抽筋。

❺忌不了解水情游泳：游泳前首先要摸清水深、水底岩石、水草分布情况，划分浅水、深水区域。

❻忌随便下深水游泳：有些人没有熟练的游泳技术，便急于去深水处游泳，这是很危险的，容易发生事故。

❼忌租借游泳衣裤：游泳衣裤穿时直接接触皮肤，衣上沾染的细菌可能传染皮肤病，而且还会传染阴道滴虫病、霉菌病以及其他寄生虫病。因此游泳衣裤应自带自备，切忌租借使用他人的。

❽忌游泳后不洗漱：无论是在游泳馆，还是在天然游泳场里游泳，游完后都要进行洗漱。因为游泳池里的水通常都加入一定量的漂白粉，这样在水中会产生一定浓度的次氯酸和高氯酸，对人的牙齿和皮肤都有一定的伤害，所以游泳后要进行洗漱。天然浴场的水质也并非完全卫生，含盐性比较大，对皮肤有刺激，故游泳后要及时进行洗浴。

❾忌游泳后马上进食：游泳后宜休息片刻再进食，否则会突然增加胃肠的负担，久之容易引起胃肠道疾病。

不适合进行海水浴的人 >>>

大海使人心旷神怡，海水使人身体健康。但这并不是每个人都能享受的。以下几种人不宜享受海水浴。

❶患有严重的脑血管病、高血压、心力衰竭、冠心病，近期内有心绞痛症状者，精神病、癫痫、及对海水过敏者，忌海水浴。

❷患有某些传染病，如传染性肝炎、传染性皮肤病、红眼病、痢疾等，在未彻底治愈并经过一段时间巩固恢复者，忌海水浴，否则会传染给别人。

❸患肾结石、肾炎、支气管哮喘、肝硬化、出血倾向、中耳炎、鼓膜穿孔等病患者，忌洗海水浴，否则可能使病

情加重。

❹年老、身体过度虚弱、高热及妇女月经期、妊娠期都忌海水浴。

高血压患者游泳易诱发脑卒中 >>>

顽固性高血压患者不宜游泳，因为游泳有诱发其脑卒中的可能性。此外，下列几种人也不宜游泳：

❶癫痫病患者：患此病者不宜游泳，以免万一发作，出现不可挽回的意外。

❷有开颅手术史的人。

❸某些严重的心脏病患者：如先天性心脏病、严重冠心病、风湿性瓣膜病、较严重心律失常等患者，对游泳应该“敬而远之”。

❹中耳炎患者：不论是慢性还是急性中耳炎，因水进入发炎的中耳，等于“雪上加霜”，使病情加重，甚至可使颅内感染等。

❺急性结膜炎患者：这是一种传染性极强的病菌，万一进入流水中，造成的传染后果令人不堪设想。

❻某些皮肤病患者：如各个类型的癣、过敏性的皮肤病等，游泳不仅含诱发荨麻疹、接触性皮炎，使病情加重，而且会传染给他人。

❼女性月经期：此时游泳极易感染上病菌。

❽妊娠前后期：为避免流产或是早产，不应游泳。

冬泳的注意事项 >>>

❶忌不顾个人身体状况冬泳：冬泳必须根据个人身体状况和能力来进行。冬泳应以游后舒适、轻松为宜。可从夏季开始，坚持下来。冬泳开始一段时间，可每天早、晚用冷水洗脸、刷牙、洗脚、洗头、擦身。这样做可促进各部位的血液循环，特别是能提高鼻腔黏膜对寒冷刺激的抵抗力，从而防止冬泳时感冒。

❷忌入水前准备活动不充分：入水前一定要在地上进行跑跑跳跳、做体操等陆地活动。游时应脚先入水，然后立于水中洗头，洗脚，并往身上撩水，最后再全身入水。切忌一下子跳进水里，以防不适应水温出现意外。

❸忌潜泳：以防被冰凌扎伤。

❹忌入水前心理过于紧张：在5℃的水温里冬泳，呼吸感到困难，这个时候请不要怕，要猛游几下，呼吸就会恢复自如。因温差的关系，出水后寒冷颤抖和手脚僵痛，这都属于正常现象，经过一段时间的锻炼便会逐渐克服。

❺忌入水前和出水后喝酒：入水前喝酒容易使人的神经受刺激或身体发热过快，出现水中昏迷窒息等问题。出水后喝酒则会刺激心脏，或使血液循环过速而发生意外。

❻出水后忌骤然走进高温屋中或用火烤：因为骤冷骤热易产生关节炎或其他疾病。出水后要马上穿好衣服，做好适当的活动，以使身体尽快恢复正常。

❼忌饭后、睡前冬泳：饭后游泳容易发生腹痛和腹泻。睡前游泳对身体也很不利。因为经过一天紧张的工作和劳动，机体反应能力处于低潮，经冷水刺激，使神经兴奋从而影响睡眠。所以说冬泳最好在早晨或下午进行。

❽忌冬泳时能量消耗过大：初练者的次数忌多、忌久，否则身体热量散失较大，皮肤会出现“鸡皮疙瘩”，口唇变得青紫、周身冷、打哆嗦。因此，初练者游的次数以每周两次，每次5分钟为宜。经过一个时期的锻炼，上述现象就会逐渐地消失。

家庭公共卫生禁忌 >>>

一个美满、幸福的小家庭，往往注意个人和家庭环境的卫生，但有时却忽略家庭的公共卫生，“亲密无间”往往会带来意想不到的危害。以下几个方面，请您在家庭生活中加以注意：

❶洗脸毛巾应严格分开，不能数人混用一条毛巾：用同一条毛巾洗脸，容易传染眼疾、皮肤病和其他疾病。洗脸盆有条件的也宜分用，无条件的也不要为了节约一点水而合用一盆水。

❷刷牙时禁忌数人合用一把牙刷：这样既不卫生，又容易传染牙病，或引起其他疾病。

❸碗筷最好分开用：如无条件，碗筷应消毒后再用，简单易行的方法是用开水烫一下。

❹提倡家庭分食制：以改变对菜肴你拣他挑的不卫生习惯，这样既有利于卫生，又有利于身体补充多种营养成分，尤其对偏食、挑食的孩子极为有利。

❺不要同饮一杯茶：各人的茶杯最好分用，客人另备，并及时消毒。吃糖果切忌一个人用手抓给他人，应将糖果食物等放在盒或盆内，宜各人自取。

❻饮食前应自觉洗手，有利全家人的健康。洗脸盆应与洗脚盆分开，女性洗下身应另备盆，忌用洗脚盆代替。

❼家庭成员中，有一人患了传染性疾病时，应有相应的隔离措施，患者餐具应专用，一定要进行消毒。

洗澡次数不宜过勤 >>>

洗澡可以清除皮肤上的污垢，促进血液循环。坚持经常洗澡对人体是非常有好处的，但并非越勤越好，如果洗澡过勤，会使人体所分泌的深层保护皮肤的皮脂减少，尤其是皮脂本来就少的老年人，洗澡过勤会使皮肤变得干燥，失去其保护作用，细菌则会乘虚而入，使皮肤染上疾病。

夏季人体分泌旺盛，出汗较多，可以每天洗一次。而冬、春、秋季天气不热，洗澡的次数可因人而异。身体较胖和皮脂腺分泌旺盛者，可适当增加洗澡次数。老年人皮脂腺分泌减少，可适当减少洗澡次数。

洗澡水温不宜过高或过低 >>>

洗澡水的温度应与体温接近为宜，即35～37℃。

若水温过高，皮肤、肌肉血管扩张，血液存积于全身，回心血量减少，供应大脑和心脏的血液随之减少，加之出汗多而丢失体液，极易造成晕倒甚至心脏病发作。孕妇洗澡水温过高，还能导致胎儿低氧，影响发育。

夏季洗冷水澡要适度。洗澡水过冷会使皮肤毛孔突然紧闭，血管骤缩，体内的热量散发不出来。尤其是在炎热的夜晚，洗冷水澡后常会使人感到四肢无力，肩、膝酸痛和腹痛，甚至可成为关节炎及慢性胃肠疾病的诱发因素。一般夏季洗冷水澡的水温以不低于10℃为好。

空腹洗澡易引起低血糖休克 >>>

人在洗澡时，皮肤血管扩张，血流旺盛。相反，消化道的血流量相对减少，消化液分泌减少，消化功能便相应低下。因此，饱餐后忌立即洗澡。另外，空腹时也忌洗澡，因其容易引起低血糖休克等问题。所以不饱不饿时洗澡最为适宜。

洗澡时先洗头后洗脸易使面部痘痘越来越多 >>>

洗澡的正确顺序应为：先洗脸，再洗

身子，后洗头。当你进入淋浴房后，热水一开，就会产生腾腾蒸汽，而人体的毛孔遇热会扩张，所以如果当你在此时没有先将脸洗干净，脸上积累了一天的脏东西，便会趁你毛孔大门开启之时，潜入你的毛孔。久而久之，你的毛孔便会被这些脏东西挤得越来越大，占据着本不应该属于它们的领地，脸上的痘痘也会越冒越多。而头发在蒸汽的氤氲中得以滋润，当全身清洗完毕后，洗头的最佳时刻即已来临。

出汗后马上用冷水洗澡易诱发多种疾病 >>>

人在出汗时，人体的新陈代谢旺盛。为了保持温度的恒定，皮肤表面血管就要不断扩张、汗孔开大、排汗增多，以便散热。此时，如果洗冷水澡是有害无益的。由于冷水的突然刺激，皮肤血管必然立即收缩，血循环阻力就会加大，心肺负担加重，同时机体抵抗力降低，人体潜在的细菌、病毒会乘虚而入，从而引起各种疾病。因此，出汗后忌立即洗冷水澡。

冷水浴时间过长易使人失眠 >>>

人体对冷水浴的反应，一般分为三个时期：即“温暖期”“寒冷期”和“寒战期”。正确的淋浴应该是在温暖期末结束冷水浴，一般不要发展到寒战期，也可在刚有轻微寒战的预兆时迅速结束，以毛巾擦干身体，如果冷水浴时间过长，就会出现身软无力、头部发胀、夜不能寐的症状。

不可进行“桑拿浴”的人 >>>

近年来，桑拿浴成为一种新的消费时尚，可是并非人人都适宜进行桑拿浴。

桑拿浴是利用高热空气将浴室保持在较高的温度中，使浴者大量出汗，达到消除疲劳、减肥健美、辅助治疗某些慢性疾病的目的，浴后80%的人感到舒服、轻松，皮肤有光洁、细腻感，部分患有痔疮、皮肤瘙痒、关节疼痛等疾病的人，进行桑拿浴后，病情好转，症状减轻。然而桑拿浴室因通风不好，浴者呼出的二氧化碳不能排出室外，积聚在浴室中，使浴室的二氧化碳浓度加大。据调查，桑拿浴室内的二氧化碳的浓度比一般的居室高2~5倍，比电影院中高出2倍。虽然一般人短时间内在这样高的二氧化碳环境中不会受到严重的伤害，但是有一些人会有暂时的不适反应，如浴后头晕、恶心、心慌等。大多数人进行桑拿浴后，血管扩张，心跳和脉搏加快。

因此，桑拿浴虽好，但却并非每一个人都适宜。对于患有心脏病、重症高血压、低血压、糖尿病、肾炎等疾病者一般不宜进行桑拿浴。老年体弱多病者进行桑拿浴也要慎重。

洗脸过于频繁的人易衰老 >>>

洗脸过于频繁的人很容易衰老。人的面部有一层很薄的保护皮肤的皮脂膜，每次洗脸之后，这种皮脂膜需在2～3小时后才能再度形成。如果每天洗脸过勤，皮脂膜还未形成就又遭到破坏，这样做只能使皮肤受到更多的刺激。因此我们要想延缓容颜的衰老，就得把刺激限制到最小限度。一天之内，以早、晚各洗一次脸为宜。此外，洗脸还需注意以下几点：

❶忌水温过高：因为人的面部微血管分布最密，脂肪层也最厚，这是人体自身对面部肌肉的良好保护。由于热水有强烈的渗透作用，若洗脸水的温度过高，就相当于天天在清除一层保护油脂。久而久之，面部的皮下脂肪会明显地减少，皮肤就会加速老化，失去弹性，皱纹增多自然

就在所难免了。合适的洗脸水的温度一般应与体温接近，这样可以减少皮下脂肪的流失。当然，最好用冷水洗脸，通过冷水对皮肤的刺激，能增加皮下脂肪的容量。

❷忌水量太少：洗脸用一盆水是不够的。洗脸时总免不了用香皂、洗面奶，于是在洗脸水中会溶有一些碱性物质。而碱对皮肤有极大的侵蚀作用。因此，洗脸时起码要用两盆水。最好是用流动水清洗。

❸忌总用香皂：洗脸时应不用或少用香皂，因有些香皂对皮肤有不良刺激作用，使皮肤变得干燥。

❹忌从上往下洗，应该从下往上洗：因为传统的从上向下洗，恰好与面部血液循环方向相反，时间长了阻碍了血液流通。另外，地心引力也将人的皮肤向下拉，洗脸从上而下则更容易使面部出现细碎皱纹和皮肤松弛。因此，洗脸将由上而下改为由下而上为好。

❺忌用毛巾大面积摩擦：洗脸的主要用具是毛巾，由于毛巾棉纤维容易变硬，毛巾变硬后就会擦伤皮肤，故毛巾要勤换。洗脸时切忌大面积乱擦，应用轻柔的方法，在面部进行“太极式”的局部按摩，一般应自右到左，自下而上，用湿毛巾小面积轻轻按摩1～2遍，以清除污垢，舒经活血，增强面部肌肉的弹性。有条件的最好用面巾纸吸掉水渍。

面部按摩时间不宜太久 >>>

面部按摩的时间宜适度，不可太长或太短，必须视肤质、皮肤的状况和年龄来定。一般来说，中性皮肤的按摩时间为10分钟左右。干性皮肤的按摩时间可长些，一般为10～15分钟。由于按摩除了可以增加皮肤弹性和加快新陈代谢，还能够促进皮脂腺的分泌，因此油性皮肤的按摩时间应控制在10分钟之内。易敏感的皮肤的按摩时间也宜短不宜长。过敏性皮肤则最好不要做按摩。老年人由于新陈代谢较慢，可相应增加按摩时间。年轻人（25岁以下）因皮肤弹性和新陈代谢较好，按摩时间应缩短一些，因为过度按摩反容易产生相反效果。

横刷牙易导致牙齿松动 >>>

牙齿颈部釉质覆盖层本来是非常薄，如果刷牙横刷，长期不良的机械性刺激很容易使牙颈部造成V形缺损，从而使牙本质暴露，引起牙体的过敏和牙齿松动。病情严重者还会因牙颈楔状缺损而导致牙龈炎或牙根尖周炎。因此，刷牙忌横刷。

同时，在刷牙的时候也不要乱刮舌苔。人的舌头表面有许多颗粒突起，统称为舌乳头，它包括乳头、茸状乳头、轮状乳头等。乳头内有味觉感受器——味蕾。味蕾具有辨别酸、甜、苦、辣、咸各种味道的能力。刮舌苔则容易损坏味蕾，致使舌乳头萎缩、味觉迟钝、食欲下降，将有损健康。因此，刷牙忌乱刮舌苔。

舌表面扁平细胞脱落，与食物、黏液、细菌混合形成舌苔。舌苔也是医生诊病的重要依据之一。

漱口水不要过冷或过热 >>>

饭后要漱口是个普通的卫生习惯。但有些人，自以为牙齿特别好，随便用过冷或过热的水漱口。久而久之，人还不老，但牙齿却早已过早脱落了。因为经常用过冷或过热的水刷牙或漱口，由于冷或热的刺激，可以导致牙龈出血或牙髓痉挛，从而影响牙齿的正常代谢，使牙齿提前脱落。

在理发店刮脸易感染病毒 >>>

使用过的剃刀、刮胡刀常会粘有微量

的血迹。如果这些用具被患有乙型肝炎或无症状携带者用过，即使是含有极微量的乙肝病毒血液，也可引起感染。据调查，目前一些理发店基本上还是多人共用一把剃刀。对备磨剃刀的皮条抽样检测，发现有30%乙型肝炎表面抗原阳性。因此说剃须刀具最好自备专用，即便去理发店也最好不要刮脸，以防被感染疾病。

借用指甲剪易感染霉菌性皮肤病 >>>

人们相互借用指甲剪是生活中的常事，似乎是无可非议的。但是如果使用甲癣患者的指甲剪，则有可能被感染上甲癣。

因为指甲下藏污纳垢，真可以说是细菌的大本营，引起甲癣的霉菌尤其容易在甲下潜伏。如果使用甲癣患者的指甲剪，霉菌以指甲剪作为媒介，就容易被传染上霉菌性皮肤病。因此，指甲剪忌互相借用。

剪拔鼻毛易引起感染 >>>

我们每个人的鼻孔里都长有鼻毛，只是多少长短不一而已。鼻毛如同防护林，可以阻挡粉尘和细菌的进入，是人呼吸道的第一道防线，应当加以保护，绝对不要随便修剪，尤其更不要拔鼻毛，剪鼻毛或拔鼻毛对身体是有害的。

因为鼻孔处皮下组织较少，皮肤与鼻软骨紧紧相贴，剪拔鼻毛都容易发生感染，出现肿、红、痛、热及畏寒、发热，形成鼻前庭疖肿等疾病。另外，该处是人体的危险“三角区”，淋巴、血管丰富，感染后易于扩散引起蜂窝组织炎。如果细菌随血液流入海绵窦静脉直达颅脑内，还会引起化脓性脑膜炎、脑脓肿等危及生命的疾病。因此，如果鼻毛长出鼻孔外，可将鼻孔洗净，用干净的剪刀，小心地将鼻孔外的鼻毛剪去，如果不是这种情况，则忌剪、拔鼻毛。

憋尿易导致肾水肿 >>>

膀胱中储存的尿液如果超过了“膀胱生理性容量”，人却有意强忍而不排泄，时间久了，主管排尿的括约肌就会变得松弛，膀胱壁的弹性减弱，排尿功能就会减退，于是便会出现排尿次数增多、排尿时间延长，甚至排尿失禁等现象。另外，由于膀胱排尿功能降低，经常有剩余尿液潴留，可导致肾水肿，因此有尿忌憋着。

对人体有害的“小动作” >>>

❶忌抠鼻子：这样很容易弄破鼻黏膜，手指甲的细菌就会乘虚而入，引起化脓感染。鼻腔和颅腔内的静脉是相通的，鼻腔里的化脓菌很容易从静脉跑到颅内，引起严重后果。

❷忌用火柴梗或手指甲去掏耳朵：这样很容易造成外耳道损伤，引起发炎，严重的还会造成外耳道变形。甚至会损伤鼓膜，引起耳聋。觉得耳朵内分泌物过多时，应去医院解决。

❸忌拔胡子：这样会破坏皮肤的正常结构，还会引起毛囊感染，发生疖肿。

❹忌挤痘痘：这样容易造成伤口感染，还会引起毛囊发炎。

❺忌用手蘸唾液点钱、翻书：有人在看书或点钱时习惯用手指蘸口内唾液，这种习惯很不好，因为钞票和书刊报纸由于接触人物众多，上面的细菌也是数以万计，用唾液点钱、翻书，很容易感染各种疾病。另外，铅字含有铅，油墨中含有苯、多氯联苯等有毒物质，对人体更有害。

❻忌用别针或小竹片剔牙：这样不仅

容易造成局部外伤，而且还会使牙间隙越来越大，食物塞牙的现象会越来越严重，甚至形成牙龈炎或牙龈脓肿。

❼忌用火柴梗当牙签：目前，一般的火柴都是用挥发油及红磷等化学剂制成的，它具有一定的毒性。这种毒性必然染在火柴杆上，如果用它做牙签，慢慢地可使人中毒。

久坐不动易致癌 >>>

一个人如果久坐可致使人体的多种脏器、器官和组织得不到锻炼，进而影响机体正常的新陈代谢和发育，使循环血量减少，肌肉酸痛疲劳，导致肥胖症、妇科疾病、痔疮、神经衰弱、消化液分泌减少、食物消化与吸收障碍，以及肺活量降低等。久坐还使人体的自然重心（腹部）被人为地分成两个重心，一个重心位于心肺部位，另一个重心位于腿部，这样身体的压力平衡就会受到干扰，使细胞出现混乱，患癌机会增加。

所以，平时不宜久坐不动，尤其是沙发这样的软性坐具。坐的时间长了，要起来走动一下，做些简单的运动。上班族、青少年和老年人尤其要注意这点。

冬天睡前洗头易感冒 >>>

冬天用热水洗头后，由于温热作用，会使头皮毛细血管扩张，机体向周围辐射的热量增多，同时由于洗头后头发是湿的，大量水分蒸发要带走很多热量，由于散热增多，机体受冻，呼吸道毛细血管反射性收缩，局部血流量减少，上呼吸道抵抗力降低，从而使局部早已存在的病毒或细菌乘虚而入，生长繁殖，造成上呼吸道感染，因而出现感冒症状。尤其在头发未干的情况下睡着，此时体温调节中枢的调节功能低下，更容易发生感冒。因此冬天睡前忌洗头。

过多使用护发素有损头发光泽 >>>

护发素虽然具有护发、润发的作用，但也不宜过多使用，否则会使头发油腻腻的，缺乏鲜明感，失去光泽。通常只有经常烫发、用药水过多、干枯或粗糙的发质，才需要时常使用护发素，否则，根本不用每次洗发后都使用它。此外，为了头发的美丽、健康，我们还须注意以下几点：

❶忌梳头的次数过多：有些人认为每天要梳头50下。其实，可以在头皮上做一些按摩，以增加血液流通，而梳发对此则无济于事，所以梳头应适可而止。

❷忌长期用塑料梳子梳头：塑料梳子的特点是便宜、耐用、质轻。但使用塑料梳子的好处并不大。这是因为塑料梳子或塑料头刷，梳发时容易产生静电，给头发和头皮带来不良刺激，从而引起脱发。因此，应选用黄杨木梳和猪鬃头刷，这类用具既能去头屑，又能增加头发光泽，同时还能按摩头皮，促进血液循环。

❸忌梳刷不清洁：梳子需要经常清洗，以防止积留细菌和污物。所谓经常，是指一周一次，梳子忌用普通洗衣粉或洗洁精清洗，应用清水冲洗。海绵做的发卷也需要清洗，卷发四五次后，可将海绵发卷放入锦纶网袋内，放进洗衣机与其他衣物一起洗干净，也可以用手轻轻揉搓洗净。

❹忌烫发和染发同时进行：因为同时烫发和染发，会令头发遭受莫大损害。理想的做法是烫发后休息一两个星期，再染发或做其他的头发护理程序。另外，烫发后最好等48小时再洗头。

❺忌常染发：因为染发剂有一定的毒性。有些人使用后会导致皮肤过敏，从而

出现水疮、红肿、疹块、瘙痒等症状。如果经常染发，再加上清洗不净，染发剂中的某些物质，如醋酸铅便会在体内积蓄起来，从而引起中毒，甚至引发皮肤癌。因此，染发剂忌常用。

眼睛保养十注意 >>>

❶切忌“目不转睛”：自行注意频密并完整的眨眼动作，经常眨眼可减少眼球暴露于空气中的时间，避免泪液蒸发。

❷忌吹太久的空调：避免座位上有气流吹过，并在座位附近放置茶水，以增加周边的湿度。

❸忌干燥：可以多吃各种水果，特别是香蕉和柑橘类水果，还应多吃绿色蔬菜、粮食、鱼和鸡蛋。多喝水对减轻眼睛干燥也有帮助。

❹切忌熬夜：要保持良好的生活习惯，睡眠充足。

❺忌长时间连续操作电脑：注意中间休息，通常连续操作1小时，休息5～10分钟。休息时可以看远处或做眼保健操。

❻忌工作姿势不正确：保持一个最适当的姿势，使双眼平视或轻度向下注视荧光屏，这样可使颈部肌肉放松，并使眼球暴露于空气中的面积减到最小。

❼调整荧光屏距离位置：建议距离为50～70厘米，而荧光屏应略低于眼水平位置10～20厘米，呈15° ～20° 的下视角。因为角度及距离能降低对屈光的需求，减少眼球疲劳的概率。

❽如果你本来泪液分泌较少，眼睛容易干涩，在电脑前就不适合使用隐形眼镜，要戴框架眼镜。在电脑前戴隐形眼镜的人，也最好使用透氧程度高的品种。

❾40岁以上的人，最好采用双焦点镜片，或者在打字的时候，戴度数较低的眼镜。

❿沙子眯眼，忌用手揉，否则容易把眼角膜擦伤，损害视力；手上的细菌也容易揉进眼睛里，引起发炎。最好是让眼泪把沙子冲出来或者用水冲洗。

随便除痣易引发恶性黑色素瘤 >>>

痣是皮肤中的色素细胞在表皮和真皮交界处不断增殖形成的。痣的形态和颜色多种多样，可发生在人体任何部位的皮肤上。有人做过统计，平均每个人身上有40多个色素痣。这些痣绝大部分来自先天，也有少数是在出生后的发育过程中逐渐形成的。有人担心痣会变癌，或者觉得长在脸上不好看，影响美观，就千方百计地把痣除掉。其实绝大多数的痣对人体健康没有影响，色素痣变成癌的非常少见。据专家估计，大约100万个痣中才有一个会变成癌。

如果痣确实影响美观，需要除掉，应到医院皮肤科去咨询，经过医生详细检查后通过手术去除。千万不能随便用针挑或用腐蚀性的药物去烧灼，因为这样做反而会促进色素细胞过度增生，变为恶性黑色素瘤。恶性黑色素瘤转移快，恶性程度高，死亡率也高。

嘴唇保护禁忌 >>>

❶忌常涂口红：有些女孩子整天把自己的唇部用口红涂得艳红艳红的，这样对于身体的健康是没有什么好处的。因为口红中含有铅、颜料及一种叫作酸性曙红的红色粉末等化学成分，对人的口唇有一定的腐蚀作用，而且，唇上的口红特别能够吸附空气中的各种尘埃，随时会通过吃、喝等行为带到腹内，时间长久的话，会引起人的慢性中毒。

❷忌咬唇：咬嘴唇是一个不好的习惯，常见于一些儿童，也有一些成年人因

为紧张等原因而咬嘴唇。在正常情况下，牙齿位于唇舌之间，舌肌和唇颊肌的压力在牙齿内外处于平衡状态，这对于牙齿的正常排列和保持唇部的正常形状具有非常重要的作用。但是如果咬唇，特别是儿童则会破坏这种内外的平衡，造成牙齿排列的扭曲和唇形的不自然，影响人的面貌。而且，经常咬唇的人还可能造成唇部的破裂和感染，发生唇炎。

❸忌舔唇：在秋冬季节，天气干燥，空气中的湿度降低，人的嘴唇往往出现干裂、起皮，甚至流血等症状。有些人就习惯用舌头去舔嘴唇，以为唾液可以使干燥的嘴唇湿润，其结果是越舔越干。因为人的唾液里面含有大量的淀粉酶，比较黏稠，舔在嘴唇上好比是在嘴上涂了一层糨糊，很快当其中的水分蒸发完了以后，嘴唇就干燥得更加厉害，更容易破裂出血，甚至出现红肿、糜烂、结痂等症状。所以当嘴唇干裂时，不要用舌头去舔，最好是涂上少许的凡士林油膏。

口腔异味是疾病的征兆 >>>

❶口咸：大多见于肾虚患者，此为肾液上升的迹象。

❷口淡：指口淡无味，饮食不香，大多见于脾胃虚寒或病后脾虚运化无权的患者。如果还伴随有脾胃虚弱、食欲不振、四肢无力、舌淡苔白、胸脘不畅、脉虚而缓，可用参苓白术散补气健脾。

❸口苦：大多为肝胆有热，胆气蒸腾所造成的。

❹口甜：又称“口甘”。多属脾胃湿热所造成。

❺口酸：大多肝胆之热乘脾所造成。若伴有胸闷脏痛、舌苔薄黄、脉弦带数，可用左金丸泻肝和脾。

❻口辣：是口中有辛辣味或舌体麻辣的感觉，多为肺势壅盛或胃火上升所造成。如果还伴有痰黄稠、咳嗽咽干、舌苔薄黄、脉滑数等，可用泻白散泻肺清热。

❼口臭：如果口气酸臭，属消化不良，胃中有宿食而致，可用保和丸消积和胃。

❽口香：有的人自觉口香，多见于消渴症即糖尿病的重症。

酒后马上洗澡易损伤肠胃 >>>

酒后马上洗澡，会增加胃肠负担，容易损伤胃肠功能。因此，酒后切勿马上洗澡。此外，饮酒后还须注意以下3点：

❶酒后不要喷洒农药或在室内喷洒“灭害灵”一类的杀虫剂：因为酒后人体血流量加快，皮肤和黏膜上的血管扩张，通透性增强。这时皮肤若沾染上有毒农药，空气中飘浮的药若被吸入呼吸道的黏膜上，就会增加中毒的严重性，危及生命。

❷酒后切莫急于看电视：老年人尤其应该注意。酒中含有的甲醇，能使视神经萎缩，损伤眼睛。

❸酒后不宜马上服药：特别不宜服镇静剂一类的药物。

打喷嚏时捂嘴易引发中耳炎 >>>

打喷嚏是受凉感冒，上呼吸道黏膜受到刺激而引起的一种反应。在打喷嚏时捂嘴或捏鼻子或尽量使声音小些，都是有害的。因为人的咽部与中耳鼓室之间有一个管道，叫“咽鼓管”，它维持中耳与外界压力平衡。上呼吸道发生感染时，打喷嚏如果捏鼻、捂嘴，会使咽部压力增高，细菌因而容易由咽鼓管驱向中耳鼓室，从而引起化脓性中耳炎等疾病。因此，打喷嚏时忌捂嘴、捏鼻子。如果是为预防传染他人，应在打喷嚏时用手帕轻轻遮挡口、鼻为佳。

唾液的益处 >>>

唾液是一种消化液，其中绝大部分是水，同时还含黏蛋白和淀粉酶等。唾液不仅可以湿润口腔，软化食物，便于吞咽，淀粉酶可以促使淀粉分解为麦芽糖，增强消化，还可以清除口腔内的食物残渣和异物，保持口腔清洁。另外，唾液还含有溶菌酶，具有杀菌作用。黏蛋白可保护胃黏膜，增加胃黏膜抗腐蚀作用。因此，忌随便吐唾液。

笑口常开也应有度 >>>

笑一笑十年少，笑可以使人年轻，笑可以使人解除疲劳，笑可以缓解人与人之间的关系……笑固然有千万种好处，但是有些人却不可以大笑，俗话讲：笑口常开，亦应有度。下面几种情况就不宜大笑：

❶进餐时忌大笑：尤其小孩进餐时不要逗他发笑。因为吃饭时大笑轻则唾液横飞，重则饭粒四溅。大笑之后一定有一次深吸气，大笑时的深呼吸可把异物吸入气管引起呛咳，甚至发生窒息而死亡。

❷饱食后，不宜大笑：以免诱发阑尾炎或肠扭转。

❸睡前忌大笑：笑得过度会影响入睡甚至引起失眠。

❹冠心病患者忌大笑：现代医学研究证实，大笑时交感神经兴奋，肾上腺素增多，呼吸、心跳加快，再加上肌肉的运动，使机体耗氧量增多，往往会使冠心病患者因低氧而诱发心绞痛、心肌梗死、心律失常等，已有心肌梗死的患者，在急性发作期或恢复期切忌捧腹大笑，因为大笑会加重心肌缺血，从而导致心力衰竭。据记载，有的冠心病患者竟笑死在电视机前，真是乐极生悲。

❺高血压患者忌大笑：大笑时血压可由正常值升到26.7千帕，常有高血压患者因开怀大笑而发生脑出血，出现失语、偏瘫、昏迷，甚至危及生命的现象。

❻患有脑栓塞、脑出血等症而正处于恢复期者不可以大笑：以免引起病情反复。

❼有出血倾向的患者忌大笑：凡上消化道出血、气管扩张咯血、外伤出血、肿瘤出血，以及有出血可能的患者都应限制大笑，以免因活动过大而加重出血。

❽尿道或肛门括约肌松弛的患者忌大笑：大笑时腹内压增加，会把大便和小便笑出来。

❾孕妇忌大笑：因突然大笑会使腹腔内压加大，有时可引起流产或早产。

❿手术后的患者忌大笑：经胸腔、腹腔、脑等大型手术后的患者，一般在10～15天内都不能大笑，避免引起伤口疼痛、出血和伤口开裂。

睡前多说话易伤肺 >>>

有些人忙了一天，等到上了床才有了空闲，于是夫妻双方就开始谈话，这实际上是科学睡眠的一个禁忌。中医学认为话多伤肺，尤其是躺下之后，肺即收敛，多说话必定损耗肺气。而且睡前说话也易引起兴奋。因此，睡前要尽量少说话。此外，为了保证高质量的睡眠和自身的健康，睡前还须注意以下几点：

❶忌睡前过于兴奋：睡眠是人体必需的休息，入睡以后人的一系列生理活动进入了最低潮。大脑皮质处于抑制状态。所以在入睡前，要避免过于兴奋，一不要喝浓茶、饮酒、大量抽烟等；二不要看惊险小说、电视等，使人躺下以后能够很快平静下来；三忌在入睡前做激烈的运动而使

全身处于紧张的状态之中。因为这些行为都能刺激自主神经，使大脑皮质兴奋，从而发生失眠，久久不能入睡。

❷忌睡前生气：不同的情绪变化对人体有不同的影响。睡前生气发怒，会使人呼吸急促，心跳加快，思绪万千，以致难以入睡。

❸忌睡前吃得过饱：睡前如果吃得过饱，胃肠要加紧消化，装满食物的胃会不断刺激大脑。大脑有兴奋点，人便不会安然入睡。而且也容易使人发胖。

❹忌睡前使用大量的化妆品：人们，特别是女性在入睡前洗漱完后，很习惯地进行一番美容，给自己的脸上涂上一层厚厚的化妆品，这样做其实是美容的一大忌。人的皮肤需要营养的补充，但是同时也需要“呼吸”，过长时间的“武装”把皮肤进行呼吸的通道都给堵死了。长久下去会造成皮肤的过早老化，所以睡前不宜进行化妆，需要的话，最多搽点晚霜就足够了。

❺忌睡前不洗脚：睡前洗脚能促使局部血管扩张，加速血液循环，改善足部的皮肤和组织营养。同时能消除疲劳，刺激人的神经末梢。通过反射作用，促使大脑安静，因此容易入睡。而晚间睡得好，正是人体长寿健康的必要条件之一。

❻忌睡前用脑过度：晚上如有工作和学习的习惯，要把较伤脑筋的事先做完，临睡前则做些较轻松的事，使脑子放松，这样便容易入睡。否则，大脑处于兴奋状态，即使躺在床上也难以入睡，时间长了，还容易失眠。

随意拔除乳晕毛易引起败血症 >>>

乳晕处有丰富的血管、腺体、淋巴管和神经，这些组织与人体内部脏器和体液关系密切。如果随意拔乳晕体毛，势必将破坏表皮组织的完整性，细菌、污物、汗液将会趁机而入，从而引起局部淋巴管炎、毛囊炎、脓肿等，如果感染向深部组织发展，可引起菌血症和败血症。另外，还可能导致乳晕及其周围皮肤对冷、热、触觉的感应能力减弱，反应能力迟钝和麻木。因此，乳晕毛忌拔。

坐着或趴着午睡易引起腰肌劳损 >>>

不少人由于条件限制，坐着或趴在桌沿上睡午觉，一旦醒来后会感到全身疲劳、腿软、头晕、视觉模糊、耳鸣；如果马上站立行走，则极易跌倒。这主要是由于脑供血不足造成的。因为坐着打盹时，流入脑部的血会减少，上部身躯容易失去平衡，甚至还会引起腰肌劳损，造成腰部疼痛。而且坐着打盹，体温会比醒时低，极容易引起感冒。因此，尽量不要坐着或趴着午睡。此外，午睡还应注意以下3点：

❶忌午睡时间过长：午睡时间以半小时至1小时为宜，睡多了由于进入深睡眠，醒来后会感到很不舒服。如果遇到这种情况，起来后适当活动一下，或用冷水洗脸，再喝上一杯水，不适感会很快消失。

❷忌随遇而安乱午睡：午睡不能随便在走廊中、树荫下、草地上、水泥地面上就地躺下就睡，也不要在穿堂风或风口处午睡。因为人在睡眠时体温调节中枢的功能减退，重者受凉感冒，轻者醒后身体不适。

❸并非人人都需要午睡：午睡也不是人人都需要，只要身体好，夜间睡眠充足者，不午睡一般不会影响身体健康。但是，对从事脑力劳动、大中小学生、体弱多病者或老年人，午睡是十分必要的。

睡床东西朝向易使人失眠或多梦 >>>

睡床东西朝向易使人失眠或多梦。这是因为地球本身具有地磁场，地磁场的方向是南北向（分南极和北极），磁场具有吸引铁、钴、镍的性质，人体内都含有这三种元素，尤其是血液中含有大量的铁，因此睡眠时东西朝向会改变血液在体内的分布，尤其是大脑的血液分布，从而会引起失眠或多梦，影响睡眠质量。此外，为了自身的健康，在睡床的选择、摆放等方面，还应注意以下几点：

❶忌床体过高：床高虽然可以显得干净气派，但是对人却是一个潜在的威胁。特别是老年人，太高的床会造成上下的困难，睡觉的过程中，如果起夜又极容易跌下。

❷忌床体过低：过低的床虽然上下方便，也显得舒适，但是床太低，床下通风不良，而且容易接触和吸取地下的潮气，造成人体疾病的隐患。

❸忌床垫过软：长期睡软床，尤其是仰卧，会增加腰背部的生理弯曲度，如果时间久了，脊柱周围的韧带、肌肉和椎间关节负荷加重，会引起腰痛或加重原有的腰痛。对于从事体力劳动或本来就患有腰肌劳损、肥大性脊椎炎等慢性腰痛的人，则会使症状大大加重。身体正在发育的少年儿童和老年人更不能睡软床。即使是选用席梦思床垫，也应挑选那种比较“硬实”一点的。

❹忌床垫过硬：床板过软不好，过硬也对人的身体没有什么好处。床过硬，睡着不舒服，不利于人体消除疲劳，相反还会增加人的疲劳感，达不到休息的目的。

❺忌床面过于窄小：床过于窄小，虽然可以节省空间，但是却容易使入睡者有委屈之感，伸不开腿，限制了人体的舒展，在紧张中睡眠，达不到休息的目的。而且床身过于狭窄，也容易造成入睡者不小心而落地或是经常将被子踢到地下。

❻忌在床被下铺上一层塑料布：这样其实并不能达到防潮的作用，相反会造成床被中的水汽无法散去，使得床被出现潮湿而使人生病。

❼忌把床放在窗户下或门口通风处：主要因为床头在窗下或门口，人睡眠时有不安全感。如果遇大风、雷雨天，这种感觉更是强烈，再说，窗子、门口是通风的地方，人们在睡眠时稍有不慎就会感冒。

❽忌放在镜子对面：这里不是迷信说法，主要是因夜晚人起来时，特别是睡眠中的人蒙眬醒来时或噩梦惊醒时，在光线较暗的地方，会在猛一抬眼的刹那看到镜中的自己或他人活动，容易受到惊吓。

盖被的禁忌 >>>

❶起床后不要马上叠被：人在一夜的睡眠中，仅从呼吸道排出的化学物质就有149种，从汗液中蒸发的化学物质有151种。这些水分和气体都被被子吸收和吸附，若马上叠被子，就非常易使被子受潮，污染物反而不容易挥发，下一次使用便会对人体造成不良影响。起床后应将被子翻过来，把窗户打开，让被子里的水分、气体自然蒸发，待早饭后再叠被子。平时要经常晾晒被子，利用紫外线照射杀灭病菌。

❷忌被子太厚：被子太厚将压迫胸部，从而影响呼吸，减少呼吸量，使人做梦。另外，被子太厚，被窝温度升高，机体代谢旺盛、能量消耗大、汗液排出多，醒后反而感到非常疲劳困倦、头昏脑涨。再者，夜里盖被多，白天易受寒，容易伤风感冒。

❸忌睡觉不盖被：入睡以后，人体的各项功能处于低潮，防御功能也会自然地

下降，此时特别容易遭受风寒而生病，尤其是夏天，前半夜较热，可是后半夜就凉了，如果不盖上被子，特别容易着凉。

❹忌蒙着被子睡：人呼吸时，呼出二氧化碳，吸入氧气。人只有吸入足够的氧气并顺利地呼出二氧化碳，才能保持人体各器官的正常工作。如果睡觉时把头蒙上了，人正常的呼吸必定要受到影响，时间一长就会造成人体内低氧，出现头晕、胸闷等症状。

❺忌久盖不晒：棉纤维的纤维素是霉菌等许多微生物的良好粮食，久盖不晒的被子易发潮、发霉，产生难闻气味，生棉虱和毛霉孢子，人盖了会发生过敏性疾病，其症状是恶寒、头痛、发热。同时被褥受潮后棉纤维的弹性降低，使被褥板结发硬，纤维层中空气含量大为减少，保暖性降低许多。因此被褥必须要晾晒杀菌并使其保持干燥。

枕头过硬或过软不利于睡眠 >>>

过硬的枕头，会使枕头与头部的接触面积缩小，压强增大，头皮不舒服；但如果枕头太软，则难以保持一定的高度，颈肌易疲劳，也不利于睡眠，并且头陷其中，会影响血液循环，使头部麻木。因此，枕头的选择一定要软硬适度。此外，在枕头的选择和保养方面还须注意以下3点：

❶忌过高或过低：正常人睡过高的枕头，无论是仰卧还是侧卧，都会使颈椎生理弧度改变，久而久之，颈部肌肉就会发生劳损、痉挛，加速椎间关节的变形，并促使骨刺形成，导致颈椎不稳定等问题。此外，高枕会增大颈部与胸部角度，使气管通气受阻，易导致咽干、咽痛和打鼾。而正常人长期睡低枕，同样也会改变颈椎生理状态。因头部的静脉无瓣膜，重力会使脑内静脉回流变慢，动脉供血相对增加，从而出现脑涨、烦躁、失眠等不适症状。

❷忌不洗：有人会定期清洗枕套，却从来不清洗枕头。因为很多人认为枕套足以保护枕头，只要按时清洗枕套就可保持枕头的干净卫生。其实不然，睡觉时我们不经意流出的口水、分泌的汗液等都会渗透到枕头里面，滋生细菌，引发过敏与疾病，所以我们每3~6个月就要清洗一次枕头。不过羽绒枕不能水洗，应干洗。

❸忌常用不换：有很多人每4年才换一次枕头，其实枕头应该是每1~3年就更换一次。因为又旧又脏的枕头容易滋生霉菌、螨虫，引发过敏或者呼吸道疾病。选购的枕头应该方便清洗并可烘干，这样枕头才可用得长久，人的睡眠健康也可获得保证。

治病用药禁忌

看病就医的注意事项 >>>

❶忌忽视小病不就医：疾病初起，症状并不严重，自以为没关系，企图拖延以等待痊愈。但最终使小病酿成大病，甚至不可救药。

❷忌一味追求专家号：挂号时不要一味追求医生的知名度和年龄，要选择符合自己病种需要的医生就医。对一些慢性病人，应选择一位医德高尚、医术高明的医生诊治，并保持持久的联系，以便对你的健康进行指导。

❸忌托人看病，隔山开药：托他人到医院看病开药，这样不仅不能对疾病做出诊断，而且容易误用药物。

❹忌隐瞒病情：有的患者出于害羞的心理，不愿向医生吐露真情。一般如月经情况、性交史、服避孕药、遗精、阳痿、白带等不愿告诉医生，往往造成早期诊断和早期治疗的困难，对疾病康复极为不利。

❺忌随便抛弃病历：病历是珍贵的健康档案和医疗文件。一些老人看一次病换一本新病历。这种随意抛弃病历及检查单的习惯不仅给医生诊病、用药增添了麻烦，还会多花钱，很难保证连续性地治疗疾病。

❻忌逃避一些必要检查：有的患者怕疼痛，不愿去化验室取血，或不愿做胃镜检查，或对某些特殊的检查产生误会而恐惧，如做腰穿、脑室造影等检查，患者常听信流言，害怕影响智力，不愿与医生合作，使疾病得不到早期诊断和治疗。其实，医生对患者的各种检查都是经过慎重考虑的，并不会影响健康，因此患者不需多虑。

❼忌一知半解，自己点药：医生开处方必须经过一番思索，准确诊断后才能给药，而且对药物用法、剂量、疗程等都有周密的考虑。但是如果患者想当然地自己点药，甚至偶尔看到书报的介绍就要求医生开什么方子，这样最容易误事，造成不良后果。

❽忌不遵医嘱：有的患者一见处方用药是常见的，并不名贵，就认为廉价药不好，甚至根本不去取药，或擅自减少用药剂量和次数，或在用药期间加用其他药物，或不听医生告诫，服药期间乱吃乱喝，这些都可能影响疗效。

❾忌不合理的节省：有些患者常常要求医生尽量少开药，开便宜药，甚至限定医生开药的药费数额，这样做是很不妥当的。因为医生必须根据病情的需要开药，只能在保证药效的前提下节省开支。否则，花钱虽少，不能治病，又有何用？同时，这样做，一次花钱虽少，却可能把病情拖重了，时间长了，需要吃药的时间也拖长了，结果吃药总量并没有减少。

❿忌盲从广告：目前医疗广告铺天盖地，鱼龙混杂。广告只是宣传的工具，并不对疗效负责。许多“名医”也未必名副其实，为了利益不顾医德者有之，患者应提高警惕。

家庭急救切勿草率行事 >>>

家庭是一个温暖的港湾，可随时也会有各种小的意外情况发生，如何准确判断并在第一时间内实施急救，成为我们必须掌握的一门学问。

❶急性腹痛忌服用止痛药：以免掩盖病情，延误诊断，应尽快去医院查诊。

❷腹部受伤内脏脱出后忌立即复位：脱出的内脏须经医生彻底消毒处理后再复位，防止感染造成严重后果。

❸使用止血带结扎忌时间过长：止血带应每隔1小时放松15分钟，并做好记录，防止因结扎肢体时间过长造成远端肢体缺血坏死。

❹昏迷患者忌仰卧：应使其侧卧，防止口腔分泌物、呕吐物吸入呼吸道引起窒息。更不能给昏迷患者喂食、喂水。

❺心源性哮喘病患者忌平卧：因为平卧会增加肺脏瘀血及心脏负担，使气喘加重，危及生命。应取半卧位使下肢下垂。

❻脑出血患者忌随意搬动：如有在活动中突然跌倒昏迷或患过脑出血的瘫痪者，很可能发生脑出血，随意搬动会使出血更加严重，应平卧，抬高头部，即刻送医院。

❼小而深的伤口忌马虎包扎：若被锐器刺伤后马虎包扎，会使伤口低氧，导致

破伤风杆菌等厌氧菌生长，应清创消毒后再包扎，并注射破伤风抗毒素。

❽腹泻患者忌乱服止泻药：在未消炎之前乱用止泻药，会使毒素难以排出，肠道炎症加剧。应在使用消炎药痢特灵、黄连素、氟哌酸之后再用止泻药。

❾触电者忌徒手拉救：当发现有人触电后应立刻切断电源，并马上用干木棍、竹竿等绝缘体排开电线。

“落枕”时用力强扭颈部易引起脊髓震荡 >>>

人的脊柱，上接生命中枢延髓，下接躯体四肢。脊柱两侧共有31对脊神经，其中颈神经8对、胸神经12对、腰神经5对、骶神经5对、尾神经1对，每对神经都有明确的分工，分别支配一定部位的运动和感觉。如果猛然扭转颈部，则容易损伤颈神经，从而引起脊髓震荡或波及延髓，患者可能会因此而出现心跳停止、呼吸停止或高位截瘫。因此，“落枕”者忌轻易让人用力强扭项颈，可以采用止痛药或针灸、按摩法医治。

换药过频不利于伤口愈合 >>>

身体因创伤或炎症而形成表面伤口时，适当地换药，保持局部清洁，会有利于消炎和愈合。但如果换药过于频繁，则不利于局部组织的再生，从而影响创口的愈合。

因为创面在愈合过程中，血液中的纤维素和白细胞中的渗出物在伤面上形成一层薄膜，覆盖在肉芽组织的表面，保护肉芽组织的生长。另外，在感染伤面上的腐败、化脓组织中，还会产生一种特殊物质，直接刺激各种所需要的细胞生长，从而促使创面愈合。如果换药过频，则会使保护膜难以生成，或将保护膜严重破坏，不利于伤口的愈合。因此，换药忌过频。

乱挤脸上的疮疖会引起严重后果 >>>

脸面是一个人精神面貌的主要标志，可是一些人面部常长疮疖，很影响容貌。为去除疮疖，有的人强行挤压排脓，以致造成严重的后果。

脸上长疮、疖子，如果处理不当确是非常危险的。特别是从鼻根到两侧口角各画一条线，以嘴为底边，所画成的三角形区域范围内，被医学上称为“危险三角区”，这里的血管特别丰富，分支也很多，围绕在口唇、鼻翼的周围，如果在不做任何消毒的情况下，自己用手挤压，或用针去挑弄，可使皮肤上和疮疖里的细菌、毒素直接进入血液并随血液循环波及全身，甚至进入人的大脑，从而引起败血症、脑脓肿、脑膜炎等严重疾病。

要记住如果脸上的疮疖出现红肿疼痛，或扩散而使整个面部肿大，应该马上去医院治疗，忌用不干净的手去抓摸，也不要自己随便外敷药物。

感冒时乱喝姜汤可能加重病情 >>>

感冒时喝上一碗姜红糖水是民间常用的方法，但需注意，风热感冒不宜喝姜糖水。

中医将感冒分为风寒感冒、风热感冒和暑湿感冒三个类型，它们一般是风邪侵入人体所引起的以恶寒、发热、头痛、鼻塞、咳嗽等为主要症状的外感疾病。感冒除在医疗上应辨证审因、分型施治以外，在饮食配合方面也应有所讲究。

治疗风寒感冒时，可用姜煎红糖水服用，因为生姜、葱白等都是辛温食物，能发汗解表、理肺通气，治疗效果颇佳，往往不服药也能使病情好转。

但治疗风热感冒，则不能用姜、葱、

红糖之类的食物，如用即会助长热势，使病情向坏的方向发展。暑湿性感冒也不宜用红糖、生姜之类的食品，而应给予清凉解表的薄荷茶之类饮料进行辅助治疗。

发热时不可急于退热 >>>

发热是机体在感染时或产生其他免疫性疾病时身体的一个反应症状。人在发病后，体内的白细胞会受到刺激，产生一种内源性致热质，直接刺激丘脑下部体温调节中枢，从而使体温升高。体温增高时，白细胞增多，吞噬细胞的吞噬作用加强，抗体生成增多，肝解毒功能加强。发热从某种意义上说有助于消除病因，为康复创造有利条件。如果不是发热过高或持续时间过长，一般发热忌急用退热药。

而对一些严重细菌感染者和免疫性患者发热时，盲目服用退热片，往往会出现感染灶加重，患者退热后，又迅速升高体温，有时出现因退热快而虚脱及中毒症状，严重者可导致休克等。有些严重感染和其他疾病，因滥用退热药掩盖了原有症状和体征，给治疗带来困难。因此发热时，先要弄清原因，根据病因，有的放矢地治疗，必要时看医生后，再用退热药。

咳嗽时马上止咳易引起继发性感染加重病情 >>>

伤风感冒等常常伴有咳嗽、发热等症状。如果急于退热止咳，虽然能使咳嗽减轻，但可使其他症状加重，如出现痰鸣、胸痛、气促等。

因为呼吸受炎症或痰液的刺激，会因此而产生保护性反射，从而引起咳嗽，以排除痰液，清洁呼吸道。所以，咳嗽从某种角度来讲是有益的。如果过早使用止咳药，抑制咳嗽反射，则会造成痰液在呼吸道滞留，甚至阻塞呼吸道，引起继发性感染而加重病情。因此，咳嗽忌急于止咳，痰多的患者应先祛痰。

有病不能滥用药 >>>

❶滥用滋补药：有人认为“有病必虚”，既然身体虚弱必定要用人参、鹿茸等滋补，因此滥用这类药物。中医治病讲究辨证。疾病有虚证，也有实证，对于实证是不主张滋补的，即使是虚证也未必要用滋补药。乱吃补药有时反而会伤了身体。

❷迷信贵重药：有人认为凡是昂贵或者药源稀少的必定是好药，竭尽全力搞来使用。最典型的是对“人体白蛋白”的盲目使用。由于此药价格高，药源少，不少人都认为是一种能治百病的良药。其实“人体白蛋白”的真正用途主要是治疗肝脏病、低白蛋白血症。

❸偏信新药：有的人用药“喜新厌旧”，认为新的一定比旧的好，打听到某种新药，便千方百计地搞来使用。例如治疗消化道溃疡的甲氰咪胍刚问世时，很多溃疡患者争相使用。其实，甲氰咪胍并非是治疗溃疡病的“灵丹妙药”。

❹长期自选用药：有些长期患病的人认为自己“久病成良医”，自己选定一两种药物长期服用，不去医院复查。一者自选的药未必对症，二者即使对症，有时病已痊愈，不必服药了，再继续服下去，反而对身体不好。

❺期望快速见效的药：绝大部分患者都希望用药后能迅速见效，如果连用一两次未奏效，便又另觅其他药。其实药物治病也有一个过程，不能操之过急。

腹痛时用手抚摸危害极大 >>>

有些腹部疼痛的患者，用手抚摸着腹部，试图以此来止痛。其实这样做是很有害的，其危害具体如下：

❶导致穿孔：例如蛔虫性肠梗阻，其临床表现为肚脐周围阵发性腹痛和呕吐。此刻，如抚摸腹部止痛，会刺激肠道内的蛔虫团挣扎乱窜，导致肠壁穿孔。

❷加重出血：比如胃十二指肠溃疡出血，如用抚摸腹部法止痛，会破坏脓肿，扩大炎症，导致弥漫性腹膜炎。

❸危及生命：比如肠套叠，如用抚摸腹部法止痛，会加重套叠，使肠壁坏死，危及生命。

此外，患者用抚摸腹部法止痛，还会刺激胃肠道。改变原来的肠鸣音，给医生的听诊带来困难。

药物治疗禁忌 >>>

❶忌药量过大：通常治疗量是指既可获得良好疗效又较为安全的剂量。若超量服用，即可引起中毒，尤以小儿、老人为甚。然而，有人误以为服药量越大效果越好，便随意加大剂量，这是十分错误而又极其危险的。

❷忌药量偏小：有人为了预防疾病，或害怕药物的不良反应，以为采用小剂量比较安全。殊不知这样非但无效，反而贻误病情，甚而使病菌产生抗药性。

❸忌疗程不足：药物治疗需要一定时间，于是医生按病情规定了疗程。如尿路感染需连续用药7～10日才能治愈。若用药两三天后，见尿路刺激症状有所缓解便停了药，结果迁延时日，甚而病情加剧。

❹忌时断时续：药物能否发挥疗效，主要取决于它在血液中是否保持恒定的浓度，若不按时服药，达不到有效浓度，也就难以控制病情，从而治愈疾病。

❺忌当停不停：一般药物达到预期疗效后，应及时停药，否则时间过长易引起不良反应，如二重感染（即菌群失调症）、依赖性（即成瘾性）、耳鸣或耳聋以及蓄积中毒等。

❻忌突然停药：诸多慢性疾病需长期坚持用药控制病情、巩固疗效，如精神病、癫痫病、抑郁症、震颤麻痹症、高血压、冠心病等。若确需停药，应在医生指导下逐步进行，切忌擅自停用，或减少药量过多，以免产生停药反应。如有的会促使旧病复发或病情加剧，有的会出现原来疾病所没有的奇特症状，严重的还会危及生命。

❼忌换药随意：药物显示疗效需要一定时间，如伤寒用药需3～7日，结核病用药需半月至1年。若随意换药，会使治疗复杂化，出了问题也难以找出原因并及时处理。

❽忌多多益善：两种以上药物联合使用，常可增强疗效，减少不良反应及延缓抗药性产生，但若配合不当，会发生对抗作用，以致降效、失效，甚至招致毒性反应。

❾忌小儿用成人药：由于小儿肝、肾等发育尚不完善，解毒功能很弱，故服药时需了解药物的性质及注意点。如氟哌酸等可引起小儿关节病变和影响软骨生长发育，故禁用。

❿忌以病试药：有人患了疑难杂症久治不愈，便寻找所谓单方、偏方、验方使用。如流传的“吃生鱼胆能明目”，就不断酿成中毒事故，且死亡率很高。又如一位患者全身长了疙瘩，奇痒难忍，用了偏方，将蟾蜍熬汤喝下，所谓以毒攻毒，结果严重中毒，不治身亡。还有些早期癌症患者，本可用手术治疗，却因偏信某些验方、秘方的神效而坐失良机，使病情恶化，以致难以救治。

⓫忌以针换药：很多患者都认为打

针比吃药见效快，所以一来医院就要求打针，这样是不对的。打针或服药都是治病的一种给药手段，必须由医生根据病情需要、药物剂型等多种因素而定。如果服药和打针效果相当，以服药为宜，不是很需要时尽量不打针。这样既对身体有利，也减少了许多由注射器传染疾病的机会。

服药的禁忌 >>>

❶忌躺着服药：躺着服药会使药物黏附于食管壁上，在食管中慢慢下行或滞留，不能及时进入胃部，造成呛咳和食管炎，甚至灼伤食管，形成溃疡。正确姿势是站着或坐着服药并保持约2分钟。

❷服药时间忌自作主张：服用一种药物之前，应当认真阅读说明书，按要求服药。每日一次是指服药时间固定，每天都在同一时间服用。每日服用2次是指早晚各一次，一般指早8时、晚8时。每日服用3次是指早、中、晚各1次。饭前服用一般是指饭前半小时服用，健胃药、助消化药大都在饭前服用。不注明饭前服用的药品皆在饭后服用。睡前服用是指睡前半小时服用。空腹服用是指清晨空腹服用，大约早餐前1小时。

❸忌把药片掰开吃：有的人吃药总是把药片掰开，以为药片小了利于吞咽。其实药片掰开后变成尖的，反而不利于下咽，还易划伤食管，所以药片不要掰开吃。

❹糖衣药片忌嚼服：糖衣药片在糖衣与药物之间，还包着层肠溶衣。这样药片在胃内一般不会溶解，而只有在小肠内才会溶解、吸收，因此就避免了药物对胃的刺激和胃液对药物的影响。如果糖衣肠溶药片咀嚼后吞咽，因破坏糖衣内的肠溶衣，药物在胃酸作用下会大大降低疗效。

❺忌干吞药片：有人服药时借唾液干吞，这对身体的危害较大。干吞药物易卡在食管中刺激食管黏膜，可引起食管炎、食管溃疡、上消化道出血等病症。

❻忌用饮料服药：茶水、可乐、豆浆、咖啡、牛奶等饮料中有多种化学成分，易与药物发生反应而影响药效。应用温开水或凉开水送服，少数中药可用黄酒、蜜水送服。

❼忌喝水过多：喝水过多会稀释胃酸，不利于对药物的溶解吸收。一般来说送服固体药物1小杯温水就足够了。对于糖浆这种特殊的制剂来说，特别是止咳糖浆，需要药物覆盖在发炎的咽部黏膜表面，形成保护性的薄膜，以减轻黏膜炎症反应、阻断刺激、缓解咳嗽，所以，建议喝完糖浆5分钟内不要喝水。

❽忌对着瓶口喝药：对着瓶口喝药的情况多见于喝糖浆或合剂。一方面容易污染药液，加速其变质；另一方面不能准确控制摄入的药量，要么达不到药效，要么服用过量增大不良反应。

❾忌服药后饮酒：酒中含有浓度不等的乙醇，它与多种药物相互发生作用，会降低药效或增加药物的不良反应。

❿忌服药后马上运动：和忌吃饭后运动一样，服药后也不能马上运动。因为药物服用后一般需要30～60分钟才能被胃肠溶解吸收、发挥作用，其间需要足够的血液参与循环。而马上运动会导致胃肠等脏器血液供应不足，药物的吸收效果自然大打折扣。

助消化类药物用热水送服会降低药物疗效 >>>

助消化类药物，如多酶片、酵母片等，用热水送服会降低药效。此类药中的酶是活性蛋白质，遇热后即凝固变性而失去应有的催化剂作用，因此服用时最好用低温水送服。此外，下列两种药物也不宜用热水送服：

❶维生素C：是水溶性制剂，不稳定，遇热后易还原而失去药效。

❷止咳糖浆类：止咳药溶解在糖浆里，覆盖在发炎的咽部黏膜表面，形成保护性的薄膜，能减轻黏膜炎症反应，阻断刺激而缓解咳嗽。若用热水冲服会稀释糖浆，降低黏膜的黏稠度，不能生成保护性薄膜。

不能久存的五类药 >>>

日常生活中，几乎每个家庭都遇到过买来的药只吃了一部分就病愈的情况。有关专家指出，不是所有用剩的药品都适宜留在家中保存，有些用剩的药品下次使用时，可能给人体带来危害。

❶所剩药品不够一个疗程的不留：这些药品存放多了不便于管理，还容易和同类新药造成混淆。

❷容易分解变质的药品不留：如阿司匹林容易分解出刺激肠胃的物质，维生素C久置会失去药效。

❸有效期短且没有长期保留价值的药品不留：如乳酶生片、胃蛋白酶合剂等。

❹没有良好包装的药品不留：一些药品遇潮容易变质，需要有避光防潮的包装，包装不好的片剂药吸潮后会霉变。没有标明有效期和失效期的零散药品或外包装盒已丢弃的药品也不要留。

❺没有掌握用途的药品不留：如果对某类药品的适应证把握不准，最好不要留存使用。

健康之人服用人参易招致疾病 >>>

身体健康的人应以饮食和体育锻炼为强身之良策。若多服、过服人参非但无益于健康，而且会招致疾病，引起口舌干燥、血压升高、大便秘结和流鼻血等不良后果。尤其是婴幼儿、少年儿童、血气方刚的青壮年，更不可盲目服用人参。此外，下列几类人也不宜服用人参：

❶舌质紫暗之人：中医学认为，舌质紫暗为气血瘀滞之象，如服用人参反而会使气血凝滞加重病情，出现“疼痛、烦躁不安、手足心发热”等症状。

❷红光满面之人：临床发现，红光满面之人情绪往往兴奋，血压常常偏高，再服用人参会导致血压上升、头昏脑涨、失眠多梦等病症。

❸舌苔黄厚之人：正常人的舌苔薄白而又显湿润，黄则表示消化不良有炎症，此时服用人参会引起食欲不振、腹部胀满、便秘等。

❹大腹便便之人：此类人服用人参后，常常食欲亢进，出现体重猛增、身重困顿、反应迟钝、头重脚轻之不良感觉。

❺发热之人：发热应先查明病因，不可因病体虚而盲目进补，感冒、炎症等发热患者服用人参后犹如雪上加霜，会使病情加重。

❻胸闷腹胀之人：此类患者服用人参后，常常出现胸闷如堵、腹胀如鼓等。

❼疮疡肿毒之人：身患疔疮疥痈和咽喉肿痛者，体内必有热毒，服用人参后会导致疮毒大发，经久不愈等严重后果。

夏日清热降火莫过头 >>>

夏日清热降火莫过头，使用清热降火药物不能过量，以免引起药物中毒。如六神丸是家庭常备良药之一，主要由牛黄、麝香、蟾酥、雄黄、冰片、珍珠六味药组成，具有清热解毒、消肿止痛等功效。但也曾经发生过有人过量服用六神丸而导致药物中毒，有的人一次过量即中毒，也有的人多次过量而中毒。此外，夏日用药还须注意以下几点：

❶不要随便输液：夏季炎热，输液过程的环节多，易被微生物污染，一旦尘埃和细菌通过药瓶的进气管进入药液，就容易引发输液反应，患者应格外小心。输液要选择正规的医疗机构，输液一定要在医护人员的监护下进行。

❷伤口选敷料莫随意：夏季衣着单薄，难免磕磕碰碰受外伤。受伤后敷药是自然重要的，但是选择什么敷料更为重要。有的人使用一些没消毒的棉花、纱布、手帕、布条、餐巾纸等来盖住伤口。这样非但于伤口愈合不利，还会引起诸多并发症，导致不良后果。合格的伤口敷料才能促进伤口愈合，减轻疼痛并分解坏死组织，避免引起伤口感染。常用的医用敷料有止血海绵、纱布绷带、医用棉球、棉签等。

❸不要滥用抗生素：夏季容易发生细菌感染性疾病，有些人会自行大量服用抗生素类药物。甚至为了防止胃肠道疾病，自己服用氟哌酸等抗生素来“预防”腹泻，这种做法不仅完全没有必要，其实也起不到预防作用。而且抗生素类药物不良反应较多，据报道，全国每年上报的数万例药品不良反应病例中，至少有一半是抗生素引起的，所以一定要慎用，不能过量服用。

❹当心利尿剂：夏季人们排汗量增加，机体处于缺水状态，如果再服用利尿药物，会引起机体严重缺水，甚至导致脱水。如果需要长期使用这类药物，要听取医生的意见，选择合适的用药方案。

摄取维生素并非多多益善 >>>

维生素是动物成长和保持健康不可缺少的有机物质之一。维生素大致可分为“脂溶性维生素”和“水溶性维生素”两大类。前者主要包括维生素A、维生素D、维生素E和维生素K，后者主要包括维生素B_1、维生素B_2、维生素B_6、维生素B_{12}、维生素C以及烟酸和泛酸等。水溶性维生素如果摄取过多，都可随尿排出体外，然而脂溶性维生素摄取过量，就会原样贮存在体内，从而引起组织细胞发生异常的变化。

嗓音嘶哑时忌滥服胖大海 >>>

当嗓音嘶哑时，人们常常用胖大海泡茶治疗。有人服用后效果良好，但有些人却不一定见效，甚至还有不良反应。

这是因为嗓音嘶哑的原因很多。胖大海性凉味甘淡，有清肺润燥、利咽解毒的功效。该药对于发音突然嘶哑并且伴有咳嗽、口渴、咽痛的人最为合适。至于声带小结、声带息肉、声带闭合不全、烟酒刺激过度所引起的嗓音嘶哑，胖大海却无济于事。如果长期泡服，可以造成大便溏薄，脾胃虚寒、胸闷、饮食减少、体瘦等不良反应，因此不宜滥服胖大海。

热天用中药四忌 >>>

❶忌用发泡等外治法：通过外敷药物引起发泡等反应来达到治疗的目的，是目前中医疗法之一。但夏季人体多汗，体表细菌繁殖非常快，破损皮肤容易感染，此时应忌用有反应的药。

❷忌过度滋补：滋补药不易为人体所吸收，只有消化功能完善的人才能使用，否则会出现腹胀、不欲饮食等病症。而人在夏季，胃肠功能低下，因此忌使用滋补药，更忌过度滋补。

❸忌过度出汗：夏季人体很容易出汗，此时如果再服大量发汗药，势必大汗淋漓，从而导致体内水电解质平衡紊乱，甚至可出现休克等危重症候。

❹忌过度温热：温热药主要用来治疗寒证，人体如果大量使用，常会出现发热、出血、疮疡等病变，必须使用时，也应该减少剂量，缩短疗程。

五种人不可服用鹿茸 >>>

鹿茸历来是名贵滋补品。鹿茸作为中药，其药性温，入肝、肾经，能增强免疫力、抗疾病、抗衰老。鹿茸虽滋补，但有五种人不宜服用：

❶有“五心烦热”症状，阴虚的人。

❷小便黄赤，咽喉干燥或干痛，不时感到烦渴的人。

❸经常流鼻血，或女子月经量多，血色鲜红，舌红脉细，表现为血热的人。

❹正逢伤风感冒，出现头痛鼻塞、发热畏寒、咳嗽多痰等外邪正盛的人。

❺有高血压、头晕及肝火旺的人。

酒后服用安眠药会损伤中枢神经 >>>

喝酒后不宜服用安眠药：酒精和安眠药一样有抑制中枢神经作用，不要同时使用，以免中枢神经过度抑制造成伤害。此外，下列几种人也不宜服用安眠药：

❶孕妇：有的安眠药可能致胎儿畸形，还可能出现新生儿哺乳困难、黄疸和嗜睡。

❷哺乳期妇女：如在哺乳期服用安眠药，安眠药的成分可能转移到母乳内，对新生儿造成不良影响。如果母亲在哺乳期服用安眠药，需避免授乳。

❸年老体弱者：因为如果药物白天残留较多，会有头晕和走路不稳等不良反应，可能给年纪大、身体较弱者带来危险。

❹有心脏、肝脏及肾脏功能障碍者：安眠药主要在肝脏转化，由肾脏排除，肝肾疾病患者不宜服用安眠药。

❺睡眠呼吸障碍者：安眠药能加深中枢抑制，所以呼吸道阻塞性疾病或睡眠呼吸暂停患者不宜服用安眠药。

❻急性闭角型青光眼及重症肌无力患者：这些患者服用安眠药时，症状会急剧恶化。

用金属器皿煎中药易使药性丧失 >>>

用铁、铜、铝等金属器皿煎中药，会使中药丧失其药性，从而影响治疗效果。

因为许多中药中含有一种物质叫单宁酸。单宁酸在遇到金属时，会发生化学变化，生成一种不溶于水的单宁酸盐。中药中的单宁酸受到破坏，就会影响治疗的效果。因此，煎中药忌用金属器皿，应用砂锅或瓷锅为宜。

煎药并非越久越好 >>>

有人以为中药煎的时间越长效果越显著，其实不然。中药的正确煎法是入煎前先用冷水将药浸没，待半小时后再煎，通常煎煮15~30分钟。滋补类药，须文火久煎；矿石壳一类的药，须先煎15~20分钟；而含挥发油一类的芳香药物，应在其他药将要煎好时，再放入煎一两沸。服药的最佳时间一般在饭后2小时左右。汤药宜温服，治感冒的解毒药应趁热服，以促使出汗退热。调补用的丸剂、膏剂，宜在早晨空腹或临睡前服，容易被消化吸收。

用热水煎中药会影响疗效 >>>

中药汤剂是经过加水煎煮后而成的一种液体制剂。如用热水煎煮会影响治疗效果。

因为用热水煎中药，水分还没有来得及渗入药物组织内部，水就沸腾了，不利于有效成分的充分煎出，特别是含有淀粉的中药，如芡实、山药等，淀粉凝结，有效成分便无法煎出，药物起不到应有的治疗效果。因此，煎中药忌用热水，应先用冷水浸泡，而后置于火上煎煮，只有这样才能充分地把药的成分煎出，以发挥药物应有的作用。

服用煎“煳”的中药对健康有害 >>>

煎煳的中药有效成分已被严重破坏，起不到什么治疗作用，甚至还会起相反作用。如大黄短煎可起攻积导滞、泻火凉血、利胆退黄、活血祛瘀的作用，久煎则起涩肠止泻的作用，而煎煳了的大黄的作用则是止血，三者完全不相同。所以说，煎煳的中药不应再吃。

“甲亢”患者不可久看书报 >>>

“甲亢”患者只要看几分钟电视，眼睛内外就会发生高度充血，眼球涨痛，久看书报也有这种感觉。所以，“甲亢”患者应少看或不看电视及书报。此外，不幸患有“甲亢”的朋友还须注意以下两点：

❶忌气怒烦恼：“甲亢”患者特别容易烦恼，在单位及家中与人争吵都是常有的事。因这类患者多虑多疑，性情暴躁，因此，只宜谦让劝解，不应火上浇油，以免病情加重。

❷忌身体劳累：甲亢患者饮食虽多，但消化力差，吸收营养功能不好，以致瘦弱无力，手不能持重物，走路也常跌跤。因此“甲亢”患者忌劳累，即使病情较轻也忌游泳、爬山、打球、练拳及到远处旅游。

过夜中药汤剂的疗效会降低 >>>

通过对中药汤剂中有效成分溶存率的研究，发现沉淀反应会影响汤剂中的有效成分。中药汤剂大多数由多味中药配制组合而成，汤剂也成了多成分的系统。在这个系统中，各种化学成分之间可发生各种化学反应从而产生沉淀物，如鞣质与蛋白质、生物碱、苷类，生物碱与苷类、有机酸相遇后，都会发生沉淀反应，生成新的难溶于水的化合物，从溶液中析出。药液如果长时间放置，便为发生沉淀反应创造了条件。沉淀物越多，相应的有效成分就越少。如果我们仔细观察一下长时间放置的药液，便可发现上层变得更加澄清，下层则为沉淀物，其中一部分就是沉淀反应的产物。可见，过夜的中药汤剂不应服用，还是当天服完为好。

心绞痛患者切勿在冷风中行走 >>>

心绞痛患者在遇冷、逆风行走或冷水刺激后都可引起血管收缩，使心脏阻力大大增加，从而诱发心绞痛。所以，心绞痛患者切勿在冷风中行走或受到其他寒冷刺激。此外，患有心绞痛的朋友还须注意以下几点：

❶忌情绪波动：凡过分激动、暴怒、焦虑等都可导致交感神经兴奋，心跳加快，血管收缩，从而诱发心绞痛。

❷忌过度疲劳：过度剧烈运动、重体力劳动、爬山登楼等都可加重心脏负担，从而诱发心绞痛。

❸忌暴饮暴食：暴饮暴食可引起人的血液流向胃肠以及心肌供血不足，另外，血脂会暂时升高，阻碍心肌氧的运输，从而引起心绞痛发作。

❹忌大便秘结：大便秘结，排便时用力过大，可导致全身肌肉收缩，动脉内压力增大，心脏收缩时受到的阻力增大，心脏负荷增加，其结果可导致心绞痛发作。

高血压患者洗冷水澡易使血压迅速升高 >>>

高血压患者对寒冷的反应强烈，因

此在洗冷水澡时血压会迅速上升，会促使已经粥样硬化的脑动脉破裂或心脏冠状动脉受阻，从而导致脑出血或心力衰竭等病症。此外，高血压患者还应注意以下几点：

❶忌迅速降压：如果血压迅速下降，患者不能适应而且还会感到头晕，甚至诱发脑血管意外。

❷忌过量食含胆固醇多的食物：如肝等动物内脏和鱼子、蛋黄等。应忌食肥肉、猪油等热量较高的食物。

❸忌食过咸的食物：摄入的总盐量每天以5克左右为佳，尽量要清淡。

❹忌食或少食辛辣食物：忌暴饮暴食，即便一次饮食过多，亦可发生意外。

❺忌过度的体力和脑力劳动。

❻忌饮白酒、烈性酒及吸烟，忌服如麻黄素等能升高血压的各种药物。

❼忌精神过度紧张：特别是长期处于紧张状态，会促进血中肾上腺素的不断增加，从而使血压升高。

婴幼儿生活

日常抚育禁忌

宝宝穿得过多反而容易着凉 >>>

婴儿哭闹或活动时多易出大汗，若穿着过多，汗水浸湿内衣，湿衣服冰凉地贴在孩子身上，不但容易感冒着凉，以至引发气管炎、肺炎，而且孩子穿得太多，活动就不方便，妨碍其运动功能的发育。此外，宝宝穿衣时还须注意以下3点：

❶忌穿（裹）得过紧：孩子发育要靠营养和运动，而婴儿的运动方式主要是四肢屈伸、吃奶及哭叫。穿（裹）得过紧，严重地限制了孩子的运动，也影响食欲，不利于生长发育。

❷忌图案太多、太杂：图案太多，使宝宝整天把心思放在衣服上，分散注意力，从小注意力不集中，影响将来生活。图案选择尽量不超过两种，要少而精，并且要选择温和、可爱的图案。

❸忌腹背受凉：婴幼儿穿衣要严格注意，千万不要让腹背受凉，尤其是炎热的夏天，更应注意不要让宝宝光着身子。因为肚腹为脾胃要地，受凉则直接影响消化吸收功能，容易发生肠鸣、腹痛、泄泻、呕吐等疾病；背部受凉则容易感冒、伤风、呕吐、咳喘和支气管炎。

宝宝长时间穿开裆裤易感染细菌 >>>

婴儿到1岁半以后喜欢在地上乱爬，若穿开裆裤或者不穿内裤，一来容易损伤生殖器，二来易感染细菌，三来易受寒而引起感冒、腹泻，四来还容易养成就地大小便的坏习惯。所以，从孩子1岁左右起，就应让婴儿穿满裆裤，还应该穿上内裤，并让孩子逐渐养成坐便盆和定时大小便的习惯。此外，宝宝穿裤还应注意以下几点：

❶忌穿喇叭裤：喇叭裤裤腿紧裹在大腿上，容易使下肢的血液循环不畅，从而影响幼儿的生长发育。另外，喇叭裤紧

包臀部，抽紧着的裤裆经常要摩擦幼儿的外生殖器，容易使幼儿因痛痒而抚弄生殖器，从而可能造成幼儿玩弄生殖器的不良习惯。此外，幼儿期是好动的时期，又长又肥的裤脚影响小儿的活动，行走时非常不安全。因此，幼儿的裤子应以宽松合体为佳。

❷忌穿连衣裤：穿连衣裤容易使宝宝来不及解裤，尿在裤里，从而对皮肤造成污染。分体衣裤对宝宝方便，妈妈也方便配合。

❸忌穿拉链裤：宝宝穿拉链裤，非常容易在拉动拉链时把生殖器的皮肉嵌到拉链中去，这时拉链上也上不去，下也下不得，使幼儿遭受皮肉之苦，甚至危害生殖器健康。

❹忌用橡皮筋做裤带：宝宝生长发育快，橡皮筋做裤带会长期紧束腰部，造成胸廓畸形，最为明显的是第八肋骨下陷，胸部呈桶状畸形，如果不及时纠正，会造成肺活量减少，肺功能减退，影响孩子的健康。因此，忌用橡皮筋做裤带。

宝宝戴手套影响智力的开发 >>>

有些家长为了防止婴儿抓脸或吃手，就给婴儿戴上了手套，其实这样做是弊多利少。

手是智慧的来源，大脑的老师。手的乱抓、不协调活动等是精细动作能力的发展过程。婴儿通过吃手，进而学会抓握玩具、吃玩具，这种探索是心理、行为能力发展的初级阶段，是一种认知过程，也是一种自我满足行为，为日后手眼协调打下了基础。可是如果给宝宝戴上了手套，可能妨碍口腔认知和手的动作能力的发展。新生儿生来就有握持的本领，可以经常让宝宝学习握物或握手指，以促使宝宝从被动握物发展到主动抓握，从而促进宝宝双手的灵活性和协调性，这对大脑智慧潜能的开发大有好处。作为父母应每天清洗宝宝的小手，替宝宝勤剪指甲，鼓励宝宝尽情玩耍双手。

宝宝的衣服不可用洗衣粉洗 >>>

洗衣粉的主要成分是烷基苯磺酸钠。这种物质进入人体以后，对人体中的淀粉酶、胃蛋白酶的活性有着很强的抑制作用，容易引起人体中毒。如洗涤不净，衣物上残留的烷基苯磺酸钠会给婴儿造成危害。因此婴儿衣服忌用洗衣粉洗，而且儿童的衣物，尤其是婴幼儿的衣物不宜长期放到有卫生球的箱子里。如果无法分放，在穿之前一定要经过晾晒，去掉那种难闻的气味，因为苯酚物质晾晒后会很快挥发掉。

哺乳妈妈注意事项 >>>

❶当乳头裂伤时，可暂停直接喂奶，用手或吸乳器按时将乳汁吸出，在乳头裂伤处涂敷鱼肝油软膏，防止感染。

❷母亲应保持个人清洁卫生，饮食平衡，心情愉快，睡眠和休息充足，生活规律，避免饮酒、吸烟、接触毒物或服用对宝宝有影响的药物。

❸若喂奶时很少听到宝宝吞咽声，且宝宝时而哭吵，体重增长较慢或不增，提示奶量不足，必须及时补足。每次喂奶以吃空为宜，如不能吃完，即用手或吸奶器吸空，以防发生乳腺炎。

❹当母亲患严重心脏病、肾脏疾病、精神病、活动性结核病及其他消耗性疾病，禁忌哺乳。如急性传染病或乳腺炎可暂停喂哺，病愈即可继续哺乳。若仅产后乙型肝炎血清抗原或抗体阳性，目前认为可给宝宝哺乳。若感冒应戴厚口罩哺乳，或挤出乳汁用匙喂。

断奶太晚会导致宝宝体弱多病 >>>

一般地说，给婴儿断奶的时间最好是在婴儿出生后的第8～12个月时，过早或过晚都不太好。过早断奶，婴儿的消化功能还不强，尚不适应添加过多的辅食，断奶会引起消化不良、腹泻，容易影响婴儿的健康。过晚断奶，因母乳逐渐变得稀薄，即母乳的数量及所含的营养物质都逐渐减少，已不能满足婴儿生长发育的需要，而导致婴儿消瘦，发生各种营养缺乏症，体弱多病。而母亲长期喂奶，会引起夜间睡眠不良、精神不佳、食欲减退、消瘦无力，甚至引起月经不调、闭经、子宫萎缩等病症。

另外，断奶是个循序渐进的过程，不能不做准备、说断就断，这样会使婴儿感到不愉快，影响情绪，容易引起疾病。所以，婴儿在4～6个月时，就应添加辅食，使他养成习惯吃母乳（或牛乳）以外的食物，但量应少，质应稀烂。经过一段适应过程，逐步地用辅食代替母乳，大约8个月后，婴儿就能由吃母乳（或牛乳）转成吃饭，逐渐完成断奶了。

单纯用牛奶喂养会导致宝宝缺铁性贫血 >>>

牛奶，特别是鲜牛奶，一般人都认为它是婴儿的最佳食物。但是牛奶中含铁量非常小，每千克牛奶中仅含铁1毫克，而且只有10%能被吸收利用，如果单纯用牛奶喂养婴儿，会发生缺铁性贫血。另外，牛奶还含有一种不耐热的蛋白质，被吸收后容易发生过敏，使胃肠道出血。而且，牛奶的营养也不如母乳。所以，喂养婴儿以母乳为佳；如果用牛奶，必须加热后再喂，这样可以破坏致敏原，且以每天不超过750毫升为宜。

给宝宝选择奶制品应慎重 >>>

不要选择未通过国际质量体系认证的企业所生产的产品，或者已过保质期的奶制品。由于婴儿各脏器的功能发育尚不完善，应注意每日用量不要超过1000毫升；1岁半以内的婴幼儿不太适合饮用新鲜的牛奶；有些幼儿喝牛奶出现腹泻、过敏症状（即乳糖不耐受或对牛奶中的蛋白质过敏），可选用豆类配方奶粉。如果症状较轻，可少量多餐（每次100毫升，每40分钟1次），一般会逐渐改善；实在不行可改用酸奶，因为发酵后的乳糖可减少20%～30%，人体更易吸收。但是不要用含乳饮料来替代奶制品。

长期使用奶瓶喂奶会阻碍宝宝的身体发育 >>>

长期使用奶瓶会对宝宝的身体造成极大危害。一方面，宝宝对它产生依赖感，咀嚼功能得不到锻炼，很多固体食物难以摄食，身体发育受到影响；另一方面，牙齿长出后，奶汁和果汁会腐蚀宝宝的牙齿，导致蛀牙等疾病。此外，使用奶瓶还应注意以下两点：

❶忌使用姿势不当：直立位使用奶瓶，或奶瓶位置过高，会使下颌骨过高前伸，从而造成面型内陷，前牙反咬。所以奶瓶位置应稍低些，瓶中液体漫过奶嘴位置即可。

❷忌不消毒：宝宝身体抵抗力差，奶瓶不消毒对宝宝身体影响很大。所以，每次用完奶瓶，都应立即把剩奶倒掉，然后仔细清洗奶瓶里外和奶嘴，再用热水煮或用微波炉蒸来消毒。

宝宝喂食五忌 >>>

对于一般的婴幼儿，只要适当注意科学喂养，一般不会产生营养性疾患。

但对于喂养期的婴幼儿来说，其饮食特别要注意：

❶忌硬、粗、生：婴幼儿咀嚼和消化功能尚未发育完善，消化能力较弱，不能充分消化吸收营养，因此，给婴儿喂食必须是软、细的食物，便于宝宝消化，并根据宝宝身体的发育、牙齿的萌出而不断改变饮食。

❷忌咀嚼喂养：有些家长喂养婴儿时，习惯于先将食物放在自己嘴里咀嚼，再吐在小勺里或口对口喂养，这样做是因为怕孩子嚼不烂，想帮帮忙。其实，这是一种很不卫生的习惯，它会将大人口中的致病微生物如细菌、病毒等传染给孩子，而孩子抵抗能力差，很容易因此而引起疾病。

❸忌饮食单调：婴幼儿对单调食物容易产生厌倦。为了增进婴幼儿的食欲和避免偏食，保持充分合理的营养，在可能的情况下，应使食物品种丰富多样，色、香、味俱全，主食粗细交替，辅食荤素搭配，每天加1～2次点心。这样既可以增进孩子的食欲，又可达到平衡膳食的目的。

❹忌盲目食用强化食品：当前，市场上供应的婴幼儿食品中，经过强化的食品很多。倘若无目的地选购各种各样的强化食品给婴幼儿食用，就有发生中毒的危险。家长应仔细阅读食品外包装上所标明的营养素含量。如遇几种食品中强化营养素是一样的情况时，就只能选购一种，否则对婴幼儿有害。必要时家长应征求医生或专家的意见。

❺忌强填硬塞：婴幼儿在正常情况下会知道饥饱，当孩子不愿吃时，不要强填硬塞。中国有句俗话，抚养孩子要“三分饥饿，三分寒”，孩子才能生长得更好。家长应多尊重孩子的意愿，食量由他们自己定，不要强迫孩子进食，否则，孩子听腻了就会产生逆反心理，过于强求还容易使孩子消化不良。

要小心预防宝宝缺水 >>>

婴儿缺水易被忽视。因为很多家长都以为婴儿所吃的母乳或牛奶中水分多，不会缺水。另外，婴儿也不知道什么叫口渴，不会用语言或动作来表示。

婴儿的新陈代谢旺盛，单位体重水的需要量比成人多3～5倍，即婴儿每天每千克体重需100～150毫升的水。同时，婴儿的肾脏功能尚未成熟，不能像成人那样浓缩尿液，排出体内的废物须先以大量的水分溶解。此外，婴儿出汗多，因此，稍不注意补充水分就会引起体内水分不足，造成缺水。婴儿缺水轻者可引起睡眠不足、哭闹、烦躁；重者可出现高热、昏睡。

只要平时多注意给婴儿补充水分，婴儿缺水就可以预防。判断婴儿是否缺水，主要看婴儿小便量的多少，如在一天内或一个上午小便次数特别少，并且每次尿量也不多，就应喝水。

幼儿吃零食要注意定时定量 >>>

孩子们常吃的零食，一般有水果类、硬果类（桃仁、花生、瓜子、栗子等）、糖果类（包括各种糖、蜜饯）和小糕点等。这些食品具有许多优点，它们都能补充孩子们身体不足的营养素，如维生素C和B族维生素、钙、磷、铁等。再说孩子们生长发育很快，需要大量的营养物质，而他们的胃容量又很小，因此吃零食既可及时补充热量，又可补充一部分不足的营养，从这个角度上看孩子吃零食是没有什么害处的。但是确实也有些孩子因贪吃零食而严重影响了吃饭。之所以出现这种问题，一般都是由于孩子吃零食量过多，或是吃时没有节制所造成的。比如临吃饭前还给孩子吃小糕点、糖果和其他零食，胃里装满了这些零食，当然吃不下饭。

解决这一问题的唯一办法，就是零食不能随时总吃。例如一些托儿所、幼儿园规定：上午九十点钟，或下午三四点钟发给孩子一些小食品吃。这样既发挥了零食的作用，同时又避免了影响吃饭、不讲卫生以致养成孩子经常吃零食的坏习惯，所以零食要定时定量地吃。

不满半岁的宝宝不可食用蛋白 >>>

半岁前的婴幼儿不宜食用蛋白。因为他们的消化系统发育尚不完善，肠壁的通透性较高，鸡蛋清中白蛋白分子较小，有时可通过肠壁而直接进入婴儿血液，使婴儿机体产生过敏现象，发生湿疹、荨麻疹等病。此外，宝宝在吃鸡蛋时还应注意以下3点：

❶不宜过多吃鸡蛋：许多家长经常给婴幼儿吃鸡蛋，用来代替主食。婴儿胃肠道消化功能发育还不成熟，各种消化酶分泌非常少，如果过多地吃鸡蛋，就会增加孩子的胃肠负担，引起消化不良性腹泻。

❷不宜吃未煮熟的鸡蛋：据研究，即使未打破的鸡蛋也很容易受到沙门氏菌的污染。因而煎蛋要煎3分钟，而煮蛋则需7分钟，否则容易导致细菌性中毒。

❸发热病儿不宜吃鸡蛋：鸡蛋蛋白能产生“额外”热量，使机体内热量增加，不利于病儿康复。

给宝宝喂食高浓度牛奶会损害其肾脏功能 >>>

有些父母怕孩子吃不饱，常将奶粉加在牛奶中或将奶粉冲得很浓，这样做不利于孩子身体健康。因为牛奶和奶粉中含有蛋白质和无机盐，二者的吸收、排泄都需由肾脏完成。孩子的肾脏功能尚不成熟，冲调过浓的牛奶或奶粉会增加肾脏的负荷，甚至损害肾脏功能。此外，为了宝宝的健康，下列几种乳品也不宜让宝宝食用：

❶加糖过多的牛奶：不加糖的牛奶不好消化，是许多家长的“共识”。加糖是为了增加糖类所供给的热量，但必须定量，一般是每100毫升牛奶加5～8克糖。如果加糖过多，对婴幼儿的生长发育有弊无利。过多的糖进入婴儿体内，会使水分潴留在身体中，使肌肉和皮下组织变得松软无力。这样的婴儿看起来很胖，但身体的抵抗力很差，医学上称之为“泥膏型”体形。过多的糖贮存在体内，还会成为一些疾病的危险因素，如龋齿、近视、动脉硬化等。

❷加入米汤、稀饭的牛奶：有些家长认为，这样做可以使营养互补。其实这种做法很不科学。牛奶中含有维生素A，而米汤和稀饭主要以淀粉为主，它们中含有脂肪氧化酶，会破坏维生素A。孩子特别是婴幼儿，如果摄取维生素A不足，会使婴幼儿发育迟缓，体弱多病。所以即便是为了补充营养，也要将两者分开食用。

❸乳酸奶：许多乳酸也叫“某某奶”，但其中只含有少量牛奶，从营养价值上看，乳酸菌饮料远不如牛奶，其中蛋白质、脂肪、铁及维生素的含量均远低于牛奶，因此应控制宝宝过度食用。

❹酸奶：酸奶是一种有助于消化的健康饮料，然而酸奶中的乳酸菌生成的抗生素，虽然能抑制很多病原菌的生长，但同时也破坏了对人体有益的正常菌群的生长条件，还会影响正常的消化功能，尤其是患胃肠炎的婴幼儿及早产儿，如果给他们喂食酸奶，可能会引起呕吐和坏疽性肠炎。

❺甜炼乳：甜炼乳是由鲜牛乳蒸发到

它原来体积的2/5，再加40%的蔗糖混合制成的。在喂养乳儿时只需将炼乳加水1倍稀释，即成一般鲜牛乳浓度，但它的甜度将高得难以入口，如果把糖的含量降低，与一般新鲜牛乳加糖的浓度一样，那就得加4倍的水稀释，这样就使炼乳中所含的蛋白质与脂肪浓度下降到2%以下，蛋白质含量也会降低，对乳儿的生长发育非常不利。

❻豆奶：豆奶所含的蛋白质主要是植物蛋白，而且豆奶中含铝也比较多。婴儿长期饮豆奶，可使体内铝增多，影响大脑发育。同样，豆浆的营养也不足以满足婴儿生长的需要。

❼麦乳精：麦乳精的主要成分是麦芽糖、蔗糖、糊糖、乳制品等，其中蛋白质含量是非常低的，只有奶粉的35%，离婴儿身体发育对蛋白质的需要差得太远。因而食用麦乳精只能增加热量，而不能供给婴儿足够的营养。

幼儿吃饭要姿势正确 >>>

如果蹲着或在矮桌前吃饭，幼儿身体必然会前倾，从而造成腹部受压，影响消化道的血液循环、消化液的分泌及胃肠的蠕动，时间长了会生胃病。另外，腹部受压时，腹腔内压力不断增高，因而引起膈肌上抬，影响心肺的活动。

不满 1 周岁的宝宝忌食的饮品 >>>

❶蜂蜜：1周岁以下的婴儿，不宜食用蜂蜜。因为蜂蜜是蜜蜂采集百花而成，里面难免会有一些带有病菌的花粉和蜜。成人服用蜂蜜，可以自身排泄而不会有任何影响。但是1岁以内的婴幼儿，抵抗能力低，病菌易在体内发芽，引起中毒。

❷葡萄糖：葡萄糖是补充患者体能的一种常见补品，它不必经过消化步骤，直接就可以被吸收而进入血液。但是，如果长期给孩子食用葡萄糖，会造成胃肠消化酶分泌功能下降，导致正常消化功能的减退，影响对其他食物的消化和吸收，导致宝宝贫血、维生素和各种微量元素缺乏、抵抗力降低等。

❸高浓度糖水：因为高浓度的糖会损伤肠黏膜，糖发酵后产生大量气体造成肠腔充气，肠壁不同程度积气，产生肠黏膜与肌肉层出血坏死，重者还会引起肠穿孔。

❹蜂乳：其中含有雌性激素。婴幼儿如果长期大量食用，雌激素会促使其性器官发育异常。孕妇如果服用大量蜂乳，可能会引起婴儿性早熟。

❺苹果汁：过量摄入苹果原汁会引起婴幼儿腹泻。由于苹果原汁中含有果糖和山梨醇，在胃肠道中，果糖吸收很慢，山梨醇吸收更慢，婴幼儿对这两种物质都不能完全吸收，从而导致腹泻。

❻纯净水：纯净水中缺乏人体所需的矿物质，大量饮用对孩子的健康成长不利。

❼冷饮：冷食、冷饮中多含有人工合成色素、香精、防腐剂等食物添加剂，它们没有营养价值，不能被人体吸收利用。相反，一些食用色素会影响神经递质的传导，引起小儿多动症，而香精亦可引起多种过敏症状。

❽果子露：因为果子露是人工配制的饮料，含有色素和糖精等，有的还兑酒。这些成分对婴幼儿具有一定的刺激作用。由于婴幼儿的发育还不完善，肝的解毒功能和肾的排泄功能都比较低。这些物质在体内不能尽快排出，就会妨碍生长发育。

❾可乐：一瓶可乐含咖啡因50～80毫克。咖啡因是一种中枢神经兴奋药。婴幼

儿对咖啡因特别敏感，容易造成中毒。因此，婴幼儿忌喝可乐。

⑩茶：茶中的鞣酸影响人体对铁的吸收。据专家调查，喝茶的婴儿贫血者占32.6%，而不喝茶的婴儿贫血只有3.5%以下。

宝宝在不同年龄段的禁忌食物 >>>

孩子饮食分阶段，每个阶段的饮食都有一定的忌吃食物。

❶3个月内忌盐：盐中所含的钠原子需要通过肾脏排出。3个月内的婴儿从母乳或牛奶中吸收的盐分就足够了。3个月后，随着生长发育，婴儿肾功能逐渐健全，盐的需要量逐渐增加了，此时可适当吃一点点。原则是6个月后方可将食盐量每日控制在1克以下。

❷1岁之内忌蜜：蜂蜜由各种花蜜酿制而成，其中含有毒素，成年人食用可以排出。而1周岁内小儿的肠道内正常菌群尚未完全建立，吃入蜂蜜后易引起感染，出现恶心、呕吐、腹泻等症状。婴儿1周岁后，肠道内正常菌群建立，故食蜂蜜无妨。

❸3岁以内忌茶：3岁以内的幼儿不宜饮茶。茶叶中含有大量鞣酸，会干扰人体对食物中蛋白质、矿物质及钙、锌、铁的吸收，导致婴幼儿缺乏蛋白质和矿物质而影响其正常生长发育。茶叶中的咖啡因是一种很强的兴奋剂，可能诱发少儿多动症。

❹5岁以内忌补：5岁以内是小儿发育的关键期，补品中含有许多激素或类激素物质，可引起骨骺提前闭合，缩短骨骺生长期，导致孩子个子矮小，长不高；激素会干扰生长系统，导致性早熟。此外，年幼进补，还会引起牙龈出血、口渴、便秘、血压升高、腹胀等症状。

婴儿房内温度不宜过高 >>>

一项新的调查显示，如果婴儿居住的房间温度过高，那么发生婴儿猝死综合征（SIDS）的危险性就会上升，但是大多数父母并不知道他们的孩子房间的温度到底应该是多少。

据英国一家非营利性组织——婴儿死因研究基金会（FSID）所进行的一项调查显示，63%的家长不知道应该将婴儿房间的温度维持在16～20℃。只有41%的父母能够将婴儿房间的温度控制在此波动范围之内，而有62%的家长说，婴儿的房间内没有温度计。该组织向婴儿父母推荐了一些降低婴儿猝死综合征发生危险的措施，包括在其睡眠时使婴儿仰卧、在婴儿房间内不允许吸烟、通过婴儿的食欲来检测婴儿的体温、将婴儿的头部露出来等。

在英国所进行的另一项有关猝死综合征的研究显示，死于猝死综合征的婴儿的家长往往更担心其孩子会冷，相反未死于猝死综合征的婴儿家长则担心其孩子会过热。

宝宝居住的环境不容忽视 >>>

给宝宝选择一个合适的居住环境很重要，因为婴儿一天中大部分时间均处于睡眠状态，应该选择一处能让婴儿安稳睡觉的地方，并注意采光、通风等条件。如果会遭到阳光直照，要使用窗帘，避免让婴儿直接受到风吹日晒。

冬天可以考虑使用暖气，这对婴儿比较适合，可使宝宝睡得更舒服。

婴儿房内不宜有噪声 >>>

家庭内噪声的受害者，首当其冲是婴幼儿，因为他们躺在摇篮里，婴幼儿的活动空间也都在屋内，不懂回避也不懂预防，被动地接受噪声。另外，他们的身体尚未发育成熟，各组织器官十分娇嫩脆弱，噪声对他们的危害更大，其表现是：刺激神经系统，使其情绪不安，容易激动发怒、哭喊、吵闹、睡眠不好、消化不良，通过神经系统而影响视觉器官，引起视力减弱；噪声严重干扰了婴幼儿的注意力，从而妨碍了幼儿对新事物的探索，时间长了，在一定程度上便会阻碍儿童的智力发展。此外，还可引起婴幼儿体重减轻。

所以，有婴儿的家庭一定要注意：

严格控制家用电器的音量和启用时间；选购噪声小、质量好的产品；如有故障要及时修理，消除噪声；有条件的可安装吸声、隔声设备；婴幼儿睡眠休息处要离开噪声源；搬动器物时应轻拿轻放。

婴儿房内不宜有电器 >>>

秋冬交替时正是儿童哮喘病的高发期，医生对前来就诊的患儿分析后发现，过敏性体质是引起儿童哮喘的主要原因，而各种家用电器的电磁辐射是造成过敏性体质的主要因素。

患上过敏性疾病的孩子100%是过敏体质，而且通过查询小患者的家族病史，发现遗传的病例很少，大部分孩子的过敏体质都是后天形成的。系统检测结果表明，音响和电视等电器的电磁辐射、宠物毛发、植物花粉、烟尘、地毯都是过敏原，生活条件越好的家庭，儿童患过敏性疾病的比例越高。

医生在总结过敏原时发现，导致儿童过敏的最主要因素是家用电器，尤其是音响、电视、微波炉、电脑等电磁辐射强的电器。因3～6岁的孩子活泼好动，在他们拿着麦克风唱歌、看电视或是靠近电脑时，电磁波已经进入他们的身体，而儿童本身的抵抗力比成年人低，受辐射后身体调节能力差。

婴儿房不宜放花草 >>>

❶婴幼儿中对花草（特别是某些花粉）过敏者的比例大大高过成年人。诸如广玉兰、绣球、万年青、迎春花等花草的茎、叶、花都可能诱发婴幼儿的皮肤过敏；而仙人掌、仙人球、虎刺梅等浑身长满尖刺，极易刺伤婴幼儿娇嫩的皮肤，甚至引起皮肤、黏膜水肿。

❷某些花草的茎、叶、花都含有毒素，例如万年青的枝叶含有某种毒性，入口后直接刺激口腔黏膜，严重的还会使喉部黏膜充血、水肿，导致吞咽甚至呼吸困难。要是误食了夹竹桃，婴幼儿即会出现呕吐、腹痛、昏迷等种种急性中毒症状。又如水仙花的球茎很像水果，误食后即可发生呕吐、腹痛、腹泻等急性胃炎症状。

❸许多花草，特别是名花异草，都会散发出浓郁奇香。而让婴幼儿长时间地待在浓香的环境中，有可能减退婴幼儿的嗅觉敏感度并降低食欲。

❹一般来说，花草在夜间吸入氧气同时呼出二氧化碳，因此室内氧气便可能不足。

宝宝不要过早坐、立、行走 >>>

刚出生的新生儿的脊柱是很直的。新生儿在3个月时会抬头，脊柱出现第一个弯曲；6个月时会坐，脊柱出现第二个弯曲；12个月时会站立行走，脊柱出现第三个弯曲。这些弯曲便构成正常的生理曲线。

婴儿时期的生理特点为骨骼中的胶质多，钙质少，骨骼柔软，容易变形，如果过早被扶坐，脊柱支撑不起来，会引起驼背，即探肩；过早被扶站，胯部没有力量，会引起臀部后突，即撅腚；

过早行走，下肢容易被全身重量压变形，导致畸形、罗圈腿。因此，婴儿忌过早坐、立、行走，父母不要急于求成，应根据宝宝身体发育的一般规律来让宝宝学习坐、立、行走。

婴儿床的选择禁忌 >>>

在住房条件较差的家庭中，最好能有个婴儿用床。这是因为婴儿用床可以确保婴儿拥有安全地带。

婴儿用床的栏杆最好能上下调整，这样即使婴儿长大了也可以用。当婴儿会爬时，栏杆就会起到极好的保护作用。不过，为达此目的，栏杆要保持一定的高度。

栏杆之间的距离不能过大，也不能过小，以免夹住婴儿的头和脚。为了防止婴儿头部碰伤，最好用木质的。

婴儿用床的高度，较低一些，会比较稳当安全。

不要选购涂有颜色的婴儿床。如果涂料中含有铅的话，当婴儿用嘴咬栏杆时，就有发生铅中毒的危险。发生铅中毒以后，会使婴儿出现贫血。

不要在床和墙之间留出缝隙，可将婴儿床紧挨着墙，这是因为有的婴儿跌落后因夹在墙壁和床之间而发生窒息。在床下要铺上即使婴儿跌落后也不会碰伤头部的绒毯子。

宝宝不要和父母睡一张床 >>>

孩子一出生就要尽可能地单独睡在小床上，有困难时即使和父母同睡，也应单独睡一个“被窝筒”。

孩子和父母在一个床上睡，尤其是夹在父母中间睡，对健康有害。因为人的脑组织耗氧量最大，成人脑组织耗氧占全身耗氧量的1/5，婴儿更高达1/2。这样，由于父母呼出的二氧化碳影响孩子的呼吸，会使之处于供氧不足状态，睡不稳、做噩梦、爱哭闹等。而且年轻父母睡得实，睡觉时不自觉地翻身还易把孩子压着。

孩子和父母分床睡，有利于培养孩子独立生活的能力，减少对父母的依附性。

切勿让宝宝睡扁头 >>>

有些年轻的父母完全没有保健意识，只是一味希望孩子长得漂亮，殊不知却忽视了孩子的健康。有的家长为了让孩子头形好看，竟人为地让孩子睡硬枕头，把孩子的后脑睡成扁的，以为这样造型美。其实，这对孩子脑组织的健康发育极为不利。由于头部畸形，对脑神经、血管、细胞、骨骼等生长和发育均有阻碍作用，会直接影响到脑的发育和整个身体的发育。如果身体的发育受到了阻碍，即使头形睡得再美丽也没有意义。

若宝宝的后脑有一点扁平，在大多数情况下，等孩子长大一点，平头会自动恢复成正常形状。另外，家长也可以在医生的指导下对婴儿平头进行纠正，常用的办法有：白天在孩子醒着的时候，让他趴着，这样做可以使平头的部位不受压，同时还能锻炼颈部的肌肉。肌肉有力了，孩子睡觉时就可以自由转动脑袋，不会老用一个地方靠着枕头。可以在脑袋一边垫块小毛巾，也可以把挂在摇篮上的玩具或者摇篮本身换个方向，这样当孩子追着自己熟悉的东西看时，就自动改变了头在枕头上的方向。另外，喂奶的时候可以换个姿势抱。

宝宝叼乳头入睡易诱发牙齿病变 >>>

有的婴儿晚上入睡有叼乳头的习惯，而年轻的妈妈却习以为常，以为这样可以使宝宝乖乖地睡觉。其实让宝宝叼乳头睡觉是有害的，因为口腔内残留的乳汁，是细菌良好的培养基，细菌在口腔内生长繁殖，产生出酸性物质，对乳牙表面的釉质有侵蚀作用，最终造成龋病。所以不能养成婴儿夜间入睡时叼乳头的不良习惯，以防婴儿早期发生牙齿病变。

俯卧睡不利于宝宝面部发育 >>>

有些孩子喜欢俯卧睡，或者睡着睡着就翻过来趴着睡了。不要认为这无大碍，其实俯卧睡很不利于宝宝的面部发育和身体健康。

首先，俯卧睡不利于孩子面部五官发育。婴儿处于形体容貌未定型的阶段，可塑性极大，俯卧睡面部肌肉得不到放松，血液循环受到阻碍，面部皮肤也没有足够的氧气供应，从而影响发育。所以婴儿适宜仰卧睡，这样有助于五官端正，脸庞靓丽。

其次，俯卧睡易使婴儿猝死。在美国，每年有3000个婴儿猝死，其中90%都是6个月以下的婴儿。即使在做过尸检、调查婴儿病史及其家族病史后，医生也无法找出猝死的直接原因，但是猜测摇篮死的原因可能不止一个。有一种理论认为，有些婴儿的呼吸系统发育不完善，所以在某些特殊情况下，譬如因俯睡而吸入过量的二氧化碳、室内空气不新鲜、吸入烟雾、接触过敏原以及温度过高时，可能出现呼吸停顿，导致死亡。

宝宝久睡电热毯易脱水 >>>

婴幼儿久睡电热毯会出现脱水症状。婴幼儿正处在生长发育期，机体代谢旺盛，能量需求相对比成人高，而水是参与机体代谢的重要成分，小儿的摄水量高于成人。另外，婴幼儿对缺水的耐受性比成人差。因此，小孩比成人更容易出现脱水。

电热毯加热速度较快，温度也非常高，使用不当会使婴幼儿不显性失水量增多，若不及时补充，小儿会出现哭声嘶哑、烦躁不安等脱水现象。一般情况下，家长不必惊慌，可先给孩子喝水。若孩子久久不能平静和恢复正常，可及时送医院诊治。

所以为了避免孩子脱水，应正确使用电热毯：睡前通电预热，待孩子上床睡觉后即切断电源，切莫通宵不断电。

过分捂盖容易造成宝宝脑低氧性损伤 >>>

在寒冷季节，有的家长唯恐小儿受冻，睡觉时把婴儿捂盖在母亲的被窝里。捂盖过严，时间久了小儿就会发生低氧，从而造成脑低氧性损伤。轻者留有不同程度的后遗症，重者可因严重低氧窒息，死在被窝里。

急性脑低氧时，可迅速发生脑水肿，还可能使孩子发生惊厥。而惊厥时，氧消耗比正常情况下要多得多，因此形成供不应求的局面，这就使原来就低氧的情况更加恶化。惊厥持续30～60分钟，脑就可以发生缺血性损伤，脑组织变性软化坏死。脑组织是不能再生的，一旦发生损伤，就会造成永久性的功能障碍，如语言不清、智力低下、呆傻、癫痫、瘫痪等。

忠告家长：冬春季衣被切勿过厚过暖，从根本上预防本症发生；如一旦不慎发生本症，一般抢救药物及措施常不奏效，速去具备呼吸机的儿科医院急救，有望康复。

宝宝穿着衣服睡觉易出现梦魇 >>>

冬天，有的家长怕小儿受冷，往往让孩子穿着毛衣、棉背心睡觉，认为这样既可以保暖，还可以预防小儿踢被后着凉感冒。这种做法对小儿的健康是十分不利的，应及时纠正。

如果小儿睡觉时多穿衣服，而这些衣服又是紧身衣，裹住了小儿的身体，那么，这不仅妨碍了小儿的全身肌肉的放松，而且还会影响小儿的血液循环和呼吸功能，出现梦魇，小儿醒来时大汗淋漓、恐惧、胸闷等。

另外，如果让孩子睡觉时穿得太多，醒来后又不及时穿衣，那么，反而容易引起感冒。

正确的方法是：小儿在睡觉时，衣服尽量少穿，一般穿件内衣和一条短裤，如果有条件可穿睡衣。被子厚薄也要适中。如果要防止小儿踢被，家长可以自行设计一个睡袋。这样的话，小宝贝一定会睡得又香又甜。

小儿患麻疹时的禁忌 >>>

❶小儿患麻疹俗称出疹子，如果病情不重，或没有并发症，可在医生指导下进行护理，一般不需要什么治疗。护理方法是否正确是预防并发症、保证儿童健康的关键。

❷患儿住房应保持安静，不宜喧闹，忌过多人探望。室内空气应流通，但要确保避免直接吹风受寒，忌为了保暖而采取紧闭门窗或在室内生没有烟道的火炉。衣被不宜过多，应该注意清洁口腔、眼睛、鼻腔，忌“麻疹不能洗脸、不能漱口”的古老而且不科学的做法。发热或出疹期饮食应清淡，退热以后应给易消化的营养食品，不可盲目“忌嘴”，以免因营养不良导致其他疾病。如果出现高热骤降或疹子出后立即消失等，应立即住院治疗，不可大意。一般来说，如果出疹子后全身症状加重，即便疹退，体温仍不退，这都说明有并发症的可能。麻疹期间应让孩子卧床休息，直到体温正常，疹子完全消退后，才能逐渐恢复其外出活动。

患湿疹的宝宝不能洗热水澡 >>>

有的家长看见孩子患了湿疹，头面部有结痂，似污垢，便用肥皂和热水常洗，可是碱和热水的刺激会加重湿疹的症状。正确的方法是，如有较厚鳞屑痂时，可用植物油泡软棉球轻轻抹涂。渗液较多时，可用3%的硼酸水冷湿敷。此外，护理患了湿疹的宝宝还应注意以下几点：

❶急性期要注意饮食禁忌：患病期间不要给孩子吃虾、鱼、牛羊肉、鸡蛋、牛羊奶等食品。哺乳者忌食蒜、葱、韭菜、辣椒、虾、鱼等食物。饮食应定时定量，多给孩子喂水、鲜果汁和菜汁，少吃糖，以保持大便通畅。

❷忌用毛织物：凡毛毯、毛衣、羽绒被、化学纤维品等都容易引起变态反应，在婴儿湿疹急性期一般应避免穿、盖这些衣被。

❸忌让孩子搔抓摩擦，以免使病情加重或导致感染。

宝宝打针时不能抱在怀里 >>>

一般母亲在婴儿注射时，都会将婴儿抱在怀中，以求减轻婴儿的疼痛。瑞典的一位儿科专家对38名3～6月龄的婴儿进行了观察研究，其中17名接受注射时在母亲怀抱中，21名不在母亲的怀抱中，但母亲就坐在旁边。结果发现在母亲怀抱中的婴儿被注射时啼哭的时间比没有在母亲怀抱中的婴儿要长得多。

分析结果认为，婴儿在母亲怀抱中被注射时，婴儿会以为疼痛来自母亲，从而使母婴关系受到影响，而且也使得对婴儿的安抚较难进行。相反，如果不在母亲怀抱中注射，注射过后母亲抱起婴儿进行安抚，婴儿感到母亲的亲切关怀，加强了母婴关系，缩短了啼哭时间。因此，这位专家建议在给婴儿注射时，母亲应站在旁边，以便注射后对婴儿进行安抚。

不要盲目给宝宝打预防针 >>>

预防接种并不是每个孩子都能进行的，如果孩子患有严重的心、肝、肾脏病，还有结核病、癫病、瘫病、佝偻病、大脑发育不全、先天性免疫缺陷和曾经预防接种后发生过变态反应的都不能打预防针。另外接种部位患有皮肤病，或发热体温超过37℃及重病、久病刚愈的孩子也应暂时缓打。腹泻严重的儿童也不能服用小儿麻痹糖丸活疫苗。

有的孩子因体质过敏，在打针后可能发生皮疹、瘙痒、局部红肿、起水泡等，家长不要惊慌，服一些扑尔敏，或银翘解毒片即会很快好转。极少数小儿可能发生过敏性休克，表现为恶心呕吐、呼吸困难、四肢发凉、脉搏细微等，应立即送医院。

少数孩子害怕打针，如果是过度疲劳、饥饿，可能会发生晕针，这时应让小儿平卧，把头部放低一些，适当喂些热糖开水，一定不要让孩子乱动。

孩子在预防接种的一周内，要注意休息，避免参加重体力和剧烈的体育运动，短时间内不洗澡，避免感冒。忌吃辣椒、韭菜、葱、蒜等辛辣刺激性食物以及鱼、虾等容易导致身体过敏的食品。打过针的部位可能稍有痒痒的感觉，要告诉孩子不能用手搔抓，以免感染。打针以后，短时间内可能会有精神不振、轻微发热、哭闹不宁、食欲稍差等反应，可多给开水喝，几天后即可恢复正常。

不宜捏鼻子灌小儿药 >>>

孩子生了病就应吃药。但是大部分孩子都不爱吃药，有些家长便捏着孩子的鼻子强行喂药，弄得孩子大哭大叫。这种捏着鼻子硬灌的服药方法很不好，一是好不容易灌下去，又会在哭叫声中吐出来，孩子受罪，大人着急；二是灌不好还会出危险甚至造成死亡事故。

这种方法有可能使药物呛进气管，甚至造成窒息，严重的还会死亡，还有时孩子容易被水呛着，尤其是患肺炎的孩子被药水呛着后，会大大加重原来的病情。

所以父母应采取诱导劝说的方法使小儿自觉服药。对婴幼儿不要直接喂药片或药丸，应将药片或药丸研成粉末放入糖水或米汤内，用小匙从口角处慢慢喂服，绝对不要捏着孩子的鼻子强行喂药。

习性培养禁忌

要经常同宝宝进行情感交流 >>>

婴儿除了有物质的需要外，还有精神上的需要。婴儿缺乏爱抚和教养会引起情感缺乏、肌肉不能正常发展，机体也不能最大限度地新陈代谢。妈妈对孩子不闻不问不关心，缺少爱抚和感情上的交流，实际上在精神上已隔离。在情感缺乏的情况下，婴儿可能通过哭喊表达自己的悲伤，也可能通过沉默、目光呆滞来表达。这种婴儿一般会有轻度失眠、轻度食欲不振。如果继续下去，可能出现腹泻、呕吐、感冒、炎症……最后可能阻碍发育。

因此，妈妈应多和孩子说话、逗笑，使婴儿情绪愉快，产生和发展健康的依恋，促进他心理的正常发育，同时促进语言理解能力的发展，为语言的表达打下基础。

当妈妈忙于家务活，暂时没时间陪孩子玩时，可将妈妈对他说的话和唱的歌用录音机录下来，打开并放在他身边，也可以起到一定的作用。但最好还是妈妈面对面地与婴儿说话、交流。

缺乏父爱易使宝宝多愁善感 >>>

如果婴幼儿长期由母亲照料，缺乏父爱，就会出现一些症状，临床医生称之为“缺乏父爱综合征”。有的孩子还会出现担惊受怕、烦躁不安、哭闹不休、多愁善感等症状。

人们通常认为照料孩子是母亲的“职务”，似乎与父亲无关。但这是一种偏见。从生理学角度来看，婴幼儿早在出生的第一天就需要父爱。婴儿在出生的第二个星期就会模仿父亲的动作，如父亲举手，孩子也会情不自禁地伸手。父亲往往对孩子具有一种特殊的吸引力，尽管父亲逗孩子是用力气的玩耍。如摇晃孩子的手脚、情不自禁地抱孩子跳舞、抛孩子等，对这些举动孩子不仅不反感，反而玩得非常开心。由此看来，父亲对孩子的爱是母亲所不能替代的。

预防“缺乏父爱综合征”的主要措施，就是父亲多关心孩子和接触孩子，如上班前、下班后抱抱孩子，协助母亲给孩子换尿布，这些会使孩子感到舒适，对身心健康大大有益。哪一位父亲不希望自己的孩子健康成长呢？那么，就请多给孩子一些父爱吧!

婴儿不宜让老人抚养 >>>

第一，孩子长期处于老年人的生活空间和氛围中，耳濡目染老年人的语言和行为，这对于模仿力极强的孩子来说，极有可能加速孩子的成人化，更严重的造成孩子心理老年化。

第二，由于老年人体力不支、行动不便，大都喜欢安静而不喜欢运动与外出。这样长期与孩子待在一个或几个固定的地方玩耍，极有可能使孩子的视野狭小，使孩子缺乏应有的活力，极可能养成孩子孤僻、沉默寡言的习性。这样的孩子长大后，为人心胸狭小，不善与人交际，易产生交际恐惧症。

第三，人老后，其思想很容易固定化，行为模式化，往往表现出固执、偏激、怪异的想法与言行。耳濡目染，孩子也会如此。

第四，老年人抚养孩子，常常是过分地关心和溺爱，使孩子没有机会做自己的事情，会使孩子缺乏独立性、自信心，养成依赖心理、抗挫力差。

逗宝宝笑的禁忌 >>>

逗宝宝笑是种乐趣。但要注意几点：

❶切不可逗得孩子笑声不断，那很危险，可导致瞬间的窒息、低氧引起暂时性的脑贫血。如果经常如此，更影响健康，还易导致口吃和痴笑的不良习惯。尤其过分张口大笑，还可导致下颌关节脱臼，如反复如此，还容易形成习惯性脱臼。

❷切忌在孩子进食、吸吮、洗浴时逗笑，孩子容易将食物、汁水吸入气管引起剧烈咳嗽，严重的会引起吸入性肺炎。

❸不要在孩子要睡时逗笑，影响孩子入睡。

❹不要在严寒或大风的环境中逗笑，以免低温空气刺激气管，易得卡他性炎症。

不宜吓唬孩子 >>>

吓唬对那些2岁左右的孩子是会奏效的，但这样恐吓的后果父母们却很少思考，若孩子经常被恐惧感占住心灵，精神就容易受创伤，发展下去还可能会引起口吃、遗尿、失眠、智力发育迟缓，甚至患神经官能症，影响孩子心理的正常发展。有的孩子长大后则会表现出胆小怕事、懦弱无能，缺乏独立性。

当孩子出现不听话或者对抗时，父母应该采取诱导的方式，因为他们十分相信父母，一般情况下是愿意接受父母的教育和劝导的。

不要经常拧捏宝宝的脸蛋 >>>

许多父母在给孩子喂药时，由于孩子不愿吃而用手捏嘴；有时父母在逗孩子玩时，在婴幼儿的脸蛋上拧捏，这样做是不对的。婴幼儿的腮腺和腮腺管一次又一次地受到挤伤会造成流口水、口腔黏膜炎等疾病。因此忌拧捏婴幼儿的脸蛋。

宝宝看电视会影响其智力发育 >>>

幼儿有了听觉和视觉后，有的家长会抱着他看电视，这样不好。因为婴儿对电视，尤其是彩电发出的电磁波比成人敏感得多，经常受这种射线的影响，会引起婴儿食欲不振，甚至影响其智力的发育。另外，婴儿眼睛的调节功能还很弱，与电视屏幕间隔的安全距离也与成人不一样。再说，婴幼儿思维单一，会凝视屏幕目不转睛，很容易造成近视、远视、视力减退和斜视。

不要过多干预宝宝往嘴里放东西 >>>

过了半岁，婴儿学会坐了，他的视野比躺着的时候开阔了许多。随着视野的扩大，他的双手也开始活跃起来，到处抓东西。此时小儿好奇心强，正值探索事物的萌芽期，于是就遵循“头尾规律”，抓到的东西，除了看一看、敲一敲，他总是马上把物体放入嘴里，通过吮、舔、咬等方式来尝试、探索。在探索的同时，婴儿还能获得无比的欣慰。大人除了注意玩具的清洁、卫生、无毒、无损伤之外，不必过多干预。

不要忽略婴儿的哭闹 >>>

婴儿哭闹并不一定是饿了。因为他们的情绪多数是由于某些不适造成的。不应该只知道喂奶，应从以下几方面来寻找原因：

❶腹痛：有10%～20%的婴儿是因为腹痛而有强烈的哭闹，每周有几次发生，每次持续几小时。腹痛引发孩子又哭又闹，直到你给他换了尿布或又喂了一瓶奶。腹痛在傍晚及晚间发作较频繁。

❷便秘：婴儿的排便应是软便。若大便像小鹅卵石又干又硬且次数少，婴儿就可能是便秘。问问医生多喂点水是不是能帮助大便变软。

❸肠气：喝配方奶的婴儿易产生肠气。有个不错的解决办法，就是比平时多向奶瓶里加一点液体。这样他就不会在吸空奶瓶后，又吸入多余的空气。另将奶瓶倾斜45°也可减少多余气体。

❹不耐受配方奶：婴儿会因不耐受配方奶而产生烦躁。婴儿出生时的消化系统尚未发育成熟，直至第4～6周时才会发育好。如果有不耐受配方奶的表现，可换用其他奶。

不要忽略新生儿的本领 >>>

很多家长认为新生儿除了睡觉、吃奶和哭，还能有什么本领？其实不然。新生儿生下来就有很好的视听觉、运动和模仿能力。

他会安静不动地注视着你，专心地听你说话。还特别喜欢看东西，如红球、有鲜明对比条纹的图片。新生儿还特别喜欢看人的脸，当人脸或红球移动时，他的目光会追随着移动。正常健康婴儿一生下来就有听觉，当你在他耳边轻轻地用柔和的声音呼唤时，他会转过脸来看你。

新生儿的运动能力也很强，如果你将新生儿扶着竖起来，使他的足底接触床面，有的新生儿会两腿交替迈步走路。当你把新生儿俯卧时，有些新生儿竟能稍微抬一下头或左右移动一些，以免堵住鼻孔。

新生儿还有惊人的模仿大人面部表情的能力。这一点父母不应该完全忽略，简单认为他们在做鬼脸。有人通过特殊成像技术发现：当妈妈和宝宝热情谈话时，新生儿会随母亲谈话声音有节奏地运动，开始头会转动，手上举，腿伸直，当你继续谈话时，宝宝会表演一些舞蹈一样的动作。新生儿的这些运动并不是毫无意义的，实际上这是他在能说话以前用躯体的活动来和成人谈话交往，这种交往对小儿的心理和运动的发育很有好处。

因此，要细心注意新生儿的各种能力，你的一举一动，都是他注意和模仿的对象。

婴儿忌多抱 >>>

婴儿是父母的小宝贝，他们总喜欢把孩子抱在怀里，真是爱不释手。但从生理上讲，婴儿要保持20小时左右的睡眠时间，半岁时应睡15小时，一周岁者也要睡13个小时。如果老是抱着睡，则影响其睡眠。婴儿不会说话，凡热、冷、饿、渴、痛等，都是以啼哭表示，如不去细察缘由，一哭就抱，便会养成婴儿的坏习惯。

另外，婴儿骨骼发育非常快，可塑性也很强，终日总是抱在胸前，势必影响婴儿骨骼的正常发育。另外，婴儿的胃呈水平位，胃上口贲门（与食管相连接的胃的上口）松弛，如果喂奶后立即抱起，则会引起吐奶。因此，婴儿忌久抱。

幼儿体操不宜多做 >>>

越来越多为人父母者为使子女变成“超级婴儿”，纷纷把刚会走路的幼儿送进体操班与游泳班。但是，美国小儿科学会警告说，这种训练班不会增进幼儿技能，反而对他们弱小的身体有害。父母推拉幼儿手脚做体操，可能压迫到尚未发育完全的骨骼，有时有可能造成骨裂，因为幼儿承受太大的力量时，没有足够体力保护自己。该学会表示，幼儿游泳训练班也不会增进游泳技能。据该学会的医师说：3岁以下的小孩可以适应水性，但不可能真的学会游泳。幼儿学游泳还可能使幼儿感染细菌、体温降低，或由于吞下太多的水而生病。该学会的另一位医师说：促进幼儿正常发育，最好的方法是经常抚抱幼儿，与他们随意嬉耍以及同他们搂颈贴脸等。

摇晃宝宝易损伤其脑组织 >>>

人的头颅并不是一个球状的实体，脑髓和颅骨也并不是紧贴在一起的，二者之间存在一定的空隙。脑髓组织像豆腐一样脆弱，它的各部分之间是靠一些非常纤弱的神经束和血管联系起来的，当剧烈震荡时，脑髓撞击颅骨内壁，很容易引起脑组织损伤。婴幼儿头部相对地较大较重，而颈部肌肉尚不发达，当剧烈地摇晃时，难以支撑其头部，孩子年龄越小，越易受到震荡的损害。有不少资料表明，很多小儿会因此而造成永久性的脑损伤，医生称之为“震荡婴儿综合征”。美国费城儿童医院研究了20名受强烈震荡的婴儿（1~15个月），其中10名发生严重的脑部损伤，表现为双目全盲、肢体瘫痪、反复惊厥、发育迟缓和智力低下等，其中3名死亡。

幼儿长期托腮会影响牙齿的发育 >>>

小儿如果经常托腮，使腮部受压，长期下去会影响牙齿的正常发育。另外小儿如果有托腮的不良习惯，坐的姿势必然不正确，从而影响脊柱的发育。

和幼儿玩乐应当心 >>>

在日常生活中，常常可看到一些年轻父母用一些危险的动作来与孩子玩乐，岂不知这样会引起严重的后果。

❶坐飞机：一手抓住孩子的脖颈，一手抓住孩子的脚腕，用力往上一举，飞快地转圈圈，这样，不但会转晕孩子，而且会损伤孩子的脑神经。

❷拔萝卜：双手托住孩子的下巴往上提，逗得孩子哈哈大笑。这种玩法最容易扭伤孩子的脖颈，损伤孩子的脊椎骨，轻者疼痛不止，重者会导致瘫痪。

❸扔孩子：一手托住孩子屁股，往上抛扔。这种玩法更危险，落下来，接不住，跌在地上后果不堪设想。

❹转圈子：双手抓起孩子的两只手腕，飞快地转圈，转得孩子头晕眼花，放在地上站立不稳，这种玩法最容易拉散孩子的关节。

纸尿布不可裹得太紧 >>>

一名刚出生40天的婴儿，竟感染上急性肛周脓肿，经实施切开引流术，排出了脓液60毫升。医生诊断生病原因是纸尿布裹得太紧，换得不勤。

不少父母为图省事，给新生儿使用纸尿垫、纸尿片、纸尿裤时不注意更换，如果裹得太紧，更换得不勤，新生儿很容易被尿和粪便沤着引起肛腺炎，并导致急性化脓性感染。如果任病情发展，还将引起败血症而危及生命。给新生儿裹尿垫时要选择透气性强的产品，随时留意孩子的反应，及时为孩子更换尿垫。

让不少年轻父母感觉用起来方便、省心的纸尿裤却带来不少疾病隐患，对婴儿的成长发育极为不利，其中最有可能的是造成男婴长大后不育。所以，婴儿最好还是使用天然棉织的尿布，不光吸水性和透气性好，还不会刺激婴儿的肌肤。但在使用棉质尿布时也应注意，使用前必须清洗干净，在太阳光下晒干，或采用其他方法进行消毒。

不宜常用一次性尿布 >>>

一次性尿布一般有多层结构，内衬纯绒毛木质浆及高分子吸水材料，吸水性相当强，在吸了许多尿液时，贴皮肤的一面不很潮湿，婴儿不会哭闹。

一次性尿布的缺点是透气性较差，故使用时不宜超过6小时，以免刺激婴儿娇嫩的皮肤，并进一步使皮肤表皮脱落而发展为红臀，一旦形成红臀，就可能继发细菌、霉菌等感染。另外，粪便中含有很多大肠杆菌、变形杆菌，可侵入婴儿尿道而引起尿路感染。女婴的尿道比男婴短得多，尤应注意，故在用过一次性尿布后，应用温水清洗婴儿的外阴部。

所以，白天在家的时候，宝宝还是以使用传统的布质尿布为宜。一个月以内的新生儿因皮肤过于娇嫩，也以使用布质尿布为好。等带婴儿出门时，偶尔用一次“尿不湿”，既方便了父母，也不会使婴儿生病。

给宝宝选用玩具要得当 >>>

孩子6个月之后，开始喜欢看、听、摸、啃、咬各种物体。这时，家长可为孩子提供较多的玩具。

选择玩具，要结实，不怕摔，不易碎，又不能太硬，太硬会碰坏孩子的头和脸；玩具还必须是无毒、卫生而又不怕啃咬的；玩具也不能太小，太小他会吞下去，或放进鼻孔、耳朵里；不能给婴儿羊毛制品的玩具，他可能会从玩具身上扯下一根毛，塞进自己嘴里；也不要给他一串小珠子，因为孩子也会扯断线绳吞下几个珠子。以上这些玩具都不适合给6个月的孩子玩，以免发生危险。

6个月的孩子可以玩简单的玩具，例如皮球、娃娃、塑料的摇鼓、大的没有上漆的积木等。

将玩具给孩子之前，要清洗干净，因为6个月小儿经常会把玩具放在嘴里“品尝”。

玩具不宜常玩不消毒 >>>

玩具既是教育儿童的重要工具，也可能成为传染疾病的媒介。据测定，如果以刚消毒后玩具上的细菌集落数目为0，使用一天后，塑料玩具上的细菌集落数为35，木质玩具为59，毛皮玩具高达244；使用10天后，塑料玩具为4943，木质玩具为4115，毛皮玩具为21500。可见玩具的污染相当严重。

小孩在玩的过程中，有时将玩具放入口中，有时边吃东西边玩，玩具在某些时候成了传播疾病的工具。因此，儿童玩具应该经常消毒，可在50℃的温水中用肥皂洗刷，再用同样温度的温水冲洗，然后晒干。不易水洗的毛皮玩具，也应时常拿到阳光下晒一晒。这样，细菌的污染程度可明显减小。

要经常给宝宝清洗头垢 >>>

头垢，即新生儿头顶上的黑色硬痂。有人认为头垢虽不干净，但具有保护囟门的作用。实际上，保留头垢是十分有害的。

因为头垢是头皮上的分泌物即皮肪，加添一些灰尘堆积而成。它不但不会保护囟门，相反会影响头皮的生长和生理功能。因此，应及时清洗头垢。

不要给宝宝剃胎毛 >>>

有些父母给孩子剃胎毛，甚至是眉毛、眼睫毛都给剪掉，认为这样以后头发、眉毛就会长得浓黑、眼睫毛也长得长长的。这种说法其实是不科学的。

新生儿的毛发长得好不好，主要是受妈妈孕期营养及遗传的影响。如果希望婴儿的头发长得更好，可以在稍大时适当给他补充一些营养毛发的食物，如核桃、黑芝麻等，以改善毛发质量。新生儿的头皮非常娇嫩，理发中又不懂得与大人配合，稍有不慎，就会造成外伤。婴儿头皮受伤后，由于对疾病抵抗力较低，皮肤黏膜的自卫能力较弱，解毒能力又不强，常常使细菌侵入头皮，引起头皮发炎或毛囊炎。这不仅影响头发生长，而且会使头皮脱落，如果处理不当还会引起严重后果。

新生儿的眉毛起到保护眼睛、防止尘埃进入眼睛的作用。刮掉眉毛就会使眼睛少受一层保护，直接遭到尘埃的威胁。如果刮时不留神把眉毛下的皮肉刮去一块，结痂后眉毛就不会再生，更影响了婴儿的美观。眼睫毛更是危险之处，如果不小心伤到孩子眼睛，那真是要后悔终身了。

因此，为宝宝着想，可以适当剪去一部分过长的头发，没必要用“剃”和“刮”的方式，避免人为的伤害。

用乳汁给宝宝拭面易引起感染 >>>

有些年轻的妈妈听从老人的经验，用

自己的乳汁涂抹婴儿面颊，认为这样可以使婴儿面部皮肤白嫩。其实不然，奶水滞留在孩子皮肤上，会将本来就极细小的汗腺口、毛孔堵上，使汗液、皮脂分泌物排泄不畅，导致汗腺炎、皮脂腺炎和毛囊炎的发生。另外，乳汁既有黏性，又含有丰富的营养，是细菌的良好培养基地。新生儿面部皮肤娇嫩，血管丰富。若将乳汁涂抹在面部，繁殖的细菌进入毛孔后，皮肤就会产生红晕，不久会变成小痕而化脓。若不及时治疗，很快会溃破，日后形成疤痕，严重的甚至会引起全身性感染。

不可忽视婴幼儿的眼耳口鼻保健 >>>

许多家长对孩子的起居生活和饮食营养照顾得无微不至，可是，往往忽视了对孩子的五官保健。当疾病出现，只能是跑医院请医生治疗。殊不知，倘若家长重视孩子的五官保健，从婴幼儿做起，就可起到事半功倍的效果。

❶眼的保健。

对上学的儿童的视力进行保护，近年来家长和老师普遍都予以重视，但对婴幼儿的视力保护却未引起足够的重视，致使孩子失去治疗时机，形成疾病。为此，家长要注意：

不能让幼儿长时间看某样物品，尤其是2周岁以内的婴幼儿不能看电视。

发现孩子眼睛有异常症状时，应及时去医院，切忌滥用眼药水。

婴幼儿应有专用的毛巾和脸盆，流水洗脸更好，以防感染眼病。

发现婴幼儿有故意“对眼”的行为要立即阻止。

平时注意不让幼儿接触尖锐有伤害性的玩具，当心眼外伤。

2～3岁的幼儿应开始学习做视力保健操。

❷鼻的保健。

厌食或偏食的幼儿应及时治疗，多给其进食蔬菜或水果，以防止鼻出血。

不能让幼儿得到可以塞入鼻孔的小东西，避免物品意外损伤鼻脸或嵌入鼻内。

切勿用手指挖小儿鼻孔，以防感染。

❸耳的保健。

气候变化的时节必须预防感冒，慎用耳毒性抗生素，如庆大霉素、链霉素等，以免引起药物中毒性耳聋。

小儿睡觉侧卧时，当心不要使耳郭扭卷受压。

洗澡时注意不要让水流入耳道内，以免引起炎症。

家长最好不要给婴幼儿挖耳垢，少量耳垢可保护耳膜，如果发现幼儿耳垢过多，应去医院取出为妥。

❹口腔的保健。

多吸新鲜空气，防止发热，以预防咽炎、扁桃体炎。

婴幼儿的声带等发音器官娇嫩，保护不好极易发病。为此，幼儿吵闹时要及时制止，家长不能引诱孩子狂呼乱叫，更要教育幼儿不要任性哭闹，以免声带充血肿胀、发炎，甚至声带肥厚或发生声带小结样病变。尤其女孩更应多注意保护声带。

注意防止婴幼儿摔倒，跌伤口唇或牙齿。

幼儿经常啮咬物品，睡觉时张口呼吸，这易引起上唇翘起、下颌骨下垂、牙齿排列不齐、啮合不正等特殊面容，出现这种情况应及时去医院治疗。

幼儿牙齿长齐时，就应教育孩子养成良好的刷牙习惯，以预防蛀牙。

需要帮宝宝及时纠正的口腔动作 >>>

❶忌吮指：婴幼儿好动，双手沾染了很多细菌，吮指很不卫生。再则，吮指时将手指放在上、下前牙间，上前牙向外侧突出，下前牙向内倾斜，上、下齿啮合时

形成较大空隙，影响牙齿正常发育。

❷忌吮物、咬物：有的婴幼儿爱吮枕巾、衣物等，有时家长为使儿童入睡，放任不管，学龄期儿童咬衣物、咬铅笔、咬指甲等都较常见，这样做不仅不卫生，还易使牙隙改变，造成人为创伤。

❸忌舔牙：在乳牙松动或恒牙萌出之际，儿童常用舌头舔牙，或用舌尖抵牙。影响前牙，形成梭形空隙，经常舔弄上前牙颌面，可使牙间隙增大，上前牙成扇形张开，很不雅观。

❹忌咬唇：常见用上前牙咬下唇，久之，会使上前牙前倾，而下前牙则向舌后倾，造成上、下唇闭合不利，也可出现“开唇露面容”。

❺忌单侧咀嚼：单侧咀嚼，多因一侧有疾患，或乳牙过早丧失，迫使儿童用健康的一侧咀嚼。单侧咀嚼者，咀嚼侧功能加强，促进该侧颌骨及肌肉发育，另一侧则失用性萎缩，而发生龋齿及牙周病。时间一久，小儿颜面就会出现不对称。

因此，家长一定仔细观察孩子的口腔不良习惯，如有发现，应立即加以纠正，以免形成疾患。

正确对待宝宝的“马牙”>>>

大多数婴儿在出生后4～6周时，口腔上腭中线两侧和齿龈边缘出现一些黄白色的小点，很像是长出来的牙齿，俗称“马牙”或“板牙”，医学上叫作上皮珠。上皮珠是由上皮细胞堆积而成的，是正常的生理现象，不是病。“马牙”不影响婴儿吃奶和乳牙的发育，它在出生后的数月内会逐渐脱落。有的婴儿因营养不良，“马牙”不能及时脱落，这也没多大妨碍，不需要医治。

有些人不知道“马牙”的来历，以为是一种病，拿针去挑，或用布去擦，这都是很危险的，因为婴儿口腔黏膜非常薄嫩，黏膜下血管丰富，而婴儿本身的抵抗力很弱，针挑和布擦损伤了口腔黏膜，容易引起细菌感染，发生口腔炎，甚至发生败血症，危及婴儿生命。

不要胡乱亲吻宝宝>>>

亲吻婴儿是大人口唇同婴儿脸蛋儿或口唇的亲密接触。孩子免疫力和抗病力低下，如果大人患病，亲吻孩子时，可能将正患的传染病“播散”给孩子。

一般来说，有下列情况时不要吻孩子：

❶感冒：不论是哪种类型感冒，患者鼻咽部都寄生有细菌或病毒，可通过亲吻传染。

❷流行性腮腺炎：患者唾液中存在腮腺炎病毒，可通过唾液传给孩子。

❸扁桃体炎：人的咽喉区平时寄生有多种细菌，当咽喉遭遇葡萄球菌、链球菌等病菌的感染时，吻孩子可致其发病。

❹病毒性肝炎或乙型肝炎表面抗原阳性：患者的唾液或汗液等会存在病毒，亲吻孩子可使其受感染。

❺流行性结膜炎：患者的眼分泌物或泪液等均存在病毒或病菌，可传染孩子。

❻口腔疾病：牙龈炎、牙髓炎、龋齿等均为常见口腔病，大都因口腔不洁，病原微生物在口腔中繁殖，亲吻可传染给孩子。

❼嗜烟酒：嗜烟又酗酒者，“口气”中存在大量的一氧化碳、二氧化碳、氢氰酸、烟焦油、尼古丁等有害物质。烟酒“气息”可损害婴儿的心肺及神经系统。

不宜忽视的脐部护理>>>

脐部护理主要分为两个阶段：

第一阶段，脐带未脱落之前：要保证脐部干燥，尿布不可遮盖脐部，以免污染；还要经常检查是否有红肿、渗出。可用75%酒精擦拭脐带残端和脐轮周围。

第二阶段，脐带脱落之后：此时仍会有少量分泌物，需每日用75%酒精棉棒擦拭3次左右，切忌往脐部撒“消炎药粉”，以防引起感染。如有结痂，更应加以关注和清洁处理结痂下的渗出物或脓性分泌物。

婴儿不宜常听音乐 >>>

音乐可以陶冶一个人的性情，但婴儿如果常听音乐却可能养成沉默孤僻的个性，还会丧失学习语言的能力。

大多数父母以为让婴儿长期倾听音乐，一方面可以安抚婴儿，另一方面可以养成婴儿以后温和的个性，但实际上反而延误了婴儿学习语言的时间。

一般婴儿在成长过程中产生学习语言或说话障碍，原因除疾病、精神异常及意外事件等因素外，就是与上述长期倾听音乐有关。婴儿正当咿呀学语的年龄，却被父母安排每天长时间倾听音乐，因而丧失学习语言的环境，久而久之，婴儿甚至会失去学习语言及说话的兴趣，反而会养成沉默孤僻的个性。

不宜让婴儿独立玩耍 >>>

对婴儿来说，玩的意义远远不只是“有趣”，婴儿通过玩耍可以学会很多。玩耍可以促使婴儿使用身体的各个部位和感官，丰富想象力，开发智能。现在拿给婴儿的玩具与将来他五六岁时给他的教具有同样的价值；大人现在和婴儿做的游戏与将来他一年级时教师教授的课程同样重要。

婴儿从满月之后，醒着的时间多了，婴儿非常愿意每次醒来都和大人一起玩。但7～8个月前，宝宝还不会独立移动自己的身体，婴儿还是个“被动”的小东西，大人要以逗婴儿玩为主。如果不常逗婴儿玩，不给婴儿丰富的适度刺激的话，婴儿的脑袋里就只能是一片空白。因此，千万别低估了逗婴儿玩的教育意义，更不要以忙为借口逃避和婴儿一起玩。

宝宝在智力飞跃期中的禁忌 >>>

第一次智力飞跃出现在出生后5个星期左右。婴儿机体器官迅速成熟，眼、耳、口、鼻、皮肤等感觉器官全部进入“工作状态”。表现为哭的时候流出眼泪，或者用微笑来表示高兴，另外还不时地对周围发生的一切进行“观察”或“聆听”，并对气味与动静做出积极的回应。因此，不要对婴儿的这些行动和感觉横加干涉。例如，一些父母老想尽一切办法让孩子睡觉从而减少自己照顾孩子的时间。这对孩子的感官训练不利。

第二次智力飞跃在生后8个星期左右出现。这时的婴儿发现周围环境并非统一和固定不变的，他出现了害怕的感觉，眼里不时流露出恐惧的眼神。因此，父母不应该只知道孩子哭时喂奶，对孩子表现出来的各种感觉漠然视之。不和孩子进行经常的交流，不给予他安全感，孩子就会在潜意识里产生一种孤单和恐惧。

第三次智力飞跃在出生后3个月左右。婴儿发现了动作，懂得了操纵或控制自己的行为。在这期间，他不时尖叫，或者咯咯地笑，兴奋地学语，并不断地试图与母亲或其他家人“交谈”，以证实自己拥有了某些“本领”。此时，年轻父母不应该停留在“哄”和“抱”，应该做些有规律的动作、表情、口形等引导。

第四次智力飞跃在出生后5个月左右。婴儿的两只手更加灵活，能够抓握东西，并可转动或翻动身体，会注视物体的活动过程。如果你给他一个东西，他会拿着仔细“研究”一番——用手摸，或者干脆送入口中。这时，父母不应该以“责骂”的口吻跟孩子说话，如“怎么什么都往嘴里放？”正确的方法是有耐心地以身示范。

第五次智力飞跃出现在出生后6个半月左右。婴儿逐渐理解了事物之间的因果关系，如按动一下电钮就能看见画面或听到音乐。另外，他开始懂得一件东西可以放到另一件东西里面，也可以放在第三件东西的外面。此时他最乐于做的就是将东西搬来搬去，常常弄得周围乱七八糟。此时，不少父母对此不理解，甚至横加干涉或责罚。这是切忌的行为。因为这正是婴儿加深认识的过程，增长智力的途径。

第六次智力飞跃出现在出生后7个半月左右。婴儿开始懂得对各种事物加以抽象地分类。例如，他已经懂得狗总是汪汪地叫，无论大狗、小狗、白狗、黑狗概不例外。这一点表明他已能像成人那样运用逻辑思维了。相应的，父母也不该停留在简单的“猫猫”“狗狗”阶段，而应该开始以语言和手势进行解释了。

第七次智力飞跃出现在出生后10个多月时，婴儿懂得了做事有顺序，先干什么后干什么。因此，父母这时不应该顺着他的顺序反复让他显露本领，而是开始手把手示范他不同的“玩法”。

到出生后11个月多，婴儿终于发现，顺序也是可以按照自己的意愿来改变了。于是他能够按照自己的心愿来制订计划，明确表示自己的要求。例如，当他今天想外出时，会提示别人要鞋子或帽子，而明天外出时，又会要求别人穿上外套，表明他已经有自己的主见了。

这个阶段的父母切记不要对孩子的要求产生烦躁的心理，甚至责骂孩子，而是要不厌其烦地道出事情的因果。

幼儿早期教育应注意的三个问题 >>>

❶对幼儿的早期教育忌采用“填鸭式”的方法：因为这样会使孩子完全处于被动地位，从而缺乏独立思考能力。另外要善于启发和诱导孩子，比如讲故事，不一定要把故事讲完，可以有意识地留下一些情节，让孩子自己去发挥想象力，只有这样才有助于开发孩子的智力。

❷忌操之过急：孩子的好奇心非常强，有求知的欲望，对什么都爱追根问底，爱问一个为什么，这为父母引导他们学习提供了很好的条件。但有的父母求成心切，希望孩子“一口吃成一个胖子”。于是不考虑孩子的接受能力，强制孩子认字、算题，这不仅引不起孩子的兴趣，反而会使孩子觉得压力大，枯燥无味。久而久之，就会使孩子对学习产生畏惧、厌恶的心理。

❸忌恐吓和体罚：有些父母不仅强制孩子学习，而且动不动就打骂、关黑屋子等，这样对于孩子的身心健康发育极为有害。幼儿的早期学习，即使不能做到像吃糖一样甜蜜，起码也不要像吞苦果那样难咽。做父母的要注意自己的教育方法。

回答幼儿的提问忌斥责、哄骗 >>>

孩子经常提千奇百怪的问题，如天上的星星是怎么回事？大风是什么样子？树叶为什么是绿的？叫大人也很难回答。如何对待孩子这些问题，则是年轻父母应学习的重要课题。

有的家长被问得不耐烦了，便斥责道：“就你问题多!以后长大了就知道了!”或者不懂装懂，信口开河去哄骗孩子。这种做法对孩子的智力发展极为不利。

一个孩子好问说明他求知欲强。我们

要对他进行赞扬和鼓励，并及时、正确、通俗地作答。当他们的问题得到正确而满意的解答时，不仅增长了知识，而且进一步发展了他们的观察力、思维和想象力。当孩子的好奇心得到满足的同时，也就进一步培养了兴趣。而兴趣在智力发展和成才上具有重要的作用。家长如果忽视孩子的提问，对孩子的问题置之不理，甚至嫌孩子烦，对孩子加以讽刺、嘲笑，就会导致孩子不敢或不愿再提问，对周围一切都失去好奇与热情。

回答孩子的问题要有启发性。对于有逻辑关系的以及其他较复杂的问题，家长要注意引导孩子去思考，让孩子用自己已有的知识经验，通过观察和总结找出答案。它既可以使孩子的好奇心得到满足，又让小孩通过自己的观察思考明白一些现象。如果家长对孩子的问题也不知如何回答，要实话实说，日后查阅资料再回答，不可欺骗。

少年儿童生活

日常生活禁忌

冬季不要用纱巾给孩子蒙面 >>>

冬季，天气寒冷，刮风也比较多，有些家长怕寒风把婴幼儿吹病，使用锦纶纱巾蒙在孩子脸上，把头部包裹严实，殊不知这对孩子的健康是有害的。

我们知道，人脑虽然只占体重的百分之几，但是它需要的氧气很多。孩子的新陈代谢比较旺盛，需要的氧气相对更多。纱巾虽然薄而透明，但透气性很差，用锦纶纱巾包住脸面之后，影响孩子的呼吸，容易头晕目眩、面色青白、哭闹不安，若长时间低氧还会使脑功能发生紊乱，智力降低。冬季天气寒冷时，只要给孩子戴上帽子，多穿些衣服就行了，不必用纱巾蒙面。

不要给儿童用成人化妆品 >>>

有些做父母的总喜欢给孩子涂口红、搽胭脂、染指甲，或者洗脸、洗澡时将自己的洗面奶、洗浴液给孩子使用。其实儿童皮肤娇嫩，承受不了这些成人物品的刺激，容易发生变态反应。因此，不要乱给儿童用成人化妆品。此外，在打扮自己的孩子时还应注意以下几点：

❶忌随意戴首饰：有些父母喜欢在孩子的脖子上挂一个长命锁，或者给孩子戴手镯、项圈、戒指、耳环等，这样做对儿童的健康不利。因为孩子生性好动，金银首饰与局部皮肤不断摩擦，容易引起损伤而继发细菌感染。加之儿童的身体正处于发育中，戴上首饰会束缚孩子的肢体发育。

❷忌烫发、染发：儿童的头发细密娇嫩，如果受化学药剂的刺激，会损伤头发角质层，从而使头发的保护性皮脂减少，弹性程度降低，造成头发萎黄干燥和容易折断。

❸忌戴有色眼镜：不少儿童用的有色眼镜，工艺粗糙、屈光不正、透明度低、着色不匀、质量低劣。儿童戴后加重了眼睛的调节负担，容易引起视疲劳，导致视

力减退。

❹忌扎耳洞：儿童正处于生长发育阶段，组织娇嫩，抵抗力弱，扎耳洞非常容易造成感染，并因此而患病。

男孩常穿拉链裤有害健康 >>>

在泌尿科急诊中，时常碰到小男孩的阴茎包皮被拉链夹住的现象。拉链裤入时好看、穿着方便，很受人们的青睐。但对于男孩，特别是5岁以下的男孩，不宜穿着。因为孩子的生殖器尚未发育，阴茎一般都被包皮所包裹，加上孩子贪玩，小便时急急忙忙，就容易发生上述现象。

一旦发生上述情况，家长切莫惊慌失措，可在拉链夹着的部位上点油（如液状石蜡、烧菜用的油类等），然后轻轻往后退。如整只拉链头都嵌入包皮时，可用尖头钳轻轻地把链头钳松，然后退出。退不出时，可到医院请医生在局部麻醉下退出拉链，切不要硬拉或硬退，以免损伤包皮。

儿童穿皮鞋易导致脚部畸形 >>>

儿童处于生长发育阶段，尤其是骨骼系统的发育还不成熟。皮鞋的鞋帮、鞋底比较硬，儿童穿在脚上不仅不舒服，同时还会影响骨骼发育，导致脚部畸形。因为皮鞋会压迫局部的血管、神经，儿童骨骼弹性较强，长时间穿皮鞋容易发生趾骨畸形，甚至导致脚掌与足趾骨骼的异常发育。穿皮鞋容易破坏行走的稳定性，过大的皮鞋也容易形成平板脚，影响站立、行走、跳跑，造成跌碰，甚至引起骨折。

儿童太胖并非健康 >>>

在许多人头脑里有一个观念，认为孩子长得胖才是健康，在书报和电视节目里常常出现胖娃娃，特别惹人喜爱。其实，肥胖的孩子不一定健康，如果让孩子吃得太多，长得过于肥胖会造成多种危害。

首先，儿童如果太胖，容易患膝外翻或内翻、脚内翻及扁平足，成年以后容易引起糖尿病，并能促进老化，缩短寿命。一般认为，肥胖者多伴有胆固醇增高和胰岛素增高，这两种物质增多都能抑制体内具有免疫作用的淋巴细胞和巨噬细胞的功能，从而使免疫力下降，容易生病。到了中老年时期，就容易患动脉早期硬化、冠心病和高血压等病症。

其次，儿童营养不足、消瘦将使体力、抵抗力、智力下降，然而如果顿顿吃鱼、肉、糖、油和细粮，忽视了膳食的平衡，长得肥胖无力，其危险性可能更大，而且儿童期的肥胖症比成人期的肥胖症更难治。

因此，家长们一定要格外注意孩子营养的合理安排，尽可能每餐荤素搭配，粮、豆、菜混合，适当地限制肥胖者的热量摄入，加强户外锻炼，稍微瘦一点儿是有好处的。

儿童不要用手揉眼睛 >>>

一只手上有4万~40万的细菌和寄生虫卵，用手揉眼睛以后会患沙眼等病症。因此，儿童不要用手来揉眼睛。此外，儿童在日常生活中还应注意以下两点：

❶忌挖耳：以免引起耳疾。

❷忌含手指：一克重的指甲垢里藏有几十亿个细菌和寄生虫卵，含手指后会将脏东西带入口腔。

儿童用药误区 >>>

时下，一些家长或是出于想少花钱，或是出于对子女的过分溺爱，在儿童防病、治病、保健等方面都存在不少误区，因此出现了不少问题。其主要表现有以下几个方面：

❶擅自用药：近年由于医疗费用急剧上涨，很多家庭存在怕上医院，尤其是怕住院的心理。于是孩子生了病后不问缘由，通常自己在家里找土方子，或自己到药店“抓药”，甚至找出过去自己吃剩的药给孩子服用，这样治疗盲目性很大，轻者延误了孩子的治疗时机，重者会造成药物中毒。

❷多药同用：孩子得病，一些家长以自己过去的病症与孩子对比，然后“对症下药”。如感冒则给孩子服用阿司匹林、速效伤风胶囊、康泰克等。有时为了让孩子赶快好起来，甚至“三管齐下”。殊不知上述感冒药主要成分为抗过敏药，联合使用易因药物过量而引起中毒。

❸求愈心切，乱加剂量：一些家长对孩子的病情不视轻重、不遵医嘱，也不阅读药品使用说明书，误认为多吃总比少吃见效快，结果使孩子服了成人的药量，这样会严重影响儿童的身体健康。

❹乱给孩子进补：一些生活较富裕的家庭或独生子女家庭，希望孩子能够健康，便长期给孩子服补药或滋补饮料，这样极易使孩子出现肥胖或性早熟等不良反应，影响儿童的正常生长发育。

孩子衣服口袋卫生不容忽视 >>>

对学龄前儿童及至上小学的孩子，一般来说，家长比较重视他们的饮食卫生，衣服也能做到勤洗勤换。但多数年轻父母不太注意孩子衣服口袋的卫生。

小孩子的衣服口袋往往是个“大储宝箱”，吃的、玩的、用的、路上拣的，什么都有。据资料介绍，有个小孩口袋不干净，吃了从口袋里拿出的东西，得了病，经医生检验发现，这个孩子衣服口袋里生长繁殖了10多种致病细菌和寄生虫卵，其中有霉菌、痢疾杆菌、蛔虫卵、黄曲霉菌等。所以，家长在给小孩洗衣服时，一定要注意清洗一下口袋这个“死角”，平时也应教育孩子注意口袋卫生。

儿童不适合参加长跑 >>>

儿童骨质比较脆弱，容易受伤。过重的训练，特别是超长距离跑，往往会导致足拇指球部下部疲劳性骨折、腓骨疲劳性骨折、骨质接合处断裂、胫骨酸痛、胫骨顶部粗隆骨质发育不良、胫骨疼痛等，严重影响儿童身体健康。

常吃果冻对儿童的健康有害 >>>

果冻、泡泡糖、方便面、甜饮料、糖葫芦、棉花糖、糖人等添加糖精、香精、色素的食品，真正的营养物质含量并不多，而其中的糖精、甜味剂、着色剂、香精常含有一定的毒性，常吃这些食物，不利于儿童健康。此外，下列几种食物儿童也不宜常吃：

❶有机酸含量高的食物（菠菜、梨、浓茶等）：这类食物中含有大量植酸、草酸、鞣酸等有机酸，这些酸与它们自身含量很高的铁、锌、钙紧密结合，而不能被机体利用，同时在胃肠与其他食物中的铁、锌、钙相遇时迅速与它们结合形成稳定的化合物而排出体外。

❷兴奋神经及含激素食品（可乐饮料、巧克力）：这类食品食用过多，对人体中枢神经系统有兴奋作用，使儿童焦虑不安、心跳加快、难以入睡等。人参、蜂王浆、燕窝等具有促进激素分泌的作用，经常食用会导致性早熟、影响身体正常发育。

❸含有毒物及防腐剂和添加剂的食物（烤羊肉串、爆米花、罐头八宝粥、皮蛋等）：这些食物都含有一定的致癌物质，

对儿童身体影响更大。

❹高脂肪食品（鸡蛋、葵花子、猪肝、肥肉等）：这些食品虽然本身营养价值较高，但含有较多的脂肪和胆固醇，儿童长期食用对身体不利。

❺腌渍食物：腌渍品（咸鱼、咸肉、咸菜等）含盐量太高，高盐饮食易诱发高血压；而且腌渍品中含有大量的亚硝酸盐，它和黄曲霉素、苯并芘是世界上公认的三大致癌物质，研究资料表明：10岁以前开始吃腌渍品的孩子，成年后患癌的可能性比一般人高3倍。

❻根茎蔬菜：儿童一般不像成年人那样对食物咀嚼得很细，有时看上去像咀嚼，而实际却是整吞。儿童如果多吃有根茎食物，如芹菜、黄豆芽、苋菜等，便容易造成消化不良，同时还会发生腹泻。

❼精细食物：精白面、精米等精细食物中的营养价值如维生素、矿物质、无机盐和纤维素都在加工过程中丢失大半了，儿童经常吃精细食物不利于营养吸收。

❽山楂：有些家长喜欢买山楂片给孩子吃，认为多吃山楂片能助消化，其实不然，它只促进消化液分泌增加，并不能通过健脾胃的功能来消化食物。特别是处于换牙时期的儿童，常吃对牙齿生长发育很不利。而且，现在市面上很多劣质山楂片都是添加色素加工的，儿童食后是有害身体健康的。

❾钙粉：有的家长一听说孩子缺钙，就给孩子吃钙粉，这不但不能改变孩子缺钙的状况，反而会引起别的病症。因为钙粉和牛奶会结成不易消化的奶块，使孩子的肠功能紊乱，引起食欲不振等不良后果。孩子缺钙，可遵医嘱，服用鱼肝油或注射维生素D_2和维生素D_3。

儿童的饮食应多样化，要做到膳食平衡，鱼、瘦肉、紫菜、海带、动物内脏、新鲜的蔬菜、水果都有益于孩子健康。近年来，国内外研究的结果还提出，小麦仁油、洋葱、蒜头、芦荟等因富含酪氨酸、麦硫胺及锗而明显有益于儿童大脑细胞发育，应该让孩子多吃这样的食物。

儿童不宜的饮品 >>>

❶茶水：虽然含有维生素、微量元素等对人体有益的成分，但孩子对茶碱较为敏感，可使孩子兴奋、心跳加快、尿多、睡眠不安等。另外，茶叶中所含鞣质会影响铁吸收。

❷可乐性饮料：如咖啡、可乐等，其中含有咖啡因，对孩子的中枢神经系统有兴奋作用，影响脑的发育。

❸酒精饮料：酒精是一种原生质毒物。儿童身体各个组织器官发育还不成熟，特别是口腔、食管这些部分的器官黏膜细嫩，管壁浅薄，如果长期饮酒会导致口腔癌或食管癌。

❹果汁：一般来说，市售的各类果汁都是经过加工制成的，在加工过程中不但要损失一部分营养素，而且还必然要添加一些食品添加剂，例如食用香精、色素等，这些东西虽然对人体影响不大，但对儿童来说，如果长期过多地饮用瓶装果汁，对身体健康是不利的。因此，忌用果汁代替水果。

儿童吃饭时不要看电视 >>>

儿童吃饭时不要看电视，因为吃饭时看电视，使消化器官获得血液减少，影响食物消化和吸收。此外，儿童吃饭还须注意以下几点：

❶忌过饱：过饱会使大量食物残渣存在大肠中，经细菌分解产生有毒物质，造成血管慢性病变。

❷忌过快：狼吞虎咽会使唾液不能充

分与食物混合，引起消化不良，导致肠胃疾病。

❸忌过咸：吃过咸食物易引起高血压、心脏病、动脉血管硬化等病症。

❹忌过甜：易引起蛀牙和肥胖。睡觉前更是不能吃糖。

❺忌过烫：滚烫的饭菜易使口腔、食管、胃黏膜发生烫伤，引起炎症。

❻忌过冷：冰冷食物进入胃内易引起胃痛。

❼忌过稀：这样容易不经咀嚼就吞进肚里，影响消化，引起胃痛。

❽忌偏食：偏食会营养不良，不利于智力发育，应注意饮食平衡。

❾忌打闹说笑：打闹说笑容易使食物误入气管。

儿童发热时切勿吃糖 >>>

儿童感冒发热时，消化液分泌减少，消化酶活力降低，胃肠运动缓慢，消化功能失常，常常表现为食欲下降。此时如果让孩子吃甜食过多，可使体内大量维生素消耗掉。而人体缺乏了这些维生素后，口腔内的唾液就会减少，食欲反会更差。因此，儿童发热时切勿吃糖。此时应该多休息，多饮水，以利降温和排泄体内有害物质，饮食以清淡、易消化、有营养为好。此外，儿童吃糖还须注意以下几点：

❶忌睡前吃糖：许多儿童睡前吃了糖不刷牙。牙缝里的残渣，是细菌繁殖的好地方，从而产生酸，使牙齿脱钙、溶解，形成龋洞。

❷忌饭前吃糖：糖具有抑制消化液分泌的作用，如果饭前吃糖，吃饭时就会感到没味道，从而影响食欲。久而久之，还会影响消化功能，引起儿童营养不良，致使营养不良病症发生。

❸忌含糖过久：口中含糖时间过长，便限制了唾液中化学物质对细菌产酸的中和作用，从而助长了口腔中细菌的繁殖，因而容易造成口臭和形成龋齿。

❹忌吃糖过多：糖是一种不含钙的酸性食品，正常人机体需保持弱碱性。如果吃糖过多，人体就变成中性或弱酸性。机体要恢复弱碱性，就要消耗人体里的碱性物质——钙。日久天长，会影响儿童的骨骼发育。另外，吃糖过多还会降低免疫力，引起糖尿病、咽炎、扁桃体炎、软骨病、脚气病、慢性消化不良、性情暴躁及肥胖等疾病。

❺皮肤感染的患儿忌吃糖：因为吃糖能促使血糖升高。血糖高是葡萄糖球菌生长繁殖的条件，可造成皮肤感染、经常复发，久治不愈。

儿童在换牙时不应该吃甘蔗 >>>

儿童换牙时期吃甘蔗，向外掰、拉、撅等用力过猛，会使牙床组织受到一定程度的损害，还会使新长出来的牙齿向经常用力拉的方向生长。这样长时期下去牙齿慢慢就会长得歪歪扭扭。另外，甘蔗含糖分很高，经常吃甘蔗又不漱口、不刷牙，对牙的腐蚀性很大。

不要给孩子吃过多的高级营养品 >>>

在少年儿童成长发育期，如果高级营养品摄取无度，就会造成营养过剩，因而引起免疫细胞过早发育，从而导致中年时期细胞免疫力迅速下降。营养过剩的儿童成年后，无论是体质、智力等各方面功能都将大大下降。

不要给刚病愈的儿童吃过多食物 >>>

孩子发热时不想吃东西。几天之后，会明显消瘦。刚退热，父母们便不厌其烦地让孩子大量地吃东西，以弥补患病时的损失。其实，这样做是不合适的，这是因为孩子在发热后，虽然体温正常了，但胃肠道功能还未完全恢复正常，分泌的消化酶不足，消化和吸收能力非常低。多吃食物会增加胃肠道的负担，并且还会在短期内造成孩子的厌食。因此，小儿病愈初期忌多食，应吃些容易消化的流质、半流质饮食，如豆浆、牛奶、稀粥、新鲜水果等；脂肪及含糖过多的食物也忌食用。

儿童使用彩色餐具会影响智力 >>>

彩色餐具上绘有的图案所采用的颜料对儿童的身体是有危害的，如陶瓷器皿内侧绘图所采用的颜料，其主要原料是彩釉，而彩釉中含有大量的铅，酸性食物可以把彩釉中的铅溶解出来，与食物同时进入儿童体内。再比如涂漆的筷子，它不仅可以使铅溶解在食物当中，而且剥落的漆块可直接进入消化道。儿童吸收铅的速度比成人快6倍，如果儿童体内含铅量过高，会影响智力发育。因此，儿童不宜使用彩色餐具。此外，下列两种餐具儿童也最好不要使用：

❶尖锐的餐具：儿童的定位能力和平衡能力较差，使用锐利的餐具容易将口唇刺破。如果孩子跌倒，还容易造成外伤。

❷难以清洁的餐具：比如塑料餐具，油垢和细菌比较容易附着在上面，不易洗净，又不能进行高温消毒，所以不是孩子的理想餐具。

少女常穿锦纶腹带裤会影响发育 >>>

少女如果长时期穿锦纶腹带裤，其结果是有损健康，影响发育。因为腹部长时间受较强外力的压迫会影响胃肠蠕动和消化吸收功能，会妨碍呼吸运动和血液循环。腹腔脏器如果长期受压，再加上其血液循环不流畅，往往会引起盆腔内器官的发育不良，甚至引起炎症，如膀胱炎、输卵管炎等。另外紧密的腹带裤，使阴部透气性差，分泌物和汗液不易挥发，不利于外阴部的卫生。因此，少女忌穿锦纶腹带。

少女应及时戴胸罩 >>>

一个少女在进入青春期以后，乳房开始发育，应及时使用胸罩。乳房没有肌肉组织，只有腺组织和脂肪，支撑它们的是结缔组织。这种结缔组织像一张绷紧的纤维网，起支撑作用。它和肌肉组织不同，是没有弹性的。如果一个少女长期不用胸罩，乳房便会慢慢地松弛、下垂，特别是经常运动，过分伸张开的乳房就不会再恢复到原来的形状。另外，不用胸罩还会使乳腺负担不均匀，妨碍乳腺内正常的血液循环，因此而造成部分血液瘀滞，引起乳房疾病。另外，剧烈运动时不戴胸罩，也容易使乳房受到创伤，引起乳腺炎。因此，少女忌不戴胸罩。

少女常穿高跟鞋会影响将来的生育情况 >>>

少女正处于青春发育期，足骨、脊柱、骨盆都未发育成熟，在外力的作用下很容易弯曲、变形。高跟鞋就会成为一种外力。不仅如此，高跟鞋还会影响将来生育。因为穿高跟鞋身体必然前倾，这样对骨盆的压力就加重了，骨盆两侧被迫内缩，必然造成骨盆入口狭窄。因而，少女如果一直穿高跟鞋的话，婚后生育就有可能出现分娩困难。妇产科临床如果遇到这种病例，就不得不采取剖宫产，这会给产妇带来更多的痛苦和麻烦。另外，穿上高跟鞋人体重心前移，全身重量会过多地集中压在前脚掌上，趾骨会因此负担过重而变粗，这不仅影响了关节的灵活，而且有可能造成趾骨骨折。还有，少女穿高跟鞋时间长了，就可能患平足症、痉挛性足痛、大趾外翻，甚至走不成路了。

从生物力学的角度看，女孩子最好是穿坡跟鞋。穿坡跟鞋，身体重心既不前移，也不后移，不仅能预防肌肉和关节损伤，还能免除穿平底鞋所引起的小腿后部肌肉过度紧张。

少女切勿烫发 >>>

有些少女喜欢烫发，以为这样漂亮，其实这样做是有害的。

女孩子的身体还处于发育阶段，她们的头发中脱氨酸基团和蛋白质链都处于不稳定阶段。如果她们的头发此时受到外界化学及电源的刺激，就会使头发内部复杂的结构受到破坏。尤其是烫发超过了限度时，受到的破坏更大，头发中的纤维无法复原，直接影响健康和美容。女孩子头发细而柔软，一经加热和化学反应，头发中的角质和皮质就会损伤。乌黑柔韧的头发将会随着烫发的次数增加而变得枯黄发脆，油脂分泌物相对减少，最后完全失去原有的自然光泽以至脱落。同时少女烫发还会影响汗液的正常蒸发，妨碍头皮的新陈代谢，给细菌的大量繁殖造成有利条件。尤其是天气比较热的季节。容易生痱子，甚至造成皮炎。所以，奉劝少女们不要图一时好看而去烫发。

少女化妆不当会破坏其自然美 >>>

有些女孩子由于化妆不得法，会使得自己显得超过了实际的年龄，或者是使别人误解了她的性格，或是被化妆品破坏了自己的自然美。

❶过火的唇线：天生有一片较厚的上唇，如果唇膏涂得太宽，看起来便平庸粗俗。

❷太深的眼线：如在眼睛周围画上重重的黑线，会增加你的年龄，如果把眼线画得淡一些，看起来会比较年轻。

❸太浓的眉毛：应该用细细的羽毛状线条来添补稀疏眉毛的空隙。如果画得又宽又显眼，会使你显得蠢笨。

❹胭脂的边缘：胭脂使你双颊近似健康的玫瑰色，其边缘要逐渐变淡，与皮肤融合。胭脂与周围皮肤之间不要有截然的分界线。

少女拔眉易长皱纹 >>>

人的眉毛有阻挡汗水和灰尘、保护眼睛的作用。拔掉眉毛等于眼睛失去了保护。如果细菌进入拔除眉毛的囊孔，便会引起毛囊炎，甚至还会溃烂，形成瘢痕。拔掉眉毛对眼眶周围的神经末梢和微细血管会形成一种恶性刺激，引起眼肌运动的失调，使眼眶周围皮肤松弛，容易出现皱纹和眼睑下垂。

少女饮食需注意的问题 >>>

❶忌不吃早饭：青春期的女孩子对热量的需求较大，她们每天需要的热量要比成年人多。这些热量主要来源为糖、脂肪和蛋白质。而有些人不吃早饭或不吃饱，热量的供应明显不足，必将影响生长发育，所以早饭一定要吃好。

❷忌挑食：青春期对于蛋白质、矿物质、水分的需求量相当大，而且还要全面。女性对蛋白质的需要为80～90克/天。不同的食物中的蛋白质的组成即氨基酸的种类不尽相同，所以吃的食物应该多种多样，才可以使氨基酸的补充全面，切忌挑食。

❸进入青春期的女孩在吃饭前后应注意休息：在进食的前后如果运动则胃肠道的血供应就会减少，必然导致胃肠功能的

下降，而引起消化不良及一系列的胃肠毛病，所以进食前后要注意休息，以保证胃肠的供血。

少女吃零食易引起肠胃疾病 >>>

女子的胃容量比男子的小，因此每顿食量相对较小，往往还不到下顿饭的吃饭时间，就会产生饥饿的感觉，这时就很想吃些零食。吃零食虽然本身无害，但吃了零食，吃饭时食欲就会大大减低，或是想吃也根本吃不下。由于饮食没有规律也就影响了正常的消化功能，减少了人们对食物中营养素的吸收，造成营养缺乏，这一切对处在生长发育阶段的少女极为不利。如果吃零食成了习惯，不停地含着、嚼着各种零食，食物就会不均衡地进入胃肠，使胃肠得不到休息，导致疲劳，胃肠分泌的消化液也得不到调节，容易造成消化不良和其他胃肠疾病。

少女应警惕缺铁性贫血 >>>

人体内如果铁量不足往往会导致血红蛋白减少。血红蛋白是红细胞的主要成分，血红蛋白的不足会造成贫血。少女正处在青春期发育阶段，大都已出现月经初潮，月经是一种慢性失血，少女容易造成慢性失血性贫血。如果此时吃含铁食物过少，比如瘦肉、肝脏、豆类、蛋黄、菠菜、胡萝卜等食品吃得过少，会因饮食中缺铁而引起缺铁性贫血。

少女要重视青春保健 >>>

处于青春发育期的少女，虽然身体的抵抗力比儿童时期增加了许多，但从功能来讲并未完全稳定，抵抗力还不健全，如果在这一时期不注意自我保健和卫生防病，及时补充自身生长发育所需要的营养，就会容易发生肝炎、肺结核、甲状腺肿大、肾炎、贫血及妇科病等，影响生长发育，甚至造成终生遗憾。

少女节食减肥易引发多种疾病 >>>

少女正处在自身生长发育阶段，新陈代谢旺盛，必须不断从食物中吸取足量的营养素，只有这样才能维持正常的生理功能，促进生长发育。一个人如果节食减肥，摄入的膳食就会不能满足身体对各种营养素的正常需要，就会出现营养不良。更为重要的是，节食是人为的故意克制食欲，时间长了，可引起神经性厌食，出现真正的食欲下降，就是想吃也吃不下，使身体长期处于饥饿之中。生长发育就会因此而停滞，其结果是抵抗力下降，导致贫血、闭经等病症，这一切会随时间的发展而危及身体健康。

少女在变声期切勿大喊大叫 >>>

处于变声期的少女要保护好嗓子，一定不要大喊大叫。如果经常大喊大叫、哭闹，声带就容易充血水肿，甚至还会发生声带小结而影响变声的正常发展，引起变声障碍，致使变声后嗓音尖细或沙哑。

少女束胸会影响乳房的发育 >>>

许多少女为了单纯追求“美”，或者羞于展现自己发育的胸部，穿紧身小衣，将乳房勒平。这对于身体发育和健康都是十分不利的。

因为女孩子十三四岁开始月经来潮，乳房此时便会逐渐增大，骨盆增宽，臀、胸部脂肪增多，十八九岁基本形成女子特有的体型。此时束胸不仅影响自身肋骨、胸骨间膈肌的运动，而且还可影响正常的呼吸功能，使得胸廓狭小，肺活量降低。乳房被勒平，还会影响乳房的发育和将来的乳汁排泄，造成乳头内陷和产后哺乳困难。长期束胸过紧，还有罹患一种被称为孟德尔氏病的危险。此病虽是一种良性的表浅血栓性静脉炎，但也会带来一定的不适。因此，从医学角度来讲，少女忌束胸，更忌长期过紧束胸。

少女不要用激素促使乳房的发育 >>>

少女正处在生长发育的旺盛时期，卵巢本身分泌的雌激素量比较多，此时如再服用雌激素，虽然有可能促使乳房发育，但潜伏着严重的危险。因为女性体内如果雌激素水平持续过高，就会使阴道、乳腺、子宫体、宫颈、卵巢等患肿瘤的可能性增大。另外，常用的雌激素有苯甲酸雌二醇、己烯雌酚等，这些物质对身体并不好。因此，少女忌用激素促使乳房的发育。

少女要小心提防乳房外伤 >>>

乳房隆起在胸前，很容易在劳动中或在公共场所因拥挤而受伤。由于乳房内的脂肪组织对外伤的抵抗力差，钝性暴力或碾锉都容易引起脂肪坏死、液化，或局部形成囊腔，周围组织逐渐纤维化。乳房在外伤时有时不十分明显，因此常常被忽略遗忘。有时由于外伤而出现的粘连、坚硬、活动度差的肿块很容易被误诊为乳腺增生病，甚至误诊为乳腺癌。所以少女要特别注意保护乳房，防止外伤。

少女游泳应适可而止 >>>

游泳是一项消耗体力的剧烈运动，少女一般体力都比较差，如果不根据自身体力状况而掌握游泳时间和运动量，游到江河之中会因体力不支而游不到对岸，或因无力返回而发生意外。另外少女游泳时还应注意卫生，不要借用游泳衣裤、浴巾，以免感染皮肤病、妇科病和性病。因此，少女游泳忌过量。

少女过于害羞有碍成长 >>>

有的少女过于害羞，过于紧张拘束，其结果会给心理造成很大压力，影响社交活动和正常的交往，甚至难以获得理想的职业，另外，过于害羞的少女往往感到主动结交朋友很困难，常为不能与别人融洽相处或充分发挥自己的才能而暗自烦恼，在生活中她们还会深感孤独。这些心理状态对少女的身心健康是十分不利的。

少女切勿过早过性生活 >>>

少女月经初期的到来，只能表示卵巢和子宫的生理功能开始建立，而并非完全发育成熟。在性器官没有完全成熟的时候就开始性生活，这对少女的生长发育、身心健康一点好处都没有。少女正处在长身体的关键时刻，如果这个时期就谈情说爱，发生两性关系，必然会影响情绪，给将来的婚后生活带来不良的后果。

少女不应该“讳疾忌医”>>>

少女到了青春期，乳房发育，月经来潮，随之还可能发生一些妇科病，如闭经、痛经，或患阴道滴虫病、霉菌性阴道炎等。有些少女对这些疾病宁愿忍耐，而不愿到医院去进行妇科检查，她们认为妇科只是为结了婚的女性而开设的。有的人甚至自作主张，痛经服用止痛片，月经过多吃云南白药。这种讳疾忌医的做法，不但影响少女的正常生长发育，还可能影响生殖功能，形成终身疾患。

预防频繁遗精 >>>

在男性青少年中，多数频繁遗精都是由精神因素造成的。因此，要防止发生频繁遗精的现象，就必须有充实的精神生活，再加上适当的体育锻炼和体力劳动以及良好的生活习惯和个人卫生习惯。一定不要迷恋于黄色书刊、画片，以及对异性的不切实际的幻想；另外在临睡前用温水洗脚、侧卧睡眠、被子不要太厚、内裤不要太紧等，都可以防止频繁遗精的发生。如果还不能抑制，精神也不要紧张，应请医生诊治。

少男切勿用雌激素去除胡须 >>>

有些男孩为抑制胡须而滥用雌激素，这种做法会带来不良后果。男性在性成熟发育阶段，胡须的毛囊已发育，即使服用雌激素也并不能减少其数量，而只能使胡须变得纤细些，一旦停药胡须仍然会变粗。雌激素能对抗雄激素的主要作用，如果大量服用雌激素，会使体内激素紊乱，破坏正常代谢进行，可使水、钠潴留，出现肢体水肿、血压升高等问题，由于钙磷代谢不平衡便会加速钙盐沉积，使长骨骨髓过早封合，本来还能长高的青年反而会变得矮小，雌激素还会刺激胰岛素的分泌，影响正常的糖代谢；另外还会使正常的性功能减弱。因为雌激素进入体内，常在肝内分解代谢，大量服用后会增加肝脏负担，甚至会引起胆汁郁积性黄疸、造成肝功能不良。

少女切不可为避月经乱服药 >>>

现在很多女孩子为了在考试或比赛时避开月经，就通过服用避孕药来改变月经周期或推迟月经到来。这样的做法非常不科学，并严重破坏少女身体。

在生活中，月经来潮时的确会给女性的日常生活带来许多不便，如痛经、行动不便、经期紧张综合征等。少女对月经来临经常有种恐惧心理，如果缺乏正确的教育和引导，她们很容易干出各种意想不到的荒唐事件。青春期正是长身体的时候，完全没有必要因为一次运动会而打乱人体自然的生理周期。长期服用避孕药可能会出现类早孕反应，如恶心、呕吐、食欲不振等，大量服用避孕药还会破坏人体的激素水平，使乳腺癌、宫颈癌等肿瘤发生的危险性加大。

要教育青春期少女对月经来潮应泰然处之。这样，她们才会信心百倍地走向新生活。

少男乱拔胡须易引起毛囊炎 >>>

胡须是男性的健美特征之一，但许多男孩子嫌它难看，用手或镊子拔除，这对人体是不利的。因为每根胡须下面都有毛囊，由它供应胡须的营养。它深深地埋在皮肤下面，胡须拔除后，毛囊并没有破坏，胡须还会继续长出来，经常拔胡须可引起局部的损伤，轻则疼痛，重则由于细菌感染毛囊而引起毛囊炎，炎症还可逐渐扩展，甚至可以发生疖肿和蜂窝组织炎。如果这些感染发展得更加严重，即使治愈了，还会局部留下疤痕或者永久性的脱毛。极为严重的是炎症处理不当或治疗不及时，会使细菌进入血液，有发生败血症和脓毒血症的危险。

少女少男忌对性知识一无所知 >>>

性既是一种自然现象和生理现象，又是一种社会现象。在青春期，如果不懂得性知识，不养成良好的性规范、性道德，对今后是没有好处的。另外，少女少男正处在青春发育期，因月经的来潮、遗精现象的出现，性心理、性意识的出现都有很多卫生方面的知识需要了解，如果不懂正确的保健方法，不会正确处理卫生问题，有可能导致生殖器官和身心疾病。应该看到性的问题不仅关系到个人婚姻、家庭，还与整个社会有关，少女少男若懂得一些性知识，也有利于社会稳定。因此，少女少男忌对性知识一无所知，家长应该对孩子性知识方面进行有益指导。

青少年切勿饮酒 >>>

喝酒醉了的人大脑中会出现大量较轻的溢血现象。如果对长期喝酒与不喝酒的人的大脑进行测量，所得到的图像表明，喝酒的人左半脑密度比不喝酒的人要低，这一切说明脑组织因饮酒而变得疏松。从大脑的断层照片来看，可以明显看出喝酒的人大脑萎缩，出现脱水状态。其大脑的重量也比不喝酒的人轻得多。这说明：饮酒，特别是长期大量饮酒对大脑的功能、记忆力等方面影响特别大，一切有求知欲而又求上进的青少年应忌饮酒。

青少年进补有害健康 >>>

冬令进补，一些父母给孩子也买补品吃，认为既是补药，有益无害，青少年时“加料”，可使身体长得更壮实些。其实，这样的补法往往事与愿违。

道理十分简单，在我国医学中，进补是虚弱病症的调治方法，补是对虚而言，不是一概可补。另外，补药也是药，是药就有偏重。即使能进补的人，也不是什么药都可以吃，首先要搞清属于哪一类虚证，是“气虚”，还是“血虚”“阳虚”“阴虚”，然后虚什么补什么，才能补而受益。

其次，青少年正处于发育旺盛阶段，犹如旭日东升，草木方萌，本来阳气就盛。如果无故服用人参、参归、参茸等胶膏之类的补品，就极易上“火”，出现烦躁不安、鼻子出血、大便秘结、食欲减退等症状，反而招祸。

对青少年，利用冬季胃口较好，调配一日三餐，注意营养与体育锻炼，才是根本。即使体弱多病的青少年，也应及时请医生检查，找出原因对症下药才能奏效。

经常不吃早餐会影响学习成绩 >>>

有些中、小学生，不吃早饭或早饭吃得很少便去上学。长此以往，不但影响青少年的身体健康发育，而且会使学生的学习成绩下降。

记忆需要用脑，脑是记忆的物质基础，人的一切思维活动都是靠脑来完成的。人脑时刻要有充足的氧气及营养物质即蛋白质供应。一个人记忆力强弱，除与遗传、环境有一定关系外，还与脑细胞的营养状况有直接关系。人的记忆靠人脑中各种物质协作来实现，人的思维越集中，消耗的营养物质越多，如不及时给予补充，便会造成更多的神经细胞早衰或死亡，从而影响人的记忆力。

学生由于不吃早饭或早饭吃得少，到第三、四节课时，就会因脑细胞营养供应不足，而出现精力分散、心跳加快、饥饿感等现象，从而影响听课效果。因此每个家长应设法创造条件，让学生每日三餐吃饱、吃好，以保证学生身体正常发育以及学生们的生活。

考前切勿开夜车 >>>

神经的高级中枢在大脑皮质，在偶尔睡眠少的情况下可以自行调节，但连续许多天的少眠就要产生抑制状态，会使人发生脑涨、头昏、注意力不集中、记忆力减退、情绪不稳定、食量减少等症状。结果往往会事与愿违，反而影响成绩，甚至可影响青少年的生长发育。

强打精神学习不利于健康 >>>

人在读书的时候，大脑处于兴奋状态，而大脑的兴奋是有一定限度的，如果超过这个限度就会出现疲劳，使人感到头昏脑涨，记忆力下降，甚至头痛。这是兴奋过程减弱、抑制过程加强、需要休息的标志。如果在这个时候还强打精神或用冷水冲头刺激大脑，使大脑勉强维持兴奋，势必导致兴奋和抑制的紊乱。如果长此以往，将会引起人的神经细胞功能衰弱，抵抗力下降，给身体造成损害。因此，青年人忌强打精神学习或工作。

减缓大脑衰退的五项措施 >>>

脑衰退开始的表现只有一点儿头昏、眩晕、容易疲倦忘事。随后是性格变得孤僻、主观、固执，容易急躁，言语重复，睡眠不好，随着病情发展，记忆力也要显著减退。

大脑的逐渐退化是自然规律，但我们对此并非无能为力。科学家们根据多年的研究总结，提出以下5点减缓脑衰退速度的措施：

❶年轻时勤学好动。

❷中年以后坚持大量阅读。

❸学习方法上，一般大脑在连续活动2~3小时后，应休息一段时间。

❹学习内容上应多样化。

❺注意饮食，多吃蔬菜和水果。

考试前不要喝咖啡提神 >>>

伴随着高考进入倒计时，除了做好知识储备、饮食搭配和心理调节等各方面的准备，许多考生和家长都认为，咖啡的提神作用会为考前冲刺和临场发挥打上一针兴奋剂。然而营养学专家提醒，“咖啡提神”这种做法不但靠不住，还可能出现反作用。

由于“咖啡提神”在程度上不易掌握，容易使考生在考前的冲刺阶段过度兴奋，由此引起的情绪亢奋和代谢加快会影响考生休息。而对于平时很少喝咖啡的考生，咖啡引起的兴奋性可能更强，从而导致心跳加快，睡眠质量降低。

即使在考试当天最好也不要喝咖啡，因为咖啡引起的兴奋性增强使考生在考场上容易上厕所，从而影响临场发挥。因此，考生和家长应走出“咖啡提神”的误区。考生只要保证充足的睡眠和有规律的作息，就完全可以精神饱满地参加考试，不需要靠喝咖啡来提神。

“智齿”问题不容忽视 >>>

人到十五六岁以后，最后一颗牙齿开始萌出。这颗牙齿的萌出标志人的智力发育已趋成熟，所以我们一般把这颗牙称为“智齿”。智齿与其他牙齿相比有不少特点。第一，在其他牙齿萌出后4~5年，智齿才开始萌出。第二，约有1/2的智齿不能正常萌出。这种不能正常萌出的智齿称为阻生齿。阻生齿的存在使得食物残渣存留，智齿周围的组织非常容易感染，甚至发生冠周炎。智齿萌出时还可推挤前面的牙齿，从而造成牙齿排列紊乱，直接影响面容。萌出异常的智齿还会造成颌关节功能紊乱，患者在咀嚼食物时，出现耳前方区域疼痛、张口受限等问题。严重的会出现头痛、头晕、耳鸣、耳痛等现象。第三，随着人类的进化，咀嚼器官逐渐退化，智齿的作用逐渐减小。如果智齿未能正常萌出，还会给人们造成痛苦。初高中的学生们正值智齿萌出年龄，当智齿萌出异常时，应及时请牙科医生诊治，不要等出现严重病症时再去看医生，否则会影响学生的学习和身体健康。

戒除手淫应注意的四个问题 >>>

❶忌精神过敏，小题大做：过度手淫确实是一种非常不好的习惯，它对人体的健康有一定的影响，戒除有利于健康，

但忌在思想上过分地自责和悔恨。有些手淫的人，自以为“肾亏已极”，吃药也无济于事，于是陷入“不可救药”的悲观境地，长期处于忧虑、惶恐的状态之中，使大脑兴奋和抑制严重失调，机体抵抗力下降，经常出现头晕目眩、记忆力下降、精神萎靡、失眠梦遗或耳鸣滑精等症状，并且用药大多数都不见效，以致形成恶性循环。其实，手淫的人即使一时对性功能带来某些影响，但一旦戒除以后，一般经过调养，婚后仍可发挥正常的性功能，不必终日忧心。

❷忌穿紧身衣裤：处于青春发育期的青少年们，内衣裤应是柔软宽大的棉织品，忌穿过小过短的化纤弹力内裤，以减少对外生殖器的严重摩擦和大量刺激。

❸忌不讲清洁卫生：青春期皮脂汗液分泌旺盛，外阴经常容易出现污垢，这一时期应特别注意勤洗澡、勤换洗衣服，男孩女孩都要养成每天洗澡的良好习惯。包皮过长的男孩，应经常清洗包皮内积存的污垢，以避免局部炎症等病变的刺激而诱发性冲动。

❹忌思想空虚，意志薄弱：青少年是身体成长及知识积累的“最佳黄金时期”，忌想入非非，沉湎于性问题。应自觉不去读那些不健康的书刊，振作精神，树立远大理想。制订切实可行的学习计划和养成良好的生活习惯，参加丰富多彩的业余活动，分散对性问题的注意力，要做到这一点，必须有决心和毅力。

青少年切勿乱戴眼镜 >>>

目前，学生乱戴眼镜的现象十分严重。有的学生没有经过医院验光检查，就随意购买自己喜欢的、认为样子好看、价格合适的眼镜戴，有的甚至戴父母兄妹的眼镜。有的单眼近视的学生，戴双眼同样度数的眼镜。乱戴眼镜使青少年学生中近视患病率明显增高，近视的度数也有所加深，严重地损害青少年的视力。

假性近视者戴眼镜反而会造成真性近视 >>>

目前，许多患近视的青少年会验光配镜。其实，真正近视的人只有极少数，90%以上是假性近视，若配戴眼镜会造成真性近视。这是因为假性近视还没有真正发生器质性改变，视力和眼的屈光状态仍有波动，只要及时治疗，就完全可以恢复。如果配戴眼镜，反而会使近视状态固定，造成器质性损害，变成真性近视。

青少年过度手淫有害身心健康 >>>

手淫是指男性用手抚弄阴茎、女性用手抚弄外阴或阴蒂，引起性兴奋、产生性快感的一种行为。不论男子还是女子一周几次手淫，可使性器官局部刺激升高，可能造成婚后性交不射精或不出现性高潮。手淫会使女子出现盆腔瘀血，男子可诱发无菌性前列腺炎而产生腰背酸痛，排尿滴沥、排尿终末有白色液体滴出，尿道有灼热感，会阴不适，以至困倦、乏力等症状。过度手淫会影响工作和学习，影响青少年身心健康。

眼睛近视的学生不要坐前排 >>>

眼前5～6米以外的物体反射出来的光线，眼睛不需要调节就可以在视网膜上形成非常清晰的物像，这时调节眼睛的肌肉是舒张的。但在5米以内物体所反射出来的光线，眼睛如不经过调节，视网膜上就不能形成清晰的物像。要看清5米以内的物体，调节眼睛的肌肉必须要有不同程度的收缩，眼距所看的物体越近，收缩的程度也就越强。坐在教室后面的学生，调节肌就不如前排的紧张，有利于保护眼睛。将近视的学生调到前排，由于距离黑板太近，整节课都使调节肌处于高度紧张状态，眼睛非常疲劳，反而会加深学生的近视，引起恶性循环。因此近视的学生忌坐前排。

教育培养禁忌

家长吸烟会影响孩子的生长发育 >>>

儿童被动吸烟和生长、生理有着直接的联系，由于烟雾中同样含有尼古丁、一氧化碳、苯并芘等有害物质，因此家长每天吸烟10支以上的家庭的儿童，比不吸烟的家庭儿童矮0.65厘米；而吸1～9支烟的家庭的儿童，比不吸烟的家庭儿童矮0.45厘米。另外母亲吸烟造成子女被动吸烟的危害更大，因为母亲与学龄前儿童关系更为密切。

切勿将儿童锁在屋里 >>>

将儿童锁在室内，一旦发生意外，如火灾、触电、燃气中毒等，因无人知晓，会造成无可挽回的后果。即使有人知晓，也难以及时抢救。而且现在许多人都住楼房，儿童被锁在室内，就有可能打开窗户向外探望，有的孩子在探望时从窗户翻落出去，造成死亡，这种情况曾出现多次，因此忌将儿童锁在屋里。

儿童不应该过多看电视 >>>

目前，电视机和游戏机对儿童的吸引力是相当大的。学龄前儿童的特点是：思维分析力差，模仿性很强。如果过多地看电视，会出现一个问题，即儿童只对电视节目感兴趣，而对周围事物漠不关心，性格会因此而变得孤僻，严重的还可出现反常的心理状态。

儿童直腰端坐并非“良好坐姿” >>>

长时间以来，直腰端坐一直是公认的“良好坐姿”，学校多要求学生以这样的坐姿听课。让学生直腰挺胸、双手背后、背不靠椅背地端坐，认为这样能防止驼背和脊柱弯曲。而事实上并无充分的科学根据。

直腰端坐给人一种挺拔、有力之感，从美学观点来说无疑是完美的，但从医学观点来看却有其不合理之处。近年来，人们曾将直腰与屈腰的两种坐姿做了对照研究，发现直腰坐姿不利于腰椎间盘营养代谢，增加了椎间关节和椎间盘后半纤维的压力，而这些恰是腰椎结构损伤和退行性病变的原因，进而导致病痛（如腰痛、腰椎间盘突出等），屈腰坐姿则恰好相反，有利于减轻上述因素，对人体腰椎起保护作用。

儿童书包不可过重 >>>

按规定，儿童书包最大重量不应超过儿童体重的1/10，如果超重，受压的脊椎便会由于负荷过重而弯曲，给儿童的发育带来明显的不良影响。另外，儿童应用背负式书包而不要用单肩斜挎式书包。

不要给孩子买低档电子琴 >>>

市场上有一些价格低廉的电子琴，不少家长望子成龙，纷纷解囊购买，一些幼儿园也统一为孩子购置这些电子琴，以便开办学习班。这些家长、教师的用心固然好，而有经验的音乐工作者和音乐教育工作者则认为，一般儿童的音乐素质、音乐修养就像一张白纸，你在上面描绘什么，就留下什么痕迹。

初学电子琴的儿童所使用的电子琴除必须具备音阶准确、音质纯净的特点外，同时还应具备重音和弦的效果。低档电子琴由于材质、键盘和各种元器件等方面的原因，音准很差，奏出来的不是音乐而是噪声。用这些电子琴对儿童进行启蒙教育，实际上是对儿童非常不利的，会使儿童形成唱不准、听不准、“五音不全”等问题，等以后再去纠正就晚了。

儿童使用耳机易损伤听力 >>>

儿童的听力正处于发育阶段，他们的鼓膜、内耳及听觉细胞都极为娇嫩，耳机直接封闭了外耳道口，声音没有缓冲、回旋的余地，使声压直接作用于鼓膜，因此会影响儿童鼓膜的发育，以致损害听力。

不要让儿童侧坐自行车架 >>>

不少家长用自行车载小孩时，往往让其侧坐在自行车架的横梁上，这样做是不对的。小孩下身轻微的扭转，时间久了易使脊椎骨扭曲变形。而且，下肢血管受压，血液流通受阻，可影响下肢发育，冬季还易导致冻伤。另外，自行车行驶时的震动通过脊椎骨迅速传给大脑，可对小孩大脑产生不良影响。正确的方法是家长们为小孩配置一把小藤椅，让小孩正身而坐。这样既安全，又舒适。

儿童不可经常逗留在大街上 >>>

城市马路上不仅有噪声，而且空气非常不好。机动车辆的排出物含有大量的有害气体，这种气体悬浮在空气中，随风飘动，人体吸收这些有害气体达到一定程度时，便产生毒害作用。经常逗留在街道上玩耍的儿童，由于机体解毒器官发育不够完善，因而会常常出现头痛、头晕、失眠、记忆力下降、四肢无力及食欲减退、消化不良等问题。

切勿盲目给孩子测智商 >>>

目前市场上有种给孩子测量智商的自行测试表，只需要买回家，给孩子反复做练习就可以了。育儿专家却指出，切不可盲目给孩子测量智商并妄下结论。

及早测量孩子的智商的确能帮助家长尽早找到开启幼儿智力金库的金钥匙，正确了解孩子的优势和弱势。智力低弱的孩子，能够较早地被发现。但如果方法不当，过早而又轻率地给孩子盲目定性，可能直接影响到今后孩子的健康成长。

智商测量必须使用专业精密测量仪表，而市场上见到的这种仪表，一般而言并不科学；再者，测量智商必须由经过专门培训的专业人士才可以进行；测量的结果和孩子的现场情绪、身体状况、周围环境，以及疲劳程度也有着密切关系。

不要常带孩子去看电影 >>>

据测定，在一个能容纳1000人的没有通风设备的电影院中，在近2个小时内，由于人们的新陈代谢所产生的热量，一般可使气温升高5～8℃。同时，还会产生46m^{3}的二氧化碳，超过规定标准的4~5倍。另外，影院内的空气污浊，再加之供氧不足，极易使人感到闷热、心悸、头晕。即使那些安装有通风设备的电影院，也只是减轻了这些危害，而不能彻底消除。人在这种环境中待上近2个小时，身心多少都受到损害，尤其是正处于生长发育阶段的少年儿童，受害更大。因此，年轻父母为了孩子的健康，应尽量少带孩子去看电影。

无事不要带孩子去医院 >>>

有些年轻父母去医院看病时，喜欢带上孩子同往，像是在逛商场、游公园。天性活泼好动的孩子，对这个公共场所感到陌生、新奇，不是东跑西走，就是这边摸，那边碰，就在孩子东摸西碰的时候，会不知不觉地接触到各种病菌，对孩子不利。

医院里充斥着不少病菌、病毒，那些明显或不明显的带菌患者在散布或传染着病菌、病毒。更令人担忧的是那些虽然身患传染病但病情症状不明显、不典型，或未被医生发觉的患者，他们混在人群中间，不自觉地充当疾病的传播者。

由于医院人多病杂，尽管已采取一些卫生无菌措施，但还是难以保持无菌状态。在医院的水龙头、门把手、椅子、桌面等处，都会沾上不少的病菌、病毒。孩子的手接触到医院的各种设施，从医院的空气吸入飘逸在空气中的病菌、病毒，再加上孩子的身体还处于发育之中，机体的免疫能力较低下，对病菌、病毒的抵抗力还不高，因此，即使身体健康的孩子在医院里闲逛，也很容易得病。因此，无事最好不要轻易带孩子去医院，以免传染上疾病。

儿童玩“猴皮筋”要当心 >>>

儿童玩“猴皮筋”时，特别喜欢把“猴皮筋”套在手腕和手指上，但过后却往往忘记摘掉。如果不能及时发现，皮筋勒得过紧，时间长了就会使勒皮筋的末端指节慢性缺血，造成损害。因此，儿童忌玩“猴皮筋”。

儿童口含棍棒玩耍危险多 >>>

儿童嘴里含着棍棒玩耍，稍不注意而跌倒就容易扎伤口腔，严重者棍棒可经口穿破气管、颈部，造成食管气管瘘、食管颈部瘘等，更有严重的可刺入颈椎脑干导致生命危险。另外，也不要让孩子在拥挤的公共汽车上或蹦蹦跳跳玩耍的过程中吃冰棍、糖葫芦、棒棒糖或含竹筷玩，因为这也会出现上述问题。

儿童玩沙土易感染沙土皮炎 >>>

玩沙土是儿童们非常喜爱的一种游乐活动。它虽然可以引起孩子们的兴趣，但也有不利的一面。因为沙土是坚硬的颗粒，玩沙土时可摩擦、浸渍、刺激皮肤，从而感染一种沙土皮炎，过敏体质的儿童还可能出现变态反应性皮炎。其表现为粟粒大小的丘疹、水疱，引起局部瘙痒、糜烂、流水等。穿开裆裤的小女孩，还可引起外阴炎。

儿童切勿玩倒立 >>>

翻跟头、倒立这一类活动，对学龄前儿童来说是相当危险的，因儿童颈部肌肉薄弱，四肢力量不足，一旦失去平衡和保护措施，便会引起颈部扭伤，或颈椎半脱臼。

少年儿童尤其不要睡懒觉 >>>

一个身体正常的少年儿童，如果经常赖床贪睡，同时又不合理饮食、不运动，势必能量储备大于消耗，就容易形成肥胖，如果平时生活有规律，逢节假日却睡懒觉，便会扰乱体内生物钟的时序，使激素水平出现异常波动，导致心绪不悦、疲惫。如果因为舒适的睡觉淹没食欲，使肠胃经常发生饥饿性蠕动，黏膜的完整性遭到破坏，这就容易发生胃炎、溃疡和消化功能不良等症状。起床迟的青少年，其肌张力都低于一般人，爆发力不足、动作反应迟缓。而且，大脑长期处于睡眠休息状态，起床后出现理解能力下降、记忆力减退、学习成绩下降等问题。而且早晨卧室空气混浊，长时间呼吸混浊的空气会给机体带来很大损害。

学龄儿童睡眠时间过少会妨碍智力发育 >>>

据调查结果证明，7～8岁学生每天晚上睡眠不足8小时者，有61%的人跟不上功课，39%的人勉强达平均分数线；每晚睡眠达10小时者，只有13%的人跟不上功课，76%的人成绩中等，11%的人成绩优良。长期睡眠少的儿童常伴有语言障碍，如口吃、呆笨等。学龄儿童睡眠时间少，不但影响学习成绩，而且妨碍智力发育。这一点应该引起家长们的注意。

不要忽略儿童的睡眠障碍 >>>

一些家长发现，孩子入睡非常困难，常常出现惊梦、夜啼等现象，但千万不要以为这是自己孩子的特点，忽略这些睡眠障碍，会对儿童发育产生影响。

❶入睡困难或睡眠不安：入睡前不要过分逗引、恐吓、打骂幼儿。否则孩子精神受到刺激，睡眠就很困难。

❷梦魇：白天受到恐吓或过度兴奋，或睡眠时胸部受压使呼吸不畅等因素，均可使幼儿发生梦魇，表现为幼儿从噩梦中惊醒，醒后仍有短暂的情绪紧张，并伴有出冷汗、心悸及轻度面色苍白的现象，对梦中紧张景象可恍惚回忆，片刻后安静入睡。

❸夜惊：从睡眠中惊起，两眼直视，表情紧张，激动不宁，大声喊叫啼哭，不易叫醒，不听劝慰，15分钟后又复入睡。醒后不能回忆。

❹梦游症：从睡眠中起床，步态不稳如醉酒状，面无表情，往往不语，在室内走动，可避开障碍物。片刻后自行上床复睡。有时绊倒在路旁后立即入睡，醒后对梦中的经历不能回忆。

父母言行十戒 >>>

父母的言行对孩子的心灵有着潜移默化的作用。为父母者应注意十戒：

❶戒父母间随意争吵。即使非吵不可也要力求避免在孩子面前发生冲突。

❷戒偏听、偏信、偏护某一孩子及其缺点，以免在孩子的心里留下自傲或自卑的种子。

❸戒在孩子面前表示夫妻间的过分热情和缠绵。

❹戒在家务、困难面前互相扯皮推诿。父母之间互帮互助，有利于培养孩子热爱劳动。

❺戒以冷淡的态度待人。尤其在孩子的同学朋友来家做客时要表示热情，这是孩子的体面，也是为父母者自身修养的表现。

❻戒不分场合随便批评孩子过错的习惯。不要随意伤害孩子的自尊心。

❼戒开口骂人、动手打人的坏习气。要让孩子感受父母之爱的温暖，并且要爱得文明、稳定、细致、持久。

❽戒说谎话、说大话、说浑话。要认真回答孩子提出的问题，防止在孩子大脑里留下错误的答案。

❾戒迷信。不宣扬迷信思想，不讲鬼怪故事。

❿戒生活上的铺张浪费。

树立父母威信的八个误区 >>>

❶忌高压：父母动辄怒骂、打罚孩子，使孩子惧怕。

❷忌疏远：瞧孩子“不顺眼”时，就不理不睬，故意疏远。

❸忌傲慢：在子女面前摆出一副了不起的样子，这在子女缺乏鉴别力的时候还有些“用”，但很难长期起作用。

❹忌严厉：事无巨细，不分是非，都要子女绝对服从。明知自己有错，也不承认，而要子女照办。

❺忌教训：用没完没了的训话指责来要求子女服从。

❻忌溺爱：对子女百依百顺，即使不合理的要求，也给予满足。

❼忌姑息：对子女的错误姑息迁就。

❽忌滥奖：随便许愿，轻率奖励，使有价值的东西丧失其应有价值。

纠正孩子错误应注意的十个问题 >>>

如何对孩子的过失进行正确的批评教育，这对孩子的身心成长及家庭和睦十分重要。有些父母一看到孩子有错，就非打即骂，效果往往不很理想，有时还适得其反。

那么怎样才能使他们认识并纠正自己的错误呢？家长一定要注意：

❶对懂事的孩子进行批评时，最好单独进行，勿使孩子当众丢脸，不可伤害孩子幼小的心灵。

❷批评前先表扬他的一些优点，如能帮助妈妈干家务活，学习上如何用心等。这样，孩子对大人的批评会心悦诚服而乐于接受。

❸批评的重点只对事不对人，勿过分强调孩子的过失，重点放在如何改正上。

❹大人批评时的态度要和善，切勿居高临下、咄咄逼人，那会使孩子有被威胁之感，从而产生反抗的心理。

❺批评时切勿责骂不休、唠叨不止，以防孩子产生逆反心理。要简明扼要，抓住要害严肃认真地指出错误。

❻孩子一旦有错，要立即批评纠正。如果错误发生过久，再对他进行批评，他可能忘却，那样效果很差，也容易使孩子莫名其妙。

❼同一错误绝不可因父母情绪关系，时而纠正，时而放任。自乱脚步将使孩子迷惑不解，难明是非。

❽不要以为一次批评，万事皆正。特别是年龄大一点的孩子，在纠正错误的过程中，难免重犯。如有重犯坚持耐心说服。

❾只要孩子领会了批评的意思而且又有悔改之意，就要原谅他，终止这次批评。

❿每次批评都应以爱护孩子、提高其品行的愿望开始，以信任孩子能改正过错的态度而结束。

不要对孩子求全责备 >>>

许多父母常犯这样的错误，他们经常监督似的观察孩子的行为，遇到孩子有错时，便马上去纠正，直到孩子做到完全正确才肯罢休。在我们的观念里，似乎认为对孩子的教育就是让他们达到完美无缺，其实我们只要仔细地思考就能理解，这种要求是不对的。因为人犯错误是不可避免的，如果我们多关心孩子表现好的一面，不断给予鼓励，他们犯错的次数一定会越来越少。当然，父母们无不担心孩子长大以后会变坏，养成坏习惯。因此，父母们总是随时盯着孩子，唯恐出现差错。不过这种方法对孩子不但没有激励作用，而且使孩子觉得得不到父母的信赖而产生挫折感。父母既然不断地否定孩子的能力，怎么能期望他们表现好呢？

如果我们老是挑孩子的毛病，就会使他们觉得自己经常犯错误，严重的是使他们对犯错产生恐惧感。这种恐惧的心理可能导致孩子拒绝做任何事以免做错。恐惧的压力使孩子变得无能。应该懂得完美是一个非常高的目标，盲目地追求完美只会使人迈入绝望的境地。我们应该有勇气面对不完美，也只有从一再的错误中，才能得到真正的学习和成长。如果我们正确地引导孩子尽量减少犯错的次数，孩子将永远不具有学习的勇气。一次的犯错并不能否定下次的成功。因此我们都应该记住，忌对孩子求全责备。

早晨应避免斥责孩子 >>>

教育孩子不但要注意方式方法，还要注意时间。应知道，早晨起来就训斥孩子是非常不好的。

早晨是每家最忙乱的时候，父母要准备早饭，打扫房间，而且还要替孩子做上学的准备，有的父母常常不自觉地对孩子大喊大叫，说他们要迟到了、懒鬼等，责骂声不断。在上学前，父母对孩子的这种大声训斥，会整天在孩子脑中回响，影响孩子的情绪。有人曾指出：声音最容易引起小孩的惧怕，大声训斥，把孩子早晨宁静的心境扰乱，会使他们整天心神不宁。应该懂得在早晨骂孩子，父母的一腔怒气固然发泄了，但是孩子身心上、精神上的损失可就大了。

对尿床儿童切勿责骂 >>>

有的家长将孩子尿床看成是一种懒惰的表现，往往在孩子尿床后，粗暴地打骂，时间长了，使孩子精神高度紧张，反而影响了正常的排尿功能，造成膀胱一有尿，便想排尿，每次又排不了多少，稍不注意，就会尿裤子，造成神经性尿频。因此，请家长注意，对尿床儿童切勿责骂。

家庭教育应注意方法 >>>

❶忌溺爱：父母忌过分溺爱子女，孩子的零食不离口，零钱不断手，有求必应，满足一切。这样做对孩子一点好处也没有。

❷忌纵容：发现子女行为有问题或精神反常，家长不及时进行矫正，而是一味地怂恿。拿回钱物，不问来源；交上朋友，不管好坏；打架斗殴，不责其咎，使孩子处于幼稚的自我为中心的状态，视冒险为“勇敢”，把轻率当“果断”，便自觉不自觉地步入歧途。

❸忌娇惯：目前，娇惯孩子多见于独生子女或重男轻女的家庭，具体表现为：开口不离好，行走不离抱，吃饭任其要，穿衣任其挑。要啥给啥，子女清高孤傲，将来如果一旦条件变化，就容易导致违法犯罪。

❹忌哄骗：有些长辈，为图一时安宁、舒服，不惜编造瞎话欺骗孩子，长时间失信于子女，使孩子滋长了对人们不信任和怀疑的态度。久而久之，他们也仿效父母，学会了欺骗的伎俩。

❺忌袒护：袒护孩子的过错。多发生在父母不明理的家庭。子女在家里做了错事，家长明知不对却不说，用“年纪小不懂事”或“不是故意的”加以庇护。在外面与别人发生冲突，即使责任在孩子，家长也要护着。这样，孩子认为有靠山，行为就会更放肆，直至发展到不可收拾的地步。

❻忌放任：在子女思想可塑性时期，有的家长不去努力揣摩孩子的思想意图，引导和培养孩子的兴趣和爱好，而是放任不管，任其发展。有的以工作紧张、家务繁重为由不管不问，有的因管教不太奏效就听之任之等。

❼忌打骂：家长不能以理服人便进行打骂，打骂不起作用就往外赶。他们认为不打不成材。其实，打的伤痕留在子女身上，而仇恨的种子却埋在子女心

中。孩子在家得不到温暖，便会在社会上寻找慰藉。

训斥口吃儿童会使其口吃加重 >>>

口吃就是人们俗称的结巴，是一种非器质性语言障碍。这种不良的习惯，是不容易用药物治疗的。如果总是训斥口吃儿童，不但不会使口吃好转，反而会使口吃加重而难以纠正。

因为口吃患儿受到训斥、讥笑时，自尊心会受到损害，从而产生恐惧心理，其结果使口吃更严重，形成一种恶性循环。因此，对口吃儿童忌训斥，应当给予教育、安慰和鼓励，让孩子放下包袱，轻松自然，保持情绪愉快，仿效正常发音，有节律地逐渐纠正。只有这样，才能使儿童口吃问题逐渐改变。

不要用力牵拉儿童胳膊 >>>

儿童桡骨的环状韧带非常松弛，发育尚未完善，如果在此时用力牵拉孩子的手臂，则非常容易发生脱位。

不要给孩子讲“鬼怪”故事 >>>

讲故事要注意儿童的心理卫生。家长如果能经常给孩子讲一些富有知识性、科学性、趣味性的故事，便可以丰富儿童的语言词汇，提高他们的思维和分析能力，对于开发儿童智力很有帮助。但是，一定要避免给孩子讲一些离奇的、可怕的“鬼怪”故事，因为这些故事会给儿童心理发育带来不好的影响。

教子语言十忌 >>>

不适宜教育孩子的十种语言，称为十忌：

❶忌恶言：不要说“傻瓜”“说谎”“没用的家伙”等。

❷忌污蔑：不要说“你简直是废物”等。

❸忌过分责备：不要说“你又做错事，真是坏透了”等。

❹忌压抑：不要说“闭嘴，你怎么这样不听话呢”等。

❺忌强迫：不要说“我说不行就不行”等。

❻忌威胁：不要说“我再也不管你了，随你去吧”等。

❼忌哀求：不要说“求求你别这么做好吗”等。

❽忌抱怨：不要说“你做这种事，真令我伤心”等。

❾忌贿赂：不要说“你若考100分，我就给你买自行车、手表”等。

❿忌讽刺：不要说“你可真行啊！竟敢做出这种事来”等。

不要让不健康的心理影响孩子 >>>

有的父母脾气不好，动不动就摔东西、乱骂人，他们的孩子有的因此变得懦弱自卑，有的则变得顽劣或狡猾。

一些父母，自己的爱情没有得到正常发展，于是就把许多不正常的爱，有意无意地集中在孩子身上。结果不仅容易使子女失去独立和奋斗的精神，而且往往不能适应未来的婚姻生活。

有的父母，时常悲伤忧郁，没有勇气去对付生活中发生的事。他们的子女也就往往喜欢自怜自叹，沉湎于幻想之中，不能在现实生活中努力工作。

有的父母固执骄傲，有的父母过度谦让，有的父母吝啬好财……这些不健康的心理表现，不知不觉地会影响儿女。

有问题的儿童往往来自于有问题的父母。为父母者应要求自己力争做现代化的父母，本身应保持心理健康。

不要限制儿童参加家务劳动 >>>

孩子在成长过程中，对周围发生的一切都感到新奇，都要亲自体验一下，对家务劳动也是如此，有的父母要么出于疼爱孩子而包办一切，要么嫌孩子做得不好，宁愿自己动手。实际上这样做反而限制了孩子的发展，会使孩子养成任性、惰性和不负责的坏习惯，久而久之孩子便不会成为一个自立于社会的有为青年。

要使孩子成长为一个优秀的人，必须从小着手培育和训练。这就是说，要根据孩子的年龄特点，教育和鼓励孩子按时间表安排自己的学习和生活，做些力所能及的事情，从而逐步培养他们的自觉性和责任感。每年都应当有计划地提高孩子独立生活的能力。比如，7岁的孩子一般应训练选择每天穿什么衣服、打扫自己的房间和整理自己的床。

小心对子女教育过度 >>>

对儿童教育过度，是父母们，尤其是母亲最易犯的错误。比如盲目过分地照顾、随便干预和强行灌注等，都直接妨碍孩子健康成长。我们大家都要懂得应该让孩子自主地活动。父母不要老去干预，只要跟在孩子后面加以保护就行了。要尊重儿童的自然发展，不要把一些自己的东西强加给孩子，也不要乱逗弄孩子，尤其要克服这也不放心、那也不放心的想法，要力求保持儿童纯真的天性。正确的教育方式是：儿童的发展需要等待和帮助，父母的教育不应该是主观能动的，而应该是被动的教育，这才是使儿童得以健康成长的教育方法。

打屁股容易打出问题 >>>

父母在打孩子时，一般很少打孩子的头部、胸部等重要生命器官所在部位，而多拣屁股、四肢来打。但他们不了解各个不同功能器官之间有着密切联系，在维持生命过程中相辅相成、互相制约着。就屁股或大腿来说，当承受的打击应力较轻时，一般不会构成对生命的威胁，但仍会通过感觉神经及传导神经的作用，将受到的刺激送到中枢神经，产生痛觉，进而会影响人的精神情绪。当打击力超过组织的承受力极限，就会形成损伤，尤其小孩的组织结构比较柔弱更经不起打击，易形成损伤。如果反复而且严重地打击屁股或大腿，使孩子的肌肉在一定程度和范围内遭受到严重挫伤时，就会导致死亡。这种死因在医学上称为挤压综合征。一般来讲，我们是反对打孩子的，应提倡说服教育的方法。

切勿干涉孩子的正当爱好 >>>

一个大人很可能会有一种或几种爱好，比如集邮、集古钱币、集字画、集火柴盒、集香烟盒……更何况是小孩子呢，小孩子的可塑性大，一旦对某种事物产生浓厚的兴趣后，往往废寝忘食、孜孜以求，并非常可能逐渐显露出这方面的才华和追求。但遗憾的是，我们有些家长不是正确地加以引导和支持，以尽量满足孩子的需要，而往往说什么“没出息”“不务正业”，甚至把孩子精心收集的糖纸、火柴盒、香烟盒倒入垃圾箱，或拿火烧了。在他们的心目中，孩子似乎只有一心攻读书本才有出息，才是正路。

当然，孩子废弃学业是要好好教育引导的。但那种把孩子牢牢“捆”在教科书里，不得越雷池一步，努力让孩子考上大学，因而忽视或限制孩子在课外的特殊才华的发展的行为，也是不对的。

青壮年生活

日常生活禁忌

女性穿“热裤”的注意事项 >>>

❶上衣忌太长：穿热裤，上衣也要短，如果上衣太长，遮住了裤子，就没意思了。所以上衣一定要短。如吊带背心、短T恤，长的T恤也可以把衣脚打个结，让小蛮腰露一点点，裤腰也露一点点，那就很诱人了。

❷忌忽视自己的腿形：穿热裤要穿得好看，最重要的是有一双笔直匀称的美腿，O形、X形腿不宜。此外要有古铜色皮肤，白腻腻的腿穿起热裤会肉感太重。

❸忌面料太薄：挑选热裤时，要给人感觉“这是外衣”，所以面料不能太薄，牛仔布、皮革等做起热裤会很地道。再就是最好有些装饰，如钉花、绣花、铆钉、印花等，要有设计感。另外，热裤的做工一定要好，否则漏光或被人认为似内衣就麻烦了。

❹忌超短：超短热裤穿不好就给人以过分性感的印象，过胖的人与身材不匀称的人最好不要冒险尝试穿着它。

女性的腰带忌扎得过紧 >>>

目前有些姑娘和肥胖的女性，为追求女性的曲线美，喜欢用扎紧腰带或腹带的办法强求造型。这种做法对身体是十分有害的。因为腰带、腹带扎得过紧，腹内压力增高，从这里通过的血管、消化道以及位于腰部的内脏器官的正常活动都受到限制。久而久之会使消化系统的功能大大降低。轻者腹胀、食欲不振、泛酸，重者会出现胃及十二指肠溃疡，甚至还可能造成输卵管粘连、子宫移位等妇科疾病。

女性忌穿锦纶内裤 >>>

锦纶衣料的质地轻柔，色泽艳丽，易洗易干，价格低廉。但如果制作女性内裤，则会造成不良后果。锦纶属于人工合成纤维，在生产过程中常常有可能混入单体、氨、甲醛等化学成分。这些物质对皮肤刺激性特别大。另外，女性会阴部潮湿，通气性比较差，锦纶内裤吸水性不好，易导致细菌的生长繁殖，从而引起过敏、湿疹或尿道炎等疾病。

常穿高跟鞋易导致慢性腰痛 >>>

女性长期穿高跟鞋有很多害处。一方面，身体重心前移，足尖和前脚掌负重过度，长期受压会导致足尖溃疡或坏死；另一方面，身体向前倾，胸腰部向后挺直，容易造成腰肌及腰部韧带劳损，导致慢性腰痛。此外，20岁以下少女容易导致柔软的骨盆发生变形并造成以后分娩困难。

久戴合金项链易引起湿疹 >>>

当前的生活水平提高了，人们有条件打扮自己。但打扮不当也会造成问题。人们常戴的项链，除纯金（24K）项链外，其他多是掺有铬和镍的合金金属项链。长期佩戴合金项链是有害的。因为合金项链所接触到的皮肤可以出现微红和瘙痒。佩戴时间长了，症状加重，还会出现红肿、糜烂，从而形成湿疹。因此，合金项链切勿久戴。此外，戴首饰还应注意以下两个问题：

❶佩戴首饰，如项链、戒指、手镯等一定不能过粗、过重，以免给健康带来不良影响：虽然黄金本身是一种化学性质稳定的金属，但由于佩戴首饰的局部皮肤分泌的汗液与金首饰接触的作用，再加上首饰与局部皮肤的摩擦，局部皮肤会出现红肿、瘙痒、丘疹、水疱以至溃疡等症状。特别是如果佩戴耳环不适，耳环孔周围的皮肤会发红，继而出现红色丘疹、渗液、糜烂、结疤等，还有可能造成感染或淋巴结肿大，乃至面部肿胀。

❷夏天不宜戴首饰：金属首饰如项链、耳环、手镯等含有镍、铬，这些物质可引起接触性皮炎。炎热天气出汗多，首饰中的某些金属会溶于汗水中，因此而增加金属与皮肤的接触机会，并有可能渗入皮肤内。

女性日常打扮禁忌 >>>

女性要想把自己打扮得漂亮、优雅，一定要遵循两个原则，一是充分体现自己的特点，不要盲目地跟随潮流。理想的标准是既不失新潮又有特色；二是不要故意标新立异。为了避免打扮上常犯的错误，以下几点值得注意和重视：

❶忌身上的首饰过多，或戴着叮叮当当发声的首饰，会给人以浮华和俗气的印象。

❷忌香水味太浓，这样会使人觉得你俗不可耐。

❸忌穿走丝的袜子出门，无论你的腿多么美，都失去了和谐的美感。

❹忌当众照镜整理头发、衣物或是化妆，否则会被人认为不礼貌。如需要整理时，可到洗手间去。

❺忌穿着有污迹或是掉了一颗纽扣的衣服出门，你也许会认为没人注意。一旦被人发现，必被认为生活邋遢、随便。

❻忌露出内衣，有意无意地暴露出贴身衣物都令人反感，露出胸罩更是难堪的事。透明衫裙如果没有底衫衬裙是十分不雅观的事。

上班族女性打扮禁忌 >>>

身为白领小姐的你，在讲究“包装”的今天，如果一味地追赶潮流，将所有的流行顶尖元素都带入办公空间，可能会给你的工作带来一些不必要的困扰。你不妨认真反思一下自己有没有犯以下禁忌，如果有，就要及时改正，以重建自己的形象。

❶发型太新潮：尽管你很陶醉于发型师的建议，梳个最新潮的“龙珠头”再配一身“彩色狂野装”，但若是将它带到办公室里，一定会使同事向你投来诧异的眼光，甚至让上司一见到你就眉头紧锁。

❷头发如乱草：凌乱长鬈发垂在鬓边，或是“刘海”遮住了眼睛，别人会以为你起来后没有梳头就匆匆上班，更认为你披头散发会失尽仪态。若被上司看见，在上司心中你的工作能力会大打折扣。

❸化妆太夸张：女孩子喜欢涂脂抹粉、画眉、染唇，但如果把两颊涂得像中国大戏妆，就绝对不适合白领一族。

❹脸青唇白：不少美容师都强调自然美的化妆，这种化妆着重自然感觉，所以配合的唇膏通常是透明的唇彩，又或是带有银底的浅色唇膏。如此化妆，会让人觉得你脸青唇白，再加上早上起床脸皮水肿的话，更会把人吓跑。

❺衣装太新潮：办公室搞个人“时装展览会”，把最新潮的民族服装、东方时装和欧美服饰全部都轮流披上身，会和严谨的办公环境格格不入的。

❻打扮太性感：虽然你拥有“S”形身段，还有修长的美腿，喜欢穿着大领紧身上衣，或习惯穿连内衣花纹也透出来的“迷你裙”，但上班时务必收敛一下，不然的话会让人认定你是故意“放电”。

❼天天扮“女黑侠”：虽然黑色是永恒的色彩，却不是万能的，一个星期五天全黑打扮，未免缺乏生气，别以为黑色一定能显得你苗条，如果款式及剪裁不好，对你的身材美化无济于事。

❽脚踏“松糕鞋”：许多白领女性因赶时髦又贪方便，都穿露趾凉鞋上班，但那种超厚底“松糕鞋”或“大头”鞋实在太碍眼，很有“街头时装”的低级味道。此类鞋难登大雅之堂，也不宜上班穿着。

女性戴隐形眼镜三忌 >>>

女性戴隐形眼镜在以下3个时期有禁忌：

❶忌行经期间：这是因为女性在行经期及月经期将到的几天中眼压常常比正常期要高，眼球四周也较容易充血，尤其是痛经的女性，此时如戴隐形眼镜，会对眼球产生不利影响。

❷忌怀孕期间：因为在此期间，女性的激素分泌发生变化，从而使体内含水量也发生变化，眼皮肿胀，眼角膜变厚，因而与正常时选配的隐形眼镜镜片不大吻合，会引起眼睛不舒服。

❸忌绝经期及平时感觉眼睛干或湿的女性，因在此种情况下，镜片容易损伤眼球。

佩戴文胸的禁忌 >>>

❶忌不佩戴文胸：有些少女或那些胸部较小而且不喜欢戴文胸的人，常常不戴文胸，认为乳房未长成，所以不必戴文胸。其实想错了，如果长期不戴文胸，不仅乳房容易下垂，而且也容易受到外部损伤。只要文胸佩戴合适，就不会影响乳房的发育，有利无害。

❷忌戴不合适的文胸：要想获得一对饱满的乳房，合适的文胸绝对重要，因为乳房的皮肤极易被乳房的重量拉得失去弹性。戴过紧的文胸会扼制乳房血液循环，导致乳腺疾病，影响乳房发育；过松的文胸则无法对乳房起承托和塑形作用，达不到一定美感。选择合适的文胸是保护双乳的必要措施，切不可掉以轻心。

不要长期佩戴隐形文胸 >>>

一种与皮肤颜色和质感很接近、紧贴皮肤穿着的隐形文胸正在流行，因为它没有带子，可以直接粘贴在皮肤上，不用担心文胸背带悄然滑出，深得露背美女的喜爱。然而医生却提醒，因为隐形文胸比较特殊的质地和穿着方法，穿着不慎很容易引起如痱子、湿疹、接触性皮炎这样的皮肤病，给身体造成伤害。

隐形文胸一般是采用硅胶材质制成，没有肩带、背带，靠内侧的胶紧紧粘在皮肤上来固定。硅胶材质本身质地就比较紧密，又因为它是靠内侧的胶直接粘住皮肤来固定的，所以与皮肤的接触就过于紧密，没有缝隙，这样会使汗液散发不出去，导致局部温度较高。而在高温下，较长时间被汗液浸泡的皮肤就很容易有红肿、瘙痒感，生成湿疹或痱子等皮肤疾病。另外，女性胸部皮肤是非常娇嫩的，较大面积地让胶直接粘贴，有些人会对胶过敏，发生接触性皮炎，严重的甚至会出现液体渗出。

提醒爱美的女性，隐形文胸虽然会消除穿者的一些尴尬，但不适合长期穿，尽量只在穿普通文胸不方便的情况下再戴隐形文胸，并尽可能缩短穿着时间。

中年女性要避免穿无袖衣服 >>>

中年女性一般手臂粗壮，要避免穿无袖衣服。短袖以在手臂一半处为宜。袖子的变化不宜太多。除此之外，中年女性在着装上还应注意以下几点：

❶中年女性要首先认识到自己已到中年，不再像年轻人那样活泼可爱，所以不要试图把自己打扮得像年轻姑娘或是年轻女性那样天真、活泼，否则表现出的效果很不协调，给人莫名其妙的感觉。

❷长发的确比较能衬托出女人的美丽，但是中年女性脸上已经有了皱纹，眼神也比较无神了，头发也缺少光泽了，所以，千万别再披散着长发，那样会使你露出憔悴、苍老的样子。

❸中年女性在穿着上的头号敌人就是“发福”，穿得适当可以将身材加以掩饰。所以首先要避免穿两截式的衣服，因为肚子大、没腰身要尽量穿直线条的衣服，这样既不会暴露缺点，又比较舒服。若穿裤子或是裙子，上衣最好在外面。这样可以遮住腰身。

❹不要穿图案太大的衣料服装，细的格子和条子比较合适。花的图案也以细小为宜。衣服的颜色不要太素，年龄大了不要同时穿超过两种颜色的衣服，搭配时要特别注意“雅”，不可流于“花哨”。

❺中年女性的衣服裁剪线条要简单。线条简单可以使胖人显得轻松、利落。不可在衣服上搞太多的细节，如口袋、荷叶边和褶子等。

❻中年女性的衣料厚度要适中，太薄或太厚都容易显示出肥胖的体形。

中年女性化妆禁忌 >>>

中年女性最重要的是保养好皮肤，要多用滋润剂来补充皮肤中日渐减少的水分，以保持皮肤弹性和丰润。化妆应注意：

❶切忌粉太浓：粉过浓极易显出皮肤的衰老。化妆时粉底要淡，如皮肤上有斑，可用盖斑霜进行遮盖。另外，由于皮肤松弛，从下颌部开始向下需涂上阴影。最好先搽面霜再上颊红，其化妆方法与一般化法相同，但颜色一定要浅，且用量以少为妙。

❷忌忽视眼部妆：由于中年妇女眼睑较厚，眼部化妆要特别谨慎。眼影选用深色不泛光的，涂在上眼睑内皱痕处。上眼睑的眼线避免使用深颜色，而要用蓝色、绿色、浅棕色等。下眼睑的眼线最好使用蓝色，这样能使眼睛富有神采。睫毛油可用棕色、浅黑色的，而不能用黑色或蓝色。年龄较大的女性不要戴假睫毛，但睫毛油可适当刷浓些，每次刷2遍。眉毛也要有一定的形状，若有眉毛脱落，可以用浅灰色眼影膏涂出眉形。画眉时要仔细，千万别太露痕迹。

❸忌选择艳色唇膏：中年人的嘴唇没有年轻时饱满，涂口红时容易溢出，所以最好先用唇线笔画出轮廓，然后再涂浅色口红。

❹忌忽视头发控油：可将1/4杯橄榄油放在热水中片刻，然后擦在头发上，用保鲜膜包起来。过30分钟后再按常规方法洗头，如经常洗头，应使用有滋润作用的洗发水和护发素，以保持头发滋润光泽。

男子穿西装应注意的十个问题 >>>

着西装时，应注意以下几个方面的禁忌：

❶忌衬衫放在西裤外。

❷忌领带太短或太长：一般领带长度应是领带尖盖住皮带扣，如果穿马甲，领带不能从下面露出来。

❸忌西服上衣袖子过长：它应比衬衫

袖短1厘米。

❹忌西服的上衣、裤子袋内鼓囊囊。

❺忌胸前插钢笔：其实西服前的口袋叫“手巾袋”，是放装饰手绢的。钢笔应插在西装马甲的左胸口袋里。如果你不穿马甲，则应插在西装里面的口袋。

❻忌将西服扣全部扣满：西服一般不系扣，正式场合也不得将最下面一粒扣子扣上。

❼忌西裤短：标准的西裤长度为裤管盖住皮鞋。

❽忌不穿皮鞋：穿西服一定要穿皮鞋，切不可穿凉鞋、布鞋、旅游鞋等。

❾忌皮鞋和鞋带颜色不协调。

❿忌久穿不换：西服，尤其是面料贵重的西服，如果在身上连续穿，不仅容易使污物不易去除，还会使衣料本身的回弹力降低从而发生变形。因此，最好有两套西装交替穿着。回到家里应将西服换下，衣袋里的东西全部取出来，再挂在衣架上，使西服很快恢复原来的形状。

不要穿工作服回家 >>>

社会上千行百业，有些人的工作环境污染较严重。比如医务人员，化肥、石棉、油漆、农药、制革业工人等。他们所穿的工作服一般都带有致病菌和有害的粉尘、微粒等毒物。不要穿有污染的工作服到家或到公共场所去。凡是接触毒性物质的工人，都不要把受污染的工作服穿回家；家中应该有专门放置工作服的衣架，回家即脱下，换上家居服；洗工作服时，也不要和其他衣服特别是内衣一块儿洗，以避免交叉污染。

女性切勿骑男式车 >>>

有些女性喜欢骑男式车，认为男式车骑起来快。其实女性骑男式车从生理学的角度来看是不科学的，对身体健康也没有什么好处。因为男式车有横梁，车身较高、较长，女性在骑男式车上下车时或是急刹车、被人撞击时，阴部很容易碰撞横梁、坐垫等处，而导致受伤。女式车是根据女性的生理和身体特点设计的。车身相对较低，上下车时，不必过高地抬腿，较为方便，而且安全可靠，有突发情况时，可以随时不费力气地下来。同时，由于女式车的车把高于车座，可使骑车者身体挺拔，形成健美的体形。女式车的车身短于男式车，骑女式车还可以弥补女性上臂短、肌力差的不足，达到锻炼、保持身体曲线优美的双重目的。

女性不要久穿长筒袜 >>>

夏天气温高，人体皮肤上的汗孔处于舒张状态，散发热量以保持正常的体温。若久穿长筒袜，不仅使汗孔不能舒张，影响汗液的排出，而且汗液中的皮肤代谢产物还会刺激皮肤发痒，甚至发生皮肤炎症。因此，女性不宜久穿长筒袜。此外，女性在美容、保健等方面还须注意以下几点：

❶不宜用生水洗下体：所谓生水，是指未经煮沸的冷水。生水中含有许多致病菌，如性病病原体等，如果用生水洗会阴，水中的病毒就可能黏附在外阴、大小阴唇甚至进入阴道破损处，并在那里生长繁殖而致病。

❷不宜剪腋毛：有些人认为夏季穿短袖或无袖衣裙时腋毛露在外面不雅观，就用剪刀剪去，有的甚至用刀片刮去腋毛。其实，这样做有损健康，极易造成腋窝部位的细菌感染，不仅局部疼痛难受，还容易发生淋巴结肿大等症状。

❸不宜戴金属首饰：夏天出汗较多，金属首饰如耳环、项链、手镯中所含的

镍、铬会溶于汗水中，并能渗入皮肤内，从而引起接触性皮炎。

❹夜晚护肤不宜用白天的化妆品：人在睡眠中全身放松，毛孔自然舒张，容易吸收化妆品的养分，但夜晚护肤不宜使用白天常用的露、霜、脂等半固体化妆品，因这类用品易堵塞毛孔，使皮肤不能顺畅地进行新陈代谢。所以，在夜间美容应使用水剂化妆品。

❺不宜乱洒香水：有的女性在喷洒香水时认为多多益善，脸上和胸部到处洒，这样做是错误的。正确的洒香水的部位应该是太阳穴、耳后、颈后、肘内侧、手腕、膝内侧和裙下摆的里侧。此外，可在手帕、衬衣上洒些香水。

女性切勿使用含雌激素的润肤膏 >>>

人的皮肤出现皱纹，是正常衰老的表现，并不是单纯雌激素缺乏所造成的。实践证明，给女性注射大量雌激素是不能使皮肤恢复青春的，何况搽在皮肤上只能吸收少量的雌激素。因此，含雌激素的润肤膏根本不可能起防皱的作用。可是对于那些有乳腺癌或宫颈癌家族遗传倾向的女性来说，哪怕是吸收少量的雌激素，也会增加患癌症的危险。

黏性面膜不要常用 >>>

秋日，一些爱美女性愿意选择在家敷面膜。这种简便的美容方法可以缓解皮肤的疲劳，使粗糙、干燥、黝黑的皮肤变得柔嫩清新。但美容专家指出，这是导致皮肤角质层变厚的一个重要因素，而且脸部容易生暗疮。

一些女性喜欢使用黏合性强的面膜，但是使用这种面膜次数太多会造成面部皮肤角质层增厚。美容专家建议，最好用蛋清自制面膜，多加些水果汁或蔬菜汁；敷面后进行轻柔按摩，要尽量减少刺激皮肤的不良因素，如剧烈的面部按摩、过度的阳光照射等。

女性化妆应注意的十个问题 >>>

❶不宜经常搽香水：搽了香水的部位，经太阳光线照射会引起化学变化，产生红肿刺痛，严重的还会发展成为皮炎。

❷不宜拔眉毛：眉毛是眼睛的附属器，它可以阻挡汗水流入眼内，是眼睛的一道防线。拔眉会严重刺激局部血管、神经系统，从而影响正常视力，并容易招致局部感染，从而引起蜂窝组织炎，愈后遗留疤痕，遗憾终身。

❸不宜多用唇膏、口红：唇膏、口红中的油脂能渗入人体皮肤，而且有吸附空气中飞扬的尘埃、各种金属分子和病原微生物等不良反应。通过唾液的分解，各种有害的病菌就可乘机进入口腔，容易引起“口唇过敏症”。

❹不宜用一种粉底：粉底的颜色比脸部的肤色过深或过浅，都会破坏你的容貌，因此，应该多备几种粉底，随四季肤色的改变而不断调整。

❺不宜重涂眼影：尤其是热天汗水多，汗水会将眼影冲入眼内，损害视觉器官，如再用手揉，更易将细菌带入眼内，染上沙眼或红眼病。

❻不宜把面膜涂在眉毛和睫毛上：面膜粘在眉毛和睫毛上，除去时容易将眉毛和睫毛一起拔掉。

❼不宜将脸抹得白里透青：若脸上使用油脂化妆品，再搽上一层香粉，使之白里透青，阳光中的紫外线就无法被吸收，影响体内维生素D的产生。

❽不宜用他人的化妆品：化妆品可能成为疾病传染媒介，因此，不要乱用他人的化妆品，也不要将自己用过的化妆品随

意借给别人。

❾磨面时手指用力不宜过大：天热时人体毛孔放大，表皮较嫩，磨面用力过大，面皮被磨面膏中的“沙子”损伤，再经风吹日晒，反而变得粗糙。

❿不宜不断补粉：如果终日不断地在脸上补粉，胭脂之上敷胭脂，脸上就会出现很不雅观的斑点，首先鼻子就会因不断的油粉混合而发黑。

沐浴后不要立即化妆 >>>

因为洗澡水的温度、水质和湿度会使正常皮肤的酸碱度发生很大改变。一般情况下正常人的皮肤呈酸性反应，它可以防止细菌的侵入，保护皮肤。洗澡后，皮肤酸碱度大大改变，如果急于化妆，使用化妆品，会使皮肤产生不良反应。因此，洗澡后忌马上化妆。应在洗澡后一小时，待皮肤酸碱度恢复正常后再化妆。

要根据脸形修饰眉毛 >>>

眉毛的形状要根据不同的脸形加以修饰。如圆形脸，眉毛要短，颜色要淡，眉梢往上。长形脸眉毛应该长，眉梢应该稍平。方形脸眉峰的1/2画圆些、短些，眉头可略有曲线。菱形脸可将双眉描成略呈三角形，只有这样才可显出个性美。上窄下宽的脸形适合将眉毛画长一点，眉毛稍粗一点。上宽下窄的脸形眉毛忌太长，眉头要细，眉梢要往下画，只有这样才能显出额头宽度减小。总之，眉毛的修饰要适合自己的脸形，才能增加眼睛传神的魅力。

夏季化妆的注意事项 >>>

❶忌化浓妆。化妆品可以堵塞毛孔，妨碍汗腺的分泌，严重影响体温的调节。另外，阳光中的紫外线会使化妆品产生化学反应，促使皮肤皱纹过早出现。

❷粉底勿擦得太厚，令人觉得你好像是戴上了面具，只要使皮肤看起来均匀，便已足够。

❸勿选用流质眼线液，恐防一出汗便化开，那时会变成熊猫眼。最好用铅笔型的眼线笔，当你画好眼线后，再在眼线上涂少许配合衣服颜色的眼影，这样看起来会比较突出和清丽得多。

❹使用眼影时，勿用膏状眼影。因为在夏天有汗水分泌，眼盖上易起折痕，倒不如使用眼影粉效果好。

❺搽睫毛膏时，勿使眼睛四周的皮肤湿润，这样会很容易化开。

❻夏天勿使用膏状胭脂，汗水易使它溶化，若改用胭脂粉，然后扑上一层透明干粉，就可较持久一点。

❼腮红勿搽得太红，若搽得太多，只需用棉花团上下轻扫一下面颊即可。

❽选用唇膏时，只要润泽而不太光亮的颜色，会使整个化妆看起来比较自然，用笔勾唇线时，要与唇膏颜色相称。

戴隐形眼镜女性的化妆禁忌 >>>

戴隐形眼镜者不能再用含有香味及油脂的眼部化妆品，连洗手用的肥皂最好也不含香味和油脂，尽可能采用膏状化妆品，而不用粉状的，因为粉状化妆品的微粒容易进入眼内；不要用液体眼线，因为它干了以后也会进入眼内，引起眼睛过敏。含有纤维的睫毛液，其中的纤维会粘在镜片上，也容易引起眼睛的不适。

化妆、卸妆和摘、戴镜片的次序很重要。应是先戴眼镜再化妆，卸妆前先摘下镜片，这样才能减少化妆品与镜片的接触。

千万勿用眼线笔去画眼睑内缘，睫毛膏的小刷子千万不可碰到镜片，否则会损污镜片和造成眼睛不适。

关于眼影色调的选择，由于没有眼镜框的遮掩，适宜在你眼睛颜色同系的色彩中选用较浅、较明亮的眼影。

妊娠时切勿浓妆艳抹 >>>

妊娠时，浓妆艳抹对胎儿不利。化妆品中含有铅、汞等化学物质，虽然含量极少，但是孕妇怀孕时皮肤结构改变，变得敏感，这些物质有可能渗透进入皮肤，从而通过胎盘影响胎儿的身体正常发育。所以，准妈妈们忌浓妆。可以适当用些滋润型的护肤品。此外，下列情况也不宜浓妆艳抹：

❶就医时，浓妆艳抹会掩盖病情：当你就医时，医生常把面部的细微改变作为诊断的重要依据。如果你浓妆艳抹就有可能把医生的思路引向歧途，从而会错误地做出诊治，耽误病情。

❷哺乳时，浓妆艳抹对婴儿十分不利：新生儿出生后，嗅觉颇为敏锐，尤其对母亲身上的气味更为敏感，他们能把头准确地转向母亲，并唤起愉快的情绪，而使食欲增加。处在授乳期的母亲浓妆艳抹，化妆品的香味驱散身上原来的气味，新生儿便认为这不是自己的妈妈，因而情绪低落，不愿与之靠近，继而哭闹，拒乳和久久不能入睡。

❸睡眠时，浓妆艳抹会使皮肤窒息：假若你白天浓妆艳抹，那么临睡前一定要把脸上的化妆品、油污及汗渍用温水彻底清洗掉，使皮肤在夜里免受化妆品的“包围”，自由地呼吸，充分地休息，这样才能有助于它的健美。

洒香水应注意的问题 >>>

现在许多人越来越注重生活情调和优雅文明的风度，在交际中也开始使用香水来修饰自己。因为香水可以掩盖人体散发出来的气味，使人精神振奋，在人际交往中增加自己的魅力。但是用香水也有禁忌，用得好能给人增添风采，用得不好反而对健康不利。用香水一般应注意以下问题：

❶忌蘸、滴洒用：香水最好用带喷雾器的瓶，这样喷洒出来的香水均匀，既省时，又省料，香气扩散的效果也好。

❷忌不分季节：香水使用的最佳时间是春夏和夏秋交替季节，此时空气清爽，人体嗅觉敏感，人也活跃，最能突出个性美。在炎热的夏季，滴几滴香水，也能使人心旷神怡。

❸忌香水太浓：洒用香水时需注意场合。如在室内，喷洒香水的强度就不宜太浓，以免使得他人感到别扭；如在室外，则可以喷洒得稍微浓一些，因为室外空气流通大，散发面大。

❹忌使用的香水不适合自己的风格：使用香水应结合自己的性格和特点，文静的人宜喷洒淡雅的香水，给人以清新舒适的感觉。性格开朗的人，宜选用能够突出自己个性的香水，给人留下深刻印象。

❺忌香水和花露水混用：香水虽是花露水的同族，但是千万不能混合使用。因为那样会破坏香气的质量，形成一股怪味。

❻忌在香水内加水：香水是挥发性很强的物品，放置时间长了，会出现瓶内干缩的现象。这时，切忌往香水里加水，因为加水后的香水极易变质，继续使用会对皮肤造成损伤。

❼忌使用高浓度香水：香水中的某些化学物质，对过敏体质的人来说，是一种致敏原，它可使人体产生各种过敏反应，如荨麻疹、过敏性鼻炎、痉挛性咳嗽和哮喘，还可能会出现头晕、头痛、腹泻、腹痛等病症。

头发稀少的女性不适合留长发 >>>

头发稀少的人留长发，只会显得头发更少而失去美感。因此，头发稀少的女性不宜留长发。此外，下列几种女性也最好不要留长发：

❶额小鼻平的人若头发垂直经两侧披在肩上，则显不出五官来；额头显窄留短发则能显出风采。

❷脖子粗短的人应留短发，留长发会使人产生头与肩的压缩感。

❸身材矮胖的女性，头发适合烫短，以显得精神些，披肩长发则会给人以更矮的感觉。

❹中年以上的女性应有成熟的韵味，留长发会使人感到怪异别扭。

❺后脑扁平的人不宜留长发。

辫子扎得太紧易导致早秃 >>>

辫子扎得太紧会使头发的根部，尤其是辫子外缘的发根受拉力过大，容易脱落。时间长了，头发会变得越来越少。不仅头发容易脱落，而且还会损伤头皮，导致早秃，或引起细菌感染。

头发留太长易造成脑部营养缺乏 >>>

每个人的头发每时每刻都在生长，人体供给头发的各种营养一刻也不能停止，日积月累，被头发消耗掉的营养是非常多的。如果头发留得过长，人体供给头部的营养会过多地被头发吸收，脑部的营养也会相对减少。时间久了，必然会造成脑部的营养缺乏，这不仅会使人出现头昏，而且会影响智力的发展。

切勿忽视乳房内的“小疙瘩”>>>

大家都知道乳房是肿瘤易发部位之一。16~30岁间的女性乳房内有小疙瘩，大多是良性肿瘤，也称乳腺纤维瘤。因为乳腺纤维瘤的发生与卵巢功能旺盛直接有关，因此很少发生在月经初潮前或绝经后。但是乳腺纤维瘤癌变的可能性非常大，所以应该早期发现，早期治疗，并做病理检查，以明确诊断。

如果婚前对自己乳房上的小疙瘩没有引起重视，婚后由于妊娠，随着体内的孕激素与雌激素的增多，乳房腺泡增生，乳房增大，乳腺中的纤维瘤也必然会随之迅速增大。而这时才要求就医治疗有很多不利因素，如由于妊娠，手术治疗有造成流产的可能；手术麻醉及术后用药对新生儿的智力发育和健康又会有一定的影响。因此发现乳房长小疙瘩应及早就医治疗。

乳头溢液不可小视 >>>

乳头溢液一般为良性，但血性溢液发生乳腺癌的可能性很大。不能因非血性溢液而放松警惕。

乳头溢液伴有乳房肿块时，更应提高警惕。

不要盲目追求丰胸巨乳 >>>

有些女性对乳房的大小有偏见，认为乳房越大越美，盲目追求“巨乳”。其实乳房的大小和个人身材、体形等协调了才称得上是美的。

过大的乳房就如同过大的臀部一样，三围超过理想的标准反而破坏了整体美。并且，在病态情况下，如乳腺发炎、乳腺癌等，乳房也会变大。患巨乳症的，乳房会大于正常乳房数倍。这些都是不正常的，需要去医院治疗。

所以拥有“巨乳”未必是件好事，我们要拥有的是一对健康美丽的乳房。

切勿忽视乳房上的“湿疹”>>>

乳房湿疹样癌，大多见于中年以上女

性，这是一种恶性肿瘤。不过和乳腺癌比起来，恶性程度要低得多。初起时，乳头及乳晕处起红斑，有瘙痒及灼痛感，常当成乳头湿疹治疗，患者也往往不把它当成一回事。病变处因糜烂，常有渗出物而结一层黄褐色的痂皮。如把痂皮揭掉，还会出现糜烂面。乳头及乳晕处的皮肤发硬，但与周围的皮肤界限清楚。病情发展后可出现乳头内陷，乳头中会渗出很少量的淡黄色黏液。可发生淋巴转移，腋窝处可以摸到肿大的淋巴结。所以，中年女性如果发现乳头有湿疹样病变时，决不可麻痹大意，要及时到医院检查治疗。

用丰胸产品需慎重 >>>

市场上许多常见的美乳药品，例如美乳霜、丰乳霜、健乳霜之类，都含有雌激素，它通过配方中的一些媒介物质携带穿透皮肤进入乳腺组织内起作用。少女正处在生长发育的旺盛时期，卵巢本身分泌的雌激素量比较多，如果选用这一类雌激素药物，虽然可以促使乳房发育，但同时会潜伏着一些极不利的危险因素。滥用这些药会使女性体内雌激素水平持续过高，引起以下症状：

❶容易引起恶心、呕吐、厌食，还会产生月经紊乱、不规则出血、乳头乳晕变黑等。

❷会使乳腺、阴道、宫颈、子宫体、卵巢等患癌瘤的可能性增大。

❸还可导致子宫出血、子宫肥大和肝、肾功能损害。

❹对少数因为雌激素分泌不足而乳房发育不良的青年女性或青春期乳腺发育不良的少女，配合适当乳房按摩会有一定疗效。但对于乳腺组织发育定型的女性，绝对不会有效。

忌危害胸部健康的动作 >>>

❶忌含胸、驼背：经常含胸、驼背，不仅会增加腰椎的负担，还会阻碍血液循环，从而影响胸肌的发育，时间一久就会影响胸部的健康。所以，为了拥有动人的曲线，请保持昂首挺胸！

❷忌抱臂：经常将双手环抱在胸前的姿态，会加剧胸部的负担。经常放松地将双手自然垂放在大腿两侧，或伸伸腰，都有助于改善胸形。

❸忌长期侧卧睡觉：女性的睡姿以仰卧为佳，尽量不要长期向一个方向侧卧，这样不仅容易挤压到乳房，也容易引起双侧乳房发育不平衡。

❹忌强力挤压：乳房受外力挤压会有两大坏处。一是乳房内部软组织容易受到挫伤，或者会引起内部增生等；二是受到外力挤压后，比较容易改变外部形状，可以使上耸的双乳下垂等。

胸部保健禁忌 >>>

❶忌乳头、乳晕部位不清洁：女性乳房的清洁十分重要，尤其是乳头内陷者更要注意清洁。因为长时间不洁净会引起很多麻烦，如出现炎症或皮肤病。

❷忌用过冷或过热的水刺激乳房：乳房周围微血管密布，过热或过冷的水刺激都会使乳房健康受损。如果选择坐浴或盆浴，更不可以在过热或过冷的水中长期浸泡，会导致乳房软组织松弛，还会引起皮肤干燥。

硅胶丰胸后切勿撞伤 >>>

硅胶是一种胶状液体，它是一种填补缺陷和整容的药物。局部注射后，约半小时即凝固成固体。整容后如果不注意而撞伤局部，不但会整容失败，而且会导致毁容。因为受撞伤后可使凝固的硅胶破碎，从而引起局部发炎、感染、溃烂，并且可能长期不愈。如果不再次手术，将硅胶取出，将难以愈合。即便愈合了，也要形成一个坚硬的瘢痕。

减肥切勿操之过急 >>>

肥胖与多种疾病的发生都有着密切关系，因而许多肥胖者急于把自己的体重降下来而大减食量。但最近国外的研究表明，大量节食而使体重迅速下降的肥胖者，在5个月内，将有1/3的人患胆结石症。科学家认为，迅速限制饮食、减肥，会导致胆汁中的胆固醇呈高度饱和状态而形成胆固醇结石，也可能是快速减肥引起胆汁淤积及糖蛋白增加，从而促进胆固醇晶体核心的形成所造成的。因此，身体肥胖者，减肥忌操之过急，应该有计划地适当减少饮食量，使体重缓慢地逐渐降到理想的水平。

女性瘦身四大忌 >>>

世上哪一个女子不希望自己有一副苗条健美的身段呢？然而许多姑娘却不知道是“汤、糖、躺、烫”破坏了她们美好的幻想。

❶“汤”：是指人们喜爱的餐桌饮料，含有丰富的脂肪、氨基酸及淀粉类物质。进入胃肠后，半小时左右即可排于小肠。由于汤质均匀，在小肠中分布弥散，吸收面积大，因而很容易被消化吸收。而且在此过程中，食物动力作用远较固体食物为少，因而多喝汤容易发胖。

❷“糖”：是机体内供能的主要物质之一。食糖过多，超过机体所需，糖就会转化成脂肪在体内储存起来，使身体发胖。

❸“躺”：就是指喜静不喜动，人们都知道活动便要消耗能量，而能量的产生要靠体内的脂肪贮存，若活动过少，脂肪消耗少，那么脂肪就必然会加厚，人就逐渐发胖。

❹“烫”：主要是指喜欢进食太热的食物。温度较高的食物可使肠壁血管扩张，消化腺分泌活动加强，因而促进了消化吸收过程，吸收进入人体内的糖类和脂肪亦相应增多，多食烫食，也会促使身体发胖。

由此可见，喜好“汤、糖、躺、烫”是女性瘦身之大忌。

女性减肥需谨慎 >>>

追求体形美而盲目减肥，对生理发育影响非常大。

月经不但受丘脑下部、脑垂体和卵巢三者的相互协调作用，同时也受大脑皮质、子宫内膜和体内脂肪贮量的影响。体内脂肪含量应占体重的22%以上，才可以保证月经按时来潮。因为脂肪能够调节女性所特有的雌激素在体内的平衡。腹部、乳房、腹腔内和骨髓内的脂肪能将类似雌激素结构的物质转化为雌激素。这是除卵巢以外雌激素的重要来源之一。另外脂肪还能贮存雌激素和影响雌激素的代谢。雌激素减少，不但不能按月排卵，而且还会发生月经失调，甚至造成闭经等问题，当然也就会影响生育了。女运动员的月经不调，都是因运动时脂肪消耗过多所致。因此，女性忌盲目减肥，应保持一定的脂肪。当体重超出标准体重10%以上时，才可考虑适当减肥的问题。

切勿走进减肥雷区 >>>

几乎每个女孩都曾经挣扎在减肥的阴影里，一听说哪里有减肥的新招就立即跃跃欲试，恨不得钱一花出去就马上买回一个窈窕的身段。下面都是减肥的雷区，千万不要轻易进入。

❶抽脂：抽脂是透过真空吸管，把表皮和真皮间的脂肪细胞即时吸走的快速减肥法。可是抽脂的后遗症也不少，例如皮肤松弛、表皮移位、留疤痕等，无论对肉体还是精神都会带来创伤。

❷减肥紧身衣：一些用塑料制造的“减肥衣”，实质上只会增加被包裹之身体部位的流汗程度，而流汗排出的只是水分，并非脂肪。

❸不吃早餐：这点小学生也知道，不吃早餐不但阻碍营养吸收、影响精神状态，而且由于能量吸收减少，还会令身体自动调节消耗能量的速度，反而达不到减肥目的。

❹抠喉：就是在进食后再把食物吐出来的减肥法，长期抠喉会出现腹泻、习惯性呕吐、营养不良，甚至患上可怕的厌食症。

❺蒸桑拿：蒸桑拿会大量排出汗水，令体重出现虚幻的下降。可惜减去的只是水分而非脂肪，一旦喝水补充水分，便会回复原来体重。

❻泻药：服食泻药或利尿剂减肥会把体内所需的水分排走，一旦水分失去平衡，盐分和养分也会自然流失，影响身体正常运作，甚至还会导致抽筋。

❼节食：单纯采用节制饮食的手段防治肥胖症，虽然可使体重暂时减轻，但这仅仅是暂时性的，收效并不会持久。另外，由于过分节制饮食不仅使人常受饥饿的折磨，而且在精神上也受到很大的创伤。

不可减肥的四个时期 >>>

❶刚刚生育后：刚生育不久就做一些减肥运动可能会导致子宫康复速度放慢并引起出血，而剧烈一点儿的运动则会使新妈妈的手术断面或外阴切口的康复放慢，如果新妈妈是剖宫产，情况则更加危险。所以新妈妈做瘦身运动应该选好时机才不至于损害到身体，顺产妈妈一般在产后4～6星期就可以开始做产后瘦身操，而剖宫产妈妈一般6～8星期后，经医生诊断伤口复原了，才可做产后瘦身操。

❷哺乳期：哺乳期间不适合减肥，因为节食不当可能会影响乳汁的品质，但要提醒各位新妈妈的是，要想减肥就好好喂奶，因为哺乳可以让你消耗热量，即使多摄取汤汤水水，你的体重也不会增加很多。如果是母乳喂养，一般宝宝出生后6个月可考虑断乳进行瘦身运动；如果未进行母乳喂养，可在产后3个月时根据自身的健康状态着手瘦身。

❸便秘：产后水分的大量排出和肠胃失调极易引发便秘，所以新妈妈瘦身前应先消除便秘，因为便秘不利于瘦身。有意识地多喝水和多吃富含纤维素的蔬菜是预防和治疗便秘的有效方法，红薯、胡萝卜、白萝卜等对治疗便秘相当有效。便秘较严重时可以多喝酸奶和牛奶，早晨一起床就喝一大杯水以加快肠胃蠕动，每天保证喝7～8杯水。

❹贫血：新妈妈因为生产会流失大量血，而贫血会造成产后恢复缓慢。如果在没有解决贫血的情况下瘦身势必会加重贫血。含铁丰富的食品如菠菜、红糖、鱼、肉类、动物肝脏等，还包括脂肪含量较低的金枪鱼和牛肉，都应是新妈妈食谱中的常客。

女性运动减肥的误区 >>>

❶大运动量运动：若运动量加大，人体所需的氧气和营养物质及代谢产物也就相应增加，这就要靠心脏加强收缩力和收缩频率，增加心脏输出血量来运输。做大

运动量运动时，心脏输出量不能满足机体对氧的需要，使机体处于低氧的无氧代谢状态。无氧代谢运动不是动用脂肪作为主要能量释放，而主要靠分解人体内储存的糖原作为能量释放。因在低氧环境中，脂肪不仅不能被利用，而且还会产生一些不完全氧化的酸性物质，如酮体，降低人体运动耐力。血糖降低是引起饥饿的重要原因，短时间大强度的运动后，血糖水平降低，人们往往会食欲大增，这对减脂是不利的。

❷短时间运动：在进行有氧运动时，首先动用的是人体内储存的糖原来释放能量，在运动30分钟后，便开始由糖原释放能量向脂肪释放能量转化，大约运动1小时后，运动所需的能量以脂肪供能为主。

❸快速爆发力运动：人体肌肉是由许多肌纤维组成的，主要可分为两大类：白肌纤维和红肌纤维。在运动时，如进行快速爆发力锻炼时，得到锻炼的主要是白肌纤维，白肌纤维横断面较粗，因此肌群容易发达粗壮。用此方法减肥会越练越“粗”。

总之，想要达到全身减肥的目的，就应做心率每分钟在120～160次的低中强度，长时间（1小时以上）耐力性有氧代谢全身运动。例如，健身操、慢长跑、长距离或长时间地游泳等。

女性经期九忌 >>>

❶忌寒冷刺激：如冬季在水中活动、喝过多冷饮、着衣太少等。因为月经期盆腔的血管始终处于扩张状态，寒冷的刺激不仅使血管收缩，影响盆腔血液循环，并且还会使血流不畅，发生痛经、闭经等病症。

❷忌游泳：女子在月经来潮时，阴道的酸度就会减弱，因而防御外界感染的能力就大大下降，不干净的水流进阴道内，容易引起妇科病。

❸忌唱歌：经期女性声带的毛细血管也充血，管壁变得较为脆弱。此时长时间或高声唱歌，可能由于声带紧张并高速振动而导致声带毛细血管破裂，声音沙哑、声门不合、损伤声带，甚至可能会长出息肉，对声带造成永久性伤害，如嗓音变低或变粗等。

❹忌盆浴、坐浴：因为坐浴和盆浴洗澡都会使污水进入阴道，引发感染。所以，经期洗澡最好是淋浴。

❺忌洗澡水温过高或过低：水温过高可使周身毛细血管扩张，血液循环加快，从而导致月经量增多。而水温过低可使生殖系统和全身受到冷刺激而引起停经。

❻忌做重体力劳动：过重的体力劳动会使盆腔血液流动过快，从而引起月经过多或经期延长。

❼忌捶腰：经期腰部酸胀是盆腔充血引起的，此时捶打腰部会加重盆腔充血，反而加重盆腔酸胀感。另外，经期捶腰还不利于子宫内膜剥落后创面的修复愈合，导致流血增多，经期延长。

❽忌体检：经期除了不适宜做妇科检查和尿检，同样不适宜做血检和心电图等检查项目。因为此时受激素分泌的影响，难以得到真实的数据。

❾忌拔牙：经期拔牙出血量会增多，拔牙后嘴里也会长时间留有血腥味，影响食欲，导致经期营养不良。

更年期女性不可忽视避孕 >>>

女性在更年期中可以出现月经周期紊乱，也可能存在不规则排卵，因而也有受孕的可能。据资料统计，年过40的女性要求做人工流产的非常多。有的女性认为自己年纪大了，月经已不准了，快到绝经期，偶然有几次同房不采取避孕措施并不要紧，结果出现怀孕的现象。

更年期女性如果怀孕，常常容易产生胎儿畸形或葡萄胎，即使是终止了妊娠，对身体也有损害。因此，年纪大但未绝经的女性，切不可麻痹大意，忌掉以轻心，仍要坚持避孕，选用的方法一般以避孕套、外用避孕药膜为宜，不要服用避孕药；放置节育环的女性最好等绝经后再取。

更年期女性切勿忽视口干现象 >>>

对女性来说，尤其是更年期前后的女性，如果出现持续而严重的口干现象，很可能得了干燥综合征。一定不能忽视这一现象。患了这种病的女性白带自行消失，阴道分泌物减少，外阴及阴道黏膜萎缩、干燥，可影响性交。总而言之，身体内一切外分泌腺体都可萎缩，所有的分泌液，包括唾液、汗液、泪水、胃肠道内的消化液、鼻腔分泌物、阴道及大小阴唇内的分泌液都会严重减少。这是一种自身免疫性疾病，是体内抑制性T淋巴细胞存在缺陷所致。因此，凡是有口干感觉的女性一定要密切观察，早期检查，早期治疗，切不可忽视。

男子蓄胡须有害健康 >>>

男人都有胡子，而且胡子往往比头发长得还快。这是雄性激素分泌的结果。于是有的男人就认为蓄胡须能充分显示男子汉的阳刚之美，当起了“美髯公”。其实，这样做从卫生角度上来看，并不科学合理。

胡须带有静电，它的表面附有油脂，能够吸附有害物质。人呼吸时，吸入的空气中含有几十种有毒物质，如酚、甲苯、硫化氢、乙酸等被吸入体内，在呼气时又被呼出，从而这些物质被吸附在胡须表面。另外，大气中的重金属微粒、汽车排出的多环芳烃和铅、香烟中的苯并芘等致癌物质都会附在胡须上，这些都可随人的呼吸进入人体，影响身体健康。另外，胡子长了也显得人不精神，一副疲惫不堪的样子，所以青年人不要蓄胡须。

男子不要忽视梳头 >>>

梳头一般被认为是女人的事，殊不知梳头还有健身作用，所以男士也应常梳头。众所周知，人的头部素有“诸阳之首”之称。在头部发际附近，有督脉、膀胱经、胆经、胃经，还有百会、哑门等穴位。如果能用梳子对头部穴位和经脉进行按摩与刺激，将会起到疏通经络、醒脑提神等多种作用。由此看来，梳头确实具有特殊的按摩保健作用。女人梳头是天经地义的事，男人的头也应常梳。

男子不应忽视乳房保健 >>>

正常男子的乳房发育程度很低，所以常常被遗忘，人们几乎从来不会想到男子对乳房的保健。其实，乳房作为一个位于体表的器官，男性也应对其重视才是。

在青春发育期，有40%～70%的男孩会出现不同程度的乳房发育，常常表现为乳房内结节伴局部疼痛、压痛。发现乳房的变化后，应及时到医生处就诊，不要觉得难为情。青春期的男子乳房发育，大多数于1～2年内可自行消退，因此，不必形成思想负担，只要积极治疗，精神上放松，定会在不久后恢复“男子汉”的雄风。在治疗过程中，不要经常触摸、刺激乳房，过多的刺激不利于乳腺组织增生的消退。

男子不应轻视皮肤保养 >>>

生活习惯、工作环境、男性激素等多

方面因素都直接影响着男性的皮肤外观。男性的皮肤具有皮脂分泌及代谢旺盛的生理特点，他们的面部容易发生青春期痤疮和毛囊炎等，从而导致面部疤痕而损害面容。男性的皮肤一般具有较厚的角化层和粗大汗毛孔，再加上男性皮下脂肪少和多从事户外工作，过多接受强光和紫外线的照射及风沙烟灰的刺激，使男性的皮肤粗糙并易产生皱纹。另外，还有许多男性有抽烟喝酒的不良习惯，这就更加促进了皮肤老化过程。要保持男子汉的容颜美，除了必须注意皮肤的清洁以外，还应尽可能避免各种理化因素刺激，尽量不抽烟、少饮酒，以及适当增加营养与合理用药外，还应选用男性化妆品在平时经常使用。

青年人要警惕“生理性早搏”>>>

许多青年经常出现胸闷、心慌，总想大口喘气才感到舒服。这些可以由“生理性早搏”引起。

早搏一般见于心脏病患者。如冠心病、风湿性心脏病、病毒性心肌炎、高血压性心脏病、胆囊炎、肺部疾病等病症。这种由于疾病引起的早搏叫“病理性早搏”。但早搏也常发生于健康人，特别是青年人，在激烈运动后休息时，以及情绪紧张、过度疲劳、吸烟酗酒、便秘等情况下，都可诱发早搏，这叫“生理性早搏”。每年高考前后，有些考生不注意劳逸结合，经常“开夜车”，再加上情绪紧张，往往引起早搏。

这就是说，早搏并不都是由心脏病引起的。心脏没有病变的健康人，他的一生也会偶然发生早搏，即使1分钟有2～3次，也并不影响健康。但是，患流行性感冒的青年，如果感到明显的胸闷，并且心悸伴有频繁早搏时，千万不要忽视，必须要到医院检查是否已患有病毒性心肌炎。

男子生殖器保健注意事项>>>

大量的临床资料告诉我们，前列腺炎、前列腺肥大、睾丸炎、附睾炎、鞘膜积液、遗精、早泄、阳痿、不射精、阴茎癌等，是危害男子健康的常见病，它们折磨着众多的男性。

细心的读者不难发现上述这些常见的疾病都是男性生殖器官的毛病，我们称之为男性的特有病种。可见，男子要想健康长寿，首先要保护好自己的“特区”。

❶忌早恋及过早性生活：一般而言，男子到二十四五岁才发育成熟，如果早早地过性生活，性器官还没有发育成熟，耗损其精，易引起不同程度的性功能障碍，成年后易发生早泄、阳痿、腰酸、易衰老等。

❷忌性生活过频过密：适度的性生活可以给人带来愉悦的心境与体验，对身体与养生均有好处，但是，如果恣情纵欲，不知节制，生殖器官长期充血，会引起性功能下降，易引起前列腺炎、前列腺肥大、阳痿、早泄、不能射精等病症。

❸忌不洁性交：男子的不少性传播疾病，如梅毒、淋病等，与不洁性交有关；不洁性交不但容易使自己染病，还会把病传染给妻子甚至孩子，危害极大，切不可抱侥幸的心理而为之。

❹忌天天穿牛仔裤：医学研究证明，男子的生殖系统要求在低温下最好，经常穿牛仔裤，会使局部温度过高，使精子形成不良。

❺忌不讲性器官卫生：讲究性器官卫生不只是女子的事，男子也应同样重视。尤其是包皮过长者，要经常清除包皮垢，因为包皮垢不但易引起阴茎癌，也易引起妻子患子宫颈癌。

❻忌不经常自我检查：医学研究证明，睾丸癌、阴茎癌之类，早期发现的治愈率很高，一旦发展到晚期，则疗效不理

想，因此，35岁以上的男性，不妨经常查看一下自己的外生殖器官。

包皮过长不可小视 >>>

许多男性青年对包皮过长与包茎似乎毫不在意，并没有认真对待。

有包皮过长或包茎的人，如果再加上个人卫生习惯不好，包皮里面的分泌物和积尿碱便会存起来，形成包皮垢，容易引起炎症，少数患者甚至可以导致阴茎癌。婚后性交时，将会把包皮垢、细菌直接带入女性阴道内，可引起宫颈炎、阴道内膜炎、宫颈糜烂等症。这样的人还会影响性生活的快感，包茎甚至能阻滞射精。因此，有这样的生理小缺陷，特别是包茎的人，要尽早去医院手术。另外，还要养成每晚洗下身的良好卫生习惯。洗前将毛巾放入盛有开水的盆中烫一下，待水温降到和体温差不多时再洗。

男子健康八大忌 >>>

❶过度节食或素食：所有流行的减肥节食措施如果使用过久，就有损害健康的潜在危险。因为大部分节食和素食，都会减少饮食应该包含的营养物质。

❷滥用药物：滥用药物是指不当且毫无理由地服用化学物品，它造成的结果便是“自杀”与意外中毒。统计意外中毒事件的原因中，以儿童吞下化学物品为最多。一种不好的趋势，便是许多健康的人依赖药丸来解决他们的各种问题。

❸暴食：暴食是引起肥胖的主要原因，是许多疾病的致病因素，包括高血压、糖尿病及心血管疾病。

❹过度或缺少运动：适度地运动为许多医生一致的建议。有些人到了50岁以后才开始做运动，如不适量将会引起某些疾病。专家建议，最佳的运动就是穿双舒适的鞋子到户外步行半小时，就能加强你的肌肉，使你的心跳加速，并使你的呼吸顺畅。当然，如果缺乏适当的运动，也易引起许多疾病，如慢性疾病、呼吸短促、肥胖、消化不良、头痛、腰痛、忧虑、肌肉虚弱与萎缩，还会加速衰老。

❺不注意身体的信号：有人常常因为有一点不舒服就去医院检查，但也有人要等到某部位的功能出了大毛病才去医院。你应当特别注意大便及小便的变化、无法治愈的喉痛、不寻常的出血或便秘、任何部位的硬块、消化不良或吞咽困难、瘤的显著变化、不停地咳嗽或声音嘶哑。应当牢记：越是使你不知道怎么办的病痛才越会伤害你。

❻任意中断治疗：主观的自我诊断将导致两种不良后果，即低估病情与加重病情。有人一生中也许从不去看一次病，而有丧命于可以治愈的疾病的危险。忽视各种症状就是把健康当儿戏。任意中止药物治疗常使疾病复发。

❼紧张：对各种职业的4000人所做的一项10年的研究证实，心脏病主要来自情绪紧张。专家们还认为：“当一个人终日生活在紧张中时，更易患高血压。”人们遭遇的紧张主要有两种：环境上的和心理上的。发展良好的人际关系，可以消除不必要的忧虑。对付紧张的心理需要睿智的思维。睿智的思维可以减少紧张与许多后遗症，如头痛、失眠、高血压。

❽吸入致癌的物质：人们吸入过多致癌物质，如塑胶制品中的氟化烯、汽车尾气的有害气体和微粒，便会在敏感的肺部组织细胞上引发潜伏的癌。

青年人应注意控制情绪 >>>

青年人由于正处在心理发育时期，大脑皮质对抑制和兴奋的平衡缺乏稳定性，一旦遇到刺激就非常容易产生情绪冲动，情绪对健康有明显的影响。当人体精神紧张时，交感神经处于兴奋状态，此时，人体可分泌大量肾上腺素，引起血压升高，另外，还会使血糖升高，加速动脉硬化。人体较长期的情绪紧张，会促使心脑血管病的发生和发展，容易发生脑卒中和心肌梗死。另外，甲状腺亢进及月经失调也与情绪有着直接关系。

脑力劳动者应警惕肝、脾曲综合征发生 >>>

肝、脾曲综合征大多数发生在从事脑力劳动的中年人中间。肝曲综合征具体表现为右上腹部胀痛或钝痛不适，伴嗳气、下蹲或弯腰不便现象。脾曲综合征以左上腹胀痛为主，严重时甚至出现阵发性剧痛，常伴有心悸、便秘、呼吸困难现象。肝、脾曲综合征发作时间长短不一，常为半小时到数小时。发作时做X线腹部透视，可见肝曲或脾曲明显胀气，但无液平面。

肝、脾曲综合征腹痛症状明显时，容易误诊为慢性肝炎、慢性胆囊炎、十二指肠溃疡或慢性胰腺炎、脾周围炎、胸膜炎等疾患。有的甚至还做了手术。所以，当中年人反复出现以上现象时，可做X线腹部透视等检查确诊。肝、脾曲综合征发作时可自行按摩腹部和进行腹部热敷，也可针刺足三里，一般胀气很快消失，疼痛也随之缓解。

为了防止发生肝、脾曲综合征，平时尽可能忌吃不易消化的食物，更忌暴饮暴食，应努力保持心情舒畅，适当进行体育锻炼，并严格注意劳逸结合。

职场女性饮食禁忌 >>>

❶不要过多摄入脂肪：女性要控制总热量的摄入，减少脂肪摄入量，少吃油炸食品，以防超重和肥胖。如果脂肪摄入过多，则容易导致脂质过氧化物增加，使活动耐力降低，影响工作效率。

❷不要减少维生素摄入：维生素是维持生理功能的重要成分，特别是与脑和神经代谢有关的维生素B_1和维生素B_6等。这类维生素在糙米、全麦、苜蓿中含量较丰富。另外，抗氧化营养素如β胡萝卜素、维生素C和维生素E，有利于提高工作效率，各种新鲜蔬菜和水果中其含量尤为丰富。由于现代女性工作繁忙，饮食中的维生素营养常被忽略，故不妨用一些维生素补充剂来保证维生素的均衡水平。

❸不可忽视矿物质的供给：女性在月经期，伴随着血红细胞的丢失还会丢失许多铁、钙和锌等矿物质。因此，在月经期和月经后，女性应多摄入一些钙、镁、锌和铁，以提高脑力劳动的效率，可多饮牛奶、豆奶或豆浆等。

❹不要忽视氨基酸的供给：现代女性中很多是脑力劳动者，营养脑神经的氨基酸供给要充足。脑组织中的游离氨基酸含量以谷氨酸为最高，其次是牛磺酸，再就是天门冬氨酸。豆类、芝麻等富含谷氨酸及天门冬氨酸，应适当多吃。

经期不要吃油腻食物 >>>

因为受体内分泌的黄体酮影响，经期女性皮质分泌增多，皮肤油腻，同时毛细血管扩张，皮肤变得敏感。此时进食油腻食品，会增加肌肤负担，容易出现粉刺、痤疮、毛囊炎，还有黑眼圈。另外，由于经期脂肪和水的代谢减慢，此时吃油腻食品，脂肪容易在体内堆积。此外，下列几种食物经期女性也不宜食用：

❶寒性食物：蔬菜，如莼菜、地耳、竹笋、荸荠、石耳、石花；水果，如梨、

香蕉、柿子、西瓜；水产，如螃蟹、田螺、螺蚬肉、蚝肉等；还有冷饮。

❷咸食：因为咸食会使体内的盐分和水分贮量增多。在月经来潮之前，多吃咸食易出现水肿、头痛、激动、易怒等现象。

❸鞣质食物：如茶、咖啡、可可、果汁等，其中的鞣质容易与铁元素结合产生沉淀，影响人体对铁的吸收。而女性在经期时流失大量血液，需要补充铁质。

❹猕猴桃：猕猴桃被人们誉为“水果皇后”，是一种保健、抗癌、美容、益寿果品。但猕猴桃有滑泻之性，故先兆性流产、月经过多以及尿频者忌食。

❺兔肉：根据医书记载，兔肉多食损元阳，影响性功能，女子在经期不宜进食，同时，在怀孕期间也不能进食。

❻草鱼：草鱼是水煮鱼常用的食材之一，女性在经期食用水煮鱼会加重水肿症状，容易产生疲倦感。爱吃水产品的女性在经期尤其注意，大多数的水产品都会导致痛经，可适当吃一些海鱼，有利于减轻经期烦躁。

❼巧克力：经期刻意吃甜食，不但无法改善经期不适症状，反而可能因为血糖不稳定，影响体内激素的平衡，加重不舒服的感觉。

❽花椒、丁香、胡椒：花椒、丁香、胡椒这类食物都是作料，在平常做菜时，放一些可使菜的味道变得更好。可是，在月经期的女性却不宜食用这些辛辣刺激性食物，否则容易导致痛经、经血过多等症。

痛经女性避吃酸辣食物 >>>

一般酸性食物会有收敛、固涩的特性，食用后易使血管收敛，血液涩滞，不利于经血的畅行和排出，而造成经血瘀阻，引起痛经。如米醋和以醋为调料的酸辣菜、泡菜及石榴、青梅、杨梅、阳桃、樱桃、酸枣、杧果、杏子、苹果、李子、柠檬、橘子、橄榄、桑葚等，应忌食。同时，像辣椒、大蒜、生姜、葱、辣腐乳、麻辣豆腐等辛辣食物，食用后会加重盆腔充血，引起痛经，因此也不宜食。此外，痛经女性也不要食用下面两种食物：

❶生冷食物：寒湿型忌食。中医认为，“寒主收引”“血得寒则凝”。凡是冷饮、生拌凉菜、拌海蜇、拌凉粉等，因其低温可使血管收缩、血液凝滞，从而引起经血瘀阻、排泄不畅而致痛经，故经期及行经前后忌食。

❷忌寒性食物：如水果、蟹、田螺等十分寒凉；梨、香蕉、柿子、西瓜、柚、橙子等亦属凉性，经期前后食用会遏阻血液运行，使经行不畅而致腹痛，故应忌食。

闭经女性不宜食用的四类食物 >>>

年龄已过18岁的女性，月经尚未来潮者，称原发性闭经；若月经周期已建立，之后又连续3个月以上不来月经者，称继发性闭经。闭经的女性应忌食如下食物。

❶不利营养精血的食物：如大蒜、大头菜、茶叶、白萝卜、咸菜、榨菜、冬瓜等，多食会造成精血生成受损，使经血乏源而致闭经，故应忌食。

❷生冷食物：各种冷饮、拌凉菜、寒性水果、寒性水产品等食物食用后可引起血管收缩，加重血液凝滞，使经血闭而不行，故应忌食。

❸肥腻食物：如蛋黄、动物内脏、猪肥肉、鱼类、蟹、奶油、巧克力等。这些食物含有较高蛋白质、胆固醇、脂肪，多食后极易造成体内营养过剩，进一步增加脂肪堆积，加重肥胖，阻塞经脉，使经血不能正常运行，故应尽量少食或忌食。

❹胡萝卜：胡萝卜虽然含有较丰富的营养，但其有引起闭经和抑制卵巢排卵的功能，故应忌食。

经期不宜喝的饮品 >>>

❶乳制品：牛奶、酸奶等乳酪类饮品是痛经的祸源，因此经期女性千万不要喝此类饮品。

❷茶：浓茶中的咖啡因含量非常高，它直接刺激神经和心血管，使大脑兴奋，基础代谢加快，容易产生痛经、经期延长和经血过多。

❸酒：酒会消耗身体内B族维生素与矿物质，过多饮酒会破坏糖类的新陈代谢及产生过多的动情激素，刺激血管扩张，引起月经提前和经量过多。

❹汽水：有不少喜欢喝含气饮料的女性，在月经期会出现疲乏无力和精神不振的现象，这是铁质缺乏的表现。因为汽水等饮料大多含有磷酸盐，同体内铁质产生化学反应，使铁质难以吸收。此外，多饮汽水会因汽水中碳酸氢钠和胃液中和，降低胃酸的消化能力和杀菌作用，并且影响食欲。

❺含咖啡因的饮料：会使乳房胀痛，引起焦虑、易怒与情绪不稳，同时更消耗体内储存的B族维生素，破坏糖类的新陈代谢。

月经前期紧张综合征患者的忌口食物 >>>

经前期紧张综合征是指女性在月经来潮前1周左右出现的一些明显不适症状，在经后骤然减轻或自然消失。此时，女性应注意忌食以下食物：

❶忌咸物：如咸肉、腌菜、盐汤等，以降低钠的摄入量。

❷忌辣物：忌吃辛辣动火食物，以降低神经的兴奋性。

❸忌酸物：少吃酸味食物，以免助长肝火。

月经不调者的忌口食物 >>>

月经不调是月经的周期、经期、经量、经色、经质的异常。它包括月经先期、月经后期、月经先后无定期、经期延长、月经过多或过少等。

❶忌辛辣、刺激、破气、动气食物：如辣椒、胡椒、生姜、韭菜、葱、蒜、香菜、牛肉、羊肉、狗肉等，月经超前、量多和血热妄行者忌食。

❷忌生冷、滑腻、寒凉食物：如鸭、鹅、蟹、鳖、田螺、黄瓜、冬瓜、菠菜、苋菜、萝卜、柿子等，月经过期、量少和虚寒气滞者忌食。

功能性子宫出血者的忌口食物 >>>

❶忌红糖：红糖具有活血通经作用，食用后会加重子宫出血，故应忌食。

❷忌酒：酒有活血作用，饮后会扩张血管，加快血行，导致子宫出血量增加。

❸忌辛辣、刺激性食物：如辣椒、胡椒、蒜、葱、蒜苗、韭菜等，能刺激子宫出血，尤其是血热型崩漏，会在原有基础上越增其血中之热，从而进一步加重病情。

❹忌破气食物：白萝卜、大头菜、萝卜干等，食用后会加重气虚，进一步损伤其固摄经血的作用，加重出血。

❺忌热性食物：如牛肉、公鸡肉、虾、香菜、荔枝、李子、杏子等，食用后会加重血分之热，有碍身体的康复。

❻忌桃子：桃子味甘，性温，多食可通行经血，加重出血。

❼忌生姜：生姜辛散助热，温通血脉，可使火热内盛，迫血妄行。

恋爱婚姻禁忌

青年人不要过早谈恋爱 >>>

青年时期处于长知识、长身体的重要时期。如果过早地谈起恋爱，对于将来的工作、学习和生活都可能带来不利的影响。中国有句俗话“少壮不努力，老大徒伤悲”。青年时期是人生的黄金时代，思想活跃，是精力充沛容易接受新事物的主要时期。但是青年人也有阅历不足、容易感情冲动、考虑问题不够成熟的一面，如果过早地接触恋爱这个问题，在整个恋爱过程中，每个青年人都必然处于追求别人或被人追求过程中，也都可能拒绝别人或被人拒绝，甚或在这些问题上与家人发生矛盾等。这些问题都会给青年人造成心理上的压力和精神上的损害，从而影响工作、学习以及家庭关系。再从生理发育角度来说，青年时期正是全面发育的重要时期，过早地谈恋爱，思想负担所带来的心理压力将要影响身体的正常发育，严重者甚至可导致某种疾病。因此，青年时期一定要严格注意忌过早谈恋爱。

不适合结婚的人群 >>>

❶近亲男女忌结婚：目前，我国婚姻法规定，直系血亲和三代以内的旁系血亲禁止结婚。这里所说的直系血亲是指父母与子女、祖父母与孙子女，外祖父母与外孙子女。这里所说的旁系血亲是指兄弟姐妹、堂兄弟姐妹、姑、叔伯、姨、舅等。三代以内的旁系血亲，包括同出一父母、同出一祖父母、同出一外祖父母的亲属。在三代以内的旁系血亲无论同辈还是不同辈，都禁止结婚。从优生学来讲近亲结婚所生子女往往都患有先天性缺陷，遗传病较多。

❷忌与姨表姐的子女结婚：姨表姐的子女之间的关系，已是三代以外的旁系血亲。这种关系已不在婚姻法规定禁止婚配的范围之内。但从优生的角度考虑，还是避免结婚为好。

❸先天性聋哑人之间忌结婚：先天性聋哑人是指出生前耳部发生病变，致使出生后产生听力障碍并伴随语言障碍，这是一种常见的染色体隐性遗传性疾病。如果互相婚配，其子女就很可能是先天性聋哑患者。所以，先天性聋哑患者之间不宜结婚。如已结婚，最好不要生育。但是，先天性聋哑患者与后天性聋哑（指出生后由于某种原因引起的聋哑）患者或者健康人结婚，目前看来对后代基本上不会有太大影响。

❹糖尿病患者之间忌结婚：在糖尿病患者中，大约有40%有家族史，这表明此病有一定的遗传基础。如果糖尿病患者之间结婚，这种婚配将会使患糖尿病的儿童数量大大增加，发病年龄提前。因此，糖尿病患者之间忌结婚。

❺肿瘤患者忌结婚：未经治疗或经治疗的各种转移性肿瘤，是一种死亡率非常高的疾病，现有的治疗方法并不能彻底治愈，不论其经过或未经过治疗，不要勉强结婚。

❻精神分裂症患者忌结婚：精神分裂症是一种慢性疾病，非常容易复发，有的患者病情还没有完全好转，精神症状还持续存在或残留，而从外表上看不易被觉察，一旦与异性交往，常表现呆头呆脑，语无伦次，甚至做出不合常理的行动。还有的患者已能正常工作、学习和生活，但常因恋爱结婚，而睡眠不足、体力的消耗、精神压力导致精神病复发。因此，精

神分裂症患者，如果不是经治愈并使病情稳定2年以上者忌结婚。

❼传染病隔离期忌结婚：由于传染病的基本特征是具有传染性，因此传染病患者必须在隔离条件下进行治疗和康复，凡已诊断为传染病的患者从其潜伏期到恢复期都必须严禁结婚。因为这段时间不仅性生活会影响患者的康复，更严重的是还可威胁对方的健康，使对方染上同样的疾病。另外，某些传染病虽已转向恢复阶段，但还有发生并发症的可能，严重者甚至危及生命。

影响性功能的十种食物 >>>

❶茭白：阳痿遗精者忌食茭白。

❷芝麻：根据前人经验，遗精之人当忌食芝麻。

❸虾：性温，味甘咸，有补肾兴阳的作用，多食会加重阴虚火旺和相火妄动之势。所以，遗精、早泄和阴茎异常勃起者，切忌多食。

❹牡蛎肉：性微寒，味甘咸，遗精或滑精者忌食之。

❺海松子：遗精早泄者不宜多食。

❻兔肉：根据医书记载，兔肉多食损元阳，影响性功能。

❼酒：过度饮酒导致男性精子畸形、性功能衰退、阳痿等；女子则会出现月经不调、停止排卵、性欲减退甚至性冷淡等早衰现象。有生育计划的夫妇，至少半年内应绝对戒酒。

❽可乐：男子饮用可乐型饮料，会直接伤害精子，影响男子的生育能力。若受损伤的精子一旦与卵子结合，可能会导致胎儿畸形或先天不足。

❾肥腴厚味的食物：长期食厚味可使性激素分泌减少，导致性功能减退。

❿过咸、过冷的食物：咸可提味，但过咸可伤津，津伤则耗神，不利助阳；凉食亦损阳。

影响夫妻关系的有害因素 >>>

❶忌依赖父母：否则很难对现在的小家庭建立起责任感和归属感，不利于婚姻幸福和家庭建设。

❷忌男主外女主内：这样对妻子造成的压力会很大，伤害夫妻感情。应该家务活平分，不应让一个人承担。

❸忌形影不离：形影难离固然是婚姻幸福的象征，但却决不可互相强求。如果夫妇双方在志趣、业余爱好、追求方面存在某些差异，一味强求配偶与自己一起活动，只能伤害对方的感情。

❹忌不拘小节：家庭是一个小社会，夫妻之间如果随随便便、粗言粗语、不拘小节，尽管对方没有言表，心里可能相当反感，甚至厌恶。随着时间的推移，夫妻之间的裂缝就会慢慢增大，若没能及时采取措施补救，幸福的婚姻也会走向死亡。

❺忌双方父母分得太清：夫妻双方都不是一个简单的个体，周围都会有自己的家庭关系。人多必然会出现各种情况。这时应当互相体谅，想对方所想，急对方所急，这样夫妻感情才会越来越牢固。一方家中需要帮助，另一方便去尽力支持，只有这样才有利于家庭和睦。

❻忌回家撒气：夫妻双方不要将在外面遇到的不愉快情绪发泄到家中。要明白，发脾气会引起全家不愉快。这并不是说，在外面受到委屈都要瞒着家人，你可以找一个时间，把心头的郁闷倾吐出来。做丈夫或妻子的这时就应该以温和态度鼓励或劝解对方，帮助他（她）尽快消除苦闷。应该相信事情会随着时间的流逝而过去的。

❼忌经济问题“独立自主”：如何

花钱并不是一件小事，有许多夫妇为金钱而不和。结婚前大家的钱都是各花各的，养成了“独立自主”的习惯，结婚后就要把这习惯改掉，在经济上树立起家庭的观念，共同商量，合理安排。在经济条件不宽裕时，夫妇都应有自制和忍耐，不自作主张乱买东西。

❽忌无故迟归和外宿：目前，不少家庭是上班族。全家往往唯有共进晚餐时方可团聚。本来夫妇在一起交流感情的时间已很少，如果再无故迟归甚至外宿，就更会给双方心理增添焦虑和烦恼。这样夫妇之间的感情就会成为“无源之水”而干枯。

❾忌情感不信任：因对方猜不透自己的心事，体察不到自己的感情需要，便认为对方不爱自己，这是人们常犯的一个错误。其实，没有明确的交代和相当长时间的探索，夫妻之间也是难解其意的。因此，夫妻双方应该真诚相待，多多交流，达到情感生活的交融。

❿忌动辄离婚：结婚以后，夫妻拌嘴吵架是常有的事。问题是要正确对待这些矛盾，把大事化小、小事化了。发生摩擦时，忌动不动就提离婚，一定注意避免说出将来会使自己后悔的狠毒话，也不要怀恨在心。要认识到，丈夫或妻子有了困难或不幸，要互相支持依靠，渡过困难之后，关系会更密切。

夫妻交谈禁忌 >>>

❶忌虚情假意：夫妻之间甜蜜的语言、亲昵的动作虽对调解夫妻关系十分必要，但不注意场合或没有分寸则会收到适得其反的效果。如热恋期花前月下的信誓旦旦，随着婚前婚后的变化而不能如愿，会使一方感到虚伪。过分的殷勤又使人感觉是讨好卖乖。

❷忌强制命令：夫妻在日常生活中，尤其是对方情绪不佳时，命令式的口气分配某项任务，或毫无商量之意，认为理所当然，都容易成为口角的导火线。

❸忌多加指责：日常生活中，夫妻间总有使对方不满意的地方。此时应以“恋人心肠”加以宽容，少加指责。

❹忌针锋相对：如果夫妻双方在某一件事情上的观点不同，应该好好沟通交流，采取一个折中的办法来解决问题。切忌像辩论会一样地针锋相对，非要对方同意自己的观点，这样火爆的方式一来解决不了问题，二来影响家庭和睦。

夫妻吵架应注意“度”>>>

夫妻吵架应就事论事，切不可为一件事而将陈年老账都翻出来，更不得摔砸东西。只有平心静气地阐述自己的理由，才是解决问题的正确态度。

❶切忌在吵架时互相贬低对方家庭及成员。这样会把矛盾扩大，引起更大的愤怒。

❷忌口出恶言。当夫妻双方各自进行情绪发泄时，要理智地掌握用词分寸。不要口出恶言去刺伤对方的心灵。

❸不应在吵架后回娘家或离家不归。离家不归会使冲突更趋激化，从而产生新的危机，甚至导致夫妻关系的破裂。

❹不论争斗如何厉害，夜间切忌分床而睡。亲近会使双方感到冲突并未使两人的心分开，使双方从反思中获得理解。

❺尽量避免外人介入夫妻吵架，更不应到外界去寻找同情、支持与安慰。

❻不应在孩子面前争吵，这会使孩子失去安全感。

❼吵架时，一方不要以沉默相对，这会使对方更加火冒三丈。

❽切忌动手。一定要掌握住“动口

不动手”的原则。一旦动手，在对方心里会留下不可磨灭的伤痛，造成婚姻破裂。若一旦失控而动手打斗，事后一定要互相道歉。

❾切忌攻击对方弱点，不可一再揭对方疮疤。每个人都有脆弱的一环，甚至有“隐私”，冲突时不揭短，以免挫伤对方的感情。

❿切忌不依不饶，非要争个是非清楚，夫妻间的事是一道永远解不完的题，无所谓高低、输赢，不必耿耿于怀，结怨报复。如果冲突的一方善于运用隽永幽默的语言，则可能使一场激烈的冲突朝着良好的结果转化。

再婚夫妻应警惕的雷区 >>>

经历过婚姻打击或婚姻不幸后的再婚，由于有前次婚姻作为对比，在感情依托和精神抚慰上，常常有更高的要求，所以，再婚夫妻在生活中要注意以下几点：

❶忌怀旧：或许前次婚姻是不幸的，它既没能令你满足，也没给家庭生活带来什么幸福。但毋庸置疑，一段时间的夫妻生活，毕竟会留下许多美好和令人难忘的记忆。如果前次婚姻是幸福的，只是由于某种意外的打击造成婚姻解体，在这种基础上再婚的夫妇如常把新配偶的缺点与原配偶的优点相比较，这样越比越会感到新婚姻的不幸，心理上就会筑起一道妨碍幸福的篱墙。

❷忌猜疑：怀疑再婚配偶与前夫、前妻藕断丝连，或与别人有什么瓜葛，也是再婚家庭常出的一个“故障”。

❸忌不满足：由于有一次或几次婚姻为前提，再婚夫妇不可避免地会犯“永不满足”的错误，不满足配偶的爱，不满足配偶的关心，不满足配偶的忍让。

❹忌漠不关心：没有了初婚的神秘的激情，再婚夫妇对对方的所作所为、所需所求，常容易采取“冷眼旁观”态度。如此种种不良情绪日渐发展，难免会将再婚引向失败。

❺忌厚此薄彼：各自婚前的孩子如果一同走向再婚家庭，在“近亲”心理的左右下，再婚夫妻容易厚此薄彼。这种意识不消失，再婚家庭当然也不可能幸福。

❻忌争高争低：夫妻之间无所谓谁胜谁负，关键在于互相谦让，互相尊敬。再婚夫妇更应如此，如果欲一试高低，互不相让，那就大错特错了。

❼忌吹毛求疵：再婚夫妇应更加懂得迎合对方的心理，尊重对方的意愿，要学会宽容和谅解，如果一味吹毛求疵，后果不堪设想。

❽忌冷热无常：感情温度的持久炽热，才可能给受伤的配偶心理带来慰藉。冷热无常的感情变化，只可能加剧以前的创伤，给再婚配偶留下永远也抚不平的心灵伤痕。

杜绝外遇的方法 >>>

造成外遇的内部原因有三：单调；缺乏交流；孤独。对此，婚姻问题专家提出了防止出现外遇情况的几点意见。

❶目标应现实：如果夫妇总幻想追求逝去的新婚时的欢乐，他们的关系便会出现裂隙。这并不是说爱情会永远消逝或性生活不再激动人心，而是说不能用新婚时的标准来衡量多年的夫妻关系。用现实的眼光会使夫妇发现多年的关系反倒更充实。

❷树立配偶第一的原则：不管你关心什么，诸如事业、孩子或家庭，都应牢记一条准则：在所有关系中配偶应处于第一优先的地位，换句话说，也就是主要的业余时间和努力应花在夫妇关系上。

❸生活应充满变化：夫妻间的关系应当像流水，充满变化，已经冷淡了的关系重新恢复起来需要时间，但值得为之努力。双方应从互相关心、互相注视开始，这样便会促进相互的爱抚，性生活也将成为有意义的示爱的行为。双方也会燃起对爱情新追求的火花。

❹尽可能避开有争议的观点：在家政管理上，在经济开支方面，夫妻间可能会出现分歧。当出现分歧时，夫妻间应有意避开在这类观点上的交锋，否则便会陷入“争执、争吵、感情淡化、争吵加剧”这样一种恶性循环中。夫妇间如有一方能认识到导致矛盾爆发的焦点并有意淡化它，情感便得以交融，关系将趋于和谐。

家务劳动巧安排 >>>

❶忌劳动量过大，持续时间过长：一般一次不要超过2小时。特别是不要平时不做，都积到星期天去做，搞突击，或搞夜战，干到十一二点钟，影响睡眠，不利于身体健康。

❷忌家务劳动一个人承担：家务活儿要大家干，各尽其能，不要都推到家庭主妇一人身上。不少好心的妻子心疼丈夫，怕他累着，不让丈夫动手，又心疼孩子，什么活都自己包了。这种做法不仅自己过累，对身体不利，对丈夫和孩子更不利。男性缺乏体力活动更宜患高血压和冠心病，并引起肥胖。小孩更应从小养成爱劳动的好习惯。

❸忌不讲科学：做家务活儿要善于安排。下班后刚到家时身体疲乏，不要马上做以体力劳动为主的活儿。体力劳动及脑力活要交叉进行，不要总干一样。以用手为主或走路为主的活儿，也应交替进行。这样会提高效率，防止过早地疲劳，实际上，干体力活儿对脑力劳动者来说，是种休息方式，而干脑力为主的活儿，对体力劳动者来说，也是一种休息方式，所以说，干家务要讲究科学。

性生活注意事项 >>>

❶疲劳、远行、运动、严重失眠时不宜同房：因为此时同房会损伤元气，使机体抵抗力下降从而引发疾病。

❷心情不快时或没有性欲时不宜同房：否则一方强制，一方反感，将导致女方性冷淡或男方阳痿。

❸环境不佳时不宜同房：夫妻同房应该在幽静、整洁的环境中进行。环境嘈杂容易精神不集中，影响性生活质量；环境污浊，还会造成生殖器细菌感染而致病。

❹酒后不宜同房：喝酒会对性功能造成破坏，酒精会对精子、卵子造成损害，酒后受孕将会危及胎儿，造成畸形、智力低下、发育不良等后果。

❺生殖器不洁不宜同房：以免将细菌病原体带入对方体内导致细菌感染甚至疾病发生，严重者会导致宫颈癌。所以，性交前男女双方都应洗净生殖器，尤其是丈夫一定要体恤妻子，做好自己的清洁工作。

❻饱食或饥饿时不宜同房：饱食使肠道充盈并充血，大脑及其他器官相对地血液供应不足，此时进行性生活会影响肠胃功能；饥肠辘辘时人的体力下降，精力不充沛，达不到性满足，还会使人感觉头晕眼花、耳鸣、乏力等。

❼时间不宜拖得太长：有些夫妻为了获得性快感，常常有意延长性交时间。这样做不科学。性交时间太长，男女双方生殖器长时间处于充血状态，很可能影响泌尿系统正常生理功能，诱发前列腺疾病或者月经紊乱等妇科疾病。

❽不宜中途停止：在双方没有达到高

潮之前，因为一些原因而中途停止性交，是违背生理健康的。长期如此，男性容易发生前列腺疾病，女性则易头痛、阴冷。

❾忌不和谐：性生活的和谐与否对夫妻的健康和情绪起着十分关键的作用。如果婚后的性要求长期得不到满足，就会影响身体健康，往往出现易动肝火、过度疲劳、失眠，对工作和家庭不感兴趣，出现腰痛，对配偶反感等。

❿忌性生活过频：性生活次数在新婚初期一般以每周4～5次为宜，婚后数月一般以每周2～3次为宜。性生活要以性生活后的第二天双方不感到疲劳为度。如果性生活过频，不加节制，就会导致周身疲乏、腰疲无力、头晕思睡、食欲减退等。尤其是患有慢性病或体质较差的人，会由于性交过频而加重病情，或致旧病复发。因此，夫妻性生活忌过频，尤其是蜜月期间更应注意。

行房后应当心受寒 >>>

行房后应静卧休息，不要马上起床进行剧烈的运动和紧张的脑力劳动，并且严禁受风、受寒或冷水浴，以免对身体造成伤害。此外行房后还应注意以下几点：

❶忌内裤前后反穿：否则大肠杆菌极可能进入泌尿道，从而引起膀胱和肾脏炎症。

❷忌饮冷饮：否则会使胃肠血管急剧收缩而损伤胃肠。

❸忌不排尿、不清洗下身：否则将细菌带入阴道和尿道而引起感染。

❹忌立即吸烟：此时吸烟会促使烟中有害物质的吸收，影响健康。

女性过性生活的禁区 >>>

❶女性行经、分娩及各种妇产科手术后：如果在创口未愈合前进行房事，就会引起感染、出血，甚至造成慢性妇科病，严重影响身心健康，所以，在妻子的这些禁忌时期丈夫应该予以理解和配合。

❷月经期：在月经期，由于子宫颈口开放，子宫内膜脱落充血，身体抵抗力降低，此时性交极易造成感染，可引起头晕眼花、腰酸腿软，甚至导致月经紊乱、恶露不止、渐进性贫血、痛经闭经、附件炎、盆腔炎等多种妇科疾病，严重影响女性身心健康。男性则容易发生尿道炎。故自行经开始，至净经3天应禁房事。

❸流产和分娩后：按子宫的恢复过程来说，孕早期（前12周）流产（包括人流）后应禁房事1个月；孕中期（中间16周）流产后应禁房事一个半月；孕晚期（最后12周）分娩后应禁房事2个月。

❹孕期和临产：妊娠头3个月和最后3个月忌同房，否则可能发生早产、流产。妊娠期内其余月份也应尽量节制同房。临产前更应该严禁同房，以防发生产后感染。

❺诊断性刮宫：用于患不育症、月经失调、怀疑子宫内膜腺癌者。诊刮术前3天及后2周内应禁房事。

❻输卵管造影：用于患不育症者。因子宫颈曾被扩张，故造影前3天及后2周内应禁房事。

❼子宫颈活组织检查：做子宫颈活组织检查，需在不同部位夹取4块米粒大小的宫颈组织。因手术后子宫颈上留有创伤，故术后2周内应禁房事。

❽子宫颈电烫、激光烧灼或锥形切除术：适用于重度子宫颈炎，术后一月内应禁房事。

❾附件手术：因患卵巢囊肿需做附件切除，输卵管妊娠做输卵管切除手术后，盆腔内创面的修复约需3个月，故术后3个月内应禁房事。

⑩子宫切除手术：因患大型子宫肌瘤或病灶广泛的子宫内膜异位症时，需做子宫切除。子宫切除后，无月经来潮和生育能力，并不影响性功能。但手术后盆腔内留有较大的创伤面，阴道口顶端又有手术的切口，故术后半年禁房事。

⑪女性输卵管结扎术后2个月内忌同房，男子结扎术后、女子放环或取环以后2周内忌同房，主要是预防感染。

不宜服避孕药的女性 >>>

❶患急慢性肝炎肾炎的人不能服用。因为人工合成的雌、孕激素都是在肝脏解毒进行代谢，再经肾脏排出。如果肝、肾功能不好，就会造成药物在体内的蓄积，加重肝脏的负担。如果曾患过肝、肾疾病但已经治愈的，可在医生指导下服用。

❷患高血压和心脏病的人不能服用。虽然一般服药后血压没有变化，但少数人血压会增高。因此患高血压、有高血压病史和有明显高血压家族史的人不宜用。服药前血压正常者，服药期间也应每3~6个月测一次。另外，雌激素有使体内水、钠潴留的倾向，会加重心脏负担，所以心脏功能不良的人不宜用。

❸糖尿病患者、有糖尿病家族史和生过巨大胎儿（4000克以上）的女性不要服用。因为用药后有少数人血糖轻度增高，原有隐性糖尿病者可能成为显性。另外，有巨大胎儿分娩史的，在排除糖尿病以前不要服避孕药。

❹以往或现在有血管栓塞疾病者不要服用。避孕药中的雌激素可能增加血液的凝固性，这对健康人来说影响不大，但对有血管栓塞性疾病的人（如脑血栓、心肌梗死、脉管炎等），就有可能加重病情，所以不宜服用。

❺哺乳期的女性不宜服用。避孕药可使乳汁分泌减少，并降低乳汁的质量，还能进入乳汁，对哺乳儿产生不良影响，所以哺乳期妇女不宜使用。

❻患胆结石、胆囊炎的妇女以及身体过胖、有胆结石家族史的妇女，要慎用口服避孕药。这是由于口服避孕药能升高血浆中的胆固醇及其脂蛋白，对于年龄较大、身体过胖的妇女，有可能诱发胆石症和胆囊炎，或有可能使原有胆石症、胆囊炎的妇女加重病情。

❼生殖器官、乳腺、肝脏怀疑有癌症的患者，或有家族乳腺癌病史的女性。

❽甲状腺功能亢进的妇女，在没有治愈前，最好不要使用避孕药。

❾有不规则的阴道流血，或手术后不满一个月的女性。

❿怀疑已怀孕，或以前怀孕时患过黄疸病的女性。

久服避孕药易导致贫血 >>>

贫血和长期服用避孕药有一定内在关系。因为人体需要的叶酸大都是从饮食中摄取的，但是饮食中的叶酸是以不易为人体吸收的多聚谷氨酸盐形式存在的，在肠中必须通过去连接酶的作用而成为能被人体吸收的单谷氨酸酯，再合成叶酸。如果长期服用口服避孕药则会影响去连接酶的作用，从而造成叶酸缺乏而出现贫血，临床发现不少久服避孕药的女性患有贫血。因此凡久服避孕药的女性应适当补充维生素B_1、维生素B_{12}和维生素C等。

蜜月期间不宜受孕 >>>

蜜月期间不宜受孕：因为此时双方性交次数频繁，精子和卵子质量不是最好。最好在结婚3～6个月时再受孕。此外，以下几个时期也应避免受孕：

❶春节不宜受孕：首先，冬春季节是

各种病毒性疾病流行的季节。其次，由于天气寒冷，如果居室用煤取暖又不注意通风换气，可以造成室内空气污染。还有不少人在节日期间频繁地熬夜、推杯换盏，这些都不利于优生。因此，凡是准备在春节结婚的人，应注意采取有效措施避孕和预防各种病毒性传染病，包括提前接种疫苗、戒烟忌酒、注意睡眠、锻炼身体和孕早期少去公共场所等。

❷夏天不宜受孕：夏天气温高，人体表面水分的蒸发量非常大，另外还耗损大量无机盐、维生素和氨基酸等营养物质，胃酸浓度减低，食欲减退，消化能力减弱，都直接妨碍人体营养的吸收，必将影响胎儿的发育。此外，夏天还是肠道传染疾病多发季节。人易出现头昏脑涨、心悸胸闷、四肢无力、精神疲乏等现象。因此，忌夏天受孕。最好选择在夏末秋初。

❸停服避孕药不到半年，这时体内的药物还有残留，会影响胎儿发育。

❹正在患病，或病后初愈，身体尚未恢复时，不宜受孕。

❺生殖器官手术后（诊断性刮宫术、人工流产术、放或取宫内节育器手术等）恢复时间不足6个月忌受孕。

❻产后恢复时间不足6个月忌受孕，以免影响体质的恢复。

❼近期内情绪波动或精神受到创伤后（大喜，洞房花烛夜；大悲，丧亲人；意外的工伤事故等）忌受孕。

❽疲劳过度时不宜受孕。特别是新婚夫妇在旅行过程中，应该加强避孕措施。

❾患慢性病服药期间不宜受孕。

暂时不宜怀孕的人群 >>>

❶结婚时年龄较小者：女性最佳婚育年龄为23～25岁，男性为24～30岁。

❷男方超过55岁或女方超过35岁不宜怀孕：超过以上年龄生育的子女，畸形及低能儿的发生率将显著提高。

❸怀孕前3个月没戒烟、酒者。

❹长期服用避孕药和怀孕前两个月没停药者。

❺长期服其他药物，又没经过数周停药者。

❻采用避孕环避孕，取环后月经不正常者。

❼有过两次以上习惯性早产、流产，没等一年后而怀孕者。

❽打过风疹预防针或患过风疹的女性，在3个月内不宜怀孕。

❾多次接受放射检查或治疗（特别是腹腔部位照射过X光）后的女性。

❿心肌梗死患者在恢复期时忌性生活，以免因性生活时高度兴奋而引起心电生理紊乱，从而导致病情恶化，严重者甚至死亡。

不适合生育的女性 >>>

❶严重贫血的女性忌生育：健康女性的血色素应在12%以上。凡低于8%的为严重贫血。严重贫血女性如果怀孕，对子女和本人都有害处。因为女性怀孕后，血液中的血浆成分会逐渐增多，血色素含量却相对减少，从而形成“生理性贫血”，使贫血加重，从而孕妇出现头昏、气喘、眼花、乏力等症状。贫血还会使胎儿的营养和氧气供应不足，导致胎儿发育不良。另外，还可以引起流产和早产，分娩时宫缩无力而发生难产。

❷患肝炎病女性忌怀孕：患肝炎的女性在病期肝功能已经受到严重损伤，肝脏的解毒功能减弱，如果这时怀孕就会加重肝细胞的损伤，肝炎病毒还可经胎盘直接传染给胎儿，从而影响胎儿的生长发育。同时，容易造成流产、早产、死胎及胎儿

畸形，对母子都不利。因此，女性患了肝炎应忌怀孕生育。如已怀孕者应终止妊娠，并坚持避孕。

❸患肾脏病女性忌怀孕：女性在怀孕后，胎儿的代谢产物主要是经过母亲的肾脏排出，这就大大加重了肾脏的负担，不仅会使原来的病情加重，甚至引起肾功能衰竭，发生尿毒症等病症。另外，还可能引起流产和早产。

❹癫痫病患者忌怀孕：患癫痫病的孕妇，由于水、钠潴留，电解质紊乱，情绪和激素的改变，使癫痫发作频繁。癫痫的频繁发作会造成胎儿发育迟缓，甚至出现流产、先天性畸形等。

❺患精神病的女性忌怀孕：患精神病的女性，生活上往往不能自理，分娩后哺乳、照料孩子都难以胜任。精神病的治疗一般要持续服药3～5年，怀孕后服药，对胎儿有致畸作用。而且，如果因怀孕而停止服药，则对自己的病不利，有些精神病还可能会遗传给下一代。

❻自己或者对方有遗传病忌怀孕：从优生学角度来看，遗传病患者体内的病态基因会遗传给后代，对后代的健康不利。因此，双方如果患有遗传性糖尿病、先天性聋哑、尿崩症、先天性视网膜变性、神经纤维瘤、多囊肾、唇裂畸形、精神分裂、畸形等疾病者，忌生育。

❼吸烟的妇女：香烟中的许多化学物质对卵巢来说是有毒性的，可以导致卵细胞死亡。所以，吸烟女性已怀孕或正在考虑要个孩子，那就要和医生认真讨论，制订一个戒烟计划。

婚后不孕不要过度紧张 >>>

婚后不孕而又盼子心切的人，往往情绪过度紧张。这种长时间的忧虑，可能导致一些女性生殖系统功能障碍而不易受孕，据医学家和心理学家的发现，心理因素对生殖系统有明显的影响。长时间的内心焦虑，会使人体经常处于一种疲劳状态，又可使输卵管痉挛、排卵受到抑制、宫颈黏膜分泌异常等而不易受孕。因此，婚后不孕时如果不是由于生理或病理原因，就应使心理尽量保持平衡状态。忌过虑、忌焦急，将有助于提高受孕的机会。

夫妻日常服药需慎重 >>>

❶激素类药物如雄激素甲基睾丸酮、丙酸睾丸酮等，主要用于男子睾丸功能不足，但如果长期大量使用，会引起睾丸萎缩，使精子生成量显著减少，造成不育症。

❷镇静药如安宁、安定与利眠宁，常常用于治疗焦虑性神经官能症，可使中枢神经处于抑制状态，芬那露有明显的肌肉松弛作用，如果服用较大剂量的药，也会引起阳痿。

❸胃肠道解痉药如阿托品、颠茄、山莨菪碱、东莨菪碱、普鲁本辛等，会影响血管平滑肌紧张度，使阴茎不能反射性充血勃起。

❹利尿药氯噻嗪类与速尿、利尿酸等如果长期服用，由于排泄钾过多，致使阴茎勃起无力。

优生优育的注意事项 >>>

❶忌忽视婚前检查：超过半数的育龄青年认为自己身体健康，没必要进行婚前检查。但事实上，一些看起来身体非常健康的男女青年，父母看起来也很健康，但实际上是致病基因的携带者。这样，后代很容易出现病变。这种情况只有依靠专业医生，通过家族病史调查及系谱分析来断定。因此，建议所有谈婚论嫁的年轻人，为保障后代的身体健康而尽好自己的一份

责任，主动进行婚前检查。

❷忌不计划怀孕：据调查，半数以上的青年夫妇结婚以后不采取避孕措施，往往在不知不觉中怀孕。由于事先毫无计划和准备，结果有的发生了自然流产，有的感染了流感、风疹等病毒性疾病，有的使用了孕期应当禁用的药物……可见，婚后注意避孕、实行有计划的自主怀孕很有必要。当夫妻双方确定要孩子后，应共同进行一次优生咨询和健康检查，通过综合检测手段来确定最佳受孕时机并同房受孕，使新鲜的、活性最高的卵子和精子相结合。

❸忌忽视孕检：孕妇定期做产前检查的规定，是按照胎儿发育和母体生理变化特点制定的，其目的是查看胎儿发育和孕妇健康状况，以便于早期发现问题，及早纠正和治疗，使孕妇和胎儿能顺利地度过妊娠期和分娩。整个妊娠的产前检查一般要求是9～13次。初次检查一般在怀孕4个月，在怀孕4～7个月内每月检查一次，怀孕8～9个月每两周检查一次，最后一个月每周检查1次；如有异常情况，必须按照医师约定复诊的日期去检查。

❹忌胎儿发育过大：近年来，经常可以见到一些通过剖宫产出生的大胖娃娃。这些体重超过4000克的大胖娃娃，在医学上称为巨大儿。目前无论在城市还是在农村，通过剖宫产术出生的巨大儿越来越多，自然分娩的产妇人数因此而急剧下降，发生子宫破裂、胎儿宫内低氧、手术损伤甚至死亡者也随之增多。所以，孕妇应在整个孕期按规定认真进行产前检查，主动接受医生的饮食指导。

丈夫保健指南 >>>

❶忌忽视尿糖与血糖：妻子应该监督丈夫定期测量尿糖和血糖，特别是丈夫有糖尿病家族史、偏胖或原因不明的体重下降及乏力情况的，更应重视做好这两项检查，一般至少每半年1次。

❷忌忽视饮食：多数妻子总怕丈夫吃不好或吃得少，想方设法让丈夫吃得多、吃得好，这是不科学的。人到中年，吃什么和吃多少应该根据不同的体质和健康状况而定。

❸忌忽视胸痛或胸闷：妻子应特别注意丈夫是否有原因不明的胸痛或胸闷，观察疼痛部位及程度。

❹忌忽视血压：一个中年人的妻子，如果不了解丈夫的血压情况，则表明她对丈夫的健康状况不够关心。因为男子进入中年以后，容易患高血压，为了早期发现及早期治疗高血压，中年男子应该定期测量血压。

❺忌忽视血脂：凡有高血压、冠心病、脑卒中等家族病史和血压偏高、肥胖及不参加运动的脑力劳动者，尤其应该注意做好这项检查。

❻忌忽视便血与尿血：大小便常常是人体健康的两面镜子，妻子应该关心丈夫的大小便是否正常。

❼忌忽视心律与心率：妻子应该学会测量脉搏和听心率，一旦发现丈夫心率异常或跳得不规律、不均匀的情况时应到医院进一步检查。

常穿过紧的衣裤易导致男子不育 >>>

常穿过紧衣裤是诱发男子不育的根本原因。因为紧身裤会使阴囊与睾丸更紧贴身体，会增加睾丸局部的温度，这有碍精子的产生，另外紧身裤也会阻碍阴囊部位的血液循环，造成睾丸的缺血，对精子的产生十分不利。此外，下列几种情况也容易导致男子不育：

❶饮食缺少营养：人类精子的产生与

饮食的营养水平有密切关系，确切地说与钙、磷、维生素A和维生素E等物质直接有关；一旦饮食中缺少这些物质，精子的产生便会受到影响，产生一些质量很差的精子，或造成男子不育。

❷情绪不佳：一个人如果长时间精神处于压抑、悲观、沮丧、忧愁等状态，大脑皮质的工作便会失调，全身神经、内分泌功能也会失调，睾丸的生精功能及性功能也会受影响，于是不育情况便会发生。

❸长途和过度劳累地骑自行车：一方面睾丸局部受到振荡和颠簸，有损生精功能；另一方面，由于骑车的车座正好处在人体会阴部，使后尿道、前列腺、精囊等器官受到压迫，这些器官充血的结果会影响前列腺液与精囊液的分泌，而这些液体正是构成精液的主要成分，分泌异常，精液成分受到影响，因而会诱发不育。

❹房事过频：一次射精之后，需要5~7天才能恢复有生育力的精子数量，所以房事过于频繁，每次射精的精子过少，反而不育。另外，房事不节制会导致慢性前列腺充血，这会直接影响精液的营养成分、数量等，可诱发不育。

人工流产的禁忌 >>>

❶忌反复流产：反复流产极其危害身体，可造成身体亏损、习惯性流产、子宫穿孔、继发性不孕、宫腔感染、阴道出血和宫颈或宫腔粘连。

❷忌不讲究卫生：流产时，子宫颈口从开放到闭合需一定时间，因此流产后一定要注意个人卫生，保持外阴部清洁。

❸忌不注意营养：人流后最初几天，可吃一些容易消化的、暖性的食物，如鸡汤、红糖鸡蛋水、肉汤等，随后可增加含蛋白质、维生素和矿物质较多的食品。

❹忌不注意休息：人流后最初几天必须卧床休息，以后可适当增加轻微活动，但忌过早参加较重体力劳动，以防诱发子宫脱垂。

❺忌过早同房：如果过早地行房，很容易将细菌直接带进生殖器官，从而引起子宫内膜炎或输卵管炎，使子宫内膜破坏或输卵管闭塞而导致不孕症，甚至在急性期细菌从创面侵入血流，扩散为败血症而危及生命。因此，流产者必须在恶露完全干净1～2个月后，才能行房。而且还需更注意采取有效的避孕措施。半年内一般应避免再次怀孕。

有下列情况者不宜做人工流产术：

①各种疾病的急性期或严重的全身性疾患，需待治疗好转后住院手术。

②生殖器官急性炎症。

③妊娠剧吐、酸中毒未纠正者。

④术前有发热者。

⑤术前3天有同房者。

孕期生活禁忌

孕妇常食桂圆易导致流产 >>>

桂圆甘温大热，一切阴虚内热体质及患热性疾病者均不宜食用。孕妇食之不仅不能保胎，反而极易出现漏红、腹痛等先兆流产症状。因此，孕妇不宜吃桂圆。此外，下列几种蔬果孕妇也尽量不要吃：

❶胡萝卜：胡萝卜虽然含有较丰富的营养，但胡萝卜素有引起闭经和抑制卵巢排卵的功能，故欲生育的女性应忌食。

❷菠菜：人们一直认为菠菜含有丰富的铁质，具有补血功能，所以被当作孕期预防贫血的佳蔬。其实，菠菜中含有大量草酸，草酸可影响锌、钙的吸收。

❸土豆：土豆中含有一种叫龙葵素的毒素。孕妇若长期大量食用土豆，毒素蓄积体内会产生致畸效应。孕妇也不能贪吃薯片。虽然薯片接受过高温处理，龙葵素的含量会相应减少，但是它却含有较高的油脂和盐分，多吃会诱发妊娠高血压综合征，增加妊娠风险，所以孕妇还是不吃或少吃为好。

❹海带：孕妇缺碘会导致胎儿发育不良，造成智力低下，因此孕妇适当吃些海带，以补充体内的碘。但应注意的是孕妇若过量地服用海带，过多的碘又可引起胎儿甲状腺发育障碍，这对胎儿的正常发育会产生不良影响，婴儿出生后可能会引起甲状腺功能低下。

❺山楂：山楂可以刺激子宫收缩，有可能引发流产。但是分娩后食用山楂是有益的，可以治疗“滞血痛胀”和“腹中疼痛”，有助于产后子宫收缩和复位。

孕妇吃黄芪炖鸡易导致难产 >>>

黄芪具有益气健脾之功，与母鸡炖熟食用，有滋补益气的作用，是气虚的人的极佳补品。但快要临产的孕妇应慎食，避免妊娠晚期胎儿的正常下降的生理规律被干扰，而造成难产。此外，下列几种肉类食品孕妇也不宜食用：

❶猪肝：在给牲畜迅速催肥的现代饲料中，添加了过多的催肥剂，其中维生素A含量很高，致使它在动物肝脏中大量蓄积。孕妇过食猪肝，吸收大量的维生素A，对胎儿发育危害很大，甚至会致畸形。

❷咸鱼：咸鱼含有大量二甲基硝酸盐，进入人体内能被转化为致癌性很高的二甲基硝胺，并可通过胎盘作用于胎儿，是一种危害很大的食物。

❸甲鱼：甲鱼性寒味咸，有着较强的通血络、散瘀块作用，因而有一定堕胎之弊；尤其是鳖甲（即甲鱼壳）的堕胎之力比鳖肉更强。

❹螃蟹：螃蟹虽然味道鲜美，但其性寒凉，有活血祛瘀之功，故对孕妇不利，尤其是蟹爪，有明显的堕胎作用。

❺蛙肉：青蛙在捕食害虫时，自然地把害虫体内蓄积的杀虫剂累积到自己的体内。人食用蛙肉时可能有中毒症状，孕妇食用对胎儿发育有危害。

孕妇不可多饮茶 >>>

茶叶中的咖啡因具有兴奋作用，服用过多会刺激胎动增加，甚至危害胎儿的生长发育。茶叶中含有多量的鞣酸，会影响人体对铁元素的吸收，造成孕妇和胎儿贫血。因此，孕妇不可多饮茶。此外，下列几种饮品孕妇也不宜多喝：

❶酒：孕妇饮酒后，酒精可通过胎盘直接进入胎儿体内，使胎儿大脑细胞的分裂受到阻碍，导致中枢神经发育障碍，形成智力低下。另外酒精还可破坏胎儿细胞，不但使胎儿生长缓慢，还可造成某些器官的畸形。

❷冷饮：孕妇在怀孕期，胃肠对冷的刺激非常敏感。多吃冷饮能使胃肠血管突然收缩，胃液分泌减少，消化功能降低，从而引起食欲不振、消化不良、腹泻，甚至引起胃部痉挛，出现剧烈腹痛现象。

❸咖啡：咖啡因具有不同程度的致癌作用。咖啡因进入胚胎以后，会造成胚胎代谢异常、基因突变或染色体畸变，甚至可能会杀死正增殖的胚胎细胞，从而造成胎儿畸形。

孕妇饮水需当心 >>>

孕妇不宜口渴才喝水，应每2小时1次，每日8次，约1600毫升。但是以下几种水孕妇不能喝：

❶久沸或反复煮沸的开水。

❷没有烧开的自来水。

❸保温杯沏的茶水。

❹蒸饭或者蒸肉后的剩水。

孕妇不可只吃精制米面 >>>

人体中含有氢、碳、氮、氧、磷、钙等11种宏量元素（占人体总重量的99.95%），还有铁、锰、钴、铜、锌、碘、钒、氟等14种微量元素（只占体重的0.01%）。这些元素虽然在体内的比重极小，但却是人体中必不可少的，一旦供应不足便可产生一系列疾病，甚至出现死亡。

人体必需的微量元素，对孕妇、乳母和胎儿来说更需要，因为他们缺乏微量元素时会引起严重的后果。人们在生活中注意不偏食，尤其是孕妇，尽可能以“完整食物”（指未经细加工过的食物，或经部分精制的食物）作为热量的主要来源。例如少吃精制大米和精制面等。因为“完整食物”中含有人体所必需的各种微量元素（铬、锰、锌等）及维生素B_1、维生素B_6、维生素E等，它们在精制加工过程中常常被损失掉，如果孕妇偏食精米、精面，则易患营养缺乏症。

妊娠早期多吃酸性食物易影响胎儿发育 >>>

孕妇在妊娠早期可出现择食、食欲不振、恶心、呕吐等早孕症状，不少人嗜好酸性饮食，甚至用酸性药物止呕。这些方法是不可取的。妊娠早期，母体摄入的酸性药物或其他酸性物质，可能会影响胚胎细胞的正常分裂增殖与发育生长。妊娠后期，由于胎儿日趋发育成熟，所受的危害性相应小些。因此，孕妇在妊娠初期，大约2周时间内，不要服用酸性药物、酸性食物和酸性饮料等。

孕妇不可多食高脂肪食品 >>>

医学家指出，脂肪本身虽不会致癌，但长期嗜食高脂肪食物，会使大肠内的胆酸和中性胆固醇浓度增加，这些物质的蓄积能诱发结肠癌。同时，高脂肪食物能增加催乳激素的合成，促使发生乳腺癌，不利母婴健康。大量医学研究资料还证实，乳腺癌、卵巢癌和宫颈癌具有家族遗传倾向，而且与长期高脂肪膳食有关。如果孕妇嗜食高脂肪食物，势必增加女儿罹患生殖系统癌症的风险。

孕妇不可摄取过多蛋白质 >>>

蛋白质供应不足，易使孕妇体力衰弱，胎儿生长缓慢，产后恢复健康迟缓，乳汁分泌稀少。故孕妇每日蛋白质的需要量应在90～100克。

但是，孕期高蛋白饮食可影响孕妇的食欲，增加胃肠道的负担，并影响其他营养物质摄入，使饮食营养失去平衡。过多地摄入蛋白质，人体内可产生大量的硫化氢、组织胺等有害物质，容易引起腹胀、食欲减退、头晕、疲倦等现象。同时，蛋白质摄入过量不仅可造成血中的氮质增高，而且也易导致胆固醇增高，加重肾脏的肾小球过滤的压力。另外，蛋白质过多地积存于人体结缔组织内，可引起组织和器官的变性，较易使人罹患癌症。

孕妇不可摄取过多的糖分 >>>

血糖偏高的孕妇生出体重过大胎儿的可能性、胎儿先天畸形的发生率、出现妊娠毒血症的机会，分别是血糖偏低孕妇的3倍、7倍和2倍。另一方面，孕妇在妊娠期肾排糖功能可有不同程度的降低，如果血糖过高则会加重孕妇的肾脏负担，不利于孕期保健。大量医学研究表明，摄入过多的糖分会削弱人体的免疫力，使孕妇机体抗病力降低，易受病菌、病毒感染，不利于优生。

孕妇补钙要适度 >>>

孕妇盲目地摄入高钙饮食，加服钙片、维生素D等，对胎儿有害无益。孕妇补钙过量，胎儿有可能得高钙血症，出生后，患儿会囟门太早关闭、颚骨变宽而突出、鼻梁前倾、主动脉窄缩等，既不利健康地生长发育，又有损后代的颜面，严重者还会导致幼儿发育不良、智力低下。一般说来，孕妇在妊娠前期每日需钙量约为800毫克，后期可增加到1100毫克，这并不需要特别补充，只要从日常的鱼、肉、蛋等食物中合理摄取就够了。

孕妇饮食不可过咸或过淡 >>>

孕妇饮食不可过咸或过淡。有些孕妇由于饮食习惯嗜好咸食，尤其是北方居民较严重。现代医学研究认为，吃盐量与高血压发病率有一定关系，食盐摄入越多，高血压的发病率也越高。众所周知，妊娠高血压综合征是女性在孕期才会发生的一种特殊疾病，其主要症状为水肿、高血压和蛋白尿，严重者可伴有头痛、眼花、胸闷、晕眩等自觉症状，危及母婴安康。如果孕妇患有某些疾病，如心脏病、肾病等，应从妊娠开始就忌盐或食低钠盐，避免因过度咸食而引发妊娠高血压综合征。

同样，孕妇饮食也不可过淡。孕妇在妊娠的中后期，下肢会出现明显的水肿现象，其原因是胎儿体积的增大和羊水过多，宫体压迫血管，血液回流不畅。此时，孕妇体内新陈代谢旺盛、肾脏的排泄功能较强，对食盐的需要量在不断增多。如果忌食盐或少食盐，都会引起不同程度的食欲不振，倦怠无力，严重者甚至会影响胎儿发育，并且长时间不能消肿。因此，孕妇应适量食盐，为了孕期保健，建议孕妇每日食盐摄入量应为6克左右。

孕妇长期食素特别容易导致胎儿营养不良 >>>

有些孕妇为了追求孕期的体态“健美”，或由于经济条件限制，或是日常饮食习惯而长期素食，都不利于胎儿发育。如果孕期不注意营养，蛋白质供给不足，可使胎儿脑细胞数目减少，影响日后的智力，还可使胎儿发生畸形或营养不良。如果脂肪摄入不足，容易导致低体重胎儿的出生，婴儿抵抗力低下、存活率较低、脑部发育迟缓。对于孕妇来说，也可能发生贫血、水肿和高血压。

所以，全素食者应注意素食搭配合理，多食用些奶类、蛋类、豆类、植物壳、坚果、海藻、蔬菜、水果等含蛋白质、脂肪、矿物质和维生素丰富的食物，并在医生指导下做到体内缺乏的营养恰当地从化学合成剂中补充。但如果因妊娠后胃口不好或某种习惯上形成的吃素者，应尽量利用烹调多样化的方式，丰富自己的饮食，以保证妊娠期间母体与胎儿充足的营养供应。同时也可使产后乳汁分泌充足，身体健康，更能使宝宝发育良好，出生后健康成长。

孕妇不可常服温热性补品 >>>

孕妇由于周身的血流量明显增加，心脏负担加重，子宫颈、阴道壁和输卵管等部位的血管也处于扩张、充血状态，加上孕妇内分泌功能旺盛，分泌的醛固醇增加，容易导致水、钠潴留而产生水肿、高血压等病症。再者，孕妇由于胃酸分泌量减少，胃肠道功能减弱，会出现食欲不振、胃部胀气、便秘等现象。在这种情况下，如果孕妇经常服用温热性的补药、补品，比如人参、鹿茸、鹿胎胶、鹿角胶、桂圆、荔枝、胡桃肉等，势必导致阴虚阳亢、气机失调、气盛阴耗、血热妄行，加剧孕吐、水肿、高血压、便秘等症状，甚至引发流产或死胎等。

孕妇的居住环境不可小视 >>>

居住环境不仅仅关系到个人的健康，而且更重要的是与体内胎儿的健康和生长发育、智力发育有关。因此准妈妈必须注意以下几点：

❶空气：目前空气污染的问题应引起每位孕妇的重视。家庭装修气味严重地影响着孕妇和胎儿的健康。而被动吸入烟雾也会使胎儿畸形。因此，切忌室内空气不流通。

❷空间：不要居住在乱糟糟的房间内，这样会影响孕妇的情绪，从而影响到胎儿。

❸气温：居室最好保持一定的温度，即20～22℃。温度太高会使人头昏脑涨，精神不振，昏昏欲睡，或烦躁不安。温度太低会使人身体发冷，易于感冒。夏天可通风降温，也可使用电扇，但电扇不宜直对孕妇，更不能长时间直吹孕妇。冬天可使用暖气升温，也可使用炉子。但用炉取暖一定要开窗通气，以免一氧化碳中毒。

❹湿度：居室最好保持一定的湿度，即50%的空气湿度。湿度太低会使人口干舌燥，鼻干流血；湿度太高会使被褥发潮，人体关节酸痛。所以要保持适宜的湿度。室内太干时可在暖气上放盆水，在炉上放水壶或洒水；室内太湿时可以放置去除潮湿之物或开门通气。

❺安全：居室中的一切物品设施要便于孕妇日常起居，消除不安全的因素。把孕妇的日常用品、衣服、书籍放在孕妇随手可得之处，不需孕妇爬高爬低。家中的设施安置要便于孕妇从事家务劳动，如厨具、熨衣具、晾衣具等的高度要适当，以孕妇站立操作时不弯腰、不屈膝、不踮脚为宜。消除一切易使孕妇发生危险的因素，家中各样物品的摆放要整齐稳当，以免孕妇碰磕着，光滑地面要有防滑设施，如铺上垫子以免孕妇摔跤。

❻声音：居室中要有良好的音像刺激。噪声不利于孕妇的健康和胎儿的发育，它会使孕妇心烦意乱、听力下降，会使胎儿不安、早产，甚至脑功能发育受挫。但是，无声也不利优生。过于寂静使孕妇感到孤独、寂寞，使胎儿失去听觉刺激，所以，二者均不可取。家中可以经常播放一些有益的胎教音乐，经常对胎儿说话。当然争吵和打骂是绝不应有的。

❼色彩：要注意居室中的色彩搭配。色彩对人的心理产生明显的暗示作用。孕妇在不同妊娠期对不同的色彩有不同的感觉，可以选择孕妇喜爱的颜色来装饰居室，以使孕妇心情舒畅。淡绿色和淡紫色两种柔和的色调最受怀孕的少妇青睐。这是因为这两种颜色是一切色系中最“温柔”的，它们的光波最弱、最平缓，几乎对人的视觉感官没有多大刺激，所以特别符合处于较强生理变化之中的孕妇的特殊色彩心理需求。

❽装饰：居室中可以用艺术作品来加以装点。居室小，东西多，会使人感到拥挤和紧张，不妨用优美宜人的风景图片、油画来开阔人的视野，帮助孕妇忘记紧张和疲劳，解除忧虑和烦恼。另外，活泼可爱的娃娃有助于联结起孕妇与胎儿之

间的感情纽带。还可以在阳台上种植花草、饲养小鱼，用小生命给居室生活带来生机。

孕妇应尽量避免使用微波炉 >>>

微波具有很强的热效应，它产生强电磁波。一项研究结果表明，离微波炉15厘米处磁场强度最低为100兆特，最高达到300兆特。现在我们知道所有家用电器中微波炉的磁场最强。微波炉产生的电磁波会诱发白内障，导致大脑异常。据研究，微波还会降低生殖能力。

孕妇常照日光灯不利于胎儿的健康生长 >>>

电灯光可对人体产生一种光压，长时间照射可引起神经功能失调，使人烦躁不安。日光灯缺少红光波，且以50次/秒的频率闪烁，当室内门窗紧闭时，可与污浊的空气产生含有臭氧的光烟雾，对居室内的空气形成污染。另外，室内外空气的污染对早孕的胚胎致畸有显著的相关性。因此，孕妇在睡觉前关灯的同时，还应开窗10～15分钟。白天在灯光下工作的孕妇，要注意去室外晒太阳。

孕妇最好不要使用空调 >>>

长期在空调环境里工作的人50%以上有头痛和血液循环方面的问题，而且特别容易感冒。这是因为空调使得室内空气流通不畅，负氧离子减少的缘故。担负着两个人的健康责任的准妈妈们，要特别小心。预防的办法很简单：最好不要使用空调。如果无法避免，则要定时开窗通风，排放毒气。还有，怀孕期间尽量每隔两三小时到室外待一会儿，呼吸一些新鲜空气。

孕妇应避免接触复印机 >>>

由于复印机的静电作用，空气中会产生出臭氧，它使人头痛和晕眩，启动时还会释放一些有毒的气体，有些过敏体质的人会因此发生咳嗽、哮喘。如果办公室里有复印机，可以把它放在一个空气流通比较好的地方，并要避免日光直接照射。孕妇要减少与复印机打交道，并要适当增加含维生素E的食物。

孕妇使用电话应注意的问题 >>>

电话是一种最容易传播疾病的电器。电话听筒上2/3的细菌可以传给下一个拿电话的人，是传播感冒和腹泻的主要途径。如果家里或办公室里有人患感冒，或是如厕后未把双手洗干净，疾病就会蔓延开来，很可能殃及你和你腹中的宝宝。所以你最好拥有一部独立的电话机。如果不得不和其他人共用，你至少应该减少打电话的次数，或者干脆勤快一点儿，经常用酒精擦拭一下听筒和键盘。

孕妇使用电脑的注意事项 >>>

电脑开启时，显示器散发出的电磁辐射对细胞分裂有破坏作用，在怀孕早期会损伤胚胎的微细结构。根据最新的研究报告，怀孕早期的妇女，每周上机20小时以上，流产率增加80%，生出畸形胎儿的机会也大大增加。

怀孕前3个月，最好不要使用电脑。必须使用时，要与电脑保持一臂距离。3个月以后，可以正常使用电脑，但时间不宜过长。

有条件时，可以在电脑的屏幕上附加安全防护网或防护屏，以进一步吸收可能泄漏的X线。这可以增加画面的清晰度，保持眼睛的舒适，并且能消除100%的静电和绝大部分的辐射。

房内要有良好的通风，以保持空气的新鲜，这一点对于和复印机共用的机房更为重要，因为在这种工作条件下会产生一些臭氧等有害气体和粉尘，操作人员长年累月在此环境中工作，也可能会影响健康。

对于像电脑操作这样常年枯坐的工作人员，加强户外活动，注意锻炼身体，提高身体素质，是保持自身健康的根本。

已经怀孕的电脑操作者，要消除不必要的忧虑和担心，保持乐观的情绪，按时产检，有问题可及时对症治疗。

孕妇使用手机的注意事项 >>>

妊娠早期是胚胎组织分化、发育的重要时期，也是最容易受内外环境影响的时期。因此为了避免胎儿的畸形，母亲在妊娠早期应远离或少使用手机。因为手机在接通时，产生的辐射比通话时产生的辐射高20倍。不同型号的手机在使用时会有不同的辐射量，但在开始接通时辐射强度都远远超过通话时的辐射强度。如果将消磁器加在天线上，可稍减手机在响铃、接听和通话时的辐射量。当手机在接通阶段，用者应避免将其贴近耳朵，这样将减少80%～90%的辐射量。怀孕初期的女性，更不应将手机挂在胸前。

孕妇千万不要穿露脐装 >>>

虽然已经怀孕1个多月，可是有的爱美的准妈妈仍舍不得脱下露脐装，结果会产生腹痛且极易把腹中胎儿冻坏。肚脐位于“神阙穴”，是人体对外界抵抗力最薄弱的部位。孕妇在怀孕早期穿露脐装，长期处于冷刺激的环境中会使宫腔内的血流减少，引起胎儿血液循环下降，容易导致流产。

孕妇最好不要使用电热毯 >>>

电热毯在接通电源以后使电能转变成热能的同时，也产生电磁场。孕妇如果长期受到这种磁场的影响，对胎儿的大脑发育会造成不利的后果，会使未来的宝宝发生智力低下的问题。而且会影响胎儿的细胞分裂，导致婴儿出生后，其骨骼会发生缺陷，导致畸形。另外，长期贪图电热毯的温暖，也不利于锻炼自身的抗寒能力。因此孕妇忌使用电热毯。

孕妇不应该穿完全平跟的鞋 >>>

许多孕妇认为平底鞋是最佳选择，但是穿平底鞋走路时，一般是脚跟先着地而脚心后着地，穿平底鞋不能维持足弓吸收震荡，又容易引起肌肉和韧带的疲劳及损伤，相对而言选择后跟2厘米高的鞋比较合适。此外，为了胎儿及自身的健康，孕妇穿鞋还须注意以下3点：

❶中、晚期的孕妇不宜穿高跟鞋：这一时期孕妇的身体已经很胖，尤其是臀部开始突起，胸部和腰部的位置都向前挺，身体也自然往后仰，这时如果穿着高跟鞋走路，孕妇身体的重心就会向前倾斜而失去平衡，引起摔跤、闪腰等麻烦。还可能造成腹腔前后径缩短，使骨盆的倾斜度加大，人为地诱发头位难产。同时腹部受到的压力会上升，使血管受到更大的压力，从而使整个血液循环受到限制，这样容易发生妊娠水肿。

❷不宜穿塑料或橡胶拖鞋：人们喜欢日常起居时穿拖鞋，因为它具有方便、柔软、有弹性等优点。孕妇的汗腺分泌旺盛，脚部的汗液多，容易形成汗脚，穿橡胶或塑料拖鞋时有可能引发皮炎，过敏性体质的孕妇尤为明显，因此以薄布拖鞋为宜。

❸鞋号不宜和平时一样：到了妊娠后

期，脚部有不同程度的水肿，要穿稍大一些的鞋子。

孕妇尽量不要接触花粉 >>>

如果孕妇在孕期最后3个月里接触花粉，婴儿患哮喘的可能性就会增加。瑞典的一项研究表明，花粉等环境因素甚至可能对出生前的胎儿也有同样的影响。由于每年不同月份的花粉水平各不相同，所以研究人员没有具体研究出生月份对患儿患哮喘的概率有何影响，但这可能是影响因素之一。孕妇与花粉接触的程度似乎比婴儿出生的月份更加重要。

孕期不能接触农药 >>>

农药是一种毒性很强的化学药品，对胎儿有很强的致畸作用。妊娠期若不断接触农药等刺激性化学药品，可影响胎儿的中枢神经系统发育及性腺的分化，造成胎儿生长发育迟缓及出生后可能发生器官功能障碍，生活能力低下，不易喂养且易患病。

孕妇不可打麻将 >>>

我们知道，情绪对胎儿有很大的影响。打麻将时孕妇时刻处于大喜大悲、患得患失、惊恐忧思的不良心境中，精神过于紧张，激素异常分泌，这时对胎儿大脑发育造成的损害，远远超过对母体自身的损害。

连续打麻将还使有规律的生活节奏被打破，使起居无序，错过用餐或饮食不定时，忘记时间，昼夜颠倒，冷热失调，人体生物钟被破坏。由于得不到充足的休息和营养，造成自主神经失调，出现失眠、高血压、食欲不振、恶心呕吐等症状。

孕妇不要饲养宠物 >>>

宠物的嘴、爪子、皮毛会经常沾满各种细菌、病毒、弓形体等致病微生物。猫狗身上潜藏的病毒、弓形体、细菌等感染孕妇后，可经血液循环到达胎盘，破坏胎盘的绒毛膜结构，造成母体与胎儿之间的物质交换障碍，使氧气及营养物质供应缺乏，胎儿的代谢产物不能及时经胎盘排泄，致胚胎死亡而发生流产。慢性低氧可致胎儿宫内发育迟缓或死胎。除此以外，更为严重的是弓形体可引起先天性心脏病、小头、脑积水、脊柱裂等多种胎儿畸形。因此孕妇应禁止养猫及其他小动物，并避免与其接触，也不要到养动物的人家或动物园去玩。

孕妇夏季保健 >>>

盛夏气温高，体力消耗大，孕妇容易疲劳乏力。因此生活起居要有规律，保证睡眠充足。午饭后适当午睡，使机体处于最佳状态。孕妇切忌贪凉，晚上不可睡于露天、走廊、窗前、靠近空调等处，更不可迎风而卧，或久吹电风扇，以免外邪侵袭，诱发疾病。劳逸要适度，如过度劳累容易导致中暑昏厥、胎儿不安。

孕妇做家务的注意事项 >>>

孕妇要避免繁重的体力劳动，这些我们大家都知道。但也用不着一点儿小事就担惊受怕，做一些适度的家务劳动不仅可以活动身体，保持体力，还能增加应对生产时强体力消耗的能力。

❶扫除：①不要登高打扫卫生，也不要在扫除时搬抬沉重的东西。这些动作既危险，又压迫肚子，必须注意。②弯着腰用抹布擦东西的活也要少干或不干，怀孕后期最好不干。③冬天在寒冷的地方打扫卫生时，千万不能长时间和冷水打交道。

因为身体着凉是会导致流产的。④不要长时间蹲着擦地，因为长时间蹲着，骨盆充血，也容易流产。

❷洗衣服：①晾衣服时要动脑筋想想办法，不要登高爬下。②洗的衣服太多时，应该干一会儿歇一会儿。

❸做饭：①为避免腿部疲劳、水肿，能坐在椅子上操作的就坐着做。怀孕晚期应注意不要让锅台压迫已经突出的大肚子。②有早孕反应时，烹调的味道会引起过敏，所以要想办法做那种不用加热就可以吃的饭菜。

孕妇不要用塑料梳梳头 >>>

大脑是指挥和调节人体各种活动的神经系统中枢。人要保持头脑清醒，思维敏捷，梳头是促进脑部血液循环最理想的办法。梳头不仅可以增强头发根部的血液循环，以供应头发的营养，还可以增强和改善脑部的血液循环，以滋养气血，促进新陈代谢。

头部素有“诸阳之汇”的美誉。因为人体最重要的十二经脉与几十个穴位汇聚于头部。中医认为：以梳子代替银针，对这些穴位和经脉进行按摩和刺激，有利于脑部的血液循环及有益于调节大脑的功能，以消除各种疲劳。所以梳头有清心、明目、醒脑、提神之功效。

孕妇宜用木梳梳头，而不要使用塑料梳。因为塑料梳与头发摩擦可以产生静电而扯断头发。木梳梳头时从头顶的穴位处开始，用力不可过猛。

孕妇床上用品选择禁忌 >>>

停经后嗜睡，是早孕反应的表现之一，也是妊娠早期的生理需要。睡眠可使处于负代谢状态而消瘦的母体得到保护，从而少得病，对感冒防治效果更佳。为了给孕妇创造一个良好的休息环境，选择床上用品应该考虑以下几点：

❶铺：孕妇不宜睡席梦思床垫，因为妊娠中晚期孕妇脊柱较正常腰部前屈更大，睡松软的席梦思床仰卧时，比睡一般的床更易使腹主动脉和下腔静脉受压而影响孕妇和胎儿健康。适宜睡木板床，铺上较硬的床垫。

❷枕：以9厘米（平肩）高为宜。枕头过高会迫使颈部前屈而压迫颈动脉。颈动脉是大脑供血的通路，受阻时会使大脑血流量降低而引起脑低氧。

❸被：理想的被褥是全棉布包裹棉絮。不宜使用化纤混纺织物做被套及床单。因为化纤布容易刺激皮肤，引起瘙痒。

❹帐：蚊帐的作用不止避蚊防风，还可吸附空间飘落的尘埃，以过滤空气。使用蚊帐有利于安然入眠，并使睡眠加深。

孕妇的睡姿不当会影响胎儿的正常发育 >>>

女性怀孕以后，子宫由孕前的40克左右增大到妊娠后期的1200克左右，再加上羊水、胎儿的重量，可达到6000克，子宫的血流量也相应增加，如果经常仰卧睡，子宫后方的腹主动脉将受到压迫，使子宫的血流量减少，这将严重影响胎儿的营养供给和正常发育。同时还可能影响肾脏的血液供应，血流减缓会使尿量也随之减少，孕妇身体内的钠盐和新陈代谢产生的有毒物质不能及时排出，可引起妊娠中毒症，出现血压升高，下肢和外阴水肿现象，严重时会发生抽筋、昏迷，甚至可能危及生命。孕妇仰卧睡觉，还可能压迫子宫后方的下腔静脉，使回流心脏的血液减少，造成大脑的血液和氧气供应不足，孕妇会出现头昏、胸闷、面色苍白、恶心、呕吐等情况。而且孕妇如果常仰卧睡，子宫也可压迫输尿管，使排尿不畅，容易发生肾盂肾炎等疾病。

孕妇右侧卧，对胎儿发育也不利。因为怀孕后的子宫往往不同程度地向右旋转，如果经常取右侧卧位，可使子宫进一步向右旋转，从而使子宫的血管受到牵拉，影响胎儿的血液供应，造成胎儿低氧，不利于生长发育，严重时可引起胎儿窒息，甚至死亡。因此，妊娠6个月以后就应采取左侧卧位睡觉。

如果对较长时间的左侧卧位感到不舒服，可暂改为右侧卧位。若仰卧位时发生了晕厥，家属应立即轻轻地将孕妇的身子推向左侧卧，这样她会很快苏醒过来。起床时，先侧身，再用手帮助支起上身。

孕妇不要长时间站立或行走 >>>

孕妇做家务劳动或上班工作，应该尽可能地坐着进行。因为女性正常姿势主要靠韧带支持，随着妊娠月份的增加，腹部重量也日渐增加，此时仅靠韧带支持是远远不够的，还需要靠肌肉的帮助，而坐下则可以缓解韧带与肌肉所承受的压力，从而避免或减少孕妇的腰背疼痛。

孕妇坐时应选择有靠背的椅子，坐下来后，身体应挺直地靠在椅背上。这种姿势既能避免身体弯曲而增加腹部的压力，又能把身体的重力转移于椅背，从而使孕妇得到充分的休息。

在端坐时，孕妇的两腿应适当地分开，切勿双腿交叠，以免使腹部受压，妨碍气血运行，影响胎儿的发育。

孕妇日常活动应注意的问题 >>>

❶注意不要提拎重物和长时间蹲着、站着、弯着腰做家务，这些过重的活动会压迫腹部或引起过度劳累，导致胎儿不适，造成流产或早产。

❷常骑自行车上下班的孕妇，到妊娠6个月以后，注意不要再骑自行车，以免上下车时出现意外。

❸孕妇参加体育运动时，尽量选择散步等轻微的运动，不要跑步、举重、打篮球、踢足球、打羽毛球、打乒乓球等，这些运动不但体力消耗大，而且伸背、弯腰、跳高等动作幅度太大，容易引起流产。

❹妊娠8个月以后，孕妇肚子明显增大，身体笨重，行动不便，有的孕妇还出现下肢水肿及血压升高等情况，这时应尽量减少体力劳动，不要干重活，可以做一些力所能及的家务劳动。

晚期不要俯身弯腰。6个月后婴儿的体重会给妈妈的脊椎很大压力，并引起孕妇背部疼痛。因此要尽可能地避免俯身弯腰的动作，以免给脊椎造成过大的重负。如果孕妇需要从地面拾起什么东西，要先屈膝，身子往前倾，并把全身的重量分配到膝盖上。孕妇清洗浴室或是铺沙发也要照此动作。

孕妇做乳房按摩可能导致早产 >>>

有研究显示，孕妇产前做乳房按摩有可能成为早产原因之一。因此，孕妇不要做乳房按摩。此外，孕妇在乳房保健方面还须注意以下两点：

❶不要用力擦洗乳头：否则易使乳头皮肤干燥，容易损裂。

❷不需使用润肤乳：在28～36周初乳出现后，准妈妈在沐浴之后，可挤出少量乳汁，涂在乳头周围皮肤上。干后就形成薄膜，它的滋润效果比任何护肤品都好。

孕妇洗澡注意事项 >>>

❶孕妇不要用皂碱洗澡。怀孕期间

的肤质由于受到激素的影响，比较红润，容易保湿。全身血液循环量增加，皮肤呈潮红色。皮肤上的红斑会扩大，青春痘会更严重，会发现脸部的色素沉淀增加。皂碱会将皮肤上的天然油脂洗净，尽可能少用。最好用婴儿皂、甘油皂及沐浴乳。

❷不宜去公共浴池洗澡。公共浴池人多、空气污浊、含氧量不高，孕妇在这里洗澡很容易昏倒，胎儿也可因低氧而发生意外。所以孕妇洗澡最好在家里，没有条件的也应独立洗澡。

❸水温不可过高。孕妇体温较正常高1.5℃时，胎儿脑细胞可能停止发育；如上升3℃，则有杀死脑细胞的可能，而且因此所形成的脑细胞损害，多为不可逆的永久性损害，以致胎儿出现智力障碍，重的可以出现小眼球、唇裂、外耳畸形等，还可引起癫痫发作。更值得注意的是，水温越高，持续时间越长，则损害越重，所以孕妇洗澡水的温度应调节到39℃以下，应尽可能避免去澡堂洗温水池或盆浴，以免水浸及腹部。

❹不要坐浴、盆浴，而应淋浴或擦洗。以免皮肤和阴道细菌感染。

❺不应浸泡太久，这样容易造成皮肤脱水。

❻沐浴后，应涂抹润肤油以避免硬水的脱脂效果。

芳香精油不仅能使人放松肌肉，还能在皮肤表面形成一层保护膜，防止脱脂及脱脂后造成的伤害。

孕妇出游的注意事项 >>>

接触大自然对准妈妈和小宝宝都大有裨益，但毕竟是快当妈妈的特殊保护对象，因此准妈妈必须注意以下几个方面，以免出游中出现意外。

❶忌忽视自身条件：一般正值怀孕中期（怀孕4～6个月）的准妈妈才能随家人出远门旅游，比较不会有流产或早产的危险；怀孕初期及后期的准妈妈则只能做轻松的一日游。

❷忌没有计划：在旅行前要做好旅行计划，不要让自己和胎儿太劳累。所以，行程紧凑的旅行团不适合准妈妈参加；定点旅行、半自助式的旅行方式则比较适合准妈妈。此外，在出发前必须查明旅游地区的天气、交通、医疗与社会安全等状况，若认为没有把握，不去为宜。要避免去人多杂乱、道路不平的地方。

❸忌独自一人出行：最好不要一个人独自出行，与一群陌生人出游也不恰当。最好有丈夫、家人或朋友陪同。这样做的目的是以防不测。虽然孕中期这种状况会较平稳，但不能排除意外事件的发生。

❹忌打乱孕期检查：如果出门时正赶上做孕期检查，孕妇应及时在当地医院检查，而不应等回来以后再补，这样做便于掌握健康状况。回到住地以后，也要到指定医院再查一次。

❺忌忽视衣食住行。

衣：衣着以穿脱方便的保暖衣物为主，如帽子、外套、围巾等可以预防感冒；若旅游地区天气已较热，帽子、防晒油、润肤乳液则不可少；平底鞋比高跟鞋方便走路；必要时托腹带与弹性袜可减轻不适；多带一些纸内裤备用。

食：避免吃生冷、不干净或吃不惯的食物，以免造成消化不良、腹泻等身体不适。奶类、海鲜等食物因易腐坏，若不能确定是否新鲜，应不食为宜。多吃水果，可防脱水与便秘；多喝开水，准妈妈也可以在旅行中自备矿泉水或果汁，但千万不要饮用标明“用碘帮助纯化”的水，这种水喝了易造成碘潴留，婴儿出生很可能有先天性甲状腺肿瘤。

住：避免前往岛屿或交通不便的地区；蚊蝇多、卫生差的地区更不可前往；传染病流行的地区更应避免。

行：孕妇不宜乘坐颠簸较大、时间较长的长途公共汽车，如果可能，尽量坐火车或飞机。坐车、搭飞机一定要系好安全带。应携带几个塑料袋防吐。要先了解一下离你最近的洗手间在哪里，因为准妈妈容易尿频，而且憋尿对准妈妈是没有好处的，最好能每小时起身活动10分钟。如果是自驾车出行，最好一两个小时停车一次，下车步行几分钟，活动活动四肢，这样有助于孕妇的血液循环。不要搭坐摩托车或快艇，登山、走路也要注意，不要太费体力，一切量力而行。

❻忌活动量过大：运动量太大容易造成准妈妈体力不堪负荷，因而容易导致流产、早产及破水。太刺激或危险性大的活动也不可参与，例如：云霄飞车以及海盗船等较刺激的游乐活动、自由落体、高空弹跳等。游泳是不被禁止的，而潜水不超过18米深度也是允许的（潜水若超过18米，胎儿会有“减压病”，十分危险）。那些速度快的冲浪、滑水能免则免，以免撞伤、流产。

❼忌忘记带药：每个旅行者都要准备些药品，孕妇除了遵守以上的规则以外，还要考虑药物在怀孕期间的安全性，所以出发前，请教你的产检医师是非常重要的环节。另外，准备一些对怀孕安全的抗腹泻药、抗疟疾药及综合维生素药剂，也是非常必要的。

孕妇驾车时不要离方向盘太近 >>>

孕妇离方向盘太近，气囊迅速打开时的强大力量对孕妇来说存在着一定的危险性。为了减小这种风险，开车时孕妇身体离方向盘要远一些。此外，孕妇驾车时还须注意以下3点：

❶忌前倾身体驾车：许多孕妇驾车时习惯前倾的姿势，这很容易产生腹部压力，使子宫受到压迫，最易导致流产或早产。最好靠在椅背上。

❷忌把安全带系在腹部：为了加强保护，还需系上肩部的安全带。应该紧贴腹部上方从乳房中间绕过，千万不要将安全带从腹部中间绕过。一旦急刹车，它有可能导致胎盘从子宫中脱落。

❸忌长时间驾车：如果你爱晕车或有晨吐的现象，最好避免长时间驾车。为了防止晕车，可以将车窗打开，呼吸些新鲜空气。

孕妇尽量不要乘坐新车 >>>

对于大多数孕妇特别是怀孕中、后期的准妈妈而言，因为行动不便、家人担心等原因，她们往往选择乘坐家人驾驶的车辆外出，但是仍需要注意新车气味污染、尾气污染等问题。刚刚购买的新车，往往有很多异味，尤其是经济型轿车，出于成本的原因，车内大量使用了塑料和人造皮革装饰件等材料，产生的气味常人都难以忍受，何况是怀着宝宝的孕妇。因此车辆刚买回时，孕妇尽可能不要乘坐。此外，孕妇乘车还须注意以下几点：

❶忌尾气污染：汽车的尾气污染更是准妈妈们呼吸的“杀手”，旧车尤为严重。因为汽油燃烧时产生铅，孕妇吸入对胎儿发育影响很大，容易导致畸形。所以如果觉得车内有明显的“呛鼻”尾气，则不要再乘坐这辆车。另外，即便是排放指标较好的车辆，为了避免尾气的积聚，如果长时间坐在车内，一定要熄灭发动机。

❷忌车窗大开：应每隔一段时间将车窗打开一些，与车外空气保持对流。不过，如果在排队等候或遇到冒“黑烟”的

车辆时，则需要暂时关闭车窗，以免有害气体进入。

❸忌车内吸烟：对于吸烟的准爸爸而言，在等待宝宝降临的期间，也只有委屈一下了，最好是干脆把烟戒掉。如果是停车后到外面过过瘾，还是会把烟草味带进车内的。

❹忌温度不适：虽然在自家车内可以躲避外面的风雨，但是体弱的准妈妈们还是要注意温度的变化。无论是开冷气还是开暖气，都要注意保持适当的温度设定，以免上下车后因为内外温差而产生不适。

❺忌坐姿不当：为了坐得舒服，座椅椅面可调成前高后低的状态，靠背也要向后略微倾斜，同时准备一些舒适的靠垫放在后背。孕妇上车时可换一双软拖鞋放松一下，也可以铺一块柔软的脚垫脱掉鞋子。再播放一些柔和的音乐，在缓解疲劳的同时，还能充当“胎教”的素材。

❻忌时间过长：孕妇乘车的时间不宜过长，避免胎儿处于长期震动状态，也避免准妈妈下肢发生水肿，这些都会影响到将来的分娩。因此，每过一段时间要适当下车活动一下，以保持较好的血液循环。而妊娠晚期的孕妇更应避免长时间乘车，以免发生流产、早产等意外。

孕妇活动的禁区 >>>

❶公共游泳场所一定不要去，以免引起阴部感染。

❷公共卫生差的商店、街道、影剧院等不要去，以免传染疾病，影响体质。

❸人声嘈杂（如歌舞厅、迪厅等）或者机声隆隆（如工厂车间、建筑工地等）的地方不要去，防止噪声对神经系统造成刺激和损伤。

❹不要到卫生条件差的饭馆、食堂用餐，以防感染疾病。

❺避免到阴冷、潮湿（如防空洞、地下室）或高温的地方去，防止过分受寒、受潮、受热。

❻有化学气味、烟味等刺激性气味的地方不要去，以免影响胎儿健康发育。

❼保持良好的心理状态，力求生活在一个宁静、卫生、愉悦身心的环境里，同时能保证充足的营养，这样将有利于孕妇生出一个健康聪明的宝宝。

胎教中父亲的作用不可小视 >>>

胎教一般针对母亲而言，而忽视了父亲的作用。从某种意义上说，拥有一个聪明健康的小宝宝在很大程度上取决于父亲。

孕妇的情绪对胎儿发育影响很大。妻子怀孕后，在精神、心理、生理、体力和体态上都将发生很大变化。如果孕妇在妊娠期情绪低落、高度不安，孩子出生后即使没有畸形，也会发生喂养困难、智力低下、个性怪癖、容易激动和活动过度等。所以在胎教过程中，丈夫应倍加关爱妻子，让妻子多体会家庭的温暖，避免妻子产生愤怒、惊吓、恐惧、忧伤、焦虑等不良情绪，保持心情愉快，精力充沛。此外，丈夫应积极支持妻子为胎教而做的种种努力，主动参与胎教过程，陪同妻子一起和胎儿“玩耍”，对胎儿讲故事，描述每天工作和收获，让胎儿熟悉父亲低沉而有力的声音，从而产生信赖感。

不可忽视胎教问题 >>>

为什么过去不讲胎教也能出现不少人才？实际上，只要我们进行追踪调查，就能发现成才儿童都在不同程度上得到过胎教，他们的父母也都在无意中进行过胎教。例如他们虽然生活上比较清苦，但身体健康，爱情热烈，母亲受孕时具有天时、地利、人和三大因素；受孕后父母热爱腹中孩子，对孩子充满希望；丈夫勤快，体贴妻子，家庭气氛温馨；母亲温顺，喜欢在宁静的环境中工作和休息；饮食不高档，但注意卫生，可口；整个怀孕期内母亲心情愉快，时时想着孩子等。这都可以说在进行胎教，也就是无意胎教。

无意胎教虽有一定作用，但其科学性和实际效果都有一定限制，因此需要推广有意胎教。有意胎教就是自觉地、有意识地实施胎教，追求胎教的质量。现在我国不少地方出现一些超常儿童，他们和有意胎教都有一定关系。

胎教的注意事项 >>>

❶动作训练忌幅度过大：动作训练可以刺激胎儿的运动积极性和动作灵敏性，可以轻轻拍打或抚摩胎儿，动作轻柔。抚摸应顺着一个方向进行，每次5分钟，一天数次；拍打可在胎儿5个月踢肚时进行，用拍打来回应胎儿，也可改变拍打位置，锻炼胎儿活动能力。不过，次数不要多，当胎儿安静时，不要盲目拍打，以免惊醒胎儿，使其神经紧张。

❷听觉训练忌声响过大：听觉训练，包括音乐及语言的胎教，多在妊娠后期进行。胎教音乐的节奏要求平缓、流畅、悠扬，不要有低音炮、鼓及歌词。可以通过收录机直接播放，孕妇稍坐远一些，分贝不要太大，感觉舒适即可。千万不可将收录机直接放在孕妇的腹壁上，以免影响胎儿听觉器官，导致先天性耳聋。胎儿对低音比较敏感，因此孕妇或准爸爸和胎儿讲话、低唱时要把声音降低，日久天长，胎儿会对父母的声音产生记忆。

❸视觉训练忌光线太亮：孕后8个月末，胎儿可对光照刺激产生应答反应，光照5分钟，通过刺激胎儿的视觉信息传递，使胎儿大脑中动脉扩张，对脑细胞的发育有益。可以用手电作为光源进行胎教，避免用白炽灯的热光源照射。在每天晚上进行听音乐、抚摩及对话等胎教后，当胎儿觉醒时，再用手电的微光一闪一灭地照射胎儿的头部。每次持续5分钟左右。

孕妇情绪不良会影响胎儿发育 >>>

孕妇良好而稳定的情绪是保证优生优育的最重要的因素之一。

怀孕期间，女性体内内分泌失调，再加上对生育的紧张、对孩子的期待和担忧，情绪很容易发生波动，而变得脾气暴躁、爱生气、易哭闹等，这是妊娠的常见现象。但是如果孕妇情绪过于紧张、恐惧、愤怒、烦躁、悲伤、忧郁、压力过大，就可使母体的激素与其他有害化学物质浓度剧增，并通过胎盘影响胎儿发育。特别是怀孕早期经常发怒、紧张情绪持续过长或反复出现，能导致胎儿唇腭裂及其他器官发育畸形，严重者会引起流产、难产或死胎。

总之，为了自己和宝宝，准妈妈们在整个妊娠期应保证充足睡眠、营养丰富、心情舒畅，可看一些育儿保健的书籍，强化生儿育女的信心。或者通过音乐、艺术的欣赏和户外积极的活动来保持愉悦的心情。丈夫和家人更应关注孕妇心理变化，多给她一些关怀，减少孕妇不良情绪。

孕妇长时间晒太阳容易产生“蝴蝶斑”>>>

孕妇对钙质的需求量比一般人要多，以保障胎儿骨髓的正常成分。钙在体内吸收与利用离不开维生素D，而维生素D需要在阳光的紫外线参与下由体内进行合成。孕妇常晒太阳有益于钙的吸收和利用。天气晴好时应到室外晒太阳，大风天气时可在室内有阳光的地方接受日光照射，每天至少晒太阳半小时。

但是女性怀孕时特别容易晒黑，甚至会因为黑色素沉淀而产生“蝴蝶斑”或“孕斑”。美容专家们认为，孕妇应该尽量避免长时间日晒，在室外活动时最好能以物理方式防晒。比如使用有防紫外线作用的遮阳伞、戴遮阳帽、着长袖上装等。孕妇不宜使用防晒化妆品，尤其是含有化学防晒剂配方的产品，以免化学成分对皮肤产生刺激。

孕妇切勿尝试电疗美容法 >>>

电疗虽能有效地清除体毛，却不是孕妇应采用的方法。女性怀孕期间，毛发会受激素影响而暂时加快生长速度和增加数量，所以用电疗的方法清除体毛，效果并不理想，反而令孕妇更加烦躁，对胎儿有不利影响。而且即使电流很小也会流遍全身，可能对胎儿造成影响。因此，孕妇切勿尝试电疗美容法。此外，孕妇美容还须注意以下几点：

❶香薰治疗虽然是近年比较流行的美容疗法，但怀孕1～3个月的孕妇却不适合，就算怀孕3个月后要使用香熏油也应小心选择。柠檬、天竺、薄荷、柑橘、檀香木等香熏油可于怀孕12周使用，而玫瑰、茉莉、薰衣草则适合怀孕16周以上者使用。

❷面部护理可令人容光焕发，但孕妇在享受这种美容服务时却要避免采用电流护理的方式，因为电流会流遍全身，可能对胎儿造成伤害。

❸按摩能令孕妇松弛，舒缓怀孕的不适。不过，足部反射疗法和压点按摩则不宜。

❹桑拿是孕妇完全禁止的美容项目，因为超过53℃的高温会增加孕妇（怀孕达3个月）流产的机会。

❺专业的美容漂白可能会使用到影响胎儿发育的内分泌制剂，如可的松、雌激素等，一定要杜绝使用。

孕妇经常化浓妆易导致胎儿中毒 >>>

爱美是人的天性，孕妇偶尔化淡妆倒也无妨，若是常常化浓妆，这是很不适宜的。各种化妆品如口红、指甲油、染发剂、冷烫剂及各种定型剂等对母体和胎儿均有危害，因这些化妆品含有对人体有害的化学物质。通过母体吸收并通过胎盘进入胎儿体内，会致胎儿中毒。

孕妇不能擅自减肥 >>>

女性怀孕以后，随着妊娠日期的增加而体重也增加是很正常的，一般不属于肥胖，也用不着减肥。孕妇增加重量的个体差异较大。除胎儿、胎盘、羊水、子宫、乳房及母亲血容量等增加外，母亲的脂肪贮存亦有所增加。这是为储备能源做准备，这种脂肪是万万不可减掉的。

胎儿在母亲体内是非常需要营养的，而任何减肥方法都可能使营养丧失，特别是药物减肥。药物减肥，一方面是对大脑的饮食中枢造成一定抑制作用，另一方面是通过一些缓泻剂使多余的水分和脂肪排出体外，从而达到减肥的效果。这些都可能造成营养不足。如果饮食中枢过于抑制，则容易导致厌食的发生，严重影响孕妇对营养的吸收，从而导致胎儿的营养危机。再者，一般减肥药物都不是针对孕妇配制的，也没有考虑对胎儿是否有影响。一旦对胎儿有不良影响，其后果难以预测，很有可能导致早产儿、畸形儿或有先天性疾病的胎儿出生。

孕妇染发烫发会危害胎儿健康 >>>

孕妇的皮肤敏感度较高，应禁忌染发

烫发，以免使自己和胎儿受害。

一些染发剂接触皮肤后，可刺激皮肤，引起头痛和脸部肿胀，眼睛也会受到伤害，难以睁开，严重时还会引起流产。而且，染发剂对胎儿有致畸作用，甚至会使孕妇致癌，如皮肤癌和乳腺癌。

有的孕妇烫发用冷烫精，也对头发有害。孕中期以后，孕妇的头发往往比较脆弱，并且极易脱落，如用冷烫精来做头发，会加剧头发的脱落。

对于剪发或梳整发型，只要身体状态良好，什么时候都可以做。如在预产期前10～14天剪发，即使没有空去美容院，也能心情愉快地进行。

孕妇化妆的注意事项 >>>

不可否认，怀孕的女士们确实有许多不便之处，身形的臃肿让她们无法像往日那样灵动。如果是个讲究的女子，即使怀孕时，她也会做一个最美的准妈妈，仍旧天天打扮得体地出门。那么，孕妇妆容到底要注意点什么呢?

❶每次妆容的清洗一定要彻底，防止色素沉着。

❷妆容不宜过重，特别是口红和粉底。

❸使用的化妆品避免含激素和铜、汞、铅等重金属，应选择品质好、有保证、成分单纯，以天然原料为主导的、性质温和的产品。

❹所用产品要清洁，过期产品和别人的化妆品坚决不用。

❺妊娠期不文眼线、眉毛，不绣红唇，不拔眉毛，改用修眉刀。

❻妊娠期间不要因为孕斑的产生而使用美白产品。

❼尽量不要涂抹口红，如有使用，喝水时、进餐前应先抹去，防止有害物质通过口腔进入母体。

孕妇要小心预防病毒感染 >>>

冬季气温低，温差大，呼吸道抵抗力降低，容易患病毒性传染病，怀孕早期如感染风疹、巨细胞病毒、水痘、流行性腮腺炎和流感病毒，会对胎儿发育产生影响，甚至会导致胎儿畸形。应在医生指导下合理用药，不可擅自用药，避免对胎儿造成危害。

孕妇不可忽视上述病毒感染，应积极预防，尽量不去商店、影剧院等公共场所，避免传染上流感等疾病。一经发现患风疹、病毒性肝炎等，应立即就医，认真治疗，不可大意。

孕妇切不可忽视尿路感染 >>>

尿路感染是由于妊娠期内分泌的改变和增大的子宫引起输尿管功能性和机械性阻塞所造成的。如果不及时治疗，还可能导致流产、早产、胎儿发育不良，甚至畸形等严重后果。本病可发生于整个妊娠期的任何月份，并且很容易被忽视，因为大多数的孕妇患者无症状或症状轻微。所以应特别引起重视，孕妇忌尿路感染。

孕妇感冒后的护理措施 >>>

感冒是一种小病，平时患感冒的人也较多，但对孕妇来说，其危害甚大。孕妇的免疫能力较差，容易受到病原体的侵害，因此，相对来说较未怀孕时更容易患感冒。

感冒病毒对孕妇有直接影响，感冒造成的高热和代谢紊乱产生的毒素对孕妇有间接影响。而且，病毒可透过胎盘进入胎儿体内，有可能造成先天性心脏病以及兔唇、脑积血、无脑和小头畸形等。而高热及毒素又会刺激孕妇子宫收缩，造成流产和早产，新生儿的死亡率也增高。那么，孕妇感冒后怎么办?

❶轻度感冒，仅有喷嚏、流涕及轻度咳嗽，则不一定用什么药，只用些维生素C和中成药即可，但要注意休息。

❷出现高热、剧咳等情况时，应去医院诊治。退热用湿毛巾冷敷，40%酒精擦颈部及两侧腋窝，应注意多饮开水和卧床休息。

❸高热时间持续长，连续39℃超过3天以上的，病后应去医院做产前诊断，了解胎儿是否受影响。

❹感冒后细菌感染，应加用抗生素治疗。最重要的是孕妇应注意生活和卫生，杜绝感冒的发生，保证胎儿健康生长。

孕妇切勿注射风疹疫苗 >>>

风疹病毒有明显致畸性，但是孕妇也不可以通过注射风疹疫苗来防止风疹病毒的入侵。因为风疹疫苗属于活疫苗，孕妇也应禁用。而使用免疫球蛋白的预防效果又不肯定。未患过风疹的孕妇，在妊娠早期接触风疹患者时，最好终止妊娠。

孕妇可以注射预防针，但不是所有的预防针孕妇都能注射的。孕妇应该向医生介绍自己怀孕、以往及目前的健康状况和过敏史等，让专科医生决定究竟该不该注射，这才是唯一正确的方法。

此外，水痘、腮腺炎、卡介苗、乙脑和流脑病毒性减毒活疫苗，口服脊髓灰质炎疫苗和百日咳疫苗，孕妇都应忌用。

孕妇不可光吃不动 >>>

一个孕妇如果光吃而不活动，体力消耗便会非常少，因而会造成营养过剩，容易发生妊娠高血压，并使胎儿过大，从而影响分娩，甚至造成难产，而且产后子宫收缩乏力，容易出现产后大出血。产后出现乳腺管堵塞，泌乳发生障碍，容易发生急性乳腺炎。因此孕妇忌光吃不动。应适当注意营养，多活动，劳逸结合。

孕妇不要做 X 线和超声波检查 >>>

X线和超声波是医学临床上常用的检查诊断法。一般说来，并没有什么危害，但是孕妇做X线或超声波检查是有危害的。因为X线有很强的致畸、致死、致癌、致智力低下等作用。尤其是妊娠前3个月应该绝对禁止照射X线。如因患某些疾病，必须接受X线检查者，应尽量在妊娠4个月以后进行摄片检查，并在腹部放置防X线装置，以降低胎儿受害程度。如在孕早期无意中（不知道已经怀孕）接受大量X线或相当剂量的同位素治疗后，应考虑人工流产终止妊娠为妥。而超声波检查具有抑制胎儿生长发育、损害胎儿染色体的作用，因此医生对孕妇进行超声波检查应持谨慎态度，尽量减少检查。

孕妇用药需慎重 >>>

孕期用药历来是孕期保健的敏感问题之一。药物引起胎儿损害或先天畸形，一般都发生在妊娠的前3个月内，特别是前8周内最为突出，用药应谨慎，因为这是胎儿各重要脏器形成的时候。

妊娠女性用药是医生、孕妇及其亲属共同关心的问题。对孕妇用药不当，可能导致流产、胎儿先天性疾病和胎儿畸形等危害，严重影响优生优育。

在妊娠的整个过程中，有些药物虽对母体无害，但对器官功能尚未完善的胎儿可能产生影响。因此，孕妇用药一定要权衡利弊得失，三思而行。最好是咨询医生再服用。

孕妇过春节的注意事项 >>>

过年时家家户户乐团圆，生活也打破常规，但奉劝准妈妈们，最好不要尝试这种过分放纵闲散的生活，因为孕妇一时的劳累或饮食不当，就有可能对自身及胎儿造成危害。

❶饮食：怀孕期间，胎儿的营养是直接从母体摄取的。所以准妈妈必须注意饮食的营养均衡与卫生，即使在春节期间也一样要遵守以下几个原则：

①避免吃太咸及刺激性食物。

②饮食遵守少油、低盐、多吃蔬菜水果、不喝酒的原则。

③饮食要定时定量。暴饮暴食、吃饭时间不正常，都是在虐待自己的胃。

❷运动：孕妇在过年期间仍要维持适度的运动，如户外散步、轻松的家务事，均以不过分疲劳为原则。

❸睡眠与休息：过年期间访客多、活动多，常使准妈妈疲惫不堪。准爸爸及家人要多体恤孕妇的辛劳，让准妈妈每天睡足8小时，白天最好能午睡片刻。此外要避免长时间站立与步行，休息或睡前可抬高双脚，以促进下肢血液之回流，减少肿胀。

❹排泄：过年时大鱼大肉吃多了，容易造成便秘，尤其孕妇原本就特别容易便秘，要更注重多喝开水，多吃蔬菜水果，养成每天排便的习惯。

孕期性生活禁忌 >>>

一般而言，孕期应禁止性生活。但是，10个月的禁欲，小夫妻又很难严格遵守，所以可以根据自己的身体状况和孕期时间，在不影响胎儿的情况下，适度过性生活。

妊娠早期不宜过性生活，由于胎盘还未完全形成，孕激素分泌处于低潮，正是最容易发生流产的时期。这时做丈夫的应有所克制，尽量避免性生活。3个月后胎盘已经比较牢固，早孕反应也消失，而阴道分泌物也增多了，是性欲高的时期，这时可适度地过性生活。7个月后，孕妇的肚子越来越大，出现腰酸、性情懒惰、性欲减退的现象，这时也应减少或停止性生活，否则，频繁的性生活会使胎儿感染细菌，导致各种疾病。

为了充分照顾到孕妇和腹中胎儿的健康，防止细菌感染，做爱时就要更加注意个人卫生。最好戴安全套。而且，注意动作不要激烈，同时要注意对孕妇腹部的保护，不要压迫到腹中胎儿。如果女性感觉疼痛或者腹部受压，应该马上停止或者变换姿势。另外，怀孕中的女性并不是都可以过正常的夫妻生活，曾经有过人工流产或习惯性流产史的女性、经检查胎盘位置离子宫口过近容易引发出血的女性或有妊娠并发症的女性应该停止性生活。

当然，每个人还存在很大的个体差异，当你不确定自己的身体状况而无法判断是否可以过性生活时，如发生过出血、腹部肿胀等现象，最好向医生进行咨询。

孕妇锻炼应适度 >>>

如果你在怀孕前就经常保持锻炼，那只需对你原来的锻炼强度稍加调整即可。如果你怀孕前一般不怎么锻炼，那么妊娠锻炼时就要遵循循序渐进的原则，刚开始时的量和幅度都不要大，然后随着自己体力的增强适当加量。

❶忌运动过量：孕妇把握自己锻炼量的一个关键是注意自己身体所发出的信号。因为随着胎儿的发育，孕妇身体重心发生变化，容易摔倒；而且胎儿长大后会对肺部产生一定的压迫，使孕妇的呼吸能力有所下降。在这个时候，锻炼时一定要

注意适量，不要搞得自己气喘吁吁。一般来讲，锻炼的强度不要达到自己感到呼吸急促不能说话的程度。锻炼时心跳每分钟不要超过160下。

一旦身体出现一些不适的信号时，如疲劳、目眩、心脏悸动、气短或背痛时，都应该停止锻炼。如果发生严重的腹痛、阴道痛或出血，或是停止运动后子宫仍然持续收缩30分钟以上，胸痛或严重的呼吸困难，请立即停止运动并且就医。

❷忌运动时过热：锻炼时，还应注意不要让自己感到过热。从医学上讲，当孕妇体内温度达到39℃时，胎儿的发育会受到影响，特别是在妊娠头3个月。温度过高的环境有可能导致胎儿出现问题。因此在盛夏要减少锻炼的量，同时避免在早上10点到下午3点这段时间里锻炼。有条件的，可以在有空调的地方进行锻炼。如果在室内运动，请确保通风透气。

❸忌动作不当：孕妇在运动时要做好安全措施，避免增加跌倒或受伤风险的运动，例如肢体碰撞或激烈的运动。怀孕满3个月后，最好避免仰卧姿势的运动，因为胎儿的重量会影响血液循环。同时，也最好避免长时间站立。

有流产史的孕妇不要游泳 >>>

孕期坚持运动好处很多，运动方式以游泳为佳，池水的浮力可减轻子宫对腹壁的压力，消除盆腔瘀血；水波的轻柔“按摩”及游泳时的体位变化有助于纠正胎位，促进顺产。游泳者的顺产率比不游泳者高30%，产程缩短4~5小时。

但要注意凡有流产、早产史或心脏病、高血压、癫痫的孕妇不宜游泳。此外，孕妇游泳还须注意以下几点：

❶游泳宜在比较稳定的孕中期进行，孕早期及后期3个月不可下水。

❷游泳时动作要稳健和缓，不可纵身跳水，最好安排在上午10~12点，水温不要过低。

❸从未进过游泳池的孕妇不要勉强下水，以防不测。

孕妇上班需留意的问题 >>>

❶忌长时间工作：工作一段时间（1~2个小时），花10~15分钟休息一下，并起来活动或伸展四肢，也可到室外、阳台或楼顶呼吸新鲜空气。一天工作时间不要超过8小时。应禁止加班、上夜班。

❷忌忽视午休：午休时间最好休息半小时。如果是在办公室，可准备一个躺椅，侧躺休息，不要趴在桌上午休，因为这样会压迫到胎儿；若中午时间不在办公室内，找个椅子稍微斜靠休息十几分钟，对恢复精神也有很大的帮助。

❸忌长时间坐着工作：如为必须，应该垫高双脚，偶尔双脚动一动，以促进下肢循环，避免足部水肿。将办公室的椅子调到舒服的高度，并在腰部、背部或颈后放置舒服的靠垫，以减轻腰酸背痛、颈部酸痛的不适。还要注意坐姿，避免弯腰驼背。

❹忌长时间站着工作：如为必须，应穿着弹性袜（弹性袜的穿法是早晨起床前先穿好再下床），并尽量每小时找个空当小坐片刻，将双脚抬高；回家后务必抬腿半小时（躺在床上，双腿靠在墙壁上，臀部贴墙），以预防静脉曲张、足部水肿，解除双脚疲劳。

❺忌穿着和以前一样：应该穿着舒服合适的衣服和鞋子，使活动、走路较为轻松。

❻忌注重身材而少吃：应注意饮食的规律和营养，并准备一些营养的小点心或

水果，肚子饿了就可以吃。

❼忌喝水少：应该多喝水，可在办公桌上放一个大杯子，一次装满才不会走动太频繁。

❽想上厕所时要马上去，千万不要憋尿：最好能和同事调换一下座位，离厕所近些。

❾尽量减少工作上的压力，工作之余听听音乐、练习生产时的呼吸法，让自己放松；或是找亲人好友倾吐一下怀孕心情，都是解压的好方法。

❿把自己每天工作的内容和进度记录下来，放在办公桌上，以便自己请假时让同事接手工作。

孕妇休产假不可太晚 >>>

准妈妈在怀孕期间同样可以做到怀孕和工作两不误，但在投入工作的同时，千万别忘了量力而行，适时停止工作。休产假不要太晚，以免发生意外，遗憾终生。

如果你的工作环境相对安静清洁，危险性比较小，或是长期坐在办公室工作，同时你的身体状况良好，那么你可以在预产期的前一周或两周回到家中静静地等待宝宝的诞生。

如果你的工作是与长期使用电脑有关，或经常工作在工厂的操作间中，或是暗室等阴暗嘈杂的环境中，那么建议你在怀孕期间调动工作或选择暂时离开待在家中。

如果你的工作是饭店服务人员、销售人员，或每天工作至少有4小时以上行走的，建议你在预产期的前两周半就离开工作回到家中待产。

如果你的工作运动性相当大，建议你提前1个月开始休产假，以免发生意外。

保胎注意事项 >>>

❶忌卧床：很多孕妇都认为只要怀孕期间多卧床休息就可以保胎，但是，孕妇缺乏活动和锻炼，会使体力下降，不利于胎儿发育及分娩。所以，没有阴道出血可下床活动，有出血要及时到医院查找原因。医生将根据情况决定是否需要进一步治疗，以及是否保胎。

❷忌服用活血药物：经过多年临床观察，丹参如使用得当，能起到防止血栓形成、改善胎盘血流的作用，可以有效预防流产、胎死腹中、胎儿宫内发育不良。活血化瘀药一定要在医院使用，以便医生及时监测用药后的病情变化。

❸忌忽视孕前检查：孕前检查各项抗体、激素水平非常重要，但一些孕妇往往忽视。对于孕前检查显示正常的习惯性流产女性，孕期检查格外重要。以免到时发生意外来不及补救。

❹忌盲目保胎：一部分怀孕早期的自然流产属于自然淘汰，避免了畸形儿的出生。如果盲目保胎，有可能保住了染色体异常胎儿和病态畸形胎儿。所以夫妇双方或一方染色体严重异常者，不但不要生育，而且不要保胎。对早期流产，不要盲目地保胎。凡有自然流产史的，都应去医院做染色体检查。如果发现染色体异常，则应终止妊娠，这样有利于优生优育。

进产房前不要过于紧张 >>>

有的产妇进产房前就先在精神上把自己吓倒了，以至于给整个产程造成了困难。产妇的心理负担大致有以下几种。

❶怕难产：是顺产还是难产，一般取决于产力、产道和胎儿三个因素。对后两个因素，一般产前都能做出判断，如果有异常，医生肯定会在此前已决定对你进行剖宫产。因此，只要产力正常，自然分

娩的希望很大。产妇应调动自身的有利因素，积极参与分娩。即使不能自然分娩，也不要情绪沮丧，还可以采取其他的分娩方式。

❷怕痛：子宫收缩可能会让你感到有些痛，但这并非不能耐受。如果出现疼痛，医生会让你深呼吸或对你进行按摩减少疼痛，如果实在不行，还可以用安定等药物来镇痛。

产后生活禁忌

产妇不要吃辛辣食物 >>>

产妇不要吃辛辣食物。如辣椒等，容易伤津耗气损血，加重气血虚弱，并容易导致便秘，进入乳汁后对婴儿也不利。此外，产妇不宜吃的食物还有下列几种：

❶不新鲜的食物：如不新鲜的水果、蔬菜、隔夜的饭菜及汤羹，在容器中静置数天的水等。这些食物中多含有亚硝酸盐，母亲食用后，通过乳汁进入婴幼儿体内，会使婴儿皮肤黏膜出现青紫。所以哺乳的母亲应多吃新鲜的水果、蔬菜。

❷寒凉生冷食物：产后身体气血亏虚，应多食用温补食物，以利气血恢复。若产后进食生冷或寒凉食物，会不利于气血的充实，容易导致脾胃消化吸收功能障碍，并且不利于恶露的排出和瘀血的去除。

❸刺激性食品：如咖啡、酒精，会影响睡眠及肠胃功能，亦对婴儿不利。

❹酸涩收敛食品：如乌梅、南瓜等，以免阻滞血行，不利于恶露的排出。

❺过咸食品：过多的盐分会导致水肿。

❻茶：茶叶中含有咖啡因，喝茶后使人精神振奋，不易入睡，影响产妇的休息和体力的恢复；并可通过乳汁进入婴儿体内，引起婴儿兴奋、哭闹和肠痉挛。另外，浓茶还可抑制乳汁分泌，造成乳汁分泌的减少。

❼啤酒：啤酒以大麦芽为主要原料。大麦芽具有回乳作用。另外，酒精还能通过乳汁对婴儿产生不利影响。因此哺乳期女性忌饮啤酒。如果你想断奶，则可以适量多饮。

❽杏：性温热，多食易上火生痰。产妇处于哺乳期，食之对婴儿也不利。

产后切勿立即服用人参 >>>

分娩后为迅速恢复体力，有些女性立即服用人参。然而从医学角度看，产后不宜立即服用人参。

❶人参中含有能作用于中枢神经系统和心脏、血管的一种成分——人参皂苷，食用后能产生兴奋作用，往往出现失眠、烦躁、心神不宁等一系列症状，使产妇不能很好地休息，反而影响了产后的恢复。

❷中医认为，“气行则血行，气足则血畅”。人参是一种大补元气的药物，服用过多可加速血液循环，这对于刚刚分娩的女性不利。分娩的过程中，内外生殖器的血管多有损伤，若服用人参，不仅妨碍受损血管的自行愈合，而且还会加重出血。

产妇不可滋补过量 >>>

孕妇在分娩后为了补充营养和有充足的奶水，一般都非常重视产后的饮食滋补。常常是鸡蛋成筐，水果成箱，罐头成行，天天不离鸡，顿顿有肉汤。其实，这样大补特补，既浪费钱财又有损于健康。首先，滋补过量容易导致肥胖。其次，产妇营养太丰富，必然使奶水中的脂肪含量增多，如果婴儿胃肠能够吸收，也易造成肥胖，易患扁平足一类的疾病；若婴儿消化能力较差，不能充分吸收，就会出现脂肪泻，长期慢性腹泻还会造成营养不良。

一般来说，分娩后 1 ~ 3 天，应吃容易消化、比较清淡的饭菜，如煮烂的米粥、面条、新鲜瘦肉炒青菜、鲜鱼或蛋类食物，以利于身体恢复。过 3 天后就可以吃普通的饭菜了。但不要饮酒和吃辛辣食物，还应注意饮食卫生，以防患胃肠传染病。

产妇不能不吃盐 >>>

许多人认为产妇不能吃盐。因此在产妇产后的前几天，饭菜内一点儿盐也不放。事实上，这样做只会适得其反，略吃些盐对产妇是有益处的。由于产后出汗较多，乳腺分泌旺盛，产妇体内容易缺水和盐，因此应适量补充盐。

产妇不可不吃蔬菜和水果 >>>

长期以来人们认为水果、蔬菜较生冷，产后进食会对胃肠产生不良影响，不宜食用，其实这是一种错误的看法。因为产妇由于产时失血、生殖器损伤及产后哺乳等需要，应得到大量全面的营养，除了多食肉、蛋、鱼以外，蔬菜水果也是不可缺少的，应多食用含有大量维生素、植物蛋白、糖类、矿物质的蔬菜、水果以达到营养均衡。如藕、黄豆芽、海带、黄花菜、白菜、红枣、桂圆等。但如梨等性味属寒的食物应少食用，以免引起腹泻等症。

产妇久喝红糖水易引起阴道出血 >>>

红糖是一种没有经过精炼的蔗糖，其含铁、钙均较白糖高出2倍左右，其他矿物质的含量亦较白糖多。传统中医认为：红糖性温，有益气、活血、化食的作用，因此长期以来一直被当作产后必不可少的补品。但近年来的研究表明：过量食用红糖反而对身体不利，因为现在的妈妈多为初产妇，产后子宫收缩较好，恶露亦较正常。而红糖有活血作用，如食入较多，易引起阴道出血增加，造成不良后果。所以产后红糖不宜久食，食用10天左右即可。

产妇要注意营养均衡 >>>

妈妈在哺乳期饮食结构不合理，是造成幼儿视力发育障碍的原因之一。

比如妈妈在哺乳期摄入过多的脂肪类食物，会导致母乳中锌缺乏。如果妈妈不重视对豆制品和胡萝卜素的摄入，会导致母乳中各类营养的不足。这些营养素对小儿的视力发育是很有益处的。因此建议哺乳期的妈妈要做到均衡营养。

产妇吃母鸡易导致回奶 >>>

根据传统的风俗习惯，母鸡尤其是老母鸡，一直被认为营养价值高，能增强体质，增进食欲，促进乳汁分泌，是产妇必备的营养食品。但科学证明，多吃母鸡不但不能增乳，反而会出现回奶现象。其原因是产后血液中激素浓度大大降低，这时催乳素就会发挥催乳作用，促进乳汁形成，而母鸡体中含大量的雌激素，因此产后大量食用母鸡会加大产妇体内雌激素的含量，致使催乳素功能减弱甚至消失，导致回奶。而公鸡体内所含的雄激素有对抗雌激素的作用，因此会使乳汁增多，这对婴儿的身体健康起着潜在的促进作用。且公鸡所含脂肪较母鸡少，不易导致发胖，婴儿也不会因为乳汁中脂肪含量多而引起消化不良、腹泻。所以产后食公鸡对母婴均有益处。

产妇不要过早使用束腹带 >>>

许多产妇为了保持优美的体形，月子里就带上腹带，穿上紧身的内裤，认为这样就可以把撑开的胯骨收回去。

产妇的这种想法可以理解，但是腹部是人体大血管密集的地方，把腹部束紧后，静脉就会受到压力而引发下肢静脉曲张或痔疮。与此同时，由于动脉不通畅，血管的供血能力有限，会导致心脏的供血不足，脊椎周围肌肉受压，妨碍肌肉的正常活动以及血液的供应。因而长期束腰会引起腰肌劳损等症状。另一方面，如果产妇束腰紧腹时勒得太紧，还会造成腹压增高，生殖器官受到的盆底支持组织和韧带的支撑力下降，从而引起子宫脱垂、子宫后倾后屈、阴道前壁或后壁膨出等症状，并且容易诱发盆腔静脉瘀血症、盆腔炎、附件炎等妇科病。在影响生殖器官的同时，还会使肠道受到较大的压力，饭后肠蠕动缓慢，出现食欲下降或便秘等。

产妇不能完全以小米为主食 >>>

小米具有滋阴养血的功效，可以使产妇虚寒的体质得到调养，帮助她们恢复体力。但是小米中蛋白质的氨基酸组成并不理想，赖氨酸过低而亮氨酸又过高，产后如果完全以小米为主食，会缺乏其他营养，应注意合理搭配。

哺乳前清洁乳头的正确方法 >>>

老一辈的人经常会告诉哺乳期的妈妈们在给宝宝喂奶前一定要用香皂等洗涤用品清洗乳房，现在看来是不正确的。因为经常用带有碱性的洗涤用品会损坏皮肤，除去乳头上的油性保护层，使乳头皮肤变得干燥而容易损伤和干裂。

正确的方法是在每次喂奶前，妈妈要将手洗干净，然后再用温开水浸湿毛巾轻轻擦拭乳头和乳房或用清水冲洗。平时，妈妈要经常更换内衣，保持乳房清洁干爽。清洁乳房后，最好先按住乳头揉几下，使乳头的末梢神经受到刺激，传导到中枢神经垂体前叶，产生乳激素，分泌乳汁，这个时候乳房感到发胀，这样就可以开始放心喂奶了。

产妇不可不刷牙 >>>

有人说：“产妇刷牙，以后牙齿会酸痛、松动，甚至脱落……”其实，这种说法是没有科学根据的，而且也是产妇卫生的大忌。

产妇分娩时，体力消耗很大，犹如生了一场病，体质下降，抵抗力降低，口腔内的条件致病菌容易侵入机体致病。另外，为了产妇的康复，多在产后坐月子期间，给予富含维生素、高糖、高蛋白的营养食物，尤其是各种糕点和滋补品，都是含糖量很高的食物，如果吃后不刷牙，这些食物残渣长时间地停留在牙缝间和牙齿的点、隙、沟凹内，发酵、产酸后，促使牙釉质脱矿（脱磷、脱钙），牙质软化，口腔内的条件致病菌乘虚而入，导致牙龈炎、牙周炎和多发性龋齿的发生。所以，为了产妇的健康，产妇不但应该刷牙，而且必须加强口腔护理和保健，做到餐后漱口，早、晚用温水刷牙。

产妇并非满月后才可洗头 >>>

人们错误地认为产妇要在满月后才能洗头、洗澡。而事实并非如此，产妇分娩时大量出汗，产后也常出汗，加上恶露不断排出和乳汁分泌，身体比一般人更容易脏，更易让病原体侵入，因此产后讲究个人卫生是十分重要的。

分娩后两三天就可洗澡，最好每周用温水擦浴一次，炎夏季节可以每天擦洗一次。但宜采用淋浴，不宜洗盆浴。如用温开水坐浴，最好是在5000毫升水中加入1克高锰酸钾，达到灭菌的作用。外阴部每天用温水洗一次。产后7～10天即可用热水洗头。

剖宫产后的疤痕护理 >>>

手术后刀口的痂不要过早地揭，过早硬行揭痂会把尚停留在修复阶段的表皮细胞带走，甚至撕脱真皮组织，并刺激伤口出现刺痒。可涂抹一些外用止痒软膏。

避免阳光照射，防止紫外线刺激而形成色素沉着。

改善饮食，多吃水果、鸡蛋、瘦肉、肉皮等富含维生素C和维生素E及人体必需氨基酸的食物。这些食物能够促进血液循环，改善表皮代谢功能。切忌吃辣椒、葱、蒜等刺激性食物。

保持疤痕处的清洁卫生，及时擦去汗液，不要用手搔抓、用衣服摩擦疤痕或用水烫洗的方法止痒，以免加剧局部刺激，促使结缔组织炎性反应，引起进一步刺痒。

产后防止乳房下垂的方法 >>>

❶哺乳时不要让孩子过度牵拉乳头，每次哺乳后，用手轻轻托起乳房按摩10分钟。

❷每天至少用温水洗乳房两次，这样不仅利于乳房的清洁，而且能增强悬韧带的弹性，从而防止乳房下垂。

❸哺乳期不要过长，孩子满10个月即应断奶。

❹坚持做俯卧撑等扩胸运动，使胸部肌肉发达有力，增强对乳房的支撑作用。

正确对待产后抑郁 >>>

产后抑郁症是指女性在产后3～4天内，出现流泪、不安、伤感、心情抑郁、注意力低下、健忘等症状。一般具有暂时性，大多都会在1～2天内恢复。

产后抑郁症在初产、高龄、患妊娠并发症的女性中较为常见。另外，在分娩时有异常、缺少丈夫的支持，或有精神压力的孕妇中也较为常见。

作为预防措施，首先不要过于神经质，如有烦恼、不安，需与丈夫或家人商量，寻求他们的帮助。把从妊娠到分娩看成一次宝贵的体验，时刻保持愉快、平和的心情。

女性在产后往往体力消耗过大，尤其需要丈夫、家人的照料、体贴，而且育儿也需丈夫协助。夫妻应和和睦睦，共同分享育儿的乐趣。偶尔散散步、与朋友聊聊天，对转换心情也很有好处。

老年生活

饮食起居禁忌

老年人吃蔬菜切勿烧煮过烂 >>>

许多老年人因牙齿脱落，咀嚼功能受到影响，做菜喜欢烧得越烂越好，而且不喜欢吃含纤维素多的蔬菜。但是有些食品，特别是蔬菜如果烧的时间长，其中的维生素便会遭到破坏，如果长期吃烧煮时间长的蔬菜，会导致体内部分维生素缺乏。而蔬菜中的纤维素能清洁肠道，并刺激肠道加速蠕动以减少便秘的发生，可有效地预防大肠癌的发生。所以，老年人应多吃些富含纤维素的蔬菜如青菜、芹菜等，同时还必须注意，千万不能烧煮过烂。

老年人应少吃葵花子 >>>

葵花子含大量不饱和脂肪酸。如果食用过多的葵花子，会消耗许多体内的胆碱，从而造成体内脂肪代谢失调，使过多的脂肪蓄积在肝内，从而引起肝功能障碍，诱发肝坏死或肝硬化。另外葵花子在加工过程中使用桂皮、八角、花椒等调味品。这些调味品对胃有一定的刺激，而且桂皮中含有致癌物质。另外，葵花子在加工时要加入大量食盐，摄入食盐过多，容易发生水分在体内滞留，从而引起高血压。

老年人不要多喝牛奶 >>>

老年人过多地饮用牛奶补钙得不偿失，因为牛奶能促使老年性白内障的发生。其原因是牛奶含有5%的乳糖，通过乳酸酶的作用，分解成半乳糖，极易沉积在老年人眼睛的晶状体并影响其正常代谢，而且蛋白质易发生变性，. 导致晶状体透明度降低，而诱发老年性白内障，或者加剧其病情。因此，老年人防止缺钙，不要把牛奶作为补充钙的唯一来源。既可以选用乳酸钙、葡萄糖酸钙、维生素D等药物，也可以选用虾皮、海米、鱼类、贝类、蛋类、肉骨头、海带及田螺、芹菜、豆制品、芝麻、大枣、黑木耳等含钙高的食物来补钙，以天然食物为最佳。

老年人应少食鸡汤 >>>

按习惯，许多老年人、体弱多病者或处于恢复期的患者都习惯用老母鸡炖汤喝，甚至认为鸡汤营养比鸡肉好。其实并非如此，鸡汤中含有一定的脂肪，高脂血症的患者多喝鸡汤会促使血胆固醇进一步升高，可引起动脉硬化、冠状动脉粥样硬化等疾病。高血压患者如经常喝鸡汤，除会引起动脉硬化外，还会使血压持续升高，很难降下来。另外，消化道溃疡的老人也不宜多喝鸡汤，鸡汤有较明显的刺激胃酸分泌的作用，对患有胃溃疡的人，会加重病情。肾脏功能较差的患者也不宜多喝鸡汤，鸡汤会增加肾脏负担。因此，老人喝鸡汤时，一次最好不要超过200毫升，1周不要超过两次。

老年人不要多吃鱼肝油 >>>

人到老年，体内的钙、磷等无机盐相对增加许多，因而骨骼硬而脆，容易发生骨折，鱼肝油具有促使更多的钙质在骨骼内沉积和促使骨含钙量再度增加的作用，这对老年人的健康显然没有什么好处，因此老年人应少吃鱼肝油。

老年人应少吃含糖量高的食品 >>>

人到老年，活动量就相对减少，能量消耗也相应减少。如果经常吃含糖量高的食品就容易发胖，因而诱发各种疾病。据资料显示，胖人患糖尿病、高血压和心血管病的概率比正常人高1倍。由于老年人胰岛素分泌减少，血糖调节作用减弱，高糖饮食诱发糖尿病的可能性非常大。因此，老年人忌吃水果类的罐头。

老年人不要在晚饭时吃水饺 >>>

老年人最好不要在晚饭时吃饺子。老年人晚上外出活动少，入睡早，胃肠道蠕动慢，而饺子的面皮是用“死”面做的，不利于消化，易引起老年人腹胀并影响睡眠。此外，老年人吃水饺还应注意以下几点：

❶不宜吃粗纤维馅饺子。像野菜、芹菜、韭菜馅饺子等，因含粗纤维多而消化时间长，如有心脏病和胃病的老年人不宜多吃，因为消化不良会引起心脏病发作。老年人最好是吃萝卜、白菜、鸡蛋馅的饺子，这些馅容易消化。

❷不宜吃煎饺子。因煎饺子的面皮又干又硬，油煎后更不易消化，最好是把剩下的饺子蒸着吃。

❸不宜吃夹生馅的饺子。有的老年人煮饺子时欠火候，捞出来时馅夹生，吃后很容易引起消化不良、腹胀、胃肠道不适。

患病老年人不宜吃的水果 >>>

❶经常腹泻的老年人应少吃香蕉，可吃苹果，因为苹果有收敛的作用。

❷经常胃酸的老年人不宜吃李子、山楂、柠檬等较酸的水果。

❸经常大便干燥的老年人应该少吃柿子，以免加重便秘，但可以多吃一些桃子、香蕉、橘子等。

❹患有心脏病及水肿的老年人不能吃含水分较多的水果如西瓜、椰子等，以免增加心脏的负担，加重水肿。

❺患有糖尿病的老年人不但要少吃糖，同时少吃含糖量较高的梨、苹果、香蕉等。

❻患有肝炎的老年人应多吃橘子和枣等含维生素C较多的水果，这有利于肝炎的治疗和恢复。

❼患有肾炎和高血压的老年人不可食用香蕉，香蕉性寒而且含钾量高。而且不能在饭前吃水果，以免影响正常进食和消化。

老年人不可吃生猛海鲜 >>>

生吃鱼、虾和半生不熟的各种肉类、蛋类现已成为时尚。对此，老年人应“敬”而远之。

人体每天摄入的蛋白，在肠道中经消化分解可产生一定量的氨类。氨系有毒物质，但经肝脏尿素合成酶作用后合成尿素而解除毒性。此过程所需尿素合成酶中含有生物素成分，如体内生物素不足，酶活性下降，氨便不能顺利代谢，则可引起高氨血症。但这种解毒的生物素一旦与抗生物素蛋白结合即可失去作用。这种抗生物素蛋白主要存在于动物蛋白之中，经加热后即可被破坏。如生食或摄取半生不熟的肉蛋类，则抗生物素蛋白直接进入人体内与肠道中生物素结合而导致生物素不足。生物素明显短缺，可出现四肢皮炎、皮肤和黏膜苍白、精神抑郁、肌肉酸痛、感觉过敏和食欲不振等症状。老年人肝脏功能和酶的活性都有不同程度下降，因此要尽可能减少有毒物质对肝脏的损害。

老年人饭后不可“百步走”>>>

人在饱餐后，为保证食物的消化吸收，腹部血管扩张充血，使脑部的血液供应相对减少，所以饱餐后常常会感到头晕。老年人因心功能减退，血管硬化，血压调节功能障碍，所以在饭后就容易发生血压降低，如果饭后立即活动，容易发生低血压性昏厥或跌倒。因此，老年人饭后忌“百步走”，应休息一段时间后再走动，以防发生意外。

老年人饮食过饱易诱发心肌梗死 >>>

老年人胃肠消化功能不断减退，如果吃得过饱可导致上腹饱胀，使膈上升，影响心肺正常活动，再加上消化食物时需要大量血液集中到胃肠道，从而导致心脑供血相对减少，容易诱发心肌梗死或脑卒中。

吃得太多，摄入的热量超过人体的需要就易肥胖。老年人过于肥胖容易得病。因为食物在胃中停留的时间太长，会引起不舒服的感觉，给肠胃加重负担，造成消化不良。同时，还会使膈的活动受阻，引起呼吸困难，增加心脏负担，可能出现心绞痛之类的症状。还会加重肝脏和胰脏的负担，影响健康长寿，因此老年人一定要节制饮食。

老年人睡醒后不宜马上起床 >>>

近年来，国外医学家对老年人发生脑卒中的时间进行调查，结果发现：上午8～9点是发生脑卒中的最高峰，中午时会降低，而午后3～4点又是一个较小的高峰，凌晨1～4点为低谷，发生率仅为早晨的1/12。

这是因为老年人机体逐渐衰退，血管壁硬化，弹性减弱。当早晨或午睡醒来后，身体从睡眠时的卧位变为起床时的站位，由静态到动态，就使血液的动力产生了突变，而其生理功能又不能很好地加以调节，造成血压急剧起伏，很容易导致老化的脑血管破裂，血液外溢。此外，早晨起床后，血液中血小板比睡觉时增加，使得血液凝固作用亢进，也会增加脑卒中发生的可能。

所以，老年人睡觉醒来后，不宜马上下床行走，应在床上躺卧片刻，再慢慢地起床，以免因血压骤变而发生不测。

老年人不要常饮浓茶 >>>

因为茶叶中含有大量的咖啡因，饮后令人兴奋，难以入寐。茶叶中含有大量的鞣酸，可与食物中的蛋白质结合，形成块状的鞣酸蛋白，不易消化，甚至可产生便秘。长期服浓茶还会造成维生素B_1的缺乏及铁的吸收不足。另外饮茶要适量，如饭前多饮，会冲淡胃酸，影响消化。最好在饭后20分钟左右饮茶，有助于消化，可解油腻，清理肠胃。因此，老人最好饮淡茶。

老年人常饮咖啡易造成骨质疏松 >>>

咖啡会使人体需要的钙质量减少。人到老年，钙的需要量逐渐增多。尤其是女性，如果嗜饮咖啡，咖啡中含有一种生物碱，能和人体内的钙元素结合，将钙迅速排出体外，加剧体内缺钙，从而造成骨质疏松，骨硬度下降，活动时易发生骨折。

老年人摄取蛋白质既不可过多也不可过少 >>>

老年人摄取蛋白质应适量，不可过多或过少。一般说来，蛋白质对人体健康有益。但如果大量食用对老年人来说有损健康。这主要是因为蛋白质饮食可以增加人体内钙的排泄量，尤其是钙摄入不足的老年人，因钙排泄量增加，非常容易引起骨质疏松症。骨质疏松症患者只要是轻微活动就会感到腰背痛。另外，老年人肾功能在逐渐减退，当蛋白质摄入过多时，肾脏负荷过重，会导致肾功能不全。

同样，蛋白质摄取过少，也会危害老年人的身体健康。因为蛋白质不足是引起消化道肿瘤的一个危险因素。调查还发现，脑卒中患者的蛋白质摄入量要比正常人低。这说明老年人适当摄取蛋白质是很有必要的。

老年人每天摄入蛋白质的量应保持在每千克体重1.0～1.5克的水平，即占热量的12%～18%。增加的蛋白质以植物性蛋白质为好，因为动物性蛋白质常伴有高脂肪和高胆固醇。植物性蛋白质中，以大豆蛋白质最佳，它的必需氨基酸比较齐全。如果把大豆与小米、鱼肉等食物搭配着吃，则蛋白质的营养价值更高。豆奶是补充蛋白质的良好营养饮料，老人尽可食用。牛奶和鸡蛋是含丰富蛋白质的佳品。近来有人报道，牛奶中含3-羟-3甲戊二酸和乳清，酸能抑制胆固醇的合成，有利于脂肪代谢。因此老年人一天喝一瓶牛奶可不必介意。

老年人应适量吃一些含胆固醇的食物 >>>

胆固醇有利也有弊。不食含胆固醇食物，人体便会通过自我调节，动用营养物质自行合成胆固醇。如果一个人长期缺乏胆固醇食物会给人的健康带来极大不利。胆固醇是构成人体细胞膜的必要成分，是合成类固醇激素的原料，是人体内胆汁盐酸、肾上腺皮质激素、胆汁酸的转化物质，胆固醇的衍生物在阳光中紫外线的强烈照射下，又能转化为维生素D，维生素D具有防止老年性骨质疏松的作用。因此，中老年人忌不食含胆固醇食物。

老年人健康饮食指南 >>>

人到老年，各种组织功能日益减退，消化代谢也如此，因此营养上需要特殊补充，不要随意饮食。首先要控制糖类的摄入量，米、面要比一般成人少食些；其次脂肪对心脏、肝脏不利，所以也要少食。一般老年人每天摄入100克瘦猪肉和20克植物油，就可以满足人体需要了。另外要补充蛋白质和维生素，摄入一定量的大豆类、乳类、鱼类、蛋类等食物。要多吃含铁丰富的油菜、西红柿、桃、杏和含维生素、纤维素多的绿叶蔬菜。并且要尽量多喝水。喝水太少会使血液黏稠度增加，容易形成血栓，诱发心脑血管病变，影响肾的排泄功能。所以老年人每天至少喝入总量1600毫升水。

老年人不要吃过咸的食物 >>>

长期高盐饮食能导致高血压，而人对食盐的敏感程度是随着人的年龄增大而增高的，也就是说年龄越大，食盐对他们的血压影响也就越大。随着人的年龄增大，肾功能便逐渐减弱，机体不能把食盐里面导致血压上升的成分——钠离子顺利地从人体中排泄掉，可导致钠潴留、血管收缩、血压升高和心脏负荷加重等病症，其结果使降压效果不好，甚至可能诱发心力衰竭。这便是年龄越大而食盐对血压影响越大的主要原因。因此，老年人每天的总食盐量应控制在3克以内。

长期吃素对老年人的健康有害 >>>

许多老年人由于热量消耗减少、食

欲减退，或者出于减肥和防治高血压的目的而禁荤吃素，实际上是不正确的，而且对身心健康是有害的。因为人体衰老、头发变白、牙齿脱落及心血管疾病的发生都与锰元素的摄入不足直接有关。缺锰不但影响骨骼发育，而且会引起周身骨痛、驼背、乏力、骨折等疾病发生。缺锰还会出现反应迟钝、感应不灵。植物性食物中所含的锰元素，人体很难吸收。相反，肉类食物中虽然含锰元素较少，但容易被人体利用。所以吃肉是摄取锰元素的重要途径。因此，老年人不宜长期吃素。

老年人不可忽视营养过剩 >>>

人们都知道，营养不良会造成人体抵抗力低下，从而导致各种疾病的发生。而医学研究表明：营养过剩同样会降低人体的抵抗力，引起周身各种疾病。特别是中老年人，摄取营养过剩，饮食热量过高，会使人体肥胖，更容易患高血压、糖尿病、心脏病。另外，使人体过早衰老，缩短人的寿命。因此，老年人在膳食中应注意粗细、荤素搭配，每餐忌过饱。另外，要适当参加体育锻炼，增强体质，提高机体的免疫能力。

老年人切勿边笑边吃 >>>

老年人由于大脑及中枢神经系统的功能减退，使感觉和运动神经反应迟钝，动作不能协调，同时还因口腔、咽部的黏膜萎缩或肥厚，以及牙齿脱落、装有假牙等，如果边吃边谈笑，便很容易发呛，发生食管异物，比如假牙卡在食管口，枣核、鱼刺、鸡骨、猪骨卡在食管内等。

老年人不要在睡前吃补品 >>>

补品并不是随时都可服用的。人至中老年，血液黏度增加，因此中老年人并不适宜服含大量葡萄糖之类的补品，更不可在入睡前服用，睡眠本身已经使人的心率减慢，而有些补品中的糖浆类物质会使血液的黏度进一步增加，导致局部血液动力异常，引发脑卒中。尤其是患有高血压、高脂血症、心脑血管疾病的人，睡前少服和不服糖浆类补品为好。

老年人居室装修的禁忌 >>>

老年人由于生理功能退化，对环境的适应性减弱，因此，关注老年人居室装修很有必要。装修时应当有相应的、特殊的方式来调适，以利于老人的健康，尤其对独处、病、残老人的居室更应如此。

❶地板忌滑：最好不用釉面砖，以优质无釉砖、防滑砖、木地板、强化地板等最佳。忌用华丽或几何形图案的地砖，以免老人产生眼花缭乱和高低不平的视觉偏差，防止滑倒、跌跤。可以铺设地毯，既舒适又隔音、防滑、防摔。

❷光线忌暗：由于老年人视力衰退，室内采光、照明应充足，尤其是厨房、卫生间应更加明亮，最好有强弱两套照明设施，客厅、饭厅、书房、寝室也应有充足的光线和方便的灯具。

❸色彩忌冷：老人居室应从舒适、优雅、方便等方面着眼，四周色彩不能太暗，应多用暖色系列，看上去十分舒爽、洁净。沙发、床罩、窗帘等宜鲜艳，以增加喜庆热闹氛围，减少老人的寂寞和孤独。或者可以将自然界的花草引入室内，增加老人居室内的生机，以陶冶性情，净化心境。

❹阳台忌封：老人的户外活动时间较少，阳台成为与自然界联系的纽带之一，他们可在阳台上享受日照、观景、休息、养花、养鸟，因此阳台不宜封闭。

❺浴室忌滑：浴室地板应特别注意

使用防滑地砖，如果使用蹲便器，应在墙上置一扶手，以帮助老人蹲下和站立。另外，慎用普通浴缸，尤其浴缸不宜过高、过深，以防不小心滑倒。有条件的可以安装一个紧急呼救设备。

❻门忌有坎：老人居室的门应易开易关，便于使用轮椅及其他器械的老人通过。不应设门槛，有高坎时用坡道过渡，门拉手选用转臂较长的，避免采用球形拉手，拉手高度要适宜。

老年人看电视的禁忌 >>>

❶不要看悲剧：老年人看过悲剧之后，总爱老泪纵横，情绪低落。如果反复刺激，会出现食欲不振、夜不安寝、体重减轻、动作迟缓等抑郁表现。尤其是丧偶的高龄老人，由于过度悲哀，甚至会有轻生厌世的念头。因此，老年人在看电视时，尽量不要看悲剧。

❷忌看惊险节目：心理上突然受到激惹，情绪上的骤然波动，对患有心脑血管疾病的老年人，可以诱发心律失常、冠心病，甚至心肌梗死和脑血管意外。

❸忌连续长时间看电视：据调查，长时间坐着看电视会引起下肢麻木、轻度酸痛及水肿，有人称其为“电视腿病”。为了避免此现象，在放广告片时，可起来活动一下，对健康会有裨益。

❹忌晚饭后立即看电视：进餐之后消化管和消化腺供血增多，以完成对食物的消化。这个时候若收看电视，大脑也需增加血液供应，向消化器官的供血必然减少，长期如此将导致消化不良。

老年人居室的家具不宜过高或过低 >>>

居室设计中，标准的设计高度常常给老年人带来麻烦，不便于他们独立生活，许多部件不是太高就是太低。所以，无论是居室设计还是老年人的日用品，一定要有一个科学的高度。比如卫生间的淋浴器安得太高了，老年人洗澡想调一下水流方向，踮起脚尖才能够到就容易滑倒。而插座安得太低，当老人站起身时就容易头晕。这些问题在居室装修前就应该充分考虑，否则装修完毕，再想改动就困难了。所以，老年人居室的家具高低应该考虑到老年人的身体条件。写字台、桌子、椅子不宜过高，要以坐着舒服、用着方便、起来不费力为好；床的高低也应适合老年人上床下床；电源插座不要过低，要让老年人不弯腰就能够得着。

老年人需特别注意的生活细节 >>>

老年人由于体质虚弱，腿脚也往往不灵便，所以在日常生活中要特别注意不要做一些有危险性的动作，以免发生意外。

❶忌下床过急：老年人早晨起床，或夜间起床小解，均不宜过急。醒后应活动一下四肢，清醒一下头脑，再缓缓下床。否则，醒后立刻翻身下床，因迷迷糊糊或体位性低血压等原因，极易引起摔倒；另外，因夜间血流速度缓慢，血液变得黏稠，醒后突然跃身而起，易诱发脑卒中。

❷忌说话过快：老年人说话声音宜低而缓。高声大喊、频率过快，不但耗津伤气，还易使血压升高，加重心脏的负担。

❸忌站着穿（脱）裤子：老人起床、洗澡时，都应坐着穿（脱）裤子。老人单腿站着穿（脱）裤子会十分危险。因为老年人不但腿脚不灵便，还往往患有骨质疏松症，一旦站立不稳而摔倒，最易引发（下肢、骨盆）骨折等严重不良后果。

❹忌登高取物：老年人手脚笨拙，加之常患有骨质疏松等，稍有不慎就可能导致摔伤。所以，高龄老人切不可一个人时

登高取物，以免发生危险。

❺忌突然回头：老人在日常生活中，遇到有人呼叫，或听到异常响声时，不要猛然回头。因为老年人多患有颈部骨质增生症，颈部突然扭转最容易造成压迫血管，导致头部供血不足，轻则造成眼黑摔倒，严重时还会诱发缺血性脑卒中。

❻忌裤带过紧：老人的裤带最好用松紧带。不然裤带束得过紧，可致下身血流不畅。

总之，老年人在日常生活中，一切行动都应贯彻一个“慢”字。吃饭要慢，饮水要慢，说话要慢，走路要慢，起床要慢，二便后站立时要慢。这对身心保健、避免发生意外有重要意义。

老年人应多参加有益的社会活动 >>>

人类智力的某些重要领域并非是因年老而衰退。但是老年人如果不参加社会活动，就不可能保持精神状态的机敏和活跃敏捷的思维能力，从而变得“越老越糊涂”。

老年人不要坐硬板凳 >>>

老年人如果长期坐硬板凳，容易患坐骨结节性滑囊炎，屁股一接触板凳就会疼痛，且难以治愈。坐骨是构成骨盆的重要部分。当人坐下时，坐骨结节恰好和凳面接触，坐骨结节的顶端长着滑囊，滑囊能分泌液体，以减少组织间的摩擦。但是老年人体内激素水平逐渐下降，滑囊也发生了退行性变化，液体分泌减少。加上有的老人较瘦，就使坐骨结节与板凳“硬碰硬”。这种不合理的摩擦、负重、挤压、创伤，久之会导致坐骨结节性滑囊炎的发生。

老年人排便应注意的问题 >>>

❶忌蹲着排便：老年人蹲位时腹股沟和腋窝处的动脉管折曲度小于40°，下肢血管严重弯曲，血液流通障碍，这时再加之屏气排便，腹压增高，致使血压急剧升高，从而造成脑部血管破裂出血，发生脑血管意外。

❷排便忌用力：老年人常易便秘，在用力排便时，可使腹压增加、血压升高、心跳加快，以致诱发心肌梗死，甚至脑出血。因此，老年人应积极防治便秘，当出现便秘时，可使用开塞露和其他通便药物，必要时可请医生帮忙。

❸站起忌过猛：蹲坐着排便时，由于下肢弯曲会影响下肢静脉的回流，使回心血量减少，故在突然站起时，易引起大脑的短暂性供血不足，而出现眼前发黑，甚至晕倒。因此老年人排便结束后，应缓慢起身。

老年人切勿坐着打盹 >>>

许多老年人喜欢坐着打盹，一旦醒来后会感到全身疲劳、腿软、头晕、视觉模糊、耳鸣；如果马上站立行走，则极易跌倒，甚至发生意外事故。这种现象主要是脑供血不足引起的。因为坐着打盹时，流入脑部的血会减少，上部身躯容易失去平衡，甚至还会引起腰肌劳损症，造成腰部疼痛。而且坐着打盹，体温会比醒时低，极容易引起感冒。可见老年人坐着打盹是非常有损健康的。

老年人应注意睡眠姿势 >>>

睡眠的姿势，不外乎仰卧位、右侧卧位、左侧卧位和俯卧位4种体位。

仰卧位时，肢体与床铺的接触面积最大，因而不容易疲劳，且有利于肢体和大脑的血液循环。但有些老年人，特别是比较肥胖的老年人，在仰卧位时易出现打鼾，而重度打鼾（是指鼾声和鼻息声很大）不仅会影响别人休息，而且可影响肺内气体的交换而出现低氧血症；右侧卧位时，由于胃的出口在下方，故有助于胃的内容物的排出，但右侧卧位可使右侧肢体受到压迫，影响血液回流而出现酸痛麻木等不适；左侧卧位，不仅会使睡眠时左侧肢体受到压迫，胃排空减慢，而且使心脏在胸腔内所受的压力最大，不利于心脏的输血；而俯卧位可影响呼吸，并影响脸部皮肤血液循环，使面部皮肤老化。

因此，老年人睡觉不宜左侧卧位和俯卧位，最好仰卧位和右侧卧位。而易打鼾的老年人和有胃炎、消化不良、胃下垂的老年人最好选择右侧卧位。

老年人忌睡眠时间过少 >>>

人随着年龄的增长，睡眠时间就会相对减少，一般老年人是最不贪睡的。但如果睡眠过少，也是有损健康的。睡眠时人体处于休息、恢复和重新积累能量的状态。老年人生理功能正在减退，疲劳恢复是非常慢的，因此睡眠时间忌过少。60～70岁老年人每日睡眠8小时为宜；70～90岁老年人每日睡眠9小时为宜；90岁以上老年人每日睡12小时为宜。晚间睡眠不足，就应在第二天午睡补上。

老年人摸黑行动易出意外 >>>

许多老年人，有的是出于勤俭节约，有的是出于省事和怕影响别人睡眠，当晚上需要起床活动时，往往不开电灯，摸黑行动，这是很不安全的。老年人反应迟钝，骨质松脆，大多老年人又或轻或重地患有某些慢性病。因此，老年人摸黑行动极易碰撞、摔倒，轻则受惊，重则骨折，诱发慢性病，甚至危及生命。

老年人打扮禁忌 >>>

适当的化妆和修饰，会使老年人对自己充满信心，这对于延缓衰老大有裨益，但是应注意以下几点：

❶忌不用护肤品：应当经常使用适合自己的化妆品，保养皮肤。可大胆使用粉底霜，以改变自己的肤色，使自己看起来容光焕发。

❷忌忽视头发护理：随着年龄的增长，头发也难免失去往日的光泽。这时就需要选用适宜自己发质的洗发护发品，护理好自己的头发，使自己显得年轻而大方。自己做不好发型就到专业的美发店做做发型，肯定会使自己的面貌焕然一新。

❸忌留长发：老年人的形象设计应以简洁、轻快为主。在发型上应以短发为主。由于许多老年人的头发变少，应该先把头发烫一下，再进行修剪，修剪出的发型在洗后只要稍加梳理就可以了。

❹忌不化妆：老年人也应稍施淡妆。化妆时，眉毛应选用棕色的眉笔轻轻勾勒，眼线要紧贴着睫毛内侧画。同时适当抹一点睫毛膏，可以使眼睛显得精神，增添几分魅力。老年人在用腮红时，位置与年轻人不同。在两侧太阳穴处也略刷一些，看上去像喝了一点酒稍稍泛起的红晕，这样会有一种精神焕发的感觉。

❺忌老气横秋：老年人不要因为年龄大了，便要老气横秋，要冲破传统的观念，适应潮流的发展，把自己打扮得亮丽一点。可以根据自己的气质、体形和爱好，选购适合自己的衣服，经常给自己一个全新的感觉。其实，生活原本就是一种自我感觉。

老年人不该穿平跟鞋 >>>

有许多老年人喜欢穿平底鞋，认为穿平底鞋轻便、舒适、安全，实际上这种观点是不科学的。老年人的鞋后跟高度以1.0～2.5厘米为宜，过高过低都不利于老年人的健康。鞋跟过低会增加后足跟负重，导致足底韧带和骨组织的退化，从而引起足跟痛、头晕和头痛等不适症状。因此老年人的鞋跟不宜低于1厘米。

老年夫妇不要分室而居 >>>

不少老年夫妇由于上了年纪而喜欢安静，为减少夫妇间睡眠时相互影响，长期分室而居。其实，这对老人并无益处，因为一方面老年夫妇同样需要性爱，另一方面从防病治病这个角度讲，老年夫妇也应同居一室，以便相互照顾。许多致命性的危重急症都发生在剧烈活动或情绪明显波动的时候，但在夜间休息状态下发病者也为数不少。有些急危重症如脑血栓形成、不稳定性心绞痛、某些心律失常恰恰多在夜间入睡安静状态下发病。急性心肌梗死在老年人中，经常是无痛发病，而且大多发生在静息状态下和睡眠时。再加上老年人反应能力较差，主观感觉明显时往往病情已很严重，因此，早期发现极为重要。因此，老年夫妇忌分室而居。

老年人保健禁忌

老年人洗澡应注意的问题 >>>

洗澡对健康是非常有益的卫生习惯，但对老年人来说，由于体质的关系洗澡要注意以下几点，否则对健康反而不利，甚至会带来不良后果。

❶忌饭后马上洗澡：不要在饭后1小时内洗澡。洗热水澡前，喝一杯温开水。

❷忌水温太高：浴水的温度一般以37℃最为适宜。有些老年人唯恐着凉，将水温调得过高，使全身皮肤血管扩张，全身大量的血液集中到皮肤表面，导致心血管急剧缺血，引起心血管痉挛。如果持续痉挛15分钟，即可发生急性心肌梗死；如果是大面积心肌梗死，就有猝死的危险。高血压患者还会因全身皮肤血管扩张而使血压骤然下降。

❸忌洗澡过勤：因为老年人体力较弱，皮肤皮脂腺逐渐萎缩，如果洗澡过勤，皮肤就会变得干燥，容易脱屑，甚至发生裂纹或引起瘙痒症。

❹忌时间过长：如果浸泡时间过长，容易造成毛细血管扩张而引起大脑缺血，发生头晕或晕倒。

❺忌洗澡时锁门：洗澡时最好家里有人，不要锁住浴室的门，一旦出现问题能及时请求帮助。老年人自己洗澡时动作要舒缓些。洗澡完毕，要慢慢站起来，洗澡后应休息30分钟左右。

老年人不可忽视口腔卫生 >>>

❶要坚持每天早晚刷牙，饭后漱口。有条件的每月换一把牙刷。刷牙及漱口时，可常用手指轻轻按摩牙龈。平时可嚼口香糖。

❷不宜用硬毛牙刷。老年人因牙龈比较脆弱，使用硬毛牙刷常会因硬质毛束的碰撞而造成创伤性牙龈破损，从而引起牙周炎等疾病。

❸对于经多次治疗而无法保存的残疾牙、病灶牙应及早拔除。对部分缺牙或全口无牙者，应及时装镶假牙。

❹入睡前应将活动假牙取下，使口腔黏膜及牙龈得到休息。取下的假牙应用牙膏、牙粉或去污粉洗刷清洁，泡于清水之中。摘下假牙后，还要特别注意多刷挂钩的真牙，不让食物残渣遗留，否则此处易

发龋齿。

❺老年人的口腔保健检查，每年最少一次。做到有病早治，无病早防。

老年人应警惕肥胖 >>>

老年人由于体力活动少了，吃的东西可能又比较多，脂肪就会增加，从而出现代谢困难，这就为血管壁硬化、心肌缺血低氧、心绞痛、心肌梗死等疾病的出现创造了条件。因此老年人应警惕肥胖，努力维持体重的正常标准。

老年人健身的注意事项 >>>

❶忌单独锻炼：老年人特别是患有心脏疾病的老年人，最好不要独自锻炼以确保安全。

❷忌仅从事一项锻炼：如长年参加某项锻炼，兴致往往可能大减，不妨多选择几项自己感兴趣的项目，既增添锻炼兴趣，且对身体更有好处。

❸忌不做准备活动：老人锻炼之前，务必做好准备活动，如弯腰屈膝、宽松肌肉、做深呼吸等。

❹忌盲从：运动项目同健身效果有关，不要盲从他人锻炼，要根据自己的兴趣爱好、健康状况和周围环境与条件，选择适于自身的运动项目。如要改善心肺功能，可选步行、慢跑、打太极拳、游泳或骑自行车等。

❺忌激烈竞赛：老年人不论参加哪种运动，重在参与、健身，不能争强好胜，与别人争高低，否则激烈竞赛不仅体力承受不了，而且还会因碰撞、摔倒、激动，极易发生意外。或者因神经兴奋，引起心跳、血压骤增而发生严重后果。特别是患有高血压、心脏病的老年人，更应绝对禁止各种形式的比赛活动。

❻忌运动时憋气：运动时憋气害处有二：一是使血液循环不畅，血液回心受阻，易使大脑低氧，甚至产生头晕、昏厥；二是会使血压升高，易诱发脑卒中等脑血管意外。老年人运动时不要轻易做有憋气动作的力量练习，像拔河、硬气功、引体向上，以适当增加呼吸深度为好。

❼忌负重运动：由于老年人运动器官的肌肉开始萎缩，力量变小，韧带弹性非常弱，骨质松脆，关节活动范围减小，进行重负荷的锻炼往往容易造成老人的骨骼变形，甚至骨折或使关节、肌肉和韧带遭受损伤。

❽忌运动过度：老年人生理功能衰退，运动量承受力有限，若运动过度会导致多种疾病。衡量运动是否过度，可用翌日清晨心律是否恢复、睡眠质量、食欲好坏及有无厌恶运动心理存在等加以确定。增加运动难度、运动强度和运动时间，一定要循序渐进，宁慢勿快，不宜操之过急。

❾忌头部位置过分变换：老年人不宜做低头、弯腰、仰头后侧、左右侧弯，更不要做头向下的倒置动作，原因是这些动作会使血液流向头部，而老年人血管壁变硬，弹性差，易发生血管破裂，引起脑溢血。当恢复正常体位时，血液快速流向躯干和下肢，脑部发生贫血，出现两眼发黑，站立不稳，甚至摔倒。

❿忌晃摆旋转：老年人协调性差，平衡能力弱，腿力发软，步履缓慢，肢体移动迟钝，像溜冰、荡秋千及各种旋转动作应禁忌，否则易发生危险。

老年人晨练不可贪早 >>>

老年人晨练不能贪早。因为越早天越黑，气温也越低，不仅易发生跌跤，而且易受凉，诱发感冒、慢性支气管炎急性发作、心绞痛、心肌梗死和脑卒中（中风）等疾病，尤其是冬天和初春时分。因此，老年人应在太阳初升后外出锻炼，并注意保暖。此外，老年人晨练还应注意以下三点：

❶晨练不宜空腹：老年人新陈代谢率较低，脂肪分解速度较慢，空腹锻炼时易发生低血糖反应。因而老年人晨练前应先喝些糖水、牛奶、豆浆或麦片等，但进食量不宜过多。

❷晨练要避雾：雾是空气中水汽的凝结物，其中含有较多的酸、碱、胺、酚、二氧化硫、硫化氢、尘埃和病原微生物等有害物质。锻炼时吸入过多的雾气，可损害呼吸道和肺泡，引起咽炎、支气管炎和肺炎等疾病。

❸晨练的运动量不宜太大：老年人早上锻炼的时间宜在半小时左右，可选择散步、慢跑和打太极拳等强度不大的运动项目。如老年人做5分钟整理活动，再打一套太极拳，就可达到健身效果。

老年人乘车不宜靠窗 >>>

春秋季节，许多老年朋友要乘车旅游。应注意在行车时千万别将肩或臂倚靠在车窗玻璃上，以免受寒。

车子在郊外公路疾驶，若将肩、臂贴在窗玻璃上，会觉得特别凉，待不了两分钟就受不了。有的公交车玻璃窗是推拉式的，有的密封不严，行车时还会因震动出现缝隙。坐在靠玻璃一侧，有种凉风吹过的感觉。所以，若是长时间将肩、臂部靠在玻璃上，会因此而受风着凉。尤其是患有颈椎病或类似疾病的老年朋友更需注意。

在乍暖还寒的季节，坐车时一定要注意尽量别靠窗子。若只有临窗的座位，也要与窗子保持一定距离，并保护好肩、臂部，以防风寒。

老年人不应禁欲 >>>

在人们的观念中，似乎性享乐只是年轻人和中年人的权利，老年人已经完成了他的生殖使命，该退出性舞台了。但不论男女，生殖期的结束不意味着性反应能力的消失。尽管老年人的生理功能减退，性欲强度下降，但老年人仍是有性欲要求的，只不过由于传统意识的影响及较强的自我克制能力，而不愿过多地表达出来。老年人的性生活、性感体验相对较弱，性生活的目的在于增进感情，达到心理满足，而不单纯追求性感满足。性生活服从于身体健康安全的需要，在不危害健康的前提下过适度的性生活，有益健康长寿。

老年人最好不要染头发 >>>

当前，有一些老年人把白发染成黑色，这样做也确实保持了暂时的“青春”。但是长期使用染发剂，对身体是非常有危害的。染发剂含有氧化染料，是一种对位苯二胺。这种物质可以和头发中的蛋白质形成完全抗原，因此常常发生过敏性皮炎，轻者头皮刺痒、红肿，重者脖子、头皮、脸部都会发生肿胀，起水泡、流黄水甚至化脓感染。有的染发剂含有一种潜在的致癌物质氨基苯甲醚，容易存在染发者身体的各部位，使体内细胞增生，突变性强。经常染发的人可患皮肤癌、肾脏癌、膀胱癌、乳腺癌、子宫颈癌等。

老年人下棋也应有“度”>>>

下棋、打牌是老年人都非常喜爱的一种娱乐活动。但如果长时间下棋、打牌对身心健康是非常有害的。因为老年人的情绪往往随输赢而波动，大脑处于高度兴奋状态，时间长了大脑活动和反射能力就会下降，自主神经功能就会出现紊乱，甚至会产生疾病。另外，久坐不动则胃肠蠕动缓慢，消化能力也会下降，大便在结肠内停留时间过久，容易导致便秘和痔疮。

老年人不可忽视鼻出血 >>>

老年人反复出现鼻出血，如鼻涕中带血丝或从口中咳出陈旧血块，要想到这可能是鼻腔及其周围器官发生恶性肿瘤的一种信号。

当鼻腔少量出血时，立即用冷水打湿毛巾敷前颈、额、鼻部，使鼻周围血管收缩，减少出血；有条件的可用棉球喷洒肾上腺素、麻黄素类血管收缩剂塞鼻，以帮助止血。但如果是经常少量出血则应去医院检查，以排除恶性肿瘤的可能。血压升高引起的大量鼻出血，不要惊慌，要沉着镇静，可用干净的棉球塞入出血的鼻孔，进行压迫止血，同时在额部做冷敷，送医院抢救治疗。

老年人听觉保健的注意事项 >>>

❶保护外耳道和鼓膜：老年人首先应注意避开巨大的音响，比如遇打雷闪电，应用双手捂住外耳道并张开口以保护鼓膜。另外在洗澡、洗头以后要擦干耳内的脏水，不可乱掏耳道，以免伤及耳道的鼓膜。

❷慎用药物：对听觉有损害的药物应尽可能避免使用，以免留下后遗症，如庆大霉素、卡那霉素、链霉素等抗生素类药物对听觉神经都有一定的不良反应。

❸少或不嗜烟酒：烟中的尼古丁和酒中的乙醇、甲醇等化学物质对听神经都有毒害作用。

❹按摩耳郭：经常按摩耳郭能改善听力。每天搓耳80～100次，将耳搓红搓热，可改善血液循环，营养神经，增强听力。

发现耳部疾患，要及早去医院检查治疗。对于有老年性耳聋影响日常生活的人，可考虑配用助听器。

老年人频繁打呵欠可能是脑卒中的先兆 >>>

人们在疲劳困倦时，往往习惯于打呵欠，这是一种正常的生理现象。如果出现频繁打呵欠就是一种病态反应，应引起人们的重视。特别是中老年人，出现这种现象往往是脑卒中的先兆。

脑卒中发生前出现频繁打呵欠现象的原因主要是：中老年人动脉管壁逐渐硬化，管腔变窄，大脑的血流逐渐不足，使脑组织经常处于低氧状态。这种状况日趋严重，通过大脑的反馈机制，刺激呼吸中枢，调节呼吸速度和呼吸深度。而打呵欠时，通过张口深吸气使胸膜腔内压下降，静脉血将大量回流入心脏，以此增加心脏的输出量，改善脑部血液循环。所以中老年人如果出现频繁打呵欠的现象，千万忌麻痹大意，应到医院检查治疗。

老年人缺牙应及时补好 >>>

很多老年人部分或全口牙齿缺失，成为无牙口腔，这不仅影响发音和美观，同时可因不能充分咀嚼食物而影响消化吸收，加重胃的负担。牙齿缺失后，颌关节功能紊乱，残留的牙槽骨不断萎缩吸收，面部下1/3变短，肌肉因此而失去正常张力，褶皱增加，口角下垂使人显得苍老。另外，还会影响下颌关节位置异常和功能紊乱，缺牙时间长了，髁骨突向后上移，可出现耳鸣头晕、耳咽管阻塞，以及听觉受影响等症状。

老年人口水增多是疾病的征兆 >>>

老年人随着年龄增长，腺体渐渐萎缩，唾液分泌会逐渐减少。但是老年人也会发生唾液增多的现象，这往往是疾病的征兆。

老年人口水增多主要有4个原因：①异物反应，比如装假牙会刺激腺体分泌唾液；②口腔溃疡，溃疡面会造成黏膜疼痛，刺激唾液分泌增多；③口腔肿瘤，如领癌较常见，起病时一般表现为溃疡，发展较慢，早期不容易引起警觉，当溃疡向深层逐渐浸润，感觉疼痛时，就会刺激腮腺导管，导致口水增多；④精神、心理反应等，也会刺激唾液分泌。

唾液是口腔内天然的杀菌剂。但是如果老年人有口水增多的现象，很可能是疾病的征兆，应及时到医院查明原因，以排除口腔肿瘤的可能。

警惕老年人猝死事故 >>>

老年人猝死多发生在剧烈运动、暴怒、过度疲劳、晕厥跌倒、沐浴、用力排便、情绪压抑等情况之后。为了预防猝死的发生，应注意防护。比如已患慢性疾病，特别是高血压、冠心病，应注意身心休养，避免精神紧张、情绪波动。要主动安排好日常生活，善于自我排除烦恼，减少诱发因素。另外，老人参加劳动和体育锻炼必须要量力而行。遇有呼吸困难、胸闷时应停止运动，立即休息。

老年人切勿暴怒 >>>

老人如果生气，特别是暴怒后，大脑皮质呈现高度兴奋，体内支配血管等进行收缩的交感神经因此会处于兴奋状态，这就使全身小血管发生收缩，心率加快，血压增高，心肌耗氧量增加，心脏负荷增加。因此，就会使原有疾病病情突然加重，从而诱发脑出血、急性心肌梗死、心脏破裂、严重心律失常等病症，甚至会导致猝死。

老年人不可凭感觉自我判断病情 >>>

许多老年人常常由于感觉迟钝和神经反射功能减弱，不能以自我感觉的好坏来判定自己疾病的轻重。老年人的疾病大多数是慢性病，不经过系统和长期的治疗是很难控制的。当医生确诊后，就应该遵医嘱，一定不能以自己感觉断断续续服药和治疗，以致疾病发展到难以控制的地步。

老年人要正视“老”>>>

老年人的身体各组织器官随着年龄的不断增长而逐渐衰老，其功能也在不断下降，这是客观自然规律。许多老年人却常常忽视这一规律。认为自己年轻时身强力壮，很少得病，因而怀有过强的自信心，不重视体检，得了病也不认真医治，而且还坚持要和年轻人一样地工作与劳动，这样做的结果往往延误疾病的治疗而造成恶果。

老年人用药十忌 >>>

人过60岁，医学上称为进入老年期。老年人由于组织、器官功能衰退，新陈代谢减低，血液供应不足，反应相对缓慢，对疾病的症状表现不典型，再者肝脏解毒功能及肾脏排泄功能衰退，对药物耐受性减弱，治疗量和中毒量之间差额变小而不易掌握。因此，老年人的用药大有讲究。

❶忌先用药后就医：如腹痛、发热时。先服镇痛药及退热药往往掩盖了胆囊炎、阑尾炎、重症肺炎、痢疾等症状，延误诊断和救治。因此，老年人生病应先就医后再用药。当然，心绞痛者应及时地服用硝酸甘油类药物，同时送医院。

❷忌任意滥用：患慢性病的老年人应尽量少用药，尤其切忌不明病因就随意滥用药物，以免发生不良反应或延误

疾病治疗。

❸忌长期用药，宜短时间用药治疗：老年人由于肝肾功能衰退，对药物的清除排泄能力减弱，易出现体内药物蓄积中毒、成瘾。因此应有针对性地适时用药，用药时间应根据病情以及医嘱及时停药或减量。

❹忌用药种类多：老年人用药不宜多而杂，因为药多，相互间易发生协同而呈现强烈的治疗反应；相互间易发生抵抗，药效减低，影响治疗效果，或相互作用而产生毒性反应，导致中毒。此外老年人记忆力欠佳，大堆药物易造成多服、误服或忘服，最好一次3~4种。

❺忌长期用一种药：一种药物长期应用，不仅容易产生抗药性，使药性降低，而且还会产生对药物的依赖性，甚至形成药瘾。

❻忌药量大：临床用药量并非随着年龄的增加而一直增加。实际上，老年人用药应相对减少，因为老年人新陈代谢率低，排泄药物能力差，药量大易中毒，宜用最小而最有效量治疗。一般为成人剂量的1/2～3/4即可。

❼忌朝秦暮楚：有的老年人治病用药“跟着感觉走”，品种不定，多药杂用，不但治不好病，反而容易引起不良反应。

❽忌生搬硬套：有的老年人看别人用某种药治好某种病便效仿，忽视了自己的体质及病症差异。

❾忌乱用秘方、偏方、验方：老年人患病多缠绵不愈，易出现“乱投医”现象，凭运气治病，常会延误病情甚至酿成中毒。

❿忌单纯药补，宜食补：老年人药补，有时掌握不好易发生药物反应，如服用人参水过浓可致头晕、皮肤热感等，如果食补就比较缓和而持久，又减少药物的不良反应，不致出现偏激现象。

老年人应慎用活血药 >>>

老年人凝血能力减弱，活血化瘀药有可能诱发出血，应特别慎用破血逐瘀药。此外，老年人用中药时还必须注意以下几点：

❶滋补勿滞腻：老年人阴血亏虚，临床多用滋补肾阴及填精充血之品，这类药物不易消化吸收，而老年人胃肠活动减弱，吸收能力低，因此滋补之品勿偏滞腻。

❷药量勿偏大，服药次数不宜过频：老年人五脏功能减退，肾功能也普遍降低，排毒能力差，容易发生药物蓄积中毒，因此用药决不可过量。

❸少用镇静安神药：老年人脑血流量减少，神经系统功能与耐受力降低，常感头晕眼花，睡眠不好。他们精神多有抑郁，服用镇静安神药量不要偏大，以免加重精神症状，而应全面辨证、标本兼顾。

总之，老年人服用中药应充分考虑自身的生理、心理、病理特点，全面仔细辨证，应遵循“宁少毋滥”的原则，药味宜精当，药量应准确，方可达到理想的疗效，避免不良反应的发生。